# CATÁLOGO FLORÍSTICO DE LAS SIERRAS DE GÚDAR Y JAVALAMBRE (TERUEL)

# CATÁLOGO FLORÍSTICO DE LAS SIERRAS DE GÚDAR Y JAVALAMBRE (TERUEL)

**Colección Naturaleza de la Comarca Gúdar-Javalambre, 1**

© Textos de los autores:

**Gonzalo Mateo Sanz**, Jardín Botánico e Instituto Cavanilles de Biodiversidad y Biología Evolutiva. Universidad de Valencia

**José Luis Lozano Terrazas**, Escuela Agraria La Malvesía. Llombai (Valencia)

**Antoni Aguilella Palasí**, Jardín Botánico e Instituto Cavanilles de Biodiversidad y Biología Evolutiva. Universidad de Valencia

Portada: *Oxytropis jabalambrensis* (Pau) Podlech, endemismo de la Sierra de Javalambre, incluido en Catálogo de Especies Amenazadas de Aragón dentro de la categoria de "En peligro de extinción". Foto de Gonzalo Mateo Sanz.

Diseño y maquetación: José Luis Benito Alonso (Jolube Consultor-Editor Botánico). Jaca (Huesca)

**Primera edición: julio de 2013**

ISBN: 978-84-939581-5-2

Editan: Comarca de Gúdar-Javalambre y Jolube Consultor-Editor Botánico, Jaca (Huesca) – www.jolube.es

**Jolube
Consultor
y Editor
Botánico**
www.jolube.es

**Esta obra ha sido publicada con el patrocinio de las siguientes entidades**: Comarca de Gúdar-Javalambre (Teruel). Asociación de Desarrollo "Aguja". Departamento de Agricultura, Ganadería y Medio Ambiente del Gobierno de Aragón. Fondo Europeo Agrícola de Desarrollo Rural (FEADER). Programa LEADER.

# CATÁLOGO FLORÍSTICO DE LAS SIERRAS DE GÚDAR Y JAVALAMBRE (TERUEL)

Gonzalo Mateo Sanz

José Luis Lozano Terrazas

Antoni Aguilella Palasí

Jolube
Consultor
y Editor
Botánico
www.jolube.es

2013

# ÍNDICE DE CONTENIDOS

# 1. INTRODUCCIÓN

Han pasado cincuenta años desde que salía a la luz el trabajo titulado *"Estudio sobre la vegetación y flórula del macizo de Gúdar y Javalambre"*, como volumen monográfico de los Anales del Instituto Botánico A.J. Cavanilles, tras más de una década de estudios florísticos y fitosociológicos liderados por Salvador Rivas Goday, con el apoyo continuado de José Borja y la colaboración más esporádica de otros botánicos de la época como Monasterio, Mansanet, etc.

En estos cincuenta años han tenido lugar más avances en el conocimiento de la flora ibérica que en todos los anteriores desde el inicio de la Botánica moderna, tras la publicación de la obra de C. von Linné en el siglo XVIII. En los casi doscientos años desde la edición del *Species Plantarum* de Linné hasta 1951 la mayoría de los países europeos habían prospectado minuciosamente su territorio y publicado numerosas ediciones de sus floras nacionales, regionales y locales. Por el contrario en España sólo se había editado un avance de flora española –por parte de M. Willkomm y J. Lange– en la segunda mitad del siglo XIX y unas pocas floras regionales o locales de cierto rigor y extensión (Cataluña, Galicia, Baleares, etc.).

En la provincia de Teruel destaca la labor del equipo formado por Francisco Loscos y José Pardo en la Tierra Baja del noreste y la de Carlos Pau en las sierras del sur: Albarracín, El Toro y Javalambre. Ninguno de ellos abordó la publicación conjunta de los datos disponibles sobre todo o parte del territorio objeto de este trabajo, con lo que cuando salió publicada la obra de Rivas Goday y Borja se trataba de la primera aproximación a una síntesis sobre la flora de la zona y traía consigo el aporte de numerosas novedades no mencionadas por sus predecesores.

El principal problema al que se enfrentaron los autores de ese trabajo era la muy limitada bibliografía disponible, en lo que se refiere a obras de síntesis o claves de determinación útiles en esta zona, por lo que el trabajo tuvo que basarse sobre todo en el apoyo de los dos herbarios básicos de España en la época: MA (Real Jardín Botánico de Madrid) y MAF (Facultad de Farmacia, Universidad Complutense), amén del mencionado *Prodromus* de Willkomm y Lange, los artículos de Loscos y Pau, así como las floras francesas y portuguesas de la época. Otro problema añadido, que realza el valor del trabajo, era la escasez y precariedad de las vías de comunicación y medios de locomoción en aquellos años, lo que dificultaba notablemente la prospección.

El asunto es que años después comienza la publicación de la influyente *Flora Europaea*, que va a iniciar cambios importantes en los estudios de flora española, al disponer de una síntesis accesible y actualizada. Apoyada en ella surgen en los ochenta los proyectos de las primeras floras modernas en nuestro país, como la *Flora dels Països Catalans* o la *Flora de Andalucía Occidental*, y –sobre todo– el proyecto nuclear: *Flora iberica*.

Sobre estos apoyos pudimos abordar a finales de los ochenta la elaboración del catálogo sintético de la flora de la provincia de Teruel. A finales de los noventa ampliarlo en el nuevo catálogo provincial que muestra la tesis doctoral de Silvia López Udias y durante los primeros años del presente siglo con las dos ediciones de la flora de la Sierra de Albarracín, cuya continuidad natural era abordar las de Gúdar y Javalambre, para lo que quisimos aprovechar la situación inmejorable que ofrecía el cincuentenario de la obra que con ésta queremos homenajear.

# 2. EL MEDIO FÍSICO

## 2.1. LÍMITES

El territorio seleccionado comprende un macizo principal con una gran superficie de terrenos por encima de los 1500 m, de contorno redondeado, en el interior del polígono que delimita aproximadamente la línea que une los núcleos urbanos de Allepuz, Villarluengo, Iglesuela del Cid, Puertomingalvo, Nogueruelas y Cedrillas. Corresponde a lo que habitualmente se conoce como Sierra de Gúdar, aunque exceda los límites de lo que por tal se entiende a nivel administrativo.

Al suroeste del mismo, y separado por la fosa del Mijares, se sitúa un macizo medio, también de contorno redondeado, dentro de un polígono menor (Puebla de Valverde, Riodeva, Arcos de las Salinas, Torrijas), que corresponde a la Sierra de Javalambre. Hay un terreno difuso, a ambos lados del eje Teruel-Olba, en el que las estribaciones de ambos forman una amplia extensión de relieve escaso y más humanizado.

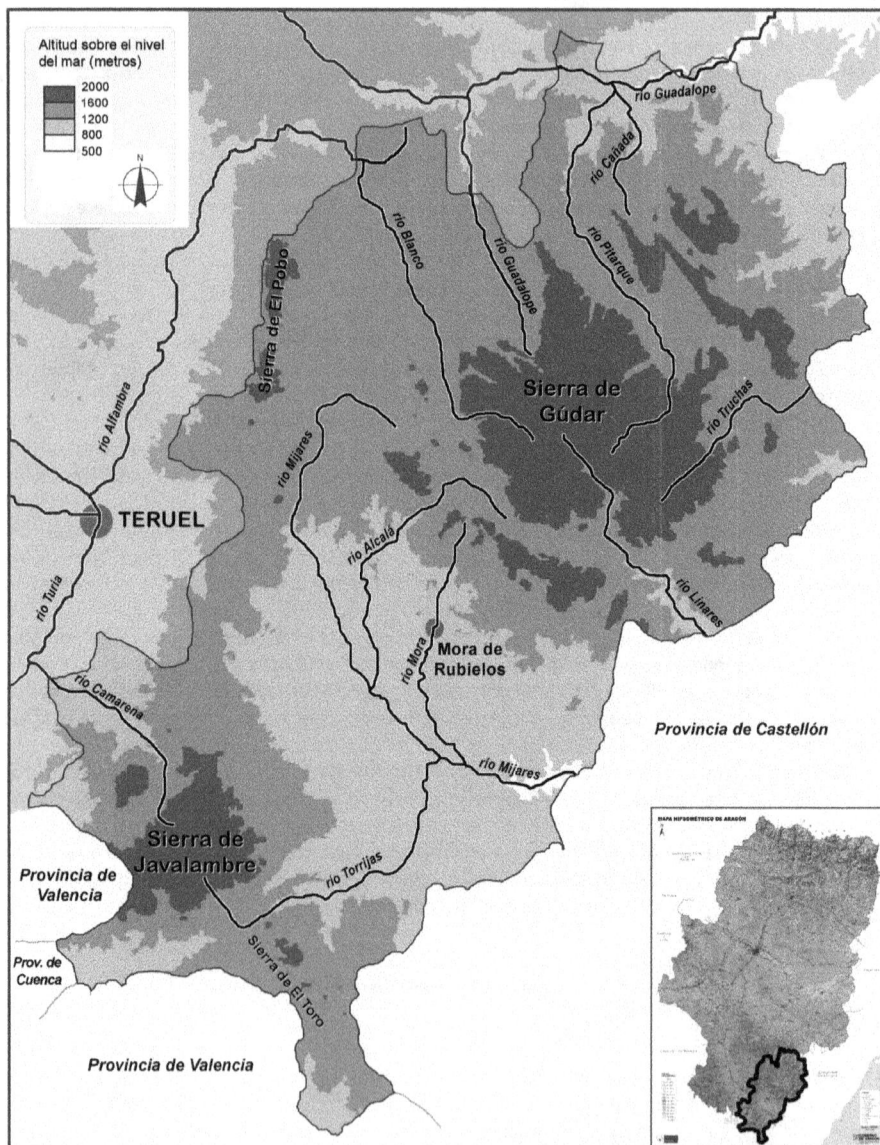

Mapa del territorio donde se pueden ver la sierra de El Pobo y el macizo de Gúdar, al norte, y las sierras de Javalambre y El Toro, al sur. (J.L. Benito a partir del mapa hipsométrico de Aragón, sitar.aragon.es).

Por otro lado, hacia el oeste del Macizo de Javalambre existe otro terreno difuso (entre Teruel y Ademuz) donde la altitud va declinando en dirección al valle del Turia. Al este de la Sierra de Gúdar hay un enlace natural con los montes castellonenses de Peñagolosa y Villafranca, al norte –por la comarca del Maestrazgo– se inicia un suave descenso hacia la Tierra Baja por la cuenca del Guadalope, mientras que al noroeste se levanta una tercera alineación, de menor extensión y contorno alargado (N-S), la Sierra de El Pobo, que se separa de la Sierra de Gúdar por el eje Teruel-Cedrillas-Ababuj.

Los límites concretos de los territorios en que se hacen estudios de este tipo tienen que elegir entre ser más naturales y menos concretos (ese fue el planteamiento del estudio de Rivas Goday y Borja) o ser muy concretos y menos naturales. El problema de unos límites inconcretos es que muchas veces la inclusión de especies en esos catálogos se presta a interpretación errónea. Por ejemplo –en el caso que nos ocupa– en la "flórula" de Gúdar y Javalambre aparecen especies propias de Peñagolosa, Espadán u otras zonas periféricas externas, atribuidas a las "zonas bajas", junto con otras presentes en las partes bajas pero nucleares del territorio.

En la práctica, los límites que se pueden aplicar a estudios como éste no pueden seguir unos trazados naturales unívocos e indiscutibles, dadas las amplias zonas difusas que lo circunscriben, por lo que lo habitual es emplear límites administrativos (flora de Italia, de Andalucía, de La Rioja o de Portugal), mucho más claros e incontestables. Incluso en el magno proyecto *Med-Checklist*, intento de establecer la flora de la cuenca mediterránea, se presentará la de la suma de los estados que acceden al Mediterráneo incluidas sus partes extramediterráneas.

Nuestra apuesta es –en este sentido– intencionadamente ecléctica. No renunciamos al marco geográfico natural que hemos comentado, antes de elegir unos límites administrativos que –en este caso– podrían haberse circunscrito a los de la comarca Gúdar-Javalambre, pues tendríamos que renunciar a términos como los de Cedrillas o Corbalán (comarca de Teruel), y más aún a los términos de la parte alta del Maestrazgo, inseparables de la Sierra de Gúdar; mientras que ya consideramos fuera de nuestro ámbito natural la parte baja de esta otra comarca en su zona norte (área de Castellote). Así, hemos optado por utilizar los límites de los términos municipales de los pueblos instalados de forma mayoritaria en el marco geográfico antes mencionado, afectando a la comarca entera de Gúdar-Javalambre, el sur de El Maestrazgo y el sureste de la de Teruel. Respecto al término concreto de Aliaga, hay que señalar que su parte sureste también entraría bien en nuestros límites, pero desistimos finalmente de incluirlo porque buena parte de su término se aleja de esta zona, lo que se une a una adscripción comarcal única y diferente del resto.

## 2.2. HIDROGRAFÍA

Las aguas que reciben estos macizos tienen unos destinos muy variados. El noroeste de la Sierra de Gúdar y la mayor parte de la Sierra de El Pobo vierten al río Alfambra y con él a la cuenca del Turia; cuenca que también incrementan las vertientes occidentales y meridionales de la Sierra de Javalambre, sobre todo a través de los ríos afluentes Camarena, Riodeva o Arcos y las ramblas de Abejuela y Andilla. La zona oriental de la Sierra de Javalambre y la sur de la Sierra de Gúdar vierten directamente al río Mijares o indirectamente a través de sus afluentes, sobre todo los ríos de Alcalá, Mora, Rubielos, Linares y Monleón. Por la zona norte de la Sierra de Gúdar se entra ya en la cuenca del Ebro, a través de su río principal, el Guadalope, y los afluentes, como los ríos Pitarque, Cañada, Cantavieja, La Cuba o la rambla de las Truchas.

Por su interés botánico son de destacar las hoces y valles de los ríos en sus partes más bajas, por donde penetran o han quedado refugiadas las especies más termófilas que mencionamos en este catálogo. Si empezamos por el sur tenemos que las ramblas de Abejuela y Andilla salen del término de Abejuela hacia la provincia de Valencia, buscando el valle del Turia (XK7815 y XK8313), a unos 1000 y 950 m de altura respectivamente; el río de Arcos sale del término de Arcos de las Salinas hacia Santa Cruz de Moya, buscando el cercano Turia, con unos 750 m de altitud (XK5826); el Riodeva sale del término homónimo –en dirección al Rincón de Ademuz– con unos 850 m (XK5341); el río Camarena sale del término de Cascante –en dirección a Villel– a unos 860 m (XK5654); el río Guadalope sale del término de Villarluengo, buscando el de Castellote, a unos 670 m (YK1708); el río Cantavieja sale de la zona por el término de Mirambel (YK2698) a unos 870 m; el río de La Cuba sale de este pueblo para entrar en Castellón a unos 800 m (YK2999); la rambla de las Truchas entra en la provincia de Castellón –tras pasar Iglesuela del Cid– a unos 1070 m (YK3184); el río Monleón deja Mosqueruela –tras pasar el Santuario de la Virgen de la Estrella– y entra en Castellón con unos 800 m de altitud (YK3072), en uno de los puntos más cercanos al mar en línea recta de todo el territorio considerado; el río Linares sale de la zona por el término de Puertomingalvo a unos 840 m (YK1557), para convertirse en el río Villahermosa al entrar en este término castellonense. Por último el río Mijares sale del término de Olba hacia Castellón con escasos 620 m de altitud (YK0344).

Como puede comprenderse. estos parajes tienen un interés botánico peculiar, por lo que hemos atendido su prospección con especial cuidado, tanto como su inversa, las altas cumbres, que parecen ser objeto de atención más prioritaria en estos casos. Puede destacarse que los núcleos más bajos son los del Guadalope y Mijares, por alcanzar la menor altitud, especialmente este segundo, con mejor conexión con la costa, al igual que el del río Monleón, algo más alto, pero de mayor influencia marina.

## 2.3. LITOLOGÍA

En cuanto a la litología, la mayor parte del territorio está dominado por la roca caliza, siendo la flora predominantemente basófila, pero aparecen intercalados materiales de naturaleza silícea que permiten el establecimiento de plantas acidófilas, que contribuyen notablemente a aumentar la diversidad florística. Entre estos afloramientos silíceos cabe mencionar las areniscas blancas de la zona central de la sierra de Gúdar o los rodenos de la zona media-baja del valle del Mijares (Castellar-Olba).

## 2.4. OROGRAFÍA

Los macizos que nos ocupan son el último intento de la Cordillera Ibérica por ofrecer áreas de orografía muy accidentada y niveles altitudinales de cierta entidad, antes de descender rápidamente ante la presencia del ya cercano mar Mediterráneo.

Como se observa en el mapa, hay un gran macizo al norte (Sierra de Gúdar) y otro menor al sur (Sierra de Javalambre). Aunque ambos llegan a alcanzar prácticamente la misma altitud (unos 2.020 m), en el primero encontramos ocho cuadrículas de 10 km de lado con amplias zonas o predominio de territorios sobre los 1.500 m, mientras que en Javalambre se reducen a cuatro. Solamente existe una zona relativamente llana, que corresponde al altiplano que separa ambos macizos y el valle del Mijares, que divide en dos este altiplano, con altitud media de unos mil metros.

## 2.5. CLIMA

Uno de los aspectos que cabe destacar es la escasez de datos climáticos para la zona de estudio, lo cual supone una seria limitación para su conocimiento. Además, la notable variación altitudinal y del relieve condiciona la existencia de una gran variedad de matices climáticos. Siguiendo a PEÑA & al. (2002), podemos destacar:

El **régimen térmico** de la zona está claramente condicionado por la notable elevación media del territorio y por la escasa influencia marítima. En general se observa un máximo térmico durante los meses de julio y agosto y un mínimo en enero. La mayor parte del territorio presenta temperaturas medias anuales inferiores a los 9-10 °C, escapándose solamente la cuenca del Mijares con medias de 10-11 °C. Los macizos de Gúdar y Javalambre en cambio presentan medias inferiores a los 8 °C (Gúdar 7,5 °C), con medias del mes de enero inferiores a 1 °C. Por encima de los 1.500 m los inviernos son fríos y presentan promedios negativos en enero (Gúdar -0,9 °C). Un aspecto de relevancia para la flora es la duración del periodo de heladas, que en las áreas de influencia de Gúdar y Javalambre puede extenderse desde principios de octubre hasta principios de junio. En zonas de menor altitud las heladas pueden afectar desde finales de octubre hasta mayo.

Las **precipitaciones** varían entre unos 400 y 700 mm de media anual. Los valores más bajos se registran en el valle del Mijares y en la alineación Mora de Rubielos-Cedrillas-Camarillas, con valores entre 400-500. Los niveles más importantes se alcanzan en los macizos de Gúdar y Javalambre, con valores entre 500-700. Las precipitaciones en forma de nieve presentan cierta importancia en las áreas más elevadas con promedios de más de 10 días al año.

En cuanto a los **vientos** predominan los procedentes del NNW (el conocido, frío y seco cierzo), y los de ESE conocidos como bochorno. El cierzo, aunque puede soplar durante todo el año, lo hace con mucha mayor frecuencia durante el invierno y principio de primavera, tratándose de un viento muy seco en cualquier época, resultando especialmente frío durante el invierno. El bochorno es de menor constancia y velocidad, siendo muy seco en verano y más templado y húmedo en primavera y otoño. En ambos casos cabe resaltar sus efectos desecantes que ejercen un efecto notablemente pernicioso sobre la flora, especialmente en verano.

La mayor parte del territorio presenta valores de **evapotranspiración** por debajo de los 650, e incluso por debajo de 600 en las zonas elevadas de Gúdar y Javalambre. En estas áreas los suelos pueden no llegar a secarse en verano y suelen estar saturados desde noviembre-diciembre hasta febrero-marzo, lo cual queda claramente reflejado en la vegetación. Los valores más bajos se presentan en la cuenca del Mijares, donde superan los 700 en sus zonas más bajas. En estas áreas no podemos hablar de exceso de agua en ninguna época del año y en verano se produce un déficit importante, con el consiguiente efecto de estrés hídrico para la flora.

## 3. ASPECTOS HISTÓRICOS

Las primeras referencias modernas a la flora de la zona las encontramos en la obra de ASSO (1779, 1781, 1784), que publica unos valiosos listados de la flora aragonesa ya con nomenclatura moderna binominal, aunque muy esquemáticos en su presentación.

Durante el siglo XIX destaca la figura de Francisco Loscos, al principio asociado a la de José Pardo, como promotor de los estudios sobre la flora aragonesa en general y turolense en particular. Fruto de sus trabajos propios –y del estudio de las muestras remitidas por sus numerosos corresponsales– son las dos ediciones de su avance sobre una flora aragonesa (LOSCOS & PARDO, 1863, 1866-67) y los numerosos fascículos del *Tratado de las plantas de Aragón* (LOSCOS, 1876-1886), donde los datos más abundantes se refieren a la zona de la Tierra Baja y Maestrazgo.

De entre las escasas aportaciones foráneas de la época vemos destacar al alemán Moritz Willkomm, que mantuvo estrecho contacto con Loscos y algunos de sus corresponsales aragoneses, lo que se observa en su avance y suplemento sobre la flora española (WILLKOMM & LANGE, 1861-1880; WILLKOMM, 1893). A finales del siglo XIX también vemos aparecer a DEBEAUX (1894-1897) publicando sus listas de *"Plantes rares ou nouvelles de la province d'Aragon"*, a partir de recolecciones de su compatriota E. Reverchon, quien recorrió –entre otras zonas– la Sierra de Javalambre.

A caballo entre el final del siglo XIX y el primer tercio del XX es, sin duda, la figura del botánico Carlos Pau, la que más huella deja en estudio de esta flora. Afincado brevemente en Olba, publicaría abundantes notas sobre la flora comarcal (cf. PAU, 1884, 1884b, 1887, 1887b, c y d, 1888, 1889, 1891, 1892, 1895, 1903, etc.), resultado de sus propios recorridos como de los materiales prensados que algunos colaboradores le hicieron llegar a finales del siglo XIX y comienzos del XX.

Tras Pau hay que esperar un tiempo hasta encontrar referencias a la flora de la zona, que por fin se concretan en los estudios del catalán P. FONT QUER (1948, 1953). Tras su desaparición, tendrán continuidad desde Barcelona en los de O. de Bolòs y J. Vigo, los cuales quedan plasmados a nivel analítico en la flora del Macizo de Peñagolosa (VIGO, 1968), que incluye un importante fragmento del término de Puertomingalvo, aquí considerado, y –sobre todo– en la detallada obra sintética *Flora dels Països Catalans*, en 4 volúmenes (BOLÒS & VIGO, 1984-2002).

Salvador Rivas Goday

José Borja Carbonell

Pero, en paralelo, nuestro territorio va a recibir la frecuente visita en esta etapa de posguerra, sobre todo en los años cincuenta, del equipo dirigido por el catedrático de Botánica de la Facultad de Farmacia de Madrid, Salvador Rivas Goday, que se acompaña de un experto taxónomo valenciano, José Borja Carbonell, y más esporádicamente de otros colegas y discípulos. Fruto de esos años de prospección florística y fitosociológica es el estudio sobre flora y vegetación de los macizos de Gúdar y Javalambre (RIVAS GODAY & BORJA, 1961), obra a la que la presente intenta dar continuidad, complemento y homenaje en el 50º aniversario de su publicación.

Uno de los botánicos que había acompañado en ocasiones a los mencionados autores en sus campañas fue el valenciano José Mansanet, el cual, tras la creación en Valencia de la Facultad de Ciencias Biológicas accedió a la cátedra de Botánica (1968) e impulsó entre sus discípulos las prospecciones por la zona que tan bien conocía de sus campañas de juventud. Los resultados empiezan a aparecer en la serie *Notas de flora maestracense* (AGUILELLA, MANSANET & MATEO, 1983; MATEO & AGUILELLA, 1983; AGUILELLA & MATEO, 1984, 1985; MATEO, 1988, 1989).

De las tesis doctorales leídas en esa época afectan de lleno a la zona las de A. AGUILELLA (1985) y de modo periférico las de G. MATEO (1983), M.B. CRESPO (1989) y C. FABREGAT (1989). En un segundo período se unirán las periféricas de J. RIERA (1992) y R. ROSELLÓ (1994) y la nuclear de R. PITARCH (2002).

También en este período de final del siglo XX es cuando comienzan a aparecer los primeros volúmenes de la magna obra *Flora iberica* (CASTROVIEJO & al., 1986-2012), promovida por el grupo de investigación del Real Jardín Botánico de Madrid, de la que ya ha salido a la luz pública cerca de las tres cuartas partes. Esta obra representa la piedra angular y principal obra de referencia taxonómica para todos los botánicos que trabajan en la Península Ibérica, y es por ello nuestro principal soporte para este estudio.

Es la época en que también comienza a impulsarse el estudio detallado de la flora de la provincia de Teruel, por encargo del Instituto de Estudios Turolenses, que culmina en la edición del primer catálogo de flora vascular que incluye la provincia de Teruel completa (MATEO, 1990), seguido de una obra complementaria, con claves identificativas (MATEO, 1992), que resultaba necesaria para atender la docencia del Curso de Botánica Práctica que entonces comenzaba su andadura en la Universidad de Verano de Teruel, y que lleva ya más de dos décadas de ediciones ininterrumpidas.

Ello estuvo precedido de numerosas notas breves, con alusión a las principales novedades aparecidas y continuado de una labor similar posterior, con abundantes añadidos y complementos, a cuyo desarrollo ayudaron principalmente Carlos Fabregat y Silvia López, pero a los que se añadió un entusiasta grupo de aficionados aragoneses, que aportaron valiosos datos (debe mencionarse entre ellos especialmente a Nuria Mercadal, Juan Pisco, Chabier de Jaime y Alfredo Martínez), cuyos resultados empezaron a aparecer en la nueva revista *Flora Montiberica*, lanzada para la promoción de este tipo de estudios, en decadencia en el mundo académico (cf. MATEO, FABREGAT & LÓPEZ UDIAS, 1994, 1994b y c, 1995, 1995b, 1997; MATEO & MECADAL, 1995; MATEO & PISCO, 1995; MATEO, PISCO & MERCADAL, 1996; MATEO, 2000).

Para que toda esa nueva información acumulada no quedara dispersa, promovimos la elaboración de una tesis doctoral que actualizara los datos disponibles sobre la flora de Teruel, con una revisión crítica de los pliegos depositados en los principales herbarios y de los datos bibliográficos disponibles, a lo que se uniera una larga época de herborizaciones sistemáticas por las áreas menos prospectadas. El resultado final queda plasmado en la memoria final, la voluminosa y exhaustiva tesis de S. LÓPEZ UDIAS (2000), fruto del trabajo de su autora, de sus dos co-directores y del desinteresado esfuerzo del amplio elenco de aficionados, que supone un gran avance sobre la obra previa sintética de 1990.

Más recientemente han surgido dos nuevas obras de síntesis, esenciales para un estudio como el aquí presentado. Tienen en común en haber surgido completas (no por fascículos, como *Flora iberica*) y estar publicadas como página Web, a disposición del gran público. Por un lado está el proyecto ANTHOS (www.programanthos.org), promovido por el recientemente fallecido Santiago Castroviejo, también desde el Real Jardín Botánico de Madrid, que incluye información bibliográfica y cartografía de la flora vascular española. La otra iniciativa es el *Atlas de la flora de Aragón* (AFA), editado por D. Gómez & al. (www.ipe.csic.es), con información abundante, mapas e ilustraciones de cada planta, restringida a las tres provincias aragonesas.

En la primera década del presente siglo estuvimos trabajando de modo prioritario sobre la flora de la vecina y complementaria Sierra de Albarracín, cuyos resultados se pueden ver expresados en las dos sucesivas ediciones recientemente aparecidas (MATEO, 1998, 1999); pero pronto empezamos a compatibilizar el estudio de esa zona con la que aquí nos ocupa, principalmente gracias a los trabajos de campo de José Luis Lozano, que nos movieron a promover la apertura de una nueva serie de artículos florísticos, específica para las sierras de Gúdar y Javalambre, de la que han salido ya importantes adiciones a esta flora (cf. MATEO & LOZANO, 2005, 2007, 2007b, 2009, 2010a, b y c; 2011; MATEO, LOZANO & FERNÁNDEZ, 2009).

Para completar esta obra, además de tener en consideración las obras anteriores que afectan a la flora de la misma, hemos consultado las que tratan sobre la flora de las áreas colindantes, para ver qué especies no han sido aquí detectadas, pero se conocen de territorios muy próximos siendo muy previsible su presencia. Para ello resultan especialmente interesantes las obras sobre Aragón o la provincia de Teruel ya aludidas, más otras exteriores a Aragón, como las de VIGO (1968) sobre el macizo de Peñagolosa, a las montañas de Morella y su entorno (AGUILELLA, 1992), las referidas al Rincón de Ademuz (MATEO, 1997), al Alto Maestrazgo de Castellón (FABREGAT, 1995), a los Puertos de Beceite (F. ROYO & al., 2008-2010), a la Comunidad Valenciana en su conjunto (MATEO & CRESPO, 2009; MATEO, CRESPO & LAGUNA, 2011), etc.

# 4. GUÍA DEL USUARIO

## 4.1. TERRITORIO ABARCADO

Esta obra constituye un catálogo de las plantas vasculares de las que se tiene constancia de su presencia en el territorio correspondiente a lo que suele denominarse como Sierra de Gúdar y Sierra de Javalambre, empleado en uno de sus sentidos más amplios (incluyendo la Sierra de El Toro y el alto Maestrazgo), aunque sin exceder los límites de la provincia de Teruel. Dada esta elección con límites administrativos, anteriormente justificada, la llevamos hasta sus últimas consecuencias, por lo que el territorio seleccionado se va a concretar finalmente en la suma de una serie de municipios turolenses. Llega por el norte hasta los términos de Villarluengo y Tronchón; por el este y sur (de Tronchón hasta Riodeva) el límite lo marca la divisoria entre las Comunidades Autónomas aragonesa y valenciana; por el oeste estamos limitados por el valle del Turia, hasta Teruel y un eje aproximado Teruel-Camarillas, incluyendo la Sierra de El Pobo.

Esto abarca 48 términos, que, siguiendo la actual comarcalización de Aragón incluye –como núcleo básico– todos los de la comarca Gúdar-Javalambre, gran parte de los del Maestrazgo y algunos de la de Teruel.

### A) Listado de municipios por orden administrativo-alfabético

Separados por las tres comarcas implicadas y en orden alfabético para cada una, se concretarían a los siguientes:

A1) *Comarca completa Gúdar-Javalambre*

| | | |
|---|---|---|
| 1. Abejuela | 9. Fuentes de Rubielos | 17. Puebla de Valverde |
| 2. Albentosa | 10. Gúdar | 18. Puertomingalvo |
| 3. Alcalá de la Selva | 11. Linares de Mora | 19. Rubielos de Mora |
| 4. Arcos de las Salinas | 12. Manzanera | 20. San Agustín |
| 5. Cabra de Mora | 13. Mora de Rubielos | 21. Sarrión |
| 6. Camarena de la Sierra | 14. Mosqueruela | 22. Torrijas |
| 7. Castellar, El | 15. Nogueruelas | 23. Valbona |
| 8. Formiche Alto | 16. Olba | 24. Valdelinares. |

A2) La mayor parte de la *comarca de El Maestrazgo*, excluidas las zonas bajas del norte

| | | |
|---|---|---|
| 25. Allepuz | 29. Fortanete | 33. Pitarque |
| 26. Cantavieja | 30. Iglesuela del Cid | 34. Tronchón |
| 27. Cañada de Benatanduz | 31. Mirambel | 35. Villarluengo |
| 28. Cuba, La | 32. Miravete de la Sierra | 36. Villarroya de los Pinares. |

A3) Parte occidental de la *comarca de Teruel*, que incluye términos limítrofes con los anteriores, con los que existe una clara continuidad geográfica

| | | |
|---|---|---|
| 37. Ababuj | 41. Cedrillas | 45. Monteagudo del Castillo |
| 38. Aguilar del Alfambra | 42. Corbalán | 46. Pobo, El |
| 39. Camarillas | 43. Cubla | 47. Riodeva |
| 40. Cascante del Río | 44. Jorcas | 48. Valacloche. |

Mapa topográfico del sureste de Aragón, con comarcas y municipios, incluyendo la delimitación de la zona de estudio (trazo negro más grueso). (Elaborado a partir del MAPA COMARCAL DE ARAGÓN. Gobierno de Aragón).

**B) Listado de municipios en orden de altitud del casco urbano (creciente)**

Se especifican además –y entre paréntesis– las altitudes mínima y máxima del territorio de tales municipios.

**600-800 m**
1. Olba: 660 (620-1.060).

**800-1.000 m**
2. La Cuba: 890 (800-1.210)
3. Mirambel: 910 (800-1.400)
4. Rubielos de Mora: 930 (700-1.230)
5. Albentosa: 950 (800-1.130)
6. Valbona: 950 (850-1.100)
7. Fuentes de Rubielos: 960 (620-1.240)
8. San Agustín: 960 (700-1.060)
9. Riodeva: 970 (870-1.550)
10. Valacloche: 980 (970-1.370)
11. Sarrión: 990 (830-1.660)
12. Cascante del Río: 990 (870-1.250)
13. Manzanera: 990 (930-1.740)
14. Pitarque: 1.000 (880-1.560).

**1.000-1.200 m**
15. Mora de Rubielos: 1.030 (780-1.680)
16. Arcos de las Salinas: 1.080 (760-1.990)
17. Cabra de Mora: 1.090 (1.010-1.450)
18. Cubla: 1.090 (910-1.600)
19. Formiche Alto: 1.100 (970-1.640)
20. Tronchón: 1.100 (900-1.740)
21. Puebla de Valverde: 1.120 (890-2.020)
22. Nogueruelas: 1.140 (850-1.800)
23. Villarluengo: 1.140 (660-1.760)
24. Abejuela: 1.170 (950-1.630).

**1.200-1.400 m**
25. Miravete de la Sierra: 1.220 (1.190-1.500)

26. Cantavieja: 1.230 (900-1.780)
27. Iglesuela del Cid: 1.230 (1.060-1.760)
28. El Castellar: 1.240 (1.150-1.740)
29. Corbalán: 1.260 (1.130-1.660)
30. Camarena de la Sierra: 1.290 (1.040-2.020)
31. Camarillas: 1.310 (1.210-1.450)
32. Linares de Mora: 1.310 (1.050-1.950)
33. Jorcas: 1.330 (1.290-1.480)
34. Villarroya de los Pinares: 1.340 (1.320-1.880)
35. Cedrillas: 1.350 (1.290-1740)
36. Fortanete: 1.350 (1.220-1.860)
37. Torrijas: 1.360 (1.180-1.960)
38. Ababuj 1.370 (1.370-1.710)
39. Aguilar del Alfambra 1.380 (1.210-1.530).

**1.400-1.600 m**
40. Alcalá de la Selva: 1.410 (1.100-2.020)
41. Pobo, El: 1.410 (1.340-1.760)
42. Allepuz: 1.420 (1.310-1.890)
43. Cañada de Benatanduz: 1.420 (1.200-1.770)
44. Monteagudo del Castillo: 1.450 (1.350-1.650)
45. Puertomingalvo: 1.450 (840-1.750)
46. Mosqueruela: 1.470 (780-2.000)
47. Gúdar: 1.580 (1.360-2.010).

**1.600-1.800 m**
48. Valdelinares: 1.690 (1.550-2.000).

## 4.2. GRUPOS DE PLANTAS INCLUIDAS

La obra no abarca todo el mundo vegetal, ni siquiera todo el Reino de las Plantas. Nos ceñimos solamente a las plantas vasculares o cormófitos, que comprenden lo que habitualmente se denominan Fanerógamas y las Criptógamas Vasculares (Pteridófitos o helechos en sentido amplio). Taxonómicamente suelen incluirse en las divisiones *Pteridophyta* (Pteridófitos), *Pinophyta* (Pinófitos, también denominadas Gimnospermas) y *Magnoliophyta* (Magnoliófitos, también denominadas Angiospermas o plantas con flor).

Ello quiere decir que están excluidos grupos muy lejanos de éstos, como los Hongos y Líquenes, pertenecientes a un reino diferente, pero también Algas y Briófitos (musgos y organismos afines), más emparentados, pero cuyo estudio supone un método de trabajo e instrumental diferente, lo que hace que suelan tratarse en obras aparte y ser estudiados por especialistas diferentes a las plantas vasculares.

Las plantas consideradas aparecen ordenadas según los cuatro grandes grupos habitualmente reconocidos dentro de este tipo de plantas superiores: 1° Pteridófitos (helechos), 2° Gimnospermas, 3° Angiospermas Dicotiledóneas y 4° Angiospermas Monocotiledóneas.

## 4.3. CONTENIDOS

**Familias y géneros.** Dentro de cada uno de los cuatro grandes grupos se enumeran las *familias* en orden alfabético. Los nombres de las familias se presentan en su formulación latina en mayúsculas, aunque acompañados de su grafía castellanizada entre paréntesis, tal y como se alude a ellas en el lenguaje común, seguidas del número de géneros y especies catalogados en esta obra. Los *géneros* de cada familia van siempre con su formulación internacional latina, de una sola palabra, al menos con la primera letra mayúscula, seguidos de la abreviatura de su autor y del número de especies catalogadas en la obra, ambos en letra de menor tamaño. En esta obra irán con todas las letras en mayúsculas en el rótulo previo al apartado en que analizamos sus especies, pero ya en minúsculas cuando formen parte del doble nombre de las especies.

El número de especies de cada género se complementa con el número de taxones presentados, cuando alguna de las especies se presenta separada en más de un apartado correspondiente a subespecies claramente definidas (precedido del número de la especie y una letra de la "a" en adelante). Cuando la variabilidad interna de la especie parece que podría afectar a más de una subespecie, pero la cuestión no está aclarada o resuelta de modo convincente, se comenta esto en el texto de la especie, pero no se enumeran separadas tales unidades.

**Especies y subespecies.** Los nombres de cada especie incluyen siempre primero el del género al que pertenecen y luego una palabra complementaria de carácter adjetivo (a veces dos unidas por un guión) denominada *epíteto específico*. Como en todas la obras botánicas que pretendan un mínimo rigor, tal nombre doble o *binomen* se acompañará siempre de la abreviatura de su autor o *autores* y del *protólogo* con la abreviatura de la publicación (libro o revista) en que fue dada a conocer por primera vez, a lo que se añade (si se conoce) el –o los– *nombre(s) común(es)* habituales en lengua española. El nombre latino irá siempre en negrita, la abreviatura de la autoría y protólogo en letra normal pero de tamaño menor y el nombre común entre paréntesis, con letra cursiva de tamaño intermedio. Para las subespecies se sigue el mismo sistema, añadiéndose al binomen de la especie la partícula "subsp." en letra normal seguida del *epíteto subespecífico* latino en negrita, su autoría y protólogo. En algunos casos se han descrito o citado plantas con rango taxonómico inferior al aquí mencionado (*variedad o forma*), lo que eludimos en esta obra, en pro de una visión general y evitando un detalle excesivo o entrar en aspectos demasiado anecdóticos o irrelevantes de las plantas.

**Sinónimos.** Para especies y subespecies es frecuente que se sitúe –tras sus nombres latinos considerados válidos y sus protólogos– uno o varios nombres alternativos, con los que aparecen denominadas en obras suficientemente representativas, pero que consideramos no válidos o subordinados a la unidad taxonómica propuesta; incluyendo entre ellos (cuando se trata de táxones sujetos a recombinación nomenclatural) el *basiónimo* [basión.] o nombre original de la planta propuesto por el primer autor que la publicó válidamente. Tales sinónimos se colocan en un segundo párrafo, en letra pequeña, separados entre sí por punto y coma, precedidos por las abreviaturas de identidad (≡, en recombinaciones del basiónimo) o igualdad (=, en propuestas nomenclaturales alternativas que pensamos corresponden a la misma especie). Si el nombre presentado en la sinonimia no es sinónimo real del aceptado en la obra –o existen serias dudas de ello–, pero ha sido utilizado en obras precedentes para referirse a la planta tratada, quedará especificado por el uso de un guión simple (-) como marca previa y el hecho de que tras el nombre latino indicaremos la partícula *auct.*, en alusión a su uso por diferentes autores que pensaban que ese nombre era el adecuado para la planta en cuestión.

**Información complementaria.** Para cada unidad taxonómica básica (especie o subespecie) se añade a continuación de su nombre una frase breve que incluye:

15

1. **Tipo biológico**, en forma abreviada:
   - **Caméf.**: *caméfito*, mata sufruticosa
   - **Faner.-Epíf.**: *fanerófito epífito*, planta epífita
   - **Faner.-Escan.**: *fanerófito escandente*, planta leñosa trepadora
   - **Geóf.**: *geófito*, hierba perenne con yemas subterráneas
   - **Hemic.**: *Hemicriptófito*, hierba perenne con yemas a ras de suelo
   - **Hidróf.**: *hidrófito*, hierba acuática
   - **Macro-Faner.**: *macrofanerófito*, planta arborescente
   - **Meso-Faner.**: *mesofanerófito*, arbusto elevado
   - **Nano-Faner.**: *nanofanerófito*, arbusto bajo
   - **Teróf.**: *terófito*, hierba anual.

2. **Tamaño de la planta**: indicado en intervalos de metros, decímetros o centímetros y referido a las situaciones normales de las poblaciones observadas en el territorio estudiado.

3. **Ambientes ecológicos** en los que se presenta, sin palabras abreviadas, especificando los matices necesarios en cada caso pero con lenguaje conciso. En algunos casos algún comentario sobre la variabilidad morfológica interna o las posibles subespecies.

4. **Biogeografía**. Especificando su área de distribución de forma abreviada, que se concreta en orden alfabético:
   - **Centroas.**: centroasiática, regiones templadas de Asia central
   - **Chinojap.**: chinojaponesa, regiones templadas de Extremo Oriente
   - **Cosmopol.**: cosmopolita
   - **Eurosib.**: eurosiberiana, regiones templadas de Europa norte y Asia noroccidental
   - **Holárt.**: holártica o circumboreal
   - **Iranot.**: iranoturaniana, regiones templadas de Asia suroccidental
   - **Medit.**: mediterránea, regiones templadas del sur de Europa y norte de África
   - **Neotrop.**: neotropical, regiones tropicales del Nuevo Mundo:
   - **Norteamer.**: norteamericana, regiones templadas del norte del Nuevo Mundo
   - **Paleotempl.**: Paleotemplada, regiones templadas del Viejo Mundo
   - **Paleotrop.**: paleotropical, regiones tropicales del Viejo Mundo
   - **Subcosmop.**: subcosmopolita.

Dentro de la región mediterránea, matizaremos con alusiones parciales a su zona oeste (**Medit.-occid.**), este (**Medit.-orient.**), sur (**Medit.-merid.**) y norte (**Medit.-sept.**). Si afecta a las cuatro se especificará: Circun-Medit. Los endemismos peninsulares se separarán como iberolevantinos (**Ibero-lev.**), cuando afecten a su mitad oriental o iberoatlánticos (**Iberoatl.**), cuando afecten a su mitad occidental. En ocasiones se emplearán abreviaturas mixtas (ej.: Medit.-Iranot.). Si la especie tiene su centro en una zona pero la excede ampliamente se puede especificar con la partícula Euri- (ej. Euri-Medit.-sept., si excede bastante hacia el norte).

5. **Grado de abundancia** en la zona: **RR** (muy rara), **R** (rara), **M** (abundancia media), **C** (común) y **CC** (muy común). En los casos en que no se ha visto personalmente, pero existen referencias bibliográficas verosímiles en el término o de zonas muy cercanas, se indica este particular y a continuación **NV** (no vista), que seguramente se corresponderá con un R o RR, aunque es probable que algunas no existan en la zona y su cita haya sido debida a error de determinación o al no tan infrecuente traspapelado de las etiquetas de herbario.

6. **Interés científico-ecológico**: en el contexto de la flora comarcal, provincial, regional o peninsular y en una escala creciente sencilla de 1 a 5, donde se valora la rareza, la sensibilidad a las alteraciones del medio y el grado de endemismo. El **1** va para las plantas banales o naturalizadas frecuentes por todas partes, de valor muy escaso (ej. *Calendula arvensis*); el **2** para las de poco pero ya de un cierto interés (ej. *Trifolium pratense*); el **3** para las de un interés medio (ej.: *Asplenium ruta-muraria*); el **4** para las raras o que siendo valiosas puedan ser más o menos frecuentes (ej.: *Arbutus unedo*); y el

**5** para las que siendo de mayor interés son además más raras o se encuentren en situación más relictual o en peligro (ej.: *Gentiana acaulis*).

7. ***Primera mención*** de la especie para la comarca en la bibliografía, donde se especificará entre paréntesis autor y año, remitiendo para la cita completa al capítulo final de bibliografía. Dado que un buen número de ellas se concretan a unas pocas obras básicas de referencia, éstas se abrevian más de lo normal. La revisión monográfica de la flora de esta zona, debida a Rivas Goday y Borja, se abrevia como "**R & B**". La tesis de A. Aguilella como "**AA**". El primer catálogo de flora provincial, publicado por G. Mateo, va abreviado como "**GM**", la actualización de dicho catálogo provincial, recogida en la tesis doctoral de S. López Udias, abreviada como "**SL**", y la posterior publicación sobre la flora del Maestrazgo debida a R. Pitarch, abreviada como "**RP**".

Otros dos autores que se repiten mucho en este apartado, y que por ello presentamos de modo abreviado son F. Loscos (que aparece como "**FL**" cuando va sólo), F. Loscos y J. Pardo (que aparecen juntos como "**L & P**"), M. Willkomm (que aparece como "**MW**"), M. Willkomm y J. Lange (que aparecen juntos como "**W & L**") y P. Font Quer (que aparece como "**FQ**"). No abreviamos autores también de frecuente aparición, como Pau y Asso, por no necesitarlo su breve apellido. Cuando aparecen mencionadas por primera vez en el *Atlas corològic de la flora vascular del Països Catalans*, se menciona con la abreviatura habitual de la obra (**ORCA**).

Para las especies de las que no conozcamos referencias bibliográficas anteriores indicaremos dentro del paréntesis la abreviatura "**NC**" (no citada). Entendemos que la primera cita se da en esta obra.

8. ***Ilustración disponible***: para las especies ilustradas con imagen, el párrafo con las especificaciones hasta aquí indicadas termina con un paréntesis en que se indica la abreviatura "Fig." seguida de un número, alusivo al que aparece bajo las ilustraciones indicadas correspondientes a esa planta.

9. ***Lista de localidades***: tras la breve frase que incluye todos los apartados mencionados se pasa a la indicación de las localidades en que se conoce la especie.

Para la mayor parte de las unidades consideradas sólo se indica la lista de cuadrículas de 10 km de lado en que se tiene constancia de su presencia, pero para las más raras (detectadas en sólo 1-5 cuadrículas de 10 × 10) se van a especificar los datos de las citas concretas con más detalle, indicándose un municipio, una localidad y la fuente de dicha referencia, excepto cuando dicha fuente son nuestros propios datos de campo. Hemos decidido anteponer éstos a los datos ajenos, incluso los datos clásicos de la bibliografía, queriendo subrayar así que corroboramos personalmente la presencia actual de la planta en la zona, lo que añade un valor a la mera cita antigua, que –por otra parte– puede consultarse en la bibliografía que al final se cita. Desechamos la opción de citar una referencia antigua y añadir una nuestra actual de confirmación, al igual que la de indicar todas las referencias propias o ajenas que tengamos para cada localidad concreta, por lo denso y excesivamente largo que quedaría el texto.

Por el contrario, en las especies más extendidas, es decir que están en todas o la gran mayoría de las cuadrículas (lo que concretamos a tener constancia de su presencia al menos en 50 de ellas), se omiten las listas de cuadrículas, indicándose –tras los siete primeros apartados del párrafo anterior– la abreviatura "TC" (todas las cuadrículas), que pasaría a convertirse en un 8° apartado de la ficha básica de estas especies (por delante de la alusión a la figura).

**CUADRÍCULAS ESTUDIADAS**

Flora de Gúdar-Javalambre

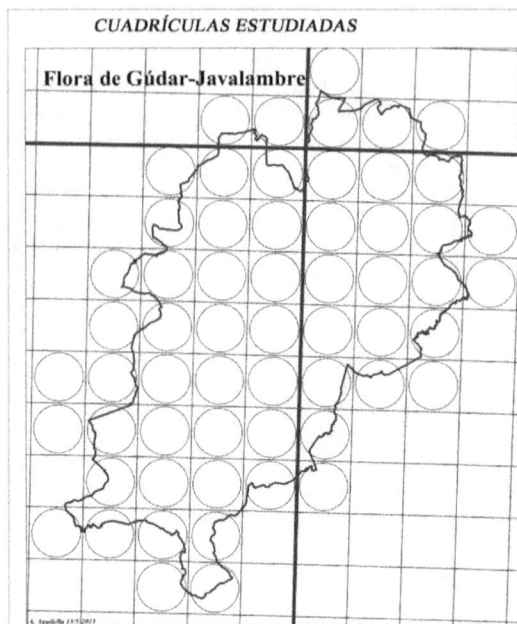

Las cuadrículas de 10 km de lado que afectan al territorio en estudio son las 59 siguientes: XK52, XK54, XK55, XK62, XK63, XK64, XK65, XK66, XK67, XK71, XK72, XK73, XK74, XK75, XK76, XK77, XK78, XK79, XK81, XK82, XK83, XK84, XK85, XK86, XK87, XK88, XK89, XK93, XK94, XK95, XK96, XK97, XK98, XK99, XL80, XL90, YK03, YK04, YK05, YK06, YK07, YK08, YK09, YK15, YK16, YK17, YK18, YK19, YK25, YK26, YK27, YK28, YK29, YK37, YK38, YL00, YL01, YL10, YL20. Las que figuran subrayadas (15) están afectadas en una proporción escasa, hasta cerca de un tercio de su superficie, el resto (44) están representadas en toda su extensión o ésta se acerca o supera la mitad de la misma.

**Híbridos.** Las especies híbridas aparecen con la notación "×" entre el género y el epíteto específico y van seguidas de un paréntesis en el que se indican sus especies parentales. El tratamiento de sus datos es igual que el resto de las especies, la única diferencia es que se enumeran en orden alfabético aparte, al acabar la lista de las especies no híbridas de cada género.

**Plantas cultivadas y exóticas.** Se indicarán en letra pequeña las especies observadas, pero que accedieron a esta zona aportadas por las actividades humanas, estando presentes sólo como cultivadas o escapadas de cultivo de modo accidental (almendro, vid, manzano, etc.); otras veces su naturalización es profunda y se expanden con fuerza por sus propios medios (*Ailanthus altissima, Robinia psedacacia*). Tales especies se indican aquí por su importancia cultural y económica, pero no engruesan las estadísticas finales de la flora silvestre. A veces es conflictivo asegurar si son autóctonas o no, pero –en caso de duda– si habitualmente se tienen como mediterráneas, holárticas, etc. (con nuestro territorio incluido en su área potencial), las incluiremos como autóctonas en letra normal; en cambio, si en su biogeografía indicamos una procedencia exótica (centroasiática, neotropical, etc.), irán siempre en letra pequeña.

## 4.4. FUENTES

La principal fuente de información ha sido la prospección propia del terreno, durante las últimas décadas; a lo que sumar los datos localizados en los herbarios de Valencia y Aragón; así como en la amplia y dispersa bibliografía botánica, cuyas citas hemos entresacado de las obras que aportan algún dato a la flora del término y que enumeramos con detalle en el capítulo bibliográfico final.

Como punto de partida hemos comenzado desde los datos sintéticos aportados en las revisiones de MATEO (1990, 1992) y LÓPEZ UDIAS (2000), matizados por las recientes aportaciones de obras de ámbito más amplio, como la página Web del *Atlas de la flora aragonesa* (D. GÓMEZ & al., 2010), los volúmenes existentes de *Flora iberica* (CASTROVIEJO & al., 1986-2010), la detallada *Flora dels Països Catalans* (BOLÒS & VIGO, 1984-2002) y su complemento el *Atlas Corològic de la Flora dels Països Catalans* (BOLÒS & al., 1985-2010). Además de ello en numerosas obras menores, que aparecen recogidas en la bibliografía, correspondientes a trabajos monográficos de familias o géneros concretos, debidas a botánicos foráneos o a estudios de flora local hechos por especialistas vinculados con el territorio.

# 5. CATÁLOGO DE FLORA

## 1. PTERIDÓFITOS
(13 gén., 25 esp.)

### 1.1. ADIANTUM L. (1 esp.)

**1. Adiantum capillus-veneris** L., Sp. Pl.: 1096 (1753) (*culantrillo de pozo, cabello de Venus*)
Geóf.-riz., 1-3 dm. Rocas y taludes muy húmedos o rezumantes en zonas bajas. Subcosmop. R. 3. (SL, 2000).
XK55, XK62, XK73, XK82, XK84, XK85, XK93, XK94, XK95, YK03, YK04, YK05, YK15, YK16, YK26, YK27, YK28, YK29, YK37, YL00, YL01, YL10, YL20.

### 1.2. ASPLENIUM L. (9 esp.)

**1. Asplenium adiantum-nigrum** L., Sp. Pl.: 1081 (1753) (*culantrillo negro*)
Hemic.-ros. 1-3 dm. Rocas y pedregales silíceos sombreados. Holárt. R. 3. (R & B, 1961).
XK63, XK64, XK77, XK78, XK82, XK85, XK86, XK87, XK95, XK97, XK98, XK99, YK16, YK25, YK26, YL00.

**2. Asplenium cskii** Kummerle & András, Magyar Bot. Lapók 21: 3 (1922)
= *A. trichomanes* subsp. *pachyrachis* (Christ.) Lovis & Reichst. in Willdenowia 10: 18 (1980)
Hemic.-ros. 5-20 cm. Roquedos calizos de fuerte pendiente. Paleotemp. R. 3. (RP, 2002).
XK65, XK66, XK74, XK75, XK76, XK77, XK82, XK83, XK86, XK87, XK95, XK96, XK97, XK98, XK99, YK03, YK04, YK05, YK06, YK07, YK08, YK09, YK16, YK17, YK18, YK19, YK26, YK27, YK28, YL00, YL01.

**3. Asplenium fontanum** (L.) Bernh. in J. Bot. (Schrad.) 1799(1): 314 (1799) (*culantrillo blanco menor*)
≡ *Polypodium fontanum* L., Sp. Pl.: 1089 (1753) [basión.]; = *A. leptophyllum* Lag., D. García & Clem. in Anales Ci. Nat. 5(13): 155 (1802); - *A. halleri* auct., non DC. (1815)
Hemic.-ros. 4-25 cm. Roquedos calizos poco soleados. Euri-Medit.-sept. M. 3. (DEBEAUX, 1894). TC.

**4. Asplenium onopteris** L., Sp. Pl.: 1081 (1753) (*culantrillo mayor*)
≡ *A. adiantum-nigrum* subsp. *onopteris* (L.) Heufler in Ver. Zool.-Bot. Vereins Wien 6: 310 (1856)
Hemic.-ros. 2-4 dm. Medios forestales y rocosos, tanto calizos como silíceos. Subcosmop. R. 4. (AA, 1985).
XK71, XK82, XK86, XK87, XK93, XK94, XK95, YK03, YK04, YK05, YL00.

**5. Asplenium petrarchae** (Guérin) DC. in Lam. & DC., Fl. Franç. ed. 3, 5: 238 (1815)
≡ *Polypodium petrarchae* Guérin, Descr. Font. Vaucluse 1: 124 (1804) [basión.]; = *A. glandulosum* Loisel., Not. Fl. France: 145 (1810)

Hemic.-ros. 3-10 cm. Grietas de rocas calizas soleadas a baja altitud. Medit.-occid. RR. 5. (SL, 2000).
XK82: Abejuela, barranco de los Charcos. YK27: Mosqueruela, hacia La Estrella. YK28: Iglesuela del Cid, Las Majadillas (RP, 2002). YK37: Mosqueruela, valle del Monleón. YK38: Iglesuela del Cid, Torre Nicasi (RP, 2002).

**6. Asplenium ruta-muraria** L., Sp. Pl.: 1081 (1753) (*ruda de muros, culantrillo blanco*)
Hemic.-ros. 3-15 cm. Roquedos calizos no muy soleados, en altitudes medias. Holárt. M. 3. (FQ, 1953). TC.

**7. Asplenium seelosii** Leybold in Flora 38: 81 (1855) subsp. **glabrum** (Litard. & Maire) Rothm. in Cadevall, Fl. Catalunya 6: 339 (1937)
≡ *A. seelosii* var. *glabrum* Litard. & Maire in Bull. Soc. Sci. Nat. Maroc 8: 143 (1929) [basión.]; = *A. celtibericum* Rivas Mart. in Bull. Jard. Bot. Natl. Belg. 37: 329 (1967)
Hemic.-ros. 2-6 cm. Grietas o microcavidades en roquedos calizos verticales a extraplomados. Medit.-occid. RR. 5. (SANDWITH & MONTSERRAT, 1966).
XK97: Alcalá de la Selva (SANDWITH & MONTSERRAT, 1966). YK07: Linares de Mora, pr. Mas de Torres Colás.

**8. Asplenium septentrionale** (L.) Hoffm., Deutschl. Fl. 2: 12 (1796)
≡ *Acrostichum septentrionale* L., Sp. Pl.: 1068 (1753) [basión.]
Hemic. ros. 5-20 cm. Grietas de roquedos silíceos en ambientes frescos de montaña. Holárt. RR. 3. (FL, 1886).
XK78: El Pobo, monte Castelfrío. YK26: Puertomingalvo, Mas de Navarro (VIGO, 1968).

**9. Asplenium trichomanes** L., Sp. Pl.: 1080 (1753) subsp. **quadrivalens** D.E. Meyer in Ver. Deutsch. Bot. Ges. 74: 456 (1962) (*culantrillo menor*)
Hemic.-ros. 5-30 cm. Grietas de roquedos y pedregales de diferente tipo. Algunos ejemplares detectados podrían cuadrar en la denominada subsp. *hastatum* (Christ) S. Jess in Ber. Bayer. Bot. Ges. 65: 111 (1995), cuya presencia no está confirmada en la zona. En cuanto al tipo de la especie (subsp. *trichomanes*), mencionado en alguna ocasión, parece que es planta ajena a este territorio. Subcosmop. M. 3. (FL, 1882). TC.

*Híbridos* (1 esp)
**1. Asplenium × murbeckii** Dörfl. in Österr. Bot. Z. 45: 223 (1895) (*ruta-muraria × septentrionale*)
Hemic.-ros. 5-15 cm. Grietas de roquedos elevados. Holárt. NV. 4. (RIVAS-MARTÍNEZ, IRANZO & SALVO, 1982).
XK97: Alcalá de la Selva, Puerto de San Rafael (RIVAS-MARTÍNEZ & al., 1982).

### 1.3. BOTRYCHIUM Swartz (1 esp.)

1. **Botrychium lunaria** (L.) Swartz in J. Bot. (Schrader) 1800(2): 119 (1802) (*lunaria menor*)
≡ *Osmunda lunaria* L., Sp. Pl.: 1064 (1753) [basión.]
Geóf.-riz. 4-15 cm. Prados húmedos en terrenos silíceos o descarbonatados. Subcosmop. RR. 5. (ASSO, 1779).
XK63, XK97, YK07, YK08, YK17, YK19, YK28.

**1.4. CETERACH** Willd. (1 esp.)

1. **Ceterach officinarum** Willd., Anleit. Selbstud. Bot.: 578 (1804) (*doradilla*)
≡ *Asplenium ceterach* L., Sp. Pl.: 1080 (1753) [syn. subst.]
Hemic.-ros. 5-20 cm. Medios rocosos y pedregosos variados. Paleotemp. M. 3. (R & B, 1961). TC.

**1.5. CHEILANTHES** Swartz (1 esp.)

1. **Cheilanthes acrostica** (Balbis) Tod. in Giorn. Sci. Nat. Econ. Palermo 1: 215 (1866)
≡ *Pteris acrosticha* Balbis, Elenco; 98 (1801) [basión.]; ≡ *C. odora* Swartz, Syn. Filic. 5: 127 (1806); - *C. fragrans* auct., non (L. f.) Swartz (1806)
Hemic.-ros. 5-15 cm, Medios rocosos o pedregosos calizos secos y poco elevados. Late-Medit. RR. 4. (FABREGAT, 1989).
**YK27:** Mosqueruela, pr. La Estrella.

**1.6. CYSTOPTERIS** Bernh. (1 esp.)

1. **Cystopteris fragilis** (L.) Bernh. in Neues J. Bot. 1(2): 27 (1805)
≡ *Polypodium fragile* L., Sp. Pl.: 1091 (1753) [basión.]
Hemic.-ros 5-35 cm. Roquedos y pedregales poco soleados, tanto calizos como silíceos. Subcosmop. M. 3. (PAU, 1888).
XK63, XK64, XK73, XK74, XK77, XK78, XK82, XK83, XK87, XK95, XK96, XK97, YK06, YK07, YK08, YK16, YK17, YK18, YK19, YK27.

**1.7. DRYOPTERIS** Adans. (1 esp.)

1. **Dryopteris filix-mas** (L.) Schott, Fen. Fil.: tab. 9 (1834) (*helecho macho*)
≡ *Polypodium filix-mas* L., Sp. Pl.: 1090 (1753) [basión.]; ≡ *Polystichum filix-mas* (L.) Roth, Tent. Fl. Germ. 3: 82 (1799)
Geóf.-riz. 0,5-1 m. Taludes, medios forestales espesos, grietas umbrosas de rocas silíceas. Holárt. RR. 4. (FL, 1886).
**XK78:** El Pobo, monte Castelfrío. **XK63:** Camarena de la Sierra, pr. Matahombres. **YK16:** Puertomingalvo, Mas de Gasque. **YK26:** Puertomingalvo, barranco de Monzón.

**1.8. EQUISETUM** L. (4 esp.) (*colas de caballo, equisetos*)

1. **Equisetum arvense** L., Sp. Pl.: 1061 (1753)
Geóf.-riz. 1-4 dm. Bosques ribereños, pastizales húmedos sombreados y cultivos en zonas de vega. Holárt. M. 3. (ASSO, 1779). TC.

2. **Equisetum palustre** L., Sp. Pl.: 1061 (1753)

Geóf.-riz. 1-4 dm. Juncales y herbazales húmedos en depresiones inundables o márgenes de ríos y arroyos. Eurosib. R. 4. (R & B, 1961).
XK73, XK87, XK89, XK96, XK97, XK98, YK04, YK05, YK06, YK07, YK17, YK18, YK19, YK28, YL00.

3. **Equisetum ramosissimum** Desf., Fl. Atl. 2: 398 (1799)
= *E. campanulatum* Poir. in Lam., Encylc. Méth. Bot. 5: 613 (1804); - *E. ramosum* auct.
Geóf.-riz. 3-7 dm. Campos de regadío, juncales y herbazales húmedos. Subcosmop. M. 2. (R & B, 1961). TC.

4. **Equisetum telmateia** Ehrh. in Hannovev Mag. 21: 287 (1783)
Geóf.-riz. 5-15 dm. Bosques ribereños y herbazales húmedos en medios umbrosos. Se ha observado en el cauce del río Maimona, en el límite con Castellón, también en el valle del Mijares por Puebla de Arenoso, desde donde muy posiblemente acceda a zonas de los términos de Olba o Fuentes de Rubielos. Holárt. RR. 4. (MATEO & LOZANO, 2010b).
**YK03:** San Agustín, valle del río Maimona bajo loma de la Cañadilla.

*Híbridos* (1 esp.)
1. **Equisetum × moorei** Newman in Phytologist 5: 19 (1854) (*hyemale* × *ramosissimum*)
- *E. hyemale* auct., non L. (1753)
Geóf.-riz. 3-8 dm. Se atribuyen a este taxon unas poblaciones, que aparecen en ambientes ribereños y pastizales muy húmedos por zonas elevadas, en las que no se observan ramificaciones laterales desde los tallos principales. Ello pese a no presentarse en la zona el parental *E. hyemale*, que pudo haber existido hasta hace no mucho tiempo. Paleotemp. RR. 4. (MATEO, FABREGAT, LÓPEZ UDIAS & MERCADAL, 1995).
YK07, YK08, YK09, YK18, XK19, YK26, YK28.

**1.9. OPHIOGLOSSUM** L (1 esp.)

1. **Ophioglossum vulgatum** L., Sp. Pl.: 1062 (1873) (*lengua de serpiente*)
Geóf.-riz. 5-15 cm. Prados húmedos sombreados sobre suelo silíceo. Holárt. RR. 5 (MATEO & LOZANO, 2009).
**XK63:** Camarena de la Sierra, pr. Matahombres. **YK18:** Cantavieja, Puerto de la Tarayuela. **YK25:** Puertomingalvo, pr. Mas de Gómez.

**1.10. PHYLLITIS** Hill (1 esp.)

1. **Phyllitis scolopendrium** (L.) Newman, Hist. Brit. Ferns, ed. 2: 10 (1844) (*lengua de ciervo*)
≡ *Asplenium scolopendrium* L., Sp. Pl.: 1079 (1753) [basión.]; = *Scolopendrium officinale* DC. in Lam. & DC., Fl. Fr. ed. 3, 2: 552 (1805); = *S. vulgare* Sm. in Mem. Acad. Roy. Sci. (Torino) 5: 421 (1793)

Hemic.-ros. 1-4 dm. Ambientes umbrosos y húmedos. Subcosmop. RR. 4. (MATEO, FABREGAT & LÓPEZ UDIAS, 1994).

**XK95**: Rubielos de Mora, Minas Sabadell-Henry.

### 1.11. POLYPODIUM L. (2 esp.) (polipodios)

**1. Polypodium cambricum** L., Sp. Pl.: 1086 (1753)
= *P. australe* Fée, Mém. Foug. 5: 236 (1852); = *P. serratum* (Willd.) A. Kerner, Fl. Exsicc. Austro-Hung.: nº 708 (1882); - *P. vulgare* subsp. *serrulatum* auct.

Geóf.-riz. 5-30 cm. Roquedos calizos o silíceos poco soleados y a baja altitud. Medit.-Atlánt. R. 3. (GM, 1990).

XK77, XK82, XK94, YK03, YK04, YK29, YL00.

**2. Polypodium vulgare** L., Sp. Pl.: 1085 (1753)
Geóf.-riz. 1-3 dm. Grietas y repisas de roquedos sombreados, sobre todo silíceos, ocasionalmente epífito sobre troncos de árbol. Holárt. M. 3. (AA, 1985).

XK63, XK64, XK78, XK81, XK82, XK83, XK86, XK87, XK95, XK97, YK06, YK16, YK17, YK18, YK26, YK27.

### 1.12. POLYSTICHUM Roth (1 esp.)

**1. Polystichum aculeatum** (L.) Roth, Tent. Fl. Germ. 3: 79 (1799)
≡ *Polypodium aculeatum* L., Sp. Pl.: 1090 (1753) [basión.]; ≡ *Aspidium aculeatum* (L.) Swartz in J. Bot. (Schrader) 1800(2): 37 (1802); = *A. lobatum* (Huds.) Swartz in J. Bot. (Schrader) 188(2): 37 (1802); *Polystichum lobatum* (Huds.) Bast., Essai Fl. Maine-Loire: 367 (1809); - *Polypodium regium* auct.

Hemic.-ros. 4-8 dm. Márgenes de arroyos, terrenos pedregosos o medios forestales muy húmedos. Eurosib. RR. 5. (ASSO, 1779).

**YK08**: Fortanete, Peñacerrada (ASSO, 1779, ut *Polypodium regium*). **YK26**: Puetomingalvo, barranco del Mas del Sapo.

### 1.13. PTERIDIUM Scop. (1 esp.)

**1. Pteridium aquilinum** (L.) Kuhn in Kersten, Reisen Ost.-Afr. 3(3): 11 (1879) (helecho común)
≡ *Pteris aquilina* L., Sp. Pl.: 1075 (1753) [basión.]

Geóf.-riz. 4-18 dm. Pinares, robledales y sus orlas herbáceas sobre suelo silíceo. Cosmop. R. 3. (SL, 2000).

**YK25**: Puertomingalvo, pr. Mas de Gómez. **YK26**: Id., monte Bovalar.

## 2. GIMNOSPERMAS

### 2.1. CUPRESSACEAE (Cupresáceas) (2 gén.)

**2.1.1. CUPRESSUS** L. (2 esp.) (cipreses)

**1. Cupressus arizonica** E.L. Greene in Bull. Torrey Bot. Club 9: 64 (1882) (ciprés de Arizona)

Macro-Faner. 3-10 m. Cultivado como ornamental en los alrededores de los pueblos, caminos y áreas de recreo del monte. Norteamer. R. 1. (RP, 2002).

**2. Cupressus sempervirens** L., Sp. Pl.: 1002 (1753) (ciprés común)

Macro-Faner. 3-20 m. Tradicionalmente cultivado como ornamental en las poblaciones y también en senderos, fuentes, merenderos, etc. Medit.orient. R. 1. (RP, 2002).

**2.1.2. JUNIPERUS** L. (5 esp., 8 táx.)

**1a. Juniperus communis** L., Sp. Pl.: 1040 (1753) subsp. **communis** (enebro común)

Meso-Faner. 1-3 m. Bosques y matorrales de todo tipo en ambiente fresco. Ampliamente extendido por la Sierra de Gúdar, resultando muy raro en la de Javalambre. Holárt. C. 3. (PAU, 1884). TC.

**1b. Juniperus communis** subsp. **hemisphaerica** (C. Presl) Nyman, Consp. Fl. Eur.: 676 (1881)
≡ *J. hemisphaerica* C. Presl in J. Presl. & C, Presl., Delic. Prag.: 142 (1822) [basión.]; - *J. communis* subsp. *alpina* auct.; - *J. alpina* auct.

Nano-Faner. 3-20 dm. Matorrales secos y soleados en ambiente fresco continental. Particularmente extendido por la Sierra de Javalambre, aunque convive en la de Gúdar con el taxon anterior. Medit.-occid. CC. 3. (R & B, 1961). TC.

**1c. Juniperus communis** subsp. **alpina** (Suter) Celak, Prodr. Fl. Böhm.: 17 (1867)
≡ *J. communis* var. *alpina* Suter, Fl. Helv. 2: 292 (1802) [basión.]; = *J. communis* subsp. *nana* Syme in Sowerby, Engl. Bot. ed. 3, 8: 275 (1868)

Faner.-rept. 2-10 dm. Matorrales de zonas cacuminales frías y venteadas sobre sustrato silíceo. Eurosib. RR. (LÓPEZ UDIAS & FABREGAT, 2011).

**XK97**: Alcalá de la Selva, Collado de la Gitana. **YK07**: Valdelinares, Collado de la Gitana.

**2a. Juniperus oxycedrus** L., Sp. Pl.: 1038 (1753) subsp. **oxycedrus** (enebro de la miera, cada, oxicedro)
- *J. oxycedrus* subsp. *rufescens* auct.

Nano/Meso-Faner. 5-25 dm. Matorrales secos en altitudes moderadas. Circun-Medit. M. 3. (R & B, 1961).

XK52, XK53, XK54, XK55, XK62, XK63, XK64, XK65, XK71, XK72, XK73, XK74, XK75, XK76, XK77, XK81, XK82, XK83, XK84, XK85, XK86, XK89, XK93, XK94, XK95, XK96, XK97, YK03, YK04, YK05, YK06, YK15, YK16, YK26, YK27, YK29, YK37, YL00, YL10, YL20.

**2b. Juniperus oxycedrus** subsp. **badia** (H. Gay) Debeaux, Fl. Kabylie: 411 (1894)
≡ *J. badia* H. Gay in Assoc. Franç. Avancem. Sci., Compt. Rend. 1889: 501 (1889) [basión.]; - *J. macrocarpa* auct.

Meso/Macro-Faner. 3-10 m. Bosques y matorrales secos sobre calizas en ambiente algo continental. Medit.-occid. M. 4. (SL, 2000).

XK52, XK62, XK74, XK75, XK76, XK77, XK82, XK83, XK84, XK85, XK86, XK87, XK93, XK94, XK95, XK96, YK03, YK04, YK05, YK15, YK16, YK19, YK27, YK28, YK29, YK37, YL10.

### 3. Juniperus phoenicea L., Sp. Pl.: 1040 (1753) (sabina negral)

Meso-Faner. 0'5-2 m. Terrenos calizos abruptos con poco suelo, en altitudes moderadas. Circun-Medit. M. 3. (PAU, 1884). TC.

### 4. Juniperus sabina L., Sp. Pl.: 1039 (1753) (sabina rastrera)
- J. sabina subsp. humilis auct.

Nano-Faner. 4-20 dm. Bosques y matorrales secos sobre calizas de las áreas elevadas. Euri-Medit.-sept. C. 4. (FL, 1878).
XK62, XK63, XK64, XK65, XK71, XK72, XK73, XK74, XK75, XK76, XK77, XK78, XK79, XK81, XK82, XK83, XK84, XK86, XK87, XK88, XK94, XK95, XK96, XK97, XK98, XK99, YK05, YK06, YK07, YK08, YK09, YK15, YK16, YK17, YK18, YK19, YK25, YK26, YK27, YK28, YL10.

### 5. Juniperus thurifera L., Sp. Pl.: 1039 (1753) (sabina albar)
= J. hispanica Mill., Gard. Dict. ed. 8: nº 13 (1768)

Macro-Faner. 2-20 m. Bosques secos y poco densos sobre suelo calizo. Destaca su abundancia en la Sierra de Javalambre y su escasez en la de Gúdar. Medit.-occid. C. 4. (PAU, 1898).
XK52, XK53, XK54, XK55, XK62, XK63, XK64, XK65, XK66, XK67, XK71, XK72, XK73, XK74, XK75, XK76, XK77, XK78, XK81, XK82, XK83, XK84, XK85, XK86, XK87, XK88, XK93, XK94, XK95, XK96, XK97, XK98, XK99, XL90, YK03, YK04, YK05, YK06, YK16, YK19, YK29, YK00.

### Híbridos (4 esp.)

### 1. Juniperus × cerropastorensis Aparicio & Uribe-Echeb. in Toll Negre 11: 6 (2009) (sabina × thurifera)
Nano/Meso-Faner. 1-3 m. Mateorrales secos sobre calizas en áreas frescas y algo elevadas. Híbrido recientemente descrito de la Sierra de El Toro cerca de Abejuela. Medit.-occid. RR. 3 (APARICIO & URIBE-ECHEBARRÍA, 2009).
XK63, XK72, XK73, XK74, XK77.

### 2. Juniperus × herragudensis Aparicio & Uribe-Echeb. in Mainhardt 60: 84 (2008) (phoenicea × sabina)
Nano-Faner. 5-15 dm. Matorrales sobre calizas en zonas de altitud moderada en que llegan a convir los parentales. Medit.-occid. RR. 3. (APARICIO & URIBE, 2008).
XK64, XK67, XK75, XK82, XK83, XK97, YK06.

### 3. Juniperus × palancianus Aparicio & Uribe-Echeb. in Toll Negre 8: 6 (2006) (phoenicea × thurifera)
Nano/Meso-Faner. 1-4 m. Matorrales secos sobre calizas en áreas continentales de altitud moderada. No ha sido indicana en la zona, aunque damos por segura su presencia por lo extendido en ella de ambos parentales y el hecho de que su localidad clásica sea la cercana de Pina de Montalgrao. Medit.-occid. NV. 3.

### 4. Juniperus × souliei Sennen in Treb. Inst. Catal. Hist. Nat. 1917: 164 (1917) (communis × oxycedrus)

Meso-Faner. 1-3 m. Matorrales secos en áreas de altitud moderada, donde se encuentran los parentales. Medit.-occid. R. 3. (MATEO & LOZANO, 2010b).
XK84, XK94, XK95, YK04, YK05.

## 2.2. EPHEDRACEAE (Efedráceas) (1 gén)

### 2.2.1. EPHEDRA L. (1 esp.)

### 1. Ephedra nebrodensis Tineo ex Guss., Fl. Sicul. Syn. 2: 638 (1844) (efedra, trompera)
= E. scoparia Lange in Vidensk. Meddel. Dansk Naturh. Foren. Kjøbenh. 1861: 33 (1861); - E. major subsp. nebrodensis auct.

Nano-Faner. 4-15 dm. Medios rocosos y claros de sabinar o encinar sobre terrenos calizos abruptos. Circun-Medit. R. 4. (PAU, 1891).
XK54, XK55, XK64, XK65, XK73, XK77, XK84, XK89, XK95, YL00.

## 2.3. PINACEAE (Pináceas) (3 gén.)

### 2.3.1. ABIES Mill. (1 esp.) (abetos)

### 1. Abies alba Mill. Gard. Dict. ed. 8: nº 1 (1768) (abeto común)
Macro-Faner. 3-20 m. Cultivado como ornamental, a veces en zonas de campo, donde puede dar la impresión de que se trata de planta silvestre. Eurosib. RR. 1. (NC).

### 2.3.2. CEDRUS L. (1 esp.) (cedros)

### 1. Cedrus atlantica (Endl.) Carrière, Traité Gén. Conif.: 285 (1855) (cedro del Atlas)
≡ Pinus atlantica Endl., Syn. Conif.: 137 (1847) [basión.]

Macro-Faner. 3-20 m. Cultivado como ornamental en jardines y algunas áreas de recreo. Medit.-occid. RR. 1. (NC).

### 2.3.3. PINUS L. (6 esp.) (pinos)

### 1. Pinus halepensis Mill., Gard. Dict. ed. 8, nº 8 (1768) (pino carrasco, blanco o de Alepo)
Macro-Faner. 3-20 m. Pinares y bosques mixtos en áreas secas de poca elevación. Circun-Medit. M. 3. (FL, 1878).
XK52, XK54, XK55, XK62, XK71, XK81, XK84, XK85, XK86, XK89, XK93, XK94, XK95, XK99, YK03, YK04, YK05, YK15, YK26, YK27, YK28, YK29, YK37, YL00, YL10, YL20.

### 2. Pinus nigra Arnold., Reise Mariazell: 8 (1785) subsp. salzmannii (Dunal) Franco, Dendrol. Florest.: 56 (1943) (pino negral o laricio)
≡ P. salzmannii Dunal in Mém. sect. Acad. Sci. Montpellier 2: 82, tab. 12 (1851) [basión.]; = P. clusiana Clemente in Arias & al., Agric. Gen. Herrera 2: 404 (1818); = P. pyrenaica Lapeyr., Suppl. Hist. Pl. Pyrénées: 164 (1818); - P. laricio auct., non Poir.

Macro-Faner. 5-30 m. Interviene en bosques de media montaña sobre sustrato calizo. En ocasiones alterna con la exótica subsp. nigra, empleada en algunas zonas para repoblación forestal de los montes. Medit.-occid. C. 4. (FQ, 1953). TC.

3. **Pinus pinaster** Aiton, Hort. Kew 3: 367 (1789) subsp. **hamiltonii** (Ten.) Del Villar in Bol. Soc. Esp. Hist. Nat. 33: 427 (1934) (*pino rodeno o marítimo*)
≡ *P. hamiltonii* Ten. in Cat. Piante Orto Napoli 1845: 90 (1845) [basión.]; = *P. pinaster* subsp. *acutisquama* (Boiss.) Rivas Mart., A. Asensi, Molero Mesa & F. Valle in Rivasgodaya 6: 52 (1991) = *P. pinaster* var *acutisquama* Boiss., Voy. Bot. Esp. 2: 853 (1841) = *P. pinaster* subsp. *escarena* (Risso) K. Richter, Pl. Eur. 1: 1 (1890); - *P. maritima* auct.
Macro-Faner. 5-30 m. Bosques sobre suelo silíceo, arenoso o calizo descarbonatado, en zonas no muy elevadas. Medit.-occid. C. 3. (R & B, 1961).
XK54, XK62, XK64, XK71, XK73, XK77, XK81, XK82, XK83, XK84, XK85, XK86, XK87, XK93, XK94, XK95, XK96, XK97, YK03, YK04, YK05, YK06, YK15, YK16, YK26, YK27, YL00, YL10.

4. **Pinus pinea** L., Sp. Pl.: 1000 (1753) (*pino piñonero*)
Macro-Faner. 5-20 m, Cultivado o más o menos asilvestrado en zonas arenosas de baja altitud. Circun-Medit. R. 2. (NC).

5. **Pinus sylvestris** L., Sp. Pl.: 1000 (1753) (*pino albar o silvestre*)
Macro-Faner. 5-30 m. Bosques variados, sobre todo tipo de sustratos, siendo raro en las partes bajas, abundante en las medias y dominante en las altas. Eurosib. C. 4. (FL, 1876).
XK62, XK63, XK64, XK65, XK72, XK73, XK74, XK75, XK76, XK77, XK78, XK79, XK81, XK82, XK83, XK84, XK86, XK87, XK88, XK89, XK92, XK95, XK96, XK97, XK98, XK99, YK05, YK06, YK07, YK08, YK09, YK15, YK16, YK17, YK18, YK19, YK25, YK26, YK27, YK28, YK29, YL00, YL01, YL10.

6. **Pinus uncinata** Ramond ex DC. in Lam. & DC., Fl. Fr. ed. 3, 3: 726 (1805) (*pino moro o negro*)
≡ *P. mugo* subsp. *uncinata* (Ramond ex DC.) Domin in Preslia 13-15: 13 (1936)
Macro-Faner. 4-15 m. Pinares de alta montaña sobre terrenos calizo. Población relicta post-glaciar, muy reducida y alejada de las más próximas, que se ubican ya en los Pirineos y en los límites de Soria y La Rioja (Sistema Ibérico septentrional). Late-Alp (Eurosib.-SW). RR. 5 (FQ, 1949).
**XK97**: Alcalá de la Selva, Collado de la Gitana. **YK07**: Valdelinares, monte Villarejo.

*Híbridos* (1 esp.)
1. **Pinus × rhaetica** Brugger in Flora 47: 150 (1864) (*sylvestris × uncinata*)
Macro-Faner. 4-20 m. Pinares frescos de montaña. Ejemplares sueltos o en pequeños grupos, en el seno del pinar de *P. uncinata* o de algunos pinares albares, muestran algunas características propias de *P. uncinata*, como la forma uncinada de las escamas del estróbilo, aunque suelen conservar la corteza anaranjada de *P. sylvestris*. Eurosib. RR. 4. (RP, 2002).
XK64, XK96, XK97, XK98, YK07, YK08.

## 2.4. TAXACEAE (*Taxáceas*) (1 gén.)

### 2.4.1. TAXUS L. (1 esp.)

1. **Taxus baccata** L., Sp. Pl.: 1040 (1753) (*tejo*)
Macro-Faner. 2-10 m. Ejemplares dispersos, aunque más o menos aislados, en bosques de umbría sobre sustrato calizo, salpicando las áreas elevadas. Eurosib. R. 5. (FL, 1878).
XK63 XK64, XK73, XK74, XK77, XK82, XK83, XK87, XK96, XK97, XK98, YK06, YK07, YK08, YK09, YK17, YK18, YK19, YK26, YK27, YK28, YL00.

## 3. ANGIOSPERMAS DICOTILEDÓNEAS

### 3.1. ACERACEAE (*Aceráceas*) (1 gén.)

#### 3.1.1. ACER L. (6 esp., 7 táx.) (*arces*)

1. **Acer campestre** L., Sp. Pl.: 1055 (1753) (*arce común*)
Macro-Faner. 2-15 m. IV-V. Bosques ribereños o incluso no ribereños en laderas umbrosas, sobre sustratos calizos, mezclado con pinos y árboles caducifolios. Eurosib. R. 5. (AGUILELLA, MANSANET & MATEO, 1983).
XK87, XL90, YK06, YK08, YK09, YK16, YK17, YK18, YK19, YL00, YL10, YL21.

2. **Acer monspessulanum** L., Sp. Pl.: 1056 (1753) (*arce de Montpellier*)
Macro-Faner. 2-8 m. IV-V. Medios forestales no muy secos, con participación más o menos abundante de elementos caducifolios, sobre terrenos calizos. Medit.-sept. M. 4. (FL, 1876).
XK62, XK63, XK64, XK65, XK66, XK72, XK73, XK74, XK75, XK76, XK77, XK81, XK82, XK83, XK84, XK85, XK86, XK87, XK93, XK94, XK95, XK96, XK97, XK98, YK04, YK05, YK06, YK09, YK17, YK18, YK19, YK26, YK27, YK28, YK29, YK38, YL00, YK01, YL10, YL20.

3. **Acer negundo** L., Sp. Pl.: 1056 (1753) (*arce americano*)
Macro-Faner. 2-10 m. III-V. Árbol exótico bien adaptado al frío, que se cultiva en los jardines de algunos pueblos y accidentalmente pueden verse germinar ejemplares nuevos de las semillas de aquéllos. Norteamer. RR. 1. (NC).

4a. **Acer opalus** Mill., Gard. Dict. ed. 8, n. 8 (1768) subsp. **opalus**
Macro-Faner. 4-12 m. IV-V. Bosques caducifolios o mixtos y zonas escarpadas, sobre todo calcáreas. Eurosib.-merid. RR. 5. (MATEO & LOZANO, 2010b).
**YK27**: Mosqueruela, barranco de los Frailes. **YK28**: Iglesuela del Cid, barranco de la Tosquilla.

4b. **Acer opalus** subsp. **granatense** (Boiss.) Font Quer & Rothm., Sched. Fl. Ibér. Select., Cent. 1: nº 55 (1934)

≡ *A. granatense* Boiss., Elench. Pl. Nov.: 25 (1838) [basión.]; - *A. italicum* auct.; - *A. hispanicum* auct.

Macro-Faner. 3-10 m. IV-V. Bosques caducifolios o mixtos en ambiente templado y algo húmedo, principalmente sobre terrenos calizos. Medit.-occid. M. 4 (R & B, 1961).

XK73, XK94, XK96, XK97, XL90, YK03, YK04, YK05, YK06, YK07, YK08, YK09, YK15, YK16, YK17, YK18, YK19, YK25, YK26, YK27, YK28, YK29, YK37, YL00, YL10.

5. **Acer platanoides** L., Sp. Pl.: 1055 (1753)
Macro-Faner. 3-10 m. III-V. Árbol caducifolio, propio de los bosques templados europeos, que se cultiva ocasional-mente como ornamental y puede aparecer esporádica-mente asilvestrado, como se ha constatado en el entorno de Cantavieja. Eurosib. RR. 2. (SL, 2000).

6. **Acer pseudoplatanus** L., Sp. Pl.: 1054 (1753) (*falso plátano*)
Macro-Faner. 3-10 m. IV-V. Cultivado en algunos jardines y áreas de esparcimiento en el campo, desde donde puede expandirse, sobre todo a medios húmedos de ribera, lo que se ha constatado en la zona al menos en Cantavieja. Eurosib. RR. 2. (PITARCH & SANCHIS, 1995).

*Híbridos* (3 esp.)

1. **Acer × bornmuelleri** Borbás in Termész. Füz. 14: 70 (1891) (*campestre × monspessulanum*)
Macro-Faner. 3-8 m. IV-V. Muy excepcionalmente presente en algunas zonas en que contactan las especies implicadas. RR. (NC).
**YK06:** Linares de Mora (AFA). **YL10** Trónchón, camino a Villarluengo.

2. **Acer × guyotii** Beauverd in Ber. Schweiz. Bot. Ges. 26 : 226 (1920) (*campestre × opalus*)
Macro-Faner. 3-10 m. IV-V. Observado recientemente en la parte septentrional de nuestro territorio, en que ambas especies conviven, aunque -como en el taxon siguiente - a través de una notosubescie ibérica diferente, que segu-ramente permanece inédita. RR. 4. (NC).
**YL00:** Villarluengo, desembocadura del río Cañada.

3. **Acer × peronai** Schwer. in Mitt. Deutsch. Dendrol. Ges. 1910: 59 (1901) (*monspessulanus × opalus*) nothosubsp. **turolense** Mateo & Lozano in Flora Montib. 44: 59 (2010) (*monspessulanus* subsp. *monspessulanus × opalus* subsp. *granatense*)
Macro-Faner. 3-10 m. IV-V. Convive con los parentales, y hasta los llega a sustituir, en medios forestales sombrea-dos o algo húmedos, dominados por elementos caducifo-lios. Medit.-occid. R. 4. (MATEO & LOZANO, 2010a).
XK87, YK03, YK06, YK07, YK28, YL00.

## 3.2. AIZOACEAE (*Aizoáceas*) (1 gén.)

3.2.a. **APTENIA** N.E. Br. (1 esp.)

1. **Aptenia cordifolia** (L. f.) Schwantes in Gartenflora 77: 69 (1928)
≡ *Mesembryanthemum cordifolium* L. f., Suppl. Pl.: 260 (1782) [basión.]
Caméf.-sucul. 2-5 dm. VI-XI. Cultivada como ornamental en zonas bajas y eventualmente asilvestrada en zonas habitadas. Capense. R. 1. (MATEO & LOZANO, 2010a).

## 3.3. AMARANTHACEAE (*Amarantáceas*) (1 gén.)

3.3.1. **AMARANTHUS** L. (8 esp.) (*amarantos o mocos de pavo*)

1. **Amaranthus albus** L., Syst. Nat. ed. 10. 1268 (1759)
Teróf.-escap. 2-5 dm. V-X. Campos de cultivo y herbazales nitrófilos. Norteamer. M. 1. (SL, 2000).

2. **Amaranthus blitoides** S. Watson in Proc. Amer. Acad. Arts Sci. 12: 273 (1877)
= *A. aragonensis* Sennen in Bull. Géogr. Bot. 21: 123 (1911)
Teróf.-escap. 2-6 dm. VII-X. Caminos, terrenos baldíos o muy alterados en zonas poco elevadas. Norteamer. R. 1. (MATEO & LOZANO, 2010b).
XK55, XK84, XK85, XK94, YK03, YK04.

3. **Amaranthus blitum** L., Sp. Pl.: 990 (1753) subsp. **emargina-tus** (Moq. ex Uline & Bray) Carretero & al. in Anales Jard. Bot. Madrid 44(2): 599 (1987)
Teróf.-esc. 1-4 dm. VII-XI. Campos de cultivo y herbazales nitrófilos. Neotrop. R. 1. (SL, 2000).
**XK84:** Sarrión (*Güemes & al.*, VAL).

4. **Amaranthus deflexus** L., Mantissa Pl. 2: 295 (1771)
Hemic.-escap. 1-5 dm. VI-X. Caminos y terrenos baldíos secos. Neotrop. R. 1. (SL, 2000).
XK83, XK84, XK85, XK86, XK94, XK95, YK04, YK05, YK27, YK29.

5. **Amaranthus graecizans** L., Sp. Pl.: 990 (1753) subsp. **sylves-tris** (Vill.) Thell. ex Watcher in Heukels, Geill. Schoolfl. Nederl. ed. 1: 167 (1934)
≡ *A. sylvestris* Vill., Cat. Pl. Jard. Strasbourg: 111 (1807) [basión.]
Teróf.-escap. 2-6 dm. VII-XI. Campos de regadío y herbaza-les húmedos. Paleosubtrop. M. 1. (SL, 2000).
XK73, XK76, XK84, XK86, XK94, YK04, YK29.

6. **Amaranthus hybridus** L., Sp. Pl.: 990 (1753)
= *A. patulus* Bertol., Comment. It. Neap.: 19 (1837)
Teróf.-escap. 2-6 dm. VII-XI. Huertos y herbazales sobre suelos muy alterados y abonados. Neotrop. M. 1. (AA, 1985).
XK73, XK83, XK84, XK85, XK93, XK94, XK95, XK96, YK03, YK04, YK05, YK06.

7. **Amaranthus hypochondriacus** L., Sp. Pl.: 991 (1753)
≡ *A. hybridus* subsp. *hypochondriacus* (L.) Thell. in Mém. Soc. Sci. Nat. Cher-bourg 38: 204 (1912)
Teróf. escap. 4-10 dm. Cultivado como ornamental por sus vistosas inflorescencias rojizas, a veces asilvestrada en zonas aledañas a los pueblos. Norteamer. RR. 1. (SL, 2000).
**XK83:** Manzanera, Los Cerezos.

8. **Amaranthus retroflexus** L., Sp. Pl.: 991 (1753)
Teróf.-escap. 3-10 dm. VII-XI. Campos de cultivo y terre-nos alterados secos. Norteamer. M. 1. (AA, 1985). TC.

## 3.4. ANACARDIACEAE (*Anacardiáceas*) (2 gén.)

3.4.1. **PISTACIA** L. (2 esp.)

1. **Pistacia lentiscus** L., Sp. Pl.: 1026 (1753) (*lentisco*)

24

Nano/Meso-Faner. 0,5-2,5 m. III-IV. Maquias y matorrales densos de hoja perenne en zonas bajas con clima suave. Penetra en la zona a través de los cauces fluviales de menor altitud. Circun-Medit. R. 4. (GM, 1990).
**XK94**: San Agustín, pr. Molino de la Hoz. **YK04**: Olba, pr. Los Lucas. **YL10**: Villarluengo, valle del Guadalope pr. Mas de la Sisca. **YK27**: Mosqueruela, La Estrella. **YK37**: Id., barranco de los Frailes.

**2. Pistacia terebinthus** L., Sp. Pl.: 1025 (1753) (*cornicabra, terebinto*)
Meso-Faner. 1-3 m. IV-VI. Terrenos escarpados calizos en ambiente templado. Como cu congénere, penetra por las hoces fluviales, ascendiendo algo más. Circun-Medit. M. 4. (R & B, 1961).
XK55, XK65, XK73, XK81, XK84, XK85, XK94, XK95, YK03, YK04, YK06, YK09, YK15, YK26, YK27, YK37, YL00, YL10, **YL20**.

*Híbridos* (1 esp.)
1. **Pistacia × saportae** Burnat, Fl. Alp. Marit. 2: 54 (1896) (*lentiscus × terebinthus*)
Meso-Faner. 1-3 m. IV-V. Matorrales sobre calizas en ambientes templados en que conviven ambos parentales. Circun-Medit. RR. 3. (RP, 2002).
**YK04**: Fuentes de Rubielos, pr. Rodeche. **YK27**: Mosquerula, pr. La Estrella (RP, 2002). **YK37**: Ibíd.

3.4.2. **RHUS** L. (1 esp.)
1. **Rhus coriaria** L., Sp. Pl.: 265 (1753) (*zumaque*)
Meso-Faner. 1-3 m. V-VIII. Antiguamente cultivada para su uso como curtiente y aunque actualmente está en desuso quedan ejemplares sueltos y pequeños grupos asilvestrados en terrenos baldíos secos y cunetas. Origen incierto. RR. 1. (NC).

## 3.5. APOCYNACEAE (*Apocináceas*) (1 gén.)

3.5.1. **VINCA** L. (2 esp.)

1. **Vinca difformis** Pourr. in Hist. Mém. Acad. Roy. Sci. Toulouse 3: 337 (1788)
= *V. media* Hoffmanns. & Link, Fl. Port. 1: 376 (1820)
Caméf.-/Faner.rept. 2-12 dm. XII-III. Aparece a la sombra de cañaverales y bosques ribereños de las partes más bajas del territorio. Medit.-occid. R. 3. (MATEO & LOZANO, 2010a).
**XK94**: Olba, pr. La Berdeja. **YK04**: Olba, pr. Los Tarragones.

2. **Vinca major** L., Sp. Pl.: 209 (1753) (*vinca, vincapervinca*)
Caméf.-sufr. 2-7 dm. III-VI. Cultivada como ornamental y eventualmente asilvestrada cerca de los pueblos y casas de campo. Medit.-sept. R. RR. 1. (NC).

## 3.6. AQUIFOLIACEAE (*Acuifoliáceas*) (1 gén.)

3.6.1. **ILEX** L. (1 esp.)

1. **Ilex aquifolium** L. Sp. Pl.: 125 (1753) (*acebo*)

Meso-Macro-Faner. 3-8 m. V-VI. Medios forestales de montaña y escarpados umbrosos. Eurosib. R. 5. (R & B, 1961).
XK64, XK74, XK76, XK82, XK83, XK87, XK95, XK97, YK06, YK08, YK09, YK17, YK18, YK19, YK26, YK27, YK28, YK29, YK37, YK38, YL00, YL10.

## 3.7. ARALIACEAE (*Araliáceas*) (1 gén.)

3.7.1. **HEDERA** L. (1 esp.)

1. **Hedera helix** L., Sp. Pl.:202 (1753) (*hiedra*)
Faner.-escand. 1-10 m. VIII-X. Medios poco soleados variados, desde forestales a pedregales y roquedos. Euri-Medit. M. 3. (R & B, 1961). TC.

## 3.8. ARISTOLOCHIACEAE (*Aristoloquiáceas*) (1 gén.)

3.8.1. **ARISTOLOCHIA** L. (2 esp.)

1. **Aristolochia paucinervis** Pomel, Nouv. Mat. Fl. Atl.: 136 (1874) (*aristoloquia macho*)
≡ *A. longa* subsp. *paucinervis* (Pomel) Batt. in Batt. Trab., Fl. Algér. (Dicot.): 788 (1890); - *A. longa* auct.
Geóf.-tuber. 2-5 dm. IV-VI. Bosques de ribera y pastos vivaces húmedos de su entorno. Circun-Medit. R. 3. (R & B, 1961).
XK52, XK55, XK62, XK63, XK64, XK65, XK71, XK72, XK73, XK81, XK82, XK83, XK84, XK94, YK04, YK05, YK06.

2. **Aristolochia pistolochia** L., Sp. Pl.: 962 (1753) (*aristoloquia menor*)
Geóf.-riz. 1-3 dm. IV-VI. Terrenos calcáreos secos y soleados, con frecuencia pedregosos, en áreas no muy elevadas. Medit.-occid. M. 3. (R & B, 1961).
XK52, XK53, XK54, XK55, XK62, XK63, XK64, XK65, XK66, XK71, XK72, XK73, XK74, XK75, XK76, XK77, XK78, XK81, XK82, XK83, XK84, XK85, XK86, XK93, XK94, XK95, XK96, XK99, YK03, YK04, YK05, YK08, YK09, YK19, YK26, YK27, YK29, YK37, YL00, YL10.

## 3.9. ASCLEPIADACEAE (*Asclepiadáceas*) (2 gén.)

3.9.1. **ARAUJIA** Brot. (1 esp.)

1. **Araujia sericifera** Brot. in Trans. Linn. Soc. London 12: 62 (1817) (*miraguano fino*)
Faner.-escand. 1-3 m. VI-VIII. Accidentalmente asilvestrada en márgenes de huertos en zonas bajas, aunque no vemos que se naturalice. Neotrop. RR. 1. (MATEO & LOZANO, 2010b).

3.9.2. **CYNANCHUM** L. (1 esp.)

1. **Cynanchum acutum** L., Sp. Pl.: 212 (1753) (*corregüela borde*)
Faner.-escand. 5-20 dm. V-VIII. Trepadora en medios ribereños o sombreados de baja altitud. Paleotrop. RR. 3. (MATEO & LOZANO, 2010b).
**YL00**: Villarluengo, alrededores de Montoro.

### 3.9.3. VINCETOXICUM Wolf (2 esp.)

1. **Vincetoxicum hirundinaria** Medik. in Hist. Comment. Acad. Elect. Sci. Theod.-Palat. 6: 404 (1790) [= *Asclepias vincetoxicum* L., Sp. Pl.: 216 (1753) (syn. subst.); = *V. officinale* Moench, Méth.: 717 (1794)] subsp. **intermedium** (Loret & Barr.) Markgraf in Bot. J. Linn. Soc. 64(4): 374 (1971) (*vencetósigo, hirundinaria*)

≡ *V. officinale* var. *intermedium* Loret & Barr., Fl. Montpellier: 433 (1876) [basión.]

Hemic.-esc. 1-6 dm. Pastizales vivaces secos o no muy húmedos. Eurosib. M. 3. (ASSO, 1779).
XK63, XK73, XK87, XK89, XK94, XK96, XK98, XK99, YK09, YK19, YL00.

2. **Vincetoxicum nigrum** (L.) Moench, Meth., Suppl.: 313 (1802) (*ornaballo*)

≡ *Asclepias nigra* L., Sp. Pl.: 216 (1753) [basión.]

Hemic.-esc. 3-16 dm. V-VII. Bosques y matorrales mediterráneos sobre sustratos diversos, pero a baja altitud. Medit.-occid. R. 3. (PAU, 1884).
XK83, XK84, XK94, XK95, YK03, YK04, YK05, YK06, YK16, YK26, YL00, YL10.

### 3.10. BALSAMINACEAE (*Balsamináceas*) (1 gén.)

#### 3.10.1. IMPATIENS L. (1 esp.)

1. **Impatiens balfourii** Hook f., Bot. Mag.: 129, tab. 7878 (1903) Teróf.-esc. 4-10 dm. VII-X. Cultivada como ornamental en algunos pueblos y accidentalmente asilvestrada. Centroasiát. RR. 1. (MATEO & LOZANO, 2010b).
**XK94**: Albentosa, alrededores.

### 3.11. BASELLACEAE (*Baseláceas*) (1 gén.)

#### 3.11.1. ANREDERA Juss. (1 esp.)

1. **Anredera cordifolia** (Ten.) Steenis, Fl. Malesiana, ser. 1, 5: 303 (1857)

≡ *Boussingaultia cordifolia* Ten., in Ann. Sci. Nat., ser. 3, 19: 355 (1853)

Geóf.-bulb./escand. 1-4 m. VII-X. Cultivada como ornamental en zonas bajas y accidentalmente asilvestrada junto a las zonas habitadas. Neotrop. RR. 1. (MATEO & LOZANO, 2010a).
**XK94**: Albentosa, alrededores. **YK04**: Olba, pr. Los Villanuevas.

### 3.12. BERBERIDACEAE (*Berberidáceas*) (1 gén.)

#### 3.12.1. BERBERIS L. (1 esp.)

1. **Berberis hispanica** Boiss. & Reut., Pugill. Pl. Afr. Bot. Hisp.: 3 (1852) [≡ *B. vulgaris* subsp. *hispanica* (Boiss. & Reut.) Malagarriga, Sin. Fl. Ibér. 24: 373 (1975)] subsp. **seroi** (O. Bolòs & Vigo) Rivas Mart., Loidi & Arnáiz in Lazaroa 8: 8 (1986) (*agracejo*)

≡ *B. vulgaris* subsp. *seroi* O. Bolòs & Vigo in Butll. Inst. Cat. Hist. Nat. 38, ser. Bot. 1: 65 (1974); = *B. garciae* Pau, Not. Bot. Fl. Españ. 2: 6 (1889)

Nano-Faner. 5-20 dm. IV-VI. Bosques y matorrales de montaña. Iberolev. C. 4. (ASSO, 1779).
XK63, XK64, XK65, XK66, XK72, XK73, XK74, XK75, XK76, XK77, XK78, XK79, XK81, XK82, XK83, XK84, XK85, XK86, XK87, XK88, XK89, XK93, XK95, XK96, XK97, XK98, XK99, XL80, XL90, YK05, YK06, YK07, YK08, YK09, YK15, YK16, YK17, YK18, YK19, YK25, YK26, YK27, YK28, YK29, YL00, YL10.

### 3.13. BETULACEAE (*Betuláceas*) (2 gén.)

#### 3.13.1. ALNUS Gaertn. (1 esp.)

1. **Alnus glutinosa** (L.) Gaertn., Fruct. Sem. Pl. 2: 54 (1790) (*aliso*)

≡ *Betula alnus* var. *glutinosa* L., Sp. Pl.: 983 (1753)

Macro-Faner. 5-30 m. III-V. Bosques caducifolios de ribera. El aliso fue mencionado por Asso del entorno de Pitarque, donde se dan buenas condiciones para su aparición, pero no ha podido ser confirmada posteriormente su presencia en la zona ni en el resto de la provincia. Paleotemp. NV. 5. (ASSO, 1779).

#### 3.13.2. CORYLUS L. (1 esp.)

1. **Corylus avellana** L., Sp. Pl.: 998 (1753) (*avellano*)

Meso-Faner. 1-4 m. III-V. Silvestre en bosques caducifolios o setos bajo condiciones de bastante humedad, sobre todo en áreas ribereñas, a veces en medios escarpados o grietas de roquedos umbrosos. En las partes bajas los ejemplares detectados parecen más bien asilvestrados a partir de su cultivo en zonas de vega. Eurosib. M. 4. (L & P, 1866).
XK62, XK64, XK74, XK82, XK83, XK85, XK86, XK87, XK95, XK96, XK97, XK98, XK99, YK03, YK04, YK05, YK06, YK07, YK08, YK09, YK15, YK16, YK17, YK18, YK19, YK25, YK26, YK27, YK28, YK29, YK38, YL00, YL01, YL10.

### 3.14. BORAGINACEAE (*Boragináceas*) (15 gén.)

#### 3.14.1. ALKANNA Tausch (1 esp.)

1. **Alkanna tinctoria** (L.) Tausch in Flora 7: 235 (1824) (*ancusa de tintes, almágula real*)

≡ *Anchusa tinctoria* L., Sp. Pl. ed. 2: 162 (1762) [basión.]

Hemic.-esc. 1-3 dm. III-V. Pastizales sobre terrenos arenosos secos y despejados. Circun-Medit. RR. 3. (MATEO & LOZANO, 2011).
**XK54**: Riodeva, valle del río Riodeva hacia Ademuz. **XK71**: Abejuela, rambla de Abejuela.

#### 3.14.2. ANCHUSA L. (3 esp.)

1. **Anchusa arvensis** (L.) Bieb., Fl. Taur.-Caucas. 1: 123 (1808) (*licópside*)

≡ *Lycopsis arvensis* L., Sp. Pl.: 139 (1753) [basión.]

Teróf.-esc. 1-4 dm. IV-VI. Campos de secano y herbazales anuales secos de sus inmediaciones. Además de la subespecie tipo se ha mencionado en la zona la subsp. *orientalis* (L.) Nordh., Norsk. Fl.: 526

(1940) [≡ *Lycopsis orientalis* L., Sp. Pl.: 139 (1753), basión.]. Paleotemp. M. 2. (FL, 1876).
YK17, YK18, YK28.

2. **Anchusa azurea** Mill., Gard. Dict. ed. 8: nº 9 (1768) (*buglosa, lengua de buey*)
= *A. italica* Retz., Obs. Bot. 1: 12 (1779)

Teróf.-esc. 3-10 dm. V-VII. Campos de secano y herbazales alterados de su entorno. Medit.-Iranot. M. 2. (R & B, 1961). TC.

3. **Anchusa undulata** L., Sp. Pl.: 133 (1753)
Hemic.-esc. 2-4 dm. Campos de secano y herbazales alterados sobre suelos silíceos. Se menciona en la *flórula* de la zona de Rubielos y Mora, aunque ello no ha podido ser confirmado posteriormente. Circun-Medit. NV. 3. (R & B, 1961).

### 3.14.3. ASPERUGO L. (1 esp.)

1. **Asperugo procumbens** L., Sp. Pl.: 138 (1753) (*asperilla, raspilla*)

Teróf.esc. 1-5 dm. IV-VI. Campos de secano con cierta humedad y herbazales nitrófilos sombreados. Paleotemp. M. 2. (PAU, 1891). TC.

### 3.14.4. BORAGO L. (1 esp.)

1. **Borago officinalis** L., Sp. Pl.: 137 (1753) (*borraja*)
Teróf.-esc. 1-4 dm. III-VI. Cultivada como hortaliza y escapada de cultivo en las proximidades de los huertos y zonas habitadas. Medit.-Iranot. R. 1. (R & B, 1961).

### 3.14.4. BUGLOSSOIDES Moench (3 esp.)

1. **Buglossoides arvensis** (L.) I.M. Johnst. in J. Arnold Arbor. 35: 42 (1954)
≡ *Lithospermum arvense* L., Sp. Pl.: 132 (1753) [basión.]

Teróf.-esc. 1-4 dm. IV-VI. Campos de secano, terrenos alterados o bastante pastoreados. Medit.-Iranot. C. 1. (R & B, 1961). TC.

2. **Buglossoides gasparrinii** (Heldr. ex Guss.) Pignatti in Giorn. Bot. Ital. 113(5-6): 360 (1980)
≡ *Lithospermum gasparrinii* Heldr. ex Guss., Fl. Sic. Syn. 1: 217 (1843) [basión.]; ≡ *B. arvensis* subsp. *gasparrinii* (Heldr. ex Guss.) R. Fern. in Bot. J. Linn. Soc. 64: 379 (1971); = *L. incrassatum* Guss., Ind. Sem. Hort. Boccad. 1826: 6 (1826); - *L. permixtum* auct.

Teróf.-esc. 5-15 cm. IV-VI. Pastizales secos y claros de matorrales sobre suelos calizos someros. Circun-Medit. M. 3. (PAU, 1891).
XK63, XK64, XK65, XK72, XK73, XK74, XK75, XK76, XK77, XK81, XK82, XK83, XK87, XK97, XK05, YK06, YK07, YK19, YK27, YK28, YK29.

3. **Buglossoides purpurocaerulea** (L.) I.M. Johnst. in J. Arnold Arbor. 35: 44 (1954)
≡ *Lithospermum purpurocaeruleum* L., Sp. Pl.: 132 (1753) [basión.]; ≡ *Aegonychon purpurocaeruleum* (L.) Holub in Folia Geobot. Phytotax. 8(2): 165 (1973)

Hemic.-esc. 2-5 dm. IV-VI. Medios forestales, sobre todo ribereños, y herbazales vivaces sombreados de su entorno. Euri-Eurosib.S. R. 4. (ASSO, 1779).
**XK94**: San Agustín, La Hoya. **YK03**: Id., valle del río Maimona hacia Fuente la Reina. **YK04**: Olba, hacia La Monzona. **YK29**: Tronchón (ASSO, 1779). **YL00**: Pitarque, pr. Los Estrechos.

### 3.14.5. CYNOGLOSSUM L. (4 esp.)

1. **Cynoglossum cheirifolium** L., Sp. Pl.: 134 (1753) (*viniebla blanca*)
Hemic.-bien. 6-20 cm. III-VI. Caminos y terrenos baldíos secos, en zonas de baja altitud. Medit.-occid. M. 2. (SL, 2000).
XK52, XK53, XK54, XK55, XK62, XK63, XK65, XK67, XK77, XK83, XK84, XK89, XK93, XK95, YK04, YK27, YK29, YL00, YL10.

2. **Cynoglossum creticum** Mill., Gard. Dict. ed. 8: nº 3 (1768) (*lengua de perro, viniebla*)
= *C. pictum* Ait., Hort. Kew, ed. 1, 1: 179 (1789)

Hemic.-bien. 3-8 dm. IV-VII. Herbazales alterados en ambientes de vega o sombreados. Paleotemp. M. 2. (MATEO, FABADO & TORRES, 2003).
XK52, XK54, XK55, XK62, XK63, XK64, XK65, XK71, XK73, XK76, XK77, XK81, XK86, XK87, XK94, YK03, YK04, YK05, YK27, YK28, YK29, YK37.

3. **Cynoglossum dioscoridis** Vill., Prosp. Hist. Pl. Dauph.: 21 (1779)
= *C. valentinum* Lag., Gen. Sp. Pl.: 10 (1816); - *C. officinale* subsp. *dioscoridis* auct.

Hemic.-bien. 2-5 dm. V-VII. Pedregales calizos y pastizales en ambientes más bien frescos y sombreados. Medit.-occid. R. 4. (FL, 1878).
XK64, XK73, XK83, YK07, YK08, YK17.

4. **Cynoglossum officinale** L., Sp. Pl.: 134 (1753) (*viniebla, lengua de perro*)
Hemic.-bien. 4-12 dm. V-VII. Bosques de ribera y herbazales húmedos densos y sombreados de su entorno. Paleotemp. R. 4. (FL, 1880).
XK84, XK88, XK97, XK98, YK06, YK07, YK08, YK09, YK17, YK18, YK19.

### 3.14.6. ECHIUM L. (4 esp.) (*viboreras*)

1. **Echium asperrimum** Lam., Tabl. Encycl. Méth. Bot., 1: 412 (1792)
= *E. valentinum* Lag., Gen. Sp. Pl. 10 (1816); = *E. pyramidale* Lapeyr., Hist. Abr, Pyr.: 90 (1813); = *E. italicum* subsp. *pyrenaicum* Rouy, Fl. Fr. 10: 304 (1908); - *E. italicum* auct.

Hemic.-bien. 2-6 dm. IV-VII. Terrenos baldíos o alterados secos. Medit.-occid. M. 2. (PAU, 1888).
XK63, XK64, XK73, XK75, XK76, XK83, XK84, XK93, XK94, XK97, XK98, YK03, YK04.

2. **Echium creticum** L., Sp. Pl. 139 (1753) subsp. **coincyanum** (Lacaita) R. Fern. in Bol. Soc. Brot., ser. 2, 43: 153 (1969)
≡ *E. coincyanum* Lacaita in J. Linn. Soc. London (Bot.) 44: 374 (1919) [basión.]; = *E lagascae* Roem. & Schult., Syst. Veg. 4: 27

(1819); = *E. argentae* Pau, Not. Bot. Fl. Españ. 1: 22 (1887); - *E. granatense* auct.

Hemic.-bien. 2-6 dm. IV-VI. Herbazales alterados, terrenos baldíos. Circun-Medit. R. 2. (PAU, 1887).
XK75, XK84, XK93, XK94, YK03, YK04.

### 3. Echium flavum Desf., Fl. Atl. 1: 165 (1798)
≡ *E. italicum* subsp. *flavum* (Desf.) O. Bolòs & Vigo in Collect. Bot. 14: 90 (1983)

Hemic.-esc. 2-5 dm. V-VII. Pastizales vivaces con cierta humedad climática. Medit.-occid. NV. 4 (RP, 2002).
**YK17**: Mosqueruela, Torre Navarro (RP, 2002).

### 4. Echium vulgare L., Sp. Pl.: 139 (1753) (*viborera común*)
Hemic.-bien. 2-6 dm. V-IX. Terrenos alterados, campos de secano, cunetas, etc. Paleotemp. Está representado por dos formas ampliamente extendidas por la Península Ibérica, la típica (subsp. *vulgare*), más propia de zonas elevadas y la subsp *pustulatum* (Sm.) E. Schmid & Gams in Hegi, Ill. Fl. Mitt.-Eur. 5: 2195 (1927) [≡ *E. pustulatum* Sm. in Sibth. & Sm., Fl. Graeca Prodr. 1: 125 (1806), basión.; = *E. argentae* Pau, Not. Bot. Fl. Esp. 1: 22 (1887); = *E. vulgare* subsp. *argentae* (Pau) Font Quer, Fl. Cardó: 121 (1950)], de zonas más bajas. C. 2. (AA, 1985). TC.

### 3.14.7. HELIOTROPIUM L. (1 esp.)

### 1. Heliotropium europaeum L., Sp. Pl.: 130 (1753) (*tornasol, heliotropo*)
Teróf.-esc. 1-4 dm. VI-X. Campos de secano y terrenos baldíos secos. Medit.-Iranot. M. 1. (RP, 2002).
XK77, XK85, XK86, XK94, XK95, XK96, YK04, YK05, YK29, YK38, YL10.

### 3.14.8. LAPPULA Moench (2 esp.)

### 1. Lappula barbata (Bieb.) Gürke in Engler & Prantl, Nat. Pflanzenfam. 4(3a): 107 (1893)
≡ *Myosotis barbata* Bieb., Fl. Taur.-Cauc. 1: 121 (1808) [basión.]; = *Echinospermum barbatum* (Bieb.) Lehm., Pl. Asperif. Nucif. 1: 128 (1818); = *Cynoglossospermum barbatum* (Bieb.) Pau in Bol. Soc. Esp. Hist. Nat. 1: 154 (1901)]; = *Echinospermum barbatum* subsp. *aragonense* É. Rev. & Freyn ex Willk., Suppl. Prodr. Fl. Hispan.: 166 (1893) [basión.]; = *L. zapateri* (Pau) O. Bolòs & Vigo in Collect. Bot. 11: 56 (1979); = *L. barbata* subsp. *aragonensis* (É. Rev. & Freyn ex Willk.) Mateo, Cat. Flor. Prov. Teruel: 46 (1990)

Teróf.-esc. 1-4 dm. V-VII. Pastizales secos anuales en ambiente de sabinar. Medit.-Iranot. R. 4. (DE-BEAUX, 1894).
XK54, XK55, XK2, XK63, XK64, XK65, XK73.

### 2. Lappula squarrosa (Retz.) Dumort., Fl. Belg.: 40 (1827)
≡ *Myosotis squarrosa* Retz., Observ. Bot. 2: 9 (1781) [basión.]; ≡ *Echinospermum squarrosum* (Retz.) Link, Enum. Hort. Berol. Alt. 1: 165 (1821); = *E. lappula* (Baumg.) Lehm., Pl. Asperif. Nucif. 1: 121 (1818); - *Myosotis lappula* auct.; - *L. echinata* subsp. *squarrosa* auct.

Teróf.-esc. 1-3 dm. V-VII. Pastizales secos anuales en zonas transitadas o alteradas. Paleotemp. R. 4. (ASSO, 1779).
XK52, XK54, XK62, XK63, XK64, YK19.

### 3.14.9. LITHODORA Griseb. (1 esp.)

### 1. Lithodora fruticosa (L.) Griseb., Spicil. Fl. Rumel. 2: 531 (1846) (*hierba de las siete sangrías, asperilla*)
≡ *Lithospermum fruticosum* L., Sp. Pl.: 133 (1753) [basión.]

Caméf.-sufr. 1-4 dm. IV-VI. Matorrales secos sobre terrenos margosos, yesosos o calizos. Medit.-occid. C. 2. (SENNEN, 1910). TC.

### 3.14.10. LITHOSPERMUM L. (1 esp.)

### 1. Lithospermum officinale L., Sp. Pl.: 132 (1753) (*mijo del sol*)
Hemic.-esc. 3-10 dm. IV-VI. Medios ribereños sombreados y húmedos. Eurosib. M. 3. (PAU, 1884). TC.

### 3.14.11. MYOSOTIS L. (7 esp.) (*nomeolvides, oreja de ratón*)

### 1. Myosotis arvensis Hill., Veg. Syst. 7: 55 (1764)
= *M. intermedia* Link, Enum. Pl. Horti Berol. 1: 164 (1828)

Teróf.-esc. 2-5 dm. IV-VII. Pastizales anuales en medios no muy secos y poco soleados. Paleotemp. R. 3. (FL, 1878).
XK64, XK65, XK67, XK71, XK77, XK78, XK82, XK83, XK96, XK97, YK06, YK07, YK08, YK09, YK17, YK18, YK19, YK26, YK38, YL00, YL10.

### 2. Myosotis decumbens Host, Fl. Austriaca 1: 228 (1827) subsp. teresiana (Sennen) Grau in Österr. Bot. Zeit. 111: 578 (1964)
≡ *M. teresiana* Sennen, Pl. d'Espagne: nº 5803 [in sched.] (1926) [basión.]; = *M. sylvatica* subsp. *teresiana* (Sennen) O. Bolòs & Vigo in Collect. Bot. 14: 91 (1983); - *M. sylvatica* auct.

Hemic.-esc. 3-6 dm. V-VII. Pastizales vivaces húmedos y medios ribereños. Eurosib. R. 4. (FQ, 1948).
XK64, XK82, XK87, XK89, XK97, YK06, YK07, YK08, YK17, YK19.

### 3. Myosotis discolor Pers., Syst. Veg.: 190 (1797)
= *M. collina* Hoffm., Deutschl. Fl.: 61 (1791); = *M. versicolor* Sm., Engl. Bot.: 36 (1813); = *M. dubia* Arrond., Cat. Pl. Morbihan: 70 (1867)

Teróf.-esc. 5-25 cm. IV-VI. Terrenos arenosos silíceos algo húmedos en primavera. Medit.-sept. R. 3. (R & B, 1961).
XK77, XK78, XK87, XK97, YK07, YK26.

### 4. Myosotis laxa Lehm., Pl. Asperif. Nucif.: 83 (1818) subsp. caespitosa (C.F. Schultz) Nordh., Norsk Fl.: 529 (1940)
≡ *M. caespitosa* C.F. Schultz, Prodr. Fl. Stargard., Suppl. 1: 11 (1819) [basión.]; = *M. lingulata* Lehm, Pl. Asperif. Nucif.: 110 (1818); - *M. scorpioides* auct.; – *M. palustris* auct.

Hemic.-bien. 1-4 dm. V-IX. Márgenes de arroyos y cauces de requeros siempre húmedos en áreas frescas de montaña. Eurosib. R. 4. (MW, 1893).

**XK63**: Puebla de Valverde, prado de Javalambre. **YK26**: Puertomingalvo, barranco de Monzón. **YK17**: Mosqueruela, La Valtuerta.

**5. Myosotis ramosissima** Rochel in Schultes, Österr. Fl. ed. 2, 1: 366 (1814)
= *M. gracillima* Losc. & Pardo, Ser. Inconf.: 72 (1863); = *M. ramosissima* subsp. *gracillima* (Losc. & Pardo) Rivas Mart. in Anales Inst. Bot. Cavanilles 34: 555 (1978)
Teróf.-esc. 1-3 dm. III-VI. Pastizales secos anuales en claros de matorrales y bosques. Se detectan ejemplares atribuibles a las formas típicas de la especie (subsp. *ramosissima*) y también a la denominada subsp. *globularis* (Samp.) Grau in Mitt. Staatssamm. 7: 58 (1968) [≡ *M. globularis* in Ann. Sci. Nat. Porto 7: 115 (1900), basión.; = *M. gracillima* Losc. & Pardo, Ser. Inconf.: 72 (1863); = *M. ramosissima* subsp. *gracillima* (Losc. & Pardo) Rivas Mart. in Anales Inst. Cavanilles 34: 555 (1978)]. Paleotemp. M. 2. (PAU, 1888). TC.

**6. Myosotis sicula** Guss., Fl. Sic. Syn. 1: 214 (1843)
Teróf.-esc. 5-15 cm. V-VII. Márgenes de lagunazos y hondonadas húmedas estacionales sobre suelos silíceos. Circun-Medit. NV. 4. (RP, 2002).
**YK17**: Mosqueruela, Valtuerta (RP, 2002).

**7. Myosotis stricta** Roem. & Schult., Syst. Veg. 4: 104 (1819)
= *M. rigida* Pomel, Nov. Mat. Fl. Atl.: 297 (1875)
Teróf.-esc. 5-20 cm. IV-VI. Pastizales secos y soleados sobre arenas silíceas. Paleotemp. M. 2. (SL, 2000).
XK63, XK64, XK73, XK74, XK77, XK78, XK82, XK85, XK86, XK87, XK96, XK97, XK98, YK07, YK08, YK09, YK17, YK18, YK19.

***Híbridos*** (1 esp.)
**1. Myosotis × catalaunica** Sennen in Bull. Soc. Arag. Ci. Nat. 11: 210 (1912) (*arvensis × stricta*)
Teróf.-esc. 1-3 dm. IV-VI. Observada accidentalmente en zonas en que conviven ambos parentales. Paleotemp. NV. 2. (RP, 2002).
**YK28**: Cantavieja, Mas de Porcar (RP, 2002).

**3.14.12. NEATOSTEMA** I.M. Johnst. (1 esp.)
**1. Neatostema apulum** (L.) I.M. Johnst. in J. Arnold Arbor. 34: 6 (1953)
≡ *Myosotis apula* L., Sp. Pl.: 131 (1753) [basión.]; ≡ *Lithospermum apulum* (L.) Vahl, Symb. Bot. 2: 33 (1791)
Teróf.-esc. 5-15 cm. IV-VI. Pastizales secos anuales sobre terrenos de todo tipo, a baja altitud. Circun-Medit. M. 2. (R & B, 1961).
XK56, XK62, XK64, XK76, XK83, XK84, XK85, XK93, XK95, XK97, XK99, YK06, YK07.

**3.14.13. NONEA** Medik. (2 esp.)
**1. Nonea micrantha** Boiss. & Reut., Diagn. Pl. Hisp.: 21 (1842)
- *N. caerulea* auct.

Teróf.-esc. 1-4 dm. IV-VI. Campos de secano y terrenos baldíos diversos. Solo aparece indicada de la zona para Alcalá de la Selva, lo que parece una localidad dudosa para la especie, aunque su presencia es muy probable en las áreas bajas periféricas. Medit.-occid. NV. 2. (R & B, 1961).

**2. Nonea ventricosa** (Sm.) Griseb., Spicil. Fl. Rumel. 2: 93 (1855)
= *N. echioides* (L.) Roem. & Schult., Syst. Veg. ed. 15 bis, 4: 71 (1819); - *N. pulla* auct.; - *N. alba* auct.
Teróf.-esc. 1-4 dm. IV-VI. Herbazales anuales sobre terrenos alterados. Euri-Medit. R. 2. (PAU, 1888).
XK94, YK03, YK04, YL00, YL10.

**3.14.14. ROCHELIA** Rchb. (1 esp.)
**1. Rochelia disperma** (L. f.) C. Koch in Linnaea 22: 649 (1849)
≡ *Lithospermum dispermum* L. f., Dec. Pl. Rar. 1: 13 (1762) [basión.]; = *Messersmidia cancellata* Asso, Syn. Stirp. Arag.: 21 (1779); = *Cervia saturejaefolia* Rodr. ex Lag., Gen. Sp. Pl.: 7 (1816); = *R. stellulata* Rchb., Iconogr. Bot. Pl. Crit. 2: 13 (1824); - *R. disperma* subsp. *retorta* auct.
Teróf.-esc. 5-20 cm. IV-VI. Pastizales secos anuales en ambiente estepario de sabinar. Medit.-Iranot. R. 4. (PAU, 1892).
XK54, XK55, XK63, XK64, XK65, XK73, XK82, XK83, XK95, XK97, YK05, YK15, YK17, YK18, YK19.

**3.14.15. SYMPHYTUM** L. (1 esp.)
**1. Symphytum tuberosum** L., Sp. Pl.: 136 (1753) (*consuelda, sínfito*)
Geóf.-tuber. 2-5 dm. III-VI. Rincones umbrosos en bosques ribereños. Paleotemp. R. 4. (PAU, 1895).
XK73, XK83, XK87, XK88, XK89, XK97, YK06, YK07, YK26.

**3.15. BUXACEAE** (*Buxáceas*) (1 gén.)

**3.15.1. BUXUS** L. (1 esp.)
**1. Buxus sempervirens** L., Sp. Pl.: 983 (1753) (*boj*)
Nano-Faner. 5-20 dm. II-IV. Matorrales sobre calizas en ambiente algo húmedo. Medit.-noroccid.oroccid. M. 4. (ASSO, 1779).
XK78, XK87, XK97, XK98, XK99, YK07, YK08, YK09, YK15, YK16, YK17, YK18, YK19, YK26, YK27, YK28, YK29, YK37, YK38, YL00, YL10.

**3.16. CACTACEAE** (*Cactáceas*) (1 gén.)

**3.16.1. OPUNTIA** Mill. (1 esp.)
**1. Opuntia ficus-indica** (L.) Mill., Gard. Dict. ed. 8: nº 2 (1768) (*chumbera*)
= *Cactus ficus-indica* L., Sp. Pl.: 468 (1753) [basión.]; = *O. maxima* Mill., Gard. Dict. ed. 8: nº 5 (1768); = *O. ficus-barbarica* A. Berger in Monatsschr. Kakteenk. 22: 181 (1912)
Faner.-sucul. 5-20 dm. V-VII. Cultivada como ornamental y comestible en las zonas más bajas, de donde pasa acci-

dentalmente a asilvestrarse en terrenos secos y soleados. Neotrop. RR. 1. (MATEO, 1992).

### 3.17. CALLITRICHACEAE (*Calitricáceas*) (1 gén.)

#### 3.17.1. CALLITRICHE L. (1 esp.)

1. **Callitriche stagnalis** Scop. Fl. Carn. ed. 2, 2: 251 (1772)
Hidróf.-nat. 5-40 cm. V-X. Regueros, arroyos y medios turbosos o encharcados. Paleotemp. No existe ninguna mención en la zona, aunque sí en zonas muy cercanas periféricas, siendo su presencia prácticamente segura. NV. 4.

### 3.18. CAMPANULACEAE (*Campanuláceas*) (4 gén.)

#### 3.18.1. CAMPANULA L. (11 esp., 12 táx.) (*campánulas*)

1. **Campanula dieckii** Lange in Overs. Kongel. Danske Vidensk. Selsk. Forh. Medlem. Arbeider 1893: 195 (1893)
= *C. semisphaerica* Pau, Not. Bot. Fl. Españ. 6: 76 (1895); - *C. decumbens* auct.
Teróf.-esc. 5-25 cm. V-VI. Pastizales anuales sobre terrenos calizos despejados. Iberolev. R. 4. (SL, 2000).
XK71: Abejuela, rambla de Abejuela. XK76: Formiche Alto, Puerto de Escandón (AFA). XK81: Abejuela, pr. La Cervera.

2. **Campanula erinus** L., Sp. Pl.: 169 (1753)
Teróf.-esc. 5-20 cm. IV-VII. Muros, pedregales y repisas de roquedos. Medit.-Iranot. C. 2. (R & B, 1961). TC.

3. **Campanula fastigiata** Dufour ex A. DC., Monogr. Campan.: 340 (1830)
Teróf.-esc. 2-6 cm. IV-VI. Pastizales anuales sobre terrenos yesosos secos. Medit.-Iranot. NV. 4 (R & B, 1961).
XK62: Arcos de las Salinas (R & B, 1961).

4. **Campanula glomerata** L., Sp. Pl.: 166 (1753)
Hemic.-esc. 1-4 dm. VI-VIII. Bosques y pastizales vivaces algo húmedos o sombreados. Eurosib. M. 4. (ASSO, 1779).
XK52, XK62, XK63, XK64, XK65, XK72, XK73, XK74, XK75, XK76, XK77, XK78, XK82, XK83, XK84, XK86, XK87, XK88, XK93, XK95, XK96, XK97, XK98, XK99, XL90, YK05, YK06, YK07, YK08, YK09, YK15, YK16, YK17, YK18, YK19, YK26, YK27, YK28, YK29, YK37, YL00, YL10.

5. **Campanula patula** L., Sp. Pl.: 163 (1753)
Hemic.-bien. 3-8 dm. V-VIII. Orlas forestales frescas. Eurosib. R. 3. (SL, 2000).
YK07: Valdelinares, alrededores del pueblo. YK17: Mosqueruela, Masía de Valtuerta. YK19: Cantavieja, pr. Torre Altajar (RP, 2002).

6. **Campanula rapunculoides** L., Sp. Pl.: 165 (1753)
Hemic.-esc. 3-8 dm. VI-VIII. Bosques caducifolios y sus orlas umbrosas. Eurosib. NV. 4. (R & B, 1961).

XK97: Linares de Mora, Cerrada de la Balsa (R & B, 1961). YK06: Id., valle del río Linares (R & B, 1961). YK18: Cantavieja, Cuarto Pelado (RP, 2002).

7. **Campanula rapunculus** L., Sp. Pl.: 164 (1753) (*rapónchigo*)
Hemic.-bien. 3-8 dm. V-VII. Pastizales vivaces algo húmedos sobre suelo profundo. Paleotemp. M. 3. (ASSO, 1779). TC.

8a. **Campanula rotundifolia** L., Sp. Pl.: 163 (1753) subsp. **rotundifolia**
Hemic.-esc. 5-25 cm, VI-IX. Pastizales vivaces en ambiente fresco de montaña. Las formas que se dan en la zona no son tan típicas como las pirenaicas, pero difieren suficientemente de la subespecie siguiente, por lo que quizás podrían constituir un taxon independiente de ambas, de ecología afín al tipo. Eurosib. M. 4. (MATEO, 1992).
XK96, XK97, XK98, YK06, YK07, YK08, YK09, YK16, YK17, YK18, YK19, YK29.

8b. **Campanula rotundifolia** subsp. **hispanica** (Willk.) O. Bolòs & Vigo, Fl. Països Catal. 3: 661 (1996)
≡ *C. hispanica* Willk. in Willk. & Lange, Prodr. Fl. Hispan. 2: 291 (1868) [basión.]
Hemic.-esc. 1-4 dm. VI-IX. Roquedos y pedregales calizos no muy soleados. Iberolev. M. 4. (PAU, 1888). TC.

9. **Campanula semisecta** Murb. in Acta Univ. Lund. 33(12): 115 (1897)
≡ *C. dichotoma* subsp. *semisecta* (Murb.) Rivas Mart. in Itinera Geobot. 15(2): 698 (2002); - *C. afra* auct.; - *C. dichotoma* auct.;
Teróf.-esc. 5-20 cm. IV-VI. Medios rocosos o pedregosos calizos secos. Medit.-occid. RR. 3. (FL, 1885).
XK62, XK63, XK64, XK72, XK73, XK74, XK81, XK82, XK84, XK94.

10. **Campanula speciosa** Pourr. in Mém. Acad. Sci. Toulouse 3: 309 (1788)
= *C. longifolia* Lapeyr., Hist. Pl. Pyrénées 107 (1813); - *C. affinis* auct.
Hemic.-esc. 2-5 dm. VI-VII. Roquedos y pedregales calizos frescos. Medit.-noroccid. RR. 5. (SL, 2000).
YK18: Cantavieja, La Palomita. YK28: Iglesuela del Cid, Puerto de las Cabrillas.

11. **Campanula trachelium** L., Sp. Pl.: 166 (1753)
Hemic.-esc. 2-6 dm. V-VII. Ambientes forestales y periforestales algo húmedos y umbrosos. Eurosib. M. 4. (FL, 1878).
XK65, XK71, XK72, XK73, XK74, XK82, XK83, XK85, XK86, XK87, XK94, XK95, XK96, XK97, XK98, XK99, YK04, YK05, YK06, YK07, YK08, YK09, YK15, YK16, YK17, YK18, YK19, YK26, YK27, YK28, YK29, YK37, YL00, YL10.

#### 3.18.2. JASIONE L. (2 esp.)

1. **Jasione crispa** (Pourr.) Samp. in Ann. Sci. Acad. Polytech. Porto 14: 161 (1921) subsp. **sessiliflora** (Boiss. & Reut.) Rivas Mart. in Anales Inst. Bot. Cavanilles 27: 154 (1971)
≡ *J. sessiliflora* Boiss. & Reut., Diagn. Pl. Nov. Hisp.: 21 (1841) [basión.]; - *J. humilis* auct.; - *J. perennis* auct.

Caméf.-sufr. 5-20 cm. VI-IX. Medios rocosos o pedregosos silíceos. Medit.-occid. RR. 4. (FL, 1886).
**XK78**: El Pobo, monte Castelfrío.

2. **Jasione montana** L., Sp. Pl.: 928 (1753)

Teróf.-esc. 1-5 dm. V-VII. Pastizales y matorrales aclarados sobre suelo arenoso silíceo. Paleotemp. R. 3. (PAU, 1884).
XK77, XK78, XK82, XK83, XK84, XK85, XK86, XK87, XK95, XK96, **XK97**,YK04, YK05, YK07, YK15, YK16, YK26.

### 3.18.3. LEGOUSIA Durande (2 esp.)

1. **Legousia hybrida** (L.) Delarbre, Fl. Auvergne ed. 2: 47 (1800)
≡ *Campanula hybrida* L., Sp. Pl.: 168 (1753) [basión.]; ≡ *Specularia hybrida* (L.) A. DC., Monogr. Campan.: 348 (1830)

Teróf.-esc. 8-25 cm. IV-VI. Campos de secano y herbazales anuales secos. Medit.-Iranot. R. 2. (R & B, 1961). TC.

2. **Legousia scabra** (Lowe) Gamisans, Cat. Pl. Vasc. Corse: 100 (1985)
≡ *Prismatocarpus scaber* Lowe in Trans. Cambridge Philos. Soc. 6(3): 538 (1838) [basión.]; = *Specularia castellana* Lange, Index Sem. Hort. Haun. 1854: 25 (1855); = *L. castellana* (Lange) Samp., Lista Esp. Herb. Portug.: 127 (1913); = *L. falcata* subsp. *castellana* (Lange) Jauzein, Fl. Champs Cult.: 863 (1995)

Teróf.-esc. 15-40 cm. V-VII. Pastizales anuales y medios pedregosos, sobre todo calizos. Medit.-occid. M. 3. (R & B, 1961). TC.

### 3.18.4. PHYTEUMA L. (2 esp.)

1. **Phyteuma charmelii** Vill., Hist. Pl. Dauph. 2: 516 (1787)

Hemic.-esc. 5-20 cm. VI-VII. Grietas de roquedos calizos en zonas frescas poco soleadas, en el macizo de Javalambre y estribaciones de la Sierra de El Toro. Medit.-occid. R. (PAU, 1887).
XK62, XK63, XK64, XK73, XK81, XK82, XK83, XK95, XK96, YK05, YK06, YK07, YK09, YK27, YL00.

2. **Phyteuma orbiculare** L., Sp. Pl.: 170 (1753)
- *P. micheli* auct.; - *P. tenerum* auct.; - *P. globosum* auct.

Hemic.-esc. 2-4 dm. VI-VIII. Pastizales húmedos, orlas forestales frescas. Eurosib. R. 4. (R & B, 1961).
XK54, XK63, XK64, XK82, XK87, XK96, XK97, XK98, XK99, YK06, YK07, YK08, YL09, YK17, YK18, YK19, YK28, YL00, YL10.

### 3.19. CANNABACEAE (*Cannabáceas*) (2 gén.)

3.19.1. CANNABIS L. (1 esp.)

1. **Cannabis sativa** L., Sp. Pl.: 1027 (1753) (*cáñamo*)

Teróf.-esc. 6-18 dm. VI-IX. Cultivada a pequeña escala, por sus múltiples usos, y accidentalmente escapada de cultivo. Centroasiát. RR. 1. (NC).

### 3.19.2. HUMULUS L. (1 esp.)

1. **Humulus lupulus** L., Sp. Pl.: 1028 (1753) (*lúpulo*)

Faner.-escand. 1-3 m. VII-IX. Trepadora en bosques ribereños. Frecuente en los ribazos y setos de las zonas hortícolas, donde se dan condiciones semejantes a las del hábitat ripario. Eurosib. R. 4. (R & B, 1961).
XK86, YK06, YK17, YK28, YK29, YL00.

### 3.20. CAPRIFOLIACEAE (*Caprifoliáceas*) (4 gén.)

3.20.1. LONICERA L. (7 esp.) (*madreselvas*)

1. **Lonicera arborea** Boiss., Notice Abies Pinsapo: 11 (1838)

Meso-Faner. 1-3 m. V-VII. Medios forestales y sus orlas en ambiente fresco de montaña. Medit.-occid. RR. 5. (FABREGAT & LÓPEZ UDIAS, 2005).
**XK64**: Camarena de la Sierra, pr. barranco de la Tejeda. **XK74**: La Puebla de Valverde, Sierra de Javalambre, barranco de los Corrales de Redón.

2. **Lonicera etrusca** G. Santi, Viaggio Montam.: 113 (1795) (*matahombres*)
- *Caprifolium germanicum* auct.

Meso-Faner. 5-25 dm. V-VII. Medios forestales en las áreas menos elevadas. Medit.-sept. M. 3. (FL, 1876). TC.

3. **Lonicera implexa** Ait., Hort. Kew. 1: 231 (1789)

Faner.-escand. 1-2 m. V-VII. Bosques perennifolios y maquias en rincones abrigados por las zonas más bajas. Circun-Medit. R. 3. (R & B, 1961).
XK71, XK75, XK81, XK82, XK93, XK94, XK95, YK03, YK04, YK16, YK26, YK27, YK29, YK37, YK38, YL00, YL10.

4. **Lonicera japonica** Thunb. in Murray, Syst. Veg. ed. 14: 89 (1784)

Faner.-escand. 1-3 m. V-IX. Planta originaria de Extremo Oriente, que se cultiva ampliamente como ornamental y se naturaliza ocasionalmente en los alrededores de las zonas habitadas. RR. 1. (MATEO & LOZANO, 2010b).

5. **Lonicera periclymenum** L., Sp. Pl.: 173 (1753) subsp. **hispanica** (Boiss. & Reut.) Nyman, Consp. Fl. Eur.: 322 (1879)
≡ *L. hispanica* Boiss. & Reut., Pugill. Pl. Afr. Bor. Hisp.: 52 (1852) [basión.]

Faner.-escand. 1-4 m. VI-IX. Medios forestales, sobre todo ribereños, y sus orlas arbustivas. Eurosib. M. 4. (DEBEAUX, 1895).
XK54, XK55, XK64, XK65, XK73, XK76, XK77, XK85, XK86, XK87, XK94, YK28, YL00.

6. **Lonicera pyrenaica** L., Sp. Pl.: 174 (1753)

Nano-Faner. 4-14 dm. VI-VII. Roquedos calizos y medios escarpados de su entorno en áreas frescas y elevadas. Late-Piren. R. 4. (R & B, 1961).
XK81, XK82, XK96, XL97, YK06, YK09, YK16, YK18, YK19, YK27, YK28, YL00.

7. **Lonicera xylosteum** L., Sp. Pl.: 174 (1753) (*cerecillo*)
Meso-Faner. 1-3 m. VI-VII. Bosques caducifolios o pinares húmedos de montaña y sus orlas arbustivas. Eurosib. M. 4. (ASSO, 1779).
XK62, XK63, XK64, XK72, XK73, XK74, XK75, XK76, XK77, XK78, XK82, XK83, XK86, XK87, XK88, XK89, XK92, XK95, XK96, XK97, XK98, XK99, XL90, YK05, YK06, YK07, YK08, YK09, YK15, YK16, YK17, YK18, YK19, YK25, YK26, YK27, YK28, YK29, YK38, YL00.

3.20.2. **SAMBUCUS** L. (2 esp.)

1. **Sambucus ebulus** L., Sp. Pl.: 269 (1753) (*yezgo*)
Geóf.-riz. 5-16 dm. VI-VIII. Medios alterados, sobre todo ribereños y de vega, en terrenos profundos algo húmedos. Eurosib. C. 2. (R & B, 1961). TC.

2. **Sambucus nigra** L., Sp. Pl.: 269 (1753) (*saúco*)
Meso-Faner. 2-5 m. V-VI. Bosques ribereños y sus orlas arbustivas caducifolias. Paleotemp. M. 2. (R & B, 1961). TC.

3.20.3. **SYMPHORICARPOS** Duh. (1 esp.)

1. **Symphoricarpos albus** (L) S.F. Blake in Rhodora 16: 118 (1914)
≡ *Vaccinium album* L., Sp. Pl.: 350 (1753) [basión.]
Nano-Faner. 5-15 dm. Cultivada como ornamental y naturalizada accidentalmente en setos y zonas de vega. Norteamer. RR. 1. (NC).

3.20.4. **VIBURNUM** L. (2 esp.)

1. **Viburnum lantana** L., Sp.Pl.: 268 (1753) (*lantana*)
= *V. aragonense* Pau, Not. Bot. Fl. Esp. 1: 16 (1887)
Meso-Faner. 1-4 m. IV-V. Bosques de riberas y laderas umbrosas, sobre todo en terrenos calizos. Eurosib. M. 4. (PAU, 1887).
XK63, XK64, XK65, XK66, XK73, XK74, XK75, XK76, XK77, XK82, XK83, XK84, XK85, XK86, XK87, XK88, XK89, XK94, XK95, XK96, XK97, XK98, XK99, XL90, YK04, YK05, YK06, YK07, YK08, YK09, YK15, YK16, YK17, YK18, YK19, YK25, YK26, YK27, YK28, YK29, YK37, YK38, YL00, YL10, YL20.

2. **Viburnum tinus** L., Sp. Pl.: 267 (1753) (*durillo*)
Meso-Faner. 1-3 m. II-V. Bosques de hoja perenne y sus matorrales orla en condiciones climáticas poco rigurosas (mesomediterráneo subhúmedo). Circun-Medit. R. 4. (PAU, 1884).
XK94, XK95, YK03, YK04, YK16, YK27, YK37.

3.21. **CARYOPHYLLACEAE** (*Cariofiláceas*) (27 gén.)

3.21.1. **AGROSTEMMA** L. (1 esp.)

1. **Agrostemma githago** L., Sp. Pl.: 435 (1753) (*neguillón*)
≡ *Lychnis githago* (L.) Scop., Fl. Carniol. ed. 2, 1: 310 (1771)
Teróf.-esc. 3-6 dm. V-VII. Campos de secano, sobre todo cerealistas. Paleotemp. M. 3. (R & B, 1961). TC.

3.21.2. **ARENARIA** L. (8 esp.) (*arenarias*)

1. **Arenaria aggregata** (L.) Loisel. in F. Cuvier, Dict. Sci. Nat. ed. 2, 46: 513 (1827)
≡ *Gypsophila aggregata* L., Sp. Pl.: 406 (1753) [basión.]
Caméf.-pulv. 2-8 cm. VI-VII. Tomillares rastreros y matorrales sobre suelos esqueléticos en rasos y escarpados de montaña. Medit.-occid. M. 4. (SL, 2000).
XK77, XK89, XK97, XK98, YK06, YK07, YK08, YK09, YK17, YL00.

2. **Arenaria erinacea** Boiss., Voy. Bot. Esp. 2: 103 (1840)
≡ *A. aggregata* subsp. *erinacea* (Boiss.) Font Quer in Anales Jard. Bot. Madrid 6: 487 (1946); - *A. tetraquetra* auct.
Caméf.-pulv. 2-6 cm. V-VII. Matorrales y pastizales secos de montaña sobre terreno calizo. Medit.-occid. M. 4. (ASSO, 1779).
XK63, XK64, XK77, XK78, XK79, XK88, XK89, XK97, XK98, YK05, YK06, YK07, YK08, YK16, YK17, YK18, YK19, YK28, YK29, YL00, YL01.

3. **Arenaria grandiflora** L, Syst. Nat. ed. 10, 2: 1034 (1759) subsp. **grandiflora**
Caméf.-sufr. 5-20 cm. V-VII. Roquedos y pedregales calizos de montaña no muy soleados. Medit.-occid. M. 3. (PAU, 1887). TC.

4. **Arenaria leptoclados** (Rchb.) Guss., Fl. Sicul. Syn. 2: 824 (1845)
≡ *A. serpyllifolia* var. *leptoclados* Rchb., Icon. Fl. Germ. Helv. 5: 32 (1842) [basión.]; ≡ *A. serpyllifolia* subsp. *leptoclados* (Rchb.) Nyman, Consp. Fl. Eur.: 115 (1878); - *A. serpyllifolia* subsp. *tenuior* auct.
Teróf.-esc. 5-20 cm. IV-VI. Pastizales anuales sobre sustratos someros secos y bien iluminados. Paleotemp. C. 2. (R & B, 1961). TC.

5. **Arenaria modesta** Dufour in Ann. Gén. Sci. Phys. 7: 291 (1821)
Teróf.-esc. 3-15 cm. III-V. Pastizales secos anuales sobre suelo calizo, sobre todo en medios rocosos o pedregosos y en altitudes moderadas. Medit.-occid. R. 3. (SL, 2000).
XK52, XK54, XK62, XK64, XK71, XK81, XK93, YK03, YK07, YK17, YK28, YK37, YL00, YL10.

6. **Arenaria montana** L., Cent. Pl. 1: 12 (1775) subsp. **montana**
Hemic.-esc. 5-25 cm. V-VII. Medios forestales sombreados y algo húmedos, sobre suelos silíceos. Atlánt.-Iberoatl. RR. 4. (R & B, 1961).
XK97: Gúdar (AFA). YK06: Linares de Mora (R & B, 1961). YK08: Fortanete, Los Acebares.

**7. Arenaria obtusiflora** Kunze in Flora 29: 632 (1846) **subsp. ciliaris** (Losc.) Font Quer, Fl. Hispan. Quinta Cent.: 5 (1948)

≡ *A. ciliaris* Losc., Trat. Pl. Arag.: 79 (1877) [basión.]; - *A. loscosii* auct.

Teróf.-esc. 3-18 cm. V-VII. Pastizales anuales y claros de matorral bien iluminados sobre sustratos someros y despejados. Iberolev. M. 4. (FL, 1877).

XK63, XK64, XK77, XK87, XK88, XK96, XK97, XK98, XK99, YK06, YK07, YK08, YK09, YK18, YK19, YL00.

**8. Arenaria serpyllifolia** L., Sp. Pl.: 423 (1753)

Teróf.-esc. 5-20 cm. IV-VI. Campos de secano y herbazales antropizados. Paleotemp. M. 2. (L & P, 1866). TC.

### 3.21.3. BUFONIA Sauvages ex L. (3 esp.)

**1. Bufonia paniculata** F. Dubois ex Delarbre, Fl. Auvergne, ed. 2: 300 (1800)

≡ *B. tenuifolia* subsp. *paniculata* (Dubois ex Delarbre) Mateo & Figuerola, Fl. Analít. Prov. Valencia: 368 (1987)

Teróf.-esc. 1-3 dm. V-VII. Matorrales secos aclarados y pastoreados sobre terrenos calizos. Euri-Medit. NV. 3. (SENNEN, 1910).

**XK64**: Camarena de la Sierra, Javalambre (SENNEN, 1910).

**2. Bufonia tenuifolia** L., Sp. Pl.: 123 (1753)

Teróf.-esc. 8-25 cm. V-VIII. Terrenos baldíos, pastizales secos sobre terrenos alterados. Paleotemp. C. 2. (L & P, 1866). TC.

**3. Bufonia tuberculata** Losc., Trat. Pl. Arag., Suppl. 8: 104 (1886)

≡ *B. perennis* subsp. *tuberculata* (Losc.) Malag., Sin. Fl. Ibér.: 259 (1975); = *B. macrosperma* J. Gay ex Gren. & Godr., Fl. Fr. 1: 248 (1847); = *B. valentina* Pau in Semanario Farm. 15: 164 (1887)

Caméf.-sufr. 15-40 cm, V-VIII. Matorrales secos sobre terrenos calizos someros. Iberolev. M. 3. (FL, 1886).

XK53, XK64, XK72, XK73, XK77, XK81, XK82, XK83, XK84, XK93, XK94, XK94, XK95, YK05, YK06, YK07, YK17, YK19.

### 3.21.4. CERASTIUM L. (9 esp.)

**1. Cerastium arvense** L., Sp. Pl.: 438 (1753)

Hemic.-esc. 5-25 cm. V-VII. Medios forestales aclarados, pedregales y pastizales vivaces frescos. Paleotemp. M. 3. (PAU, 1891).

XK63, XK64, XK65, XK72, XK73, XK74, XK75, XK77, XK78, XK79, XK81, XK82, XK83, XK86, XK87, XK88, XK96, XK97, XK98, XK99, YK04, YK05, YK06, YK07, YK08, YK09, YK15, YK16, YK17, YK18, YK19, YK25, YK26, YK27, YK28, YL00.

**2. Cerastium brachypetalum** Desp. ex Pers., Syn. Pl. 1: 520 (1805)

= *C. brachypetalum* subsp. *tauricum* (Spreng.) Murb. in Acta Univ. Lund. 27(5): 159 (1891)

Teróf.-esc. 5-30 cm. IV-VI. Pastizales efímeros en ambientes muy variados. Paleotemp. C. 2. (FQ, 1953). TC.

**3. Cerastium fontanum** Baumbg., Enum. Stirp. Transsilv. 1: 425 (1816) **subsp. vulgare** (Hartm.) Greuter & Burdet in Willdenowia 12(1): 37 (1982)

≡ *C. vulgare* Hartm., Handb. Skand. Fl.: 182 (1820) [basión.]; = *C. fontanum* subsp. *hispanicum* H. Gartner in Repert. Spec. Nov. Regni Veg. Beih. 113: 77 (1939); - *C. vulgatum* auct.; - *C. triviale* Link; - *C. fontanum* subsp. *triviale* auct.; - *C. holosteoides* subsp. *triviale* auct.

Hemic.-esc. 2-4 dm. IV-VII. Juncales y pastizales vivaces siempre húmedos. Paleotemp. M. 3. (ASSO, 1779). TC.

**4. Cerastium glomeratum** Thuill., Fl. Env. Paris, ed. 2: 226 (1799)

- *C. viscosum* auct.

Teróf.-esc. 5-25 cm. III-V. Pastizales anuales en ambientes antropizados. Circun-Medit. M. 2. (R & B, 1961).

XK77, XK78, XK82, XK83, XK88, XK94, XK97, YK04, YK07, YK09, YK28, YL00, YL10.

**5. Cerastium gracile** Dufour in Ann. Gén. Sci. Phys. 7: 304 (1821)

= *C. gayanum* Boiss., Diagn. Pl. Orient. ser. 2, 1: 92 (1854)

Teróf.-esc. 5-15 cm. III-VI. Pastizales secos anuales, sobre todo en suelos esqueléticos y áreas escarpadas, más frecuente en altitudes moderadas. Medit.-occid. M. 3. (FQ, 1953). TC.

**6. Cerastium perfoliatum** L., Sp. Pl.: 437 (1753)

Teróf.-esc. 2-5 dm. IV-VI. Campos de secano, sobre todo cerealistas. Medit.-Iranot. R. 3. (FL, 1878).

XK55, XK66, XK67, XK87, XK88, XK89, XK97, XK98, YK06, YK17, YK18, YK28.

**7. Cerastium pumilum** Curtis, Fl. Londin. 2(6): tab. 30 (1794)

= *C. glutinosum* Fries, Novit. Fl. Suec. 4: 51 (1817); - *C. pallens* auct.

Teróf.-esc. 4-15 cm. III-VI. Pastizales efímeros de primavera sobre terrenos variados, sobre todo silíceos. Se ha mencionado baja la forma típica (subsp. *pumilum*) y también como subsp. *glutinosum* (Fr.) Corb., Nouv. Fl. Normandie: 99 (1894) [≡ *C. glutinosum* Fr., Novit. Fl. Suec.: 51 (1817), basión.; = *C. pumilum* subsp. *pallens* (F.W. Sch.) Schinz & Thell. in Bull. Herb. Boiss., ser. 2, 7: 402 (1907)]. Paleotemp. M. 2. (FQ, 1954). TC.

**8. Cerastium semidecandrum** L., Sp. Pl.: 438 (1753)

= *C. pentandrum* L., Sp. Pl.: 438 (1753)

Teróf.-esc. 4-15 cm. III-VI. Pastizales secos anuales sobre terrenos alterados. Paleotemp. M. 2. (RP, 2002).

XK64, XK65, XK74, XK75, YK07, YK17, YK27, YK29.

**9. Cerastium tomentosum** L., Sp. Pl.: 440 (1753)
Hemic.-cesp. 1-3 dm. IV-VI. Planta originaria del Mediterráneo central, cultivada como ornamental en la zona y a veces asilvestrada junto a zonas habitadas. RR. 1. (NC).

### 3.21.5. CORRIGIOLA L. (1 esp.)

**1. Corrigiola telephiifolia** Pourr. in Hist. Mém. Acad. Roy. Sci. Toulouse 3: 316 (1788)
≡ C. litoralis subsp. telephiifolia (Pourr.) Briq., Prodr. Fl. Corse 1: 481 (1910)
Hemic.-rept. 1-4 dm. IV-VII. Terrenos arenosos algo alterados o transitados. Medit.-occid. RR. 3. (SL, 2000).
**XK73:** La Puebla de Valverde, Sierra de Javalambre. **XK96:** Mora de Rubielos, barranco de Fuennarices. **YK05:** Fuentes de Rubielos, hacia Rubielos de Mora.

### 3.21.6. CUCUBALUS L. (1 esp.)

**1. Cucubalus baccifer** L., Sp. Pl.: 414 (1753) (falsa belladona, cucúbalo)
Hemic.-esc. 4-14 dm. VI-IX. Se observa como débilmente trepadora en medios forestales ribereños de las zonas periféricas. Eurosib. R. 3. (R & B, 1961).
**XK94:** San Agustín, valle del Mijares hacia Rubielos. **YK04:** Olba, valle del Mijares bajo Los Ibáñez. **YK06:** Linares de Mora, a lo largo del río Linares (R & B, 1961).

### 3.21.7. DIANTHUS L. (7 esp.) (clavelinas silvestres)

**1. Dianthus armeria** L., Sp. Pl.: 410 (1753)
Hemic.-esc. 2-4 dm. VI-VIII. Claros de bosque y pastizales vivaces en zonas frescas de montaña. Eurosib. R. 4. (FL, 1877).
XK86, XK96, YK06, YK15, YK16, YK17, YK25, YK26.

**2. Dianthus brachyanthus** Boiss., Voy. Bot. Esp. 2: 85 (1839)
≡ D. subacaulis subsp. brachyanthus (Boiss.) P. Fourn., Quatre Fl. France: 331 (1936); ≡ D. pungens subsp. brachyanthus (Boiss.) Bernal & al. in Anales Jard. Bot. Madrid 44: 186 (1987); - D. hispanicus auct.
Caméf.sufr. 1-4 dm. V-VII. Matorrales secos y soleados sobre terrenos calizos. Medit.-occid. M. 3. (FL, 1876). TC.

**3. Dianthus broteri** Boiss. & Reut., Pugill. Pl. Afr. Bor. Hispan.: 22 (1852) subsp. **valentinus** (Willk.) Rivas Mart., A. Asensi, Molero Mesa & F. Valle in Rivasgodaya 6: 29 (1991)
≡ D. valentinus Willk. in Flora 35: 539 (1852) [basión.]; – D. malacitanus auct., – D. serrulatus subsp. barbatus auct.; - D. superbus auct.
Caméf.-sufr. 3-6 dm. VI-IX. Matorrales secos y soleados por las partes más bajas y periféricas del territorio. Iberolev. R. 3. (ASSO, 1779).
XK71, XK73, XK93, XK94, XK95, YK03, YK04, YK05, YK15, YK16, YK18, YK19, YK25, YK26, YK27, YK28, YK29, YK37, YK38.

**4. Dianthus carthusianorum** L., Sp. Pl.: 409 (1753)
Hemic.-esc. 2-5 dm. V-VII. Medios forestales y pastizales algo húmedos de montaña. Eurosib. R. 4. (R & B, 1961).
XK86, XK87, XK99, YK06, YK07, YK09, YK18, XK19, YK26.

**5. Dianthus deltoides** L., Sp. Pl.: 411 (1753)
Hemic.-esc. 5-15 cm. VI-VIII. Pastizales vivaces con humedad climática. Paleotemp. NV. 4. (RP, 2002).
YK27: Mosqueruela, Masico Dios (RP, 2002).

**6. Dianthus legionensis** (Willk.) F.N. Williams in J. Bot. (London) 23: 346 (1885)
≡ D. lusitanus var. legionensis Willk. in Willk. & Lange, prodr. Fl. Hispan. 3: 684 (1878) [basión.]
Caméf.-sufr. 2-4 dm. VI-VIII. Pastizales vivaces de montaña sobre substrato silíceo. Iberoatl. RR. 4. (MATEO, FABREGAT, LÓPEZ UDIAS & MERCADAL, 1995).
YK18: Cantavieja, barranco del Carrascal.

**7. Dianthus turolensis** Pau, Not. Bot. Fl. Esp. 6: 31 (1895)
≡ D. algetanus subsp. turolensis (Pau) Bernal & al. in Anales Jard. Bot. Madrid 45(2): 575 (1989); ≡ D. costae subsp. turolensis (Pau) Laínz & Muñoz Garm. in Anales Jard. Bot. Madrid 43(2): 473 (1987); - D. attenuatus auct., - D. requienii auct., - D. laricifolius auct.]
Caméf.-sufr. 2-4 dm. VI-X. Matorrales y bosques aclarados sobre substrato básico. Iberolev. M. 4. (PAU, 1895).
XK52, XK54, XK55, XK62, XK63, XK64, XK65, XK66, XK72, XK73, XK74, XK75, XK76, XK77, XK78, XK81, XK82, XK83, XK84, XK85, XK86, XK87, XK88, XK89, XK93, XK94, XK95, XK96, XK97, XK98, XK99, YK04, YK05, YK06, YK16, YK17, XK18.

*Híbridos* (1 esp.)
**1. Dianthus × melandrioides** Pau, Not. Bot. Fl. Esp. 3: 15 (1889) (broteri × turolensis)
Caméf.-sufr. 2-4 dm. V-VII. Matorrales secos sobre terreno calizo. Iberolev. NV. 3 (PAU, 1889).

### 3.21.8. GYPSOPHILA L. (1 esp.)

**1. Gypsophila hispanica** Willk. Strand-Steppengeb. Iber. Halbins.: 110 (1852) (gipsófila)
≡ G. struthium subsp. hispanica (Willk.) G. López in Anales Jard. Bot. Madrid 41: 36 (1984) [basión.]
Caméf.-sufr. 3-8 dm. VI-IX. Matorrales secos y soleados sobre terrenos yesosos. Iberolev. M. 3. (PAU, 1891).
XK52, XK54, XK55, XK62, XK63, XK64, XK65, XK66, XK73, XK76, XK83, XK87.

### 3.21.9. HERNIARIA L. (5 esp.) (herniarias)

**1. Herniaria cinerea** DC. in Lam. & DC., Fl. Franç. ed. 3, 5: 375 (1815)
≡ H. hirsuta subsp. cinerea (L.) Arcang., Comp. Fl. Ital.: 109 (1882); = H. annua Lag., Elench. Pl.: 12 (1816); - H. lenticulata auct.

Teróf.-rept. 3-12 cm. IV-VII. Cunetas y terrenos baldíos secos frecuentados por el hombre o el ganado. Medit.-Iranot. M. 2. (SENNEN, 1910).
XK52, XK54, XK55, XK62, XK63, XK65, XK66, XK74, XK75, XK76, XK77, XK83, XK84, XK85, XK86, XK93, XK94, XK95, XK96, YK03, YK04, YK05, YK07, YK17, YK26, YK27, YK28, YK29, YK37, YK38, YL00, YL10, YL20.

**2. Herniaria fruticosa** L., Cent. Pl. 1: 81 (1755)
Caméf.-frut. 5-15 cm. IV-VI. Matorrales muy secos y soleados sobre terrenos yesíferos. Ibero-lev. R. 4. (R & B, 1961).
XK52, XK54, XK55, XK62, XK63, XK64, XK65.

**3. Herniaria glabra** L., Sp. Pl.: 218 (1753)
Hemic.-rept./bien. 5-20 cm. V-IX. Terrenos arenosos alterados o pisoteados. Paleotemp. M. 2. (SENNEN, 1910).
XK63, XK64, XK72, XK73, XK74, XK77, XK78, XK79, XK81, XK82, XK85, XK86, XK88, XK93, XK94, XK95, XL80, XL90, YK04, YK05, YK08, YK09, YK17, YK18, YK27, YK28, YK29.

**4. Herniaria hirsuta** L., Sp. Pl.: 218 (1753)
Hemic.-rept./bien. 5-20 cm. V-VIII. Caminos o terrenos transitados en areas frescas de montaña. Paleotemp. Ha sido mencionada por PITARCH (2002) de la zona, aunque en ningún contexto más general (*Flora iberica*, AFA, etc.) se admite como planta aragonesa, siendo difícil de diferenciar de su congénere *H. scabrida*. NV. 2.

**5. Herniaria scabrida** Boiss., Elench. Pl. Nov.: 42 (1838)
- *H. hirsuta* auct., non L. (p.p.).
Hemic.-bien./rept. 5-25 cm. V-IX. Terrenos arenosos frecuentados o alterados. Medit.-occid. M. 2. (FL, 1886).
XK75, XK76, XK77, XK78, XK85, XK86, XK87, XK94, XK95, XK96, YK04, YK05, YK06, YK07, YK08, YK17, YK28, YK38.

### 3.21.10. HOLOSTEUM L. (1 esp.)

**1. Holosteum umbellatum** L., Sp. Pl.: 88 (1753)
Teróf.-esc. 5-20 cm. III-V. Terrenos alterados, campos de secano, pastizales anuales secos sobre suelos alterados. Paleotemp. M. 2. (FL, 1877). TC.

### 3.21.11. LOEFLINGIA L. (1 esp.)

**1. Loeflingia hispanica** L., Sp. Pl.: 35 (1753)
Teróf.-esc. 2-6 cm. IV-VI. Arenales silíceos secos y soleados. Circun-Medit. RR. 3. (MATEO & LOZANO, 2010b).
**XK85**: Mora de Rubielos, Llano del Rull. **XK86**: Id., pr. Las Barrachinas.

### 3.21.12. MINUARTIA L. (9 esp.)

**1. Minuartia campestris** Loefl. ex L., Sp. Pl.: 89 (1753)
≡ *Alsine campestris* (L.) Fenzl, Vers. Darstell. Alsin.: tab. Ad 57 (1833)

Teróf.-esc. 3-8 cm. IV-VI. Pastizales anuales secos y soleados sobre suelos muy someros. Medit.-Iranot. M. 3. (SENNEN, 1910).
XK52, XK53, XK62, XK63, XK64, XK65, XK71, XK72, XK73, XK74, XK75, XK76, XK77, XK78, XK81, XK82, XK83, XK84, XK85, XK89, XK93, XK94, XK95, XK98, XK99, YK03, YK04, YK05, YK06, YK08, YK17, YK18, YK19, YK27, YK28, YK29, YK19, YK37, YK38, YL00, YL10.

**2. Minuartia cymifera** (Rouy & Fouc.) Graebn. in Asch. & Graebn., Syn. Mitteleur. Fl. 5(1): 710 (1918)
≡ *Alsine cymifera* Rouy & Fouc., Fl. France 3: 275 (1896) [basión.]; ≡ *A. fasciculata* subsp. *cymifera* (Rouy & Fouc.) Cadevall in Cadevall & Sallent, Fl. Catalunya 1: 300 (1915); ≡ *M. rubra* subsp. *cymifera* (Rouy & Fouc.) P. Monts. Bull. Soc. Échange Pl. Vasc. Eur. Occid. Bassin Médit. 17: 51 (1979); ≡ *M. rubra* subsp. *fastigiata* (Sm.) O. Bolòs, Vigo, Masalles & Ninot, Fl. Man. Païs. Catal.: 1214 (1990); - *A. jacquinii* auct.
Hemic.-bien. 5-15 cm. V-VII. Pastizales secos en terrenos calizos abruptos y repisas de roquedos. Medit.-occid. M. 3. (FL, 1876).
XK63, XK64, XK73, XK77, XK82, XK83, XK96, XK97, YK07, YK08, YK16, YK17, YK28.

**3. Minuartia dichotoma** Loefl. ex L., Sp. Pl.: 89 (1753)
≡ *Alsine dichotoma* (Loefl. ex L.) Fenzl, Vers. Darstell. Alsin.: tab. ad pag. 57 (1833)
Teróf.-esc. 1-5 cm. IV-VII. Pastizales secos anuales sobre suelos silíceos muy superficiales. Medit.-occid. RR. 3. (MATEO & LOZANO, 2010a).
**XK78**: El Pobo, ladera oriental de Castelfrío.

**4. Minuartia funkii** (Jord.) Graebn. in Asch. & Graebn., Syn. Mitteleur. Fl. 5(1): 710 (1918)
≡ *Alsine funkii* Jord. in Mem. Acad. Roy. Sci. Lyon, Sect. Sci. ser. 2, 1: 247 (1851) [basión.]; ≡ *A. fasciculata* subsp. *funkii* (Jord.) Cadevall. Fl. Catalunya 1: 300 (1915)
Hemic.-bien. 3-10 cm. V-VII. Terrenos escarpados, repisas y roquedos de naturaleza calcárea. Medit.-occid. R. 3. (FL, 1880).
XK62, XK63, XK64, XK77, XK82, XK87, XK88, XK96, XK97, YK05, YK06, YK07, YK08, YK16, YK17, YK18, YK19, YK27, YK28.

**5. Minuartia hamata** (Hausskn. & Bornm.) Mattf. in Bot. Jahrb. Syst. 57, Beibl. 126: 29 (1921)
≡ *Scleranthus hamatus* Hausskn. & Bornm. in Mitt. Georg. Ges. (Thüringen) Jena 9(2): 17 (1890-91) [basión.]; = *Queria hispanica* Loefl. ex L., Sp. Pl.: 90 (1753)
Teróf.-esc. 2-8 cm. V-VII. Pastizales secos anuales y claros de matorrales sobre sustratos someros. Medit.-Iranot. M. 3. (FL, 1878).
XK53, XK54, XK62, XK63, XK64, XK65, XK66, XK72, XK73, XK74, XK75, XK76, XK77, XK78, XK79, XK81, XK82, XK83, XK84, XK86, XK87, XK89, XK96, XK97, XK98, XL90, YK05, YK06, YK07, YK09, YK15, YK16, YK17, YK26, YK27, YK28.

**6. Minuartia hybrida** (Vill.) Schischkin in Komarov, Fl. URSS 6: 488 (1936)
≡ *Arenaria hybrida* Vill., Prosp. Hist. Pl. Dauph.: 48 (1779) [basión.]; = *Alsine tenuifolia* (L.) Crantz, Inst. Rei Herb. 2: 407 (1766); = *M. tenuifolia* (L.) Hiern in J. Bot. 37: 321 (1899)

Teróf.-esc. 4-15 cm. III-VI. Pastizales efímeros sobre suelos muy someros o alterados. Paleo-temp. C. 2. (R & B, 1961). TC.

**7. Minuartia mediterranea** (Ledeb. ex Link) K. Malý in Galsn. Zemaljsk. Muz. Bosni Hercegov. 20: 563 (1908)
≡ *Arenaria mediterranea* Ledeb. ex Link, Enum. Hort. Berol. Alt. 1: 431 (1821) [basión.]; ≡ *M. hybrida* subsp. *mediterranea* (Ledeb. ex Link) O. Bolòs & Vigo in Butll. Inst. Catal. Hist. Nat., 38 Bot., 1: 86 (1974); ≡ *M. tenuifolia* subsp. *mediterranea* (Ledeb. ex Link) Briq., Prodr. Fl. Corse 1: 532 (1910)

Teróf.-esc. 3-12 cm. III-V. Pastizales secos anuales en sustratos someros. Paleotemp. Ha sido indicada en la zona, pero es muy posible que se haya confundido con formas de *M. hybrida* que resultan muy difíciles de deslindar. NV. 3. (R & B, 1961).

**8. Minuartia montana** L., Sp. Pl.: 90 (1753)

Teróf.-esc. 4-8 cm. IV-VI. Pastizales secos anuales sobre terrenos calizos despejados. Medit.-Iranot. RR. 3. (R & B, 1961).
XK66, XK74, XK75, XK76, XK77, XK84, YK03.

**9. Minuartia rubra** (Scop.) McNeill in Feddes Repert. Spec. Nov. Regni Veg. 68: 173 (1963)
≡ *Stellaria rubra* Scop., Fl. Carniol. ed. 2, 1: 316 (1772) [basión.]; = *M. fastigiata* (Sm.) Rchb., Icon. Fl. Germ. Helv. 5: 28 (1841-42); = *M. mucronata* (L.) Schinz & Thell. in Bull. Herb. Boissier ser. 2, 7: 403 (1907)

Hemic.-bien. 6-20 cm. V-VII. Pastizales secos sobre suelos someros calcáreos. Medit.-occid. R. 3. (PAU, 1888).
XK63, XK64, XK73, XK77, XK83, XK89, XK96, XK97, YK06, YK07, YK08, YK16, YK17, YK18, YK19.

### 3.21.13. MOEHRINGIA L. (2 esp.)

**1. Moehringia pentandra** Gay in Ann. Sci. Nat. (Paris) 26: 230 (1832)
≡ *M. trinervia* subsp. *pentandra* (Gay) Nyman, Consp. Fl. Eur.: 112 (1878)

Teróf.-esc. 5-30 cm. IV-VI. Medios forestales o sombreados antropizados o transitados por el ganado. Circun-Medit. M. 2. (R & B, 1961).
XK63, XK64, XK77, XK78, XK82, XK83, XK85, XK86, XK95, YL00, YL10.

**2. Moehringia trinervia** (L.) Clairv., Man. Herbor. Suisse: 150 (1811)
≡ *Arenaria trinervia* L., Sp. Pl.: 423 (1753) [basión.]

Teróf./Hemic.-esc. 1-3 dm. IV-VII. Bosques caducifolios o pinares húmedos. Paleotemp. R. 4. (FQ, 1953).
XK87, XK97, XK98, YK07, YK08, YK17, YK19, YK25, YK28.

### 3.21.14. MOENCHIA Ehrh. (1 esp.)

**1. Moenchia erecta** (L.) P. Gaertn., B. Mey. & Schreb., Oekon. Fl. Wetterau 1: 219 (1799)
≡ *Sagina erecta* L., Sp. Pl.: 128 (1753) [basión.]; ≡ *Cerastium erectum* (L.) Coss. & Germ., Fl. Env. Paris: 39 (1845)

Teróf.-esc. 5-20 cm. IV-VI. Pastizales anuales sobre suelo arenoso silíceo. Euri-Medit. R. 3. (GM, 1990).

XK77: Corbalán, Puerto de Cabigordo. XK78: El Pobo, monte Castelfrío. XK86: Cabra de Mora, pr. monte Mozorrita.

### 3.21.15. PARONYCHIA Mill. (3 esp.)

**1. Paronychia argentea** Lam., Fl. Franç. 3: 230 (1779)
(*hierba de la sangre, sanguinaria*)
≡ *Illecebrum paronychia* L., Sp. Pl.: 206 (1753) [syn. subst.].

Hemic.-rept. 1-4 dm. III-VI. Caminos y terrenos baldíos muy transitados. Medit.-Iranot. M. 1. (MATEO & LOZANO, 2010b).
XK82, XK83, XK84, XK85, XK86, XK93, XK94, XK95, XK96, YK03, YK04, YK05, YL20.

**2. Paronychia capitata** (L.) Lam., Fl. Franç. 3: 229 (1779)
(*nevadilla*)
≡ *Illecebrum capitatum* L., Sp. Pl.: 207 (1753) [basión.]; = *P. nivea* DC. in Lam., Encycl. 5: 25 (1804).

Hemic.-cesp./Caméf.-sufr. 5-15 cm. IV-VI. Terrenos baldíos y matorrales secos degradados. Circun-Medit. M. 2. (R & B, 1961). TC.

**3. Paronychia kapela** (Hacq.) A. Kern. in Oesterr. Bot. Z. 19: 367 (1869)
≡ *Illecebrum kapela* Hacq., Pl. Alp. Carniol.: 8 (1782) [basión.]; - *P. kapela* subsp. *serpyllifolia* auct.

Caméf.-sufr. 5-25 cm. V-VII. Terrenos escarpados o muy esqueléticos y ambientes rocosos calizos. Euri-Medit.-sept. M. 3. (R & B, 1961).
XK62, XK63, XK64, XK65, XK66, XK72, XK73, XK74, XK75, XK77, XK78, XK79, XK81, XK82, XK83, XK84, XK86, XK87, XK88, XK89, XK96, XK97, XK98, XL80, XL90, YK05, YK06, YK07, YK08, YK09, YK15, YK16, YK17, YK18, YK19, YK26, YK27, YK28, YK29, YL00, YL01, YL10.

### 3.21.16. PETRORHAGIA (Ser.) Link. (2 esp.)

**1. Petrorhagia nanteuilii** (Burnat) P.W. Ball & Heywood in Bull. Brit. Mus. (Nat. Hist.), Bot. 3: 164 (1964)
≡ *Dianthus nanteuilii* Burnat, Fl. Alpes Marit. 1: 221 (1892) [basión.]; ≡ *P. prolifera* subsp. *nanteuilii* (Burnat) O. Bolòs & Vigo in Butll. Inst. Catal. Hist. Nat. 38, Bot. 1: 87 (1974); ≡ *Tunica nanteuilii* (Burnat) Gürke in K. Richt., Pl. Eur. 2(3): 338 (1903); ≡ *Kohlrauschia nanteuilii* (Burnat) P.W. Ball & Heywood in Watsonia 5: 115 (1962)

Teróf.-esc. 1-3 dm. VI-IX. Pionera en terrenos baldíos o degradados, así como en claros pastoreados secos de bosques y matorrales. Medit.-occid. Se conoce de zonas periféricas, en ambientes similares, por lo que no dudamos de su presencia en la zona. NV. 1.

**2. Petrorhagia prolifera** (L.) P.W. Ball & Heywood in Bull. Brit. Mus. (Nat. Hist.), Bot. 3: 161 (1964)
≡ *Dianthus prolifer* L., Sp. Pl.: 410 (1753) [basión.]; ≡ *Tunica prolifera* (L.) Scop., Fl. Carniol. ed. 2, 1: 299 (1771), ≡ *Kohlrauschia prolifera* (L.) Kunth, Fl. Berol. 1: 109 (1838)

Teróf.-esc. 1-4 dm. V-IX. Terrenos baldíos y herbazales anuales sobre sustratos alterados. Paleotemp. C. 1. (R & B, 1961). TC.

### 3.21.17. POLYCARPON L. (1 esp.)

**1. Polycarpon tetraphyllum** (L.) L., Syst. Nat. ed. 10, 2: 881 (1759)
≡ *Mollugo tetraphylla* L., Sp. Pl.: 89 (1753)

Ter.-esc. 4-15 cm. III-VI. Herbazales transitados sobre terrenos algo húmedos pero bastante alterados. Paleotemp. R. 1. (RP, 2002).
XK85, XK94, YK04, YK07, YK26, XK27, YK37.

### 3.21.18. SAGINA L. (2 esp.)

**1. Sagina apetala** Ard., Animadv. Bot. Spec. Alt.: 22 (1764)
Teróf.-esc. 2-8 cm. III-VI. Empedrados y terrenos compactos frecuentados a veces inundables. Paleotemp. M. 2. (R & B, 1961).
XK63, XK83, XK85, XK86, XK93, XK94, XK95, XK96, XK97, YK04.

**2. Sagina sabuletorum** Gay ex Lange, Descr. Icon. Pl. Nov.: 3 (1864)
= *S. loscosii* Boiss. ex Losc., Descr. Esp. Nuevas Reparto 1873-1874: 13 (1875); = *S. saginoides* subsp. *loscosii* (Boiss. ex Losc.) Rivas Goday & Borja in Anales Inst. Bot. Cav. 19: 334 1961), comb. inval.
Hemic.-esc. 5-15 cm. V-VII. Pastizales inundados de forma permanente o periódica. Medit.-occid. R. 3. (FL, 1876).
XK98, YK07, YK08, YK17, YK27.

### 3.21.19. SAPONARIA L. (3 esp.)

**1. Saponaria glutinosa** Bieb., Fl. Taur.-Caucas.: 322 (1808)
= *S. zapateri* Pau, Not. Bot. Fl. Españ. 4: 22 (1891); = *S. glutinosa* subsp. *zapateri* (Pau) Rivas Goday & Borja in Anales Inst. Bot. Cavanilles 19: 337 (1961)
Hemic.-bien. 2-5 dm. V-VII. Cunetas y terrenos secos transitados en áreas elevadas. Medit.-Iranot. R. 4. (PAU, 1887).
XK63, XK64, XK65, XK72, XK73, XK74, XK75, XK82, XK97, YK06, YK07, YK17, YK18, YK19, YK27.

**2. Saponaria ocymoides** L., Sp. Pl.: 409 (1753)
Hemic.-esc. 5-30 cm. IV-VII. Terrenos abruptos, rocosos o pedregosos y bosques en áreas de cierta pendiente. Medit.-occid. M. 3. (ASSO, 1779). TC.

**3. Saponaria officinalis** L., Sp. Pl.: 408 (1753) (*saponaria, hierba jabonera*)
Hemic.-esc. 2-8 dm. VI-VIII. Bosques de ribera y herbazales húmedos sombreados de zonas de vega, donde se ha observado seguramente escapada de cultivo. Eurosib. R. 3. (SL, 2000).
XK94: Sarrión, pr. La Escaleruela. YK04: Olba, valle del Mijares bajo Los Pertegaces.

### 3.21.20. SCLERANTHUS L. (4 esp.)

**1. Scleranthus annuus** L., Sp.Pl.: 406 (1753)
Teróf.-esc. 4-14 cm. IV-VI. Pastizales secos efímeros sobre suelos silíceos. Paleotemp. Actualmente tienden a separarse dos especies anuales de esta especie linneana (ver números 2 y 4), cuya presencia en la zona no podemos confirmar. NV. 2. (FL, 1878).

**2. Scleranthus delortii** Gren. in F.W. Sch., Arch. Fl. France Allem.: 206 (1852)
≡ *S. annuus* subsp. *delortii* (Gren.) Meikle, Fl. Cypr. 1: 286 (1977); = *S. annuus* subsp. *ruscinonensis* (Gillot & Coste) P.D. Sell in Feddes Repert. Spec. Nov. Regni Veg. 68: 169 (1963)
Teróf.-esc. 2-10 cm. IV-VI. Pastizales secos anuales sobre suelos arenosos silíceos. Medit.-occid. M. 2. (FL, 1883).
XK63, XK64, XK65, XK74, XK75, XK77, XK78, XK82, XK86, YK17.

**3. Scleranthus perennis** L., Sp. Pl.: 406 (1753)
Hemic.-cesp. 3-10 cm. V-VII. Pastizales secos vivaces sobre suelo arenoso silíceo. Eurosib. R. 3. (SL, 2000).
XK97: Alcalá de la Selva, pr. Collado de la Gitana.

**4. Scleranthus polycarpos** L., Cent. Pl. 2: 16 (1756)
≡ *S. annuus* subsp. *polycarpos* (L.) Bonnier & Layens, Tabl. Syn. Pl. Vasc. France: 109 (1894)
Teróf.-esc. 3-12 cm. IV-VI. Pastizales secos anuales sobre suelos arenosos silíceos. Circun-Medit. M. 2. (SL, 2000).
XK63, XK64, XK73, XK74, XK77, XK78, XK82, XK83, XK85, XK86, XK95, XK96, XK97, YK07, YK08, YL10.

### 3.21.21. SILENE L. (18 esp., 19 táx.)

**1. Silene boryi** Boiss., Elench. Pl. Nov.: 19 (1838)
Caméf.-sufr. 1-3 dm. VI-VIII. Pastizales sobre suelo arenoso silíceo. Medit. NV. 5. (R & B, 1961).
XK63: Puebla de Valverde, La Atalaya. (R & B, 1961). XK64: Id., cumbre del Javalambre. (R & B, 1961).

**2. Silene colorata** Poir., Voy. Barb. 2: 163 (1789)
Teróf.-esc. 1-3 dm. IV-VII. Pastizales secos bien iluminados, claros de matorrales. Circun-Medit. RR. 2. (MATEO & LOZANO, 2010b).
XK62: Arcos de las Salinas, Los Majanos.

**3. Silene conica** L., Sp. Pl.: 418 (1753)
Teróf.-esc. 5-25 cm. IV-VII. Herbazales anuales sobre terrenos muy pastoreados o alterados. Paleotemp. M. 2. (AA, 1985). TC.

**4. Silene conoidea** L., Sp. Pl.: 418 (1753)
Teróf.-esc. 1-5 dm. V-VII. Mala hierba de los campos ceralistas de secano. Medit.-Iranot. M. 2. (R & B, 1961).
XK64, XK72, XK73, XK78, XK82, XK83, XK88, XK89, XK97, XK98, XK99, XL80, YK06, YK17, YK18, YK27, YK28, YK29, YL00.

**5. Silene gallica** L., Sp. Pl.: 417 (1753)
Teróf.-esc. 1-3 dm. IV-VI. Campos de cultivo y pasizales secos sobre suelos arenosos silíceos. Paleotemp. NV. 2. (R & B, 1961).
XK95: Mora de Rubielos. (R & B, 1961).

**6. Silene inaperta** L., Sp. Pl.: 419 (1753)

Teróf.-esc. 2-5 dm. IV-VI. Pastizales secos sobre terrenos arenosos o pedregosos. Circun-Medit. R. 2 (PAU, 1887).
XK85, XK86, XK93, XK95, XK96, YK04.

**7. Silene latifolia** Poir., Voy. Barb. 2: 165 (1789)
= *Lychnis alba* Mill., Gard. Dict. ed. 8, nº 4 (1768); = *L. macrocarpa* Boiss. & Reut. in Bibl. Univ. Genève, ser. 2, 38: 200 (1842); = *S. alba* (Mill.) E.H.L. Krause, Deutschl. Fl. (Sturm) ed. 2, 5: 98 (1901); = *S. latifolia* subsp. *alba* (Mill.) Greuter & Burdet in Willdenowia 12: 189 (1982); = *S. alba* subsp. *divaricata* (Rchb.) Walters in Feddes repert. Spec. Nov. Regni Veg. 69: 48 (1964); = *Melandrium macrocarpum* (Boiss. & Reut.) Willk., Icon. Descr. Pl. Nov. 1: 28 (1853); = *M. pratense* (Rafn) Röhling,Deutschl. Fl. ed. 2, 2: 274 (1812)
Hemic.-esc. 3-8 dm. IV-VI. Medios forestales alterados, herbazales umbrosos nitrófilos. Paleotemp. M. 2. (PAU, 1891). TC.

**8. Silene legionensis** Lag., Elench. Pl.: 14 (1816)
Hemic.-ros. 2-4 dm. VI-IX. Bosques abiertos y matorrales secos sobre substratos variados. Medit.-occid. C. 3. (PAU, 1887). TC.

**9. Silene mellifera** Boiss. & Reut., Diagn. Pl. Nov. Hisp.: 8 (1842)
= *S. nevadensis* (Boiss.) Boiss., Voy. Bot. Esp. 2: 721 (1845); = *S. mellifera* subsp. *nevadensis* (Boiss.) Breistr. in Bull. Soc. Bot. Fr. 110, Sess. Extr.: 129 (1966); = *S. italica* subsp. *nevadensis* (Boiss.) Font Quer in Collect. Bot. 3: 351 (1953)
Hemic.-esc. 2-5 dm. V-VII. Medios rocosos, pedregosos o forestales con cierta pendiente y suelo poco profundo. Iberolev. M. 3. (MW, 1893). TC.

**10. Silene muscipula** L., Sp. Pl.: 420 (1753)
= *S. arvensis* Losc., Series Exicc. Pl. Aragon. Cent. 1, nº 18 (1876)
Teróf.-esc. 2-5 dm. IV-VII. Cunetas, cultivos y terrenos baldíos. Circun-Medit. R. 2. (R & B, 1961).
XK82, XK83, XK84, XK93, XK94, YK29, YL00, YL10.

**11. Silene noctiflora** L., Sp. Pl.: 419 (1753)
Teróf.-esc. 2-4 dm, V-VII. Accidentalmente presente en campos de secano. Eurosib. NV. (SL, 2000).
YL00: Pitarque (*Güemes*, VAL).

**12. Silene nocturna** L., Sp. Pl.: 416 (1753)
= *S. apetala* Willd., Sp. Pl. 2: 703 (1799)
Teróf.-esc. 2-5 dm. V-VII. Presente en herbazales mixtos sobre terrenos baldíos, barbechos y cunetas. Euri-Medit. M. 1. (SL, 2000). TC.

**13. Silene nutans** L., Sp. Pl.: 417 (1753)
- *S. viridiflora* auct.
Hemic.-esc. 2-6 dm. V-VII. Medios forestales frescos y sus orlas herbáceas sombreadas. Eurosib. M. 3. (ASSO, 1779). TC.

**14. Silene otites** (L.) Wibel, Prim. Fl. Werth.: 241 (1799)
≡ *Cucubalus otites* L., Sp. Pl.: 415 (1753) [basión.]

Hemic.-ros. 2-5 dm. V-VII. Matorrales y pastizales secos sobre terrenos calizos. Paleotemp. M. 3. (SENNEN, 1910).
XK65, XK71, XK74, XK75, XK76, XK77, XK81, XK84, XK85, XK95, XK97, YK05, YK06, YK07, YK27, YK29.

**15. Silene psammitis** Link ex Spreng., Novi Provent.: 39 (1818) subsp. **lasiostyla** (Boiss.) Rivas Goday in Anales Real Acad. Farm. 38: 461 (1972)
≡ *S. lasiostyla* Boiss., Diagn. Pl. Orient. ser. 1, 8: 79 (1849) [basión.]
Teróf.-esc. 5-15 cm. IV-VI. Pastizales anuales en claros de matorrales sobre terreno calizo. Medit.-occid. Ha sido citada de la Sierra de El Toro y existe material recogido de allí en el herbario VAL, aunque no especifica si de la parte turolense o castellonense. NV. 4. (R & B, 1961).

**16. Silene saxifraga** L., Sp. Pl.: 421 (1753) (*hierba de las piedras*)
Caméf.-sufr. 10-25 cm. V-VII. Roquedos calizos frescos o no muy soleados. Medit.-sept. M. 4. (R & B, 1961).
XK63, XK64, XK72, XK73, XK81, XK82, XK83, XK95, XK97, YK04, YK05, YK06, YK07, YK09, YK19, YK25, YK26, YL00.

**17. Silene tridentata** Desf., Fl. Atl. 1: 349 (1798)
Teróf.-esc. 5-20 cm. IV-VI. Pastizales secos anuales. Medit.-merid. RR. (GM, 1989).
XK93: San Agustín, Cruz del Campo.

**18a. Silene vulgaris** (Moench) Garcke, Fl. N. Mitt.-Deutschl. ed. 9: 64 (1869) subsp. **vulgaris** (*collejas*)
≡ *Cucubalus vulgaris* Moench, Meth.: 709 (1794) [basión.]; ≡ *Behen vulgaris* L., Sp. Pl.: 414 (1753); = *S. inflata* Sm., Fl. Brit.: 467 (1800)
Hemic.-esc. 2-6 dm. V-VIII. Campos de cultivo, cunetas y todo tipo de ambientes herbosos alterados. Paleotemp. C. 1. (R & B, 1961). TC.

**18b. Silene vulgaris** subsp. **glareosa** (Jord.) Marsd.-Jones & Turrill, Bladder Campions: 20 (1957)
≡ *S. glareosa* Jord. in Mém. Acad. Roy. Sci. Lyon, sect. sci., ser. 2, 1: 242 (1852) [basión.]; - *S. vulgaris* subsp. *prostrata* auct.
Hemic.-esc. 1-3 dm. V-VII. Pedregales de montaña sobre todo calizos. Es planta polimorfa y muchos ejemplares muestran clara transición hacia el tipo, incluso algunos hacia táxones cercanos, que se han citado en la zona, pero que no podemos confirmar en la misma, como la subsp. *prostrata* (Gaudin) Schinz & Thell. in Schinz & R. Keller, Fl. Schweiz, ed. 4, 1: 791 (1923) o la subsp. *commutata* (Guss.) Hayek in Feddes Repert. 30(1): 258 (1924). Eurosib.-merid. R. 4. (MATEO, LOZANO & FERNÁNDEZ, 2009).
XK64, XK73, XK74, XK82, XK83, XK84, XK96, XK97, XK98, YK06, YK07, YK08, YK09, YK17, YK19, YK27.

**3.21.22. SPERGULA** L. (2 esp.)

**1. Spergula arvensis** L., Sp. Pl.: 440 (1753)

Teróf.-esc. 1-3 dm. III-V. Campos de cultivo y ambientes arenosos alterados. Paleotemp. NV. 2. (R & B, 1961).
**YK07**: Valdelinares, Monegro de la Sierra de Gúdar. (R & B, 1961).

**2. Spergula pentandra** L., Sp. Pl.: 440 (1753)
Teróf.-esc. 4-14 cm. III-V. Pastizales secos anuales sobre arenas silíceas. Paleotemp. M. 2. (R & B, 1961).
XK77, XK78, XK82, XK85, XK86, XK95, XK96, XK97, YK07, YK19.

**3.21.23. SPERGULARIA** (Pers.) J. & C. Presl (3 esp.)

**1. Spergularia media** (L.) C. Presl, Fl. Sicul.: 161 (1826)
≡ *Arenaria media* L., Sp. Pl. ed. 2: 606 (1762) [basión.]; = *S. maritima* (All.) Chiov. in Ann. Bot. Roma 10: 22 (1912); - *S. marginata* auct.
Hemic.-esc./Caméf.-sufr. 1-3 dm. V-VIII. Pastizales húmedos sobre suelos salinos. Subcosmop. RR. 3. (R & B, 1961).
**XK62**: Arcos de las Salinas, en las salinas.

**2. Spergularia rubra** (L.) J. & C. Presl, Fl. Cech.: 94 (1819) (*arenaria roja, rompepiedra*)
≡ *Arenaria rubra* L., Sp. Pl.: 423 (1753) [basión.]
Hemic.-esc. 5-20 cm. IV-VIII. Herbazales alterados o pisoteados sobre suelo arenoso. Subcosmop. R. 2. (R & B, 1961).
**XK84**: Sarrión, barranco de los Judíos. **YK06**: Linares de Mora, alrededores. (R & B, 1961)

**3. Spergularia segetalis** (L.) G. Don f., Gen. Hist. 1: 425 (1831) (*hierba palomina*)
≡ *Alsine segetalis* L., Sp. Pl.: 272 (1753) [basión.]; ≡ *Delia segetalis* (L.) Dumort., Fl. Belg.: 110 (1827)
Teróf.-esc. 4-14 cm. IV-VII. Campos arenosos de secano y pastizales anuales sobre sustrato silíceo. Paleotemp. R. 3. (FQ, 1948).
XK63, XK77, XK78, XK85, XK86, XK95, XK96, XK97, YK07.

**3.21.24. STELLARIA** L. (3 esp., 5 táx.))

**1. Stellaria graminea** L., Sp. Pl.: 422 (1753)
Hemic.-esc. 1-4 dm. V-VIII. Pastizales muy húmedos, medios turbosos. Eurosib. RR. 4. (ASSO, 1779).
XK97, YK06, YK07, YK15, YK16, YK17, YK18, YK25, YK26.

**2. Stellaria holostea** L., Sp. Pl.: 422 (1753) (*estrellada*)
Hemic.-esc. 2-4 dm. Bosques caducifolios y ambientes umbrosos algo húmedos. Eurosib. R. 4. (R & B, 1961).
XK87, XK95, XK96, XK97, XK98, YK05, YK06, YK07, YK08, YK09, YK16, YK18, YK19, YK26, YK29.

**3a. Stellaria media** (L.) Vill., Hist. Pl. Dauph. 3: 615 (1753) subsp. **media** (*pamplinas, hierba gallinera*)
≡ *Alsine media* L., Sp. Pl.: 272 (1753) [basión.]
Teróf.-esc. 1-4 dm. III-X. Terrenos alterados o muy pastoreados. Subcosmop. C. 1. (AA, 1985). TC.

**3b. Stellaria media** subsp. **alsinoides** Schleich. ex Gremli, Excursionsfl. Schweiz, ed. 2: 123 (1874)
= *S. pallida* (Dumort.) Piré in Bull. Soc. Roy. Bot. Belg. 2: 48 (1863); = *S. apetala* Ucria in Arch. Bot. (Roemer) 1(1): 68 (1796); = *S. media* subsp. *apetala* Celak, Prodr. Fl. Böhm.: 870 (1881)
Teróf.-esc. 1-4 dm. II-XI. Herbazales antropizados. Paleotempl. M. 1. (R & B, 1961). TC.

**3c. Stellaria media** subsp. **neglecta** (Weihe) Gremli, Excursionsfl. Schweiz ed. 2: 123 (1874)
≡ *S. neglecta* Weihe in Bluff & Fingerh., Comp. Fl. German. 1; 560 (1825) [basión.]
Teróf.-esc. 1-5 dm. III-VII. Herbazales antropizados en ambientes húmedos o sombreados. Paleotemp. M. 1. (NC).

**3.21.25. TELEPHIUM** L. (1 esp.)

**1. Telephium imperati** L., Sp. Pl.: 271 (1753) (*estrella rastrera*)
Hemic.-esc. 1-3 dm. IV-VII. Medios secos alterados o muy pastoreados. Medit.-Iranot. M. 2. (SENNEN, 1910). TC.

**3.21.26. VACCARIA** N.M. Wolf (1 esp.)

**1. Vaccaria hispanica** (Mill.) Rausch. in Wiss. Z. M.-Luther-Univ. Halle-Wittenb., Math.-Naturwiss. Reihe 14: 496 (1965) (*hierba de la vaca*)
≡ *Saponaria hispanica* Mill., Gard. Dict. ed. 8, in err. (1768) [basión.]; = *V. pyramidata* Medik., Philos. Bot. (Medikus) 1: 96 (1789); = *V. segetalis* Garcke ex Asch., Fl. Brandenb. 1: 84 (1860)
Teróf.-esc. 2-5 dm. V-VII. Campos de secano, sobre todo cerealistas. Medit.-Iranot. M. 2. (PAU, 1884). TC.

**3.21.27. VELEZIA** L. (1 esp.)

**1. Velezia rigida** L., Sp. Pl.: 332 (1753)
Teróf.-esc. 5-20 cm. V-VII. Pastizales secos, cultivos y claros de bosques. Medit.-Iranot. M. 2. (R & B, 1961).
XK62, XK64, XK65, XK66, XK71, XK74, XK75, XK76, XK83, XK84, XK85, XK93, XK94, XK95, YK06.

## 3.22. CELASTRACEAE (*Celastráceas*) (1 gén.)

**3.22.1. EVONYMUS** L. (2 esp.) (*boneteros*)

**1. Evonymus europaeus** L., Sp. Pl.: 197 (1753) (*bonetero común*)
Meso-Faner. 2-5 m. IV-VI. Bosques y matorrales caducifolios, sobre todo ribereños. Paleotemp. R. 4. (ASSO, 1779).
XK63, XK83, XK87, XK97, XK98, YK06, YK08, YK19, YK28.

**2. Evonymus latifolius** (L.) Mill., Gard. Dict. ed. 8: nº 2 (1768) (*bonetero de hoja ancha*)
≡ *E. europaeus* var. *latifolius* L., Sp. Pl.: 197 (1753). [basión.]

Meso-Faner. 2-3 m. V-VII. Medios forestales y periforestales particularmente protegidos o umbrosos, con predominio de caducifolios. Medit.-Iranot. R. 5. (SL, 2000).

**XK63:** Camarena de la Sierra, pr. Fuente de la Miel. **XK82** Manzanera, barranco de los Charcos. **XK87:** Cedrillas, nacimiento del Mijares. **YK09:** Cañada de Benatanduz, valle del río Cañada. **YK17:** Mosqueruela, Valtuerta del Rincón.

### 3.22b. CERATOPHYLLACEAE (Ceratofiláceas) (1 gén.)

#### 2.22b.1. CERATOPHYLLUM L. (1 esp.)

1. **Ceratophyllum demersum** L., Sp. Pl.: 992 (1753)
Hidróf.-rad. 3-12 dm. VI-IX. Sumergida en aguas permanentes estancadas o de curso lento, ligeramente eutrofizadas. Subcosmop. RR. 3. (NC).
**XK89:** Ababuj, río Seco.

### 3.23. CHENOPODIACEAE (Quenopodiáceas) (7 gén.)

#### 3.23.1. ATRIPLEX L. (4 esp.)

1. **Atriplex hortensis** L., Sp. Pl.: 1053 (1753) (armuelle)
= A. microtheca Moq. in DC., Prodr. 13(2): 91 (1849)
Teróf.-esc. 4-16 dm. VII-IX. Cultivado antiguamente en los huertos como hortaliza, quedando algunos ejemplares dispersos en áreas antropizadas. Paleotemp. RR. 1. (MW, 1893).

2. **Atriplex patula** L., Sp. Pl.: 1053 (1753)
Teróf.-esc. 4-12 dm. VI-X. Campos de cultivo y herbazales antropizados algo húmedos. Paleotemp. M. 1. (AA, 1985). TC.

3. **Atriplex prostrata** Boucher ex DC. in Lam. & DC., Fl. Fr. ed. 3, 3: 387 (1805)
- A. hastata auct.
Teróf.-esc. 2-8 dm. VII-IX. Campos de regadío y herbazales nitrófilos húmedos. Paleotemp. M. 2. (AA, 1985).
XK54, XK62, XK73, XK83, XK84, XK85, XK93, XK94, XK95, YK04, YK05, YK27, YK28, YK29.

4. **Atriplex rosea** L., Sp. Pl. ed. 2: 1493 (1763)
Teróf.-esc. 3-7 dm. VII-IX. Herbazales alterados secos sobre terrenos baldíos o removidos. Holárt. RR. 2. (AGUILELLA & MATEO, 1984).
**XK62:** Arcos de las Salinas, junto a las salinas. **XK95:** Mora de Rubielos (SL, 2000).

#### 3.23.2. BASSIA All. (2 esp.)

1. **Bassia prostrata** (L.) G. Beck in Rchb., Icon. Fl. Germ. Helv. 24: 155 (1909) (sisallo rojo, barrilla terrera)
≡ Salsola prostrata L., Sp. Pl.: 222 (1753) [basión.]; ≡ Kochia prostrata (L.) Schrad. in Neues J. Bot. 3: 85 (1809); = K. sanguinea Willk. in Österr. Bot. Zeit. 40: 216 (1890)
Caméf.-sufr. 2-6 dm. VII-IX. Terrenos secos muy pastoreados, erosionados o alterados. Medit.-Iranot. M. 2. (SENNEN, 1910).
XK52, XK54, XK55, XK62, XK63, XK64, XK65, XK66, XK73, XK75, XK76, XK83, XK84, XK94, XK95, YK05.

2. **Bassia scoparia** (L.) Voss. in Deutsche Gartenrat 1(37): 289 (1903)
≡ Chenopodium scoparium L., Sp. Pl.: 221 (1753) [basión.]; ≡ Kochia scoparia (L.) Schrad. in Neues J. Bot. 3: 85 (1809); ≡ Salsola scoparia (L.) Bieb., Fl. Taur.-Caucas. 1: 187 (1808)
Teróf.-esc. 4-15 dm. VIII-X. Herbazales secos sobre terrenos alterados en las partes bajas periféricas. Medit.-Iranot. M. 1. (MATEO, TORRES & FABADO, 2003).
XK55, XK65, XK75, XK77, XK84, XK85, XK86, XK93, XK94, XK95, YK04, YK05.

#### 3.23.3. BETA L. (1 esp.)

1. **Beta vulgaris** L., Sp. Pl.: 222 (1753) (acelga común)
Hemic.-bien. 3-10 dm. VI-IX. Cultivada como hortaliza y accidentalmente asilvestrada. Centroasiát. R. 1. (SL, 2000).

#### 3.23.4. CHENOPODIUM L. (8 esp.)

1. **Chenopodium album** L., Sp. Pl.: 219 (1753) (cenizo)
Teróf.-esc. 3-12 dm. V-X. Mala hierba de los campos de cultivo, que coloniza con todo tipo de terrenos baldíos degradados. Paleotemp. C. 1. (R & B, 1961). TC.

2. **Chenopodium bonus-henricus** L., Sp. Pl.: 218 (1753)
Hemic.-esc. 2-5 dm. VII-IX. Herbazales nitrófilos y zonas transitadas por el ganado en áreas frescas y algo húmedas de montaña. Holárt. R. 3. (R & B, 1961).
**XK97:** Gúdar, alrededores (R & B, 1961). **YK06:** Linares de Mora, La Cespedosa (R & B, 1961). YK07: Valdelinares, altos. **YK17:** Mosqueruela, alrededores. **YK19:** Cantavieja, ceja de la Palomita.

3. **Chenopodium botrys** L., Sp. Pl.: 219 (1753) (biengranada)
Teróf.-esc. 1-4 dm. VI-IX. Terrenos pedregosos o arenosos alterados o removidos. Paleotemp. R. 2. (SL, 2000).
XK85, XK86, XK95, XK96, XL90, YK04, YK05.

4. **Chenopodium exsuccum** (Losc.) Uotila in Ann. Bot. Fenn. 16(3): 237 (1979)
≡ Blitum exsuccum Losc., Trat. Pl. Arag. Suppl. 8: 106 (1886) [basión.]
Teróf.-esc. 1-5 dm. V-VIII. Campos de cultivo y zonas muy alteradas por el hombre. Medit.-occid. R. 3. (FQ, 1953).
**XK97:** Alcalá de la Selva, pr. Virgen de la Vega (FQ, 1953) **YL10:** Villarluengo, masía Peñarroya.

5. **Chenopodium foliosum** Asch., Fl. Brandenb. 1: 572 (1864) (*bledo-mora*)
= *Blitum virgatum* L., Sp. Pl.: 4 (1753)
Teróf.-esc. 2-5 dm. VI-VIII. Herbazales alterados en áreas frescas de montaña. Paleotemp. R. 3. (R & B, 1961).
YK05, YK06, YK07, YK17, YK19.

6. **Chenopodium murale** L., Sp. Pl.: 219 (1753)
Teróf.-esc. 1-4 dm. III-XI. Herbazales sobre terrenos muy alterados o enriquecidos en residuos orgánicos. Subcosmop. R. 1. (MATEO & LOZANO, 2010b).
XK76: Formiche Alto, afueras del pueblo.

7. **Chenopodium opulifolium** Schrad. ex W.D.J. Koch & Ziz, Cat. Pl.: 6 (1814)
≡ *C. album* subsp. *opulifolium* (Schrad. ex W.D.J. Koch & Ziz) Celak., Prodr. Fl. Böhmen 154 (1871)
Teróf.-esc. 3-10 dm. VII-X. Campos de cultivo, herbazales alterados. Paleotemp. M. 1. (MATEO & LOZANO, 2010b).
XK84, XK94, XK95, YK03, YK04, YK05, YK28, YK29.

8. **Chenopodium vulvaria** L., Sp. Pl.: 220 (1753) (*meaperros, vulvaria*)
Teróf.-rept. 1-5 dm. VI-X. Inconfundible por su fuerte y desagradable olor. Presente en campos de cultivo y herbazales nitrófilos sobre suelos ricos en abonos o residuos. Paleotemp. M. 1. (L & P, 1866). TC.

3.23.5. **POLYCNEMUM** L. (1 esp.)

1. **Polycnemum arvense** L., Sp. Pl.: 35 (1753)
- *P. majus* auct.
Teróf.-esc. 5-25 cm. VII-IX. Campos de secano, claros degradados de matorrales y pastizales secos. Paleotemp. M. 2. (FL, 1876).
XK64, XK74, XK76, XK77, XK82, XK83, XK84, XK85, XK86, XK87, XK93, XK94, XK95, XK96, YK03, YK04, YK17, YK27.

3.23.6. **SALSOLA** L. (1 esp.)

1. **Salsola kali** L., Sp. Pl.: 222 (1753) (*barrilla pinchosa, espinardo*)
≡ *S. kali* subsp. *ruthenica* (Iljin) Soó in Magyar Növény. Kézik. 2: 786 (1951); ≡ *S. kali* subsp. *iberica* (Sennen & Pau) S. Rilke in Rech., Fl. Iranica 172: 183 (1997)
Teróf.-esc. 2-5 dm. VII-IX. Campos de secano sobre suelo arenoso y terrenos baldíos de su entorno. Paleotemp. M. 1. (RP, 2002). TC.

3.23.7. **SUAEDA** Scop. (1 esp.)

1. **Suaeda spicata** (Willd.) Moq. in Ann. Sci. Nat. (Paris) 23: 317 (1831) (*sosa blanca*)
≡ *Salsola spicata* Willd., Sp. Pl. 1: 1311 (1798) [basión.]; = *Cochliospermum hispanicum* Lag., Mem. Pl. Barrill. 58 (1817); − *S. maritima* auct.

Teróf.-esc. 1-4 dm. VII-IX. Herbazales jugosos sobre terrenos salinos inundables. Cosmop. RR. 4. (SL, 2000).
XK62: Arcos de las Salinas, salinas.

3.24. **CISTACEAE** (*Cistáceas*) (5 gén.)

3.24.1. **CISTUS** L. (5 esp.) (*jaras o estepas*)

1. **Cistus albidus** L., Sp. Pl.: 524 (1753) (*jara o estepa blanca*)
Nano-Faner. 4-12 dm. IV-VI. Matorrales secos sobre todo tipo de terrenos a baja antitud. Circun-Medit. R. 3. (PAU, 1884).
XK62, XK85, XK86, XK93, XK94, XK95, XK96, YK03, YK04, YK05, YK15.

2. **Cistus clusii** Dunal in DC., Prodr. 1: 266 (1824) (*romero hembra, romerina*)
Nano-Faner. 5-12 dm. IV-VI. Matorrales secos sobre terrenos de naturaleza básica en ambientes poco lluviosos (seco a semiárido) y poco rigurosos (ombroclima termo- a mesomediterráneo). Medit.-occid. R. 3. (SL, 2000).
XK52, XK62, YK28, YL00, YL10, YL20.

3. **Cistus laurifolius** L., Sp. Pl.: 523 (1753) (*jara o estepa común*)
Nano-Faner. 5-20 dm. V-VII. Bosques y matorrales sobre suelo silíceo. Circun-Medit. M. 3. (ASSO, 1779).
XK63, XK64, XK75, XK78, XK82, XK83, XK85, XK86, XK87, XK93, XK94, XK95, XK96, XK97, YK03, YK04, YK06, YK15, YK16, YK19, YK26, YK29, YL00, YL10.

4. **Cistus populifolius** L., Sp. Pl.: 523 (1753) (*jara o estepa cerval*)
Nano-Faner. 5-15 dm. V-VI. Matorrales sobre suelo silíceo en zonas de altitud moderada. Medit.-occid. RR. 3. (SL, 2000).
XK94: Olba, sobre Los Giles. YK04: Id., pr. Caserío La Hoya de Ramos. YK26: Puertomingalvo, pr. Mas de Cotanda.

5. **Cistus salviifolius** L., Sp. Pl.: 524 (1753) (*jara o estepa negra*)
Nano-Faner. 2-5 dm. IV-VI. Matorrales secos y soleados sobre suelo arenoso silíceo en altitudes moderadas (mesomediterráneo). Circun-Medit. R. 3. (PAU, 1884).
XK82, XK85, XK86, XK93, XK94, XK95, XK96, YK03, YK04, YK05, YK06, YK15, YK16, YK26, YK27.

*Híbridos* (1 esp.)
1. **Cistus × hybridus** Pourr. in Hist. Mém. Acad. Roy. Sci. Toulouse 3: 312 (1788) (*populifolius × salviifolius*)
Nano-Faner. 5-10 dm. V-VI. Matorrales secos sobre suelo silíceo en zonas de clima suave y baja altitud. Medit.-occid. RR. 3. (MATEO & LOZANO, 2010b).

**YK04**: Olba, pr. Hoya de Ramos.

### 3.24.2. FUMANA (Dunal) Spach (5 esp.)

**1. Fumana ericifolia** Wallr. in Linnaea 14: 584 (1840)

= *F. ericoides* subsp. *montana* (Pomel) Güemes & Muñoz Garm. in Anales Jard. Bot. Madrid 47: 273 (1990); – *F. spachii* auct.; - *F. vulgaris* subsp. *ericoides* auct.

Caméf.-sufr. 5-25 cm. III-VI. Matorrales secos y soleados sobre terrenos abruptos o esqueléticos calcáreos. Circun-Medit. M. 2. (R & B, 1961). TC.

**2. Fumana hispidula** Losc & Pardo in Willk., Ser. Inconf. Pl. Aragon.: 12 (1863)

≡ *F. thymifolia* subsp. *hispidula* (Losc. & Pardo) O. Bolòs & Vigo, Fl. Manual País. Catal.: 375 (1990)

Caméf.-sufr. 1-3 dm. V-VII. Matorrales secos y soleados sobre suelos margosos, de zonas bajas o poco elevadas. Iberolev. NV. 4. (RG & al., 1957).

**XK62**: Arcos de las Salinas (RG & al., 1957).

**3. Fumana laevipes** (L.) Spach in Ann. Sci. Nat. Bot., ser. 2, 6: 359 (1836)

≡ *Cistus laevipes* L., Cent. Pl. 1: 14 (1755) [basión.]

Caméf.-sufr. 1-3 dm. IV-VI. Matorrales secos y soleados sobre suelos esqueléticos de zonas bajas o poco elevadas. Circun-Medit. NV. 3. (RG & al., 1957).

**XK62**: Arcos de las Salinas (RG & al., 1957).

**4. Fumana procumbens** (Dunal) Gren. & Godr., Fl. France 1: 173 (1847)

≡ *Helianthemum procumbens* Dunal in DC., Prodr. 1: 275 (1824) [basión.]; = *H. fumana* (L.) Mill., Gard. Dict. ed. 8, nº 6 (1768), - *F. vulgaris* auct.

Caméf.-sufr. 5-20 cm. V-VIII. Matorrales bajos o rastreros de montaña sobre terrenos calizos o arenosos someros. Medit.-sept. C. 3. (PAU, 1888). TC.

**5. Fumana thymifolia** (L.) Spach ex Webb, Iter Hisp.: 69 (1838)

≡ *Cistus thymifolia* L., Sp. Pl.: 528 (1753) [basión.]; = *F. glutinosa* (L.) Boiss., Fl. Orient. 1: 449 (1867)

Caméf.-sufr. 5-25 cm. IV-VI. Matorrales secos y soleados por las partes más bajas. Circun-Medit. R. 3. (GUINEA, 1954).

XK54, XK55, XK62, XK63, XK71, XK81, XK84, XK85, XK94, XK95, YK03, YK04, YK05.

### 3.24.3. HALIMIUM (Dunal) Spach (1 esp.)

**1. Halimium umbellatum** (L.) Spach in Ann. Sci. Nat. Bot. ser. 2, 6: 336 (1836) [≡ *Cistus umbellatus* L., Sp. Pl.: 525 (1753) [basión.]; ≡ *Helianthemum umbellatum* (L.) Mill., Gard. Dict., ed, 8: nº 5 (1768)] subsp. **viscosum** (Willk.) O. Bolòs & Vigo in Butll. Inst. Catal. Hist. Nat. 38: 79 (1974)

≡ *H. umbellatum* var. *viscosum* Willk., Icon. Descr. Pl. Nov. 2: 54 (1858) [basión.]; ≡ *H. viscosum* (Willk.) P. Silva in Agron. Lusit. 24: 165 (1964)

Caméf.-sufr. 2-5 dm. V-VII. Matorrales secos y soleados sobre suelo arenoso silíceo. Medit.-occid. R. 3. (FQ, 1953).

XK85, XK86, XK94, XK95, YK04, YK05.

### 3.24.4. HELIANTHEMUM Mill. (15 esp.)

**1. Helianthemum apenninum** (L.) Mill., Gard. Dict. ed. 8, nº 4 (1768)

≡ *Cistus apenninus* L., Sp. Pl.: 529 (1753) [basión.]; = *C. polifolius* L., Sp. Pl. ed. 2: 745 (1763); = *H. polifolium* (L.) Mill., Gard. Dict. ed. 8, nº 11 (1768); – *H. pulverulentum* auct.; – *H. virgatum* auct.

Caméf.-sufr. 1-3 dm. IV-VII. Matorrales y claros secos de bosque sobre todo tipo de terrenos. Circun-Medit. C. 3. (DEBEAUX, 1895). TC.

**2. Helianthemum asperum** Lag. ex Dunal in DC., Prodr. 1: 283 (1824) subsp. **willkommii** Mateo & M.B. Crespo in Flora Montib. 4: 15 (1996)

Caméf.-sufr. 1-4 dm. IV-VI. Matorrales, orlas forestales no muy secas, sobre sustratos variados. Iberolev. R. 3. (PAU, 1896).

XK71, XK72, XK81, XK82, YK04.

**3. Helianthemum canum** (L.) Hornem., Hort. Bot. Hafn.: 496 (1815) [≡ *Cistus canus* L., Sp. Pl.: 525 (1753), basión.] subsp. **incanum** (Willk.) Rivas Goday & Borja in Anales Inst. Bot. Cavanilles 19: 376 (1961)

≡ *H. montanum* subsp. *incanum* Willk., Icon. Descr. Pl. Nov. 2: 152 (1862) [basión.]; = *H. oelandicum* subsp. *incanum* (Willk.) G. López in Anales Jard. Bot. Madrid 50(1): 52 (1992)

Caméf.-sufr. 5-20 cm. V-VII. Matorrales bajos o rastreros de montaña sobre sustrato calizo. Medit.-sept. C. 3. (PAU, 1891).

XK62, XK63, XK64, XK65, XK66, XK72, XK73, XK74, XK75, XK76, XK77, XK78, XK81, XK82, XK83, XK84, XK86, XK87, XK88, XK89, XK95, XK96, XK97, XK98, XK99, XL80, XL90, YK05, YK06, YK07, YK08, YK09, YK15, YK16, YK17, YK18, YK19, YK25, YK26, YK27, YK28, YK29, YL00, YL01, YL10.

**4. Helianthemum croceum** (Desf.) Pers. Pers., Syn. Pl. 2: 79 (1806) [≡ *Cistus croceus* Desf., Fl. Atlant. 1: 422 (1798), basión.; = *H. glaucum* (Cav.) Pers., Syn. Pl. 2: 78 (1806)] subsp. **steochadifolium** (Brot.) M.B. Crespo & M. Fabregat ex Rivas Mart. in Itinera Geobot. 15(2): 702 (2002)

≡ *Cistus stoechadifolius* Brot., Fl. Lusit. 2: 270 (1804) [basión.]; ≡ *H. apenninum* subsp. *stoechadifolium* (Brot.) Samp. in Bol. Soc. Brot., ser. 2, 7: 131 (1931)

Caméf.-sufr. 1-4 dm. V-VII. Matorrales secos y terrenos escarpados calizos. Medit.-occid. Se conoce bien de la parte oriental de la provincia y de zonas valencianas cercanas, pero no tenemos ninguna referencia concreta en la zona, pese a la indicación genérica de Rivas Goday y Borja. NV. 3. (R & B, 1961).

**5. Helianthemum hirtum** (L.) Mill., Gard. Dict. ed. 8, nº 14 (1768)

≡ *Cistus hirtus* L., Sp. Pl.: 528 (1753) [basión.]

Caméf.-sufr. 1-3 dm. IV-VI. Matorrales secos y terrenos baldíos. Medit.-occid. M. 2. (ASSO, 1779).
XK53, XK54, XK55, XK63, XK64, XK65, XK71, XK77, XK81, XK89, XK97, XL80, XL90, YK06, YK09, YK18, YK29, YL00, YL10, YL20.

### 6. Helianthemum ledifolium (L.) Mill., Gard. Dict. ed. 8, nº 20 (1768)

≡ Cistus ledifolius L., Sp. Pl.: 527 (1753) [basión.]

Teróf.-esc. 1-4 dm. IV-VI. Pastizales y matorrales secos en terrenos alterados o pastoreados. Medit.-Iranot. NV. 2. (PAU, 1896).
YK04: Olba (PAU, 1896).

### 7. Helianthemum marifolium (L.) Mill., Gard. Dict. ed. 8, nº 24 (1768) subsp. marifolium

≡ Cistus marifolius L., Sp. Pl.: 526 (1753) [basión.]; - H. myrtifolium subsp. marifolium auct.

Caméf.-sufr. 1-3 dm. III-VI. Matorrales secos y soleados sobre todo tipo de terrenos. Medit.-occid. M. 3. (PAU, 1888).
XK52, XK62, XK65, XK71, XK72, XK73, XK75, XK77, XK81, XK82, XK83, XK84, XK93, XK94, XK95, XL80, XL90, YK04, YK05, YK16, YK18, YK19, YK26, YK27, YK28, YK29, YK37, YL00, YL10, YL20.

### 8. Helianthemum molle (Cav.) Pers., Syn. Pl. 2: 76 (1806)

≡ Cistus mollis Cav., Icon. 3: 32 (1795-96) [basión.]; ≡ H. marifolium subsp. molle (Cav.) G. López in Anales Jard. Bot. Madrid 50(1): 55 (1992); ≡ H. origanifolium subsp. molle (Cav.) Font Quer & Rothm. in Cavanillesia 6: 161 (1934)

Caméf.sufr. 1-3 dm. III-VI. Matorrales y pastizales sobre terrenos calcáreos. Iberolev. C. 4. (R & B, 1961).
XK55, XK62, XK63, XK64, XK65, XK66, XK71, XK72, XK73, XK74, XK75, XK76, XK77, XK81, XK82, XK83, XK84, XK85, XK86, XK87, XK88, XK89, XK93, XK94, XK95, XK96, XK97, XK98, XK99, XL90, YK03, YK04, YK05, YK06, YK07, YK08, YK15, YK16, YK17, YK25, YK27, YK29.

### 9. Helianthemum nummularium (L.) Mill., Gard. Dict. ed. 8: nº 12 (1768)

≡ Cistus nummularius L., Sp. Pl.: 527 (1753) [basión.]; = H. chamaecistus Mill., Gard. Dict. ed. 8, n° 1 (1768); = H. vulgare Gaertn., Fruct. Sem. Pl. 1: 371 (1788); = H. pyrenaicum Janch. in Oesterr. Bot. Z. 59: 200 (1909)

Caméf.-sufr. 1-4 dm. V-VII. Medios forestales abiertos y pastizales no muy soleados. Eurosib. M. 3. (PAU, 1896).
XK52, XK62, XK65, XK71, XK73, XK77, XK78, XK81, XK82, XK83, XK84, XK86, XK87, XK88, XK93, XK94, XK95, XK96, XK97, XK98, XK99, YK04, YK05, YK06, YK07, YK08, YK09, YK15, YK16, YK17, YK18, YK19, YK26, YK27, YK28, YK29, YK38, YL00, YL10.

### 10. Helianthemum origanifolium (Lam.) Pers., Syn. Pl. 2: 76 (1806) subsp. origanifolium

≡ Cistus origanifolius Lam., Encycl. Méth. Bot. 2: 21 (1786) [basión.]; ≡ H. marifolium subsp. origanifolium (Lam.) G. López in Anales Jard. Bot. Madrid 50(1): 54 (1992); = H. origanifolium subsp. glabratum (Willk.) Guinea & Heywood in Guinea, Cistáceas Españ.: 133 (1954); ≡ H. origanifolium var. glabratum Willk., Icon. Descr. Pl. Nov. 2: 147 (1862); = Cistus dichotomus Cav., Icon. 3: 32 (1796); = H. dichotomum (Cav.) Pers., Syn. Pl. 2: 77 (1806)

Caméf.-sufr. 1-3 dm. III-VI. Matorralles secos y soleados de zonas no muy elevadas. Iberolev. M. 3 (R & B, 1961).
XK52, XK55, XK62, XK63, XK64, XK65, XK66, XK67, XK71, XK72, XK73, XK74, XK75, XK76, XK77, XK81, XK82, XK83, XK84, XK85, XK86, XK87, XK93, XK94, XK95, XK96, YK03, YK04, YK05, YK06, YK16.

### 11. Helianthemum rotundifolium Dunal in DC., Prodr. 1: 227 (1824)

≡ H. rubellum subsp. rotundifolium (Dunal) Murb. in Acta Univ. Lund. 33(12): 24 (1897); ≡ H. marifolium subsp. rotundifolium (Dunal) O. Bolòs & Vigo in Fl. País. Catal. 2: 204 (1990); ≡ H. cinereum subsp. rotundifolium (Dunal) Greuter & Burdet in Willdenowia 11: 275 (1981); = H. cinereum subsp. rubellum (Pau) Maire in Cavanillesia 3: 50 (1930); = H. cinereum subsp. paniculatum (Dunal) Pau ex Borja in Anales Inst. Bot. Cavanilles 13: 457 (1956); = H. paniculatum Dunal in DC., Prodr. 1: 278 (1824), - H. myrtifolium subsp. paniculatum auct.

Caméf.-sufr. 1-3 dm. V-VII. Matorrales secos y claros de bosques sobre terrenos variados. Medit.-occid. M. 2. (MW, 1893).
XK53, XK54, XK55, XK62, XK63, XK64, XK65, XK66, XK71, XK72, XK93, YK05, YK06, YL00, YL10, YL20.

### 12. Helianthemum salicifolium (L.) Mill., Gard. Dict. ed. 8, nº 21 (1768)

≡ Cistus salicifolius L., Sp. Pl.: 527 (1753) [basión.]

Teróf.-esc. 5-25 cm. IV-VI. Pastizales secos alterados. Medit.-Iranot. C. 2. (ASSO, 1779). TC.

### 13. Helianthemum squamatum (L.) Pers., Bot. Cult. 3: 129 (1802)

≡ Cistus squamatus L., Sp. Pl.: 1196 (1753) [basión.]

Caméf.-sufr. 1-3 dm. V-VII. Matorrales secos sobre yesos. Medit.-occid. NV. 4. (R & B, 1961).
XK62: Arcos de las Salinas (R & B, 1961).

### 14. Helianthemum syriacum (Jacq.) Dum.-Courset in Bot. Cult. 3: 129 (1802)

≡ Cistus syriacus Jacq. in L., Syst. Veg., ed. 14: 498 (1784); - H. lavandulifolium auct.; - H. racemosum auct.

Caméf.-sufr. 3-5 dm. V-VI. Matorrales secos y soleados sobre sustrato básico. Circun-Medit. Aparece indicado en el AFA de la zona de El Castellar (donde resulta poco probable) y de Olba (donde es muy previsible). 3. (NV).

### 15. Helianthemum violaceum (Cav.) Pers., Syn. Pl. 2: 78 (1806)

≡ Cistus violaceus Cav., Icon. 2: 38, tab. 147 (1793) [basión.]; ≡ H. pilosum subsp. violaceum (Cav.) Borja & Rivas Mart. in Publ. Inst. Biol. Aplicada 42: 117 (1967); ≡ H. apenninum subsp. violaceum (Cav.) O. Bolòs & Vigo in Butll. Inst. Catal. Hist. Nat. 38: 80 (1974); = C. linearis Cav., Icon. 3: 8 (1795); = C. racemosus L., Mant. Pl.: 76 (1767); = C. strictus Cav., Icon. 3: 32 (1795-96); – H. pilosum auct.

Caméf.-sufr. 1-3 dm. III-VI. Matorrales particularmente secos y soleados en áreas no demasiado frescas. Medit.-occid. M. 3. (L & P, 1866).

XK52, XK53, XK54, XK55, XK62, XK63, XK64, XK65, XK66, XK67, XK71, XK74, XK75, XK76, XK77, XK81, XK82, XK83, XK84, XK85, XK86, XK87, XK93, XK94, XK95, XK96, YK03, YK04, YK05, YK06, YK15, YK26, YK27, YK37.

*Híbridos* (3 esp.)

**1. Helianthemum × caballeroi** Pérez Dacosta, Mateo & J.M. Aparicio in Flora Montib. 50: 48 (2012) (*molle × originifolium*)
Caméf.-sufr. 1-3 dm. V-VII. Recientemente localizado en la cuenca del Mijares, en los límites entre Castellón y Teruel. Iberolev. RR. 3. (PÉREZ DACOSTA & MATEO, 2012).
**YK03**: San Agustín pr. Mas del Caballero

**2. Helianthemum × protodianicum** Pérez Dacosta, Mateo & J.M. Aparicio in Flora Montib. 50: 49 (2012) (*apenninum × asperum* subsp. *willkommii*)
Caméf.-sufr. 1-3 dm. V-VII. Detectado en la parte meridional de la Sierra de El Toro, de donde se indicaba como híbrido innominado. Iberolev. RR. 3. (MATEO & LOZANO, 2011).
**XK72**: Abejuela, barranco de la Hoz.

**3. Helianthemum × sulphureum** Willd., Enum. Pl. Suppl. 39 (1813) (*apenninum × nummularium*)
= *H. masguindalii* Pau in Bol. Soc. Arag. Ci. Nat. 17: 197 (1918)
Caméf.-sufr. 1-3 dm. V-VII. Accidentalmente en zonas donde conviven los parentales. Medit.-occid. R. 3. (GM, 1990).
XK90, YK06, YK07, YK08, YK17, YK19, YK27, YL00.

## 3.24.5. TUBERARIA (Dunal) Spach (2 esp.)

**1. Tuberaria guttata** (L.) Fourr. in Ann. Soc. Linn. Lyon ser. 2, 16: 340 (1868)
≡ *Cistus guttatus* L., Sp. Pl.: 526 (1753) [basión.]; ≡ *Helianthemum guttatum* (L.) Mill., Gard. Dict. ed. 8: nº 18 (1768); ≡ *Xolantha guttata* (L.) Raf., Sylva Tellur.: 132 (1838); - *T. variabilis* auct.
Teróf.-esc. 5-30 cm. IV-VII. Pastizales secos sobre arenas silíceas. Circun-Medit. M. 3. (R & B, 1961).
XK85, XK86, XK87, XK93, XK94, XK95, XK96, XK97, YK04, **YK05**.

**2. Tuberaria lignosa** (Sweet) Samp. in Bol. Soc. Brot. ser. 2, 1: 128 (1922) (*tuberaria, huerba turmera*)
≡ *Helianthemum lignosum* Sweet, Cistineae: tab. 46 (1827) [basión.]; = *T. vulgaris* Willk., Icon. Descr. Pl. Nov. 2: 69 (1859) = *Cistus tuberaria* L., Sp. Pl.: 526 (1753); = *Xolantha tuberaria* (L.) Gallego, Muñoz Garm. & C. Navarro in Castrov. & al. (eds.), Fl. iber. 3: 353 (1993)
Hemic.-esc. 1-3 dm. V-VI. Matorrales y pastizales secos y soleados sobre arenas silíceas. Medit.-occid. Se conoce de zonas limítrofes de Castellón (sierras de Pina y El Toro), siendo su presencia en la zona muy probable. NV. 3.

## 3.25. COMPOSITAE (ASTERACEAE) (*Compuestas o Asteráceas*) (75 géns.)

### 3.25.1. ACHILLEA L. (6 esp.)

**1. Achillea ageratum** L., Sp. Pl.: 897 (1753) (*agerato*)
Hemic.-esc. 2-4 dm. VII-IX. Habita en pastizales vivaces sobre suelos compactos, algo alterados, estacionalmente húmedos. Medit.-occid. R. 2. (ASSO, 1779). TC.

**2. Achillea collina** Becker ex Rchb., Fl. Germ. Excurs.: 850 (1832)
Hemic.-esc. 2-6 dm. VI-VIII. Pastizales vivaces no muy secos o algo sombreados, aunque transtitados. Puede suponerse que a esta especie deban atribuirse las citas de *A. nobilis* L. subsp. *nobilis* en la zona. Eurosib. C. 2. (SL, 2000). TC.

**3. Achillea millefolium** L., Sp. Pl.: 899 (1753) (*milenrama, aquilea*)
Hemic.-esc. 2-6 dm. VI-IX. Pastizales vivaces algo húmedos pero más o menos pastoreados o antropizados. Ha sido mencionada a través de estirpes subespecíficas como subsp. *setacea* auct. y subsp. *compacta* auct. Paleotemp. M. 3. (R & G, 1961).
XK64, XK72, XK73, XK74, XK77, XK78, XK82, XK83, XK86, XK87, XK88, XK96, XK97, XK98, XK99, YK05, YK06, YK07, YK08, YK09, YK15, YK16, YK17, YK18, YK19, YK26, YK27, YK28, YK29, YL00.

**4. Achillea odorata** L. Syst. Nat. ed. 10, 2: 1225 (1759)
- *A. microphylla* auct., non Willd (1803); - *A. setacea* auct., non Waldst. & Kit. (1801); - *A. tenuifolia* auct.; - *A. nobilis* subsp. *odorata* auct.
Hemic.-esc. 1-3 dm. V-VIII. Pastizales vivaces secos en ambientes más o menos alterados. Euri-Medit. C. 2. (SENNEN, 1910). TC.

**5. Achillea pyrenaica** Sibth. ex Godr. in Gren & Godr., Fl. Fr. 2: 166 (1851) (*botón de plata*)
≡ *A. ptarmica* subsp. *pyrenaica* (Sibth.) Rouy, Fl. Fr. 1: 138 (1893); = *A. zapateri* Pau in Actas Soc. Esp. Hist. Nat. 23: 136 (1894)
Hemic.-esc. 3-6 dm. VI-IX. Medios turbosos, pastizales vivaces muy húmedos en regueros y hondonadas. Late-Piren. R. 5. (R & B, 1961).
**XK88**: Monteagudo del Castillo, Mas de la Cavada. **XK97**: Alcalá de la Selva, Mas Hoya Ampón. **YK07**: Valdelinares, Collado de la Gitana.

**6. Achillea tomentosa** L., Sp. Pl.: 897 (1753) (*milenrama amarilla*)
Hemic.-esc. 1-3 dm. VI-VIII. Pastizales vivaces secos sobre arenas silíceas. Euri-Medit.-sept. M. 3. (GM, 1990).
**XK77**: Cedrillas, hacia Corbalán. **XK78**: El Pobo, ladera oriental de Castelfrío. **XK87**: Cedrillas, El Aguanaj. **XK97**: Gúdar, Collado Marín hacia río Blanco (Monserrat, JACA).

*Híbridos* (1 esp.)
**1. Achillea × bronchalensis** Mateo, Fabado & C. Torres in Flora Montib. 38: 7 (2008) (*odorata × tomentosa*)
Hemic.-esc. 1-3 dm. VI-VII. Híbrido recientemente propuesto, sobre recolecciones en la vecina sierra de Alba-

rracín, que presenta hojas algo tomentosas y flores de color amarillo pálido. Med.-occid. RR. 3. (MATEO & LOZANO, 2010a).

**XK78**: El Pobo, monte Castelfrío. **XK87**: Cedrillas, la Quebrada.

### 3.25.2. ANACYCLUS L. (2 esp.)

**1. Anacyclus clavatus** (Desf.) Pers., Syn. Pl. 2: 465 (1807) (*botoncillo*)

≡ *Anthemis clavata* Desf., Fl. Atl. 2: 287 (1799). [basión.]

Teróf.-esc. 1-4 dm. IV-VII. Terrenos baldíos y herbazales bastante alterados. Euri-Medit. C. 1. (R & B, 1961). TC.

**2. Anacyclus valentinus** L., Sp. Pl.: 892 (1753)

Teróf.-esc. 5-25 cm. IV-VI. Esporádicamente detectado en terrenos baldíos secos por las zonas bajas, aunque parece extinguida en la actualidad. Medit.-occid. RR. 2. (MATEO & LOZANO, 2007).

**XK94**: Sarrión, pr. La Escaleruela.

### 3.25.3. ANDRYALA L. (2 esp.)

**1. Andryala integrifolia** L., Sp. Pl.: 808 (1753)
- *A. arenaria* auct.

Hemic.-bien. 2-5 dm. V-VIII. Cunetas y pastizales degradados sobre suelos arenosos. Euri-Medit. R. 2. (ASSO, 1779).

XK85, XK86, XK87, XK93, XK94, XK95, XK96, YK04, YK05, YK26, YL00, YL10.

**2. Andryala ragusina** L., Sp. Pl. ed. 2: 1136 (1763) (*ajonje*)
- *A. lyrata* auct.

Hemic.-esc./Caméf.-sufr. 2-5 dm. VI-IX. Terrenos alterados secos, con gran frecuencia pedregosos. Medit.-occid. C. 2. (FL, 1878). TC.

### 3.25.4. ANTHEMIS L. (5 esp.)

**1. Anthemis alpestris** (Hoffmanns. & Link) R. Fern. in Bot. J. Linn. Soc. 70: 9 (1975)

≡ *Chamaemelum alpestre* Hoffmanns. & Link,Fl. Port. 2: 351 (1825) [basión.]; - *A. cretica* auct.; - *A. montana* auct.

Hemic.-esc. 1-4 dm. VI-VII. Pastizales vivaces secos sobre terrenos silíceos. Medit.-occid. NV. 4. (PAU, 1891).

**YK04**: Olba (PAU, 1891).

**2. Anthemis arvensis** L., Sp. Pl.: 894 (1753) (*manzanilla borde*)

Teróf.-esc. 1-4 dm. IV-VII. Campos de secano y pastizales anuales sobre terrenos alterados. Paleotemp. C. 1. (R & B, 1961). TC.

**3. Anthemis cotula** L., Sp. Pl.: 894 (1753) (*manzanilla hedionda*)

Teróf.-esc. 3-8 dm. VI-VIII. Herbazales algo húmedos, campos de cultivo en zonas inundables. Paleotemp. R. 2. (AA, 1985).

XK72, XK73, XK82, XK83, YK28.

**4. Anthemis pedunculata** Desf., Fl. Atlant. 2: 288 (1799)

= *A. tuberculata* Boiss., Elench. Pl. Nov.: 59 (1838); = *A. pedunculata* subsp. *tuberculata* (Boiss.) Maire in Jahand. & Maire, Cat. Pl. Maroc: 762 (1934); = *A. turolensis* Pau ex Caball. in Anales Jard. Bot. Madrid 2: 274 (1942); = *A. tuberculata* subsp. *turolensis* (Pau ex Caball.) R. Fern. & Borja in Bot. J. Linn. Soc. 70: 10 (1975); = *A. pedunculata* subsp. *turolensis* (Pau ex Caball.) Oberpr. in Bocconea 9: 255 (1998)

Hemic.-bien. 1-4 dm. V-VII. Pastizales subnitrófilos en ambientes despejados. Medit.-occid. R. 2. (SL, 2000).

**XK67**: Corbalán, pr. La Gasca. **XK95**: Rubielos, pr. ermita de San Roque.

**5. Anthemis triumfetti** (L.) DC. in Lam. & DC., Fl. Franç. ed. 3, 5: 483 (1815)

≡ *A. tinctoria* var. *triumfetti* L., Sp. Pl.: 896 (1753) [basión.]; ≡ *Cota triumfetti* (L.) J. Gay in Guss., Fl. Sicul. Syn. 2: 867 (1844)

Hemic.-esc. 2-8 dm. VI-VII. Bosques frescos y pastizales vivaces de umbría, sobre todo en terrenos calizos. Euri-Medit.-sept. R. 3. (MATEO, FABREGAT & LÓPEZ UDIAS, 1994).

**XK73**: Torrijas, barranco de Domingo. **XK74**: Puebla de Valverde, barranco de Santa María.

### 3.25.5. ARCTIUM L. (1 esp.)

**1. Arctium minus** (Hill) Bernh. Syst. Verz. Erfurt: 154 (1800) (*lampazo, bardana mayor*)

≡ *Lappa minor* Hill, Veg. Syst. 4: 28 (1762) [basión.]

Hemic.-bien. 5-15 dm. VII-IX. Bosques y altos herbazales sobre suelos profundos en medios ribereños o zonas de vega. Eurosib. M. 2. (R & B, 1961). TC.

### 3.25.6. ARTEMISIA L. (9 esp.)

**1. Artemisia abrotanum** L., Sp. Pl.: 845 (1753) (*abrótano macho*)

Caméf.-frut. 6-10 dm. VIII-X. Antiguamente cultivada como medicinal en la zona, hoy día prácticamente desaparecida. Origen incierto. NV. 1. (ASSO, 1779).

**XK98**: Allepuz, pr. Sollavientos (FL, 1885). **YK06**: Linares de Mora. (R & B, 1961). **YK29**: Tronchón (ASSO, 1779). **YL00**: Villarluengo (ASSO, 1779).

**2. Artemisia absinthium** L., Sp. Pl.: 848 (1753) (*ajenjo*)

Hemic.-esc./Caméf.-sufr. 3-10 dm. VII-X. Herbazales nitrófilos en cunetas y terrenos baldíos, sobre todo en las áreas habitadas. Paleotemp. C. 1. (ASSO, 1779). TC.

**3. Artemisia alba** Turra in Giorn. Ital. Sci. Nat. 1: 144 (1764)

= *A. camphorata* Vill., Prosp. Hist. Pl. Dauph.: 31 (1779); = *A. fruticosa* Asso, Syn. Stirp. Arag.: 118 (1779); - *A. incanescens* auct.; - *A. alba* subsp. *camphorata* auct.; - *A. alba* subsp. *fruticosa* auct.

Caméf.-sufr. 3-6 dm. VII-X. Matorrales secos de montaña sobre terrenos calizos algo alterados. Euri-Eurosib.-merid. M. 3. (PAU, 1888).
XK53, XK62, XK63, XK64, XK65, XK66, XK71, XK72, XK73, XK74, XK75, XK76, XK77, XK81, XK82, XK83, XK84, XK88, XK89, XK96, XK97, XK98, XK99, YK05, YK06, YK07, YK08, YK09, YK16, YK17, YK18, YK19, YK27, YK28, YK29, YL00.

4. **Artemisia armeniaca** Lam., Encycl. Méth. Bot. 1: 260 (1783)

Hemic.-esc. 1-4 dm. VII-IX. Pastizales vivaces secos y pastoreados en zonas elevadas de sabinar rastrero sobre calizas. Eurosib.-SE. RR. 5 (MATEO, FABREGAT & LÓPEZ UDIAS, 1994c).
**XK98:** Allepuz, pr. Sollavientos. **YK07:** Id., pr. El Castillejo.**YK08:** Fortanete, Peñacerrada. **YK17:** Mosqueruela, umbría de Bramaderas (LÓPEZ UDIAS & FABREGAT, 2011).

5. **Artemisia assoana** Willk. in Willk. & Lange, Prodr. Fl. Hisp. 2: 69 (1865)
 ≡ *A. pedemontana* susbp. *assoana* (Willk.) Rivas Mart. in Itin. Geobot. 15(2): 698 (2002); = *A. lanata* Willd., Sp. Pl 3(3): 1823, non Lam. (1803); - *A. rupestris* auct., non L. (1753); - *A. alpina* auct.; - *A. pedemontana* auct.

Caméf.-pulv. 5-20 cm. V-VII. Terrenos transitados o alterados en claros de bosques y matorrales continentales de montaña sobre sustrato básico. Iberolev. M. 4. (ASSO, 1779).
XK53, XK63, XK64, XK65, XK66, XK73, XK74, XK75, XK76, XK77, XK88, XK89, YK05, YK06, YK16, **YK17**.

6. **Artemisia campestris** L., Sp. Pl.: 846 (1753) subsp. **glutinosa** (J. Gay ex Besser) Batt. in Batt. & Trab., Fl. Algér. (Dicot.): 469 (1889) (*escobilla, bocha*)
 ≡ *A. glutinosa* J. Gay ex DC., Prodr. 6: 95 (1838) [basión.]; = *A. variabilis* Ten., Fl. Napol. 5, Syll.: 28 (1836)

Nano-Faner. 4-10 dm. VII-X. Márgenes de caminos y terrenos alterados secos de todo tipo. En ocasiones se ha mencionado también la presencia del tipo (subsp. *campestris*). Holárt. C. 2. (R & B, 1961). TC.

7. **Artemisia gallica** Willd., Sp. Pl 3(3): 1824 (1803) subsp. **gargantae** (Vallés-Xirau & Seoane-Camba) Rivas Mart. & Cantó in Itin. Geobot. 15(2): 698 (2002) (*ontina de saladar*)
 ≡ *A. caerulescens* subsp. *gargantae* Vallés-Xirau & Seoane in Candollea 42: 370 (1987) [basión.]; - *A. caerulescens* auct.

Caméf.-sufr. 1-4 dm. VII-IX. Matorrales sobre suelos ricos en sales, periódicamente inundables. Medit.-occid. NV. 4. (PAU, 1888).
**YK08:** Villarroya de los Pinares, junto al Molino Nuevo (PAU, 1888).

8. **Artemisia herba-alba** Asso, Syn. Stirp. Arag.: 117 (1779) (*ontina*)
 = *A. valentina* Lam., Encycl. Méth. Bot. 1: 269 (1783); = *A. aragonensis* Lam., Encycl. Méth. Bot. 1: 269 (1783); = *A. herba-alba* subsp. *valentina* (Lam.) Mascl. in Inst. Estud. Cat., Arx. Secc. Ci. 37: 177 (1966)

Caméf.-sufr. 2-5 dm. IX-XI. Terrenos baldíos y matorrales muy transitados o pastoreados en áreas bastante secas. Medit.-occid. R. 3. (R & B, 1961).
XK52, XK54, XK55, XK62, XK63, XK64, XK65, XK73, XK77, XK83, XK84, XK93, XK94, YK04, YK29, YL00, YL10.

9. **Artemisia vulgaris** L., Sp. Pl.: 848 (1753) (*artemisia*)
Hemic.-esc. 5-15 dm. VII-IX. Herbazales vivaces frescos alterados o antropizados. Holárt. NV. 2. (RP, 2002).
**YK28:** Iglesuela del Cid, Molino Nuevo (RP, 2002).

3.25.7. **ASTER** L (6 esp.)

1. **Aster alpinus** L., Sp. Pl.: 872 (1753)
 Hemic.-esc. 5-15 cm. VI-VII. Pastizales vivaces algo húmedos de las áreas más elevadas. Holárt. R. 5 (ASSO, 1779).
XK64, XK96, XK97, XK98, YK07, YK08, YK17, YK18, YK19, YK27.

2. **Aster aragonensis** Asso, Syn. Stirp. Arag.: 121 (1779)
 ≡ *Galatella aragonensis* (Asso) Nees, Syn. Sp. Gen. Aster. Herb.: 171 (1818); = *A. lusitanicus* Brot., Phytogr. Lusit. ed. 2, 1: 63 (1816)

Hemic.-esc. 5-25 cm. VII-IX. Bosques aclarados y medios abruptos o con suelo escaso, sobre terrenos variados. Medit.-occid. M. 4. (FQ, 1954).
XK63, XK73, XK84, XK85, XK86, XK87, XK88, XK93, XK95, XK96, YK06, YK18, YK28.

3. **Aster linosyris** (L.) Bernh., Syst. Verz. Erfurt: 151 (1800) (*manzanilla de pastor*)
 ≡ *Chrysocoma linosyris* L., Sp. Pl.: 841 (1753) [basión.]; = *Linosyris vulgaris* Cass. ex DC., Prodr. 5: 351 (1836)

Hemic.-esc. 2-5 dm. VII-X. Pastizales vivaces algo húmedos. Eurosib. R. 4. (ASSO, 1779).
XK87, XK93, XK99, YK06, YK07, YK19, YK27, YK28, YK29.

4. **Aster sedifolius** L. Sp. Pl.: 874 (1753)
 = *A. acris* L., Sp. Pl. ed. 2: 1228 (1763); = *A. hyssopifolius* Cav., Icon. Descr. Pl. 3: 17 (1795); = *Galatella punctata* Nées, Gen. Sp. Aster.: 161 (1818)

Hemic.-esc. 2-5 dm. VIII-X. Pastizales vivaces sobre suelo calizo, en orla de encinares o quejigares. Paleotemp. M. 3. (R & B, 1961).
XK52, XK62, XK63, XK64, XK65, XK75, XK83, XK84, XK86, XK89, XK94, XK95, YK04, YK05, YK06, YK27, YK28, YK29, XK38, YL00, YL10.

5. **Aster squamatus** (Spreng.) Hieron. in Bot. Jahrb. Syst. 29: 19 (1900)
 ≡ *Conyza squamata* Spreng., Syst. Veg. 3: 515 (1826) [basión.]

Hemic.esc. 4-18 dm. VII-X. Regueros y herbazales húmedos alterados en zonas de baja altitud. Neotrop. R. 1 (SL, 2000).
XK52, XK85, XK94, YK03, YK04, YK05, YL00.

6. **Aster willkommii** Sch. Bip. ex Willk. in Flora 34: 742 (1851)
 = *A. catalaunicus* Willk. & Costa ex Willk. in Linnaea 30: 104 (1859)

Hemic.-esc. 5-20 cm. VII-IX. Matorrales y pastizales secos sobre sustratos básicos. Iberolev. M. 4. (L & P, 1866).

XK62, XK64, XK84, XK85, XK87, XK88, XK89, XK93, XK94, XK98, XK99, YK04, YK05, YK09, YK18, YK19, YK27, YL00, YL10.

*Híbridos* (1 esp.)

**1. Aster × versicolor** Willd. Sp. Pl. 3(3): 2045 (1803) (*laevis × novi-belgii*)

Hemic.-esc. 5-10 dm. VIII-X. Cultivada como ornamental y a veces escapada de cultivo en zonas de vega. RR. 1. (MATEO & LOZANO, 2011).

### 3.25.8. ASTERISCUS Mill. (2 esp.)

**1. Asteriscus aquaticus** (L.) Less., Syn. Gen. Comp.: 210 (1832)

≡ *Buphtalmum aquaticum* L., Sp. Pl.: 903 (1753) [basión.]

Teróf.-esc. 5-25 cm. V-VI. Pastizales anuales en ambiente secos, aunque suele ocupar pequeñas depresiones que pueden inundarse en la temporada fría. Circun-Medit. R. 3. (MATEO, FABREGAT & LÓPEZ UDIAS, 1995).

XK55, XK62, XK63, XK65, XK73, XK83, XK84, XK85, XK93, XK94, XK95, XK96, YK03, YK04.

**2. Asteriscus spinosus** (L.) Sch. Bip. . in Webb & Berth., Phytogr. Canar. 2: 230 (1844) (*ojo de buey, castañuela*)

≡ *Buphtalmum spinosum* L., Sp. Pl.: 904 (1753) [basión.]; ≡ *Pallenis spinosa* (L.) Cass., Dict. Sci. Nat. 37: 276 (1825)

Hemic.-esc. 2-5 dm. IV-VII. Cunetas, terrenos baldíos secos en áreas no muy elevadas. Circun-Medit. M. 1. (R & B, 1961).

XK52, XK54, XK55, XK62, XK63, XK64, XK65, XK71, XK73, XK75, XK81, XK83, XK93, XK85, XK86, XK93, XK94, XK95, XK96, XK97, YK03, YK04, YK05, YK06, YK15, YK16, YK19, YK26, YK27, YK28, YK29, YK37, YK38, YL00, YL10, YL20.

*Híbridos* (1 esp.)

1. **Astericus × sp.** (*aquaticus × spinosus*)

Hemic.-bien. 15-35 cm.V-VI. Terrenos baldios transitados. Desconocemos su nombre -si lo tuviera- y su distribución, que en principio podría ser circun-mediterránea. RR. 3. (MATEO & LOZANO, 2011).

XK94: Albentosa, pr. Los Mases.

### 3.25.9. ATRACTYLIS L (1 esp.)

**1. Atractylis humilis** L., Sp. Pl. 829 (1753) (*cardo heredero*)

Hemic.-esc. 1-4 dm. VII-X. Pastizales y matorrales bastante secos sobre terrenos pastoreados o degradados. Medit.-occid. M. 2. (R & B, 1961).

XK52, XK53, XK54, XK55, XK62, XK63, XK64, XK65, XK71, XK72, XK73, XK74, XK75, XK76, XK77, XK81, XK82, XK83, XK84, XK85, XK86, XK87, XK88, XK89, XK93, XK94, XK95, XK96, XK97, XL80, YK03, YK04, YK05, YK06, YK07, YK08, YK15, YK16, YK17, YK18, YK26, YK27, YK29, YK38, YL00, YL10.

### 3.25.10. BELLIS L (2 esp.)

**1. Bellis perennis** L., Sp. Pl.: 886 (1753) (*margarita, maya*)

Hemic.-ros. 5-18 cm. III-VI. Pastizales vivaces húmedos pero algo antropizados. Paleotemp. C. 2. (PAU, 1891). TC.

**2. Bellis sylvestris** Cyr., Pl. Rar. Neap. 2: 22 (1792)

≡ *B. perennis* subsp. *sylvestris* (Cyr.) Rouy, Fl. Fr. 8: 141 (1903)

Hemic.-ros. 1-3 dm. IX-XII. Pastizales vivaces frescos y no muy soleados. Indicada por Pitarch de la zona del Maestrazgo. Circun-Medit. NV. 3. (RP, 2002).

### 3.25.11. BIDENS L (1 esp.)

**1. Bidens subalternans** DC., Prodr. 5: 600 (1836)

= *B. quadrangularis* DC., Prodr. 5: 600 (1836); - *B. bipinnata* auct.

Teróf.-esc. 3-12 dm. VIII-X. Cunetas de caminos, campos de cultivo y herbazales nitrófilos algo húmedos en áreas de clima benigno. Neotrop. R. 1. (MATEO & LOZANO, 2007).

XK85, XK94, XK95, YK04, YK05.

### 3.25.12. BOMBYCILAENA (DC.) Smolj. (2 esp.)

**1. Bombycilaena discolor** (Pers.) Laínz in Bol. Inst. Estud. Astur., Supl. Ci. 16: 194 (1973)

≡ *Micropus discolor* Pers., Syn. Pl. 2: 423 (1807) [basión.]

Teróf.-esc. 5-15 cm. IV-VI. Pastizales anuales secos y soleados en áreas degradadas sobre sustratos básicos. Medit.-Iranot. R. 3. (SL, 2000).

XK78: El Pobo, monte Castelfrío.

**2. Bombycilaena erecta** (L.) Smolj. in Not. Syst. (Leningrad) 17: 450 (1955)

≡ *Micropus erectus* L., Demonstr. Pl.: 24 (1753) [basión.]

Teróf.-esc. 5-20 cm. IV-VI. Claros de bosques o matorrales secos y muy soleados sobre sustratos someros. Medit.-Iranot. C. 2. (R & B, 1961). TC.

### 3.25.13.CALENDULA L (2 esp.)

**1. Calendula arvensis** L., Sp. Pl. ed. 2: 1303 (1763) (*maravillas del campo*)

Teróf.-esc. 5-20 cm. II-VII. Campos de cultivo y terrenos baldíos o muy degradados. Paleotemp. C. 1. (SL, 2000). TC.

**2. Calendula officinalis** L., Sp. Pl.: 921 (1753) (*caléndula*)

Teróf.-esc-/Hemic.-bien. 2-5 dm. VI-XII. Ampliamente cultivada como ornamental y con frecuencia asilvestrada cerca de las áreas habitadas. Origen incierto. R. 1. (RIERA, 1992). TC.

### 3.25.14. CARDUNCELLUS Adans. (2 esp.)

**1. Carduncellus mitissimus** (L.) DC. in Lam. & DC., Fl. Franç. ed. 3, 4: 73 (1805)

≡ *Carthamus mitissimus* L., Sp. Pl.: 831 (1753) [basión.]

Hemic.-ros. 2-8 cm. VI-VII. Pastizales vivaces frescos de montaña. Late-Atlánt. R. 3. (FL, 1878).

XK97, XK98, YK07, YK08, YK17, **YK18**.

2. **Carduncellus monspelliensium** All., Fl. Pedem. 1: 154 (1785) *(cardo arzolla)*
≡ *Carthamus carduncellus* L., Sp. Pl.: 831 (1753) [syn. subst.]; - *Carthamus monspelliensium* auct.

Hemic.-esc. 5-20 cm. V-VII. Matorrales y pastizales vivaces secos sobre todo tipo de sustratos. Medit.-occid. C. 3. (ASSO, 1799). TC.

### 3.25.15. CARDUUS L. (7 esp.)

1. **Carduus assoi** (Willk.) Pau in Actas Soc. Esp. Hist. Nat. 24: 18 (1895) subsp. **assoi**
≡ *C. nigrescens* subsp. *assoi* Willk., Suppl. Prodr. Fl. Hisp.: 105 (1893) [basión.]; ≡ *C. vivariensis* subsp. *assoi* (Willk.) Kazmi in Mitt. Bot. Staatssamml. München 5: 400 (1964)

Hemic.-bien. 2-5 dm. V-VIII. Herbazales sobre terrenos secos alterados. Iberolev. M. 3. (R & B, 1961). TC.

2. **Carduus bourgeanus** Boiss. & Reut., Pugill. Pl. Afr. Bor. Hisp.: 62 (1852)
= *C. reuterianus* Boiss., Diagn. Pl. Orient., ser. 2, 3(2): 44 (1856)

Hemic.-bien. 2-6 dm. IV-VII. Herbazales nitrófilos sobre terrenos secos alterados. Medit.-occid. RR. 2 (MATEO & LOZANO, 2010b).
**XK65:** Arcos de las Salinas, valle del río Arcos cerca de la salinas.

3. **Carduus carlinifolius** Lam., Encycl. Méth. Bot. 1: 700 (1785) subsp. **paui** (Devesa & Talavera) Mateo, Claves Fl. Provincia Teruel: 383 (1992)
≡ *C. paui* Devesa & Talavera, Rev. Gén. Carduus: 62 (1981) [basión.]; ≡ *C. defloratus* subsp. *paui* (Devesa & Talavera) O. Bolòs & Vigo, Fl. Païs. Catal. 3: 881 (1995)

Hemic.-bien. 3-7 dm. VI-IX. Bosques y herbazales frescos algo alterados por las áreas elevadas. Iberolev. M. 4. (MW, 1893).
XK63, XK64, XK73, XK74, XK83, XK96, XK97, XK98, YK05, YK06, YK07, YK08, YK09, YK16, YK17, YK18, YK19, YK26, YK27, YK28.

4. **Carduus carpetanus** Boiss. & Reut., Diagn. Pl. Nov. Hisp.: 19 (1842)
= *C. zapateri* É. Rev. & Debeaux ex Debeaux in Rev. Soc. Fr. Bot. 13: 354 (1895); = *C. gayanus* Durieu ex Willk. in Willk. & Lange, Prodr. Fl. Hispan. 2: 193 (1865)

Hemic.-bien. 2-5 dm. V-VIII. Pastizales vivaces algo alterados sobre suelos silíceos. Medit.-occid. RR. 3. (DEVESA & TALAVERA, 1981).
**XK77:** Corbalán, monte Remalladal. **XK78:** El Pobo, monte Castelfrío.

5. **Carduus nutans** L., Sp. Pl.: 821 (1753)

Hemic.-bien. 4-12 dm. V-VIII. Campos de secano y herbazales nitrófilos de las zonas elevadas y frías. Eurosib. R. 2. (R & B, 1961).
XK63, XK64, XK72, XK73, XK76, XK77, XK78, XK79, XK82, XK87, XK88, XK96, XK97, XK98, XK99, YK06, YK07, YK08, YK16, YK17, YK18, YK19, YK26, YK27, YK28, YL01.

6. **Carduus pycnocephalus** L., Sp. Pl. ed. 2: 1151 (1763)

Teróf.-esc. 4-12 dm. IV-VI. Herbazales nitrófilos de las zonas bajas. Medit.-Iranot. R. 1. (AA, 1985).
XK62, XK71, XK72, XK73, XK81, XK82, XK83, XK84, XK94.

7. **Carduus tenuiflorus** Curtis, Fl. Lond. 6: 7. 55 (1793)

Teróf.-esc. 4-10 dm. IV-VI. Herbazales nitrófilos sobre terrenos muy alterados. Euri-Medit. M. 1. (FL, 1878).
XK74, XK93, XK94, XK95, YK04, YK05, YK18, YK29.

*Híbridos* (2 esp.)

1. **Carduus × aragonensis** Devesa & Talavera, Rev. Gén. Carduus: 108 (1981) *(assoi* subsp. *assoi × carlinifolius* subsp. *paui)*

Hemic.-bien. 4-12 dm. VI-VII. Terrenos alterados o transitados en áreas frescas de montaña. Iberolev. RR. 3. (GM, 1990).
XK64, YK07, YK08, YK17, YK27.

2. **Carduus × leridanus** Devesa & Talavera, Rev. Gén. Carduus: 109 (1981) nothosubsp. **mercadaliae** Mateo, C. Fabregat & López Udias in Anales Biol. 20 (Biol. Veg. 9): 103 (1995) *(carlinifolius* subsp. *paui × nutans)*

Hemic.-bien. 4-14 dm. VII-IX. Terrenos alterados o antropizados en áreas elevadas de montaña. Iberolev. R. 3. (MATEO, FABREGAT & LÓPEZ UDIAS, 1995).
**YK07:** Alcalá de la Selva, pr. Estación Invernal de Valdelinares. **YK08:** Fortanete, Peñacerrada. **YK17:** Mosqueruela, rambla de las Truchas.

### 3.25.16. CARLINA L. (2 esp.)

1. **Carlina hispanica** Lam., Encycl. Méth. Bot. 1: 624 (1785) *(cardo cuco)*
≡ *C. corymbosa* subsp. *hispanica* (Lam.) O. Bolòs & Vigo in J. Ros. & al., Sist. Nat. Illes Medes: 152 (1984); - *C. corymbosa* auct., non L. (1753)

Hemic.-esc. 2-4 dm. VII-X. Matorrales o pastizales secos y soleados, más o menos degradados. Medit.-occid. M. 2. (AA, 1985). TC.

2. **Carlina vulgaris** L., Sp. Pl.: 828 (1753) *(carlina de monte)*

Hemic.-esc. 2-5 dm. VII-X. Medios forestales y pastos sombreados algo alterados. Eurosib. M. 2. (PAU, 1891). TC.

### 3.25.17. CARTHAMUS L. (1 esp.)

1. **Carthamus lanatus** L., Sp. Pl.: 830 (1753) *(azotacristos, cardones)*
≡ *Kentrophyllum lanatum* (L.) DC. ex Duby, Bot. Gall. 1: 293 (1828)

Hemic.-esc. 3-8 dm. VI-VIII. Cunetas y terrenos baldíos secos. Euri-Medit. M. 1. (SENNEN, 1910). TC.

### 3.25.18. CATANANCHE L. (1 esp.)

1. **Catananche caerulea** L., Sp. Pl.: 812 (1753) *(hierba cupido)*

Hemic.-esc. 3-10 dm. VI-VIII. Pastizales vivaces sobre sustrato básico o neutro. Medit.-occid. M. 3. (ASSO, 1779). TC.

**3.25.19. CENTAUREA** L. (14 esp., 16 táx.)

**1. Centaurea aspera** L., Sp. Pl.: 916 (1753) (*centaurea*)
Hemic.-esc./Caméf.-sufr. 2-4 dm. IV-IX. Cunetas y terrenos baldíos secos en las zonas más bajas. Planta muy polimorfa, que hemos observado siempre representada por su tipo (subsp. *aspera*), algunas de cuyas formas se asemejan a la subsp. *stenophylla* (Dufour) Nyman, planta valenciana que no parece llegar a la zona, aunque ha sido citada en ocasiones. Medit.-occid. C. 2. (R & B, 1961).
XK54, XK55, XK62, XK63, XK64, XK65, XK66, XK71, XK72, XK73, XK74, XK75, XK76, XK77, XK81, XK82, XK83, XK84, XK85, XK86, XK87, XK89, XK93, XK94, XK95, XK96, XK97, XL90, YK03, YK04, YK05, YK06, YK15, YK16, YK18, YK19, YK27, YK28, YK29, YL00, YL01, YL10, YL20.

**2. Centaurea calcitrapa** L., Sp. Pl.: 917 (1753) (*cardo estrellado*)
Hemic.-bien. 2-6 dm. V-IX. Terrenos baldíos, cunetas y todo tipo de herbazales nitrófilos en ambientes degradados. Euri-Medit. C. 1. (FL, 1886). TC.

3. **Centaurea collina** L., Sp. Pl.: 918 (1753)
Hemic.-bien. 2-5 dm. V-VII. Pastizales vivaces sobre terrenos secos. Circun-Medit. Indicada -en el estudio de Rivas Goday y Borja- de diversas localidades correspondientes a las partes bajas de las sierras de Javalambre y Gúdar, aunque no ha sido comprobada su presencia reciente en Aragón y podría tratarse de formas de la variable *C.* × *polymorpha*. NV. 3. (R & G, 1961).

**4. Centaurea cyanus** L., Sp. Pl.: 911 (1753) (*aciano, azulejos*)
Teróf.-esc. 3-10 dm. V-VII. Salpica de un vistoso azul los campos de secano y herbazales antropizados de su entorno. Paleotemp. R. 3. (NC).
**XK64:** Camarena de la Sierra, Collado de la Cruz. **XK74:** Sarrión (AFA).

**5. Centaurea depressa** Bieb., Fl. Taur.-Cauc. 2: 346 (1808)
Teróf.-esc. 1-4 dm. V-VIII. Campos de secano y herbazales nitrófilos de su entorno, en ambiente estepario. Medit.-Iranot. RR. 3. (MATEO & LOZANO, 2010b).
**XK87:** Monteagudo del Castillo, bajo cerro de San Cristóbal.

6. **Centaurea diluta** Ait., Hort. Kew. 3: 261 (1789)
Hemic.-esc. 4-10 dm. V-VIII. Pastizales sobre terrenos húmedos alterados. Ha sido indicada de Puebla de Valverde, como única localidad turolense, lejos de las zonas del litoral valenciano donde se conoce con cierta abundancia, pero ésto no ha podido ser confirmado posteriormente. Medit.-occid. NV. 1. (CABEZUDO, 1978).

7. **Centaurea jacea** subsp. **angustifolia** (DC.) Gremli, Excursionsfl. Schweiz, ed. 2: 248 (1874)
≡ *C. amara* var. *angustifolia* DC., Prodr. 6: 570 (1838) [basión.]; = *C. amara* L., Sp. Pl. ed. 2: 1292 (1763); = *C. timbali* Martr.-Donos, Pl. Crit. Tarn: 382 (1862); = *C. jacea* subsp. *timbali* (Martr.-Donos) Br.-Bl., Group. Vég. Fr. Médit.: 138 (1952); = *C. vinyalsii* subsp. *approximata* (Rouy) Dostál in Bot. J. Linn. Soc. 71: 206 (1976); - *C. vinyalsii* auct.; - *C. jacea* subsp. *jacea* auct.
Hemic.-esc. 2-8 dm. VII-X. Pastizales vivaces más o menos húmedos. En las áreas más elevadas se observan ejemplares que podrían entrar bien en el tipo (subsp. *jacea*). Medit.-noroccid. C. 3. (ASSO, 1779).
XK54, XK63, XK64, XK72, XK73, XK74, XK76, XK77, XK78, XK81, XK82, XK83, XK84, XK85, XK86, XK87, XK88, XK89, XK93, XK94, XK95, XK96, XK97, XK98, XK99, YK03, YK04, YK05, YK06, YK07, YK08, YK09, YK15, YK16, YK17, YK18, YK19, YK25, YK26, YK27, YK28, YK29, YL00, YL10, YL20.

**8. Centaurea melitensis** L., Sp. Pl.: 917 (1753) (*cardo escarolado*)
Hemic.-esc. 3-8 dm. VI-VIII. Barbechos, cunetas, terrenos baldíos secos. Euri-Medit. M. 2. (SL, 2000).
XK52, XK54, XK62, XK63, XK65, XK71, XK72, XK73, XK74, XK75, XK76, XK77, XK81, XK82, XK83, XK84, XK85, XK86, XK87, XK93, XK94, XK95, YK03, YK04, YK05, YK06, YK27, YL00.

**9. Centaurea nigra** L., Sp Pl.: 911 (1753)
Hemic.-esc. 3-8 dm. VI-VIII. Pastizales vivaces húmedos de montaña. Ha sido mencionada a veces como subsp. *carpetana* (Boiss. & Reut.) Nyman, Comsp. Fl. Eur.: 422 (1879) [≡ *C. carpetana* Boiss. & Reut., Pugill. Pl. Afr. Bor. Hisp.: 65 (1852), basión.]. Eurosib. R. 4. (ASSO, 1779).
XK63, XK73, YK06, YK07, YK18, YK19.

**10. Centaurea ornata** Willd., Sp. Pl. 3(3): 2320 (1803)
Hemic.-esc. 3-7 dm. VI-VIII. Cunetas y pastizales vivaces secos algo alterados. Medit.-occid. M. 2. (PAU, 1885). TC.

**11. Centaurea pinae** Pau, Not. Bot. Fl. Esp. 1: 12 (1887)
≡ *C. tenuifolia* subsp. *pinae* (Pau) Vigo, Fl. Mass. Penyagolosa: 98 (1968); ≡ *C. boissieri* subsp. *pinae* (Pau) Dostál in Bot. J. Linn. Soc. 71: 201 (1976); - *C. pectinata* auct.; - *C. tenuifolia* auct., - *C. boissieri* auct.
Caméf.-sufr. 1-3 dm. V-VII. Terrenos abruptos, pastos y matorrales secos sobre suelos someros. Iberolev. M. 3. (PAU, 1887). TC.

**12. Centaurea sanctae-barbarae** Mateo & M.B. Crespo in Bol. Soc. Brot., ser. 2, 61: 264 (1988)
Caméf.-sufr. 1-4 dm. V-VII. Matorrales abiertos y pastizales secos sobre sustratos diversos. Iberolev. R. 4. (MATEO & CRESPO, 2008).
**YK05:** Nogueruelas, El Bolaje. **YK15:** Puertomingalvo, pr. Casa del Hostalejo.

13. **Centaurea scabiosa** L., Sp. Pl.: 913 (1753) subsp. **cephalariifolia** (Willk.) Greuter in Willdenowia 33: 56 (2003) (*centaurea mayor*)

≡ *C. cephalariifolia* Willk. in Flora 34: 762 (1851) [basión.]

Hemic.-esc. 3-8 dm. V-VIII. Campos de cultivo, terrenos baldíos y pastizales vivaces antropizados. Paleotemp. C. 2. (PAU, 1895). TC.

14a. **Centaurea triumfettii** All., Fl. Pedem. 1: 158 (1785) subsp. **lingulata** (Lag.) Dostál in Bot. J. Linn. Soc. 71(3) 209 (1976)

≡ *C. lingulata* Lag., Elench. Pl.: 32 (1816) [basión.]; ≡ *C. montana* subsp. *lingulata* (Lag.) O. Bolòs & Vigo in Collect. Bot. 17(1): 92 (1987); = *C. variegata* Lam., Encycl. Méth. Bot. 1: 668 (1785)

Hemic.-esc. 5-25 cm. V-VII. Medios forestales aclarados y pastos frescos. Medit.-occid. M. 3. (FL, 1878). TC.

14b. **Centaurea triumfettii** subsp. **semidecurrens** (Jord.) Dostál in Bot. J. Linn. Soc. 71(3) 209 (1976)

≡ *C. semidecurrens* Jord., Obs. Pl. Crit. 5: 52 (1847) [basión.]; ≡ *C. montana* subsp. *semidecurrens* (Jord.) O. Bolòs & Vigo in Collect. Bot. 17(1): 92 (1987)

Hemic.-esc. 15-40 cm. V-VII. Medios forestales frescos de montaña sobre calizas y sus orlas herbáceas. Medit.-noroccid. RR. 4. (FL, 1877).

**YK18**: Cantavieja, cima de La Palomita. **YK29**: Mirambel (RP, 2002).

**_Híbridos_** (3 esp.)

1. **Centaurea × dufourii** Sennen in Bol. Soc. Arag. Ci. Nat. 11: 199 (1912) (*calcitrapa × pinae*)

Hemic.-esc. 1-3 dm. V-VII. Terrenos baldíos y matorrales degradados. Iberolev. NV. 3. (BLANCA, 1981).

**XK93**: San Agustín (BLANCA, 1981).

2. **Centaurea × polymorpha** Lag., Elench. Pl.: 32 (1816) (*ornata × scabiosa*)

Hemic.-esc. 3-7 dm. VI-VII. Con muy obvios caracteres intermedios entre los parentales, donde destacan las flores de color anaranjado y las brácteas del involucro provistas de espinas cortas. Cunetas y ribazos de los campos, generalmente en las proximidades de sus parentales. Medit.-occid. R. 2. (R & B, 1961).

**XK62, XK84, XK94, XK99, YK05.**

3. **Centaurea × pouzinii** DC., Cat. Pl. Horti Monsp.: 91 (1913) (*aspera × calcitrapa*)

Hemic.-esc. 2-5 dm. VI-VIII. Se puede detectar esporádicamente en terrenos baldíos secos. Medit.-occid. R. 2. (PAU, 1888).

**XK65, XK76, XK93, XK94, YK03, YK04, YK17.**

### 3.25.20. CHONDRILLA L. (1 esp.)

1. **Chondrilla juncea** L., Sp. Pl.: 796 (1753) (*achicoria dulce, condrilla*)

Hemic.-bien. 4-12 dm. VII-X. Caminos, terrenos alterados secos. Medit.-Iranot. C. 1. (R & B, 1961). TC.

### 3.25.21. CHRYSANTHEMUM L. (1 esp.)

1. **Chrysanthemum segetum** L., Sp. Pl.: 889 (1753)

Teróf.-esc. 2-5 dm. IV-VI. Cultivos y herbazales nitrófilos de zonas con clima suave. Resulta bastante dudosa la única cita de la especie, en Linares a 1550 m, siendo así que no se ha detectado ni en el resto de la zona ni de la provincia. Medit.-Iranot. NV. 2. (R & B., 1961).

### 3.25.22. CICHORIUM L. (1 esp.)

1. **Cichorium intybus** L., Sp. Pl.: 813 (1753) (*achicoria silvestre*)

Hemic.-esc. 4-12 dm. VII-IX. Muy extendida por toda la zona en terrenos alterados algo húmedos. Paleotemp. M. 1. (R & B, 1961). TC.

### 3.25.23. CIRSIUM Mill. (8 esp.)

1. **Cirsium acaule** (L.) Scop. in Annu. Hist.-Nat. 2: 62 (1769)

≡ *Carduus acaulos* L., Sp. Pl.: 1199 (1753) [basión.]; = *C. gregarium* (Boiss. ex DC.) Willk. in Willk. & Lange, Prodr. Fl. Hisp. 2: 189 (1865); = *C. acaule* subsp. *gregarium* (Boiss. ex DC.) Talavera in Lagascalia 4: 291 (1974)

Hemic.-ros. 2-8 cm. VII-IX. Pastizales húmedos y claros de bosque sobre substrato básico. Eurosib. M. 3. (PAU, 1896). TC.

2. **Cirsium arvense** (L.) Scop., Fl. Carniol. ed. 2, 2: 126 (1772) (*cardo cundidor*)

≡ *Serratula arvense* L., Sp. Pl.: 820 (1753) [basión.]

Geóf.-riz. 4-14 dm. VI-IX. Campos de cultivo y terrenos baldíos o degradados. Paleotemp. C. 1. (R & B, 1961). TC.

3. **Cirsium echinatum** (Desf.) DC. in Lam. & DC., Fl. Franç. ed. 3, 5: 465 (1815)

≡ *Carduus echinatus* Desf., Fl. Atl. 2: 247 (1799) [basión.]; = *C. willkommianum* Porta ex Willk., Ill. Fl. Hisp. 2(12): 19 (1886)

Hemic.-bien. 2-5 dm. VI-VIII. Terrenos baldíos o degradados en áreas no muy elevadas. Medit.-occid. R. 3. (RP, 2002).

**XK77, XK96, YK08, YK26, YK27, YK29.**

4. **Cirsium monspessulanum** (L.) Hill, Hort. Kew: 63 (1768) subsp. **ferox** (Coss.) Talavera in Lagascalia 4(2): 290 (1974)

≡ *C. monspessulanus* var. *ferox* Coss., Not. Pl. Crit.: 39 (1849) [basión.]; = *C. coriaceum* Pau, Not. Bot. Fl. Esp. 2: 29 (1888)

Hemic.-esc. 5-15 dm. VII-IX. Juncales y riberas fluviales en zonas de baja altitud. Medit.-occid. M. 3. (SENNEN, 1910).

**XK52, XK54, XK55, XK62, XK63, XK64, XK65, XK73, XK81, XK82, XK83, XK84, XK85, XK87, XK93, XK94, XK95, YK03, YK04, YK05, YK15, YK26, YK28, YK29, YL10, YL20.**

5. **Cirsium odontolepis** Boiss. ex DC., Prodr. 7: 305 (1838)

≡ *C. eriophorum* subsp. *odontolepis* (Boiss. ex DC.) Rouy., Rev. Fr. Bot. Syst. 2: 32 (1904); = *C. aragonense* Sennen in Bol. Soc. Arag. Ci. Nat. 9: 232 (1910); - *C. eriophorum* auct.; - *Carduus eriophorus* auct.

Hemic.-bien. 4-10 dm. VI-IX. Campos de secano, terrenos baldíos y claros de bosques y matorrales secos. Medit.-occid. M. 2. (SENNEN, 1910). TC.

**6. Cirsium pyrenaicum** (Jacq.) All. Fl. Pedem. 1: 151 (1785)
≡ *Carduus pyrenaicus* Jacq., Obs. Bot. 4: 11 (1771) [basión.]; = *C. flavispinum* Boiss. ex DC., Prodr. 7: 305 (1838)

Hemic.-esc. 5-15 dm. VII-X. Juncales, herbazales húmedos. Medit.-occid. C. 2. (FL, 1880). TC.

**7. Cirsium valentinum** Porta & Rigo in Atti Acad. Aggiati: 38 (1892)
≡ *C. flavispinum* subsp. *valentinum* (Porta & Rigo) Rivas Goday & Borja in Anales Inst. Bot- Cav. 19: 485 (1961).

Geóf.-riz. 4-8 dm. V-VII. Herbazales antropizados. Es planta del sureste, que se ha mencionado accidentalmente en esta zona, aunque su presencia disyunta en ella parece muy extraña. La mención -con recombinación nomenclatural- debida a Rivas Goday y Borja, parece lógico suponer que debe ser atribuida al extendido *C. pyrenaicum*, omitido en el catálogo. Iberolev. NV. 3. (PAU, 1907).

**8. Cirsium vulgare** (Savi) Ten., Fl. Napol. 5, Syll.: 209 (1836)
≡ *Carduus vulgare* Savi, Fl. Pis. 2: 241 (1798) [basión.]; = *Carduus lanceolatus* L., Sp. Pl.: 821 (1753); = *C. crinitum* Boiss. ex DC., Prodr. 7: 305 (1838); = *C. lanceolatum* (L.) Scop., Fl. Carniol. ed. 2, 2: 130 (1772)

Hemic.-bien. 5-18 dm. VII-IX. Campos de cultivos, zonas de vega alteradas o antropizadas. Paleo-temp. M. 2. (PAU, 1896). TC.

*Híbridos* (4 esp.)

**1. Cirsium × boulayii** E.G. Camus in Bull. Soc. Bot. France 38: 106 (1892) (*C. acaule × C. arvense*)
Geóf.-riz. 1-3 dm. VII-IX. Pastizales vivaces húmedos antropizados. Eurosib. R. 3. (MATEO & LOZANO, 2011).
**XK81**: Abejuela, loma del Rebalsador. **XK82**: Id., Nava del Caballo. **XK87**: El Castellar, pr. nacimiento del Mijares.

**2. Cirsium × eliasii** Sennen & Pau ex Sennen in Bull. Acad. Intern. Géogr. Bot. 18: 476 (1908) (*C. arvense × C. pyrenaicum*)
Geóf.-riz. 5-10 dm. VII-IX. Zonas de vega donde contactan los campos con los arroyos y acequias. Medit.-occid. RR. 2. (MATEO & LOZANO, 2007).
**XK97**: Gúdar, pr. Motorritas. **XK87**: Cedrillas, pr. nacimiento del Mijares

**3. Cirsium × nevadense** Willk. in Linnaea 30: 111 (1859) (*C. acaule × C. pyrenaicum*)
Hemic.-esc. 1-3 dm. VII-IX. Pastizales vivaces húmedos en áreas frescas de montaña. Medit.-occid. R. 3. (SENNEN, 1912).
XK63, XK64, XK87, XK97, YK06, YK15, YK16, YK17, YK18, YK28.

**4. Cirsium × viciosoi** Sennen in Bol. Soc. Arag. Ci. Nat. 11: 196 (1912) (*C. pyrenaicum × C. vulgare*)
Hemic.-esc. 6-15 dm. VII-IX. Terrenos alterados húmedos. Medit.-occid. NV. 2. (SENNEN, 1912).
**XK64**: Camarena de la Sierra, Sierra de Javalambre (SENNEN, 1912).

**3.25.24. CONYZA** Less. (3 esp.)

**1. Conyza bonariensis** (L.) Cronq. in Bull. Torrey Bot. Club 70: 632 (1943)
≡ *Erigeron bonariensis* L., Sp. Pl.: 863 (1753) [basión.]; = *E. crispus* Pourr., in Hist. Mém. Acad. Roy. Sci. Toulouse 3: 318 (1788); = *C. ambigua* DC. in Lam. & DC., Fl. Franç. ed. 3, 5: 468 (1815)

Teróf.-esc. 3-8 dm. VII-XII. Campos de cultivo y herbazales nitrófilos sobre terrenos alterados. Neotrop. M. 1. (RP, 2002).
XK83, XK84, XK85, XK93, XK94, XK95, YK03, YK04, YK05, YK27, YK28, YK29.

**2. Conyza canadensis** (L.) Cronq. in Bull. Torrey Bot. Club 70: 632 (1943)
≡ *Erigeron canadensis* L., Sp. Pl.: 863 (1753) [basión.]

Teróf.-esc. 2-6 dm. VI-X. Campos de cultivo y terrenos baldíos. Es probable que se refiera a esta especie la cita de PAU (1888) como *Erigeron podolicus* Boiss. Norteameric. C. 1. (SENNEN, 1910). TC.

**3. Conyza sumatrensis** (Retz.) E. Walker in J. Jap. Bot. 46: 72 (1971)
≡ *Erigeron sumatrensis* Retz., Obs. Bot. 5: 28 (1788); = *C. floribunda* Kunth in Humb., Bonpl. & Kunth, Nov. Gen. Sp. 4: 73 (1820); = *C. naudinii* Bonnet in Bull. Soc. Bot. France 25: 208 (1878)

Teróf.-esc. 5-16 dm. VII-X. Herbazales nitrófilos algo húmedos o sombreados en áreas de baja altitud. Neotrop. NV. 1. (ORCA).
YK29: Mirambel, río de La Cuba (ORCA).

**3.25.25. CREPIS** L. (6 esp.)

**1. Crepis albida** Vill., Prosp. Hist. Pl. Dauph.: 37 (1779)
Hemic.-esc. 5-25 cm. V-VII. Medios rocosos y pedregosos calizos, matorrales sobre suelos superficiales. Se ha mencionado en ocasiones, además del tipo (subsp. *albida*), la subsp. *longicaulis* Babc. in Univ. Calif. Publ. Bot. 22: 317 (1942), cuya separación de la anterior es bastante imprecisa. Incluso se ha creído ver, en formas de indumento más denso, la presencia de la subsp. *scorzoneroides* (Rouy) Babc. in Univ. Calif. Publ. Bot. 22: 315 (1941) [≡ *C. scorzoneroides* Rouy in Bull. Soc. Bot. Fr. 35: 120 (1888), basión.] endemismo setabense que no alcanza esta zona. Medit.-noroccid. M. 3. (PAU, 1895). TC.

**2. Crepis capillaris** (L.) Wallr. in Linnaea 14: 657 (1841)
≡ *Lapsana capillaris* L., Sp. Pl.: 812 (1753) [basión.]; = *C. virens* L., Sp. Pl. ed. 2: 1134 (1763)

Teróf.-esc. 1-4 dm. V-VIII. Pastizales anuales alterados, sobre todo en suelos arenosos. Paleotemp. M. 2. (R & B, 1961). TC.

**3. Crepis foetida** L., Sp. Pl.: 807 (1753) (*falsa achicoria*)
Hemic.-bien. 2-4 dm. V-VII. Campos de secano, barbechos, márgenes de caminos, etc. Euri-Medit. M. 1. (R & B, 1961). TC.

**4. Crepis pulchra** L., Sp. Pl.: 806 (1753)
= *C. hispanica* Pau, Not. Bot. Fl. Esp. 1: 11 (1887); = *C. valentina* Willk. in Österr. Bot. Zeit. 41: 52 (1891)

Teróf.-esc. 3-8 dm. V-VII. Cunetas, terrenos baldíos, pedregosos o alterados. Paleotemp. C. 1. (ASSO, 1779). TC.

**5. Crepis setosa** Haller f. in Arch. Bot. (Leipzig)1(2): 1 (1797)
Teróf.-esc. 2-6 dm. V-VII. Herbazales antropizados en ambientes depejados. Paleotemp. RR. 3. (MATEO & LOZANO, 2010b).
**XK86**: Cabra de Mora, valle del río Alcalá.

**6. Crepis vesicaria** L., Sp. Pl.: 805 (1753) subsp. **taraxacifolia** (Thuill.) Thell. in Schinz & R. Keller, Fl. Schweiz, ed. 3, 2: 361 (1914)
≡ *C. taraxacifolia* Thuill., Fl. Paris: 409 (1790) [basión.]; = *C. recognita* Haller f., Crep. Im. Nat. Anz: n. 5 (1818); = *C. hackeli* Lange in Vidensk. Meddel. Dansk Naturh. Foren. Kjobenh. 9: 228 (1878); = *Barkhausia haenseleri* Boiss. ex DC., Prodr. 7: 153 (1838); = *C. vesicaria* subsp. *haenseleri* (Boiss. ex DC.) P.D. Sell in Bot. J. Linn. Soc. 71: 254 (1976); - *C. decumbens* auct.
Hemic.-bien. 2-6 dm. IV-VII. Crece en todo tipo de herbazales antropizados, cunetas, ribazos, barbechos, etc. Paleotemp. C. 1. (ASSO, 1779). TC.

**3.25.26. CRUPINA** (Pers.) DC. (1 esp.)

**1. Crupina vulgaris** Pers. ex Cass., Dict. Sci. Nat. 12: 68 (1819)
≡ *Centaurea crupina* L., Sp. Pl.: 909 (1753) [syn. subst.]
Teróf.-esc. 2-6 dm. V-VII. Medios pedregosos o claros secos de matorral sobre suelos muy someros. Paleotemp. M. 2. (ASSO, 1779). TC.

**3.25.27. CYNARA** L. (2 esp.)

**1. Cynara cardunculus** L., Sp. Pl.: 827 (1753) (*cardo de comer*)
Hemic.-esc. 4-10 dm. V-VIII. Cultivado por sus hojas comestibles en las zonas bajas y escasamente asilvestrado. Medit.-occid. RR. 1. (RP, 2002).

**2. Cynara scolymus** L. Sp. Pl.: 827 (1753) (*alcachofera*)
≡ *C. cardunculus* subsp. *scolymus* (L.) Hegi, Illustr. Fl. Mitteleur. 6(2): 924 (1928)
Hemic.-esc. 4-15 dm. Se cultiva a reducida escala como hortaliza comestible, tiene difícil su asilvestramiento por lo riguroso del clima invernal. Circun-Medit. RR. 1. (MATEO & LOZANO, 2010a).

**3.25.28. DITTRICHIA** Greuter (1 esp.)

**1. Dittrichia viscosa** (L.) Greuter, Exsicc. Genav. 4: 71 (1973) (*olivarda*)
≡ *Erigeron viscosus* L., Sp. Pl.: 863 (1753) [basión.]; ≡ *Inula viscosa* (L.) Ait., Hort. Kew. 3: 223 (1789); ≡ *Cupularia viscosa* (L.) Gren. & Godron, Fl. France 2: 180 (1851)
Caméf.-sufr./Nano-Faner. 3-12 dm. VII-X. Cunetas, terrenos baldíos o muy alterados, en zonas de no mucha altitud. Circun-Medit. R. 1. (R & B, 1961).
XK52, XK54, XK62, XK75, XK84, XK85, XK94, YK04.

**3.25.29. DORONICUM** L. (1 esp.)

**1. Doronicum plantagineum** L., Sp. Pl.: 885 (1753)

Geóf.-riz. 3-8 dm. V-VI. Bosques caducifolios o mixtos sobre suelo silíceo. Medit.-occid. NV. 4. (RP, 2002).
**YK38**: Iglesuela del Cid, Torre Nicasi (RP, 2002).

**3.25.30. ECHINOPS** L. (2 esp.)

**1. Echinops ritro** L., Sp. Pl.: 815 (1753) (*cardo yesquero*)
Hemic.-esc. 1-4 dm. VI-IX. Matorrales alterados y pastizales vivaces secos y bien iluminados. Euri-Medit. M. 2. (R & B, 1961). TC.

**2. Echinops sphaerocephalus** L., Sp. Pl.: 814 (1753)
Hemic.-esc. 4-10 dm. VII-IX. Pastizales vivaces frescos de montaña sobre terrenos alterados. Eurosib. R. 3. (FL, 1878).
XK87, XK89, XK96, XK97, XK98, YK06, YK07, YK16, YK17, YK19.

**3.25.31. ERIGERON** L. (1 esp.)

**1. Erigeron acris** L., Sp. Pl.: 863 (1753)
= *E. serotinus* Weihe in Rchb., Fl. Germ. Excurs.: 239 (1831); - *E. acer* auct.
Hemic.-esc. 2-5 dm. VII-X. Cunetas, orlas de bosque, herbazales alterados diversos. Paleotemp. M. 2. (L & P, 1866). TC.

**3.25.32. EUPATORIUM** L. (1 esp.)

**1. Eupatorium cannabinum** L., Sp. Pl.: 838 (1753) (*eupatorio*)
Hemic.-esc. 5-15 dm. VII-IX. Juncales y riberas de ríos o arroyos, con abundante humedad y cierto grado de sombra. Paleotemp. M. 3. (R & B, 1961).
XK84, XK85, XK86, XK94, YK04, YK05, YK06, YK09, YK15, YK16, YK18, YK19, YK28, YK29, YL00, YL10.

**3.25.33. EVAX** L. (1 esp.)

**1. Evax lasiocarpa** Lange ex Cutanda, Fl. Comp. Madrid: 403 (1861)
= *E. carpetana* Lange in Vidensk. Meddel. Dansk Naturh. Foren. Kjobenh. 1861: 69 (1861); = *E. pygmaea* subsp. *carpetana* (Lange) F. Mascl. in Collect. Bot. 8: 137 (1972); = *Filago carpetana* (Lange) Chrtek & J. Holub in Preslia 35: 3 (1963); = *E. cavanillesii* Rouy in Le Naturaliste 6(70): 557 (1884); - *E. asteriscifolia* auct.; - *E. pygmaea* auct.
Teróf.-ros. 2-10 cm. V-VII. Pastizales anuales sobre arenas silíceas secas. Medit.-occid. M. 3. (FL, 1886).
XK77, XK78, XK86, XK95, YK06, YK07.

**3.25.34. FILAGO** L. (6 esp.)

**1. Filago arvensis** L., Sp. Pl., add.: 1230 (1753)
≡ *Logfia arvensis* (L.) J. Holub in Not. Roy. Bot. Gard. Edinburgh 33: 432 (1875)
Teróf.-esc. 1-2 dm. V-VII. Cultivos y pastizales anuales secos alterados. Paleotemp. R. 2. (RP, 2002).

**XK78**: El Pobo, cerro de la Noguera. **XK86**: Cabra de Mora, monte Modorrita. **XK95**: Mora de Rubielos, pr. Masía de Cantalacriba. **YK38**: Iglesuela del Cid, Torre Nicasi (RP, 2002).

**2. Filago congesta** Guss. ex DC., Prodr. 6: 248 (1838)
Teróf.-esc. 2-10 cm. IV-VI. Pastizales anuales en terrenos particularmente secos y de clima poco riguroso. Medit.-occid. R. 3. (SL, 2000).
**XK67**: Corbalán, El Palancar. **XK95**: Mora de Rubielos, alrededores de la población.

**3. Filago gallica** L., Sp. Pl., add.: 1230 (1753)
≡ *Logfia gallica* (L.) Coss. & Germ. in Ann. Sci. Nat. Bot., ser. 2, 20: 291 (1843); = *F. tenuifolia* C. Presl, Delic. Prag.: 101 (1822)
Teróf.-esc. 5-20 cm. IV-VI. Pastizales secos anuales sobre arenas silíceas. Medit.-Iranot. NV. 3. (R & B, 1961).
**XK95**: Mora de Rubielos. (R & B, 1961).

**4. Filago lutescens** Jord., Obs. Pl. Crit. 3: 201 (1846)
≡ *F. pyramidata* subsp. *lutescens* (Jord.) O. Bolòs & Vigo in Collect. Bot. 14: 103 (1983); = *F. apiculata* G.E. Sm. in Phytologist 2: 575 (1846)
Teróf.-esc. 5-25 cm. V-VIII. Pastizales anuales no muy secos sobre arenas silíceas. Paleotemp. Se conoce de diversas zonas periféricas, siendo su presencia muy probable. NV. 2.

**5. Filago minima** (Sm.) Pers., Syn. Pl. 2: 422 (1807)
≡ *Gnaphalium minimum* Sm., Fl. Brit. 2: 873 (1800) [basión.]; ≡ *Logfia minima* (Sm.) Dumort., Fl. Belg.: 68 (1827)
Teróf.-esc. 5-18 cm. IV-VII. Pastos secos anuales sobre arenas silíceas. Medit.-Iranot. M. 2. (GM, 1990).
XK75, XK77, XK78, XK82, XK83, XK85, XK86, XK87, XK93, XK95, XK96, XK97.

**6. Filago pyramidata** L., Sp. Pl.: 1199 (1753)
= *F. spathulata* C. Presl, Delic. Prag.: 99 (1822); - *F. germanica* subsp. *spathulata* auct.
Teróf.-esc. 4-30 cm. IV-VIII. Cultivos y pastizales secos anuales sobre todo tipo de terrenos. Paleotemp. C. 1. (R & B, 1961). TC.

**3.25.35. GNAPHALIUM** L. (1 esp.)

**1. Gnaphalium luteoalbum** L., Sp. Pl.: 851 (1751) (*algodonosa*)
≡ *Pseudognaphalium luteoalbum* (L.) Hilliard & Burt in Bot. J. Linn. Soc. 82(3): 206 (1981)
Hemic./Teróf.-esc. 2-7 dm. VI-IX. Juncales y herbazales muy húmedos y bien iluminados. Subcosmop. R. 2. (SL, 2000).
XK54, XK85, XK86, XK94, XK95, XK96, YK29.

**3.25.36. HEDYPNOIS** Mill. (1 esp.)

**1. Hedypnois cretica** (L.) Dum.-Cours., Bot. Cult. 2: 339 (1802)
≡ *Hyoseris cretica* L., Sp. Pl.: 810 (1753) [basión.]; = *Hedypnois tubaeformis* Ten., Fl. Napol. 2, Prodr.: 179 (1820); = *H. polymorpha* DC., Prodr. 7: 81 (1838); = *H. pygmaea* Willk. in Willk. & Lange, Prodr. Fl. Hisp. 2: 208 (1865)

Teróf.-esc./ros. 5-30 cm. IV-VI. Campos de secano, pastizales anuales sobre suelos alterados o muy pastoreados, en las áreas más bajas o cálidas. Euri-Medit. R. 1. (MATEO, TORRES & FABADO, 2003).
XK77, XK94, YK03, YK04.

**3.25.37. HELIANTHUS** L. (2 esp.)

**1. Helianthus annuus** L., Sp. Pl.: 904 (1753) (*girasol*)
Teróf.-esc. 5-20 dm. VII-IX. Cultivado como ornamental y accidentalmente observable escapado de cultivo en cunetas o terrenos baldíos. Nortemer. R. 1. (MATEO & LOZANO, 2010b).

**2. Helianthus tuberosus** L., Sp. Pl.: 905 (1753) (*pataca de caña, aguaturma*)
Geóf.-tub. 5-25 dm. VII-X. Alta hierba perenne, de la que quedan algunos restos naturalizados de su antiguo cultivo por sus tubérculos ricos en féculas. Norteamer. R. 1. (MATEO & LOZANO, 2010b).

**3.25.38. HELICHRYSUM** Mill. (2 esp.)

**1. Helichrysum italicum** (Roth) G. Don f. in Loudon, Hort. Brit.: 342 (1830) **subsp. serotinum** (Boiss.) P. Fourn., Quatre Fl. Fr.: 952 (1940) (*tomillo yesquero*)
≡ *H. serotinum* Boiss., Voy. Bot. Esp. 2: 327 (1840) [basión.]; ≡ *H. angustifolium* subsp. *serotinum* (Boiss.) Sudre, Flor. Toulous. 111 (1907)
Caméf.-sufr. 2-6 dm. VII-XI. Cunetas, terrenos muy alterados, con frecuencia pedregosos. Medit.-occid. C. 1. (R & B, 1961). TC.

**2. Helichrysum stoechas** (L.) Moench, Meth.: 575 (1794) (*siempreviva, perpetua, helicriso*)
≡ *Gnaphalium stoechas* L., Sp. Pl.: 853 (1753) [basión.]
Caméf.-sufr. 1-4 dm. V-VII. Matorrales secos sobre terrenos arenosos, margosos o calizos. Medit.-occid. C. 2. (MW, 1893). TC.

**3.25.39. HIERACIUM** L. (32 esp.)

**1. Hieracium amplexicaule** L., Sp. Pl.: 803 (1753)
= *H. balsameum* Asso, Syn. Stirp. Arag.: 111 (1779)
Hemic.-esc. 2-5 dm. VI-IX. Roquedos y pedregales calizos o silíceos, no demasiado secos o soleados. Euri-Medit.-sept. M. 4. (ASSO, 1779). TC.

**2. Hieracium aragonense** Scheele in Linnaea 32: 667 (1863) (*planchonianum/spathulatum*)
= *H. catolanum* Arv.-Touv. in Bull. Herb. Boiss. 5: 726 (1897)
Hemic.-esc. 1-3 dm. V-VII. Grietas de roquedos calizos sombreados. Iberolev. R. 4. (R & B, 1961).
XK63, XK77, XK81, XK94, XK97, YK05, YK06, YK07, YK08, YK09, YK15, YK16, YK17, YK19, YK28, YL00, YL10.

**3. Hieracium bifidum** Hornem, Hort. Bot. Hafn.: 761 (1815)
Hemic.-esc. 15-30 cm. V-VII. Pedregales y terrenos escarpados, sobre todo calizos. Eurosib. R. 4. (NC).
**XK88**: Allepuz, Valdelagua. **YK06**: Linares de Mora, barranco de Torres. **YK28**: Iglesuela del Cid, barranco de la Tosquilla.

**4. Hieracium bourgaei** Coss., Diagn. Pl. Orient., ser. 2, 3(3): 102 (1856) (*elisaeanum/glaucinum*)

≡ *H. bicolor* subsp. *bourgaei* (Boiss.) Zahn in Engler, Pflanzenr. 75: 203 (1921); = *H. mariolense* Rouy in Bull. Soc. Bot. Fr. 29: 122 (1882); = *H. baeticum* Arv.-Touv. & E. Rev. ex Hervier in Rev. Gén. Bot. 4: 154 (1892); = *H. loscosianum* subsp. *baeticum* (Arv.-Touv. & E. Rev.) O. Bolòs & Vigo, Flora Països. Catal. 3: 1090 (1995)

Hemic.-esc. 15-30 cm. IV-VII. Roquedos y pedregales calizos. Iberolev. R. 4. (NC).

XK62, XK63, XK64, XK73, XK74, XK96, XK97, XK98, YK05, YK06, YK07.

**5. Hieracium compositum** Lapeyr., Hist. Abr. Pyr.: 476 (1813) (*gouanii/racemosum*)

Geóf.-riz. 2-5 dm. VII-X. Claros forestales sobre suelo silíceo, principalmente en zonas bajas o periféricas. Medit.-occid. R. 4. (SL, 2000).

XK82, XK83, XK96, YK06, YK25, YL00.

**6. Hieracium conquense** Mateo in Flora Montib. 27: 23 2004) (*flocciferum/loscosianum*)

Hemic.-esc. 1-2 dm. V-VII. Roquedos calizos frescos. Iberolev. De presencia muy probable, ya que se conoce del macizo de Javalambre pr. Puebla de San Miguel. NV. 4.

**7. Hieracium cordatum** Scheele ex Costa, Introd. Fl. Catal.: 158 (1864) (*amplexicaule/cordifolium*)

Hemic.-esc. 1-3 dm. V-VII. Medios rocosos frescos. Medit.-noroccid.oroccid. Indicado del Puerto de Villarroya (De RETZ, 1978), lejos de su área conocida. NV. 3.

**8. Hieracium diaphanoides** Lindeb., Hier. Scand. Exsicc. 3: 123 (1873) (*lachenalii/murorum*)

- *H. diaphanum* auct.

Hemic.-esc. 2-5 dm. V-VIII. Medios forestales y sus orlas poco soleadas, generalmente acompañando a las especies parentales. Eurosib. R. 3. (GM, 1990).

XK97, YK07, YK08, YK18, YK19.

**9. Hieracium elisaeanum** Arv.-Touv. ex Willk., Suppl. Prodr. Fl. Hisp.: 120 (1893) (*candidum/spa-thulatum*)

= *H. segurae* Mateo in Monogr. Inst. Piren. Ecología 4: 255 (1988)

Hemic.-esc. 5-20 cm. V-VII. Roquedos calizos. Iberolev. M. 4. (MW, 1893).

XK64, XK73, XK74, XK78, XK81, XK82, XK83, XK87, XK95, XK96, YK05, YK06, YK07, YK08, YK15, YK16, YK25, YK26, YK27, YK28.

**10. Hieracium glaucinum** Jord., Cat. Grain. Jard. Bot. Dijon 1848: 22 (1848) (*murorum/schmidtii*)

= *H. praecox* Sch. Bip. in Pollichia 9: 35 (1851); = *H. badalii* Pau, Not. Bot. Fl. Esp. 6: 71 (1895)

Hemic.-esc. 2-6 dm. IV-VII. Medios forestales, pastizales meso-xerófilos y terrenos pedregosos. Eurosib. C. 3. (PAU, 1896b). TC.

**11. Hieracium granatense** Arv.-Touv. & Gaut., Hieracioth. 10: [in sched.] Hisp. nº 154 (1900)

- *H. guadarramense* auct.

**Hemic.-esc. 1-3 dm. V-VII. Roquedos calizos no muy secos. Iberolev.** Existen recolecciones que hemos atribuido a esta conflictiva especie, recolectadas entre Mora y Alcalá, pero no podemos confirmar la identificación. Iberoatl. 4. (GM, 1990).

**12. Hieracium gudaricum** Mateo in Flora Montib. 51: 4 (2012) (*candidum/lawsonii*)

= *H. flocculiferum* auct.; - *H. flocciferum* auct.; - *H. briziflorum* subsp. *flocculiferum* auct.; - *H. briziflorum* auct.

Hemic.-esc. 1-3 dm. V-VII. Roquedos calizos poco soleados. Iberolev. R. 4. (MATEO, 2012).

XK63, XK64, XK78, XK82, XK87, XK95, XK96, XK97, YK05, YK06, YK07, YK08, XK17, XK18, YK27, YK28.

**13. Hieracium hispanobifidum** Mateo in Flora Montib. 51: 4 (2012) (*bifidum/elisaeanum*)

Hemic.-esc. 5-20 cm. V-VII. Roquedos calizos. Iberolev. R. 4. (MATEO, 2012).

XK96, XK97, XK98, YK05, YK06, YK07, YK08, XK17, YK18.

**14. Hieracium idubedae** Mateo in Monog. Inst. Piren. Ecol. 5: 166 (1990) (*glaucinum/spathulatum*)

Hemic.-esc. 1-3 dm. V-VII. Roquedos y pedregales calizos de montaña. Iberolev. Resulta endémico de la parte central de la Sierra de Gúdar. R. 5. (GM, 1990b).

YK06: Linares de Mora, cerro Brun. XK87: El Castellar, hoces del Mijares.

**15. Hieracium lachenalii** Suter, Helvet. Fl. 2: 145 (1802)

≡ *H. vulgatum* subsp. *lachenalii* (Suter) Zahn in Neue Denkschr. Schweiz. Ges. Gesamm. Naturw. 40: 243 (1906); = *H. argillaceum* Jord., Cat. Graines Jard. Bot. Grenoble 1849: 17 (1849): - *H. tridentatum* auct.

Hemic.-esc. 3-6 dm. V-VII. Medios forestales y periforestales frescos y poco soleados. Eurosib. R. 4. (GM, 1990).

XK78, XK86, XK87, XK96, XK97, YK06, YK07, YK16, YK17, YK18.

**16. Hieracium lawsonii** Vill., Hist. Pl. Dauph. 3: 118 (1788)

Hemic.-esc. 5-25 cm. V-VII. Roquedos calizos en zonas elevadas y poco soleadas. Eurosib.-merid. R. 4. (GM, 1990b).

XK77, XK89, XK97, XK98, XK99, YK06, YK07, YK08, YK16, YK17, YK18, YK26, YK27, YK28.

**17. Hieracium lopezudiae** Mateo in Flora Montib. 38: 48 (2008) (*laniferum/erosulum*)

Hemic.-esc. 8-25 cm. V-VII. Grietas de roquedos calizos sombreados de montaña. Iberolev. RR. 4. (GM, 2008).

YK05: Linares de Mora, Sierra de Férriz. YK06: Id., pr. Cerrada de la Balsa. YK09: Pitarque, pr. nacimiento del río Pitarque.

**18. Hieracium loscosianum** Scheele in Linnaea 32: 668 (1863) (*bifidum/elisaeanum*)

≡ *H. baeticum* subsp. *loscosianum* (Scheele) Zahn in Engler, Pflanzenr. 75: 200 (1921); = *H. jabalambrense* Pau, Not. Bot. Fl.

Esp. 3: 22 (1889); = *H. androsaceum* Arv.-Touv., Hier. Gall. Hisp. Cat.: 152 (1913).

Hemic.-esc. 1-3 dm. V-VII. Grietas de roquedos calizos. Iberolev. M. 3. (PAU, 1885).

XK52, XK62, XK63, XK64, XK72, XK73, XK74, XK77, XK78, XK81, XK82, XK83, XK86, XK87, XK89, XK94, XK95, XK96, XK97, XK98, XK99, YK03, YK04, YK05, YK06, YK07, YK08, YK09, YK17, YK18, YK19, YK27, YK28, YL00, YL10.

**19. Hieracium maculatum** Sm. in Sowerby, Engl. Bot. 30: t. 2121 (1810) (*glaucinum/lachenalii*)

Hemic.-esc. 2-5 dm. V-VIII. Medios forestales frescos y sus orlas algo sombreadas. Eurosib. R. 3. (GM, 1990).

XK78, XK86, XK87, YK06, YK08, YK17, YK18, YK19.

**20. Hieracium montcaunicum** Pau ex Mateo in Flora Montib. 34: 43 (2006) (*sabaudum/muro-rum*)

Hemic.-esc. 3-6 dm. VI-VIII. Pastos de montaña y orlas forestales frescas. Eurosib. RR. 3. (GM, 2006c).

YK06: Linares de Mora, La Cespedosa.

**21. Hieracium montserratii** Mateo in Monogr. Inst. Piren. Ecología 4: 261 (1988) (*amplexicaule/ elisaeanum*)

Hemic.-esc. 1-3 dm. V-VIII. Grietas de roquedos calizos sombreados. Iberolev. R. 4. (MATEO, TORRES & FABADO, 2003).

XK63, XK73, XK78, XK87, XK98, YK07, YK17, YL00.

**22. Hieracium murorum** L., Sp. Pl.: 802 (1753)

Hemic.-esc. 3-6 dm. V-VIII. Medios forestales frescos y húmedos. Eurosib. R. 4. (MW, 1893).

XK63, XK64, XK72, XK73, XK74, XK77, XK78, XK82, XK83, XK84, XK85, XK86, XK87, XK95, XK96, XK97, XK98, YK05, YK06, YK07, YK08, YK09, YK15, YK16, YK17, YK18, YK19, YK25, YK26, YK27, YK28, YK38, YL00, YL10.

**23. Hieracium planchonianum** Timb.-Lagr. in Bull. Soc. Bot. Fr. 5: 508 (1858) (*bifidum/glauci-num*)

Hemic.-esc. 2-4 dm. V-VII. Terrenos pedregosos o escarpados calizos. Eurosib. R. 3. (MATEO & LOZANO, 2010b).

XK72, XK73, XK74, XK82, XK83, XK99, YK07, YK08, YK09, YK17, YK18, YK19, YK28, YL00.

**24. Hieracium pseudocerinthe** (Gaudin) W.D.J. Koch, Syn. Deutsch. Schweiz. Fl. ed. 2: 525 (1846) (*amplexicaule/lawsonii*)

≡ *H. amplexicaule* var. *pseudocerinthe* Gaudin, Fl. Helv. 5: 112 (1829) [basión.]

Hemic.-esc. 1-3 dm. V-VII. Grietas de roquedos calizos poco soleados. Eurosib.-merid. RR. 4. (HERVIER, 1892).

YK06: Linares de Mora, cerro Brun. YK17: Mosqueruela, pr. Masía de Valtuerta. YK27: Id., rambla de las Truchas.

**25. Hieracium pulmonarioides** Vill., Prosp. Hist. Pl. Dauph.: 36 (1779) (*amplexicaule/murorum*)

≡ *H. amplexicaule* subsp. *pulmonarioides* (Vill.) Zahn in Schinz & Keller, Fl. Schweiz, ed. 2, 2: 318 (1905)

Hemic.-esc. 2-5 dm. VI-VIII. Zonas sombreadas al pie de roquedos. Euri-Medit.-sept. RR. 4. (GM, 1990).

XK82: Abejuela, Sierra de El Toro. YK17: Mosqueruela, valle de La Valtuerta.

**26. Hieracium recensitum** Jord. ex Boreau, Fl. Centre Fr. ed. 3, 2: 415 (1857) (*bifidum/murorum*)

≡ *H. praecox* subsp. *recensitum* (Jord. ex Boreau) Sudre, Hierac. Centre France: 80 (1902); ≡ *H. glaucinum* subsp. *recensitum* (Jord. ex Boreau) Gottschl. in Bull. Soc. Éch. Pl. Vasc. Eur. Occid. 24: 69 (1993)

Hemic.-esc. 2-5 dm. V-VII. Medios forestales frescos y sus orlas. Eurosib. R. 4. (MATEO & LOZANO, 2010b).

XK63, XK64, XK73, XK74, XK82, YK07, **YK08**.

**27. Hieracium rioloboi** Mateo in Flora Montib. 27: 24 (2004) (*amplexicaule/loscosianum*)

Hemic.-esc. 1-3 dm. V-VII. Roquedos calizos frescos. Iberolev. RR. 4. (GM, 2006b).

XK63: Camarena de la Sierra, pr. fuente de la Miel. XK87: Cedrillas, pr. nacimiento del Mijares.

**28. Hieracium sabaudum** L., Sp. Pl.: 804 (1753)

Geóf.-riz. 3-7 dm. VII-X. Bosques y sus orlas sobre suelos profundos silíceos o descarbonatados. Holárt. R. 4. (PAU, 1885).

XK85, YK04, YK06, YK16, YK26, YL00, YL10.

**29. Hieracium schmidtii** Tausch in Flora 11: 65 (1828)

= *H. pallidum* Biv., Nuove Piante Ined.: 11 (1838); = *H. capillosum* Pau in Bol. Soc. Arag. Ci. Nat. 2: 286 (1903); = *H. lasiophylloides* Pau in Bol. Soc. Arag. Ci. Nat. 2: 286 (1903)

Hemic.-esc. 2-5 dm. V-VII. Terrenos rocosos o pedregosos de naturaleza silícea. Eurosib. M. 4. (MW, 1893).

XK64, XK77, XK78, XK86, XK87, XK96, YK16.

**30. Hieracium spathulatum** Scheele in Linnaea 32: 666 (1863) (*laniferum/neocerinthe*)

≡ *H. laniferum* subsp. *spathulatum* (Scheele) Zahn in Engler, Pflanzenr. 75: 145 (1921); = *H. ilergabonum* Pau in Bol. Soc. Esp. Hist. Nat. 21: 148 (1921); - *H. laniferum* auct.

Hemic.-esc. 4-18 cm. V-VII. Grietas de roquedos calizos en áreas de montaña frescas y poco soleadas. Iberolev. R. 4. (R & B, 1961).

XK63, XK64, XK82, XK83, XK94, XK98, YK05, YK06, YK07, YK08, YK09, YK16, YK18, YK19, YK28, YL00.

**31. Hieracium umbrosum** Jord., Cat. Graines Jard. Bot. Dijon 1848: 24 (1848) (*murorum> prenanthoides*)

Hemic.-esc. 4-8 dm. V-VII. Bosques umbrosos y húmedos en rincones frescos de montaña. Eurosib. RR. 5. (MW, 1893).

YK18: Cantavieja, Puerto de la Tarayuela.

**32. Hieracium valentinum** Pau, Gazapos Bot.: 71 (1891) (*amplexicaule/spathulatum*)

= *H. teruelanum* Mateo in Monogr. Inst. Piren. Ecología 4: 258 (1988)

Hemic.-esc. 5-30 cm. Roquedos calizos sombreados. Iberolev. R. 4. (ARVET-TOUVET, 1897).

XK64, XK73, XK78, XK82, XK95, XK96, YK06, YK07, YK09, YK17, YK18, YK19, YL00.

### 3.25.40. HYPOCHOERIS L. (2 esp.)

1. **Hypochoeris glabra** L., Sp. Pl.: 811 (1753)

Teróf.-ros. 5-25 cm. IV-VII. Pastizales secos sobre arenas silíceas. Euri-Medit. RR. 2. (RIERA, 1992).

XK93: San Agustín, rambla del Barruezo (RIERA, 1992). XK96: Mora de Rubielos, barranco de Fuennarices.

2. **Hypochoeris radicata** L., Sp. Pl.: 811 (1753) (*hierba del halcón*)

Hemic.-esc. 3-6 dm. V-X. Matorrales y pastizales variados, desde relativamente secos hasta muy húmedos. Paleotemp. C. 2. (R & B, 1961). TC.

### 3.25.41. INULA L. (6 esp.)

1. **Inula britannica** L., Sp. Pl.: 882 (1753) subsp. **hispanica** (Pau) O. Bolòs & Vigo in Fontqueria 14: 9 (1987)

≡ *I. hispanica* Pau, Not. Bot. Fl. Esp. 6: 62 (1895) [basión.]

Hemic.-esc. 2-5 dm. VII-IX. Pastizales húmedos en riberas de ríos y arroyos. Medit.-occid. NV. 3. (FL, 1886).

XK64: Camarena de la Sierra (PAU, 1935). XK99: Camarillas (FL, 1886). YK06: Linares de Mora, (R & B, 1961).

2. **Inula conyzae** DC., Prodr. 5: 464 (1836) (*coniza*)

≡ *Conyza squarrosa* L., Sp. Pl.: 861 (1753) [syn. subst.]; - *I. squarrosa* auct., non L. (1763)

Hemic.-bien./esc. 4-10 dm. VII-IX. Orlas forestales, márgenes de caminos sombreados. Euri-Eurosib.-merid. M. 2. (PAU, 1891).

XK53, XK63, XK64, XK73, XK74, XK82, XK86, XK94, XK97, YK03, YK04, YK06, YK09, YK15, YK16, YK18, YK19, YK26, YK27, YK28, YK29, YK37, YL00, YL10.

3. **Inula helenioides** DC. in Lam. & DC., Fl. Franç. ed. 3, 5: 470 (1815)

= *I. asteriscus* Pau in Actas Soc. Esp. Hist. Nat. 27: 88 (1898)

Hemic.-esc. 1-3 dm. VI-VIII. Herbazales antropizados más o menos sombreados. Medit.-occid. M. 2. (PAU, 1888).

XK54, XK55, XK62, XK63, XK64, XK65, XK71, XK72, XK73, XK74, XK75, XK76, XK77, XK81, XK82, XK83, XK86, XK87, XK88, XK89, XK95, XK96, XK97, XK98, XK99, YK05, YK06, YK07, YK08, YK15, YK16, YK17, YK18, YL00.

4. **Inula helenium** L., Sp. Pl.: 881 (1753) (*helenio*)

≡ *Corvisartia helenium* (L.) Mérat, Nouv. Fl. Env. Paris, ed. 2, 2: 261 (1821)

Hemic. 1-2 m. VII-IX. Cultivada antiguamente como medicinal, siendo cada vez más rara en ribazos de cultivos y zonas de ribera. Eurosib. NV. 1. (FL, 1878).

5. **Inula montana** L., Sp. Pl.: 884 (1753)

Hemic.-esc. 1-3 dm. VI-VIII. Matorrales y pastizales secos sobre calizas. Medit.-occid. M. 3. (ASSO, 1779). TC.

6. **Inula salicina** L., Sp. Pl.: 882 (1753)

Hemic.-esc. 2-5 dm. VI-VIII. Medios forestales frescos y sus orlas herbáceas. Eurosib. M. 3. (ASSO, 1779).

XK63, XK73, XK77, XK83, XK85, XK86, XK87, XK88, XK93, XK95, XK96, XK97, XK98, YK03, YK04, YK05, YK06, YK07, YK08, YK09, YK15, YK16, YK17, YK18, YK19, YK25, YK26, YK27, YK28, YK29, YL00, YL10, YL20.

### 3.25.42. JASONIA (Cass.) Cass. (2 esp.)

1. **Jasonia glutinosa** (L.) DC., Prodr. 5: 476 (1836) (*té de monte, té de roca*)

≡ *Erigeron glutinosus* L., Sp. Pl. ed. 2: 1212 (1763); ≡ *Chiliadenus glutinosus* (L.) Fourr. in Ann. Soc. Linn. Lyon, ser. 2, 16: 93 (1869); = *J. saxatilis* (Lam.) Guss., Fl. Sicul. Syn. 2: 452 (1844); = *Inula saxatilis* (Lam., Fl. Franç. 2: 153 (1779); ≡ *Chiliadenus saxatilis* (Lam.) Brullo in Webbia 34(1): 298 (1979)

Hemic.-esc. 1-3 dm. VII-IX. Roquedos calizos en ambientes secos o soleados. Medit.-occid. M. 3. (R & B, 1961).

XK52, XK53, XK62, XK63, XK64, XK65, XK72, XK73, XK75, XK76, XK77, XK83, XK84, XK85, XK86, XK88, XK89, XK93, XK94, XK95, XK96, XK97, XK98, XK99, XK80, XL90, YK03, YK04, YK05, YK06, YK09, YK15, YK16, YK18, YK19, YK26, YK28, YK29, YK37, YL00, YL10, YL20.

2. **Jasonia tuberosa** (L.) DC., Prodr. 5: 476 (1836)

≡ *Erigeron tuberosus* L., Sp. Pl.: 864 (1753); ≡ *Inula tuberosa* (L.) Lam., Fl. Franç. 2: 153 (1779); = *J. obtusifolia* Pau in Bol. Soc. Arag. Ci. Nat. 1: 28 (1902)

Geóf.-tub. 1-3 dm. VII-X. Pastizales algo húmedos y bien iluminados. Medit.-occid. M. 3. (L & P, 1866).

XK53, XK54, XK55, XK62, XK63, XK64, XK65, XK73, XK77, XK83, XK85, XK86, XK87, XK89, XK93, XK94, XK95, XK96, XK97, XK98, XK99, YK04, YK05, YK06, YK08, YK09, YK15, YK16, YK18, YK19, YK26, YK27, YK28, YK29, YK38, YL00, YL10.

### 3.25.43. JURINEA Cass. (2 esp.)

1. **Jurinea humilis** (Desf.) DC., Prodr. 6: 677 (1838)

≡ *Serratula humilis* Desf., Fl. Atl. 2: 244 (1798) [basión.]; = *S. mollis* Cav., Icon. Descr. Pl. 1: 62 (1791); - *Carduus mollis* auct.; - *J. pyrenaica* auct.

Hemic.-ros. 1-5 cm. VI-VII. Pastizales y matorrales despejados de montaña. Medit.-occid. M. 3. (ASSO, 1779).

XK63, XK64, XK73, XK74, XK77, XK97, YK05, YK17, YK18.

2. **Jurinea pinnata** (Lag.) DC., Prodr. 6: 676 (1838)

≡ *Staehelina pinnata* Lag., Elench. Pl.: 24 (1816) [basión.]

Hemic.-esc./Caméf.-sufr. 5-15 cm. VI-VIII. Matorrales y pastizales secos sobre suelos yesosos. Iberolev. RR. 4. (PAU, 1895).

XK55: Cascante del Río, barranco de Cañadahonda, XK64: Valaloche, hacia Cascante. XK65: Cascante del Río, hacia Villel.

**3.25.44. LACTUCA** L. (7 esp.)

**1. Lactuca muralis** (L.) Gaertn., Fruct. Sem. Pl. 2: 185 (1791)
≡ *Prenanthes muralis* L., Sp. Pl.: 797 (1753) [basión.]; ≡ *Mycelis muralis* (L.) Dumort., Fl. Belg.: 60 (1827)

Hemic.-esc. 2-5 dm. V-VII. Herbazales alterados en ambientes muy umbrosos. Eurosib. R. 4. (ASSO, 1779).
XK63, XK87, XK96, YK09, YK17, YK19, YK26, YK27, YK28, YK37, YK38, YL00.

**2. Lactuca saligna** L., Sp. Pl.: 796 (1753)

Hemic.-bien. 4-8 dm. VI-IX. Pastizales nitrófilos sobre suelos profundos o algo húmedos. Medit.-Iranot. M. 2. (RP, 2002).
XK85, XK86, XK95, XK96, XK99, YK05, YK26, YK27, YL10.

**3. Lactuca sativa** L., Sp. Pl.: 795 (1753) (*lechuga común*)
Hemic.-bien. 3-8 dm. VI-IX. Cultivada en los huertos como comestible y ocasionalmente asilvestrada. Paleotemp. RR. 1. (NC).

**4. Lactuca serriola** L., Cent. Pl. 2: 29 (1756) (*escarola silvestre*)
= *L. scariola* L., Sp. Pl. ed. 2: 1119 (1763)

Hemic.-bien. 5-15 dm. VI-IX. Campos de cultivo, terrenos baldíos. Medit.-Iranot. M. 1. (ASSO, 1779). TC.

**5. Lactuca tenerrima** Pourr. in Hist. Mém. Acad. Roy. Sci. Toulouse 3: 321 (1788)
≡ *Cicerbita tenerrima* (Pourr.) Beauv. in Bull. Soc. Bot. Genève, ser. 2(2): 136 (1910)

Hemic.-esc./Caméf.-sufr. 1-3 dm. VI-IX. Medios rocosos o pedregosos secos. Medit.-occid. M. 2. (AA, 1985). TC.

**6. Lactuca viminea** (L.) F.W. Schmidt, Samml. Phys. Aufs. Naturk.: 270 (1795) **subsp. ramosissima** (All.) Bonnier, Fl. Ill. Fr. 6: 79 (1923)
≡ *Prenanthes ramosissima* All., Fl. Pedem. 1: 226 (1785); ≡ *L. ramosissima* (All.) Gren. & Godr., Fl. France 3: 318 (1855); - *L. chondrillifolia* auct., non Boreau (1849)

Hemic.-esc./bien. 4-8 dm. VII-IX. Pedregales, cunetas y terrenos alterados pedregosos. A este taxon habría que referir también las citas como especie s.l. o como subsp. *viminea*. Medit.-Iranot. M. 2. (SL, 2000). TC.

**7. Lactuca virosa** L., Sp. Pl.: 975 (1753)
Hemic.-bien. 5-15 dm. VI-IX. Terrenos baldíos o muy alterados. Euri-Medit. NV. 1. (RP, 2002).

**3.25.45. LAPSANA** L. (1 esp.)

**1. Lapsana communis** L., Sp. Pl.: 811 (1753) (*hierba pezonera*)
Hemic.-esc. 4-12 dm. Medios forestales, herbazales umbrosos. Paleotemp. M. 3. (ASSO, 1779).

XK64, XK73, XK77, XK87, XK88, XK89, XK94, XK95, XK96, XK97, XK98, YK04, YK05, YK06, YK07, YK08, YK09, YK16, YK17, YK18, YK19, YK26, YK27, YK28, YL00, YL10.

**3.25.46. LAUNAEA** Cass. (2 esp.)

**1. Launaea fragilis** (Asso) Pau in Bol. Soc. Arag. Cl. Nat. 16: 68 (1917)
≡ *Lactuca fragilis* Asso, Syn. Stirp. Arag.: 109 (1779); = *Rhabdotheca chondrilloides* (DC.) Sch. Bip. ex Willk. in Flora 35: 196 (1852); - *Zollikoferia resedifolia* auct., non Coss. (1851); - *L. resedifolia* auct., non (L.) Kuntze (1891)

Hemic.-esc. 1-3 dm. V-VII. Matorrales y pastizales secos sobre suelos margosos o yesosos. Euri-Medit.-merid. NV. 3. (RIVAS GODAY & al., 1957).
XK62: Arcos de las Salinas (RIVAS GODAY & al., 1957).

**2. Launaea pumila** (Cav.) O. Kunze, Revis. Gen. Pl. 1: 351 (1891)
≡ *Scorzonera pumila* Cav., Icon. Descr. Pl. 2: 19 (1793); ≡ *Zollikoferia pumila* (Cav.) DC., Prodr. 7: 183 (1838); ≡ *L. fragilis* subsp. *pumila* (Cav.) O. Bolòs & Vigo in Fol. Bot. Misc. 6: 86 (1989)

Hemic.-esc. 1-3 dm. V-VII. Matorrales secos sobre suelos margosos o yesosos. Iberolev. R. 3. (SENNEN, 1910).
XK54: Riodeva, hacia barrio de Las Minas. XK63: Arcos de las Salinas, base sur del Javalambre. (R & B, 1961). XK65: Cascante del Río, valle del río Camarena. XK76: Puebla de Valverde, Puerto de Escandón (SENNEN, 1910).

**3.25.47. LEONTODON** L. (4 esp.)

**1. Leontodon carpetanus** Lange in Vidensk. Meddel. Dansk Naturh. Foren. Kjobenh. 1861: 96 (1861)
= *L. reverchonii* Freyn ex Willk., Suppl. Prodr. Fl. Hisp.: 109 (1893); - *L. autumnalis* auct.

Hemic.-ros. 1-3 dm. VI-X. Juncales, pastizales vivaces húmedos. Medit.-occid. C. 3. (PAU, 1891). TC.

**2. Leontodon hispidus** L., Sp. Pl.: 799 (1753)
Hemic.-ros. 2-4 dm. VI-IX. Juncales, pastizales húmedos en áreas frescas de montaña, sobre todo silíceas. Eurosib. R. 3. (RP, 2002).
YK27: Mosqueruela, Cruz de Montañana (RP, 2002). YK28: Iglesuela del Cid, Molino Alto (RP, 2002).

**3. Leontodon longirrostris** (Finch & P.D. Sell) Talavera in Valdés & al., Herb. Univ. Hispal. 1: 37 (1982)
≡ *L. taraxacoides* subsp. *longirrostris* Finch & P.D. Sell in Bot. J. Linn. Soc. 71: 247 (1976) [basión.]; = *L. taraxacoides* subsp. *hispidus* (Roth) Kerguélen in Lejeunia 120: 119 (1987); - *L. rothii* auct.; - *L. nudicaulis* subsp. *rothii* auct.; - *L. saxatilis* subsp. *rothii* auct.; - *Thrincia hispida* auct.

Teróf.-ros. 5-30 cm. IV-VII. Pastizales secos anuales algo alterados y claros de matorrales bien iluminados. Euri-Medit. C. 1. (R & B, 1961). TC.

**4. Leontodon taraxacoides** (Vill.) Mérat in Ann. Sci. Nat. (Paris) 22: 108 (1831)
≡ *Hyoseris taraxacoides* Vill., Prosp. Hist. Pl. Dauph.: 33 (1779) [basión.]; - *Thrincia hirta* auct.; - *L. nudicaulis* auct.

Hemic.-ros. 1-3 dm. V-VIII. Pastizales vivaces y regueros húmedos en ambiente pastoreado o antropizado. Paleotemp. R. 2. (R & B, 1961).
XK76, XK77, XK81, XK86, XK87, XK94, XK95, XK96, YK04, YK05, YK17, YK18.

### 3.25.48. LEUCANTHEMOPSIS Heywood (2 esp.)

1. **Leucanthemopsis pallida** (Mill.) Heywood in Anales Inst. Bot. Cavanilles 32(2): 182 1975
≡ *Chrysanthemum pallidum* Mill., Gard. Dict. ed. 8: nº 12 (1768) [basión.]; ≡ *Pyrethrum pallidum* (Mill.) Pau in Butll. Inst. Cat. Hist. Nat. 6: 89 (1906); ≡ *Tanacetum pallidum* (Mill.) Maire in Emberger & Maire, Pl. Maroc Nouv. 1: 4 (1929); - *L. alpina* auct.; - *Chrysanthemum alpinum* auct.; = *Ch. aragonense* Asso, Syn. Stirp. Arag.: 123 (1779); - *C. pallidum* subsp. *laciniatum* auct.; - *Pyrethrum alpinum* auct.

Hemic.-cesp. 5-20 cm. IV-VI. Roquedos, matorrales y pastizales vivaces sobre terrenos calizos o silíceos, en las zonas elevadas. Los ejemplares de la zona suelen atribuirse a la subsp. *virescens* (Pau) Heywood in Anales Inst. Bot. Cavanilles 32(2): 183 (1975) [≡ *Pyrethrum pallidum* var. *virescens* Pau in Butll. Inst. Cat. Hist. Nat. 6: 90 (1906)]. Iberolev. R. 4. (FQ, 1948).
XK64, XK78, XK82, XK97, XK98, YK07, YK08, YK09, YK19.

2. **Leucanthemopsis pulverulenta** (Lag.) Heywood in Anales Inst. Bot. Cavanilles 32(2): 184 (1975)
≡ *Pyrethrum pulverulentum* Lag. in Varied. Ci. 2(4): 40 (1805) [basión.]; ≡ *L. pallida* subsp. *pulverulenta* (Lag.) O. Bolòs & Vigo in Collect. Bot. 17(1): 91 (1987); ≡ *Tanacetum pulverulentum* (Lag.) Sch.-Bip., Tanacet.: 48 (1844); - *Chrysanthemum pallidum* subsp. *pulverulentum* auct.

Hemic.-cesp. 5-20 cm. IV-VI. Arenales silíceos y claros de robledales o pinares en áreas de altitud moderada. Las poblaciones de la zona se han atribuido en ocasiones a la subsp. *pseudopulverulenta* (Heywood) Heywood in Anales Inst. Bot. Cavanilles 32(2): 185 (1975) [≡ *Tanacetum pulverulentum* subsp. *pseudopulverulentum* Heywood in Anales Inst. Bot. Cavanilles 12(2): 331 (1954)]. Medit.-occid. NV. 4. (PAU, 1895).
**XK64:** Puebla de Valverde, altos de Javalambre (PAU, 1895).

### 3.25.49. LEUCANTHEMUM Mill. (5 esp.)

1. **Leucanthemum maestracense** Vogt & Hellwig in Ruizia 10: 172 (1991)
≡ *L. vulgare* subsp. *vogtii* O. Bolòs & Vigo, Fl. País. Catal. 3: 815 (1995) [syn. subst.]

Hemic.-esc. 3-8 dm. V-VII. Orlas forestales y pastizales vivaces no muy soleados. Iberolev. R. 4. (MATEO, FABREGAT & LÓPEZ UDIAS, 1994).
YK08, YK09, YK16, YK17, YK18, YK19, YK27, YK28, YK29, YL00.

2. **Leucanthemum maximum** DC., Prodr. 6: 46 (1838)
Hemic.-esc. 5-14 dm. VI-IX. Originaria de los Pirineos y territorios periféricos, se cultiva localmente como ornamental en la zona, llegando a asilvestrarse en terrenos húmedos. RR. 2. (MATEO & LOZANO, 2010b).

3. **Leucanthemum monspeliense** (L.) Coste, Fl. Descr. France 2: 342 (1903)
≡ *Chrysanthemum monspeliense* L., Sp. Pl.: 889 (1753) [basión.]

Hemic.-esc. 3-6 dm.VI-VII. Planta rupícola en su territorio de origen, que se cultiva como césped en jardines o instalaciones deportivas. Como tal presente en las pistas de esquí de Valdelinares. Eurosib.-suroccid. RR. 1. (SL, 2000).

4. **Leucanthemum pallens** (J. Gay ex Perreym.) DC., Prodr. 6: 46 (1838)
≡ *Chrysanthemum pallens* J. Gay ex Perreym. in Guill., Arch. Bot. (Paris) 2: 545 (1833) [basión.]; ≡ *L. vulgare* subsp. *pallens* (J. Gay ex Perreym.) Briq. & Cavillier in Burnat, Fl. Alpes Marit. 6: 108 (1916)

Hemic.-esc. 3-8 dm. V-VIII. Pastizales frescos sobre suelo profundo. Euri-Medit.-sept. M. 3. (L & P, 1863). TC.

5. **Leucanthemum vulgare** Lam., Fl. Franç. 2: 137 (1779) [≡ *Chrysanthemum leucanthemum* L., Sp. Pl.: 888 (1753) (syn. subst.)] subsp. **pujiulae** Sennen in Bol. Soc. Ibér. Ci. Nat. 28: 33 (1929) (*margarita mayor*)
≡ *L. pujiulae* (Sennen) Sennen in Treb. Mus. Ci. Nat. Barcelona 15, ser. Bot. 1: 21 (1931)

Hemic.-esc. 4-8 dm. V-VIII. Pastizales vivaces frescos sobre suelo algo húmedo. Medit.-occid. C. 3. (R & B, 1961).
XK54, XK55, XK62, XK64, XK72, XK73, XK74, XK76, XK77, XK79, XK81, XK82, XK83, XK84, XK85, XK86, XK87, XK88, XK89, XK94, XK95, XK96, XK97, XL80, XL90, YK04, YK05, YK06, YK07, YK08, YK09, YK15, YK16, YK17, YK18, YK19, YK25, YK26, YK27, YK28, YK37, YL00, YL10, YL20.

### 3.25.50. LEUZEA DC. (1 esp.)

1. **Leuzea conifera** (L.) DC. in Lam. & DC., Fl. Franc. ed. 3, 4: 109 (1805) (*cuchara de pastor, piña de San Juan, alcachofilla*)
≡ *Centaurea conifera* L., Sp. Pl.: 915 (1753) [basión.]

Hemic.-esc. 1-3 dm. V-VII. Medios forestales no muy umbrosos, matorrales y pastos vicaces secos. Medit.-occid. M. 3. (ASSO, 1779). TC.

### 3.25.51. MANTISALCA Cass. (1 esp.)

1. **Mantisalca salmantica** (L) Briq. & Cavill. in Arch. Sci. Phys. Nat. (Genève), ser 5, 12: 111 (1930) (*barrederas, escobillas*)
≡ *Centaurea salmantica* L., Sp. Pl.: 918 (1753) [basión.]; = *Microlonchus salmanticus* (L.) DC., Prodr. 6: 563 (1838); - *M. clusii* auct.

Hemic.-esc. 3-10 dm. VI-IX. Cunetas, barbechos, herbazales secos antropizados. Medit.-occid. C. 1. (R & B, 1961). TC.

### 3.25.52. MATRICARIA L. (3 esp.)

1. **Matricaria aurea** (Loefl.) Sch. Bip. in Bonplandia 8: 369 (1860)

≡ *Cotula aurea* Loefl., Iter Hisp.: 163 (1758); ≡ *Chamomilla aurea* (Loefl.) J. Gay ex Coss. & Kralik, Cat. Pl. Syric. Palaest.: 10 (1854)

Teróf.-esc. 5-20 cm. V-VI. Terrenos húmedos alterados. Circun-Medit. NV. 2. (NC).

**YL00:** Pitarque (J. Güemes, VAL).

**2. Matricaria chamomilla** L., Sp. Pl.: 891 (1753) (*manzanilla dulce, camamilla*)
= *M. recutita* L., Sp. Pl.: 891 (1753); = *Chamomilla recutita* (L.) Rauschert in Folia Geobot. Phytotax. 9: 225 (1974)

Teróf.-esc. 1-4 dm. V-VIII. Cultivada como medicinal y esporádicamente asilvestrada en áreas agrícolas y medio rural. Paleotemp. R. 1. (NC).

**3. Matricaria inodora** L., Fl. Suec. ed. 2: 297 (1755)

Teróf. -esc. 2-5 dm. VI-IX. Herbazales antropizados en ambientes frescos. Paleotemp. RR. 2. (MATEO & LOZANO, 2010b).

**XK96:** Alcalá de la Selva, pr. Mas de la Capellanía. **XK97:** Valdelinares, Estación Invernal.

### 3.25.53. ONOPORDUM L. (3 esp.)

**1. Onopordum acanthium** L., Sp. Pl.: 827 (1753) (*cardo borriquero*)

Hemic.-bien. 4-15 dm. VI-VIII. Escombreras, basureros, estercoleros, campos abandonados, etc. Paleotemp. C. 1. (AA, 1985). TC.

**2. Onopordum acaulon** L., Sp. Pl. ed. 2: 1159 (1763)
= *O. uniflorum* Cav., Icon. Descr. Pl. 1: 60 (1791); = *O. acaulon* subsp. *uniflorum* (Cav.) Franco in Bot. J. Linn. Soc. 71: 45 (1975)

Hemic.-bien. 3-8 cm. V-VIII. Caminos, terrenos baldíos, claros de matorrales degradados. Medit.-occid. M. 2. (PAU, 1888).

XK63, XK64, XK65, XK66, XK72, XK73, XK74, XK75, XK77, XK78, XK81, XK82, XK83, XK87, XK88, XK89, XK95, XK96, XK97, XK98, XK99, YK05, YK06, YK07, YK08, YK09, YK15, YK16, YK17, YK18, YK19, YK26, YK27, YK28, YL01, YL10.

**3. Onoportum corymbosum** Willk. in Linnaea 30: 108 (1859)
≡ *O. tauricum* subsp. *corymbosum* (Willk.) Rouy in Bull. Soc. Bot. Fr. 43: 590 (1896); - *O. tauricum* auct.

Hemic.-bien. 5-15 dm. V-VII. Campos de labor, cunetas y terrenos baldíos secos más o menos removidos. Medit.-occid. M. 3. (MW, 1893).

XK54, XK55, XK64, XK65, XK66, XK73, XK74, XK75, XK76, XK77, XK78, XK79, XK81, XK82, XK83, XK84, XK85, XK86, XK87, XK88, XK89, XK93, XK94, XK95, XK96, XK97, XL80, XL90, YK03, YK04, YK06, YK08, YK09, YK17, YK28, YL10.

*Híbridos* (2 esp.)

**1. Onopordum × brevicaule** Gonz. Sierra & al. in Candollea 47: 197 (1992) (*acanthium × acaulon*)

Hemic.-bien. 1-4 dm. V-VIII. Terrenos secos y alterados. Medit.-occid. RR. 2. (MATEO & LOZANO, 2011).

**YK07:** Valdelinares, pr. Estación Invernal.

**2. Onopordum × humile** Losc., Trat. Pl. Arag., Supl. 7: 77 (1885) (*acanthium × corymbosum*)
= *O. × turolensis* Sennen in Bol. Soc. Arag. Ci. Nat. 11: 195 (1912)

Hemic.-bien. 5-12 dm. VI-VIII. Terrenos baldíos secos. Medit.-occid. RR. 2. (PAU, 1891).

**XK88:** El Pobo, hacia Ababuj. **XK94:** Albentosa, pr. Venta del Aire (PAU, 1891). XL90: Camarillas, hacia Aliaga.

### 3.25.54. PHAGNALON Cass. (2 esp.)

**1. Phagnalon saxatile** (L.) Cass. in Bull. Soc. Philom. Paris 1819: 174 (1819) (*manzanilla yesquera*)
≡ *Gnaphalium saxatile* L., Sp. Pl.: 857 (1753) [basión.]

Caméf.-sufr. 2-4 dm. III-V. Matorrales secos y aclarados en áreas de baja altitud. Medit.-occid. RR. 3. (MATEO & LOZANO, 2010b).

**YK04:** Olba, pr. Fuente de la Salud.

**2. Phagnalon sordidum** (L.) Rchb., Fl. Germ. Excurs.: 224 (1831)
≡ *Gnaphalium sordidum* L., Sp. Pl.: 853 (1753) [basión.]; ≡ *Conyza sordida* (L.) L., Mantissa 2: 466 (1771)

Caméf.-sufr. 1-3 dm. IV-VII. Roquedos calizos en áreas secas de escasa altitud. Medit.-occid. RR. 3. (AGUILELLA & MATEO, 1984).

**XK81:** Abejuela, monte Beteta. **XK94:** Rubielos de Mora, valle del Mijares. **YK03:** San Agustín, valle del río Maimona bajo loma de la Cañadilla. **YK04:** Olba, pr. Los Lucas.

### 3.25.55. PICNOMON Adans. (1 esp.)

**1. Picnomon acarna** (L.) Cass., Dict. Sci. Nat. 40: 188 (1826)
≡ *Carduus acarna* L., Sp. Pl.: 820 (1753) [basión.]; ≡ *Cirsium acarna* (L.) Moench, Meth. Suppl.: 226 (1802)

Teróf.-esc. 2-5 dm. VI-IX. Cunetas, campos de secano y terrenos antropizados. Paleotemp. C. 1. (SENNEN, 1910). TC.

### 3.25.56. PICRIS L. (2 esp.)

**1. Picris echioides** L. Sp. Pl.: 792 (1753) (*raspasayas*)
≡ *Helminthia echioides* (L.) Gaertn., Fruct. Sem. Pl. 2: 368 (1791)

Hemic.-bien. 3-14 dm. V-IX. Juncales y terrenos húmedos antropizados. Circun-Medit. M. 2. (SL, 2000).

XK54, XK55, XK64, XK65, XK83, XK84, XK85, XK93, XK94, XK95, XK99, YK03, YK04, YK05, YK28.

**2. Picris hieracioides** L., Sp. Pl.: 792 (1753) subsp. **longifolia** (Boiss. & Reut.) P. D. Sell in Bot. J. Linn. Soc. 71: 248 (1976) (*parracas*)
≡ *P. longifolia* Boiss. & Reut., Pugill. Pl. Afr. Bor. Hisp.: 69 (1852) [basión.]; - *P. sprengerana* auct.; - *P. aspera* auct.

Hemic.-bien./esc. 3-9 dm. VII-IX. Claros de bosque, pedregales, cunetas, pastos vivaces antropizados, etc. Existen también referencias dudosas en la zona para la subsp. *hieracioides*. Medit.-occid. M. 3. (L & P, 1866). TC.

### 3.25.57. PILOSELLA Hill (14 esp.) (*pelosillas*)

**1. Pilosella leptobrachia** (Arv.-Touv.) Mateo in Flora Montib. 51: 9 (2012)

= *H. leptobrachium* Arv.-Touv. & Gaut., Hieracioth. 19: [in sched.] Hisp. nº 258 (1908) [basión.]; = *H. echioides* var. *hispanicum* Willk. in Willk. & Lange, Prodr. Fl. Hisp. 2: 255 (1865); = *H. anchusoides* subsp. *tolochense* Zahn in Neue Denkschr. Schweiz Ges. Naturw. 40: 286 (1906); - *P. anchusoides* auct.; - *Hieracium anchusoides* auct.

Hemic.-esc. 2-6 dm. VI-IX. Pastizales secos y orlas forestales sobre terrenos silíceos. Euri-Medit.-sept. R. 4. (AA, 1985).

XK82, XK83, XK85, XK86, XK87, XK95, XK96.

2. **Pilosella billyana** (de Retz) Mateo, Cat. Fl. Prov. Teruel: 140 (1990) (*hoppeana/peleterana*)

≡ *Hieracium billyanum* de Retz in Bull. Soc. Bot. Fr. 121: 44 (1974) [basión.]

Hemic.-ros. 5-20 cm. VI-VII. Pastizales vivaces despejados en áreas frescas de montaña. Euri-Eurosib-merid. RR. 4. (GM, 1990).

**XK63**: Puebla de Valverde, Sierra de Javalambre. **XK64**: Valacloche, hacia Camarena. **XK78**: El Pobo, monte Castelfrío.

3. **Pilosella byzantina** (Boiss.) Sell & West in Notes Roy. Bot. Gard. Edinb. 33(3): 432 (1975) (*hoppeana/pseudopilosella*)

≡ *Hieracium pilosella* var. *byzantinum* Boiss., Fl. Orient. 3: 860 (1875) [basión.]; ≡ *H. byzantinum* (Boiss.) Zahn in Engler, Pfanzenr. 82: 1194 (1923); = *H. pseudopilosella* subsp. *albarracina* Zahn in Engler, Pflanzenr. 82: 1186 (1923); = *P. albarracina* (Zahn) Mateo, Cat. Flor. Prov. Teruel: 140 (1990); - *P. macrantha* auct.

Hemic.-ros. 5-20 cm. VI-VII. Pastizales vivaces secos de áreas continentales. Medit.-sept. R. 4. (GM, 1990).

XK63, XK74, XK75, XK77, XK78.

4. **Pilosella castellana** (Boiss. & Reut.) F.W. Sch. & Sch. Bip. in Flora 45: 425 (1862)

≡ *Hieracium castellanum* Boiss. & Reut., Diagn. Pl. Nov. Hisp.: 20 (1842) [basión.]

Hemic.-estol. 5-20 cm. VI-VIII. Pastizales vivaces secos sobre substrato silíceo. Medit.-occid. RR. 3. (GM, 1990).

**XK78**: El Pobo, monte Castelfrío.

5. **Pilosella gudarica** Mateo in Collect. Bot. 18: 155 (1990) (*pseudopilosella/pseudovahlii*)

Hemic.-ros. 5-20 cm. VI-VII. Pastizales vivaces húmedos de montaña en terrenos silíceos. Iberolev. RR. 5. (GM, 1990).

**XK97**: Alcalá de la Selva, pr. Collado de la Gitana. **YK07**: Valdelinares, Cuarto del Prado.

6. **Pilosella hoppeana** (Schult.) F.W. Sch. & Sch. Bip. in Flora 45: 421 (1862)

≡ *Hieracium hoppeanum* Schult., Österr. Fl. ed. 2: 428 (1814) [basión.]; = *H. peleteranum* subsp. *pinaricum* Zahn in Engler 82: 1158 (1923)

Hemic.-ros. 5-20 cm. V-VII. Pastizales vivaces en medios continentales y de montaña. Euri-Eurosib.-merid. R. 4. (GM, 1990).

XK54, XK55, XK63, XK64, XK65, XK66, XK68, XK72, XK73, XK74, XK75, XK76, XK77, XK78, XK82, XK83, XK84, XK87, XK93, XK94, XK95, XK96, YK04, YK05, YK06, YK07.

7. **Pilosella officinarum** Vaill. in Königl. Akad. Wiss. Paris Phys. Abh. 5: 703 (1754)

≡ *Hieracium pilosella* L., Sp. Pl.: 800 (1753) [syn. subst.]

Hemic.-ros. 5-25 cm. VI-VIII. Pastizales vivaces de montaña. Paleotemp. R. 3. (PAU, 1895).

XK62, XK63, XK64, XK67, XK68, XK72, XK73, XK74, XK75, XK77, XK81, XK82, XK83, XK93, XK97, XK98, YK06, YK08, YK09, YK17, YK19.

8. **Pilosella peleteriana** (Mérat) F.W. Sch. & Sch. Bip. in Flora 45: 421 (1862)

≡ *Hieracium peleterianum* Mérat, Nouv. Fl. Env. Paris: 305 (1812) [basión.]

Hemic.-ros. 1-3 dm. V-VII. Pastizales vivaces frescos. Eurosib. R. 4. (SL, 2000).

**XK63**: Arcos de las Salinas, hacia el alto de Javalambre. **XK67**: Tortajada, pr. Masada del Valle.

9. **Pilosella pintodasilvae** (De Retz) Mateo, Cat. Flor. Prov. Teruel: 143 (1990) (*officinarum/pseu-dopilosella*)

≡ *Hieracium pintodasilvae* de Retz in Agron. Lusit. 35: 307 (1974) [basión.]

Hemic.-ros. 1-3 dm. VI-VIII. Pastizales frescos de montaña, con frecuencia sombreados. Medit.-occid. R. 4. (GM, 1990).

**XK63**: Arcos de las Salinas, hacia el alto de Javalambre. **XK97**: Alcalá de la Selva, pr. El Temblar.

10. **Pilosella pseudopilosella** (Ten.) Soják in Folia Geobot. Phytotax. 6: 217 (1971)

≡ *Hieracium pseudopilosella* Ten., Fl. Nap. 1, Prodr.: 71 (1811) [basión.]

Hemic.-ros. 1-3 dm. V-VIII. Pastizales vivaces secos. Circun-Medit. R. 3. (SL, 2000).

XK62, XK63, XK64, XK72, XK73, XK74, XK77, XK78, XK81, XK82, XK83, XK84, XK85, XK86, XK87, XK93, XK94, XK95, XK96, XK97, XK98, YK04, YK05, YK06, YK07, YK08, YK09, YK16, YK17, YK18, YK26, YK27, YL00, YL10.

11. **Pilosella pseudovahlii** (De Retz) Mateo, Cat. Flor. Prov. Teruel: 143 (1990) (*lactucella/vahlii*)

≡ *Hieracium pseudovahlii* de Retz in Bull. Soc. Bot. Fr. 125: 215 (1978) [basión.]; ≡ *P. vahlii* subsp. *pseudovahlii* (de Retz) Mateo in Fl. Montib. 2: 36 (1996); - *H. lactucella* auct.

Hemic.-esc. 5-25 cm. V-VII. Pinares albares y pastizales húmedos o turbosos sobre terrenos silíceos. Iberolev. R. 5. (MATEO & FERRER, 1987).

**XK78**: El Pobo, monte Castelfrío. **XK97**: Gúdar, hacia Collado de la Gitana. **YK07**: Valdelinares, pr. Morrón del Bolage.

12. **Pilosella saussureoides** Arv.-Touv., Monogr. Pilos. & Hier. Dauph.: 13 (1873)

≡ *H. niveum* subsp. *saussureoides* (Arv.-Touv.) Zahn in Engler, Pflanzenr. 82: 1182 (1923)

Hemic.-ros. 4-20 cm. VI-X. Pastizales vivaces secos en ambientes bien iluminados. Paleotemp. R. 2. (NC).

XK71, XK73, XK83, XK93, XK98, XK99, YK06, YK07.

**13. Pilosella subtardans** (Naegeli & Meter) Soják in Folia Geobot. Phytotax. 6: 217 (1971) *(officinarum/saussureoides)*
≡ *Hieracium tardans* subsp. *subtardans* Naeg. & Peter, Hier. Mitt.-Eur. 1: 174 (1885); ≡ *H. subtardans* (Naegeli & Peter) Zahn in Neue Denskr. Schweiz. Ges. Naturw. 40: 48 (1906)
Hemic.-ros. 5-20 cm. V-X. Pastizales secos y soleados en todo tipo de terrenos. Paleotemp. M. 2. (GM, 1990). TC.

**14. Pilosella tardans** (Peter) Soják in Folia Geobot. Phytotax. 6: 217 (1971) *(pseudopilosella/saussureoides)*
≡ *Hieracium tardans* Peter in Bot. Jahrb. Syst. 5: 256 (1884) [basión.]; = *H. capillatum* Arv.-Touv., Hier. Gall. Hisp. Cat.: 7 (1913); = *P. capillata* (Arv.-Touv.) Mateo, Cat. Flor. Prov. Teruel: 141 (1990); = *H. niveum* (Müll.-Arg.) Zahn in Engler, Pflanzenr. 82: 1183 (1923); = *H. pseudopilosella* subsp. *tenuicaule* Naeg. & Peter, Hier. Mitt.-Eur. 1: 176 (1885)
Hemic.-ros. 5-25 cm. V-VIII. Pastizales secos y soleados. Circun-Medit. C. 2. (GM, 1990). TC.

**3.25.58. PULICARIA** Gaertn. (2 esp.)

**1. Pulicaria dysenterica** (L.) Bernh., Syst. Verz. Erfurt: 153 (1800) *(pulicaria)*
≡ *Inula dysenterica* L., Sp. Pl.: 882 (1753) [basión.]
Hemic.-esc. 3-8 dm. VII-IX. Juncales y pastizales sobre suelos húmedos en hondonadas y márgenes de arroyos en zonas bajas. Circun-Medit. M. 3. (SENNEN, 1911).
XK54, XK62, XK64, XK84, XK85, XK86, XK93, XK94, XK95, XK96, YK03, YK04, YK05, YK06, YK09, YK15, YK16, YK18, YK28, YK29, YL00.

**2. Pulicaria odora** (L.) Rchb., Fl. Germ. Excurs.: 239 (1831)
≡ *Inula odora* L., Sp. Pl.: 881 (1753) [basión.]
Hemic.-esc. 3-6 dm. V-VII. Pastizales vivaces algo sombreados. Medit.-occid. NV. 4. (PAU, 1891).
**XK83**: Manzanera, hacia Los Paúles (PAU, 1891)

**3.25.59. SANTOLINA** L. (1 esp.)

**1. Santolina chamaecyparissus** L., Sp. Pl.: 482 (1753) subsp. **squarrosa** (DC.) Nyman, Consp. Fl. Eur.: 368 (1879) *(manzanilla amarga, abrótano hembra)*
≡ *S. chamaecyparissus* var. *squarrosa* DC., Prodr. 6: 35 (1838) [basión.]; - *S. pectinata* auct.
Caméf.-sufr. 2-4 dm. V-VII. Cunetas, terrenos baldíos, matorrales degradados. Medit.-occid. CC. 2. (SENNEN, 1910). TC.

**3.25.60. SCOLYMUS** L. (1 esp.)

**1. Scolymus hispanicus** L., Sp. Pl.: 813 (1753) *(cardillo)*
Hemic.-bien. 3-6 dm. VI-VIII. Campos de secano, cunetas y terrenos baldíos. Es posible que se dé en la zona la subsp. *hispanicus*, conocida de áreas periféricas, pero en estudio del género para la Península (cf. VÁZQUEZ, 2000) todas las muestras de la especie procedentes de la provincia de Teruel

se atribuyen a la subsp. *occidentalis* F.M. Vázquez in Anales Jard. Bot. Madrid 58(1): 91 (2000), de capítulos separados entre sí, en inflorescencias espiciformes y frutos mayores. Medit.-Iranot. C. 1. (SENNEN, 1910). TC.

**3.25.61. SCORZONERA** L. (5 esp.)

**1. Scorzonera angustifolia** L., Sp. Pl.: 791 (1753) *(tetas de vaca)*
= *S. macrocephala* DC., Prodr. 7: 122 (1838); - *S. graminifolia* auct., non L. (1753)
Hemic.-esc. 1-4 dm. V-VII. Pastizales y matorrales secos sobre calizas. Medit.-occid. M. 3. (R & B, 1961).
XK52, XK54, XK55, XK62, XK63, XK64, XK65, XK66, XK71, XK73, XK74, XK75, XK76, XK77, XK81, XK82, XK83, XK84, XK85, XK86, XK87, XK93, XK94, XK95, XK96, XK97, YK03, YK04, YK05, YK06, YK15, YK19, YK26, YK28, YK29, YL10.

**2. Scorzonera hirsuta** (Gouan) L., Mantissa 2: 278 (1771)
≡ *Tragopogon hirsutum* Gouan, Fl. Monsp.: 342 (1765) [basión.]; - *S. albicans* auct.
Hemic.-esc. 2-5 dm. V-VII. Pastizales vivaces no muy secos. Medit.-sept. M. 4. (FL, 1878).
XK64, XK73, XK74, XK75, XK78, XK82, XK83, XK86, XK87, XK88, XK93, XK95, XK96, XK97, XK98, **YK05,**YK06, YK07, YK08, YK16, YK17, YK27, YK28.

**3. Scorzonera hispanica** L., Sp. Pl.: 791 (1753) subsp. **crispatula** (DC.) Nyman, Syll. Fl. Eur.: 52 (1855) *(salsifí, escorzonera)*
≡ *S. crispatula* (DC.) Boiss., Voy. Bot. Esp. 2: 741 (1845) [basión.]
Hemic.-esc. 2-5 dm. V-VII. Pastizales secos y matorrales despejados sobre sustratos básicos. Paleotemp. M. 3. (ASSO, 1779).
XK54, XK55, XK62, XK63, XK64, XK65, XK66, XK71, XK73, XK74, XK75, XK76, XK77, XK78, XK81, XK83, XK84, XK85, XK86, XK93, XK94, XK95, XK96, XK98, XK80, XL90, YK03, YK04, YK05, YK06. YK17, YK19, YK26, YK27, YK28, YK29, YK37, YL00, YL01, YL10.

**4. Scorzonera humilis** L., Sp. Pl.: 790 (1753)
Hemic.-esc. 1-5 dm. V-VII. Pastizales vivaces de montaña sobre suelos con humedad permanente. Eurosib. NV. 4. (RP, 2002).
**YK27**: Mosqueruela, barranco de los Tilos (RP, 2002)

**5. Scorzonera laciniata** L., Sp. Pl.: 791 (1753) *(zaragayos, farfallas)*
≡ *Podospermum laciniatum* (L.) DC. in Lam. & DC., Fl. Franç. ed. 3, Suppl.: 455 (1815); = *P. calcitrapifolium* (Vahl) DC. in Lam. & DC., Fl. Franç. ed. 3, Suppl.: 455 (1815)
Hemic.-bien. 1-4 dm. V-VII. Campos de cultivo, terrenos alterados. Paleotemp. M. 1. (R & B, 1961). TC.

**3.25.62. SENECIO** L. (14 esp.)

**1. Senecio aquaticus** Hill, Veg. Syst. 2: 120 (1761)
= *S. praealtus* Bertol., Opusc. Sci (Bolonia) 3: 183 (1819)

Hemic.-esc. 2-5 dm. VII-IX. Planta propia de terrenos turbosos o aguanosos. Eurosib. NV. 4. (R & B, 1961).
YK06: Linares de Mora, cauce del río Linares. (DÍAZ DE LA GUARDIA & BLANCA, 1987)

**2. Senecio auricula** Bourg. ex Coss., Not. Pl. Crit. 3: 169 (1852)
Hemic.-esc. 1-3 dm. IV-VI. Pastizales vivaces sobre suelos salinos que se inundan periódicamente. Medit.-occid. NV. 4 (MW, 1893).
XK64: Valacloche (MW, 1893).

**3. Senecio carpetanus** Boiss. & Reut., Pugill. Pl. Afr. Bor. Hisp.: 59 (1852)
= S. celtibericus Pau, Not. Bot. Fl. Esp. 2: 14 (1888)
Hemic.-esc. 3-8 dm. VII-IX. Pastizales húmedos de montaña. Medit.-occid. R. 4. (PAU, 1888).
XK64, XK77, XK87, XK89, XK96, XK97, XK98, YK05, YK06, YK07, YK08, YK09, YK19, YK26, YK27, YK28.

**4. Senecio doria** L., Syst. Nat. ed. 10, 2: 1215 (1759)
Hemic.-esc. 5-18 dm. VII-IX. Juncales y altos herbazales en ambinetes húmedos, habitualmente ribereños. Euri-Medit. M. 3. (PAU, 1884). TC.

**5. Senecio erucifolius** L., Sp. Pl.: [1231 (err.)] (1753) (suzón)
Hemic.-esc. 5-15 dm. VII-IX. Cunetas, pastizales vivaces en ambientes alterados. Paleotemp. R. 3. (PAU, 1885).
XK64, XK65, XK73, XK97, YK04, YK16, YK18, YK19, YK28.

**6. Senecio gallicus** Chaix in Vill., Hist. Pl. Dauph. 1: 371 (1786)
Teróf.-esc. 1-4 dm. IV-VIII. Campos de secano, terrenos baldíos secos. Medit.-occid. M. 1. (RP, 2002). TC.

**7. Senecio jacobaea** L., Sp. Pl.: 870 (1753) (hierba de Santiago)
= S. foliosus Salzm. ex DC., Prodr. 6: 351 (1838); S. jacobaeoides Willk. in Willk. & Lange, Prodr. Fl. Hispan. 1: 119 (1865)
Hemic.-esc. 4-10 dm. VII-IX. Pastizales vivaces húmedos bastante pastoreados. Paleotemp. M. 2. (ASSO, 1779). TC.

**8. Senecio laderoi** Pérez Morales, García Gonz. & Penas in Stvd. Bot. 8: 124 (1990)
- S. doria auct., p.p.
Hemic.-esc. 10-18 dm. VII-IX. Juncales y altos herbazales vivaces sobre suelos húmedos. Separada del grupo de S. doria en trabajo reciente, por lo que puede que parte de lo atribuido a la especie linneana haya que referirlo a ésta. Medit.-occid. NV. 4. (PÉREZ MORALES & al., 1990).
XK62: Arcos de las Salinas (PÉREZ MORALES & al., 1990).

**9. Senecio lagascanus** DC., Prodr. 6: 357 (1838)

≡ S. doronicum subsp. lagascanus (DC.) Vigo, Fl. Mass. Penyagolosa: 94 (1968); - S. doronicum auct.
Hemic.-esc. 1-4 dm. V-VII. Pastizales vivaces de umbría sobre calizas. Iberolev. M. 4. (FL, 1878).
XK54, XK55, XK62, XK64, XK65, XK66, XK72, XK74, XK75, XK76, XK78, XK81, XK82, XK83, XK84, XK86, XK93, XK95, XK98, YK08, YK17, YK18, YK19, YK28, YK29, YK38, YL00, YL10.

**10. Senecio lividus** L., Sp. Pl.: 867 (1753)
Teróf.-esc. 2-6 dm. V-VII. Cunetas y pastizaes antropizados sobre suelo silíceo. Circun-Medit. R. 3. (RP, 2002).
XK78: El Pobo, monte Castelfrío. YK05: Rubielos de Mora, valle del río Rubielos hacia Nogueruelas. YK28: Iglesuela del Cid, Molino Alto (RP, 2002).

**11. Senecio minutus** (Cav.) DC., Prodr. 6: 346 (1838)
≡ Cineraria minuta Cav., Icon. Descr. Pl. 1: 21 (1791) [basión.]
Teróf.-esc. 5-15 cm. IV-VI. Pastizales anuales sobre suelos calizos secos y someros. Medit.-occid. R. 3. (PAU, 1895).
XK72: Abejuela, Nava del Caballo. XK73: Torrijas, La Nava. XK82: Abejuela, la Nava Seca.

**12. Senecio paludosus** L., Sp. Pl.: 870 (1753)
Hemic.-esc. 5-15 dm. VI-VIII. Pastizales vivaces húmedos de montaña.Mencionada por PAU (1887) de la Sierra de Javalambre, por ASSO (1779) del Maestrazgo y por R & B (1961) de la Sierra de Gúdar. No ha podido ser confirmado en tiempos recientes. Eurosib. NV. 4. (ASSO, 1779).

**13. Senecio viscosus** L., Sp. Pl.: 867 (1753)
Teróf.-esc. 2-5 dm. V-VIII. Cunetas, terrenos pedregosos y claros forestales no demasiado secos. Eurosib. R. 3. (ASSO, 1779).
XK64, XK77, XK84, XK97, YK06, YK07, YK08, YK16, YK17, YK18, YK19, YK25, YK28.

**14. Senecio vulgaris** L., Sp. Pl.: 867 (1753) (hierba cana)
Teróf.-esc. 5-25 cm. III-VII. Cultivos y herbazales nitrófilos sobre terrenos alterados. Paleotemp. M. 1. (R & B, 1961). TC.

**3.25.63. SERRATULA** L. (3 esp.)

**1. Serratula flavescens** (L) Poir. in Lam., Encycl. Méth. Bot. 6: 562 (1805) [≡ Carduus flavescens L., Sp. Pl.: 825 (1753), basión.] subsp. **leucantha** (Cav.) Cantó & M. Costa in Lazaroa 3: 193 (1981)
≡ Carduus leucanthus Cav., Icon. Descr. Pl. 2: 52 (1793) [basión.]; ≡ S. leucantha (Cav.) DC., Prodr. 6: 670 (1838)
Hemic.-esc. 2-5 dm. V-VII. Pastizales vivaces y matorrales abiertos, generalmente sobre sustrato margoso. Medit.-occid. M. 4. (R & B, 1961).
XK62: Arcos de las Salinas, cerca de las salinas (AA, 1985). XK63: id., barranco de San Juan. XK73: Id., pr. La Torre.

**2. Serratula nudicaulis** (L) DC. in Lam. & DC., Fl. Franç. ed. 3, 4: 86 (1805)

≡ *Centaurea nudicaulis* L., Syst. Nat. ed. 10, 2: 1232 (1759) [basión.]; = *Carduus glaucus* Cav., Icon. Descr. Pl. 3: 13 (1795); = *S. albarracinensis* Pau, Not. Bot. Fl. Esp. 2: 30 (1888)
Hemic.-esc. 1-3 dm. V-VII. Pastizales y matorrales abiertos sobre sustrato básico. Medit.-occid. M. 4. (FL, 1878).
XK62, XK63, XK64, XK65, XK66, XK72, XK73, XK74, XK75, XK77, XK78, XK79, XK82, XK83, XK84, XK85, XK86, XK87, XK88, XK89, XK93, XK96, XK97, XK98, XK99, XL80, XL90, YK05, YK06, YK07, YK08, YK09, YK15, YK16, YK17, YK18, YK19, YK26, YK27, YK28, YK29, YK39, YL00, YL10.

**3. Serratula pinnatifida** (Cav.) Poir. in Lam, Encycl. Méth. Bot. 6: 561 (1805)
≡ *Carduus pinnatifidus* Cav., Icon. Descr. Pl. 1: 58 (1791) [basión.]
Hemic.-esc. 1-3 dm. V-VII. Matorrales y pastizales secos sobre calizas. Medit.-occid. R. 3. (PAU, 1895).
XK64, XK73, XK74, XK81, XK82, XK83, XK84, XK93.

### 3.25.64. SILYBUM Adans. (1 esp.)

**1. Silybum marianum** (L.) Gaertn., Fruct. Sem. Pl. 2: 378 (1791) (*cardo mariano*)
≡ *Carduus marianus* L., Sp. Pl.: 823 (1753) [basión.]
Hemic.-bien. 5-15 dm. V-VI. Terrenos baldíos o alterados junto a los pueblos y casas de campo. Medit.-Iranot. M. 2. (AA, 1985).
XK62, XK63, XK65, XK71, XK72, XK81, XK82, XK83, XK84, XK85, XK94, XK95, YK04, YK05, YK29, YL10.

### 3.25.65. SOLIDAGO L. (1 esp.)

**1. Solidago virgaurea** L., Sp. Pl.: 880 (1753) (*vara de oro*)
Hemic.-esc. 2-6 dm. VII-X. Medios forestales frescos y sus orlas herbáceas. Holárt. M. 3. (SENNEN, 1910).
XK53, XK63, XK64, XK65, XK65, XK72, XK73, XK74, XK77, XK82, XK83, XK85, XK86, XK87, XK95, XK96, XK97, XK98, XK03, YK05, YK06, YK07, YK08, YK09, YK15, YK16, YK17, YK18, YK19, YK25, YK26, YK27, YK28, YK29, YL00, YL10.

### 3.25.66. SONCHUS L. (5 esp., 6 táx.) (*cerrajas*)

**1. Sonchus asper** (L.) Hill, Herb. Brit.: 47 (1769)
≡ *S. arvensis* var. *asper* L., Sp. Pl.: 794 (1753) [basión.]
Teróf.-esc. 2-5 dm. IV-IX. Campos de regadío y herbazales antropizados de su entorno. Paleotemp. M. 1. (R & B, 1961). TC.

**2. Sonchus glaucescens** Jord., Obs. Pl. Crit. 5: 75 (1847)
≡ *S. asper* subsp. *glaucescens* (Jord.) Ball in J. Linn. Soc., Bot. 16: 548 (1878)
Hemic.-bien. 4-10 dm. V-VII. Campos de secano y sus alrededores. Paleotemp. M. 1. (AA, 1985). TC.

**3a. Sonchus maritimus** L., Syst. Nat. ed. 10, 2: 1192 (1759) subsp. **maritimus**
Hemic.-esc. 2-5 dm. VI-VIII. Juncales y pastizales vivaces sobre terrenos salinos húmedos. Euri-Medit.-sept. RR. 3. (AA, 1985).
XK62: Arcos de las Salinas (AA, 1985).

**3b. Sonchus maritimus** subsp. **aquatilis** (Pourr.) Nyman, Consp. Fl. Eur.: 434 (1879)
≡ *S. aquatilis* Pourr. in Hist. Mém. Acad. Roy. Sci. Toulouse 3: 330 (1788) [basión.]; = *S. hieracioides* Willk. in Willk. & Lange, Prodr. Fl. Hisp. 2: 240 (1865)
Hemic.-esc. 2-6 dm. VI-X. Márgenes de arroyos o acequias, juncales y pastizales vivaces sobre terrenos inundables por aguas dulces o poco salinas. Medit.-occid. M. 2. (R & B, 1961).
XK54, XK55, XK62, XK63, XK64, XK65, XK72, XK73, XK75, XK76, XK77, XK82, XK83, XK84, XK85, XK86, XK87, XK93, XK94, XK95, XK96, YK03, YK04, YK05, YK06, YK15, YK16, YK18, YK19, YK26, YK27, YK28, YK29, YK37, YL00, YL10.

**4. Sonchus oleraceus** L., Sp. Pl.: 794 (1753) (*cerraja común*)
Teróf.-esc. 2-5 dm. III-IX. Campos de cultivo y herbazales antropizados. Paleotemp. M. 1. (RP, 2002). TC.

**5. Sonchus tenerrimus** L., Sp. Pl.: 794 (1753) (*cerraja menuda*)
Teróf.-esc. 2-5 dm. IV-X. Herbazales nitrófilos en cultivos, cunetas y terrenos baldíos de las zonas bajas. Euri-Medit. M. 1. (AA, 1985).
XK62, XK75, XK82, XK83, XK84, XK85, XK86, XK93, XK94, XK95, XK96, YK03, YK04, YK05, YK27, YK29, YK37, YL10.

### 3.25.67. STAEHELINA L. (1 esp.)

**1. Staehelina dubia** L., Sp. Pl.: 840 (1753) (*hierba pincel*)
Caméf.-sufr. 2-4 dm. VI-VII. Matorrales y bosques no muy umbrosos sobre terrenos calcáreos secos. Medit.-occid. M. 3. (PAU, 1884). TC.

### 3.25.68. TAGETES L. (2 esp.)

**1. Tagetes minuta** L., Sp. Pl.: 887 (1753) (*chinchilla, anisillo*)
= *T. glandulosa* Link, Enum. 2: 339 (1822)
Teróf.-esc. 1-4 dm. VIII-XI. Campos de cultivo y herbazales de su entorno. Neotrop. RR. 1 (MATEO, FABREGAT & LÓPEZ UDIAS, 1997).
YK04: Olba, pr. Los Lucas.

**2. Tagetes patula** L., Sp. Pl.: 887 (1753) (*tagetes*)
Teróf.-esc. 2-4 dm. VII-X. Se cultiva como ornamental y se puede observar ocasionalmente asilvestrada en los pueblos y su entorno. Neotrop. R. 1. (MATEO & LOZANO, 2010b).
YK04: Olba, pr. Los Pertegaces. YK17: Mosqueruela, afueras.

### 3.25.69. TANACETUM L. (4 esp.)

**1. Tanacetum balsamita** L., Sp. Pl.: 845 (1753) (*menta sarracena, hierba romana*)
= *Balsamita major* Desf. in Actas Soc. Hist. Nat. Paris 1: 3 (1792)

Hemic.-esc. 3-5 dm. VIII-X. Antiguamente cultivada como ornamental y medicinal, pero hoy día asilvestrada en márgenes de cultivos y zonas de vega. Iranotur. RR. 2. (ASSO, 1799).

**2. Tanacetum corymbosum** (L.) Sch. Bip., Tanacet.: 57 (1844)
≡ *Chrysanthemum corymbosum* L., Sp. Pl.: 890 (1753); ≡ *Pyrethrum corymbosum* (L.) Willd., Sp. Pl. 3(3): 2155 (1803); ≡ *Leucanthemum corymbosum* (L.) Gren. & Godr., Fl. France 2: 145 (1851)
Hemic.-esc. 2-6 dm. V-VII. Medios forestales y pastizales no muy soleados. Euri-Medit.-sept. M. 3. (PAU, 1884). TC.

**3. Tanacetum parthenium** (L.) Sch. Bip., Tanacet.: 55 (1844)
≡ *Matricaria parthenium* L., Sp. Pl.: 890 (1753) [basión.]; *Pyrethrum parthenium* (L.) Sm., Fl. Brit. 2: 900 (1800)
Hemic.-esc. 3-8 dm. VI-IX. Cultivada como ornamental y medicinal a pequeña escala, a veces asilvestrada junto a los pueblos. Iranotur. R. 1. (FL, 1876).

**4. Tanacetum vulgare** L., Sp. Pl.: 844 (1753) (*botón de oro, tanaceto*)
Hemic.-esc. 5-15 dm. VII-IX. Accidental en zonas de vega y pastizales vivaces frescos, resto de su antiguo cultivo como medicinal. Paleotemp. R. 2. (FL, 1876).

**3.25.70. TARAXACUM** Weber ex F.H. Wigg. (13 esp.) (*dientes de león*) [Género singular, complejo, escasamente recolectado y estudiado hasta ahora, cuyos estudios recientes (cf. GALÁN de MERA, 2010), apuntan a una biodiversidad cercana al triple de la tenida hasta ahora en consideración]

**1. Taraxacum ciliare** Soest in Acta Bot. Neerl. 14: 25 (1965)
- *T. palustre* auct., non (Lyons) Symons, Syn. Pl. Brit.: 172 (1798)
Hemic.-ros. 5-25 cm. IV-VI. Prados húmedos y medios turbosos calizos de montaña. Late-Atlánt. M. 4. (MATEO & LOZANO, 2010b).
XK87: Cedrillas, sobre barranco de Valdespino. XK97: Alcalá de la Selva, pr. Masía del Altico. YK28: Iglesuela del Cid, barranco de la Tosquilla.

**2. Taraxacum columnare** Pau ex Hand.-Mazz. in Österr. Bot. Z. 72: 259 (1923)
Hemic.-ros. 1-4 dm. III-VII. Existe un pliego de herbario en VAL, procedente de Fortanete, determinado por el especialista Galán de Mera con este nombre. A esta especie y a la siguiente habrá que atribuir la mayor parte de las citas de *T. officinale* y *T. vulgare*. Herbazales nitrófilos perennes sobre sustrato básico. Iberolev. R. 3. (NC).

**3. Taraxacum elegantius** Kirschner, H. Ollg. & Stepánek ex Kirschner & Stépanek in Preslia 64: 22 (1992)
Hemic.-ros. 10-35 cm. II-V. Existen varios pliegos en el herbario VAL, procedentes de diversos puntos de la Sierra de Gúdar, determinados por Galán de Mera con este nombre. Herbazales vivaces antropizados. Eurosib. M. 3. (NC).

**4. Taraxacum gasparrinii** Tineo ex Lojak, Fl. Sic. 2(1): 201 (1902)
Hemic.-ros. 8-25 cm. III-V. Pastizales vivaces húmedos sobre suelos silíceos. Medit.-sept. M. 3. (MATEO & LOZANO, 2010b). 366.
XK72, XK77, XK78, XK97, XK98, YK07, YK08, YL01.

**5. Taraxacum hispanicum** H. Lindb. in Acta Soc. Sci. Fenn. ser. B, Opera Biol. 1(2): 171 (1932)
Hemic.-ros. 1-4 dm. III-VI. Pastizales vivaces húmedos alterados. En el herbario VAL existen diversas recolecciones de las sierras de Gúdar y Javalambre atribuidas por Galán de Mera a esta especie. Medit.-occid. R. 3. (NC).

**6. Taraxacum malato-belizii** Soest in Melhoramento 22: 83 (1970)
Hemic.-ros. 4-15 cm. III-VI. Medit.-occid. Pastizales húmedos sobre suelo silíceo en áreas frescas. Medit.-occid. M. 3. (MATEO & LOZANO, 2010b).
XK77: Corbalán, pr. Puerto de Cabigordo. XK84: El Pobo, monte Castelfrío.

**7. Taraxacum marginellum** H. Lindb. in Acta Soc. Sci. Fenn. Ser B, Opera Biol. 1(2): 44f (1932)
- *T. laevigatum* auct., non (Willd.) DC.; - *Leontodon laevigatus* auct., non Willd.; - *T. erythrospermum* auct., non Andrz. ex Besser; - *T. taraxacoides* auct., non (Koch) Willk.
Hemic.-ros. 5-25 cm. III-V. Pastizales despejados y claros de bosques y matorrales de todo tipo. Medit.-occid. C. 3. TC. (SL, 2000).

**8. Taraxacum mimuloides** H. Lindb. in Acta Soc. Sci. Fenn. ser. B, Opera Biol. 1(2): 172 (1932)
Hemic.-ros. 1-2 dm. II-VII. Pastizales vivaces antropizados. Existe un pliego de herbario en VAL, procedente de Olba, determinado por Galán de Mera con este nombre. Iberolev. R. 3. (NC).

**9. Taraxacum obovatum** (Willd.) DC. in Mém. Soc. Agric. Paris 11: 83 (1809)
≡ *Leontodon obovatum* Willd., Enum. Pl. Horti Berol.: 819 (1809) [basión.]
Hemic.-ros. 5-20 cm. III-VI. Pastizales vivaces sobre terrenos alterados o frecuentados de diversa índole. Medit.-occid. C. 2. (SL, 2000). TC.

**10. Taraxacum pinto-silvae** Soest in Agron. Lusit. 18: 96 (1956)
Hemic.-ros. 1-3 dm. III-IX. Terrenos alterados húmedos, sobre todo silíceos. Existe un pliego de herbario en VAL, procedente de la Sierra de Javalambre, determinado por Galán de Mera con este nombre. Iberoatl. R. 4. (NC).

**11. Taraxacum pyropappum** Boiss. & Reut., Diagn. Pl. Nov. Hisp.: 19 (1842)

≡ *T. serotinum* subsp. *pyropappum* (Boiss. & Reut.) O. Bolòs & al., Fl. Man. Païs. Catal.: 1215 (1990); = *T. tomentosum* Lange in Vid. Medd. Dansk Naturh. Foren. Kjob. 1861: 101 (1861); - *T. serotinum* auct.

Hemic.-ros. 5-30 cm. IV-VI. Coloniza terrenos alterados bien iluminados. Medit.-occid. M. 2. (MW, 1893). TC.

**12. Taraxacum rubicundum** (Dahlst.) Dahlst. in F.R. Kjellman, Bot. Stud.: 183 (1906)
≡ *T. erythrospermum* subsp. *rubicundum* Dahlst. In Bot. Not. 1905: 166 (1905) [basión.]; = *T. braun-blanquetii* Soest in Vegetatio 5-6: 524 (1954)

Hemic.-ros. 5-15 cm. III-VI. Herbazales anatropizados o pastoreados. Existe un pliego de herbario en VAL, procedente de la Sierra del Pobo, más otros de zonas limítrofes de Castellón, determinados por Galán de Mera con este nombre. Eurosib. R. 3. (NC).

**13. Taraxacum tarraconense** Sennen in Ann. Soc. Linn. Lyon ser. 2, 71: 11 (1924)

Hemic.-ros. 1-4 dm. III-VI. Herbazales perennes nitrófilos, sobre todo en altitudes moderadas. Existen pliegos en el herbario VAL, procedentes de Olba y zonas limítrofes de Castellón, atribuidos por Galán de Mera a esta especie. Iberolev. R. 3. (NC).

**3.25.71. TRAGOPOGON** L. (6 esp.) (*salsifí, barba cabruna*)

**1. Tragopogon castellanus** Levier in Leresche & Levier, Deux Excurs. Bot.: 27 (1881)

Hemic.-bien. 2-5 dm. V-VII. Pastizales frescos de montaña. Medit.-occid. R. 3. (SENNEN, 1910).
**XK64:** Camarena de la Sierra, Sierra de Javalambre. **XK76:** Teruel, El Puerto (AA, 1985). **XK97:** Alcalá de la Selva (SENNEN, 1910).

**2. Tragopogon crocifolius** L., Syst. Nat. ed. 10, 2: 1191 (1759)

Hemic.-bien./Teróf.-esc. 2-5 dm. V-VII. Cunetas, ribazos de los campos y todo tipo de herbazales antropizados. Circun-Medit. M. 2. (ASSO, 1779). TC.

**3. Tragopogon dubius** Scop., Fl. Carniol. ed. 2, 2: 95 (1772)
= *T. major* Jacq., Fl. Austriac. 1: 19 (1773); - *T. pratensis* subsp. *dubius* auct.

Hemic.-bien. 3-6 dm. IV-VII. Cunetas, ribazos y herbazales alterados. Medit.-Iranot. M. 2. (AA, 1985). TC.

**4. Tragopogon lamottei** Rouy in Bull. Soc. Bot. Fr. 28: 59 (1881)

Hemic.-esc. 2-5 dm. VI-VII. Pastizales húmedos de montaña. Eurosib. RR. 3. (DÍAZ & BLANCA, 1988).
**XK97:** Valdelinares, Estación Invernal.

**5. Tragopogon porrifolius** L., Sp. Pl.: 789 (1753)
- *T. porrifolius* subsp. *australis* auct.

Hemic.-bien. 2-5 dm. V-VII. Cunetas, terrenos baldíos, pastizales alterados. Euri-Medit. R. 2. (SL, 2000). TC.

**6. Tragopogon pratensis** L., Sp. Pl.: 789 (1753)

Hemic.-esc. 1-4 dm. V-VII. Pastizales vivaces algo húmedos pero bastante pastoreados. Eurosib. M. 3. (R & B, 1961).
XK63, XK64, XK65, XK66, XK72, XK73, XK74, XK75, XK76, XK77, XK78, XK82, XK83, XK86, XK87, XK88, XK95, XK96, XK97, XK98, YK05, YK06, YK07, YK08, YK16, YK17, YK18, YK19, YK28.

**3.25.72. TUSSILAGO** L. (1 esp.)

**1. Tussilago farfara** L., Sp. Pl.: 865 (1753) (*tusílago, uña de caballo, fárfara*)

Geóf.-riz. 5-30 cm. II-V. Medios ribereños, márgenes de arroyos. Paleotemp. M. 3. (ASSO, 1779).
XK52, XK53, XK55, XK62, XK63, XK64, XK65, XK68, XK73, XK74, XK77, XK82, XK83, XK85, XK86, XK87, XK94, XK95, XK96, XK97, XK98, XK99, YK04, YK05, YK06, YK07, YK08, YK09, YK16, YK17, YK18, YK19, YK25, YK26, YK27, YK28, YK29, YL00, YL10, YL20.

**3.25.73. UROSPERMUM** Scop. (2 esp.)

**1. Urospermum dalechampii** (L.) Scop. ex F.W. Schm., Samml. Phys. Aufs. Naturk.: 276 (1795)
≡ *Tragopogon dalechampii* L., Sp. Pl.: 790 (1753) [basión.]

Hemic.-esc. 2-4 dm. IV-VI. Cunetas, cultivos y herbazales subnitrófilos de las zonas más bajas. Medit.-occid. R. 2. (MATEO, 1989).
**XK93:** Albentosa, rambla de Barruelo. **XK94:** Rubielos de Mora, valle del Mijares. **YK03:** San Agustín, barranco de Barruezo. **YK04:** Olba, pr. Los Lucas. **YK27:** Mosqueruela, La Estrella (RP, 2002).

**2. Urospermum picroides** (L.) Scop. ex F.W. Schm., Samml. Phys. Aufs. Naturk.: 275 (1795)
≡ *Tragopogon picroides* L., Sp. Pl.: 790 (1753) [basión.]

Teróf.-esc. 2-4 dm. IV-VI. Herbazales nitrófilos en áreas de baja altitud. Circun-Medit. R. 1. (SL, 2000).
**XK54:** Riodeva, valle del Turia. **XK94:** Olba, pr. Los Villanuevas. **YK04:** Olba, pr. Los Pertegaces. **YK27:** Mosqueruela, La Estrella (RP, 2002).

**3.25.74. XANTHIUM** L. (3 esp.) (*bardana menor, cachurrera menor*)

**1. Xanthium orientale** L., Sp. Pl. ed. 2: 1400 (1763)
= *X. macrocarpum* DC. in Lam. & DC., Fl. Franç. ed. 3, 5: 356 (1815)

Teróf.-esc. 2-6 dm. VII-X. Huertos y zonas transitadas de vega en las partes bajas. Neotrop. R. 1. (AA, 1985).
**XK62:** Arcos de las Salinas (AA, 1985). **XK83:** Manzanera, Los Cerezos (AA, 1985).

**2. Xanthium spinosum** L., Sp. Pl.: 987 (1753)

Teróf.-esc. 2-6 dm. VII-X. Campos de secano y terrenos muy alterados en áreas no demasiado elevadas. Neotrop. R. 1. (SENNEN, 1910). TC.

3. **Xanthium echinatum** Murray, Comm. Gogtting. 6: 32 (1784)
= *X. italicum* Moretti in Giorn. Fis. Chim. Storia Nat. Med. Arti, ser 2, 5: 326 (1822); - *X. strumarium* auct.

Teróf.-esc. 2-15 dm. VII-XI. Herbazales nitrófilos sobre suelos húmedos en areas no muy elevadas. Neotrop. M. 1. (SENNEN, 1910).

XK55, XK62, XK64, XK65, XK72, XK73, XK76, XK77, XK78, XK83, XK84, XK85, XK86, XK87, XK88, XK89, XK94, XK95, XK97, XK98, XK99, YK03, YK04, YK05, YK06, YK07, YK09, YK16, YK17, YK18, YK19, YK26, YK27, YL00.

### 3.25.75. XERANTHEMUM L. (1 esp.)

1. **Xeranthemum inapertum** (L) Mill., Gard. Dict. ed. 8: nº 2 (1768) (*flor inmortal*)
≡ *X. annuum* var. *inapertum* L., Sp. Pl.: 858 (1753) [basión.]

Teróf.-esc. 1-3 dm. V-VI. Pastizales secos y soleados. Medit.-Iranot. M. 2. (FL, 1876). TC.

## 3.26. CONVOLVULACEAE (*Convolvuláceas*) (4 gén.)

### 3.26.1. CALYSTEGIA R. Br. (1 esp.)

1. **Calystegia sepium** (L.) R. Br., Prodr. Fl. Nov. Holl.: 483 (1810) (*corregüela mayor*)
≡ *Convolvulus sepium* L., Sp. Pl.: 153 (1753) [basión.]

Hemic.-escand. 4-20 dm. VI-IX. Trepadora en juncales, carrizales y todo tipo de medios ribereños. Paleotemp. M. 2. (R & B, 1961). TC.

### 3.26.2. CONVOLVULUS L. (4 esp.)

1. **Convolvulus althaeoides** L., Sp. Pl.: 156 (1753)

Hemic.-escand. 3-8 dm. IV-VI. Cunetas, ribazos y herbazales secos en ambientes alterados de clima suave. Circun-Medit. RR. 2. (SL, 2000).

XK71: Abejuela, rambla de Abejuela. YK04: Olba, valle del Mijares.

2. **Convolvulus arvensis** L., Sp. Pl.: 153 (1753) (*corregüela menor, campanilla silvestre*)

Geóf.-escand. 2-10 dm. VI-IX. Tendida o trepadora en caminos, herbazales alterados y campos de cultivo. Subcosmop. C. 1. (R & B, 1961). TC.

3. **Convolvulus lanuginosus** Desr. in Lam., Encycl. Méth. Bot. 3: 551 (1792)
= *C. capitatus* Cav., Icon. Descr. Pl. 2: 72 (1793), non Desr. (1789)

Caméf.-sufr. 1-3 dm. IV-VI. Matorrales secos sobre calizas a baja altitud. Medit.-occid. RR. 3. (SL, 2000).

XK52: Arcos de las Salinas, río Arcos hacia Casas de Orchova. XK81: Abejuela, barranco de la Majada del Gato.

4. **Convolvulus lineatus** L., Syst. Nat. ed. 10, 2: 923 (1759) (*campanilla espigada*)

Hemic.-esc. 2-15 cm. V-VII. Caminos, barbechos y terrenos baldíos por las partes periféricas más secas y de escasa altitud. Tiene que corresponder a esta especie la mención de *C. cantabrica* L. en Olba,

debida a PAU (1884). Euri-Medit. C. 2. (ASSO, 1779). TC.

### 3.26.3. CUSCUTA L. (5 esp.) (*cúscutas*)

1. **Cuscuta approximata** Bab. in Ann. Nat. Hist. (London) 13: 253 (1844)
≡ *C. epithymum* subsp. *approximata* (Bab.) Rouy, Fl. France 10: 360 (1908)

Teróf.-parás. 1-3 dm. V-VII. Parásita sobre hierbas perennes y pequeñas matas. Paleotemp. M. 3. (SL, 2000).

YK07, YK08, YK18, YK19, YK28, YL00.

2. **Cuscuta epithymum** (L.) L., Fl. Monsp.: 11 (1756)
≡ *C. epithymum* var. *epithymum* L., Sp. Pl.: 124 (1753); = *C. kotschyi* Des Moul., Études Cuscut.: 56 (1853); = *C. godronii* Des Moul., Étud. Cuscut.: 60 (1853); = *C. epithymum* subsp. *kotschyi* (Des Moul.) Arcang., Comp. Fl. Ital.: 480 (1882)

Teróf.-parás. 1-3 dm. V-IX. Parásita sobre tomillos y otros pequeños arbustos de los matorrales secos. Paleotemp. M. 2. (SL, 2000). TC.

3. **Cuscuta europaea** L., Sp. Pl.: 124 (1753)

Teróf.-parás. 2-5 dm. VI-IX. Parásita sobre la ortiga mayor y otras plantas de ambiente más bien fresco y húmedo. Paleotemp. R. 2. (GM, 1990).

XK64: Camarena de la Sierra, pr. Fuente Céspeda. YK17: Mosqueruela, Masía de la Valtuerta.

4. **Cuscuta nivea** M.Á. García in Bot. J. Linn. Soc. 135: 169 (2001)

Teróf.-parás. 1-4 dm. V-VII. Parásita sobre arbustos y hierbas vivaces en cunetas y matorrales secos. Es planta que ha sido descrita muy recientemente y que indicábamos posteriormente como novedad para los montes turolenses de la Sierra de Albarracín. Medit.-occid. R. 4. (MATEO & LOZANO, 2010b).

XK74, XK75, XK78, XK83, XK84, XK85, XK86, XK87.

5. **Cuscuta planiflora** Ten., Fl. Napol. 3, Prodr.: 250 (1829)

Teróf.-parás. 1-4 dm. Se ha observado parasitando sobre leguminosas, como *Vicia tenuifolia*. Paleotemp. M. 3. (RP, 2002).

YK06: Linares de Mora, pr. El Martinete. YK26: Mosqueruela, río Monleón (RP, 2002).

### 3.26.4. IPOMOEA L. (1 esp.)

1. **Ipomoea purpurea** (L.) Roth Bot. Abh. Beobacht.: 27 (1787) (*campanilla morada, dondiego de día*)
≡ *Convolvulus purpureus* L., Sp. Pl. ed. 2: 219 (1762) [basión.]; ≡ *Pharbitis purpurea* (L.) Voigt, Hort. Suburb. Calcutt.: 354 (1845); = *I. hispida* Zuccagni, Cent. Obs.: n. 36 (1806)

Teróf.-escand. 4-15 dm. VII-X. Planta trepadora de origen americano, que se cultiva como ornamental de verano en algunos pueblos, pudiendo pasar a colonizar terrenos baldíos cercanos. Neotrop. RR. 1. (NC).

## 3.27. CORIARIACEAE (*Coriariáceas*) (1 gén.)

### 3.27.1. CORIARIA L. (1 esp.)

**1. Coriaria myrtifolia** L., Sp. Pl.: 1037 (1753) (*emborracha-cabras, roldón, redor*)

Nano-Faner. 5-20 dm. IV-VI. Bosques y matorrales ribereños en zonas de clima suave. Medit.-occid. RR. (PAU, 1884).

XK94, XK95, YK03, YK04, YK05, YK15.

## 3.28. CORNACEAE (*Cornáceas*) (1 gén.)

### 3.28.1. CORNUS L. (1 esp.)

**1. Cornus sanguinea** L., Sp. Pl.: 117 (1753) (*cornejo, sanguino*)

Meso-Faner. 2-5 m. V-VI. Bosques caducifolios y setos, sobre todo ribereños. Paleotemp. M. 4. (PAU, 1884).

XK55, XK64, XK65, XK83, XK87, XK88, XK89, XK93, XK94, XK95, XK97, XK98, XK99, XL90, YK04, YK05, YK06, YK07, YK08, YK09, YK15, YK16, YK17, YK18, YK19, YK26, YK28, YK29, YK38, YL00, YL10, YL20.

## 3.29. CRASSULACEAE (*Crasuláceas*) (4 gén.)

### 3.29.1. PISTORINIA DC. (1 esp.)

**1. Pistorinia hispanica** (L.) DC., Prodr. 3: 399 (1828)
≡ *Cotyledon hispanica* L., Sp. Pl.: 1196 (1753) [basión.]

Teróf.-esc. 4-12 cm. VI-VIII. Pastizales secos y soleados sobre suelos arenosos silíceos. Medit.-occid. La indicación de Rivas Goday y Borja es muy imprecisa, pero su presencia es muy probable, aunque no conocemos ninguna localidad concreta. NV. 3. (R & B, 1961).

### 3.29.2. SEDUM L. (8 esp.)

**1. Sedum acre** L., Sp. Pl.: 432 (1753) (*pan de cuco*)
- *S. sexangulare* auct.

Caméf.-suc. 3-10 cm. VI-VII. Rocas, muros, terrenos pedregosos secos. Paleotemp. M. 2. (FL, 1878). TC.

**2. Sedum album** L., Sp. Pl.: 432 (1753) (*siempreviva menor*)
= *S. micranthum* DC. in Lam. & DC., Fl. Franç. ed. 3, 5: 523 (1815); = *S. album* subsp. *micranthum* (DC.) Syme, Engl. Bot. ed. 3, 4: 53 (1865); - *S. album* subsp. *teretifolium* auct.

Caméf.-suc. 5-20 cm. VI-VII. Rocas, muros, pedregales, matorrales laxos y soleados. Holárt. C. 2. (R & B, 1961). TC.

**3. Sedum amplexicaule** DC. in Nouv. Bull. Sci. Soc. Philom. Paris 2: 80 (1808)
= *S. tenuifolium* Sibth. & Sm. Strobl in Österr. Bot. Zeit. 34: 225 (1884); = *S. tenuifolium* subsp. *iberum* Hart. in Acta Bot. Neerl. 23(4): 252 (1974); = *S. amplexicaule* subsp. *tenuifolium* (Sibth. & Sm.) Greuter in Willdenowia 11: 277 (1981)

Hemic./caméf.-suc. 5-15 cm. VI-VII. Pastos secos con preferencia sobre suelos silíceos. Euri-Medit. M. 3. (DEBEAUX, 1894).

XK53, XK62, XK63, XK64, XK65, XK72, XK73, XK74, XK75, XK77, XK78, XK81, XK82, XK83, XK85, XK86, XK87, XK88, XK94, XK95, XK96, XK97, YK05, YK06, YK07, YK08, YK09, YK15, YK16, YK17, YK18, YK19, YK25, YK26, YK28, YL20.

**4. Sedum caespitosum** (Cav.) DC., Prodr. 3: 406 (1828)
≡ *Crassula caespitosa* Cav. Icon. Descr. Pl. 1: 50 (1791)

Teróf.-suc. 1-4 cm. IV-VI. Pastizales secos anuales sobre suelo arenoso. Circun-Medit. RR. 3. (MATEO & LOZANO, 2011).

XK96: Mora de Rubielos, pr. Ermita de la Magdalena.

**5. Sedum dasyphyllum** L., Sp. Pl.: 431 (1753)

Caméf.-suc. 3-15 cm. V-VII. Roquedos calizos y terrenos escarpados de su entorno. La mayor parte de los ejemplares van bien al tipo (subsp. *dasyphyllum*), aunque en las zonas más bajas se puede encontrar algún ejemplar atribuible a la subsp. *glanduliferum* (Guss.) Nyman, Consp. Fl. Eur.: 263 (1879) [≡ *S. glanduliferum* Guss., Fl. Sicul. Prodr. 1: 519 (1827), basión.]. Circun-Medit. M. 3. (FL, 1878). TC.

**6. Sedum nevadense** Coss., Not. Pl. Crit. 2: 163 (1849)
= *S. jabalambrense* Pau, Not. Bot. Fl. Españ. 6: 52 (1895)

Teróf.-suc. 3-8 cm. V-VII. Pastizales sobre suelos esqueléticos calizos, secos en verano pero inundables en invierno. Medit.-occid. RR. 4. (PAU, 1891).

XK63: Puebla de Valverde, prado de Javalambre (PAU, 1891).
XK64: Camarena de la Sierra, altos de Javalambre

**7. Sedum sediforme** (Jacq.) Pau in Actas Mem. Prim. Congr. Nat. Esp. (Zaragoza): 246 (1909) (*uña de gato, uva de pastor*)
≡ *Sempervivum sediforme* Jacq., Hort. Vindob. 1: 35 (1770) [basión.]; = *Sedum nicaeense* All., Fl. Pedem. 2: 122 (1785); = *S. altissimum* Poir. in Lam., Encycl. Méth. Bot. 4: 634 (1798)

Caméf.-suc. 1-3 dm. VI-VIII. Cunetas, roquedos, pedregales y matorrales secos. Circun-Medit. CC. 2. (R & B, 1961). TC.

**8. Sedum telephium** L., Sp. Pl.: 430 (1753) (*hierba callera*)
≡ *Hylotelephium telephium* (L.) H. Ohba in Bot. Mag. (Tokyo) 90: 53 (1977); = *S. purpurascens* W.D.J. Koch, Syn. Fl. Germ. Helv. ed. 2: 284 (1843)

Hemic.-suc. 2-5 dm. VII-IX. Planta crasa cultivada como medicinal u ornamental en algunos pueblos y casas de campo, que puede asilvestrarse accidentalmente. Eurosib. RR. 1. (RP, 2002).

### 3.29.3. SEMPERVIVUM L. (1 esp.)

**1. Sempervivum tectorum** L., Sp. Pl.: 464 (1753) (*siempreviva*)

Hemic. 1-3 dm. VII-VIII. Cultivado en muros de corrales y casas de labranza para protección contra las lluvias o como ornamental, eventualmente asilvestrado en estos medios y su entorno. Euri-Medit.-sept. RR. 1. (SL, 2000).

### 3.29.4. UMBILICUS DC. (1 esp.)

**1. Umbilicus rupestris** (Salisb.) Dandy in Ridd., Fl. Gloucest.: 611 (1948) *(ombligo de Venus)*
≡ *Cotyledon rupestris* Salisb., Prodr. Stirp. Chap. Allerton: 307 (1796) [basión.]; = *U. pendulinus* DC. in Lam. & DC., Fl. Franç. ed. 3, 4: 383 (1805).

Geóf.-tub. 1-4 dm. V-VII. Roquedos y pedregales algo ruderalizados. Euri-Medit. R. 2. (MATEO, FABADO & TORRES, 2003).
**XK64**: Riodeva, pr. Los Amanaderos. **XK77**: Corbalán, valle de Escriche.

### 3.30. CRUCIFERAE *(Cruciferas)* (44 gén.)

### 3.30.1. AETHIONEMA R. Br. (2 esp.)

**1. Aethionema marginatum** (Lapeyr.) Montemurro in Castroviejo & al., Fl. iber. 4: 265 (1993)
≡ *Lepidium marginatum* Lapeyr, Hist. Abr. Pyr.: 365 (1813) [basión.]; = *A. ovalifolium* (DC.) Boiss., 5 Fl. Orient. 1: 351 (1867); = *A. saxatile* subsp. *ovalifolium* (DC.) Nyman, Consp. Fl. Eur.: 63 (1878); - *A. saxatile* subsp. *monosperma* auct.

Caméf.-sufr. 5-15 cm. V-VI. Medios rocosos o pedregosos calizos. Circun-Medit. NV. 3. (R & B, 1961).
**YK07**: Valdelinares, Sierra de Gúdar y Monegro (R & B, 1961).

**2. Aethionema saxatile** (L.) R. Br. in Aiton, Hort. Kew. ed. 2, 4: 80 (1812)
≡ *Thlaspi saxatile* L., Sp. Pl.: 646 (1753) [basión.]

Caméf.-sufr. 1-3 dm. IV-VI. Roquedos y pedregales calizos no muy soleados. Euri-Medit.-sept. R. 3. (PAU, 1894).
XK53, XK62, XK63, XK64, XK65, XK66, XK71, XK72, XK73, XK74, XK75, XK76, XK77, XK81, XK82, XK83, XK99, YK07, YK08, YK09, YK17, YK19, YK27, YK28, YK29, YL00, YL10.

### 3.30.2. ALLIARIA Scop. (1 esp.)

**1. Alliaria petiolata** (Bieb.) Cavara & Grande in Boll. Orto Bot. Napoli 3: 418 (1913) *(aliaria, hierba ajera)*
≡ *Arabis petiolata* Bieb., Fl. Taur.-Cauc. 2: 126 (1808) [basión.]; ≡ *Erysimum alliaria* L., Sp. Pl.: 660 (1753) [syn. subst.]; = *A. officinalis* Andrz. ex Bieb., Fl. Taur.-Cauc. 3: 445 (1820); ≡ *Sisymbrium alliaria* (L.) Scop., Fl. Carniol. ed. 2, 2: 26 (1772)

Hemic.-esc. 4-14 dm. IV-VI. Herbazales alterados y sombreados, con preferencia por áreas de ribera. Paleotemp. M. 2. (FL, 1878).
XK64, XK65, XK82, XK83, XK87, XK88, XK97, YK03, YK07, YK08, YK09, YK17, YK18, YK19, YK26, YK27, YK38, YL10.

### 3.30.3. ALYSSUM L. (7 esp.)

**1. Alyssum alyssoides** (L.) L., Syst. Nat. ed. 10, 2: 1130 (1759) *(hierba de la rabia)*
≡ *Clypeola alyssoides* L., Sp. Pl.: 652 (1753) [basión.]; = *A. calycinum* L., Sp. Pl. ed. 2: 908 (1763)

Teróf.-esc. 4-20 cm. III-VI. Pastizales secos anuales, terrenos baldíos. Euri-Medit. M. 1. (R & B, 1961). TC.

**2. Alyssum granatense** Boiss. & Reut., Pugill. Pl. Afr. Bor. Hisp.: 9 (1852)
= *A. hispidum* Willk. ex Losc. & Pardo in Restaur. Farmac. 17: 114 (1861); = *A. alyssoides* subsp. *hispidum* (Willk.) Rivas Goday & Borja in Anales Inst. Bot. Cav. 19: 361 (1961); - *A. alyssoides* subsp. *granatense* auct.

Teróf.-esc. 5-20 cm. IV-VI. Pastizales secos anuales, claros de matorrales. Medit.-occid. M. 2. (FQ, 1948). TC.

**3. Alyssum linifolium** Willd., Sp. Pl. 3(1): 467 (1800)
≡ *Meniocus linifolius* (Willd.) DC., Syst. Nat. 2: 325 (1821)

Teróf.-esc. 5-20 cm. IV-VI. Pastizales secos anuales en ambiente continental estepario. Medit.-Iranot. R. 3. (DEBEAUX, 1897).
XK54, XK64, XK65, XK89, YL00, YL10.

**4. Alyssum minutum** DC., Syst. Nat. 2: 316 (1821)
= *A. psilocarpum* Boiss., Voy. Bot. Esp. 2: 718 (1845); - *A. alyssoides* subsp. *psilocarpum* auct.

Teróf.-esc. 3-10 cm. IV-VI. Pastizales secos en terrenos baldíos o alterados. Medit.-Iranot. R. 2. (PAU, 1891).
**XK64**: Puebla de Valverde, Javalambre (PAU, 1891). **XK78**: El Pobo, monte Castelfrío.

**5. Alyssum montanum** L, Sp. Pl.: 650 (1753) subsp. **montanum**

Caméf.-sufr. 5-20 cm. IV-VI. Roquedos y matorrales sobre terrenos escarpados o suelos esqueléticos calizos en zonas algo elevadas. Euri-Medit.-sept. M. 3. (PAU, 1887).
XK63, XK64, XK72, XK73, XK74, XK77, XK78, XK82, XK87, XK88, XK96, XK97, XK98, YK05, YK06, YK07, YK08, YK09, YK17, YK18, YK19, YK26, YK27, YK28, YL01, YK20.

**6. Alyssum serpyllifolium** Desf., Fl. Atl. 2: 70 (1798)
≡ *A. alpestre* subsp. *serpyllifolium* (Desf.) Rouy & Fouc., Fl. Fr. 2: 176 (1895); - *A. alpestre* auct.

Caméf.-sufr. 1-3 dm. V-VII. Matorrales secos y soleados sobre terreno calizo. Medit.-occid. R. 3. (SL, 2000).
XK73, XK97, YK07, YK16, YK19, YK26, YK27, YK28.

**7. Alyssum simplex** Rudolphi in J. Bot. (Schrader) 1799(2): 290 (1800)
= *A. minus* Rothm. in Feddes Repert. 50: 77 (1941); - *A. campestre* auct.

Teróf.-esc. 5-25 cm. III-VI. Campos de cultivo y herbazales antropizados secos. Paleotemp. C. 1. (R & B, 1961). TC.

### 3.30.4. ARABIDOPSIS Heynh. (1 esp.)

**1. Arabidopsis thaliana** (L.) Heynh. in Holl & Heynh., Fl. Sachs: 538 (1842)
≡ *Arabis thaliana* L., Sp. Pl.: 665 (1753); ≡ *Sisymbrium thalianum* (L.) J. Gay in Ann. Sci. Nat. (Paris) 7: 399 (1826); ≡

*Stenophragma thalianum* (L.) Celak in Arch. Naturwiss. Landesd. Böhmen 3: 445 (1875)

Teróf.-esc. 5-30 cm. II-V. Pastizales secos sobre arenales silíceos bien iluminados. Paleotemp. M. 2. (AA, 1985).

XK63, XK64, XK77, XK78, XK82, XK83, XK85, XK86, XK87, XK95, XK96, XK99, YK08.

### 3.30.5. ARABIS L. (9 esp.)

**1. Arabis alpina** L., Sp. Pl.: 664 (1753)

Hemic.-esc. 5-20 cm. IV-VI. Roquedos y pedregales calizos sombreados. Eurosib.-merid. R. 4. (ASSO, 1779).

XK64, XK87, XK97, YK07, YK08, YK17, YK18, YK19, YL00.

**2. Arabis auriculata** Lam., Encycl. Méth. Bot. 1: 219 (1783)
= *A. recta* Vill., Hist. Pl. Dauph. 3: 319 (1788); - *A. auriculata* subsp. *recta* auct.; - *A. collina* auct.,

Teróf.-esc. 5-30 cm. III-V. Pastizales secos anuales, con preferencia por terrenos muy someros, arenosos o pedregosos. Euri-Medit. M. 2. (R & B, 1961). TC.

**3. Arabis glabra** (L.) Bernh., Syst. Verz. Erfurt: 195 (1800)
≡ *Turritis glabra* L., Sp. Pl.: 666 (1753) [basión.]; = *A. perfoliata* Lam., Encycl. Méth. Bot. 1: 219 (1783)

Hemic.-esc. 4-8 dm. IV-VI. Medios forestales y sus orlas, con preferencia por los caducifolios. Holárt. R. 4. (ASSO, 1779).

XK87: Cedrillas, Molino Alto. **XK98**: Allepuz (RUBIO SÁNCHEZ, 1993). **YL06**: Linares de Mora (ASSO, 1779). **YK17**: Mosqueruela (LOSCOS, 1878). **YK19**: Tronchón, pr. nacimiento del río Palomita.

**4. Arabis hirsuta** (L.) Scop., Fl. Carniol. ed. 2, 2: 30 (1772)
≡ *Turritis hirsuta* L., Sp. Pl.: 666 (1753) [basión.]

Hemic.-esc. 2-6 dm. IV-VI. Pastizales vivaces algo húmedos, aunque con frecuencia algo antropizados. Eurosib. M. 3. (PAU, 1892).

XK55, XK62, XK63, XK64, XK65, XK72, XK73, XK74, XK76, XK77, XK78, XK82, XK83, XK86, XK87, XK88, XK95, XK96, XK97, XK98, XK99, YK05, YK06, YK07, YK08, YK09, YK15, YK16, YK17, YK18, YK19, YK25, YK26, YK27, YK28, YK37, YL00, YL10, YL20.

**5. Arabis nova** Vill., Prosp. Hist. Pl. Dauph.: 39 (1779) **subsp. nova**
= *A. saxatilis* All., Fl. Pedem. 1: 268 (1785); = *A. reverchonii* Freyn ex Willk, Suppl. Prodr. Fl. Hisp.: 302 (1893)

Teróf.-esc. 1-4 dm. IV-VI. Medios rocosos o pedregosos algo sombreados. Medit.-occid. R. 3. (PAU, 1894).

XK63, XK64, XK76, YK07, YK27.

**6. Arabis planisiliqua** (Pers.) Rchb., Icon. Fl. Germ. Helv. 2: 13 (1838)
≡ *Turritis planisiliqua* Pers., Syn. Pl. 2: 205 (1806) [basión.]; = *T. sagittata* Bertol., Pl. Genuenses: 89 (1804); = *A. sagittata* (Bertol.) DC. in Lam. & DC., Fl. Franç. ed. 3, 5: 592 (1815); = *A. gerardi* (Besser) Besser ex W.D.J. Koch, Syn. Fl. Germ.

Helv.: 38 (1835); = *A. hirsuta* subsp. *gerardi* (Besser) Hartm., Handb. Skand. Fl. ed. 6: 115 (1854)

Hemic.-bien. 2-8 dm. IV-VI. Pastizales densos y algo húmedos. Euri-Eurosib. R. 2. (MW, 1893).

XK62, XK63, XK64, XK73, XK74, XK77, XK78, XK81, XK82, XK83, XK93, XK94, YK03, YK04, YK05, YK08, YK09, YK17, YK18, YK19, YK26, YK27, YK28, YK37.

**7. Arabis scabra** All., Auct. Syn. Stirp. Horti Taur.: 22 (1773)
= *A. stricta* Huds., Fl. Angl. ed. 2: 292 (1778)

Hemic.-bien./esc. 1-3 dm. IV-VI. Terrenos calizos abruptos, rocosos o pedregosos. Euri-Eurosib.-S. M. 3. (MATEO & FERRER, 1987).

XK63, XK64, XK73, XK74, XK77, XK78, XK83, XK87, XK97, XK99, YK07, YK08, YK18, YK19, YK28, YL00.

**8. Arabis serpyllifolia** Vill., Prosp. Hist. Pl. Dauph.: 39 (1779)

Hemic.-esc. 5-15 cm. Grietas y oquedades en oquedos calizos de montaña poco soleados. Eurosib.-S. RR. 4. (PAU, 1903).

**XK73**: Torrijas, valle del río Torrijas. **XK81**: Abejuela, loma del Rebalsador. **XK83**: Manzanera, umbría de La Artiga.

**9. Arabis turrita** L., Sp. Pl.: 665 (1753)

Hemic.-bien./esc. 4-8 dm. IV-VI. Pie de roquedos y ambientes abruptos calizos sombreados. Euri-Eurosib. R. 4. (ASSO, 1799).

XK63, XK73, XK82, XK97, XK99, YK06, YK07, YK09, YK18, YK19, YK26, YK27, YL00, YL10.

### 3.30.6. BARBAREA R. Br. (1 esp.)

**1. Barbarea vulgaris** R. Br. in Ait., Hort. Kew. ed. 2, 4: 109 (1812) (*hierba de Santa Bárbara*)
≡ *Erysimum barbarea* L. Eur., Sp. Pl.: 660 (1753) [syn. subst.]; - *B. stricta* auct.

Hemic.-esc. 3-6 dm. IV-VI. Herbazales jugosos y juncales por márgenes de ríos y arroyos. Paleotemp. R. 3. (FL, 1878).

XK76, XK77, XK79, XK85, XK86, XK87, XK88, XK89, XK95, XK96, XK97, XK99, YK06, YK07, YK08, YK17, YK18, YK19, YK27, YK28, YK38.

### 3.30.7. BISCUTELLA L. (7 esp.) (*anteojeras*)

**1. Biscutella atropurpurea** Mateo & Figuerola, Fl. Analít. Valencia: 370 (1987)
≡ *B. laevigata* subsp. *atropurpurea* (Mateo & Figuerola) O. Bolòs & Vigo, Fl. Païs. Catal. 2: 828 (1990)

Hemic.-cesp. 1-4 dm. III-VI. Bosques, roquedos y pedregales en terrenos silíceos. Iberolev. R. 4. (CRESPO, GÜEMES & MATEO, 1992).

**XK64**, XK73, XK78, XK82, **XK83**.

**2. Biscutella auriculata** L., Sp. Pl.: 652 (1753)

Teróf.-esc. 2-5 dm. IV-VI. Campos de secano, principalmente cerealistas, y herbazales antropizados de su entorno. Medit.-occid. M. 2. (SENNEN, 1910).

XK64, XK72, XK73, XK75, XK77, XK82, XK83, XK84, XK88, XK89, XK93, XK94, XK97, XK98, YK03, YL20.

**3. Biscutella carolipauana** Stübing, Peris & Figuerola in Willdenowia 21: 59 (1991)
- *B. calduchii* auct., non (O. Bolòs & Mascl.) Mateo & M.B. Crespo
Caméf.-sufr. 2-6 dm. III-VI. Roquedos, pedregales y matorrales soleados, sobre todo en terreno silíceo. Iberolev. R. 4. (MATEO, 1990).
**XK94**: Olba, El Pinar. **XK95**: Mora de Rubielos, pr. Masía de Cantalacriba. **YK04**: Olba, pr. Hoya de Ramos.

**4. Biscutella conquensis** Mateo & Crespo in Bot. J. Linn. Soc. 132: 8 (2000)
Caméf.-sufr. 2-4 dm. IV-VII. Terrenos abruptos o pedregosos calizos. Iberolev. R. 4. (MATEO & CRESPO, 2000).
XK52, XK62, XK65, XK66, XK71, XK72, XK73, XK74, XK81, XK82.

**5. Biscutella maestratensis** Mateo & M.B. Crespo in Flora Montib. 40: 62 (2008)
- *B. calduchii* auct.; - *B. carolipauana* auct.; - *B. fontqueri* auct.
Caméf.-sufr. 2-5 dm. IV-VII. Pastos secos, matorrales y pedregales sobre sustratos variados. Iberolev. M. 4. (MATEO & CRESPO, 2008).
XK93, XK94, XK95, YK03, YK04, YK05, YK13, YK14, YK15, YK16, YK26, YK27, YK37.

**6. Biscutella stenophylla** Dufour in Ann. Gen. Sci. Phys. 7: 299 (1820)
≡ *B. laevigata* subsp. *stenophylla* (Dufour) Vigo in Butll. Inst. Catal. Hist. Nat. 38: 76 (1974); ≡ *B. valentina* subsp. *stenophylla* (Dufour) Losa & Rivas Goday in Arch. Inst. Aclim. Cons. Super. Invest. Ci. 13(2): 169 (1974); ≡ *B. coronopifolia* subsp. *stenophylla* (Dufour) Malag., Sin. Fl. Ibér. 26: 407 (1975); - *B. valentina* auct., pro max. parte.
Caméf.-sufr. 3-7 dm. IV-VI. Matorrales secos y medios escarpados o pedregosos. En altitudes moderadas. Iberolev. R. 3. (AA, 1985).
XK52, XK54, XK55, XK62, XK63, XK64, XK65, XK66, XK71, XK72, XK73, XK74, XK75, XK76, XK77, XK78, XK81, XK82, XK83, XK84, XK85, XK86, XK87, XK93, XK94, XK95, XK96, XK97, YK04, YK05, YK06, YK07, YK27, YK28, YL00.

**7. Biscutella turolensis** Pau ex M.B. Crespo, Güemes & Mateo in Anales Jard. Bot. Madrid 50: 32 (1992) [Pau in Bol. Soc. Arag. Ci. Nat. 2: 282 (1903), *nom. nud.*]
- *B. laevigata* auct.; - *B. coronopifolia* auct.
Caméf.-sufr. 2-4 dm. IV-VII. Roquedos y pedregales calizos de montaña. Iberolev. R. 4. (PAU, 1891).
XK52, XK62, XK63, XK64, XK65, XK68, XK69, XK72, XK73, XK74, XK75, XK77, XK78, XK81, XK82, XK83, XK85, XK86, XK87, XK88, XK89, XK96, XK97, XK98, XK99, YK05, YK06, YK07, YK08, YK09, YK17, YK18, YK19, YK26, YK27, YK28, YK37, YK38, YL00, YL10.

### 3.30.8. BRASSICA L. (4 esp., 5 táx.)

**1. Brassica napus** L., Sp. Pl.: 666 (1753) (*nabo*)
Hemic.-bien. 3-12 dm. V-IX. Cultivada por sus raíces comestibles y accidentalmente asilvestrada. Origen incierto. RR. 1. (NC).

**2. Brassica nigra** (L.) W.D.J. Koch in Röhl., Deutschl. Fl. ed. 3, 4: 713 (1833) (*mostaza negra*)
≡ *Sinapis nigra* L., Sp. Pl.: 668 (1753) [basión.]
Teróf.-esc. 3-6 dm. IV-VII. Campos de cultivo y terrenos baldíos. Paleotemp. M. 1. (MATEO, TORRES & FABADO, 2003). TC.

**3. Brassica oleracea** L., Sp. Pl.: 667 (1753) (*col*)
Hemic.-bien. 4-14 dm. V-IX. Cultivada como hortaliza comestible y accidentalmente asilvestrada en caminos y terrenos baldíos. R. 1. (SL, 2000).

**4a. Brassica repanda** (Willd.) DC., Syst. Nat. 2: 598 (1821) [≡ *Sisymbrium repandum* Willd., Sp. Pl. 3: 497 (1800) [basión.]; - *D. nudicaulis* auct.] subsp. **africana** (Maire) Greuter & Burdet in Wildenowia 13: 86 (1983)
≡ *B. saxatilis* subsp. *africana* Maire in Bull. Soc. Hist. Nat. Afrique N. 20: 13(1929) [basión.]; = *Sinapis nudicaulis* Lag., Elench. Pl.: 20 (1816); = *B. repanda* subsp. *nudicaulis* (Lag.) Heywood in Feddes Repert. Spec. Nov. Regni Veg. 66: 153 (1962); = *B. saxatilis* subsp. *nudicaulis* (Lag.) Maire in Jahand. & Maire, Cat. Pl. Maroc.: 286 (1932)
Hemic.-ros. 1-4 dm. IV-VI. Matorrales secos sobre sustratos básicos bien iluminados. Medit.-occid. R. 3. (MW, 1893).
**XK65**: Cascante del Río, hacia Valacloche.

**4b. Brassica repanda** subsp. **blancoana** (Boiss.) Heywood in Feddes Repert. 66: 153 (1962)
≡ *B. blancoana* Boiss., Diagn. Pl. Orient. ser. 2, 1: 29 (1854) [basión.]; ≡ *B. saxatilis* subsp. *blancoana* (Boiss.) Maire in Bull. Soc. Hist. Nat. Afr. N. 31: 9 (1940); - *Diplotaxis saxatilis* auct., - *D. brassicoides* auct.; - *B. repanda* subsp. *confusa* auct.
Hemic.-ros. 2-5 dm. Roquedos, pedregales y pastos o matorrales sobre suelos someros. Medit.-occid. M. 3. (FL, 1883).
XK55, XK64, XK65, XK87, XK95, XK96, XK97, YK05, YK06, YK07, YK15, YK16, YK17, YK26, YK27, YK28, YK37.

### 3.30.9. CALEPINA Adans. (1 esp.)

**1. Calepina irregularis** (Asso) Thell. . in Schinz & R. Keller, Fl. Schweiz ed. 2, 1: 218 (1905)
≡ *Myagrum irregulare* Asso, Syn. Stirp. Aragon.: 82 (1779) [basión.]; = *C. corvini* (All.) Desv. in J. Bot. Agric. 3: 158 (1815)
Teróf.-esc. 2-5 dm. III-VI. Campos de cultivo y herbazales anuales no muy soleados. Medit.-Iranot. R. 2. (MW, 1893).
**XK64**: Valacloche, valle del río Camarena. **XK65**: Id., hacia Cascante del Río. **YL00**: Pitarque, alrededores. **YL20**: Tronchón, Masía de la Rambleta.

### 3.30.10. CAMELINA Crantz (2 esp.)

**1. Camelina microcarpa** Andrz. ex DC., Syst. Nat. 2: 517 (1821) (*camelina, piquillos*)
≡ *C. sativa* subsp. *microcarpa* (Andrz. ex DC.) Hegi & Em. Schmid in Hegi, Ill. Fl. Mitt.-Eur. 4(1): 370 (1919); - *C. sativa* subsp. *silvestris* auct.

Teróf.-esc. 2-6 dm. IV-VII. Campos de secano y herbazales periféricos. Paleotemp. M. 2. (PAU, 1892). TC.

**2. Camelina sativa** (L.) Crantz, Stirp. Austr. 1: 17 (1762)
≡ *Myagrum sativum* L., Sp. Pl.: 641 (1753) [basión.]
Teróf.-esc. 2-6 dm. V-VII. Campos de secano y herbazales antropizados del entorno. Paleotemp. R. 2. (SL, 2000).
**YK29**: La Cuba (RP, 2002).

### 3.30.11. CAPSELLA L. (1 esp.)

**1. Capsella bursa-pastoris** (L.) Medik., Pfl.-Gatt.: 85 (1792) (*paniquesillo, zurrón de pastor*)
≡ *Thlaspi bursa-pastoris* L., Sp. Pl.: 647 (1753) [basión.]; = *C. rubella* Reut. in Compt.-Rend. Trav. Soc. Hallér.: 18 (1854); = *C. bursa-pastoris* subsp. *rubella* (Reut.) Hobk. in Bull. Soc. Roy. Bot. Belgique 8: 455 (1869)
Teróf.-esc. 1-5 dm. II-X. Herbazales muy alterados o abonados. Cosmop. CC. 1. (R & B, 1961). TC.

### 3.30.12. CARDAMINE L. (3 esp.)

**1. Cardamine hirsuta** L., Sp. Pl.: 655 (1753) (*mastuerzo menor*)
Teróf.-esc. 1-3 dm. III-V. Colonizadora de terrenos alterados algo húmedos o poco soleados. Cosmop. M. 2. (SL, 2000).
XK64, XK77, XK78, XK82, XK83, XK94, YK03, YK04.

**2. Cardamine impatiens** L., Sp. Pl.: 655 (1753)
Hemic.-bien. 2-5 dm. V-VI. Medios forestales silíceos particularmente húmedos y umbrosos. Paleotemp. NV. 4. (MARTÍN & RICO, 1994).
**YK26**: Puertomingalvo, pr. Masía de Gómez (MARTÍN & RICO, 1994).

**3. Cardamine pratensis** L., Sp. Pl.: 656 (1753) (*mastuerzo de prado*)
Hemic.-esc. 1-3 dm. IV-VI. Turberas y pastizales vivaces sobre suelos encharcados. Se ha citado a veces como subsp. *pratensis* o como subsp. *nuriae* (Sennen) Sennen in Monde Pl. 63( 7 (1929) [≡ *C. pratensis* subsp. *nuriae* Sennen in Treb. Inst. Catal. Hist. Nat. 3: 70 (1917), basión.], pero las características que se sugieren para su separación resultan demasiado imprecisas con las muestras de la zona. Eurosib. R. 4. (R & B, 1961).
XK87, XK97, YK07, YK08, YK17, YK18, YK26.

### 3.30.13. CLYPEOLA L. (1 esp.)

**1. Clypeola jonthlaspi** L., Sp. Pl.: 652 (1753) (*cabeza de mosca*)
= *C. jonthlaspi* subsp. *microcarpa* (Moris) Arcang., Comp. Fl. Ital.: 63 (1882); = *C. microcarpa* Moris in Atti Riunione Sci. Ital. 3: 539 (1841); - *C. jonthlaspi* subsp. *macrocarpa* auct.

Teróf.-esc. 3-15 cm. III-VI. Pastizales efímeros sobre calizas, a veces en medios rocosos o muy abruptos. Medit.-Iranot. M. 2. (MW, 1893).
XK52, XK53, XK62, XK63, XK64, XK65, XK71, XK72, XK73, XK74, XK75, XK77, XK81, XK99, YK09, YK26, YK27, YK37, YL00, YL10, YL20.

### 3.30.14. CONRINGIA Heist ex Fabr. (1 esp.)

**1. Conringia orientalis** (L.) Dumort., Fl. Belg.: 123 (1827) (*collejón, berza campestre*)
≡ *Brassica orientalis* L., Sp. Pl.: 666 (1753) [basión.]; = *Erysimun perfoliatum* Crantz, Stirp. Austr. ed, 2, 2: 27 (1766)
Teróf.-esc. 2-5 dm. IV-VI. Campos de secano y su entorno inmediato. Medit.-Iranot. M. 2. (FL, 1876).
XK65, XK66, XK67, XK71, XK72, XK73, XK74, XK75, XK76, XK77, XK81, XK82, XK83, XK84, XK87, XK88, XK89, XK93, XK94, XK97, XK98, XL90, YK05, YK06, YK07, YK08, YK16, YK17, YK19, YK26, YK27, YK28, YK29, YK38, YL00, YL10, YK20.

### 3.30.15. CORONOPUS Zinn (1 esp.)

**1. Coronopus squamatus** (Forssk.) Asch., Fl. Brandenb. 1: 62 (1860) (*masturzo verrugoso*)
≡ *Lepidium squamatum* Forssk., Fl. Aegypt.-Arab.: 117 (1775) [basión.]; ≡ *Senebiera squamata* (Forssk.) C. Muell. in Ann. Bot. Syst. (Walpers) 7: 156 (1868); = *C. procumbens* Gilib., Fl. Lit. Inch. 2: 52 (1782); = *S. coronopus* (L.) Cav., Elench. Pl. Hort. Matrit.: 34 (1803)
Teróf.-esc. 1-3 dm. IV-VII. Terrenos arcillosos alterados que se inundan en la temporada fría y se secan en verano. Se conoce de zonas limítrofes de Castellón, siendo su presencia casi segura. Subcosmop. NV. 2.

### 3.30.16. DESCURAINIA Webb & Berthel. (1 esp.)

**1. Descurainia sophia** (L.) Webb ex Prantl in Engler & Prantl, Nat. Pflanzenfam. 3(2): 192 (1892) (*hierba de Santa Sofía, arnacho, ajenjo loco*)
≡ *Sisymbrium sophia* L., Sp. Pl.: 659 (1753) [basión.]
Teróf.-esc. 3-8 dm. III-VI. Campos de secano y herbazales alterados. Paleotemp. C. 2. (FL, 1877). TC.

### 3.30.17. DIPLOTAXIS DC. (4 esp.)

**1. Diplotaxis erucoides** (L.) DC., Syst. Nat. 2: 631 (1821) (*rabaniza blanca*)
≡ *Sinapis erucoides* L., Cent. Pl. 2: 24 (1756) [basión.]; ≡ *Sisymbrium erucoides* (L.) Desf., Fl. Atlant. 2: 83 (1798); = *D. valentina* Pau, Not. Bot. Fl. Españ. 1: 9 (1887)
Teróf.-esc. 1-4 dm. I-XII. Campos de cultivo y terrenos baldíos. Medit.-Iranot. M. 1. (AA, 1985).
XK52, XK53, XK54, XK55, XK62, XK63, XK64, XK65, XK66, XK71, XK72, XK73, XK74, XK75, XK76, XK77, XK78, XK81, XK82, XK83, XK84, XK85, XK86, XK93, XK94, XK95, XK96, YK03, YK04, YK05, YK06, YK15, YK18, YK19, YK26, YK27, YK28, YK29, YK37, YK38, YL00, YL10, YL20.

**2. Diplotaxis muralis** (L.) DC., Syst. Nat. 2: 634 (1821)
≡ *Sisymbrium murale* L., Sp. Pl.: 658 (1753) [basión.]
Teróf.-esc. 2-4 dm. III-V. Pastizales anuales secos subnitrífilos. Circun-Medit. R. 2. (RP, 2002).
**YK04**: Fuentes de Rubielos, valle del río Rodeche. **YK28**: Iglesuela del Cid, alrededores (RP, 2002).

3. **Diplotaxis tenuifolia** (L.) DC., Syst. Nat. 2: 632 (1821) (*jaramago silvestre*)

≡ *Sisymbrium tenuifolium* L., Cent. Pl. 1: 18 (1755) [basión.]

Hemic.-esc./Cam-sufr. 2-5 dm. III-VI. Terrenos baldíos y herbazales antropizados. Paleotemp. NV. 2. (R & B, 1961).

**XK97**: Gúdar, alrededores (R & B, 1961). **YK06**: Linares de Mora, alrededores (R & B, 1961).

4. **Diplotaxis viminea** (L.) DC., Syst. Nat. 2: 635 (1821)

≡ *Sisymbrium vimineum* L., Sp. Pl.: 658 (1753) [basión.]

Teróf.-esc. 1-3 dm. II-V. Campos de cultivo y herbazales nitrófilos. Paleotemp. R. 1. (AA, 1985).

**XK62**: Arcos de las Salinas, alrededores. **XK82**: Abejuela, hacia Alcotas. **YK04**: Olba, pr. Los Pertegacas.

### 3.30.18. DRABA L. (3 esp.)

1. **Draba dedeana** Boiss. & Reut. in Boiss., Voy. Bot. Esp. 2: 718 (1845)

= *D. zapateri* Willk. ex Zap. & Losc. in La Clínica 3: 356 (1878); = *D. dedeana* subsp. *zapateri* (Willk. ex Zap. & Losc.) Nyman, Consp. Fl. Eur., Suppl. 2: 31 (1889)]

Hemic.-ros. 3-8 cm. IV-VI. Roquedos calizos frescos y sombreados. Late-Iberolev. R. 4. (FL, 1878).

**XK64**, XK73, XK77, XK78, XK96, XK97, XK98, YK06, YK07, YK08, YK09, YK16, YK17, YK18, YK19.

2. **Draba hispanica** Boiss., Elench. Pl. Nov.: 13 (1838)

Hemic.-ros. 3-10 cm. III-V. Roquedos calizos abruptos y sombreados. Medit.-occid. RR. 4. (FL, 1878).

**XK63**, XK64, XK65, XK72, XK73, XK74, XK75, XK77, XK78, XK82, XK87, XK88, XK96, XK97, YK06, YK07, YK08, YK16, YK17.

3. **Draba muralis** L., Sp. Pl.: 642 (1753)

Teróf.-esc. 1-3 dm. IV-VI. Pastizales efímeros en rincones sombreados. Euri-Eurosib.-merid. RR. 3. (MATEO & FERRER, 1987).

**XK63**: Camarena de la Sierra, pr. Matahombres.

### 3.30.19. EROPHILA DC. (1 esp.)

1. **Erophila verna** (L.) DC. in Mem. Mus. Hist. Nat. Paris 7: 251 (1821) (*hierbecilla temprana*)

≡ *Draba verna* L., Sp. Pl.: 642 (1753) [basión.]; ≡ *E. vulgaris* DC., Syst. Nat. 2: 356 (1821); = *E. verna* subsp. *praecox* (Steven) Gremli, Excursionsfl. Schweiz: 90 (1867); = *E. verna* subsp. *spathulata* (Láng) Vollm., Fl. Bayern: 315 (1914); = *E. spathulata* Láng, Syll. Pl. Nov. 1: 180 (1824)]

Teróf.-ros. 2-12 cm. I-V. Pastizales secos y despejados en todo tipo de terrenos. Holárt. C. 2. (R & B, 1961). TC.

### 3.30.20. ERUCA Mill. (1 esp.)

1. **Eruca vesicaria** (L.) Cav., Descr. Pl.: 426 (1802) (*oruga blanca, rúcula, ruca*)

≡ *Brassica vesicaria* L., Sp. Pl.: 668 (1753) [basión.]; = *E. longirostris* Uechtr., Oesterr. Bot. Z. 24: 133 (1874); = *E. vesicaria* subsp.

*longirostris* (Uechtr.) Maire, Fl. Afr. N. 12: 308 (1865); = *E. sativa* subsp. *longirostris* (Uechtr.) Maire in Jahand. & Maire, Cat. Pl. Maroc 2: 279 (1932)

Teróf.-esc. 2-5 dm. III-VI. Terrenos baldíos, herbazales nitrófilos, en zonas bajas o con aridez estival acusada. Medit.-Iranot. R. 1. (SL, 2000).

**XK72**, XK82, XK84, XK85, XK94, XK98, YK19, YK29.

### 3.30.21. ERUCASTRUM C. Presl (2 esp.)

1. **Erucastrum nasturtiifolium** (Poir.) O.E. Schulz in Bot. Jahrb. Syst. 45, Beibl. 119: 56 (1916) (*oruga silvestre*)

≡ *Sinapis nasturtiifolia* Poir. in Lam., Encycl. Méth. Bot. 4: 346 (1797) [basión.]; = *Brassica erucastrum* L.,Sp. Pl.: 667 (1753); = *Brassicella erucastrum* (L.) O.E. Schulz in Bot. Jahrb. Syst. 45, Beibl. 119: 56 (1916); = *E. obtusangulum* (Schleich.) Rchb., Fl. Germ. Excurs.: 693 (1832); = *Diplotaxis erucastrum* (L.) Gren. & Godr., Fl. Fr. 2: 81 (1851)

Teróf./Hemic.-esc. 3-8 dm. III-IX. Herbazales y matorrales secos alterados. Medit.-occid. C. 1. (R & B, 1961). TC.

2. **Erucastrum virgatum** (J. & C. Presl) C. Presl, Fl. Sicula 1: 94 (1826) [≡ *Sinapis virgata* J. & C. Presl, Delic. Prag.: 19 (1822), basión., non Cav. (1802)] subsp. **brachycarpum** (Rouy) Gómez-Campo in Anales Jard. Bot. Madrid 40(1): 68 (1983)

≡ *E. brachycarpum* Rouy in Bull. Soc. Bot. Fr. 33: 524 (1886) [basión.]

Caméf.-sufr. 5-15 dm. III-VI. Matorrales y pastizales vivaces secos en ambientes de clima suave (termo- a mesomediterráneo). Iberolev. RR. 3. (MATEO & LOZANO, 2010a).

**XK71**: Abejuela, rambla de Abejuela, hacia Alcotas. **XK81**: Id., id., hacia La Yesa. **YK04**: Fuentes de Rubielos, pr. Rodeche.

### 3.30.22. ERYSIMUM L. (5 esp.)

1. **Erysimum cheiri** (L.) Crantz, Cl. Crucif. Emend.: 116 (1769) (*alhelí amarillo*)

≡ *Cheiranthus cheiri* L., Sp. Pl.: 660 (1753) [basión.]

Caméf.-sufr. 2-5 dm. IV-IX. Cultivado de antiguo como ornamental y naturalizado en muros y afueras de los pueblos. Origen dudoso. R. 1. (FL, 1878).

2. **Erysimum gomezcampoi** Polatschek in Ann. Naturhist. Mus. Wien 82: 342 (1979)

= *E. grandiflorum* subsp. *dertosense* (O. Bolòs & Vigo) O. Bolòs & Vigo, Fl. Països Catal. 2: 79 (1990); - *E. australe* auct.; - *E. decumbens* auct., - *E. hieracifolium* auct., - *E. bocconei* auct.

Hemic.-esc./Caméf.-sufr. 2-6 dm. V-VII. Pastizales secos y matorrales despejados sobre calizas. Algunas recolecciones de la zona se han atribuido a *E. mediohispanicum* Polatscheck, microespecie muy afín a ésta, propia de tierras más interiores, pero que podría llegar a rozar las partes más exteriores de esta zona. Iberolev. C. 3. (FL, 1876). TC.

**3. Erysimum incanum** G. Kunze in Flora 29: 752 (1846) **subsp. matritensis** (Pau) G. López in Anales Jard. Bot. Madrid 56(2): 377 (1998)
≡ *E. matritense* Pau in Bol. Soc. Iber. Ci. Nat. 28: 162 (1929) [basión.]; = *E. mairei* Sennen & Mauricio, Diagn. Nouv.: 225 (1936); = *E. incanum* subsp. *mairei* (Sennen & Mauricio) Nieto Fel. in Anales Jard. Bot. Madrid 47: 278 (1990); - *E. kunzeanum* auct.; - *E. aurigeranum* auct.

Teróf.-esc. 5-25 cm. IV-VI. Pastizales secos y claros de matorrales sobre terreno calcáreo. Medit.-occid. R. 3. (PAU, 1926).
XK53, XK62, XK63, XK64, XK65, XK71, XK72, XK73, XK74, XK75, XK76, XK81, XK82, XK83, XK84, XK93, YK09, YK26, YK38, YL00, YL10.

**4. Erysimum javalambrense** Mateo, M.B. Crespo & López Udias in Fl. Montib. 9: 42 (1998)

Hemic.-esc. 5-15 cm. V-VII. Pastizales vivaces, tomillares rastreros y claros de sabinares oromediterráneos sobre terreno calizo. Iberolev. RR. 5 (MATEO, CRESPO & LÓPEZ UDIAS, 1998).
**XK63**: Puebla de Valverde, Prado de Javalambre. **XK64**: Camarena de la Sierra, altos de Javalambre. **XK73**: Torrijas, collado de la Saltidera. **XK74**: Camarena de la Sierra, umbría del Javalambre.

**5. Erysimum repandum** L., Demonstr. Pl.: 17 (1753)
= *E. patens* Losc., Trat. Pl. Arag. 3, Supl. 7: 71 (1885)

Teróf.-esc. 5-30 cm. IV-VI. Campos de secano y herbazales alterados. Euri-Medit. M. 3. (PAU, 1933).
XK62, XK63, XK65, XK73, XK75, XK83, XK84.

**3.30.23. HIRSCHFELDIA** Moench (1 esp.)

**1. Hirschfeldia incana** (L.) Lagr.-Foss., Fl. Tarn Garonne: 19 (1847)
≡ *Sinapis incana* L., Cent. Pl. 1: 19 (1755) [basión.]; ≡ *H. adpressa* Moench, Methodus: 264 (1794)

Teróf.-esc. 2-6 dm. IV-VII. Cunetas, cultivos y terrenos baldíos. Medit.-Iranot. M. 1. (R & B, 1904). TC.

**3.30.24. HORMATOPHYLLA** Cullen & T.R. Dudley (2 esp.)

**1. Hormatophylla lapeyrouseana** (Jord.) P. Küpfer in Boissiera 23: 213 (1974) [≡ *Alyssum lapeyrouseanum* Jord., Observ. Pl. Nouv. 1: 5 (1846), basión.; ≡ *Ptilotrichum lapeyrouseanum* (Jord.) Jord. ex Jord. & Fourr., Icon. Fl. Eur. 2: 47 (1903)] **subsp. tortuosa** (Willk.) M.B. Crespo & Mateo in Flora Montib. 45: 93 (2010)
≡ *Ptilotrichum tortuosum* Willk. in Bot. Zeit. 5: 234 (1847) [basión.]; ≡ *Koniga tortuosa* (Willk.) Nyman, Syll. Fl. Eur.: 200 (1855); ≡ *Alyssum alpestre* subsp. *tortuosum* (Willk.) Nyman, Consp. Fl. Eur.: 57 (1878); ≡ *H. lapeyrouseana* subsp. *angustifolia* (Willk.) Rivas Mart. in Acta Bot. Malac. 2: 64 (1976); ≡ *P. lapeyrouseanum* subsp. *angustifolium* (Willk.) Á.M. Hern. in Oblatio Pl. Lect. Annis 1979-81: 18 (1982); ≡ *A. lapeyrouseanum* subsp. *angustifolium* (Willk.) Greuter & Burdet in Willdenowia 13: 85 (1983)

Caméf.-sufr. 5-25 cm. IV-VI. Matorrales secos sobre calizas en áreas frescas. Medit.-occid. M. 3. (R & B, 1961).

XK52, XK53, XK54, XK63, XK64, XK65, XK67, XK72, XK73, XK74, XK75, XK76, XK77, XK79, XK81, XK82, XK84, XK88, XK89, XK94, XK95, XK96, XK98, XK99, XL80, XL90, YK04, YK05, YK06, YK08, YK09, YK15, YK16, YK17, YK18, YK19, YK26, YK27, YK28, YK29, YK38, YL00, YL10, YL20.

**2. Hormatophylla spinosa** (L.) P. Küpfer in Boissiera 23: 208 (1974) (*pendejo*)
≡ *Alyssum spinosum* L., Sp. Pl.: 650 (1753) [basión.]; ≡ *Ptilotrichum spinosum* (L.) Boiss., Voy. Bot. Esp. 2: 46 (1839)

Caméf.-pulvin. 1-4 dm. IV-VI. Roquedos, pedregales y matorrales de zonas elevadas y venteadas sobre sustrato calizo somero. Medit.-occid. M. 3. (ASSO, 1779).
XK62, XK63, XK64, XK65, XK71, XK72, XK73, XK74, XK77, XK78, XK79, XK81, XK82, XK83, XK84, XK87, XK88, XK89, XK94, XK95, XK96, XK97, XK98, XK99, YK05, YK06, YK07, YK08, YK09, YK15, YK16, YK17, YK18, YK19, YK26, YK27, YK28, YK38, YL00, YL10.

**3.30.25. HORNUNGIA** Rchb. (1 esp, 2 táx.)

**1. Hornungia petraea** (L.) Rchb., Deutschl. Fl. 1: 33 (1837) **subsp. petraea** (*mastuerzo de peñas*)
≡ *Lepidium petraeum* L., Sp. Pl.: 644 (1753) [basión.]; ≡ *Hutchinsia petraea* (L.) R. Br., Hortus Kew. (W.T. Aiton) ed. 2, 4: 82 (1812)

Teróf.-esc. 2-12 cm. II-V. Pastizales secos despejados, medios rocosos o pedregosos. Paleotemp. En la zona del Maestrazgo le sustituye a veces la forma más robusta, conocida como subsp. *aragonensis* (Losc. & Pardo) Malag., Sin. Fl. Ibér. 2: 186 (1979) [≡ *Hutchinsia aragonensis* Losc. & Pardo in Restaur. Farm. 17: 115 (1861), basión.; ≡ *Hutchinsia petraea* subsp. *aragonensis* auct.]. C. 2. (R & B, 1961). TC.

**3.30.26. HYMENOLOBUS** Nutt ex Torrey & Gray (1 esp., 2 táx.)

**1. Hymenolobus procumbens** (L.) Nutt ex Torrey & A. Gray, Fl. N. Amer. 1: 117 (1838) **subsp. procumbens**
≡ *Lepidium procumbens* L., Sp. Pl.: 643 (1753) [basión.]; ≡ *Capsella procumbens* (L.) Fr., Fl. Suec. Mantissa 1: 14 (1832); ≡ *Hutchinsia procumbens* (L.) Desv. in J. Bot. Agric. 3: 168 (1815); ≡ *Hornungia procumbens* (L.) Hayek in Repert. Spec. Nov. Regni Veg. Beih. 30(1): 480 (1925)

Teróf.-esc. 1-3 dm. III-V. Herbazales sobre suelos salinos húmedos en invierno y secos en verano. Paleotemp. En los medios salinos al pie de la Sierra de Javalambre persiste la forma típica (subsp. procumbens). En ambientes rocosos calizos, indicaban Rivas Goday y Borja la subsp. *pauciflorus* (W.D.J. Koch) Schinz & Thell. in Viert. Naturf. Ges. Zürich 66: 285 (1921) [≡ *Capsella pauciflora* W.D.J. Koch, Deutschl. Fl. ed. 3, 4: 423 (1833), basión.; ≡ *H. pauciflorus* (W.D.J. Koch) Schinz & Thell. in Viert. Naturf. Ges. Zürich 66: 285 (1921); ≡ *Hutchinsia pauciflora* (Koch) Bertol., Fl. Ital. 6: 414 (1847); ≡ *Hutchinsia procumbens* subsp. *pauciflora* (Koch) P. Fourn., Quatre Fl. Fr.: 414 (1936); = *Hutchinsia prostii* J. Gay ex Jord., Diagn. Pl. Nouv.: 338 (1864)], que no ha sido detectada posteriormente. RR. 3. (R & B, 1961).
**XK62**: Arcos de las Salinas, en las salinas.

3.30.27. **IBERIS** L. (4 esp.)

1. **Iberis amara** L., Sp. Pl.: 649 (1753) (*zarapico*)
Teróf.-esc. 1-4 dm. V-VII. Campos de secano y herbazales anuales de su entrono. Paleotemp. M. 3. (PAU, 1884).
XK88, XK95, XK96, XK97, XK98, XL90, YK04, YK05, YK06, YK07, YK08, YK09, YK16, YK17, YK18, YK19, YK27, YK28, YK29, YL00, YL10.

2. **Iberis carnosa** Willd., Sp. Pl. 3: 455 (1800)
= *I. pruitii* Tineo, Pl. Rar. Sicil. 1: 11 (1817); = *I. ciliata* subsp. *pruitii* (Tineo) O. Bolòs & Vigo, Fl. Païs. Catal. 2: 135 (1990); - *I. tenoreana* auct.
Hemic.-esc. 3-12 cm. V-VI. Pedregales y laderas abruptas en ambiente calizo. Las poblaciones de la zona muestran características de tránsito entre la septentrional subsp. *carnosa* y la meridional subsp. *lagascana* (DC.) Mateo & Figuerola Fl. Analít. Valencia: 369 (1987) [≡ *I. lagascana* DC., Syst. Nat. 2: 400 (1821) [basión.]; ≡ *I. pruitii* subsp. *lagascana* (DC.) Losa & Rivas Goday in Arch. Inst. Aclim. Cons. Super. Invest. Ci. 13(2): 170 (1974); ≡ *I. ciliata* subsp. *lagascana* (DC.) O. Bolòs & Vigo, Fl. Païs. Catal. 2: 136 (1990); = *I. granatensis* Boiss. & Reut., Pugill. Pl. Afr. Bor. Hispan.: 11 (1852); = *I. carnosa* subsp. *granatensis* (Boiss. & Reut.) Moreno in Anales Jard. Bot. Madrid 41(1): 57 (1984)]. Medit.-occid. R. 3 (R & B, 1961).
XK52, XK53, XK63, XK64, XK73, XK74, XK82, YK06, YK07.

3. **Iberis ciliata** All., Auct. Fl. Pedem.: 15 (1789) subsp. **vinetorum** (Pau) Mateo & M.B. Crespo, Fl. Abrev. Comun. Valenciana: 430 (1995)
≡ *I. vinetorum* Pau, Not. Bot. Fl. Españ. 1: 21 (1887) [basión.]; ≡ *I. contracta* subsp. *vinetorum* (Pau) M.B. Crespo & Mateo in Mateo, Cat. Fl. Teruel: 177 (1990); - *I. amara* auct.; - *I. linifolia* auct.; - *I. welwitschii* auct.
Teróf.-esc./Hemic.-bien. 1-3 dm. V-VII. Terrenos baldíos, matorrales aclarados sobre sustratos básicos en zonas de baja altitud. Medit.-occid. R. 3. (PAU, 1887).
YK04: Olba (PAU, 1887)

4. **Iberis saxatilis** L., Amoen. Acad. 4: 311 (1759) subsp. **saxatilis**
Caméf.-sufr. 2-15 cm. IV-VI. Roquedos y matorrales de escarpados o suelos esqueléticos en zonas altas. Medit.-sept. M. 3. (FL, 1876).
XK63, XK64, XK73, XK74, XK77, XK78, XK79, XK81, XK82, XK87, XK88, XK89, XK97, YK03, YK06, YK07, YK08, YK09, YK16, YK17, YK18, YK19, YK28.

3.30.28. **ISATIS** L. (1 esp.)

1. **Isatis tinctoria** L., Sp. Pl.: 670 (1753) (*hierba pastel, glasto*)
Hemic.-bien. 4-10 dm. IV-VI. Antiguamente cultivada como planta tintórea, estando actualmente en franca regresión. Origen dudoso. NV. 1. (ASSO, 1779).

3.30.29. **LEPIDIUM** L. (8 esp.)

1. **Lepidium campestre** (L.) R. Br. in Ait., Hort. Kew. ed. 2, 4: 88 (1812) (*mastuerzo silvestre*)
≡ *Thlaspi campestre* L., Sp. Pl.: 646 (1753) [basión.]
Teróf.-esc. 2-5 dm. IV-VII. Campos de secano y herbazales sobre terrenos degradados. Paleotemp. C. 2. (R & B, 1961). TC.

2. **Lepidium draba** L., Sp. Pl.: 645 (1753) (*mastuerzo oriental*)
≡ *Cardaria draba* (L.) Desv. in J. Bot. Agric. 3: 163 (1815)
Geóf.-riz. 2-5 dm. IV-VII. Campos de cultivo y herbazales antropizados. Medit.-Iranot. M. 1. (AA, 1985).
XK55, XK62, XK63, XK64, XK65, XK71, XK72, XK73, XK81, XK82, XK83, XK84, XK88, XK93, XK94, XK95, XK97, YK19, YK29, YL20.

3. **Lepidium graminifolium** L., Syst. Nat. ed. 10, 2: 1127 (1767)
= *L. suffruticosum* L., Syst. Nat. ed. 12. 2: 433 (1767); = *L. graminifolium* subsp. *suffruticosum* (L.) P. Monts. in Feddes Repert. Spec. Nov. Regni Veg. 69: 6 (1964)
Caméf.-sufr. 2-5 dm. VII-X. Herbazales muy alterados en zonas habitadas o transitadas. Medit.-occid. M. 1. (R & B, 1961).
XK62, XK63, XK65, XK76, XK84, XK85, XK86, XK93, XK94, XK95, XK96, XK97, YK03, YK04, YK05, YK06, YK27, YK28, YK29, YK37.

4. **Lepidium heterophyllum** Benth., Cat. Pl. Pyrén.: 95 (1826)
Hemic.-esc. 1-4 dm. V-VII. Pastizales vivaces sobre terrenos más o menos alterados. Eurosib. NV. 2. (FL, 1885).
XK63: Puebla de Valverde, prado de Javalambre (PAU, 1895). XK97: Gúdar, Cerrada de Gúdar (R & B, 1961). YK06: Linares de Mora (R & B, 1961). YK07: Valdelinares, casa de labor (R & B, 1961).

5. **Lepidium hirtum** (L.) Sm., Comp. Fl. Brit. ed. 2: 98 (1818) subsp. **psilopterum** (Willk.) M.B. Crespo & Mateo in Flora Montib., inéd.
≡ *L. hirtum* var. *psilopterum* Willk., Suppl. Prodr. Fl. Hispan.: 297 (1893) [basión.]; = *L. brachystylum* (Willk.) Pau ex Ceballos & C. Vicioso in Bol. Soc. Esp. Hist. Nat. 32: 382 (1932); - *L. hirtum* subsp. *calycotrichum* auct.; - *L. calycotrichum* auct.
Hemic.-esc. 5-30 cm. IV-VI. Bastante extendido por cunetas, cultivos y terrenos baldíos. Medit.-occid. M. 2. (FL, 1885). TC.

6. **Lepidium ruderale** L., Sp. Pl.: 645 (1753)
Teróf.-esc. 1-4 dm. V-VII. Herbazales nitrófilos con tendencia halófila. Paleotemp. RR. 2. (MATEO, FABREGAT & LÓPEZ UDIAS, 1997).
XK62: Arcos de las Salinas, junto a las salinas.

7. **Lepidium subulatum** L., Sp. Pl.: 644 (1753)
≡ *Thlaspi subulatum* (L.) Cav., Descr. Pl. 414 (1802); = *L. lineare* DC. in Lam., Encycl. Méth. Bot. 5: 46 (1804)

Caméf.-sufr. 1-4 dm. IV-VI. Matorrales secos sobre suelos yesosos. Medit.-occid. RR. 4. (GM, 1990).

**XK64**: Valacloche, valle del río Camarena. **XK65**: Cascante del Río, valle del río Camarena.

**8. Lepidium villarsii** Gren. & Godr., Fl. France 1: 150 (1847)

subsp. **villarsii**

= *L. pratense* (J. Serres ex F.W. Sch.) Billot, Fl. Gall. Germ. Exs. num. 719 (1852), in sched.; = *L. campestre* subsp. *pratense* (J. Serres ex F.W. Sch.) Bonnier & Layens, Tabl. Syn. Pl. Vasc. France: 33 (1894); = *L. reverchonii* Debeaux in Willk., Suppl. Prodr. Fl. Hispan.: 332 (1893); = *L. villarsii* subsp. *reverchonii* (Debeaux) Breistr. in Bull. Soc. Sci. Isère 61: 640 (1947)

Hemic.-esc. 1-4 dm. IV-VI. Pastizales húmedos de montaña. Eurosib.-merid. R. 3. (MW, 1893).

XK63, XK64, XK72, XK74, XK77, XK78, XK89, XK97, XK98, YK07, YK08, YK09, YK18.

### 3.30.30. LOBULARIA Desv. (1 esp.)

**1. Lobularia maritima** (L.) Desv. in J. Bot. Appl. 3: 162 (1815) (*mastuerzo marítimo*)

≡ *Clypeola maritima* L., Sp. Pl.: 652 (1753) [basión.]; ≡ *Alyssum maritimum* (L.) Lam., Encycl. Méth. Bot.: 98 (1783)

Caméf.-sufr. 1-3 dm. IX-XII. Herbazales antropizados en áreas bajas y abrigadas. Circun-Medit. RR. 2. (SL, 2000).

**XK94**: Olba, valle del Mijares pr. Caserío de La Verdeja. **YK04**: Olba, valle del Mijares pr. Los Lucas.

### 3.30.31. LUNARIA L. (1 esp.)

**1. Lunaria annua** L., Sp. Pl.: 653 (1753) (*lunaria, hierba de nácar*)

= *L. biennis* Moench, Meth.: 261 (1794)

Hemic.-bien. 3-8 dm. IV-VI. Cultivada como ornamental y accidentalmente escapada junto a áreas habitadas. Medit.-occid. R. 1. (RP, 2002).

### 3.30.32. MALCOLMIA R. Br. (1 esp.)

**1. Malcolmia africana** (L.) R. Br. in Ait., Hort. Kew. ed. 2, 4: 121 (1812) (*albercón*)

≡ *Hesperis africana* L., Sp. Pl.: 663 (1753) [basión.]

Teróf.-esc. 1-4 dm. IV-VI. Campos de secano y terrenos baldíos secos de sus alrededores. Euri-Medit. R. 2. (RP, 2002).

XK54, XK55, XK62, YK29, YL20.

### 3.30.33. MATTHIOLA R. Br. (2 esp.)

**1. Matthiola fruticulosa** (Loefl. ex L.) Maire in Jahandiez & Maire, Cat. Pl. Maroc: 311 (1932)

≡ *Cheiranthus fruticulosus* Loefl. ex L., Sp. Pl.: 662 (1753) [basión.]; - *M. tristis* (L.) R. Br., - *M. varia* auct.

Caméf.-sufr. 1-4 dm. IV-VII. Matorrales secos sobre substrato básico en áreas bajas. Circun-Medit. R. 2. (MW, 1893).

XK53, XK54, XK55, XK63, XK64, XK65, XK73, XK74, XK75, XK76, XK83, XK84, XK85, YK04.

**2. Matthiola incana** (L.) R. Br. in Ait., Hort. Kew. ed. 2, 4: 119 (1812)

≡ *Cheiranthus incanus* L., Sp. Pl.: 662 (1753) [basión.]

Caméf.-sufr. 2-4 dm. IV-VII. Originaria del Mediterráneo oriental, cultivada como ornamental y accidentalmente asilvestrada en muros y terrenos abruptos. RR. 1. (MATEO & LOZANO, 2010b).

### 3.30.34. MORICANDIA DC. (2 esp.)

**1. Moricandia arvensis** (L.) DC., Syst. Nat. 2: 626 (1821)

≡ *Brassica arvensis* L., Mant. Pl. 1: 95 (1767) [basión.]

Teróf.-esc. 2-6 dm. III-VI. Pionera en colonizar terrenos removidos o alterados. Circun-Medit. R. 1. (MATEO, FABREGAT & LÓPEZ UDIAS, 1994b).

**XK75**: Puebla de Valverde, autovía sobre barranco Peñaflor. **XK84**: Puebla de Valverde, hacia Sarrión. **YK29**: La Cuba, hacia Portell de Morella (RP, 2002).

**2. Moricandia moricandioides** (Boiss.) Heywood in Feddes Repert. 66: 154 (1962) [≡ *Brassica moricandioides* Boiss., Elench. Pl. Nov.: 10 (1838), basión.] subsp. **cavanillesiana** (Font Quer & A. Bolòs) Greuter & Burdet in Greuter, Burdet & Long, Med-Checklist 3: 144 (1986)

≡ *M. ramburii* subsp. *cavanillesiana* Font Quer & A. Bolòs in Anales Jard. Bot. Madrid 6: 459 (1946) [basión.]

Teróf.-esc. 2-6 dm. III-VI. Pionera en colonizar terrenos removidos o alterados. Iberolev. R. 1. (MATEO, 1992).

**XK55**: Cascante del Río, hacia Villel.

### 3.30.35. NESLIA Desv. (1 esp.)

**1. Neslia paniculata** (L.) Desv. in J. Bot. Agric. 3: 162 (1814) [≡ *Vogelia paniculata* (L.) Hornem., Hort. Hafn. 2: 594 (1815)] subsp. **thracica** (Velen.) Bornm. in Österr. Bot. Z. 44:125 (1894) (*tamarillas*)

≡ *Neslia thracica* Velen. in Oesterr. Bot. Z. 41: 122 (1891) [basión.]; - *N. paniculata* subsp. *apiculata* auct.; - *N. apiculata* auct.; *Myagrum paniculatum* auct.

Teróf.-esc. 2-6 dm. IV-VI. Campos de secano y herbazales pioneros sobre terrenos alterados. Medit.-Iranot. M. 2. (ASSO, 1779). TC.

### 3.30.36. RAPHANUS L. (1 esp.)

**1. Raphanus sativus** L., Sp. Pl.: 669 (1753) (*rábano común*)

Hemic.-bien. 2-5 dm. V-VIII. Cultivado como hortaliza de raíz en zonas de vega y eventualmente asilvestrado. Origen incierto. RR. 1. (NC).

### 3.30.37. RAPISTRUM Crantz (1 esp.)

**1. Rapistrum rugosum** (L.) All., Fl. Pedem. 1: 257 (1785) (*rabaniza amarilla*)

≡ *Myagrum rugosum* L., Sp. Pl. 640 (1753) [basión.]

Hemic.-bien. 2-5 dm. IV-VII. Campos de secano, caminos y terrenos baldíos. Medit.-Iranot. C. 1. (AA, 1985). TC.

### 3.30.38. RORIPPA Scop. (2 esp., 3 táx.)

**1a. Rorippa nasturtium-aquaticum** (L.) Hayek, Sched. Fl. Stiriac. 3-4: 22 (1905) subsp. **nasturtium aquaticum** (berros)

≡ Sisymbrium nasturtium-aquaticum L., Sp. Pl.: 657 (1753) [basión.]; = Nasturtium officinale R. Br. in Hortus Kew. (W.T. Aiton), ed. 2, 4: 110 (1812)

Hidróf.-rad. 5-35 cm. V-IX. La forma típica (subsp. *nasturtium-aquaticum*) es bastante frecuente y habita semisumergida en aguas corrientes o estancadas claras. La subsp. *microphylla* (Boenn. ex Rchb.) O. Bolòs & Vigo in Butll. Inst. Cat. Hist. Nat. 38: 75 (1974) [≡ *Nasturtium microphyllum* Boenn. ex Rchb., Fl. Germ. Excurs.: 683 (1832), basión.; ≡ *R. microphylla* (Boenn. ex Rchb.) Hyl., Rit. Landb. Atvinud. ser. B, 3: 109 (1948)] ha sido mencionada por PITARCH (2002) de diversas áreas del Maestrazgo. Cosmop. M. 3. (R & B, 1961). TC.

**2. Rorippa pyrenaica** (L.) Rchb., Icon. Fl. Germ. Helv. 2:15 (1837-38) subsp. **hispanica** (Boiss. & Reut.) Kerguélen in Lejeunia 120: 150 (1987)

≡ Nasturtium hispanicum Boiss. & Reut., Diagn. Pl. Orient. ser. 1, 8: 18 (1849) [basión.]; ≡ R. hispanica (Boiss. & Reut.) Amo, Fl. Fan. Peníns. Ibér. 6: 583 (1878); ≡ R. stylosa subsp. hispanica (Boiss. & Reut.) Kerguélen in Collect. Patrim. Nat. 8: 16 (1993)

Hemic.-esc. 1-4 dm. IV-VI. Robledales y pastos húmedos de su entorno sobre suelo silíceo. Medit.-sept. R. 3. (SL, 2000).

**XK81:** Abejuela, neveras pr. Cerro Negro (PAU, 1903). **XK96:** Mora de Rubielos, barranco de Fuennarices. **YK26:** Puertomingalvo, monte Bovalar.

**3.30.39. SINAPIS** L. (1 esp.)

**1. Sinapis arvensis** L., Sp. Pl.: 668 (1753) (*mostaza silvestre*)

Teróf.-esc. 2-6 dm. V-IX. Campos de cultivo y herbazales de su entorno. Paleotemp. M. 1. (FL, 1885). TC.

**3.30.40. SISYMBRELLA** Spach (1 esp.)

**1. Sisymbrella aspera** (L) Spach, Hist. Nat. Vég. 6: 426 (1838) subsp. **aspera**

≡ Sisymbrium asperum L., Sp. Pl.: 659 (1753) [basión.]; ≡ Rorippa aspera (L.) Maire in Mem. Soc. Sci. Nat. Maroc 15: 5 (1927); = Nasturtium asperum (L.) Boiss., Voy. Bot. Esp. 2: 28 (1839)

Hemic.-esc. 5-25 cm. IV-VII. Hondonadas y regueros húmedos, terrenos cenagosos. Medit.-occid. R. 3. (ASSO, 1779).

**XK72,** XK73, XK77, XK78, XK82, XK96, XK97, XK98, YK05, YK06, YK07, YK08, YK17, YK18, YK19, YK26, YK38.

**3.30.41. SISYMBRIUM** L. (7 esp., 8 táx.)

**1. Sisymbrium austriacum** Jacq., Fl. Austriac. 3: 35 (1775) subsp. **contortum** (Cav.) Rouy & Fouc., Fl. France 2: 19 (1895)

≡ S. contortum Cav., Descr. Pl.: 436 (1802) [basión.]; ≡ S. pyrenaicum subsp. contortum (Cav.) Thell. in Hegi, Ill. Fl. Mitt.-Eur. 4: 172 (1916)

Hemic.-bien./Teróf.-esc. 2-6 dm. V-VII. Campos de cultivo y herbazales sobre terrenos alterados. Iberolev. R. 2. (SL, 2000).

**XK74:** La Puebla de Valverde (AFA). **XK98:** Allepuz, collado de Sollavientos (P. Monserrat, JACA). **YK18:** Cantavieja, pr. Cuarto Pelado.

**2. Sisymbrium crassifolium** Cav., Descr. Pl.: 437 (1802) subsp. **crassifolium**

Hemic.-bien. 3-8 dm. IV-VI. Campos de secano, herbazales más o menos nitrófilos de sus alrededores. En ambientes de montaña (terrenos abruptos bastante pastoreados) le sustituye la subsp. *laxiflorum* (Boiss.) O. Bolòs & Vigo in Butll. Inst. Catal. Hist. Nat. 38, Ser. Bot. 1: 73 (1974) [≡ S. laxiflorum Boiss., Elench. Pl. Nov.: 9 (1838), basión.]; Medit.-occid. M. 2. (L & P, 1866). TC.

**3. Sisymbrium irio** L., Sp. Pl.: 659 (1753) (*matacandil*)
- S. multisiliquosum auct.

Teróf.-esc. 2-5 dm. III-VI. Herbazales pioneros sobre terrenos muy alterados. Paleotemp. R. 1. (FL, 1878). TC.

**4. Sisymbrium macroloma** Pomel, Nouv. Mat. Fl. Atlant.: 368 (1875)

= S. longesiliquosum Willk., Suppl. Prodr. Fl. Hispan.: 332 (1893); ≡ S. orientale subsp. macroloma (Pomel) H. Lindb. in Acta Soc. Sci. Fenn. Ser. B, Opera Biol. 1(2): 66 (1932); = S. columnae subsp. gaussenii Chouard in Bull. Soc. Bot. Fr. 96, Sess. Extr.: 157 (1949); = S. orientale subsp. gaussenii (Chouard) O. Bolòs & Vigo in Butll. Inst. Catal. Hist. Nat. 38: 73 (1974)

Hemic.-esc. 5-15 dm. IV-VI. Herbazales sombreados y alterados o abonados, sobre todo al pie de roquedos calizos. Medit.-occid. R. 3. (DEBEAUX, 1894).

XK64, XK65, XK71, XK72, XK73, XK81, XK82, XK94, XK96, XK97, YK06, YK17, YK28, YL00, YL10.

**5. Sisymbrium officinale** (L.) Scop. Fl. Carniol. ed. 2, 2: 26 (1772) (*hierba de los cantores, erísimo, sisimbrio*)

≡ Erysimum officinale L., Sp. Pl.: 660 (1753) [basión.]

Teróf.-esc. 2-5 dm. V-VII. Herbazales nitrófilos sobre terrenos secos. Paleotemp. M. 1. (FL, 1876). TC.

**6. Sisymbrium orientale** L., Cent. Pl. 2: 24 (1756)

= S. columnae Jacq., Fl. Austriac. 4: 12 (1776)

Teróf.-esc. 2-5 dm. IV-VII. Campos de secano, cunetas y herbazales pioneros sobre terrenos alterados. Paleotemp. M. 1. (R & B, 1961).

XK62, XK71, XK72, XK75, XK77, XK81, XK82, XK83, XK84, XK93, XK94, XK95, XK96, YK04, YK05, YK06, YK18, YK26, YK27, YK29, YL00, YL20.

**7. Sisymbrium runcinatum** Lag. ex DC., Syst. Nat. 2: 478 (1821) (*hierba de San Alberto*)

= *S. hirsutum* Lag. ex DC., Syst. Nat. 2: 478 (1821); = *S. lagascae* Amo, Fl. Fan. Peníns. Ibér. 6: 529 (1873); - *S. polyceratum* auct.

Teróf.-esc. 1-4 dm. IV-VI. Caminos y terrenos baldíos secos. Medit.-Iranot. R. 1. (FL, 1876).

XK84, XK85, XK86, XK94, XK95, YK04, YK05, YK17, YK27, YK37, YL20.

### 3.30.42. TEESDALIA R. Br. (1 esp.)

**1. Teesdalia coronopifolia** (J.P. Bergeret) Thell. in Repert. Spec. Nov. Regni Veg. 10: 289 (1912)

≡ *Thlaspi coronopifolium* J.P. Bergeret, Phytonom. Univ. 3: 29 (1786) [basión.]; = *T. lepidium* DC., Syst. Nat. 2: 392 (1821)

Teróf.-ros. 3-12 cm. III-V. Pastizales anuales sobre arenas silíceas secas. Euri-Medit. R. 3. (R & B, 1961).

XK77, XK78, XK85, XK86, XK96, YK06.

### 3.30.43. THLASPI L. (3 esp.)

**1. Thlaspi arvense** L., Sp. Pl.: 646 (1753) (*carraspique, telaspio*)

Teróf.-esc. 1-5 dm. IV-VI. Campos de secano y herbazales anuales del entorno. Paleotemp. M. 2. (FL, 1877).

XK62, XK63, XK72, XK73, XK74, XK77, XK78, XK82, XK83, XK84, XK87, XK88, XK89, XK96, XK97, XK98, XK99, YK06, YK07, YK08, YK09, YK17, YK18, YK19, YK27, YK28, YK29, YK38, YL00.

**2. Thlaspi perfoliatum** L., Sp. Pl.: 646 (1753) (*telaspio menor*)

Teróf.-esc. 4-25 cm. III-VI. Pastizales anuales sobre todo tipo de terrenos, con preferencia por zonas no muy soleadas. Paleotemp. M. 2. (R & B, 1961). TC.

**3. Thlaspi stenopterum** Boiss. & Reut., Diagn. Pl. Orient. ser. 1, 8: 40 (1849)

= *T. suffruticosum* Asso ex Losc. & Pardo, Ser. Imperf. Pl. Aragon.: 38 (1867); = *T. stenopterum* var. *assoi* Pau in Bol. Soc. Arag. Ci. Nat. 14: 205 (1915); - *T. alliaceum* auct.

Hemic.-esc. 4-20 cm. IV-VI. Pastizales vivaces sombreados en terrenos abruptos. Iberolev. R. 4. (PAU, 1915).

XK06: Linares de Mora, pr. El Martinete.

### 3.30.44. VELLA L. (1 esp.)

**1. Vella pseudocytisus** L., Sp. Pl.: 641 (1753) subsp. **paui** Gómez-Campo in Bot. J. Linn. Soc. 82: 174 (1981) (*pítano*)

= *V. badalii* Pau, Not. Bot. Fl. Esp. 2: 19 (1988)

Nano-Faner. 3-6 dm. IV-VI. Matorrales alterados sobre suelos secos margosos o yesosos, en áreas no muy elevadas. Iberolev. RR. 5. (GM, 1990).

XK55: Cascante del Río, hacia Villel. XK65: Id., valle del río Camarena.

### 3.31. CUCURBITACEAE (*Cucurbitáceas*) (4 gén.)

### 3.31.1. BRYONIA L. (1 esp.)

**1. Bryonia dioica** Jacq., Fl. Austriac. 2: 59 (1774) (*nueza blanca*)

≡ *B. cretica* subsp. *dioica* (Jacq.) Tutin in Feddes Repert. 79: 61 (1968)

Hemic.-escand. 1-2 m. V-VII. Trepadora por bosques y altos matorrales caducifolios, sobre todo ribereños. Euri-Medit. M. 2. (R & B, 1961). TC.

### 3.31.2. CUCUMIS L. (2 esp.)

**1. Cucumis melo** L., Sp. Pl.: 1011 (1753) (*melón*)

Teróf.-escand. 5-20 dm. VI-VIII. Cultivado por sus frutos y a veces temporalmente asilvestrado. Paleotrop. RR. 1. (NC).

**2. Cucumis sativus** L., Sp. Pl.: 1012 (1753) (*pepino*)

Teróf.-escand. 5-18 dm. VI-VIII. Cultivado como hortaliza y accidentalmente asilvestrado. Paleotrop. RR. 1. (NC).

### 3.31.3. CUCURBITA L. (2 esp.)

**1. Cucurbita maxima** Lam., Encycl. Méth. Bot. 2: 149 (1786) (*calabaza*)

Teróf.-escand. 1-5 dm. VI-VIII. Algunos ejemplares en los huertos o eventualmente escapados de cultivo. Neotrop. RR. 1. (NC).

**2. Cucurbita pepo** L., Sp. Pl.: 1010 (1753) (*calabacín*)

Teróf.-escand. 5-15 dm. VI-VIII. Cultivado como hortaliza y sólo muy excepcionalmente asilvestrado. Neotrop. RR. 1. (NC).

### 3.31.4. ECBALLIUM A. Richard (1 esp.)

**1. Ecballium elaterium** (L.) A. Richard in Bory, Dict. Clss. Hist. Nat. 6: 19 (1824) (*pepinillo del diablo, cohombrillos amargos*)

≡ *Momordica elaterium* L., Sp. Pl.: 1010 (1753) [basión.]

Geóf.-bulb. 2-6 dm. V-VIII. Herbazales nitrófilos vivaces en terrenos baldíos, cunetas, etc. Circun-Medit. RR. 2. (SL, 2000).

XK94: Olba, pr. Los Villanuevas, **YK04**: Ibíd., afueras de Olba.

### 3.32. DIPSACACEAE (*Dipsacáceas*) (5 gén.)

### 3.32.1. CEPHALARIA Schrad. (1 esp.)

**1. Cephalaria leucantha** (L.) Roem. & Schult., Syst. Veg. ed. 15, 3: 47 (1818) (*escabiosa blanca*)

≡ *Scabiosa leucantha* L., Sp. Pl.: 98 (1753) [basión.]

Caméf.-sufr. 3-8 dm. VII-IX. Terrenos pedregosos calizos, matorrales de zonas abruptas. Medit.-occid. C. 2. (PAU, 1884). TC.

### 3.32.2. DIPSACUS L. (1 esp.)

**1. Dipsacus fullonum** L., Sp. Pl.: 97 (1753) (*cardo cardador, cardencha*)

= *D. sylvestris* Huds., Fl. Angl.: 49 (1762); - *D. pilosus* auct.; - *D. ferox* auct.

Hemic.-bien. 5-18 dm. VI-VIII. Juncales y medios ribereños húmedos más o menos antropizados. Paleotemp. M. 2. (R & B, 1961). TC.

### 3.32.3. KNAUTIA L. (3 esp.)

1. **Knautia collina** (Req. ex Guérin) Jord., Cat. Graines Jard. Bot. Dijon: 26 (1848)
≡ *Scabiosa collina* Req. ex Guérin, Descr. Font. Vaucluse, ed. 2: 248 (1813) [basión.]; ≡ *Trichera collina* (Req. ex Guérin) Nyman, Syll. Fl. Eur.: 60 (1855); = *K. arvensis* var. *purpurea* Vill., Hist. Pl. Dauph. 2: 293 (1787); = *K. purpurea* (Vill.) Borbás in Österr. Bot. Zeit. 44: 399 (1894)]
Hemic.-esc. 2-5 dm. V-VII. Pastizales vivaces algo húmedos y orlas forestales. Medit.-sept. M. 3. (PAU, 1891).
XK63, XK64, XK65, XK72, XK73, XK74, XK75, XK76, XK77, XK78, XK82, XK83, XK84, XK85, XK86, XK87, XK93, XK94, XK95, XK96, XK97, XK98, XK99, YK03, YK04, YK05, YK06, YK07, YK08, YK15, YK16, YK17, YK18, YK19, YK26, YK27, YK28, YK37.

2. **Knautia rupicola** (Willk.) Font Quer in Treb. Mus. Ci. Nat. Barcelona 5, ser. Bot. 3: 228 (1920)
≡ *Trichera subscaposa* var. *rupicola* Willk., Suppl. Prodr. Fl. Hisp.: 72 (1893) [basión.]; ≡ *K. arvensis* subsp. *rupicola* (Willk.) O. Bolòs & Vigo in Collect. Bot. 11: 54 (1979)
Hemic.-cesp. 4-20 cm. V-VII. Medios rocosos o escarpados calizos. Iberolev. NV. 5. (RP, 2002).
**XK28:** Mosqueruela, pr. Los Estrechos (RP, 2002).

3. **Knautia subscaposa** Boiss. & Reut., Pugill. Pl. Afr. Bor. Hisp.: 53 (1852)
≡ *Trichera subscaposa* (Boiss. & Reut.) Nyman, Syll. Fl. Eur.: 60 (1855); ≡ *K. arvensis* subsp. *subscaposa* (Boiss. & Reut.) Maire in Bull. Soc. Hist. Nat. Afr. Nord 31: 23 (1940); ≡ *K. purpurea* subsp. *subscaposa* (Boiss. & Reut.) Mateo & Figuerola, Fl. Analít. Prov. Valencia: 369 (1987)
Hemic.-esc. 5-25 cm. V-VII. Interviene en matorrales y pastizales vivaces no muy secos ni demasiado soleados. Euri-Medit. C. 3. (FL, 1886). TC.

### 3.32.4. SCABIOSA L. (6 esp.)

1. **Scabiosa atropurpurea** L., Sp. Pl.: 100 (1753) (*escobilla morisca*)
≡ *Sixalix atropurpurea* (L.) Greuter & Burdet in Willdenowia 15: 76 (1985); = *Scabiosa maritima* L., Cent. Pl. 2: 8 (1756)
Hemic.-esc./Caméf.-sufr. 3-8 dm. VI-IX. Cunetas secas y terrenos baldíos o antropizados por las partes bajas. Euri-Medit. M. 1. (PAU, 1884).
XK66, XK74, XK75, XK76, XK83, XK84, XK85, XK93, XK94, XK95, XK97, YK04, YK16, YK29.

2. **Scabiosa columbaria** L., Sp. Pl.: 99 (1753) (*escabiosa*)
Hemic.-esc. 2-6 dm. VI-IX. Pastizales vivaces no muy secos y orlas forestales variadas. Paleotemp. Representado sobre todo por la subsp. *affinis* (Gren. & Godr.) Nyman, Consp. Fl. Eur.: 344 (1879) [≡ *S. affinis* Gren. & Godr., Fl. France 2: 78 (1850), basión.; = *S. triandra* L., Sp. Pl.: 99 (1753); = *S. gramuntia* L., Syst. Nat. ed. 10, 2: 889 (1759); = *S. columbaria* subsp. *gramuntia* (L.) Burnat, Fl. Alpes Marit. 5: 243

(1915)], aunque en ocasiones se ha citado, como bastante más escasa, la forma típica (subsp. *columbaria*). M. 3. (L & P, 1866). TC.

3. **Scabiosa sicula** L., Mantissa 2: 186 (1771)
= *S. divaricata* Jacq., Hort. Vindob. 1: 5 (1770); = *Lomelosia divaricata* (Jacq.) Greuter & Burdet in Willdenowia 15: 74 (1985)
Teróf.-esc. 5-20 cm. IV-VI. Pastizales secos anuales sobre calizas. Circun-Medit. NV. 3. (FERNÁNDEZ CASAS, 1990).
**XK64:** Sierra de Javalambre (FERNÁNDEZ CASAS, 1990).

4. **Scabiosa simplex** Desf., Fl. Atl. 1: 125 (1798)
≡ *S. stellata* subsp. *simplex* (Desf.) Cout., Fl. Portugal: 595 (1913); ≡ *Lomelosia simplex* (L.) Rafin., Fl. Tellur. 4: 95 (1838);
Teróf.-esc. 5-30 cm. V-VI. Pastizales secos anuales, cunetas, terrenos baldíos, etc. Medit.-occid. R. 2. (R & B. 1961).
XK62, XK71, XK77, XK81, XK84, XK93, XK94, YK05.

5. **Scabiosa stellata** L., Sp. Pl.: 100 (1753) (*farolitos*)
≡ *Lomelosia stellata* (L.) Rafin., Fl. Tellur. 4: 95 (1838); = *S. monspeliensis* Jacq., Misc. Austriac. 2: 320 (1781); = *S. stellata* subsp. *monspeliensis* (Jacq.) Rouy, Fl. Fr. 8: 120 (1903)
Teróf.-esc. 5-25 cm. IV-VI. Pastizales secos anuales sobre suelos calizos. Medit.-occid. R. 2. (PAU, 1888).
XK62, XK71, XK75, XK76, XK77, XK81, XK82, XK83, XK84, XK85, XK86, XK93, XK94, XK95, XK96, YK03, YK04, YK05, YK29, YL00.

6. **Scabiosa turolensis** Pau, Not. Bot. Fl. Esp. 1: 20 (1887)
= *S. tomentosa* Cav., Icon. Descr. Pl. 2: 66 (1793), non J.F. Gmelin (1791); = *S. columbaria* subsp. *tomentosa* (Cav.) Font Quer in Inst. Estud. Cat., Arx. Secc. Ci. 18: 13 (1950)
Hemic.-esc. 2-5 dm. VII-IX. Matorrales y pastizales vivaces secos sobre calizas. Iberolev. M. 4. (PAU, 1888).
XK52, XK53, XK54, XK55, XK62, XK63, XK64, XK65, XK66, XK73, XK75, XK76, XK77, XK79, XK82, XK83, XK84, XK85, XK86, XK89, XK93, XK94, XK95, XK97, XK98, XK99, YK03, YK04, YK05, YK06, YK07, YK08, YK09, YK15, YK16, YK17, YK18, YK19, YK26.

### 3.32.5. SUCCISA Moench (1 esp.)

1. **Succisa pratensis** (L.) Moench, Meth.: 489 (1794) (*escabiosa mordida, bocado del diablo*)
≡ *Scabiosa succisa* L., Sp. Pl.: 98 (1753) [syn. subst.]
Hemic.-esc. 2-8 dm. VI-IX. Turberas y juncales muy húmedos. Eurosib. M. 4. (ASSO, 1779).
XK63, XK77, XK78, XK87, XK88, XK95, XK96, XK97, XK98, XK99, YK05, YK06, YK07, YK08, YK09, YK15, YK16, YK17, YK18, YK19, YK25, YK26, YK28, YL00, YL10.

### 3.33. ELAEAGNACEAE (*Eleagnáceas*) (1 gén.)

#### 3.33.1. ELAEAGNUS L. (1 esp.)

1. **Elaeagnus angustifolia** L., Sp. Pl.: 121 (1753) (*árbol del paraíso*)

Macro-Faner. 4-15 m. V-VI. Cultivado como ornamental y a veces abandonado de cultivo o con apariencia asilvestrada. Centroasiát. RR. 1. (NC).

## 3.34. ERICACEAE (Ericáceas) (6 gén.)

### 3.34.1. ARBUTUS L (1 esp.)

1. **Arbutus unedo** L., Sp. Pl.: 359 (1753) (madroño)
Meso-Faner. 1-4 m. IX-II. Bosques y maquias perennifolios termófilos. Circun-Medit. R. 4. (R & B, 1961).
XK73: Manzanera, base oriental del macizo de Javalambre (R & B, 1961). XK95: Rubielos de Mora, hacia Mora (R & B, 1961). YK04: Olba, pr. Los Ibáñez Bajos. YL10: Villarluengo, Hoz Alta.

### 3.34.2. ARCTOSTAPHYLOS Adans. (1 esp.)

1. **Arctostaphylos uva-ursi** (L.) Spreng., Syst. Veg. 2: 287 (1825) [≡ Arbutus uva-ursi L., Sp. Pl.: 395 (1753), basión.] subsp. **crassifolia** (Br.-Bl.) Riv.-Mart. ex De la Torre, Alcaraz & M.B. Crespo in Lazaroa 16: 154 (1996) (gayuba, uva de oso)
≡ A. uva-ursi var. crassifolius Br.-Bl. in Br.-Bl. & Bolòs in Anales Estac. Exp. Aula Dei 5: 35 (1957) [basión.]
Nano-Faner. 3-15 dm. IV-VI. Pinares y medios forestales con sotobosque despejado. Medit.-occid. M. 4. (PAU, 1884).
XK52, XK54, XK55, XK62, XK64, XK65, XK66, XK72, XK73, XK74, XK75, XK77, XK78, XK79, XK82, XK83, XK85, XK86, XK87, XK89, XK93, XK94, XK95, XK96, XK98, XK99, XL80, YK04, YK05, YK06, YK08, YK09, YK15, YK19, YK26, YK27, YK28, YK29, YL00, YL10, YL20.

### 3.34.3. CALLUNA Salisb. (1 esp., 2 táx.)

1. **Calluna vulgaris** (L.) Hull, Brit. Fl. ed. 2, 1: 114 (1808) (brecina)
≡ Erica vulgaris L., Sp. Pl.: 352 (1753) [basión.]
Caméf.-frut./Nano-Faner. 2-15 dm. VIII-IX. Arbusto propio de matorrales sobre suelos silíceos, con una variante típica (subsp. vulgaris), de tamaño reducido y cierta tendencia rastrera, que busca ambientes particularmente fríos y húmedos de montaña y otra -de porte más elevado- propia de ambientes mediterráneos (pinar de rodeno y jaral), para la que hemos propuesto el nombre de subsp. elgantissima (Sennen) Mateo in Flora Montib. 29: 92 (2005) [≡ C. vulgaris var. elegantissima Sennen in Bol. Soc. Ibér. Ci. Nat. 28: 178 (1929), basión.]. Eurosib. R. 3. (GM, 1990).
XK86, XK87, YK15, YK16, YK25, YK26.

### 3.34.4. ERICA L. (2 esp.)

1. **Erica arborea** L., Sp. Pl.: 353 (1753) (brezo blanco)
Nano/Meso-Faner. 1-3 m. III-V. Pinares de rodeno y matorrales secos sobre substrato silíceo. Medit.-Subtrop. R. 3. (PAU, 1884).

XK94: Olba, monte de La Venta. XK95: Mora de Rubielos (PAU, 1884). YK04: Olba, pr. Hoya de Ramos.

2. **Erica scoparia** L., Sp. Pl.: 353 (1753) (brezo de escobas)
Nano-Faner. 8-20 dm. V-VII. Brezales y jarales sobre suelo silíceo algo húmedo. Medit.-occid. RR. 4. (R & B, 1961).
XK85: Mora de Rubielos, pr. barranco de Toyaga. YK04: Olba, pr. Hoya de Ramos. YK16: Puertomingalvo, hacia Vistabella. YK17: Ibíd., pr. Mas de Cotanda.

### 3.34.5. MONOTROPA L. (1 esp.)

1. **Monotropa hypopitys** L., Sp. Pl.: 387 (1753)
Geóf.-parás. 4-15 cm. VI-VII. Escasas poblaciones en el sotobosque umbroso de los bosqyes densos de las zonas altas. Holárt. R. 5. (FL, 1886).
XK63, XK77, XK78, XK82, XK85, XK86, XK87, XK93, XK96, XK97, YK06, YK07, YK08, YK16, YK17, YK18, YK26, YK27, YK28.

### 3.34.6. PYROLA L. (1 esp.) (peralitos)

1. **Pyrola chlorantha** Sw. in Kungl. Svenska Vet.-Akad. Handl., nov. ser. 31: 194 (1810)
- P. rotundifolia auct.; - P. virens auct.
Hemic.-ros. 5-20 cm. VI-VII. Medios forestales frescos y umbrosos con abundante mantillo. Holárt. R. 4 (ASSO, 1779).
XK73, XK87, XK96, XK97, YK05, YK06, YK07, YK18, YK19.

## 3.35. EUPHORBIACEAE (Euforbiáceas) (3 gén.)

### 3.35.1. CHAMAESYCE Gray (1 esp.)

1. **Chamaesyce canescens** (L.) Prokh., Consp. Syst. Tithymalus: 19 (1933) (nogueruela)
≡ Euphorbia canescens L., Sp. Pl. ed. 2: 652 (1762) [basión.]; = E. chamaesyce L., Sp. Pl.: 455 (1753); = C. vulgaris Prokh. in Trudy. Kuibysh. Bot. Sada 1: 8 (1941)
Teróf.-rept. 5-30 cm. IV-X. Caminos, terrenos baldíos bastante frecuentados en áreas no muy elevadas. Paleotemp. R. 1. (MATEO & LOZANO, 2009).
XK73, XK84, XK85, XK93, XK94, XK95, YK03, YK04, YK05, YK15.

### 3.35.2. EUPHORBIA L. (19 esp., 20 táx.) (lechetreznas)

1. **Euphorbia amygdaloides** L., Sp. Pl.: 463 (1753)
Caméf.-sufr. 3-5 dm. IV-VI. Medios forestales y sus orlas en ambientes frescos y húmedos de montaña. Eurosib.-merid. NV. 4. (RP, 2002).
YK28: Iglesuela del Cid, rambla de las Truchas (RP, 2002). YK37: Mosqueruela, barranco de los Frailes (RP, 2002).

2. **Euphorbia angulata** Jacq., Collectanea 2: 309 (1789)
≡ E. dulcis subsp. angulata (Jacq.) Rouy, Fl. Fr. 12: 155 (1910)
Geóf.-riz. 1-4 dm. IV-VI. Medios forestales umbrosos y más bien húmedos. Eurosib. RR. 4. (MATEO & LOZANO, 2009).
YK07: Linares de Mora, pr. Cerrada de la Balsa.

3. **Euphorbia arvalis** Boiss. & Heldr. in Boiss., Diagn. Pl. Orient. 12: 116 (1853) subsp. **longistyla** (Litard. & Maire) Molero, Rovira & Vicens in Anales Jard. Bot. Madrid 54: 218 (1996)

≡ *E. arvalis* var. *longistyla* Litard. & Maire in Mém. Soc. Sci. Nat. Maroc 26: 35 (1930) [basión.]; = *E. turolensis* Sennen & Pau in Sennen, Pl. Espagne 1909: nº 845 (1909-1910).; - *E. taurinensis* auct., - *E. graeca* auct.

Teróf.-esc. 8-30 cm. V-VII. Campos de secano y terrenos baldíos circundantes en áreas frescas. Medit.-occid. R. 4. (FL, 1887).

XK63, XK64, XK97, YK06, YK07, YK08, YK17, YK19, YK28.

4. **Euphorbia characias** L., Sp. Pl.: 465 (1753) (*lechetrezna macho*)

Caméf.-sufr. 5-15 dm. III-VI. Matorrales secos, a veces en medios pedregosos o escarpados bajo climas poco rigurosos. Medit.-occid. M. 3. (R & B, 1961).

XK52, XK54, XK62, XK63, XK64, XK65, XK71, XK72, XK73, XK74, XK81, XK82, XK83, XK84, XK93, XK94, YK03, YK04, YK09, YK15, YK19, YK26, YK27, YK29, YK37, YL00, YL10, YL20.

5. **Euphorbia exigua** L., Sp. Pl.: 456 (1753)

Teróf.-esc. 3-18 cm. III-VI. Campos de secano, terrenos baldíos y pastizales anuales secos y soleados. Euri-Medit. M. 2. (RP, 2002). TC.

6. **Euphorbia falcata** L., Sp. Pl.: 456 (1753)

= *E. acuminata* Lam., Encycl. Méth. Bot. 2: 427 (1788); = *E. rubra* Cav., Icon. Descr. Pl. 1: 21 (1791); = *E. falcata* subsp. *rubra* (Cav.) Boiss. ex Sennen & Mauricio, Cat. Rif.: 107 (1933)

Teróf.-esc. 4-20 cm. IV-VI. Claros de matorrales transitados y terrenos baldíos secos. Euri-Medit. M. 2. (LOSA, 1947).

XK62, XK73, XK74, XK81, XK82, XK83, XK84, XK85, XK93, XK94, XK95, YK03, YK04, YK05, YK28, YK29, YK38.

7. **Euphorbia flavicoma** DC., Cat. Pl. Horti Monsp.: 110 (1813) subsp. **flavicoma**

= *E. mariolensis* Rouy in Bull. Soc. Bot. Fr. 29: 127 (1882); = *E. flavicoma* subsp. *mariolensis* (Rouy) O. Bolòs & Vigo in Butll. Inst. Cat. Hist. Nat. 38: 85 (1974); = *E. polygalifolia* subsp. *mariolensis* (Rouy) Mateo & Figuerola, Fl. Analít. Prov. Valencia: 368 (1987); - *E. verrucosa* auct.; - *E. epithymoides* auct.

Caméf.-sufr. 5-35 cm. IV-VI. Matorrales y pastizales vivaces secos sobre calizas. Medit.-occid. C. 2. (ASSO, 1779). TC.

8. **Euphorbia helioscopia** L., Sp. Pl.: 459 (1753)

Teróf.-esc. 1-4 dm. II-VI. Campos de cultivo y herbazales pioneros sobre terrenos alterados. Se ha indicado en la zona tanto las formas típicas (subsp. *helioscopia*), más gruesas y menos ramosas, como las más enanas y ramosas de la denominada subsp. *helioscopioides* (Losc. & Pardo) Nyman, Consp. Fl. Eur.: 651 (1881) [≡ *E. helioscopioides* Losc. & Pardo, Ser. Inconf. Pl. Arag.: 93 (1863), basión.], de las que se pasa a través de muy variables formas de tránsito. Paleotemp. M. 1. (R & B, 1961). TC.

9. **Euphorbia hirsuta** L., Amoen. Acad. 4: 483 (1759)

= *E. pubescens* Vahl, Symb. Bot. 2: 55 (1791)

Geóf.-riz. 3-6 dm. VI-IX. Juncales y márgenes de arroyos o acequias en áreas de baja altitud. Paleotemp. R. 2. (SL, 2000).

XK52, XK77, XK84, XK93, XK94, YK03, YK04.

10. **Euphorbia isatidifolia** Lam., Encycl. Méth. Bot. 2: 430 (1788)

= *E. vitellina* Losc. & Pardo, Ser. Inconf. Pl. Arag.: 93 (1863)

Geóf.-tuber. 1-3 dm. IV-VI. Matorrales secos en medios soleados sobre suelos superficiales. Ibero-lev. R. 3. (PAU, 1926).

**XK62**: Arcos de las Salinas, alrededores. **XK63**: Ibíd., valle del río Arcos hacia su nacimiento. **XK94**: Sarrión, valle del río Albentosa. **XK95**: Mora de Rubielos (PAU, 1884). **YK06**: Linares de Mora ( R & B, 1961).

11. **Euphorbia lathyris** L., Sp. Pl.: 457 (1753)

Hemic.-bien. 3-10 dm. IV-VI. Cultivada accidentalmente como ornamental y en ocasiones asilvestrada en herbazales antropizados de las zonas habitadas. Medit.-Iranot. R. 1. (PAU, 1884).

**XK95**, YK04, **YK06**, **YK18**, YK28, YL00.

12. **Euphorbia minuta** Losc. & Pardo, Ser. Inconf. Pl. Arag.: 96 (1863)

= *E. pauciflora* Dufour in Bull. Soc. Bot. Fr. 7: 442 (1860), non Hill (1765)

Caméf.-sufr. 5-15 cm. IV-VI. Matorrales secos y soleados sobre sustratos básicos poco consolidados. Iberolev. M. 3. (R & B, 1961).

XK54, XK55, XK64, XK65, XK75, XK85, XK86, XK89, XK99, YK07, YL00, YL01, YL20.

13a. **Euphorbia nevadensis** Boiss. & Reut., Pugill. Pl. Afr. Bor. Hisp.: 110 (1852) subsp. **nevadensis**

Hemic.-esc. 5-20 cm, V-VII. Pastizales vivaces en ambientes frescos de montaña sobre calizas. Iberolev. RR. 4. (MATEO & LOZANO, 2011).

**XK62**: Arcos de las Salinas, valle del río Arcos.

13b. **Euphorbia nevadensis** subsp. **aragonensis** (Losc. & Pardo) O. Bolòs & Vigo in Butll. Inst. Cat. Hist. Nat. 38: 84 (1974)

≡ *E. aragonensis* Losc. & Pardo, Ser. Inconf. Pl. Arag.: 95 (1863); = *E. sennenii* Pau in Bol. Soc. Arag. Ci. Nat. 6: 29 (1907)

Hemic.-esc. 5-25 cm. V-VII. Pastizales vivaces frescos de montaña sobre calizas. Los ejemplares del norte muestran caracteres de tránsito hacia la denominada subsp. *bolosii*, o podrían llegar a incluirse en ella. Iberolev. R. 4. (RP, 2002).

XK83, YK19, YK29, YL10.

14. **Euphorbia nicaeensis** All., Fl. Pedem. 1: 285 (1785) (*lechetrezna común*)

≡ *E. seguieriana* subsp. *nicaeensis* (All.) Rivas Goday & Borja in Anales Inst. Bot. Cav. 19: 343 (1961)

Caméf.-sufr. 2-5 dm. IV-VII. Cunetas, terrenos baldíos, matorrales y pastizales secos que han sufrido un pastoreo intenso. Circun-Medit. C. 1. (ASSO, 1779). TC.

**15. Euphorbia peplus** L., Sp. Pl.: 456 (1753) (*lecherina*)
Teróf.-esc. 5-20 cm. III-IX. Campos de cultivo y herbazales nitrófilos en terrenos bastante alterados. Cosmop. R. 1. (RP, 2002).
XK94, YK03, YK04, YK28, YL10.

**16. Euphorbia platyphyllos** L., Sp. Pl.: 460 (1753)
Teróf.-esc. 3-8 dm. VI-IX. Herbazales nitrófilos sobre terrenos alterados. Circun-Medit. NV. 2. (RP, 2002).
**YK28**: Iglesuela del Cid, hacia Puerto de las Cabrillas (RP, 2002).

**17. Euphorbia segetalis** L., Sp. Pl.: 458 (1753)
= *E. pinea* L., Syst. Nat. ed. 12, 2: 333 (1767); ≡ *E. segetalis* subsp. *pinea* (L.) Hayek in Feddes Repert. 30(1): 135 (1924)
Teróf.-esc./Hemic.-bien 1-5 dm. III-VII. Cunetas, barbechos, terrenos baldíos secos. Medit.-occid. R. 1. (MATEO & LOZANO, 2011).
**YK03**: San Agustín, barranco de la Canaleta.

**18. Euphorbia serrata** L., Sp. Pl.: 459 (1753)
Geóf.-riz. 2-5 dm. IV-VII. Caminos, campos de secano y terrenos baldíos. Circun-Medit. C. 1. (R & B, 1961). TC.

**19. Euphorbia sulcata** De Lens ex Loisel., Fl. Gall. ed. 2, 2: 339 (1828)
= *E. retusa* Cav., Icon. Descr. Pl. 1: 21 (1791) [pro parte]
Teróf.-esc. 5-15 cm. III-VI. Claros de matorrales y pastizales secos sobre sustratos someros. Medit.-occid. R. 2. (MW, 1893).
XK62, XK63, XK64, XK71, XK72, XK75, XK81, XK82, XK83, XK84, XK93, XK94, YK04, YK27, YK28, **YK38**.

**3.35.3. MERCURIALIS** L. (3 esp.)

**1. Mercurialis huetii** Hanry in Billotia 1: 21 (1864)
≡ *M. annua* subsp. *huetii* (Hanry) Lange in Willk. & Lange, Prodr. Fl. Hisp. 3: 509 (1880)
Teróf.-esc. 5-15 cm. II-VII. Roquedos y terrenos pedregosos calizos secos. Medit.-occid. R. 2. (R & B, 1961).
XK71, XK72, XK81, XK82, XK94, YK04.

**2. Mercurialis perennis** L., Sp. Pl.: 1035 (1753)
Hemic.-esc. 2-4 dm. III-V. Bosques caducifolios y sus orlas sombreadas, sobre terreno calizo. Late-Eurosib. RR. 4. (NC).
**YK28**: Iglesuela del Cid, Puerto de las Cabrillas, límite con Castellón.

**3. Mercurialis tomentosa** L., Sp. Pl.: 1035 (1753) (*mercurial blanca*)
Caméf.-sufr. 2-6 dm. V-X. Cunetas, terrenos baldíos secos. Medit.-occid. R. 2. (R & B, 1961).
XK62, XK77, XK82, XK85, XK92, XK94, YK04.

## 3.36. FAGACEAE (*Fagáceas*) (1 gén.)

**3.36.1. QUERCUS** L. (6 esp., 7 táx.)

**1. Quercus coccifera** L., Sp. Pl.: 995 (1753) (*coscoja*)
Nano-Faner. 4-20 dm. IV-VI. Matorrales secos en las partes bajas del territorio. Circun-Medit. M. 3. (R & B, 1961).
XK52, XK55, XK62, XK65, XK71, XK75, XK76, XK81, XK82, XK83, XK84, XK85, XK86, XK93, XK94, XK95, XK96, YK03, YK04, YK05, YK06, YK15, YK28, YK29, YL00, YL10, YL20.

**2. Quercus faginea** Lam., Encycl. Méth. Bot. 1: 725 (1785) (*roble quejigo*)
= *Q. valentina* Cav., Icon. Descr. Pl. 2: 25 (1793); = *Q. lusitanica* subsp. *valentina* (Cav.) Schwartz in Cavanillesia 8: 72 (1936); = *Q. faginea* subsp. *valentina* (Cav.) A. Bolòs & O. Bolòs, Misc. Font-seré: 91 (1961)
Macro-Faner. 3-15 m. V-VI. Bosques caducifolios o mixtos sobre todo tipo de sustratos, aunque con preferencia por los calizos. Medit.-occid. M. 4. (R & B, 1961). TC.

**3. Quercus ilex** L., Sp. Pl.: 995 (1753) subsp. **rotundifolia** (Lam.) Schwarz ex T. Morais in Bol. Soc. Brot. ser. 2, 14: 122 (1940) (*encina, carrasca*)
≡ *Q. rotundifolia* Lam., Encycl. Méth. Bot. 1: 723 (1785) [basión.]; = *Q. ballota* Desf. in Observ. Phys. 38: 375 (1791); = *Q. ilex* subsp. *smilax* (L.) C. Vic., Rev. Gén. Quercus: 166 (1950); = *Q. ilex* raça *ballota* (Desf.) Samp. in Bol. Soc. Brot. 24: 102 (1909)
Macro-Faner. 2-12 m. IV-VI. Bosques perennifolios o mixtos sobre todo tipo de sustratos, rehuyendo las partes más elevadas de la zona. En las áreas más húmedas, de clima suave y más cercanas al mar se pueden ver ejemplares que se pueden atribuir cómodamente al tipo (subsp. *ilex*) o a formas de introgresión, citadas por RP (2002) como *Q.* × *gracilis* Lange in Vidensk Meddel Dansk Naturh. Foren. Kjobenh. 1861: 36 (1861) [*Q. ilex* subsp. *ilex* × *Q. ilex* subsp. *rotundifolia*; - *Q.* × *ambigua* auct.]. Medit.-occid. C. 3. (R & B, 1961). TC.

**4. Quercus pubescens** Willd., Berlin Baumzucht: 279 (1796) (*roble pubescente*)
= *Q. humilis* auct.
Macro-Faner. 2-10 m. IV-VI. Bosques caducifolios o mixtos en ambiente medite-rráneo húmedo. Medit.-sept. RR. 5. (LOZANO, ALCOCER & ACEDO, 2012).
**XK97**: Alcalá de la Selva, pr. Mas de la Loma de Abajo (LOZANO & al., 2012).

**5. Quercus pyrenaica** Willd., Sp. Pl. 4(1): 451 (1805) (*roble melojo, marojo, rebollo*)
= *Q. toza* Bast., Essai: 346 (1809)
Macro-Faner. 3-20 m. V-VI. Bosques caducifolios sobre sustratos silíceos. Ha sido mencionada de la zona en forma algo vaga, quizás refiriéndose a las cercanas poblaciones de las sierras de Pina y Peñagolosa, pero no conocemos ninguna localidad concreta. Medit.-occid. NV. 4. (R & B, 1961).

**6. Quercus suber** L., Sp. Pl.: 995 (1753) (*alcornoque*)
Macro-Faner. 3-30 m. IV-V. Ejemplares sueltos en las zonas con afloramientos silíceos a baja altitud. Medit.-occid. RR. 4 (MATEO, FABREGAT & LÓPEZ UDIAS, 1997).
**YK04:** Olba, pr. Los Lucas.

*Híbridos* (2 esp.)

**1. Quercus × auzandrii** Gren. & Godr., Fl. France 3: 119 (1855) (*coccifera × ilex*) nothosubsp. **agrifolia** (Batt.) M.B. Crespo & Mateo in Anales Jard. Bot. Madrid 47(1): 262 (1990) (*coccifera* subsp. *coccifera × ilex* subsp. *rotundifolia*)
≡ *Q. agrifolia* Batt. in Batt. & Trab., Fl. Algér. (Dicot.): 825 (1890) [basión.]
Nano/Meso-Faner. 1-4 m. Ejemplares esporádicos en las zonas en que ambas especies se encuentran en contacto o próximos. Medit.-occid. R. 2. (PAU, 1891).
XK85, XK94, XK95, YK03, YK04.

**2. Quercus × battandieri** A. Camus, Les Chênes 2: 411 (1939) (*coccifera × faginea*)
Nano/Meso-Faner. 1-4 m. Esporádicamente en las zonas bajas. Medit.-occid. RR. 4. (SL, 2000).
**YK04:** Olba, valle del Mijares.

## 3.37. FRANKENIACEAE (*Franqueniáceas*) (1 gén.)

### 3.37.1. FRANKENIA L. (1 esp.)

**1. Frankenia pulverulenta** L., Sp. Pl.: 332 1753)
Teróf.-rept. 4-20 cm. IV-VI. Herbazales en medios salinos húmedos en invierno y secos en verano. Subcosmop. RR. 3. (AA, 1985).
**XK62:** Arcos de las Salinas, las salinas.

## 3.38. GENTIANACEAE (*Gencianáceas*) (3 gén.)

### 3.38.1. BLACKSTONIA Huds. (1 esp.)

**1. Blackstonia perfoliata** (L.) Huds., Fl. Angl.: 146 (1762) (*perfoliada*)
≡ *Gentiana perfoliata* L., Sp. Pl.: 232 (1753) [basión.]; ≡ *Chlora perfoliata* (L.) L., Syst. Nat. ed. 12. 2: 267 (1767)
Teróf.-esc. 2-5 dm. V-IX. Juncales, pastizales vivaces y taludes húmedos. Paleotemp. M. 2. (ASSO, 1779).
XK52, XK54, XK62, XK64, XK65, XK73, XK75, XK77, XK81, XK83, XK84, XK85, XK86, XK93, XK94, XK95, XK96, XK97, XK99, YK03,

YK04, YK05, YK06, YK09, YK15, YK16, YK17, YK18, YK19, YK26, YK28, YL29, YK37, YK38, YL00, YL10.

### 3.38.2. CENTAURIUM Hill (4 esp., 5 táx.)

**1. Centaurium erythraea** Rafn, Danm. Holst. Fl. 2: 75 (1800) (*centaurea menor, hiel de la tierra*)
- *Erythraea centaurium* auct.; - *C. umbellatum* auct.
Hemic.-esc. 2-4 dm. VI-VIII. Pastizales vivaces algo húmedos. Se trata de un agregado muy polimorfo del que se ha mencionado de la zona el tipo (subsp. *erythraea*), la subsps. *majus* (Hoffmanns. & Link) Laínz, Aport. Conocim. Fl. Gallega 7: 18 (1971) [≡ *Erythraea major* Hoffmanns. & Link, Fl. Port. 1: 349 (1820), basión.] y la subsp. *grandiflorum* (Biv.) Melderis in Bot. J. Linn. Soc. 65: 234 (1972) [≡ *E. grandiflora* Biv., Sic. Cent.: 103 (1806), basión.]; cuyos caracteres de distinción no vemos claros. Paleotemp. R. 3. (L & P, 1863). 5
XK64, XK87, XK97, YK05, YK06, YK15, YK16, YK19, YK28, YL00.

**2. Centaurium pulchellum** (Swartz) Druce ex Hand.-Mazz., Stadlm., Janch. & Faltis in Österr. Bot. Zeit. 56: 70 (1906)
≡ *Gentiana pulchella* Swartz in Kongl. Vetensk. Acad. Nya Handl. 3: 84 (1783) [basión.]; ≡ *Erythraea pulchella* (Swartz) Fr., Novit. Fl. Suec.: 30 (1814); - *C. acutiflorum* auct.
Teróf.-esc. 5-20 cm. V-VII. Pastizales con abundante humedad primaveral. Paleotemp. R. 3. (R & B, 1961).
XK62, XK83, XK85, XK86, XK87, XK93, XK94, XK95, XK96, XK97, YK04, YK18, YK19, YK28, YK29, YL10.

**3. Centaurium quadrifolium** (L.) G. López & C.E. Jarvis in Anales Jard. Bot. Madrid 40: 342 (1984) [≡ *Gentiana quadrifolia* L., Sp. Pl. ed. 2. 2: 1671 (1763), basión.; ≡ *Chlora quadrifolia* (L.) L., Syst. Nat. ed. 12. 2: 267 (1767)] subsp. **linariifolium** (Lam.) G. López in Anales Jard. Bot. Madrid 41(1): 201 (1984)
≡ *Gentiana linariifolia* Lam., Encycl. 2(2): 641 (1788) [basión.]; ≡ *C. linariifolium* (Lam.) Beck Fl. Nieder-Osterreich 2: 935 (1892); ≡ *Erythraea linariifolia* (Lam.) Pers., Syn. Pl. 1: 283 (1805); = *E. turolensis* Pau in Actas Soc. Esp. Hist. Nat. 23: 139 (1894); - *E. gypsicola* auct.; - *E. barrelieri* auct.
Hemic.-esc./cesp. 8-25 cm. V-VII. Matorrales y pastizales vivaces mesoxerófilos sobre sustratos básicos en áreas interiores frescas. Iberolev. M. 3. (SL, 2000).
XK52, XK55, XK62, XK64, XK65, XK73, XK75, XK76, XK77, XK83, XK86, XK87, XK88, XK89, XK96, XK97, XK98, YK05, YK06, YK07, YK08, YK09, YK19, YK27, YL00, YL10, YL20.

**3b. Centaurium quadrifolium** subsp. **barrelieri** (Dufour) G. López in Anales Jard. Bot. Madrid 41(1): 202 (1984)
≡ *Erythraea barrelieri* Dufour in Bull. Soc. Bot. Fr. 7: 351 (1860); ≡ *C. barrelieri* (Dufour) Font Quer & Rothm. in Font Quer, Sched. Fl. Ibér. Selecta, Cent. 2-3: nº 179 (1935)
Hemic.-bien. 1-3 dm. V-VII. Matorrales y pastizales vivaces sobre sustratos básicos en áreas bajas o litorales. Iberolev. R. 3. (SL, 2000).
XK84, XK93, XK94, YK03, YK04.

**4. Centaurium tenuiflorum** (Hoffmanns. & Link) Fritsch ex Janch. in Mitt. Naturwiss. Vereins Univ. Wien, n. s., 5: 97 (1907) **subsp. tenuiflorum**
≡ *Gentiana tenuiflora* Hoffmanns. & Link, Fl. Port. 1: 354 (1820) [basión.]; ≡ *C. pulchellum* subsp. *tenuiflorum* (Hoffmanns. & Link) Maire in Mém. Soc. Sci. Nat. Maroc 17: 141 (1928)
Teróf.-esc. 5-25 cm. V-VII. Pastizales sobre terrenos algo húmedos y soleados. Paleotemp. R. 3. (RIERA, 1992).
XK62, XK83, XK93, YK09, YK16, YK28, YK29, YL00, YL10.

**3.38.3. GENTIANA** L. (2 esp.)

**1. Gentiana acaulis** L., Sp. Pl.: 228 (1753)
- *G. pneumonanthe* auct.
Hemic.-ros. 5-15 cm. V-VII. Pastizales vivaces húmedos en zonas frías de montaña, sobre terrenos silíceos. Eurosib. RR. 5 (AGUILELLA & MATEO, 1984).
**XK97:** Alcalá de la Selva, pr. Collado de la Gitana. **YK07:** Valdelinares, alto del Puerto de Valdelinares.

**2. Gentiana cruciata** L., Sp. Pl.: 231 (1753)
- *G. asclepiadea* auct.
Hemic.-esc. 2-4 dm. VI-VIII. Pastizales frescos y húmedos de montaña. Paleotemp. R. 4. (FL, 1885).
XK87, XK96, XK97, XK98, YK05. YK06, YK07, YK08, YK09, YK17, YK18, YK19, YK27, YK28, **YK29**.

## 3.39. GERANIACEAE (Geraniáceas) (2 gén.)

**3.39.1. ERODIUM** L'Hér. (5 esp.)

**1. Erodium celtibericum** Pau, Not. Bot. Fl. Españ. 5: 19 (1892)
≡ *E. cheilanthifolium* subsp. *celtibericum* (Pau) Rivas Goday in Anales Jard. Bot. Madrid 6: 416 (1946); ≡ *E. foetidum* subsp. *celtibericum* (Pau) O. Bolòs & Vigo in Butll. Inst. Catal. Hist. Nat. 38, Bot. 1: 81 (1974); - *E. trichomanifolium* auct.
Caméf.-pulvin. 5-25 cm. V-VII. Crestones calizos elevados y venteados sobre sustratos calizos someros. Iberolev. R. 5. (FL, 1886).
XK63, XK64, XK73, XK74, XK77, XK78, XK79.

**2. Erodium ciconium** (L.) L'Hér. in Ait., Hort. Kew. 2: 415 (1789) (*pico de cigüeña*)
≡ *Geranium ciconium* L., Cent. Pl. 1: 21 (1755) [basión.]
Teróf.-esc. 2-6 dm. IV-VI. Campos de cultivo y herbazales sobre terrenos baldíos. Euri-Medit. M. 2. (PAU, 1886). TC.

**3. Erodium cicutarium** (L.) L'Hér. in Ait., Hort. Kew. 2: 414 (1789) subsp. **cicutarium** (*relojes, alfileres de pastor*)
≡ *Geranium cicutarium* L., Sp. Pl.: 680 (1753) [basión.]
Teróf.-esc./ros. 1-4 dm. III-VI. Campos de cultivo, caminos y herbazales pioneros sobre terrenos alterados. Paleotemp. C. 1. (AA, 1985). TC.

**4. Erodium malacoides** (L.) L'Hér. in Ait., Hort. Kew. 2: 415 (1789)
≡ *Geranium malacoides* L., Sp. Pl.: 680 (1753) [basión.]
Teróf.-esc. 1-5 dm. II-VI. Cunetas y herbazales secos sobre terrenos baldíos y en áreas no muy elevadas. Circun-Medit. M. 2. (FL, 1876).
XK62, XK71, XK72, XK81, XK82, XK83, XK84, XK85, XK86, XK87, XK93, XK94, YK95, YK03, YK04, YK05, YK06, YK17, YK27, YK28, YK37, YK38, YL00, YL10, YL20.

**5. Erodium moschatum** (L.) L'Hér. in Ait., Hort. Kew 2: 414 (1789) (*almizclera*)
≡ *Geranium moschatum* L., Syst. Nat. ed. 10, 2: 1143 (1759) [basión.]
Teróf.-esc. 2-5 dm. III-V. Caminos, terrenos baldíos en zonas cálidas. Ha sido citada de Sarrión y Teruel, aunque no existe ninguna otra indicación posterior y podría tratarse de confusión con formas grandes de *E. cicutarium*. NV. 2. (R & B, 1961).

**3.39.2. GERANIUM** L. (12 esp.)

**1. Geranium collinum** Steph ex Willd., Sp. Pl. 3(1): 705 (1801)
= *G. benedictoi* Pau, Not. Bot. Fl. Esp. 6: 41 (1895); = *G. acutilobum* Coincy in J. Bot. (Paris) 12: 56 (1898); = *G. collinum* subsp. *benedictoi* (Pau) López Udias, C. Fabregat & Mateo in Xiloca 13: 180 (1994); - *G. palustre* auct.
Hemic.-esc. 3-6 dm, VI-VIII. Medios sombreados y húmedos, principalmente en riberas fluviales. Eurosib. R. 4. (R & B, 1961).
XK86, XK87, XK96, XK97, YK05, YK06, YK07.

**2. Geranium columbinum** L., Sp. Pl.: 682 (1753) (*pie de paloma*)
Teróf.-esc. 1-4 dm. V-VII. Prados y regueros húmedos algo antropizados. Paleotemp. R. 3. (SL, 2000).
XK73, **XK77**, XK83, XK84, XK93, XK96, YK25, YK28, YL00, YL10.

**3. Geranium dissectum** L., Cent. Pl. 1: 21 (1755)
Teróf.-esc. 1-5 dm. IV-VII. Pastizales algo húmedos en áreas más bien alteradas o antropizadas. Paleotemp. M. 2. (R & B, 1961).
XK62, XK63, XK64, XK65, XK73, XK74, XK77, XK83, XK84, XK85, XK86, XK87, XK94, YK04, YK06, YK07, YK28, YK38.

**4. Geranium lucidum** L., Sp. Pl.: 682 (1753)
Teróf.-esc. 1-4 dm. IV-VII. Orlas de bosque, pie de roquedos y zonas umbrosas visitadas con frecuencia por el ganado. Euri-Medit. M. 2. (R & B, 1961). TC.

**5. Geranium molle** L., Sp. Pl.: 682 (1753)
Teróf.-esc. 1-4 dm. IV-VII. Herbazales alterados en ambiente de sombra o no muy soleado. Paleotemp. M. 2. (R & B, 1961). TC.

**6. Geranium pratense** L., Sp. Pl.: 681 (1753)
- *G. sylvaticum* auct.

Hemic.-esc. 3-6 dm. VI-IX. Pastizales vivaces húmedos de montaña. Eurosib. R. 5. (FL, 1878).
XK87, XK96, XK97, YK06, YK07, YK08, YK17, YK18.

**7. Geranium purpureum** Vill., Hist. Pl. Dauph. 1: 272 (1786)
≡ *G. robertianum* subsp. *purpureum* (Vill.) Nyman, Consp. Fl. Eur.: 138 (1878)
Teróf.-esc. 1-4 dm. IV-VI. Roquedos, pedregales y herbazales de orla de bosque. Euri-Medit. M. 2. (R & B, 1961). TC.

**8. Geranium pusillum** L., Syst. Nat. ed. 10, 2: 1144 (1759)
Teróf.-esc. 1-4 dm. V-VII. Medios alterados y algo sombreados. Euri-Medit. R. 2. (RP, 2002).
XK75, XK77, XK87, YK07, YK08, **YK17**, YK18, YK27, YK28, YL00.

**9. Geranium pyrenaicum** Burm. f., Spec. Bot. Geran.: 27 (1759)
Hemic.-esc. 2-6 dm. V-VII. Orlas de bosque algo húmedas, ribazos de los campos en zonas de vega. Late-Pirenaica. M. 3. (FL, 1878).
XK55, XK62, XK63, XK64, XK65, XK71, XK72, XK73, XK74, **XX75**, XK77, XK81, XK82, XK83, XK86, XK87, XK88, XK89, XK96, XK97, XK98, XK99, YK05, YK06, YK07, YK08, YK09, YK15, YK16, YK17, YK18, YK19, YK26, YK27, YK28, YL00, YL10.

**10. Geranium robertianum** L., Sp. Pl.: 681 (1753) (*hierba de San Roberto*)
Hemic./Teróf.-esc. 3-6 dm. V-IX. Medios húmedos y muy umbrosos, aunque algo antropizados. Paleotemp. M. 3. (PAU, 1884).
XK55, XK62, XK63, XK64, XK65, XK72, XK73, XK74, XK81, XK82, XK83, XK86, XK87, XK88, XK94, XK95, XK96, XK97, XK98, XK99, YK04, YK05, YK06, YK07, YK08, YK09, YK15, YK16, YK17, YK18, YK19, YK25, YK26, YK27, YK28, YL00, YL10.

**11. Geranium rotundifolium** L., Sp. Pl.: 683 (1753)
Teróf.-esc. 1-4 dm. IV-VI. Herbazales alterados en medios algo sombreados. Paleotemp. M. 1. (AA, 1985). TC.

**12. Geranium sanguineum** L., Sp. Pl.: 683 (1753)
Hemic.-esc. 2-5 dm. V-VII. Bosques mixtos y pastizales frescos o algo sombreados de su entorno. Eurosib.-merid. M. 4. (PAU, 1888).
XK83, XK84, XK86, XK87, XK95, XK96, XK97, XK98, YK06, YK07, YK08, YK09, YK15, YK16, YK25, YK26, YK27, YK37, YL00.

## 3.40. GLOBULARIACEAE (*Globulariáceas*) (1 gén.)

### 3.40.1. GLOBULARIA L. (3 esp., 4 táx.)

**1. Globularia alypum** L., Sp. Pl.: 95 (1753) (*coronilla de fraile*)

Caméf.-frut. 2-5 dm. X-III. Matorrales secos sobre sustratos básicos en zonas de baja altitud. Circun-Medit. RR. 3. (AFA).
**XK94**: Olba, valle del Mijares pr. Los Giles. **YK04**: Fuentes de Rubielos, valle del río Morrón pr. Rodeche. **YL00**: Villarluengo, valle del Guadalope. **YL10**: Id., Hoz Baja.

**2. Globularia linifolia** Lam., Encycl. Méth. Bot. 2(2): 731 (1788) (*globularia mayor*)
Hemic.-esc./cesp. 5-30 cm. IV-VI. Matorrales y pastizales sobre suelos calizos poco profundos. La mayor parte de la respresentanción en la zona corre a cargo de la subsp. *hispanica* (Willk.) M.B. Crespo & Mateo in Flora Montib. 45: 92 (2010) [≡ *G. cambessedesii* subsp. *hispanica* Willk., Suppl. Prodr. Fl. Hispan.: 141 (1893), basión.; - *G. vulgaris* subsp. *vulgaris* auct.], aunque en las zonas bajas contacta -y presenta formas de tránsito- con la forma típica o subsp. *linifolia* [= *G. valentina* Willk., Rech. Globul.: 21 (1850); = *G. vulgaris* subsp. *valentina* (Willk.) Malag., Sin. Fl. Ibér.: 1534 (1979)]. Iberolev. C. 3. (FL, 1876). TC.

**3. Globularia repens** Lam., Fl. Franç. 2: 325 (1779)
≡ *G. cordifolia* subsp. *repens* (Lam.) Wettst. in Bull. Herb. Boiss. 3: 285 (1895); = *G. cordifolia* subsp. *nana* (Lam.) P. Fourn., Quatre Fl. Fr.: 846 (1940)
Caméf.-rept. 3-25 cm. IV-VII. Roquedos calizos en zonas algo elevadas. Eurosib.-merid. M. 3. (R & B, 1961).
XK64, XK78, XK95, XK96, XK97, XK98, XK99, YK05, YK06, YK07, YK08, YK09, YK15, YK16, YK17, YK18, YK19, YK27, YK28, YK29, YL00, YL10.

## 3.41. GROSSULARIACEAE (*Grosulariáceas*) (1 gén.)

### 3.41.1. RIBES L. (3 esp.)

**1. Ribes alpinum** L., Sp. Pl.: 200 (1753) (*grosellero silvestre*)
Nano-Faner. 2-12 dm. IV-VI. Orlas forestales y medios escarpados en terrenos calcáreos. Eurosib. M. 4. (ASSO, 1779).
XK63, XK64, XK65, XK72, XK73, XK74, XK75, XK77, XK78, XK81, XK82, XK83, XK86, XK87, XK88, XK89, XK92, XK95, XK96, XK97, XK98, XK99, YK05, YK06, YK07, YK08, YK09, YK15, YK16, YK17, YK18, YK19, YK26, YK27, YK28, YK29, YK38, YL00.

**2. Ribes rubrum** L., Sp. Pl.: 200 (1753) (*grosellero común*):
- *R. grossularia* auct.
Nano-Faner. 5-15 dm. IV-VI. Ejemplares sueltos, restos de antiguos cultivos, en zonas de vega. Eurosib. RR. 2. (ASSO, 1779).

**3. Ribes uva-crispa** L., Sp. Pl.: 201 (1753) subsp. **austro-europaeum** (Bornm.) Bech. in Repert. Spec. Nov. Regni Veg. 27: 228 (1929) (*uva-espín*)
≡ *R. grossularia* subsp. *austro-europaeum* Bornm. in Repert. Spec. Nov. Regni Veg. 25: 278 (1928) [basión.]

Nano-Faner. 5-15 dm. IV-VI. Orlas forestales y medios escarpados sobre calizas. Paleotemp. R. 4. (PAU, 1888).
XK63, XK64, XK73, XK74, XK78, XK96, XK97, XK98, YK06, YK07, YK08, YK17, YK18, YK19.

### 3.42. HALORAGACEAE (Haloragáceae) (1 gén.)

#### 3.42.1. MYRIOPHYLLUM L. (1 esp.)

1. **Myriophyllum spicatum** L., Sp. Pl.: 992 (1753)
Hidróf. 3-8 dm. VI-VIII. Sumergida en aguas de escasa corriente. Subcosmop. Ha sido detectada en diversas localidades limítrofes de la provincia de Castellón, siendo su presencia muy probable. NV. 4.

### 3.43. HYDRANGEACEAE (Hidrangeáceas) (1 gén.)

#### 3.43.1. PHILADELPHUS L. (1 esp.)

1. **Philadelphus coronarius** L., Sp. Pl.: 470 (1753) (filadelfo)
Meso-Faner. 1-3 m. V-VII. Cultivado como ornamental y sólo muy excepcionalmente observable más o menos asilvestrado. Eurosib.-orient. RR. 2. (NC).

### 3.44. HYPERICACEAE (GUTTIFERAE) (Hipericáceas o Gutíferas) (1 gén.)

#### 3.44.1. HYPERICUM L. (5 esp.)

1. **Hypericum caprifolium** Boiss., Elench. Pl. Nov.: 26 (1838)
Hemic.-esc. 4-10 dm. V-VII. Paredones y taludes rezumantes o muy húmedos en terrenos calizos. Iberolev. R. 4. (L & P, 1866).
XK82, YK06, YK09, YK19, YL00, YL10.

2. **Hypericum hirsutum** L., Sp. Pl.: 786 (1753)
Hemic.-esc. 3-7 dm. VI-VIII. Medios forestales frescos y sus orlas sombreadas. Paleotemp. R. 4. (ASSO, 1779).
XK87, XK88, XK89, XK96, XK97, XK98, YK05, YK06, YK07, YK08, YK15, YK16, YK17, YK18, YK19, YK25, YK26, YK27, YL00.

3. **Hypericum montanum** L., Fl. Suec. ed. 2: 266 (1755)
Hemic.-esc. 3-8 dm. VI-VIII. Bosques caducifolios y herbazales esciófilos de su entorno. Paleotemp. R. 4. (R & B, 1961).
XK82, XK83, XK87, XK95, XK96, XK97, XK98, YK05, YK06, YK07, YK08, YK09, YK16, YK18, YK19, YK27, YK28, YK29, YL00, YL10.

4. **Hypericum perforatum** L., Sp. Pl.: 785 (1753) (hipérico, hierba de San Juan)
Hemic.-esc. 3-6 dm. V-IX. Herbazales sobre terrenos algo húmedos pero más o menos alterados. Paleotemp. C. 2. (PAU, 1884). TC.

5. **Hypericum tetrapterum** Fr., Novit. Fl. Suec. Mantisa 1: 94 (1823)

= H. quadrangulum L, Sp. Pl.: 785 (1753), nom. rej.; - H. quadrangulum subsp. acutum auct.

Hemic.-esc. 3-6 dm. VI-IX. Juncales y pastizales vivaces densos sobre suelos muy húmedos. Paleotemp. R. 3. (ASSO, 1779). TC.

### 3.45. JUGLANDACEAE (Yuglandáceas) (1 gén.)

#### 3.45.1. JUGLANS L. (1 esp.)

1. **Juglans regia** L., Sp. Pl.: 997 (1753) (nogal, noguera)
Macro-Faner. 4-20 m. IV-VI. Cultivado en los campos y asilvestrado en bosques húmedos, sobre todo ribereños. Medit.-orient. R. 1. (AA, 1985).

### 3.46. LABIATAE (LAMIACEAE) (Labiadas o Lamiáceas) (26 gén.)

#### 3.46.1. AJUGA L. (1 esp.)

1. **Ajuga chamaepitys** (L.) Schreb., P. Vertic. Unilab.: 24 (1774) (pinillo)
≡ Teucrium chamaepitys L., Sp. Pl.: 562 (1753) [basión.]
Teróf.-esc. 5-20 cm. V-VII. Campos de cultivo y herbazales pioneros sobre terrenos alterados. Euri-Medit. M. 2. (R & B, 1961).
XK53, XK62, XK63, XK65, XK71, XK72, XK74, XK75, XK76, XK77, XK81, XK82, XK83, XK84, XK85, XK86, XK87, XK93, XK94, XK95, XK96, XK97, YK03, YK04, YK05, YK06, YK15, YK16, YK17, YK27, YK29, YK37, YL00, YL01, YL10, YL20.

#### 3.46.2. BALLOTA L. (2 esp.)

1. **Ballota hirsuta** Benth., Lab. Gen. Sp.: 595 (1834) (marrubio rojo)
≡ Echeandia hirsuta (Benth.) Pau in Seman. Farmac. 15: 55 (1887); = Zapateria hirsuta (Benth.) Pau, Not. Bot. Fl. Esp. 1: 11 (1887); = B. mollissima Benth., Lab. Gen. Sp.: 597 (1834); - B. hispanica auct.
Caméf.sufr./Nano-Faner. 3-8 dm. V-VII. Matorrales en ambientes secos bastante alterados o pastoreados. Medit.-occid. R. 2. (PAU, 1885).
XK81: Abejuela, barranco de la Barchesa. YK03: San Agustín, valle del río Maimona. YK04: Id., pr. Los Peiros.

2. **Ballota nigra** L., Sp. Pl.: 582 (1753) subsp. **foetida** (Vis.) Hayek in Feddes Repert. 30(2): 278 (1929) (marrubio negro)
≡ B. nigra var. foetida Vis., Fl. Dalm. 2: 215 (1847) [basión.]; = B. foetida Lam., Fl. Fr. 2: 381 (1779), nom. illeg.
Hemic.-esc. 2-7 dm. VI-IX. Herbazales antropizados en zonas de vega o no muy soleadas. Eurosib. M. 2. (PAU, 1884). TC.

#### 3.46.3. CLINOPODIUM L. (5 esp.)

1. **Clinopodium acinos** (L.) Kuntze, Revis. Gen. Pl.: 513 (1891)
≡ Thymus acinos L., Sp. Pl.: 591 (1753) [basión.]; ≡ Calamintha arvensis Lam., Fl Franç. 2: 394 (1779) [syn. subst.]; ≡ Cal. acinos (L.) Clairv., Man. Herb. Suisse: 197 (1811); ≡ Satureja acinos (L.)

Scheele in Flora 26: 577 (1843); ≡ *Acinos arvensis* (Lam.) Dandy in J. Ecol. 33: 326 (1946); - *A. thymoides* auct.

Hemic.-esc. 5-20 cm. V-VII. Caminos, pastizales secos sobre terrenos alterados. Paleotemp. M. 2. (ASSO, 1779). TC.

2. **Clinopodium alpinum** (L.) Kuntze, Revis. Gen. Pl.: 513 (1891) [≡ *Thymus alpinus* L, Sp. Pl.: 591 (1753), basión.; ≡ *Calamintha alpina* (L) Lam., Fl. Franç. 2: 394 (1779); ≡ *Acinos alpinus* (L.) Moench, Meth.: 407 (1794); ≡ *Satureja alpina* (L.) Scheele in Flora 26: 577 (1843)] subsp. **meridionale** (Nyman) Govaerts, World Checkl. Seed Pl. 3(1): 16 (1999)
≡ *Calamintha alpina* subsp. *meridionalis* Nyman, Consp. Fl. Eur. 3: 589 (1881) [basión.]; ≡ *Acinos alpinus* subsp. *meridionalis* (Nyman) P.W. Ball in Bot. J. Linn. Soc. 65(4): 344 (1972); = *Cal. granatensis* Boiss. & Reut., Pugill. Pl. Afr. Bor. Hispan.: 94 (1852); = *Cal. alpina* subsp. *granatensis* (Boiss. & Reut.) Arcang., Comp. Fl. Ital.: 543 (1882); = *Acinos granatensis* (Boiss. & Reut.) Pereda in Altamira 1-3: 5 (1960)

Caméf.-sufr./Hemic.-esc. 5-20 cm. V-VIII. Escarpados, pastizales vivaces secos y bajos matorrales de montaña. Medit.-occid. M. 3. (FL, 1878). TC.

3. **Clinopodium nepeta** (L.) Kuntze, Revis. Gen. Pl.: 515 (1891)
≡ *Melissa nepeta* L., Sp. Pl.: 593 (1753) [basión.]; ≡ *Calamintha nepeta* (L.) Savi, Fl. Pis. 2: 63 (1798); ≡ *Satureja nepeta* (L.) Scheele in Flora 26: 577 (1843); = *Cal. ascendens* Jord., Observ. Pl. Nouv. 4: 8 (1846); = *Cal. sylvatica* subsp. *ascendens* (Jord.) P.W. Ball in Bot. J. Linn. Soc. 65: 346 (1972); - *Cal. officinalis* auct.

Hemic.-esc. 3-6 dm. VII-X. Orlas forestales. Herbazales sombreados de zonas bajas. Medit.-occid. R. 3. (PAU, 1886).
XK84, XK94, YK03, YK04, YL00, YL10.

4. **Clinopodium rotundifolium** (Pers.) Kuntze, Revis. Gen. Pl. 2: 515 (1891)
≡ *Acinos rotundifolius* Pers., Syn. Pl. 2: 131 (1806) [basión.]; ≡ *Calamintha rotundifolia* (Pers.) Losc. & Pardo ex Willk. & Lange, Prodr. Fl. Hispan. 2: 415 (1868), non Host (1831); ≡ *Cal. neorotundifolia* Mateo, Claves Fl. Prov. Teruel: 390 (1992) [syn subst.]; ≡ *Satureja rotundifolia* (Pers.) Briq. in Engl. & Prantl, Nat. Pflanzenfam. 4(3a): 302 (1896); = *Acinos purpurascens* Pers., Syn. Pl. 2(1): 131 (err. typ. 151) (1806) [basión.]; = *Cal. purpurascens* (Pers.) Benth., Prodr. (DC.) 12: 231 (1848); - *Cal. graveolens* auct.; - *Cal. commutata* auct.

Teróf.-esc. 5-20 cm. V-VII. Campos de secano y herbazales secos anuales. Medit.-occid. R. 3. (L & P, 1866).
XK55, XK63, XK64, XK65, XK71, XK72, XK73, XK74, XK75, XK81, XK82, XK83, XK85, XK93, XK94, YK04, YK06, YK07, YK17, YK18, YK19, YK27, YK29.

5. **Clinopodium vulgare** L., Sp. Pl.: 587 (1753) (*clinopodio*)
≡ *Calamintha clinopodium* Benth., Prodr. (DC.) 12: 233 (1848) [syn. subst.]; ≡ *Satureja vulgaris* (L.) Fritsch, Excursionsfl. Oesterreich: 477 (1897); ≡ *Melissa clinopodium* Benth., Lab. Gen. Sp.: 392 (1834) [syn subst]; ≡ *Satureja clinopodium* (Benth.) Caruel in Parl., Fl. Ital. 6: 135 (1884-1886)

Hemic.-esc. 2-6 dm. V-VII. Bosques caducifolios o pinares frescos de montaña. Holárt. M. 3. (ASSO, 1779).
XK63, XK64, XK72, XK73, XK74, XK77, XK82, XK83, XK86, XK87, XK94, XK96, XK97, YK06, YK07, YK08, YK09, YK15, YK16, YK17, YK18, YK19, YK25, YK26, YK27, YK28, YK38, YL00, YL10.

**3.46.4. GALEOPSIS** L. (1 esp.)

1. **Galeopsis angustifolia** Ehrh. ex. Hoffm., Deutschl. Fl. ed. 2: 8. (1804)
≡ *G. ladanum* subsp. *angustifolia* (Ehrh. ex Hoffm.) Celak., Prodr. Fl. Böhmen: 839 (1881); - *G. ladanum* auct.; - *G. dubia* auct.

Teróf.-esc. 1-4 dm. VI-IX. Pedregales de montaña y terrenos pedregosos diversos, incluso en campos de secano. Eurosib.-merid. M. 3. (ASSO, 1779). TC.

**3.46.5. GLECHOMA** L. (1 esp.)

1. **Glechoma hederacea** L., Sp. Pl.: 578 (1753) (*hiedra terrestre*)
Hemic.-esc. 5-30 cm. IV-VI. Antiguamente cultivada como medicinal y actualmente desaparecida o subsistiendo muy escasamente en rincones húmedos y umbrosos, sobre todo en medios ribereños. Holárt. NV. 2. (PAU, 1884).

**3.46.6. HYSSOPUS** L. (1 esp.)

1. **Hyssopus officinalis** L., Sp. Pl.: 569 (1753) subsp. **canescens** (DC.) DC. ex Nyman, Consp. Fl. Eur. 3: 587 (1881) (*hisopo*)
≡ *H. officinalis* var. *canescens* DC., Fl. Franç. ed. 3, 5: 396 (1815) [basión.]; ≡ *H. cinereus* Pau, Not. Bot. Fl. Españ. 1: 23 (1887); ≡ *H. officinalis* subsp. *cinereus* (Pau) O. Bolòs & Vigo in Collect. Bot. 14: 95 (1983)

Caméf.-sufr. 2-5 dm. VIII-XI. Matorrales secos y cunetas o baldíos, sobre substrato básico. Medit.-occid. M. 3. (ASSO, 1779). TC.

**3.46.7. LAMIUM** L. (3 esp.)

1. **Lamium amplexicaule** L., Sp. Pl.: 579 (1753) (*gallitos, conejitos*)
Teróf.-esc. 5-30 cm. III-VI. Campos de cultivo y herbazales anuales sobre terrenos alterados. Paleotemp. M. 1. (PAU, 1888). TC.

2. **Lamium hybridum** Vill., Hist. Pl. Dauph. 1: 251 (1786)
≡ *L. purpureum* var. *hybridum* (Vill.) Vill., Hist. Pl. Dauph. 2: 385 (1787); = *L. incisum* Willd., Sp. Pl. 3: 89 (1800)

Teróf.-esc. 5-25 cm. IV-VI. Pastizales efímeros sobre terrenos alterados y algo sombreados. Paleotemp. R. 2. (AA, 1985).
XK53, XK55, XK63, XK64, XK77, XK78, XK82, XK83, YK04, YK08, YK29.

3. **Lamium purpureum** L., Sp. Pl.: 579 (1753) (*ortiga muerta*)
Teróf.-esc. 5-30 cm. III-VI. Caminos, terrenos baldíos y herbazales transitados. Paleotemp. M. 2. (SL, 2000).

XK55, XK64, XK87, XK96, XK97, XK98, YL00.

### 3.46.8. LAVANDULA L. (2 esp.) (*espliegos, lavandas*)

**1. Lavandula angustifolia** Mill, Gard. Dict. ed. 8: nº 2 (1768) **subsp. pyrenaica** (DC.) Guinea in Bot. J. Linn. Soc. 65: 263 (1972)

≡ *L. pyrenaica* DC. in Lam. & DC., Fl. Franç. ed. 3, 5: 398 (1815) [basión.]; - *L. spica* auct.; - *L. vera* auct.

Caméf.-frut. 4-8 dm. VI-VIII. Matorrales sobre calizas en ambiente fresco de montaña. Las formas presentes en la zona se diferencian ligeramente de las típicas pirenaicas y han sido propuestas nomenclaturalmente como var. *turolensis* (Pau) O. Bolòs & Vigo in Collect. Bot. 14: 95 (1983) [≡ *L. spica* var. *turolensis* Pau in Bol. Soc. Ibér. Ci. Nat. 27: 170 (1928), basión.; ≡ *L. angustifolia* subsp. *turolensis* (Pau) Rivas-Mart. in Itin. Geobot. 15(2): 703 (2002)]. Medit.-occid. M. 3. (PAU, 1928).

XK53, XK63, XK73, XK77, XK82, XK87, XK96, XK97, XK98, XK99, XL90, YK04, YK05, YK06, YK07, YK08, YK09, YK16, YK17, YK18, YK19, YK25, YK26, YK27, YK28, YK29, YL00, YL01, YL10.

**2. Lavandula latifolia** Medik., Bot. Beob. 1783: 135 (1784)
Caméf.-frut. 3-10 dm. VII-X. Matorrales secos, principalmente sobre terreno calizo. Medit.-occid. C. 2. (PAU, 1928). TC.

*Híbridos* (1 esp.)

**1. Lavandula × intermedia** Emeric ex Loisel., Fl. Gall. ed. 2, 2: 19 (1828) (*angustifolia × latifolia*)

= *L. burnatii* Briq., Lab. Alp. Marit. 3: 468 (1895); ≡ *L. × leptostachya* Pau in Bol. Soc. Ibér. Ci. Nat. 27: 171 (1928)

Caméf.-frut. 3-6 dm. VII-VIII. Matorrales sobre calizas en que coinciden los parentales. Medit.-occid. RR. 3. (PAU, 1928).

YK06, YK08, YK09, YK27, YK28.

### 3.46.9. LYCOPUS L. (1 esp.)

**1. Lycopus europaeus** L., Sp. Pl.: 21 (1743) (*pie de lobo, marrubio acuático*)
Hemic.-esc. 4-10 dm. VIII-X. Juncales y herbazales jugosos junto a aguas permanentes. Paleotemp. R. 2. (AA, 1985).

XK77, XK83, XK84, XK85, XK86, XK94, XK95, XK96, XK97, YK04, YK09, YL00, YL10.

### 3.46.10. MARRUBIUM L. (3 esp.)

**1. Marrubium alysson** L., Sp. Pl.: 582 (1753) (*hierba de la rabia*)
Hemic.-esc. 1-4 dm. IV-VI. Crece en pastos y matorrales secos a baja altitud. Medit.-merid. Existen recolecciones de Pau (1933) y de Calduch (1959) -en el herbario VAL-procedentes de La Escaleruela (Sarrión), donde no ha vuelto a ser vista. NV. 3. (SL, 2000).

**2. Marrubium supinum** L., Sp. Pl.: 583 (1753) (*marrubio nevado*)

= *M. sericeum* Boiss., Elench. Pl. Nov.: 77 (1838)

Hemic.-esc./Caméf.-sufr. 2-5 dm. V-VII. Caminos, terrenos baldíos y matorrales muy pastoreados. Medit.-occid. C. 2. (R & B, 1961). TC.

**3. Marrubium vulgare** L., Sp. Pl.: 585 (1753) (*marrubio común*)
Hemic.-esc./Caméf.-sufr. 2-5 dm. V-VIII. Terrenos muy alterados, antropizados o frecuentados por el ganado. Paleotemp. C. 1. (FL, 1876). TC.

*Híbridos* (1 esp.)

**1. Marrubium × bastetanum** Coincy in J. Bot. (Morot) 18: 294 (1896) (*supinum × vulgare*)

= *M. × willkommii* Magnus ex Pau in Bol. Soc. Ibér. Ci. Nat. 25: 76 (1926)

Hemic.-esc./Caméf.-sufr. 2-4 dm. V-VII. Accidentalmente presente en áreas pastoreadas en que coinciden los parentales. Medit.-occid. R. 2. (PAU, 1926).

XK71, XK72, XK74, XK81, XK82, XK83, XK86, XK87, XK93, YK29, YL00, YL20.

### 3.46.11. MELISSA L. (1 esp.)

**1. Melissa officinalis** L., Sp. Pl.: 592 (1753) (*melisa, toronjil*)
Hemic.-esc. 2-10 dm. VI-IX. Probablemente escapada de su cultivo como medicinal y culinaria, pero en la actualidad naturalizada en bosques ribereños y herbazales densos de sus orlas. Paleotemp. R. 2. (PAU, 1884).

### 3.46.12. MENTHA L. (6 esp.)

**1. Mentha aquatica** L., Sp. Pl.: 576 (1753) (*menta de agua, hierbabuena de agua*)
Hemic.-esc. 2-5 dm. VII-IX. Juncales y herbazales jugosos instalados en el cauce o márgenes de ríos y arroyos. Subcosmop. R. 3. (SL, 2000).

XK77: Corbalán, valle de Escriche. YK04: Olba, valle del Mijares pr. Los Pertegaces.

**2. Mentha cervina** L., Sp. Pl.: 578 (1753)

≡ *Preslia cervina* (L.) Fresen. in Syll. Pl. Nov. 2: 238 (1828)

Hemic.-esc. 5-25 cm. VII-IX. Hondonadas húmedas inundables sobre terrenos silíceos. Medit.-occid. NV. 4. (FERNÁNDEZ CASAS & GAMARRA, 1991).

XK95: Rubielos de Mora (FERNÁNDEZ CASAS & GAMARRA, 1991).

**3. Mentha longifolia** (L.) Huds., Fl. Angl.: 221 (1762) (*mentastro*)

≡ *M. spicata* var. *longifolia* L., Sp. Pl.: 576 (1753) [basión.]; = *M. sylvestris* L., Sp. Pl. ed. 2: 804 (1763)

Hemic.-esc. 4-14 dm. VII-IX. Juncales y herbazales perennes sobre suelos inundables. Paleotemp. C. 2. (PAU, 1884). TC.

**4. Mentha pulegium** L., Sp. Pl.: 577 (1753) (*menta poleo*)

= *M. albarracinensis* Pau, Not. Bot. Fl. Españ. 1: 14 (1887)

Hemic.-esc. 1-3 dm. VII-IX. Juncales y pastizales vivaces húmedos en márgenes de ríos y arroyos sobre sustrato silíceo. Subcosmop. R 3. (SL, 2000).
**XK94:** San Agustín, valle del Mijares.

5. **Mentha spicata** L., Sp. Pl.: 576 (1753) (*menta común*)
= *M. viridis* L., Sp. Pl. ed. 2: 804 (1763)
Hemic.-esc. 2-6 dm. VII-X. Cultivada como aromática-ornamental y esporádicamente asilvestrada en áreas urbanas y periféricas. Origen incierto. R. 1. (SL, 2000).

6. **Mentha suaveolens** Ehrh., Beitr. Naturk. 7: 149 (1792)
- *M. rotundifolia* auct., non (L.) Huds.
Hemic.-esc. 3-8 dm. VI-IX. Juncales y altos herbazales sobre terrenos inundables. Euri-Medit. RR. 2. (MATEO & LOZANO, 2010b).
**XK83:** Manzanera, rambla del Palancar. **YK03:** San Agustín, rambla del Barruezo. **YK04:** Olba, pr. La Tosca.

*Híbridos* (3 esp.)
1. **Mentha × rotundifolia** (L.) Huds., Fl. Angl.: 221 (1762)
(*longifolia × suaveolens*)
Hemic. 3-8 dm. VII-IX. Márgenes de ríos y arroyos. Euri-Medit. R. 2. (R & B, 1961).
XK93, YK04, YK06, YK19, YL00.

2. **Mentha × villosa** Huds., Fl. Angl. ed. 2: 250 (1778) (*spicata × suaveolens*)
= *M. nemorosa* Willd., Sp. Pl. 3(1): 75 (1800)
Hemic.-esc. 3-8 dm. VII-IX. Márgenes de ríos y arroyos. Eurosib. NV. 2. (PAU, 1884).
**YK06:** Linares de Mora (PAU, 1884).

3. **Mentha × villosonervata** Opiz, Naturalientausch: 60 (1823)
(*longifolia × spicata*)
Hemic.-esc. 3-8 dm. VII-IX. Zonas de vega cerca de las poblaciones. Paleotemp. R. 2. (MATEO & LOZANO, 2010b).
**YK04:** Olba, pr. Los Ramones.

3.46.13. **MICROMERIA** Benth. (1 esp.)

1. **Micromeria fruticosa** (L.) Druce in Bot. Exch. Club. Soc. Brit. Isles 3: 421 (1914) (*poleo de roca, poleo de monte, poleo blanco*)
≡ *Melissa fruticosa* L., Sp. Pl.: 593 (1753) [basión.]; ≡ *Satureja fruticosa* (L.) Briq. in Annu. Conserv. Jard. Bot. Genève 2: 192 (1898); = *Nepeta marifolia* Cav. in Anales Hist. Nat. 2: 192 (1800); = *Thymus marifolius* (Cav.) Willd., Enum. Pl.: 624 (1809); = *M. marifolia* (Cav.) Benth., Labiat. Gen. Spec.: 382 (1834); = *Satureja marifolia* (Cav.) Caruel in Parl., Fl. Ital. 6: 125 (1884)
Caméf.-sufr. 2-4 dm. VII-IX. Hierba blanquecina, muy aromática, que coloniza grietas de roquedos calizos. Iberolev. M. 3. (PAU, 1884).
XK52, XK53, XK62, XK63, XK64, XK65, XK71, XK72, XK73, XK74, XK81, XK82, XK83, XK84, XK93, XK94, XK95, XK96, XK03, YK04, YK05, YK06, YK07, YK09, YK15, YK16, YK19, YK26, YK27, YK29, YK37, YL00, YL01, YL10, YL20.

3.46.14. **NEPETA** L. (4 esp.)

1. **Nepeta amethystina** Poir. in Lam., Encycl. Suppl. 2: 206 (1811)
≡ *N. nepetella* subsp. *amethystina* (Poir.) Briq., Lab. Alpes Marit.: 368 (1893); = *N. murcica* Guirao ex Willk. in Bot. Zeitung (Berlin) 15: 218 (1857)
Hemic.-esc. 3-8 dm. V-VIII. Herbazales instalados en terrenos baldíos, transitados por el hombre y el ganado. Seguramente se refería a esta especie ASSO (1779) al indicar en Camarena *N. violacea*. Medit.-occid. M. 2. (PAU, 1891).
XK55, XK63, XK64, XK66, XK73, XK77, YK04, YK28, YL00.

2. **Nepeta cataria** L., Sp. Pl.: 570 (1753) (*hierba gatera*)
≡ *Cataria vulgaris* Moench, Meth.: 387 (1794) [syn. subst.]; ≡ *Glechoma cataria* (L.) Kuntze, Revis. Gen. Pl. 2: 518 (1891)
Hemic.-esc. 4-10 dm. VI-VIII. Orlas forestales frescas, herbazales mesófilos. Sólo la hemos visto en la zona cultivada como ornamental o relativamente asilvestrada en áreas habitadas. Paleotemp. R. 2. (R & B, 1961).

3. **Nepeta nepetella** L., Syst. Nat. ed. 10, 2: 1096 (1759) (*nébeda*)
Caméf.-sufr. 3-10 dm. V-VIII. Terrenos baldíos rocosos o pedregosos secos. Las poblaciones de la zona se han atribuido en parte a la subsp. *cordifolia* (Willk.) Ubera & Valdés in Lagascalia 12: 25 (1983) [≡ *N. nepetella* var. *cordifolia* Willk. in Bot. Zeit. 15: 216 (1857), basión.] y en parte a la subsp. *aragonensis* (Lam.) Ubera & Valdés in Lagascalia 12(1): 28 (1983) [≡ *N. aragonensis* Lam., Encycl. Méth. Bot. 1: 711 (1785)]. Iberolev. M. 3. (PAU, 1891). TC.

4. **Nepeta tuberosa** L., Sp. Pl.: 571 (1753) subsp. **reticulata** (Desf.) Maire in Jahand. & Maire, Cat. Pl. Maroc 3: 1111 (1934)
≡ *N. reticulata* Desf., Fl. Atlant. 2: 12 (1798) [basión.]; ≡ *Glechoma reticulata* (Desf.) Kuntze, Revis. Gen. Pl. 2: 518 (1891)
Geóf.-tuber./Hemic.-esc 4-10 dm. VI-VIII. Pastizales vivaces mesofíticos de montaña. Según argumenta Pau, debe corresponder a esta especie la mención que hace Asso de *N. coerulea* en la Sierra de Javalambre. Medit.-occid. NV. 4. (PAU, 1900).
**XK64:** Camarena de la Sierra (PAU, 1900).

3.46.15. **ORIGANUM** L. (1 esp., 2 táx.)

1. **Origanum vulgare** L., Sp. Pl.: 590 (1753) (*orégano*)
Hemic.-esc. 2-8 dm. VII-X. Orlas forestales y pastizales vivaces húmedos. En las zonas más lluviosas y frescas predomina el tipo (subsp. *vulgare*), mientras que en las zonas más secas y menos elevadas lo hace la subsp. *virens* (Hoffmanns. & Link) Bonnier & Layens, Tabl. Syn. Pl. Vasc. France: 248 (1894) [≡ *O. virens* Hoffmanns. & Link, Fl. Portug. 1: 119 (1809), basión.]. Paleotemp. M. 3. (ASSO, 1779). TC.

3.46.16. **PHLOMIS** L. (2 esp.)

1. **Phlomis herba-venti** L., Sp. Pl.: 585 (1753) (*aguavientos, ventolera*)

Teróf.-esc. 2-5 dm. VI-VIII. Pastizales secos algo degradados en ambiente estepario continental. Circun-Medit. M. 2. (PAU, 1884).

XK55, XK64, XK65, XK73, XK74, XK75, XK76, XK77, XK78, XK79, XK83, XK84, XK85, XK87, XK88, XK89, XK93, XK94, XK95, XK96, XK97, XK98, XK99, XL80, XL90, XK03, YK04, YK05, YK06, YK16, YK17, YK26, YK27, YK28, YK29, YK38, YL00, YL10, YL20.

### 2. Phlomis lychnitis L., Sp. Pl.: 585 (1753) (*candilera, oreja de liebre*)

Caméf.-sufr. 2-4 dm. V-VII. Matorrales secos y pastizales vivaces bien iluminados, en las áreas calizas, con preferencia por las no demasiado elevadas. Medit.-occid. M. 2. (R & B, 1961). TC.

### 3.46.17. PRUNELLA (= *Brunella*) L. (4 esp.)

### 1. Prunella grandiflora (L.) Scholler, Fl. Barb.: 140 (1775)

≡ *P. vulgaris* var. *grandiflora* L., Sp. Pl.: 600 (1753) [basión.]; = *P. hastifolia* Brot., Fl. Lusit. 1: 181 (1804); = *P. grandiflora* subsp. *hastifolia* (Brot.) Breistr. in Bull. Soc. Bot. Fr. 121(1-2): 63 (1974)

Hemic.-esc. 8-25 cm.VI-VIII. Pastizales vivaces de montaña con humedad climática. Se ha indicado en la zona tanto el tipo (subsp. *grandiflora*), como la subsp. *pyrenaica* (Gren. & Godron) A. Bolòs & O. Bolòs, Veg. Comarc. Barcel.: 472 (1950) [≡ *P. grandiflora* var. *pyrenaica* Gren. & Godron, Fl. France 2: 704 (1851), basión.]. Eurosib. R. 4. (R & G, 1961).

XK64, XK77, XK78, XK84, XK87, XK88, XK95, XK96, XK97, XK98, YK05, YK06, YK07, YK08, YK09, YK15, YK16, YK17, YK18, YK19, YK25, YK26, YK28, YK29, YL00.

### 2. Prunella hyssopifolia L., Sp. Pl.: 600 (1753)

Hemic.-esc. 1-3 dm. VI-VIII. Pastizales vivaces húmedos en primavera, aunque algo secos en verano. Medit.-occid. R. 3. (R & B, 1961).

XK63, XK77, XK82, XK83, XK84, XK87, XK88, XK96, XK97, XL90, YK07, YK17, YK18, YK19, YK27, YL10.

### 3. Prunella laciniata (L.) L., Sp. Pl. ed. 2: 837. (1763)

≡ *P. vulgaris* var. *laciniata* L., Sp. Pl.: 600 (1753) [basión.]; = *P. alba* Pallas ex Bieb., Fl. Taur.-Caucas. 2: 67 (1808)

Hemic.-esc. 1-3 dm. V-VII. Bosques frescos aclarados y pastizales vivaces de sus orlas. Medit.-sept. M. 3. (ASSO, 1779).

XK55, XK63, XK64, XK65, XK66, XK72, XK73, XK74, XK75, XK76, XK77, XK78, XK81, XK82, XK83, XK84, XK85, XK86, XK87, XK93, XK94, XK95, XK96, XK97, XK98, XK99, XK03, YK04, YK05, YK06, YK07, YK08, YK09, YK15, YK16, YK17, YK18, YK19, YK25, YK26, YK27, YK28, YL00, YL10, YL20.

### 4. Prunella vulgaris L., Sp. Pl.: 600 (1753) (*prunela, consuelda menor*)

Hemic.-esc. 1-4 dm. VII-IX. Juncales y herbazales jugosos sobre suelos siempre húmedos. Holárt. M. 2. (PAU, 1884). TC.

*Híbridos* (5 esp.)

### 1. Prunella × bicolor G. Beck in Verh. Zool.-Bot. Ges. Wien 32: 185 (1883) (*grandiflora × laciniata*)

= *P. × giraudiasii* Coste & Soulié in Bull. Soc. Bot. Fr. 58: 579 (1911)

Hemic.-esc. 1-3 dm. VI-VII. Pastos frescos de montaña. Euri-Medit. RR. 3. (R & B, 1961).

YK06, YK07, YK15, YK16, YK18, YK19, YK25, YK26, YK28.

### 2. Prunella × codinae Sennen in Bol. Soc. Arag. Ci. Nat. 11: 233 (1912) (*hyssopifolia × laciniata*)

Hemic. 1-3 dm. V-VII. Pastizales vivaces húmedos. Medit.-occid. RR. 3. (SL, 2000).

**XK82**: Abejuela, La Cerrada. **YK18**: Fortanete, arroyo de las Dehesas.

### 3. Prunella × gentianifolia Pau in Bull. Acad. Int. Géogr. Bot. 13: 211 (1904) (*hyssopifolia × vulgaris*)

= *P. × faui* Sennen in Bol. Soc. Arag. Ci. Nat. 11: 233 (1912)

Hemic.-esc. 1-3 dm. VI-VIII. Pastizales vivaces húmedos. Medit.-occid. RR. 3. (GM, 1990).

XK77, XK87, XK96, **XK97**, YK08, **YK18**.

### 4. Prunella × intermedia Link in Ann. Naturgesch. 1: 32 (1791) (*laciniata × vulgaris*)

= *P. pinnatifida* Pers., Syn. Pl. 2: 137 (1806); = *P. × hybrida* Knáf in Lotos 14: 84 (1864)

Hemic.-esc. 5-25 cm. VI-VII. Pastizales más o menos húmedos en que conviven o se encuentran cerca sus parentales. Medit.-occid. R. 2. (R & B, 1961).

XK87, XK94, XK97, YK06, YK07, YK17, YK18, YK19, YK27, YK28.

### 5. Prunella × spuria Stapf in Kerner, Sched. Fl. Exsicc. Austro-Hung. 4: 69 (1886) (*grandiflora × vulgaris*)

= *P. × coutinhoi* Rouy, Fl. Fr. 11: 277 (1909)

Hemic.-esc. 1-3 dm. VI-VIII. Prados húmedos de montaña. Eurosib. R. 3. (AA, 1985).

YK16, YK18, YK19, YK26, YK27, YK28.

### 3.46.18. ROSMARINUS L. (1 esp.)

### 1. Rosmarinus officinalis L., Sp. Pl.: 23 (1753) (*romero*)

Nano-Faner. 4-16 dm. X-VI. Matorrales secos en las áreas meridionales de menor elevación. Circun-Medit. M. 3. (AA, 1981).

XK52, XK53, XK54, XK55, XK62, XK63, XK64, XK65, XK71, XK72, XK73, XK81, XK82, XK83, XK84, XK85, XK93, XK94, XK95, YK03, YK04, YK05, YK15, YK16, YK27, YK28, YK37, YL00, YL10, YL20.

### 3.46.19. SALVIA L. (8 esp.)

### 1. Salvia aethiopis L., Sp. Pl.: 27 (1753) (*oropesa*)

Hemic.-esc. 3-8 dm. VI-VII. Caminos, cultivos y terrenos baldíos. Paleotemp. M. 3. (ASSO, 1779).

XK56, XK62, XK63, XK64, XK65, XK66, XK72, XK73, XK74, XK75, XK76, XK77, XK78, XK81, XK82, XK83, XK84, XK85, XK86, XK87, XK88, XK89, XK93, XK94, XK95, XK96, XK97, YK05, YK06, YK07, YK08, YK09, YK15, YK17, YK18, YK27, YK28, YK29, YK38, YL00, YL10.

### 2. Salvia glutinosa L., Sp. Pl.: 26 (1753) (*tabaco de montaña*):

Hemic.-esc. 5-10 dm. VII-IX. Bosques húmedos y sus orlas. Eurosib. Indicada por LOSCOS (1982) de Mosqueruela (Umbría del Morrón). Sin duda se trataría de una especie muy valiosa para la zona, pero tal cita no ha podido ser confirmada posteriormente. NV. 5. (FL, 1883).

**3. Salvia lavandulifolia** Vahl, Enum. Pl. 1: 222 (1804) (*salvia de montaña*)

≡ *S. officinalis* var. *lavandulifolia* (Vahl) Pau in Treb. Inst. Catal. Hist. Nat. 2: 221 (1916); ≡ *S. officinalis* subsp. *lavandulifolia* (Vahl) Cuatrec. in Treb. Mus. Ci. Nat. Barcelona, Sèr. Bot. 12: 409 (1929); = *S. approximata* Pau, Not. Bot. Fl. Españ. 1: 7 (1887)

Caméf.-sufr. 2-5 dm. V-VII. Matorrales secos y soleados sobre substrato calizo. Medit.-occid. C. 3. (PAU, 1884). TC.

**4. Salvia officinalis** L., Sp. Pl.: 23 (1753) (*salvia común*)
Caméf.-sufr. 2-6 dm. V-VII. Cultivada como ornamental, medicinal o culinaria en algunos jardines, con capacidad para presentarse asilvestrada. Medit.-central. RR. 1. (NC).

**5. Salvia pratensis** L., Sp. Pl.: 25 (1753) (*salvia de prado*)
Hemic.-esc. 2-5 dm. VI-VIII. Bosques húmedos aclarados y pastizales vivaces de su entorno. Eurosib. M. 3. (ASSO, 1779). TC.

**6. Salvia sclarea** L., Sp. Pl.: 27 (1753) (*salvia romana*)
Hemic.-esc. 4-10 dm. V-VII. Cunetas y terrenos baldíos, seguramente escapada de su cultivo como medicinal y ornamental. Circun-Medit. R. 2. (SL, 2000).
XK55, XK64, XK65, YK04, YK05.

**7. Salvia valentina** Vahl, Enum. Pl. 1: 268 (1804)
≡ *S. nemorosa* subsp. *valentina* (Vahl) O. Bolòs & al., Fl. Man. Països. Catal.: 1215 (1990); ≡ *S. sylvestris* subsp. *valentina* (Vahl) O. Bolòs & Vigo, Fl. Països. Catal. 3: 347 (1995)

Hemic.-esc. 1-3 dm. V-VI. Pastizales vivaces en ambientes algo alterados y no muy secos. Iberolev. NV. 4. (RP, 2002).
YK28: Iglesuela del Cid, alrededores (RP, 2002).

**8. Salvia verbenaca** L., Sp. Pl.: 25 (1753) (*verbenaca, balsamina*)
Hemic.-esc. 5-30 cm. II-VII. Caminos, cultivos y terrenos baldíos secos. En zonas frescas puede aparecer la forma típica (subsp. *verbenaca*) [= *S. horminioides* Pourr. in Hist. & Mém. Acad. Roy. Sci. Toulouse 3: 327 (1788); = *S. verbenaca* subsp. *horminioides* (Pourr.) Nyman, Consp. Fl. Eur.: 570 (1895)], aunque resulta mucho más frecuente la subsp. *controversa* (Ten.) Arcang., Comp. Fl. Ital.: 546 (1882) [≡ *S. controversa* Ten., Syll. Pl. Fl. Neapol.: 18 (1831), basión.; = *S. clandestina* L., Sp. Pl. ed. 2: 36 (1762); - *S. multifida* auct.]. Paleotemp. C. 1. (FL, 1878). TC.

**3.46.20. SATUREJA** L. (3 esp.) (*ajedreas*)

**1. Satureja innota** (Pau) Font Quer in Treb. Mus. Ci. Nat. Barcelona 5, ser. Bot. 3: 215 (1920)
≡ *S. intricata* var. *innota* Pau in Bol. Soc. Ibér. Ci. Nat. 18: 56 (1919) [basión.]; *S. montana* subsp. *innota* (Pau) Font Quer, Fl. Cardó: 125 (1950)

Caméf.-sufr. 1-4 dm. VII-X. Matorrales secos sobre calizas en áreas de escasa elevación. Iberolev. R. 4. (GM, 1990).
XK81, XK84, YK15.

**2. Satureja intricata** Lange in Vidensk. Meddel. Dansk Naturh. Foren. Kjobenh. ser. 2, 3: 96 (1882)
≡ *S. obovata* subsp. *intricata* (Lange) Malag., Sin. Fl. Ibér.: 1578 (1979); ≡ *S. montana* subsp. *intricata* (Lange) Ri-vas Goday & Borja in Anales Inst. Bot. Cav. 19: 458 (1961); ≡ *S. cuneifolia* subsp. *intricata* (Lange) G. López & Muñoz Garm. in Anales Jard. Bot. Madrid 41: 457 (1985); = *S. cuneifolia* subsp. *gracilis* (Willk.) G. López in Ana-les Jard. Bot. Madrid 38: 396 (1982); = *S. intricata* subsp. *castellana* Rivas Mart. in Anales Edaf. Agrob. 41: 1515 (1982); = *S. intricata* subsp. *gracilis* (Willk.) Rivas Mart. ex G. López in Anales Jard. Bot. Madrid 41: 202 (1984)

Caméf.-sufr. 5-30 cm. VII-X. Matorrales secos sobre calizas en áreas interiores. Iberolev. M. 3. (R & B, 1961).
XK52, XK55, XK62, XK64, XK65, XK66, XK75, XK76, XK79, XK81, XK82, XK87, XK88, XK89, XK93, XK94, XK97, XK98, XK99, YK03, YK04, YK05, YK08, YK09, YK18, YK19, YK29, YL00, YL01, YL10, YL20.

**3. Satureja montana** L., Sp. Pl.: 568 (1753)
Caméf.-sufr. 1-4 dm. VII-X. Pedregales, roquedos y matorrales sobre calizas. Medit.-sept. M. 3. (PAU, 1888). TC.

**_Híbridos_** (1 esp.)
**1. Satureja × exspectata** G. López in Anales Jard. Bot. Madrid 38: 411 (1982) (*intricata × montana*)
Caméf.-sufr. 1-3 dm. VII-IX. Matorrales secos sobre calizas en que ambos parentales alcanzan a convivir. Iberolev. NV. 3. (G. LÓPEZ, 1982).
XK76: Puebla de Valverde, Puerto de Escandón (G. LÓPEZ, 1982).

**3.46.21. SCUTELLARIA** L. (1 esp.)

**1. Scutellaria alpina** L., Sp. Pl.: 599 (1753)
= *S. jabalambrensis* Pau, Not. Bot. Fl. Españ. 2: 35 (1888); = *S. alpina* subsp. *jabalambrensis* (Pau) Rivas Mart. & al. in Trab. Dep. Bot. Fisiol. Veg. 3: 108 (1971)

Caméf.-sufr. 5-30 cm. VI-VIII. Terrenos pedregosos o escarpados calizos por las zonas elevadas. Eurosib.-merid. R. 4. (ASSO, 1779).
XK63, XK64, XK73, XK74, XK97, YK06, YK07, YK08, YK17, YK19, YK28.

**3.46.22. SIDERITIS** L. (8 esp.) (*rabos de gato*)

**1. Sideritis fernandez-casasii** R. Roselló, Peris, Stübing & Mateo in Feddes Repert. 105: 293 (1994)
= *S. glacialis* var. *pulvinata* Font Quer, Fl. Hisp. Cent. 3: 7 (1947); = *S. glacialis* subsp. *fontqueriana* Obón & Rivera, Tax. Rev. Gen. Sideritis: 209 (1994); - *S. glacialis* subsp. *pulvinata* auct.

Caméf.-sufr. 5-20 cm. VI-VIII. Matorrales secos sobre calizas en claros de pinares y sabinares oro-mediterráneos. Seguramente corresponden a esta especie, recientemente descrita, las citas de *S. hyssopifolia* en la zona debidas a ASSO (1779). Iberolev. R. 5. (FQ, 1947).

XK97, XK98, YK07, YK08, YK16, YK17, YK18, YK19.

**2. Sideritis hirsuta** L., Sp. Pl.: 575 (1753) (*zahareña*)
Caméf.-sufr. 1-3 dm. V-VII. Matorrales secos, cunetas y terrenos baldíos. Medit.-occid. M. 2. (SENNEN, 1910). TC.

**3. Sideritis javalambrensis** Pau, Not. Bot. Fl. Españ. 1: 26 (1887)
≡ *S. pungens* subsp. *javalambrensis* (Pau) Obón & Rivera, Tax. Rev. Gen. Sideritis: 291 (1994)
Caméf.-sufr. 5-25 cm. VI-VIII. Matorrales y terrenos despejados en claros de pinares y sabinares oromediterráneos sobre calizas. Iberolev. R. 5. (PAU, 1887).
XK63: Arcos de las Salinas, loma de los Colchanes. XK64: Camarena de la Sierra, altos de Javalambre. XK73: Torrijas, Collado de Saltidera. XK74: Puebla de Valverde, altos del Ventisquero.

**4. Sideritis montana** L., Sp. Pl.: 575 (1753) subsp. **ebracteata** (Asso) Murb. in Acta Univ. Lund. 34(7): 35 (1898)
≡ *S. ebracteata* Asso, Mant. Stirp. Aragon.: 171 (1781) [basión.]
Teróf.-esc. 5-25 cm. V-VII. Terrenos calizos secos y degradados, con frecuencia pedregosos. Medit.-occid. M. 3. (L & P, 1866).
XK62, XK65, XK73, XK74, XK75, XK76, XK81, XK82, XK83, XK84, XK93, XK94, XK95, XK96, YK03, YK09, YK19, YL00, YL01, YL10.

**5. Sideritis pungens** Benth., Labiat. Gen. Spec.: 579 (1834)
- *S. linearifolia* auct.
Caméf.-sufr. 2-5 dm. VI-VIII. Matorrales y soleados sobre terrenos calizos. Medit.-occid. M. 3. (FL, 1878).
XK87, XK95, XK97, XK98, XK99, YK05, YK06, YK07, YK08, YK15, YK16, YK17, YK18, YK19, YK25, YK26, YK27, YK28, YK29, YK37, YL10, YL20.

**6. Sideritis romana** L., Sp. Pl.: 575 (1753)
Teróf.-esc. 3-18 cm. V-VII. Pastizales secos alterados, caminos, barbechos, etc., en zonas bajas de clima suave. Circun-Medit. RR. 2. (MATEO & LOZANO, 2010b).
YK03: San Agustín, rambla del Barruezo.

**7. Sideritis spinulosa** Barnades ex Asso, Enum. Stirp. Arag.: 22 (1784)
= *S. spinosa* Lam., Encycl. Méth. Bot. 2: 169 (1786)
Caméf.-sufr. 1-4 dm. VI-VIII. Matorrales secos sobre terrenos calizos despejados. En la zona del Maestrazgo, limítrofe con Castellón, se indica la subsp. *subspinosa* (Cav.) Molero in Fol. Bot. Misc. 2: 46 (1981) [≡ *S. subspinosa* Cav., Icon. Descr. Pl. 3: 5 (1795), basión.]. Iberolev. R. 4. (SL; 2000).
XK89, XK99, YK09, YK16, YK19, YK27, YK29, YL00, YL01, YL10, YL20.

**8. Sideritis tragoriganum** Lag., Elench. Pl.: 18 (1816)
= *S.angustifolia* Lag., Elench. Pl.: 18 (1816)

Caméf.-frut. 2-6 dm. IV-VI. Matorrales secos sobre sustrato básico en áreas de escasa altitud. Iberolev. R. 3. (MATEO, FABREGAT & LÓPEZ UDIAS, 1995b).
XK62: Arcos de las Salinas, valle del río Arcos. XK71: Abejuela, rambla de Abejuela.

*Híbridos* (3 esp.)
**1. Sideritis × antonii-josephii** Font Quer & Rivas Goday ex Font Quer, Flora Hisp. Cent. 3: 8 (1947) (*fernandez-casasii × hirsuta*)
Caméf.-sufr. 1-2 dm. VI-VIII. Matorrales secos sobre calizas en áreas oromediterráneas despejadas. Iberolev. RR. 4. (FQ, 1947).
XK97: Alcalá de la Selva, rambla de la Fuente. YK06: Nogueruelas, El Puerto. YK07: Valdelinares, altos del Monegro.

**2. Sideritis × aragonensis** Sennen & Pau ex Sennen, Pl. d'Esp.: nº 1015 (1911) (*hirsuta × spinulosa*)
Caméf.-sufr. 1-3 dm. VI-VIII. Matorrales secos sobre calizas. Iberolev. NV. 3. (RP, 2002).
YK28: Iglesuela del Cid, rambla de las Truchas (RP, 2002).

**3. Sideritis × gudarica** Mateo, López Udias & C. Fabregat in Anales Jard. Bot. Madrid 57(2): 419 (2000) (*fernandez-casasii × pungens*)
Caméf.-sufr. 1-2 dm. VI-VIII. Matorrales secos sobre calizas en territorio oromediterráneo. Iberolev. RR. 4. (MATEO; LÓPEZ UDIAS & FABREGAT, 2000).
YK07: Linares de Mora, pr. Monegros. YK17: Mosqueruela, monte Bramadoras.

## 3.46.23. STACHYS L. (5 esp.)

**1. Stachys byzantina** C. Koch in Linnaea 21: 686 (1849)
Hemic.-esc. 3-8 dm. VI-VII. Cultivada como ornamental y accidentalmente asilvestrada en cunetas y ribazos cerca de las poblaciones. Medit.-orient. RR. 1. (NC).

**2. Stachys heraclea** All., Fl. Pedem. 1: 31 (1785)
= *S. valentina* Lag. in Varied. Ci. 2(4): 39 (1805); - *S. alpina* auct.; - *S. heraclea* subsp. *phlomoides* auct.; - *S. heraclea* subsp. *valentina* auct.
Hemic.-esc. 2-5 dm. V-VII. Medios forestales y pastizales vivaces poco soleados. Medit.-occid. M. 3. (PAU, 1884).
XK73, XK74, XK82, XK83, XK84, XK85, XK93, XK94, XK95, XK97, XK98, YK03, YK04, YK06, YK09, YK17, YK18, YK19, YK27, YK28, YK38, YL00, YL10.

**3. Stachys officinalis** (L.) Trevisan, Prosp. Fl. Eugan.: 26 (1842) (*betónica*)
≡ *Betonica officinalis* L., Sp. Pl.: 573 (1753) [basión.]
Hemic.-esc. 2-5 dm. V-VIII. Medios forestales de cierta humedad, sobre todo caducifolios y sus orlas herbáceas. Eurosib. M. 3. (ASSO, 1779).
XK63, XK73, XK75, XK77, XK78, XK82, XK83, XK84, XK85, XK86, XK87, XK88, XK89, XK93, XK94, XK95, XK96, XK97, XK98, XK99, YK03, YK04, YK05, YK06, YK07, YK08, YK09, YK15, YK16, YK17, YK18, YK19, YK25, YK26, YK27, YK28, YL00, YL10, YL20.

**4. Stachys recta** L., Mantissa 1: 82 (1767)
- *S. annua* auct.

Hemic.-esc. 3-6 dm. V-VIII. Medios escarpados, sobre todo calizos. Eurosib.-merid. M. 3. (R & B, 1961).
XK54, XK64, XK65, XK66, XK75, XK76, XK77, XK78, XK87, XK94, XK95, XK96, XK97, XK98, YK05, YK06, YK07, YK08, YK09, YK15, YK17, YK18, YK19, YK25, YK26, YK27, YK28, YK38, YL00, YL10.

### 5. Stachys sylvatica L., Sp. Pl.: 580 (1753)

Hemic.-esc. 3-8 dm. VI-VIII. Bosques caducifolios húmedos, sobre todo ribereños. Probablemente se refería a esta especie ASSO (1779) al indicar *S. palustris* en Tronchón. Eurosib. R. 4. (R & B, 1961).
XK96, XK97, YK07, YK08, YK09, YK18, YK19, YK26, YK29, YL00, YL01.

### 3.46.24. TEUCRIUM L. (11 esp.)

#### 1. Teucrium angustissimum Schreb., Pl. Verticill. Unilab. Gen. Sp.: 49 (1773)

≡ *T. aragonense* var. *leptophyllum* Pau, Not. Bot. Fl. Españ. 2: 13 (1888);= *T. intermedium* Losc., Trat. Pl. Arag. 3, Supl. 8: 106 (1886); = *T. reverchonii* Willk. in Österr. Bot. Zeit. 41: 53 (1891)

Caméf.-sufr. 1-3 dm. VI-VIII. Matorrales secos y soleados sobre calizas. Iberolev. M. 4. (PAU, 1888).
XK52, XK54, XK55, XK62, XK64, XK65, XK66, XK71, XK73, XK74, XK75, XK76, XK81, XK82, XK83, XK84, XK85, XK93, XK94, XK95, XK97, YK03, YK04, YK05, YK15, YK27, YK29, YK37.

#### 2. Teucrium aragonense Losc. & Pardo, Ser. Imperf. Pl. Aragon.: 85 (1863)

≡ *T. polium* subsp. *aragonense* (Losc. & Pardo) Rivas Goday & Borja in Anales Jard. Bot. Madrid 19: 466 (1961)

Caméf.-sufr. 1-3 dm. Matorrales secos sobre sustrato básico en áreas continentales de altitud moderada. Iberolev. R. 4. (SL, 2000).
YL00: Pitarque, valle del Guadalope. YL10: Villarluengo, valle del Guadalope, YL20: Tronchón, barranco de las Menas.

#### 3. Teucrium botrys L., Sp. Pl.: 562 (1753)

Teróf.-esc. 5-20 cm. V-VII. Colonizadora de terrenos pedregosos calizos. Circun-Medit. M. 3. (ASSO, 1779).
XK53, XK64, XK65, XK72, XK73, XK74, XK75, XK77, XK81, XK82, XK83, XK84, XK93, XK94, XK96, XK97, XK98, XK99, YK04, YK06, YK07, YK08, YK16, YK17, YK18, YK19, YK26, YK27, YK28.

#### 4. Teucrium capitatum L., Sp. Pl.: 566 (1753)

≡ *T. polium* subsp. *capitatum* (L) Arcang., Comp. Fl. Ital.: 559 (1882)

Caméf.-sufr. 1-4 dm. V-VII. Terrenos baldíos y matorrales secos muy degradados o antropizados. Circun-Medit. M. 2. (DEBEAUX, 1894).
XK52, XK54, XK62, XK63, XK65, XK71, XK72, XK76, XK77, XK81, XK82, XK84, XK92, XK93, XK94, YK03, YK04, YK27, YK29, YK37, YL00.

#### 5. Teucrium chamaedrys L., Sp. Pl.: 565 (1753) (encinilla, camedrio)

Geóf.-riz. 5-25 cm. VI-VIII. Encinares, robledales secos y terrenos pedregosos. Las poblaciones de la zona pueden incluirse en el tipo de la especie (subsp. *chamaedrys*), aunque a veces se han separado como subsp. *albarracini* (Pau) Rech. f. in Bot. Arch. 42: 385 (1941) [≡ *T. albarracini* Pau, Not. Bot. Fl. Españ. 1: 19 (1887), basión.] o subsp. *pinnatifidum* (Sennen) Rech. f. in Bot. Arch. 42: 383 (1941) [≡ *T. pinnatifidum* Sennen, Pl. Espagne 1927 nº 6168 (1927-1928), in sched., basión.]. Circun-Medit. C. 3. (ASSO, 1779). TC.

#### 6. Teucrium expassum Pau, Not. Bot. Fl. Españ. 2: 14 (1888)

≡ *T. angustissimum* var. *expassum* (Pau) Pau in Brotéria, Ci. Nat. 22: 122 (1926); ≡ *T. polium* subsp. *expassum* (Pau) Rivas Goday & Borja in Anales Inst. Bot. Cavanilles 19: 466 (1961); - *T. polium* auct.

Caméf.-sufr. 5-25 cm. VI-VIII. Matorrales despejados y pastizales secos sobre todo en terrenos calizos. Iberolev. C. 3. (PAU, 1888). TC.

#### 7. Teucrium gnaphalodes L'Hér., Stirp. Nov. 4: 84 (1788) (zamarrilla lanuda)

≡ *T. polium* subsp. *gnaphalodes* (L'Hér.) Mascláns ex O. Bolòs & Vigo in Collect. Bot. 14: 92 (1983)

Caméf.-sufr. 5-30 cm. IV-VI. Matorrales soleados en ambientes áridos y a no demasiada altitud. Iberolev. R. 3. (SL, 2000).
XK54, XK55, XK64, XK65, XK76, XK77.

#### 8. Teucrium pseudochamaepitys L., Sp. Pl.: 562 (1753) (falso pinillo)

Caméf.-sufr. 1-3 dm. IV-VI. Matorrales y pastizales secos sobre calizas. Medit.-occid. R. 3. (FERNÁNDEZ CASAS, GAMARRA & MORALES ABAD, 1991).
**XK65**: Valacloche (FERNÁNDEZ CASAS & al., 1991). **XK93**: San Agustín, pr. Los Baltasares.

#### 9. Teucrium pugionifolium Pau in Actas Soc. Esp. Hist. Nat. 26: 199 (1897)

≡ *T. webbianum* subsp. *pugionifolium* (Pau) O. Bolòs & Vigo, Fl. Països. Catal. 3: 231 (1995); - *T. webbianum* auct.

Caméf. 5-20 cm. VI-VII. Terrenos escarpados calizos con suelo esquelético. Iberolev. Seguramente se refieran a esta especie, bien conocida de zonas cercanas, las menciones como *T. webbianum* en ésta (cf. DEBEAUX, 1894). NV. 4.

#### 10. Teucrium pyrenaicum L., Sp. Pl.: 566 (1753) subsp. guarensis P. Monts. in Anales Jard. Bot. Madrid 37(2): 625 (1981)

Caméf.-sufr./rept. 5-25 cm. VI-VII. Pastos sobre suelos esqueléticos calizos y medios rocosos cercanos. Late-Piren. R. 4. (ASSO, 1779).
YK07, YK09, YK18, YK19, YL00, YL01, YL10.

#### 11. Teucrium thymifolium Schreb., Pl. Vertic. Unilab.: 50 (1773)

≡ *T. buxifolium* subsp. *thymifolium* (Schreb.) Fern. Casas in Trab. Dept. Bot. Univ. Granada 1: 37 (1972)

Caméf.-sufr./pulvin. 5-20 cm. VI-VIII. Roquedos calizos más o menos soleados de zonas poco elevadas. Iberolev. RR. 4. (AGUILELLA & MATEO, 1985).

**XK52**: Arcos de las Salinas, pr. peña Blanca. **XK62**: Id., pr. peña de la Carrasca. **XK63**: Id., pr. fuente de los Baños.

*Híbridos* (2 esp.)

1. **Teucrium × coeleste** Schreb., Pl. Vertic. Unilab.: 49 (1773) (*angustissimum × capitatum*)
Caméf.-sufr. 1-3 dm. V-VII. Matorrales secos sobre sustratos básicos en zonas no muy elevadas. Iberolev. R. 3. (SL, 2000).

**XK84**: Sarrión, barranco de Mediavilla. **YK04**: Olba, pr. Los Lucas.

2. **Teucrium × pseudoaragonense** M.B. Crespo & Mateo in Flora Medit. 1: 200 (1991) (*angustis-simum × expassum*)
Caméf.-sufr. 1-3 dm. VI-VII. Matorrales secos sobre sustratos básicos. Iberolev. R. 3. (CRESPO & MATEO, 1991)
XK73, XK74, XK83, XK84, XK85, XK94, XK95, YK05.

### 3.46.25. THYMUS L. (6 esp.) (*tomillos*)

1. **Thymus godayanus** Rivas Mart., J.A. Molina & G. Navarro in Opusc. Bot. Pharm. Complut. 4: 116 (1988)
= *T. leptophyllus* subsp. *paui* R. Morales in Anales Jard. Bot. Madrid 41: 92 (1984); = *T. serpyllum* var. *valentinus* Vigo in Arxius Secc. Ci. Inst. Estud. Catalans 37: 85 (1968); = *T. zapateri* Pau ex Willk., Suppl. Prodr. Fl. Hispan.: 327 (1893), nom. nud.; - *T. serpyllum* subsp. *zapateri* (Pau) Rivas Goday & Borja in Anales Inst. Bot. Cavanilles 19: 460 (1961), comb. inval.
Caméf.-rept. 5-30 cm. V-VII. Matorrales secos y despejados sobre suelos calizos esqueléticos. Iberolev. C. 4. (PAU, 1888).
XK62, XK63, XK64, XK65, XK66, XK67, XK72, XK73, XK74, XK75, XK76, XK77, XK78, XK79, XK81, XK82, XK83, XK84, XK86, XK87, XK88, XK89, XK95, XK96, XK97, XK98, XK99, XL80, XL90, YK05, YK06, YK07, YK08, YK09, YK15, YK16, YK17, YK18, YK19, YK26, YK27, YK28, YK29, YL00, YL10.

2. **Thymus izcoi** Rivas Mart., Molina & Navarro in Opusc. Bot. Pharm. Compl. 4: 114 (1988)
= *T. leptophyllus* subsp. *izcoi* (Rivas Mart. & al.) R. Morales in Biocosme Mésogéen 6(4): 209 (1989)
Caméf.-rept. 5-30 cm. Robledales laxos y sus orlas soleadas sobre suelos silíceos en ambiente lluvioso de montaña. Iberoatl. R. 4. (SL, 2000).

**XK77**: Corbalán, puerto de Cabigordo. **XK78**: El Pobo, monte Castelfrío. **XK87**: Cedrillas, barranco Quebarntacántaros.

3. **Thymus loscosii** Willk. in Willk. & Lange, Prodr. Fl. Hisp. 2: 401 (1868)
Caméf.-rept. 5-25 cm. V-VII. Matorrales secos sobre suelos margosos o yesosos. Iberolev. RR. 4. (R & B, 1961).

**XK65**: Cubla, hacia Aldehuela.

4. **Thymus pulegioides** L., Sp. Pl.: 592 (1753) (*serpol*)
= *T. chamaedrys* Fr., Novit. Fl. Suec. Alt.: 197 (1828); = *T. serpyllum* subsp. *chamaedrys* (Fr.) Čelak., Prodr. Fl. Böhmen 2: 350 (1873); - *T. serpyllum* auct.
Caméf.-sufr./rept. 5-30 cm. VI-IX. Pastizales vivaces en ambientes frescos y no muy soleados.

Las indicaciones de *T. alpestris* en la zona (ver MORALES & GAMARRA, 1991) deben corresponder a esta especie, ya que no se mantiene su presencia en Teruel en la revisión de *Flora iberica*. Eurosib. C. 3. (ASSO, 1779).

XK63, XK64, XK71, XK73, XK74, XK75, XK76, XK77, XK78, XK82, XK83, XK86, XK87, XK88, XK89, XK95, XK96, XK97, XK98, XK99, XL90, YK05, YK06, YK07, YK08, YK09, YK15, YK16, YK17, YK18, YK19, YK25, YK26, YK27, YK28, YK29, YL00, YL10.

5. **Thymus vulgaris** L., Sp. Pl.: 591 (1753) subsp. **vulgaris** (*tomillo común*)
Caméf.-sufr. 1-3 dm. III-VII. Matorrales secos y soleados sobre substratos variados, con preferencia por los calizos. Medit.-occid. CC. 2. (SENNEN, 1910). TC.

6. **Thymus zygis** Loefl. ex L., Sp. Pl.: 591 (1753) subsp. **zygis** (*tomillo salsero*)
Caméf.-sufr. 5-25 cm. V-VIII. Matorrales secos y soleados, sobre todo en medios silíceos. Medit.-occid. M. 2. (SENNEN, 1910).
XK54, XK62, XK63, XK66, XK75, XK76.

*Híbridos* (4 esp.)

1. **Thymus × benitoi** Mateo, Mercadal & Pisco in Bot. Complut. 20: 70 (1996) (*godayanus × pulegioides*)
Caméf.-sufr. 5-15 dm. V-VII. Pinares y matorrales sobre rodenos. Iberolev. RR. 3. (MATEO, MERCADAL & PISCO, 1995b).

**XK97**: Valdelinares, Collado de la Gitana. **YK07**: Id., hacia El Hornillo. **YK08**: Fortante, pr. Peñacerrada. **YK19**: Cantavieja, Puerto de Cuarto Pelado.

2. **Thymus × brachychaetus** (Willk.) Cout. in Bol. Soc. Brot. 23: 79 (1907) (*mastichina × zygis*)
Caméf.-sufr. 1-3 dm. VI-VII. Matorrales secos en que coinciden ambos parentales. Iberolev. NV. 3. (MORALES, 1986).

**XK99**: Miravete, Puerto de Miravete (MORALES, 1986).

3. **Thymus × carolipaui** Mateo & M.B. Crespo ex Mateo, Cat. Fl. Prov. Teruel: 232 (1990) (*pulegioides × vulgaris*)
Caméf.-sufr. 8-25 cm. VI-VII. Suele presentarse en áreas de contacto de ambientes secos (propicios para *Th. vulgaris*) con otros más húmedos (favorables a *Th. pulegioides*). Medit.-occid. R. 3. (GM, 1990).

**XK82**: Abejuela, Sierra de El Toro. **XK97**: Alcalá de la Selva, pr. fuente de Acueducto. **YK08**: Fortanete, Peñacerrada.

4. **Thymus × moralesii** Mateo & M.B. Crespo ex Mateo, Cat. Fl. Prov. Teruel: 234 (1990) (*godayanus × vulgaris*)
Caméf.-sufr. 4-12 cm. V-VII. Matorrales secos sobre calizas. Iberolev. R. 3. (MATEO & LOZANO, 2010b).

**XK72**: Torrijas, crestas sobre La Cerradilla. **YK18**: Fortanete, monte Rocha. **YK19**: Cantavieja, Puerto de Cuarto Pelado.

### 3.46.26. ZIZIPHORA L. (1 esp.)

**1. Ziziphora aragonensis** Pau in Actas Soc. Esp. Hist. Nat.: 103 (1898)

≡ *Z. hispanica* subsp. *aragonensis* (Pau) O. Bolòs in Mem. Real Acad. Ci. Barcelona ser. 3, 42(6): 26 (1973), comb. inval.; - *Z. acinoides* auct.

Teróf.-esc. 4-12 cm. V-VI. Pastizales secos anuales y medior arvenses sobre sustrato básico. Iberolev. NV. 4. (R & B, 1961).

### 3.47. LAURACEAE (*Lauráceas*) (1 gén)

**3.47.1. LAURUS** L. (1 esp.)

**1. Laurus nobilis** L., Sp. Pl.: 369 (1753) (*laurel*)

Meso-Faner. 2-8 m. II-IV. Cultivado como ornamental en zonas bajas y accidentalmente asilvestrado. Circun-Medit. RR. 2. (SL, 2000).

### 3.48. LEGUMINOSAE (*Leguminosas*) (31 gén.)

**3.48.1. ANTHYLLIS** L. (2 esp., 4 táx.)

**1. Anthyllis montana** L., Sp. Pl.: 719 (1753)

= *A. montana* subsp. *hispanica* (Degen & Hervier) Cullen in Watsonia 6: 389 (1968)

Caméf.-sufr./rept. 5-25 cm. IV-VI. Repisas de roquedos y medios escarpados calizos. Euri-Medit. M. 3. (FL, 1878).

XK53, XK54, XK62, XK63, XK64, XK65, XK66, XK72, XK73, XK74, XK75, XK76, XK77, XK78, XK79, XK81, XK82, XK83, XK86, XK87, XK88, XK89, XK95, XK96, XK97, XK98, XK99, XL90, YK05, YK06, YK07, YK08, YK09, YK15, YK16, YK17, YK18, YK19, YK26, YK27, YK28, YK29, YK37, YK38, YL00, YL10.

**2. Anthyllis vulneraria** L., Sp. Pl.: 719 (1753) (*vulneraria*)

**a) subsp. gandogeri** (Sagorski) W. Becker ex Maire in Bull. Soc. Hist. Nat. Afr. N 22: 287 (1931)

≡ *A. vulneraria* raza *gandogeri* Sagorski in Allg. Bot. Z. Syst. 15: 20 (1909) [basión.]; = *A. fontqueri* Rothm. in Feddes Repert. 50: 238 (1941); = *A. vulneraria* subsp. *fontqueri* (Rothm.) A. & O. Bolòs, Veg. Comarc. Barcel.: 351 (1950)

Hemic.-esc. 1-3 dm. IV-VII. Pastizales secos sobre substratos someros de toda anturaleza desde las partes más bajas hasta zonas bastante elevadas. Medit.-occid. C. 2. (AA, 1985). TC.

**b) subsp. sampaioana** (Rothm.) Vasc., Ervas Forrag.: 117 (1962)

≡ *A. sampaioana* Rothm. in Repert. Spec. Nov. Regni Veg. 50: 239 (1941) [basión.]; - *A. forondae* auct.

Hemic.-esc. 1-3 dm. V-VII. Pastizales vivaces y matorrales sobre terreno calizo. Late-Eurosib.-SW. R. 3. (SL, 2000).

XK95, XK96, XK97, YK05, YK06, YK07, YK08, YK09, YK15, YK16, YK17, YK18, YK19, YK26, YK27, YK28, YK29, YL00.

**c) subsp. vulnerarioides** (All.) Arcang., Comp. Fl. Ital. ed. 2: 502 (1894)

≡ *A. vulnerarioides* All., Fl. Pedem. 1: 343 (1785) [basión.]; = *A. dertosensis* Rothm. in Feddes Repert. 50: 241 (1941); = *A. vulne-* *raria* subsp. *dertosensis* (Rothm.) Font Quer, Fl. Hisp. Cent. 5: 3 (1948); - *A. webbiana* auct.

Hemic.-esc. 5-20 cm. V-VII. Terrenos escarpados y pastos secos en áreas elevadas, sobre todo calizas. Medit.-occid. M. 3. (R & B, 1961).

XK63, XK64, XK65, XK73, XK74, XK75, XK81, XK82, XK96, XK97, YK06, YK07, YK08, YK19.

**3.48.2. ARGYROLOBIUM** Ecklon & Zehyer (1 esp., 2 táx.)

**1a. Argyrolobium zanonii** (Turra) P.W. Ball in Feddes Repert. 79: 41 (1968) subsp. **zanonii** (*hierba de la plata*)

≡ *Cytisus zanonii* Turra, Fl. Ital. Prodr.: 66 (1780) [basión.]; = *C. argenteus* L., Sp. Pl.: 740 (1753); = *A. linnaeanum* Walpers in Linnaea 13: 508 (1839); - *A. argenteum* auct.

Caméf.-sufr. 5-25 cm. IV-VI. Matorrales secos y soleados en zonas de altitud baja o media. Circun-Medit. C. 2. (SENNEN, 1910). TC.

**1b. Argyrolobium zanonii** subsp. **major** (Lange) Mateo & Arán in Flora Montib. 18: 45 (2001)

≡ *A. linnaenum* var. *majus* Lange in Vidensk. Meddel. Dansk Naturh. Foren. Kjobenh. 1865: 165 (1866) [basión.]

Caméf.-sufr. 4-20 cm. V-VII. Claros de bosque, matorrales y pastizales no muy secos en áreas frescas de montaña. Medit.-occid. R. 3. (MATEO & LOZANO, 2010b).

XK75: Puebla de Valverde, barranco del Hocino. XK84: Sarrión, pr. Casa Pelarda. XK95: San Agustín, valle del Mijares hacia embalse de los Toranes.

**3.48.3. ASTRAGALUS** L. (15 esp.)

**1. Astragalus alopecuroides** L., Sp. Pl.: 755 (1753)

= *A. narbonensis* Gouan, Obs. Bot.: 49 (1773)

Caméf.-sufr. 2-5 dm. V-VII. Matorrales secos sobre terrenos margosos o arcillosos. Medit.-occid. R. 3. (SL, 2000).

XK64: Camarena de la Sierra, hacia Los Amanaderos. XK85: Valbona, pr. Masía de Fiquillos. XK95: Mora de Rubielos, base del Morrón. YK29: La Cuba, pr. Masía Sorolla.

**2. Astragalus austriacus** Jacq., Enum. Stirp. Vindob.: 263 (1762)

Hemic.-esc./Caméf.-sufr. 1-4 dm. V-VII. Pastizales de montaña no muy secos, sobre calizas. Eurosib.S. M. 4. (DEBEAUX, 1895).

XK62, XK63, XK64, XK65, XK72, XK73, XK74, XK75, XK76, XK77, XK78, XK79, XK82, XK83, XK84, XK86, XK87, XK88, XK89, XK93, XK95, XK96, XK97, XK98, YK05, YK06, YK07, YK08, YK09, YK15, YK16, YK17, YK18, YK19, YK27, YK28, YK29, YL00, YL10.

**3. Astragalus danicus** Retz., Obs. Bot. 3: 41 (1783)

- *A. hypoglottis* subsp. *danicus* auct.

Hemic.-esc. 4-15 cm. VI-VIII. Pastizales vivaces húmedos en áreas silíceas elevadas. Eurosib. R. 5 (FQ, 1948).

XK77, XK78, XK97, XK98, YK06, YK07, YK08, YK09, YK15, YK16, YK17, YK18, YK19, YK26, YK28, YL10.

**4. Astragalus depressus** L., Cent. Pl. 2: 29 (1756)

Hemic.-ros. 5-15 cm. IV-VI. Pastos secos sobre terrenos escarpados o crestones calizos. Medit.-sept. R. 3. (AGUILELLA & MATEO, 1984).

XK63, XK64, XK65, XK72, XK73, XK74, XK75, XK82, XK83, XK87, XK97, XK98, YK05, YK06, YK07, YK08, YK09, YK16, YK17, YK18, YK19.

**5. Astragalus glaux** L., Sp. Pl.: 759 (1753)

Caméf.-sufr./rept. 5-25 cm. IV-VI. Pastizales secos y matorrales despejados sobre calizas. Medit.-occid. R. 3. (PAU, 1903).

XK64, XK65, XK71, XK72, XK73, XK74, XK75, XK81, XK82, XK83, XK94.

**6. Astragalus glycyphyllos** L., Sp. Pl.: 758 (1753)

Hemic.-esc. 3-6 dm. V-VII. Bosques caducifiolios frescos, a veces ribereños. Eurosib. R. 3. (ASSO, 1779).

XK84, XK85, XK87, XK94, XK97, YK06, YK09, YK19, YK26, YK27, YK28, YK29, YL00, YL10.

**7. Astragalus granatensis** Lam., Encycl. Méth. Bot. 1: 321 (1783)

≡ *Astracantha granatensis* (Lam.) Podlech in Mitt. Bot. Staats-samml. München 19: 12 (1983); = *A. boissieri* Fisch. in Bull. Soc. Imp. Natural. Moscou 26: 324 (1853); - *A. creticus* auct.

Caméf.-frut. 2-4 dm. V-VII. Matorrales secos en áreas calizas o margosas de montaña. Medit.-occid. M. 4. (FL, 1886).

XK63, XK64, XK65, XK72, XK73, XK74, XK75, XK76, XK77, XK78, XK82, XK83, XK87, XK88, XK97, YK06, YK18, YL10.

**8. Astragalus hamosus** L., Sp. Pl.: 758 (1753)

= *A. paui* Losc., Trat. Pl. Arag. 3, Supl. 7: 66 (1885)

Teróf.-esc. 1-3 dm. IV-VI. Pastizales secos anuales sobre terrenos baldíos o antropizados. Medit.-Iranot. M. 2. (FL, 1876). TC.

**9. Astragalus hypoglottis** L., Mantissa 2: 274 (1771) subsp. **hypoglottis**

= *A. purpureus* Lam., Encycl. Méth. Bot. 1: 314 (1783); - *A. hypo-glottis* subsp. *purpureus* auct.

Hemic.-esc. 5-25 cm. V-VII. Medios forestales y pastizales vivaces sombreados de su entorno. Medit.-sept. M. 3. (R & B, 1961).

XK52, XK53, XK62, XK63, XK64, XK72, XK73, XK74, XK77, XK78, XK79, XK81, XK82, XK83, XK84, XK86, XK87, XK89, XK95, XK96, XK97, YK05, YK06, YK07, YK08, YK09, YK15, YK16, YK17, YK18, YK19, YK25, YK26, YK27, YK28, YK37, YL00, YL01.

**10. Astragalus incanus** L., Syst. Nat. ed. 10, 2: 1175 (1759) subsp. **incanus**

= *A. incurvus* Desf., Fl. Atl. 2: 182 (1799); - *A. incanus* subsp. *ma-crorhizus* auct.: - *A. incanus* subsp. *incurvus* auct.

Hemic.-ros. 5-25 cm. IV-VI. Matorrales y pastos vivaces en ambientes secos y soleados. Medit.-occid. C. 2. (DEBEAUX, 1894). TC.

**11. Astragalus monspessulanus** L., Sp. Pl.: 761 (1753) subsp. **gypsophilus** Rouy in Bull. Soc. Bot. Fr. 35: 116 (1888)

= *A. chlorocyaneus* Boiss. & Reut., Diagn. Pl. Orient. ser. 1, 2 (9): 56 (1849); = *A. teresianus* Sennen & Elías ex Sennen in Bol. Soc. Ibér. Ci. Nat. 26: 119 (1927); = *A. monspessulanus* subsp. *chlo-rocyaneus* (Boiss. & Reut.) Rivas Goday & Borja in Anales Inst. Bot. Cavanilles 19: 407 (1961); = *A. monspessulanus* subsp. *tere-sianus* (Sennen & Elías) Amich in Stvd. Bot. 2: 144 (1983)

Hemic.-ros. 1-4 dm. IV-VI. Matorrales secos y pasti-zales vivaces, sobre todo en terrenos arcillosos. Medit.-occid. M. 2. (L & P, 1866).

XK54, XK64, XK71, XK78, XK83, XK85, XK86, XK87, XK94, XK95, XK98, XK99, YK03, YK04, YK05, YK06, YK07, YK15, YK16, YK17, YK18, YK19, YK27, YK28, YK29, YK38, YL00, YL01.

**12. Astragalus sempervirens** Lam., Encycl. Méth. Bot. 1: 320 (1783) subsp. **muticus** (Pau) Rivas Goday & Borja in Anales Inst. Bot. Cavanilles 19: 406 (1961)

≡ *A. muticus* Pau, Not. Bot. Fl. Esp. 2: 8 (1888) [basión.]; ≡ *A. aristatus* var. *muticus* (Pau) Willk., Suppl. Prodr. Fl. Hisp.: 234 (1893); ≡ *A. nevadensis* subsp. *muticus* (Pau) Zarre & Podlech in Zarre, Syst. Revis. Astragalus: 96 (1998); - *A. tragacantha* auct.

Caméf.-sufr. 2-4 dm. V-VII. Cunetas y matorrales secos de montaña más o menos degradados. Iberolev. M. 4. (PAU, 1888).

XK62, XK63, XK64, XK65, XK72, XK73, XK74, XK75, XK77, XK78, XK79, XK81, XK82, XK83, XK86, XK87, XK89, XK95, XK96, XK97, XK98, XK99, XL90, YK05, YK06, YK07, YK08, YK09, YK15, YK16, YK17, YK18, YK19, YK26, YK27, YK28, YK29, YL00.

**13. Astragalus sesameus** L., Sp. Pl.: 759 (1753)

Teróf.-esc. 5-30 cm. IV-VI. Herbazales alterados, barbechos, terrenos baldíos, etc. Medit.-Iranot. C. 2. (AA, 1985). TC.

**14. Astragalus stella** Gouan, Obs. Bot.: 50 (1773) (*estrellita cana*)

Teróf.-esc. 5-20 cm. IV-VI. Terrenos baldíos y claros pastoreados de matorrales. Medit.-Iranot. M. 2. (SL, 2000).

XK55, XK62, XK63, XK64, XK65, XK71, XK74, XK75, XK77, XK78, XK81, XK82, XK83, XK84, XK85, XK86, XK95, XK96, XK99, YK04, YK28, YL00, YL10.

**15. Astragalus turolensis** Pau, Not. Bot. Fl. Españ. 1: 20 (1887)

= *A. aragonensis* Freyn ex Willk., Suppl. Prodr. Fl. Hisp.: 234 (1893); - *A. pilosus* auct.

Hemic.-esc. 5-20 cm. V-VII. Pastizales vivaces secos sobre terrenos margosos o calcáreos. Iberolev. M. 4. (PAU, 1887).

XK54, XK55, XK63, XK64, XK65, XK74, XK75, XK76, XK85, XK86, XK89, XK95, XK96, YK28.

**3.48.4. BITUMINARIA** Heist. ex Fabr. (1 esp.)

**1. Bituminaria bituminosa** (L.) Stirton in Bothalia 13: 318 (1981) (*trébol hediondo, higueruela*)

≡ *Psoralea bituminosa* L., Sp. Pl.: 763 (1753) [basión.]; = *P. plu-mosa* Rchb., Fl. Germ. Excurs.: 869 (1832)

Hemic.-esc. 3-10 dm. IV-VII. Cunetas y pastizales secos sobre terrenos alterados en áreas no muy elevadas. Euri-Medit. M. 1. (PAU, 1884).

XK52, XK54, XK55, XK62, XK63, XK64, XK71, XK72, XK73, XK74, XK75, XK76, XK81, XK82, XK83, XK84, XK85, XK86, XK93, XK94, XK95, YK03, YK04, YK05, YK09, YK15, YK16, YK18, YK19, YK26, YK27, YK28, YK29, YK37, YK38, YL00, YL01, YL10, YL20.

### 3.48.5. CERATONIA L. (1 esp.)

1. **Ceratonia siliqua** L., Sp. Pl.: 1026 (1753) *(algarrobo)*
Macro-Faner. Escasos ejemplares en las solanas de las partes más bajas del territorio. RR. 2. (MATEO & LOZANO, 2010b).
**YK04:** Olba, pr. Los Ramones.

### 3.48.6. COLUTEA L. (1 esp., 2 táx.)

1. **Colutea arborescens** L., Sp. Pl.: 723 (1753) *(espanta-lobos)*
Nano-/Meso-Faner. 1-3 m. IV-VI. Bosquetes abiertos y matorrales en áreas de cierta pendiente o poco suelo. La mayoría de los ejemplares se pueden atribuir a la subsp. *hispanica* (Talavera & Arista) Mateo & M.B. Crespo, Man. Det. Fl. Val. 2ª ed.: 450 (2001) [≡ *C. hispanica* Talavera & Arista in Anales Jard. Bot. Madrid 56(2): 412 (1998), basión.; - *C. atlantica* auct.; - *C. arborescens* subsp. *atlantica* auct.], aunque en áreas periféricas se observan ejemplares de la subsp. *gallica* Browicz in Monogr. Bot. (Warszawa) 14: 128 (1963) [≡ *C. brevialata* Lange, Ind. Sem. Horto Haun. 1861: 30 (1862)] y formas intermedias de tránsito entre ellas. Medit.-occid. M. 4. (ASSO, 1779).

XK54, XK64, XK71, XK74, XK75, XK76, XK77, XK81, XK82, XK83, XK84, XK85, XK86, XK87, XK93, XK94, XK95, XK96, YK03, YK04, YK05, YK06, YK09, YK15, YK16, YK19, YK27, YK28, YK29, YK38, YL00, YL10, YL11.

### 3.48.7. CORONILLA L. (3 esp., 4 táx.)

1. **Coronilla emerus** L., Sp. Pl.: 742 (1753) *(coletuy)*
≡ *Emerus major* Mill., Gard. Dict. ed. 8: nº 1 (1768) [syn. subst.];
≡ *Hippocrepis emerus* (L.) Lassen in Svensk Bot. Tidskr. 83: 86 (1989)
Nano-Faner. 5-20 dm. V-VII. Bosques frescos y sus orlas arbustivas sobre terreno calizo. Medit.-sept. M. 4. (FL, 1878).

XK83, XK94, XK95, XK96, XL90, YK05, YK06, YK08, YK09, YK15, YK16, YK17, YK18, YK19, YK26, YK27, YK28, YK29, YK37, YL00, YL10.

2a. **Coronilla minima** L., Cent. Pl. 2: 28 (1756) subsp. **minima** *(coronilla de rey)*
= *C. vigoi* (Pitarch & Sanchís) Pitarch & Sanchís, Estud. Sierras Orient. Sist. Ibér.: 112 (2002); = *C. minima* subsp. *vigoi* Pitarch & Sanchís in Flora Montib. 17: 21 (2001)
Caméf.-sufr. 5-20 cm. IV-VII. Planta enana, débilmente lignificada en la base. Se presenta en medios forestales no muy densos, bajos matorrales y pastizales vivaces sobre suelos calizos. Medit.-sept C. 3. (PAU, 1896). TC.

2b. **Coronilla minima** subsp. **lotoides** (Koch) Nyman, Consp. Fl. Eur.: 185 (1878)
≡ *C. lotoides* W.D.J. Koch in Röhling, Deutschl. Fl. ed. 3, 5: 199 (1839) [basión.]; = *C. minima* subsp. *major* (Beck) A. & O. Bolòs, Veg. Comarc. Barcel.: 373 (1950); - *C. minima* subsp. *clusii* auct.
Caméf.-frut. 2-4 dm. IV-VI. Planta robusta, bastante más elevada y claramente lignificada en su mitad inferior. Sustituye a la anterior en zonas no muy elevadas y en medios más secos o soleados. Medit.-occid. M. 2. (R & B, 1961).

XK52, XK54, XK55, XK62, XK63, XK64, XK65, XK67, XK73, XK74, XK75, XK76, XK77, XK82, XK83, XK84, XK85, XK86, XK87, XK93, XK94, XK95, XK97, YK03, YK04, YK05, YK06, YK09, YK15, YK16, YK18, YK19, YK26, YK27, YK28, YK37, YL00, YL10, YL20.

3. **Coronilla scorpioides** (L) W.D.J. Koch, Syn. Fl. Germ. Helv.: 188 (1835) *(alacranera)*
≡ *Ornithopus scorpioides* L., Sp. Pl.: 744 (1753) [basión.]
Teróf.-esc. 5-30 cm. IV-VI. Campos de cultivo y herbazales sobre terrenos baldíos. Medit.-Iranot. M. 2. (R & B, 1961). TC.

### 3.48.8. CYTISUS L. (2 esp.)

1. **Cytisus heterochrous** Webb ex Colmeiro in Anales Soc. Esp. Hist. Nat. 1: 333 (1872) *(hiniesta borde)*
= *Genista patens* DC., Prodr. 2: 145 (1825); = *Teline patens* (DC.) Talavera & P.E. Gibbs in Lagascalia 18: 267 (1996); - *C. patens* auct.; - *Spartium patens* auct.
Meso-Faner. 1,5-3,5 m. IV-VI. Bosques mixtos y matorrales orla en ambiente subhúmedos no muy fresco, sobre calizas. Iberolev. M. 4. (PAU, 1886).

XK73, XK82, XK83, XK84, XK93, XK94, XK97, YK03, YK04, YK05, YK18, YK19, YK26, YK27, YK28, YK29, YK37, YL10, YL20.

2. **Cytisus scoparius** (L) Link, Enum. Pl. Horti Berol. Alt. 2: 241 (1822) [≡ *Spartium scoparium* L., Sp. Pl.: 709 (1753), basión.; ≡ *Sarothamnus scoparius* (L) W.D.J. Koch, Syn. Fl. Germ. Helv.: 152 (1835); = *Sarothamnus vulgaris* Wimmer, Fl. Siles. 2: 278 (1829)] subsp. **reverchonii** (Degen & Hervier) Rivas Goday & Rivas Mart. in Trab. Dep. Bot. Fisiol. Veg. 3: 94 (1971) *(retama de escobas)*
≡ *Sarothamnus scoparius* subsp. *reverchonii* Degen & Hervier in Magyar Bot. Lapok 5: 6 (1906) [basión.]; ≡ *C. reverchonii* (Degen & Hervier) Bean in Kew Bull. 1934: 224 (1934)
Nano-Faner. 5-16 dm. IV-VI. Matorrales secos en áreas frescas de montaña, sobre todo en terrenos calizos. Iberolev. RR. 4. (AA, 1985).
**XK82:** Manzanera, alto del Herrero.

### 3.48.9. DORYCNIUM Mill. (3 esp.)

1. **Dorycnium hirsutum** (L.) Ser. in DC., Prodr. 2: 208 (1825) *(bocha peluda, hierba del pastor)*
≡ *Lotus hirsutus* L., Sp. Pl.: 775 (1753) [basión.]; ≡ *Bonjeania hirsuta* (L.) Rchb., Fl. Germ. Excurs.: 507 (1832)
Caméf.-sufr. 2-5 dm. IV-VI. Bosques y matorrales perennifolios en áreas de clima suave. Circun-Medit. R. 3. (R & B, 1961).

XK73, XK81, XK82, XK83, XK84, XK85, XK86, XK93, XK94, XK95, XK96, XK97, YK03, YK04, YK05, YK06, YK15, YK16, YK25, YK26, YK27, YK28, YK37, YK38, YL00, YL10.

## 2. Dorycnium pentaphyllum Scop., Fl. Carniol. ed. 2, 2: 87 (1772) (*bocha blanca*)

≡ *Lotus dorycnium* L., Sp. Pl.: 776 (1753) [syn. subst.]; = *D. suffruticosum* Vill., Hist. Pl. Dauph. 3: 417 (1788)

Caméf.-sufr. 2-6 dm. IV-VII. Matorrales secos y soleados más o menos degradados. Circun-Medit. C. 2. (PAU, 1884). TC.

## 3. Dorycnium rectum (L.) Ser. in DC., Prodr. 2: 208 (1825) (*unciana*)

≡ *Lotus rectus* L., Sp. Pl.: 775 (1753) [basión.]; ≡ *Bonjeania recta* (L.) Rchb., Fl. Germ. Excurs.: 507 (1832)

Nano-Faner. 5-18 dm. V-VII. Juncales y altos herbazales ribereños en clima muy suave. Circun-Medit. RR. (SL, 2000).

**XK52:** Arcos de las Salinas, valle del río Arcos hacia Casas de Orchova. **YK29:** La Cuba, Las Rotas.

### 3.48.10. ERINACEA Adans. (1 esp.)

## 1. Erinacea anthyllis Link, Handbuch 2: 156 (1831) (*erizón, cambrón, cojín de pastor*)

≡ *Anthyllis erinacea* L., Sp. Pl.: 720 (1753) [syn. subst-]; ≡ *E. pungens* Boiss., Voy. Bot. Esp. 2: 145 (1840)

Caméf.-pulvin. 5-30 cm. IV-VI. Matorrales secos y soleados sobre suelos calizos someros. Medit.-occid. C. 3. (PAU, 1886). TC.

### 3.48.11. GENISTA L. (6 esp.)

## 1. Genista anglica L., Sp. Pl.: 710 (1753)

Caméf.-sufr. 1-4 dm. V-VI. Cervunales y medios turbosos silíceos de montaña. Eurosib. Existe un pliego (herbario VAL, sin recolector) recogido el año 1961 en Linares de Mora, posiblemente por Mansanet o Borja, pero podría tratarse de un error, porque la especie no es indicada en el catálogo de ese mismo año de Rivas y Borja y tampoco ha sido detectada recientemente. Curiosamente esta misma situación se repite con otras dos especies silicícolas presentes en la Sierra de Albarracín, pero no en esta zona, como *G. florida* L. y *G. pilosa* L. (ver AFA). NV. 4. (SL; 2000).

## 2. Genista cinerea (Vill.) DC. in Lam. & DC., Fl. Franç. ed. 3, 4: 494 (1805) [≡ *Spartium cinereum* Vill., Prosp. Hist. Pl. Dauph.: 40 (1779), basión.] subsp. **ausetana** O. Bolòs & Vigo in Butll. Inst. Cat. Hist. Nat. 38: 69 (1974) (*hierba de la sarna*)

≡ *G. ausetana* (O. Bolòs & Vigo) Talavera in Anales Jard. Bot. Madrid 57(1): 206 (1999); - *G. pseudopilosa* auct.

Nano-Faner. 4-8 dm. V-VII. Matorrales secos de montaña sobre suelos calizos o margosos. Medit.-occid. M. 3. (FL, 1878).

XK64, XK72, XK73, XK74, XK75, XK76, XK77, XK82, XK83, XK84, XK94, XK95, XK96, XK99, YK05, YK06, YK16, YK17, YK18, YK19, YK26, YK27, YK28, YK29, YL00.

## 3. Genista hispanica L., Sp. Pl.: 711 (1753) subsp. **hispanica**

Caméf.-frut. 1-4 dm. IV-VI. Matorrales que orlan robledales o bosques mixtos sobre calizas. Medit.-occid. M. 4. (VICIOSO, 1953).

XK65, XK66, XK71, XK72, XK73, XK74, XK75, XK76, XK81, XK82, XK83, XK84, XK85, XK93, XK94, XK95, YK03, YK04, YK05, YK06, YK07, YK08, YK09, YK15, YK16, YK17, YK18, YK19, YK26, YK27, YK28, YL29, YK37, YK38, YL00, YL01, YL10, YL20.

## 4. Genista pumila (Debeaux & É. Rev. ex Hervier) Vierh. in Verh. Zool.-Bot. Ges. Wien 69: 181 (1919) [≡ *G. baetica* var. *pumila* Debeaux & É. Rev. ex Hervier in Bull. Acad. Int. Géogr. Bot. 15: 65 (1905), basión.; = *G. mugronensis* Vierh. in Verh. Zool.-Bot. Ges. Wien 69: 180 (1919); = *G. pumila* subsp. *mugronensis* (Vierh.) Rivas Mart. in Publ. Inst. Biol. Apl. 42: 119 (1967)] subsp. **rigidissima** (Vierh.) Talavera & L. Sáez in Acta Bot. Malac. 23: 275 (1998) (*cambrón*)

≡ *G. rigidissima* Vierh. in Verh. Zool.-Bot. Ges. Wien 69: 181 (1919) [basión.]; ≡ *G. mugronensis* subsp. *rigidissima* (Vierh.) Fern. Casas in Fontqueria 7: 18 (1985); - *G. lobelii* auct.

Caméf.-pulvin. 1-3 dm. V-VI. Matorrales secos y soleados sobre calizas. Iberolev. M. 3. (AA, 1985).

XK62, XK72, XK82, XK98, XK99, XL80, XL90, YK05, YK08, YK09, YK18, YK19, YK27, YL10.

## 5. Genista scorpius (L.) DC. in Lam. & DC., Fl. Franç. ed. 3, 4: 498 (1805) (*aliaga común*)

≡ *Spartium scorpius* L., Sp. Pl.: 708 (1753) [basión.]; = *G. purgans* L., Syst. Nat. ed. 10, 2: 1157 (1759)

Nano-Faner. 4-15 dm. IV-VI. Matorrales secos, terrenos baldíos o muy pastoreados. Medit.-occid. CC. 2. (R & B, 1961). TC.

## 6. Genista tinctoria L., Sp. Pl.: 710 (1753) (*retama de tintoreros*)

Nano-Faner. 3-8 dm. V-VIII. Antiguamente cultivada como tintórea, hoy día se puede ver de modo ocasional naturalizada en algunos pastizales húmedos y zonas de vega. Paleotemp. NV. 2. (R & B, 1961).

### *Híbridos* (1 esp.)

## 1. Genista × uribe-echebarriae Urrutia in Est. Mus. Cien. Nat. Álava 6: 49 (1991) (*cinerea* subsp. *ausetana* × *scorpius*)

Nanofan. 5-10 dm. V-VI. Aparece esporádicamente en matorrales despejados sobre sustrato básico, en áreas de media montaña, donde conviven sus parentales. RR. 3. (MATEO & LOZANO, 2011).

**XK74:** La Puebla de Valverde, pr. Masía del Peral.

### 3.48.12. HEDYSARUM L. (1 esp.)

## 1. Hedysarum boveanum Bunge ex Bassiger in Mém. Acad. Imp. Sci. Saint-Pétersb. 6: 50 (1846) subsp. **europaeum** Guittonn. & Kerguél. in Bull. Soc. Éch. Pl. Vasc. Eur. 23: 81 (1991) (*zulla silvestre*)

= *H. fontanesii* (DC.) Boiss., Elench. Pl. Nov.: 38 (1838); - *H. humile* auct. - *H. confertum* auct.

Caméf.-sufr. 2-4 dm. IV-VI. Matorrales secos sobre terrenos margosos o yesosos. Medit.-occid. Se conoce de las zonas colindantes por el noreste (Teruel hacia Cubla y Cascante), siendo casi segura su presencia en el territorio. NV. 3.

### 3.48.13. HIPPOCREPIS L. (4 esp.) (*hierba de la herradura*)

**1. Hippocrepis ciliata** Willd. in Ges. Naturf. Freunde Berlin Mag. 2: 173 (1808)

≡ *H. multisiliquosa* subsp. *ciliata* (Willd.) Maire in Jahand. & Maire, Cat. Pl. Maroc 2: 420 (1932); = *H. annua* Lag., Elench. Pl.: 23 (1816)

Teróf.-esc. 5-30 cm. III-V. Pastizales secos anuales sobre sustratos básicos. Euri-Medit. RR. 2. (MATEO & LOZANO, 2010b).

XK83: Manzanera, pr. Masía del Cuco.

**2. Hippocrepis commutata** Pau in Bol. Soc. Arag. Ci. Nat. 2: 274 (1903)

≡ *H. scabra* subsp. *commutata* (Pau) Pau in Bol. Soc. Arag. Ci. Nat. 15: 164 (1916)

Caméf.-sufr. 1-3 dm. IV-VII. Matorrales y pastizales vivaces secos de áreas interiores. Iberolev. M. 2. (RP, 2002).

XK54, XK55, XK62, XK63, XK64, XK65, XK66, XK71, XK72, XK73, XK74, XK75, XK76, XK77, XK78, XK79, XK81, XK82, XK83, XK84, XK85, XK86, XK87, XK88, XK93, XK94, XK95, XK96, XK97, XK98, XK99, YK04, YK05, YK06.

**3. Hippocrepis comosa** L., Sp. Pl.: 744 (1753)

Caméf.-sufr. 1-3 dm. IV-VII. Pastizales vivaces de montaña con humedad climática. Eurosib. M. 3. (R & B, 1961).

XK63, XK64, XK66, XK72, XK73, XK74, XK77, XK78, XK79, XK82, XK83, XK87, XK88, XK89, XK95, XK96, XK97, XK98, XK99, YK05, YK06, YK07, YK08, YK09, YK16, YK17, YK18, YK19, YK26, YK27, YK28, YK37, YK38, YL00.

**4. Hippocrepis fruticescens** Sennen in Bol. Soc. Ibér. Ci. Nat. 26: 118 (1928)

- *H. scorpioides* auct.; - *H. comosa* subsp. *scorpioides* auct.; - *H. glauca* auct.; - *H. comosa* subsp. *glauca* auct.

Caméf.-sufr. 1-4 dm. III-VI. Matorrales secos y claros de bosque sobre terreno calizo en áreas de altitud moderada. M. 3. (SL, 2000).

XK94, YK03, YK04, YK05, YK06, YK15, YK16, YK17, YK18, YK25, YK26, YK27, YK29, YK37, YL00, YL10, YL20.

### 3.48.14. LATHYRUS L. (18 esp.)

**1. Lathyrus angulatus** L., Sp. Pl.: 731 (1753)

Teróf.-esc. 1-4 dm. IV-VI. Pastizales secos anuales sobre arenas silíceas. Euri-Medit. RR. 3. (MATEO, FABREGAT & LÓPEZ UDIAS, 1994b).

XK85: Mora de Rubielos, Las Cañadas. XK95: Id., monte de la Risa.

**2. Lathyrus aphaca** L., Sp. Pl.: 729 (1753) (*afaca*)

Teróf.-esc. 1-4 dm. IV-VII. Campos de secano y pastizales sobre terrenos alterados. Paleotemp. M. 2. (R & B, 1961).

XK54, XK55, XK62, XK64, XK65, XK72, XK73, XK74, XK77, XK81, XK82, XK83, XK85, XK86, XK87, XK93, XK94, XK95, XK96, XK97, XK98, YK03, YK04, YK05, YK06, YK07, YL16, YK28, YK38, YL00.

**3. Lathyrus cicera** L., Sp. Pl.: 730 (1753) (*chícharo*)

Teróf.-esc. 1-4 dm. IV-VI. Terrenos baldíos, pastizales antropizados. Medit.-Iranot. C. 2. (ROSELLÓ, 1994).

XK52, XK55, XK62, XK63, XK64, XK65, XK71, XK72, XK73, XK74, XK77, XK81, XK82, XK83, XK84, XK93, XK94, XK98, YK03, YK04, YK27, YK29, YK37, YK38.

**4. Lathyrus cirrhosus** Ser. in DC., Prodr. 2: 374 (1825)

Hemic.-esc. 4-8 dm. VI-VIII. Eurosib.-suroccid. Indicada por Asso de La Palomita, Cantavieja y Linares, pese a lo cual no ha vuelto a ser vista ni mencionada de la zona. NV. 3. (ASSO, 1779).

**5. Lathyrus filiformis** (Lam.) J. Gay in Ann. Sci. Nat. Bot., ser. 4, 8: 315 (1857)

≡ *Orobus filiformis* Lam., Fl. Franç. 2: 568 (1779) [basión.]; = *O. canescens* L. f., Suppl. Pl.: 327 (1781); = *L. canescens* (L. f.) Godr. & Gren. in Gren. & Godr., Fl. France 1: 489 (1849)

Hemic.-esc. 1-4 dm. V-VII. Claros forestales y pastos vivaces sobre terreno calizo. Medit.-sept. M. 3. (PAU, 1885). TC.

**6. Lathyrus hirsutus** L., Sp. Pl.: 732 (1753)

Teróf.-esc. 3-7 dm. V-VIII. Campos de regadío y prados húmedos transitados. Eurosib. R. 3. (FL, 1885).

XK72, XK82, XK93, YK06, YK07.

**7. Lathyrus inconspicuus** L., Sp. Pl.: 730 (1753)

Teróf.-esc. 1-3 dm. IV-VI. Campos de cultivo y herbazales anuales subnitrófilos. Medit.-Iranot. R. 3. (SL, 2000).

XK83: Manzanera, Los Paraísos. YK28: Iglesuela del Cid, monolito (RP, 2002). YK38 Id., Torre de Nicasi (RP, 2002).

**8. Lathyrus latifolius** L., Sp. Pl.: 733 (1753)

- *L. heterophyllus* auct.

Hemic.-esc. 4-14 dm. V-VII. Orlas forestales densas, cunetas de los caminos forestales. Eurosib. R. 3. (ASSO, 1779).

XK63, XK64, XK65, XK73, XK75, XK82, XK83, XK85, XK86, XK94, XK95, YK04, YK05, YK06, YK16, YK18, YK19, YK26.

**9. Lathyrus linifolius** (Reichard) Bässler in Feddes Repert. 82: 434 (1971)

≡ *Orobus linifolius* Reichard in Hanauisches Mag. 5: 26 (1782) [basión.]; = *O. tuberosus* L, Sp. Pl.: 728 (1753) [non *Lathyrus tuberosus* L. (1753)]; = *L. montanus* Bernh., Syst. Verz. Erfurt: 247 (1800)

Hemic.-esc. 1-4 dm. IV-VI. Robledales y otros medios forestales frescos sobre suelo silíceo. Eurosib. R. 4. (SL, 2000).

YK15: Puertomingalvo, pr. Mas de Cabedo. YK19: Tronchón, barranco del Mas de Blanco. YK25: Puertomingalvo, pr. Mas de Gómez. YK26: Id., pr. Mas de Cotanda.

**10. Lathyrus niger** (L.) Bernh., Syst. Verz. Erfurt: 248 (1800) (órobo)

≡ *Orobus niger* L., Sp. Pl.: 729 (1753) [basión.]

Geóf.-riz. 2-8 dm. IV-VI. Robledales y otros medios forestales frescos sobre suelo silíceo. Eurosib. R. 4. (MOLERO & MONTSERRAT, 1986).

**YK09**: Villarroya de la Sierra, Sierra de Villarroya (MOLERO & MONTSERRAT, 1986). **YK16**: Puertomingalvo, pr. Mas de Gasque. **YK26**: Id., barranco de Monzón.

**11. Lathyrus nissolia** L., Sp. Pl.: 729 (1753)

Teróf.-esc. 3-6 dm. IV-VI. Orlas herbáceas de bosques frescos o umbrosos. Medit.-sept. R. 4. (FL, 1885).

**XK63**: Puebla de Valverde, pr. Prado de Javalambre. **XK74**: Sarrión, pr. fuente del Cañuelo. **XK95**: Mora de Rubielos, barranco de Toyaga. **YK06**: Linares de Mora, cerro Brun (R & B, 1961). **YK16**: Mosqueruela, Pinar Ciego (RP, 2002).

**12. Lathyrus pisiformis** L., Sp. Pl.: 734 (1753)

Hemic.-esc. 5-14 dm. V-VII. Orlas forestales en ambiente de bosque caducifolio húmedo. Eurosib. NV. 5. (RP, 2002).

**YK18**: Cantavieja, barranco del Carrascal (RP, 2002). **YK19**: Id., Molino del Batán (RP, 2002).

**13. Lathyrus pratensis** L., Sp. Pl.: 733 (1753)

Hemic.-esc. 2-6 dm. V-VIII. Pastizales vivaces húmedos, sobre todo en ambiente ribereño. Eurosib. C. 3. (R & B, 1961). TC.

**14. Lathyrus pulcher** J. Gay in Ann. Sci. Nat. Bot. ser. 4, 8: 311 (1857)

= *L. tremolsianus* Pau, Not. Bot. Fl. Españ. 4: 29 (1891); = *L. elegans* Porta & Rigo in Atti Imp. Reg. Accad. Rovereto, ser. 2, 9: 23 (1892)

Hemic.-esc. 2-5 dm. V-VIII. Pastizales vivaces algo sombreados o no muy secos. Iberolev. RR. 4. (MATEO & LOZANO, 2010b).

**YK16**: Linares de Mora, pr. Castelvispal.

**15. Lathyrus setifolius** L., Sp. Pl.: 731 (1753)

Teróf.-esc. 2-6 dm. IV-VI. Pastizales secos anuales en medios despejados. Circun-Medit. NV. 3. (PAU, 1891).

**XK64**: Camarena de la Sierrra, cañada de Camarena (PAU, 1891). **YK28**: Iglesuela del Cid (RP, 2002).

**16. Lathyrus sphaericus** Retz, Obs. Bot. 3: 39 (1783)

Teróf.-esc. 1-4 dm. IV-VI. Pastizales secos sobre arenas silíceas. Circun-Medit. M. 3. (SL, 2000).

XK65, XK72, XK73, XK74, XK75, XK77, XK81, XK82, XK83, XK85, XK86, XK94, XK95, XK96, YK04, YK26, YK27.

**17. Lathyrus tuberosus** L., Sp. Pl.: 732 (1753)

Hemic.-esc. 2-8 dm. VI-IX. Campos de cultivo y herbazales alterados de su entorno. Euri-Eurosib. R. 3. (AA, 1985).

**XK62**: Arcos de las Salinas, alrededores. **XK95**: Mora de Rubielos, El Plano. **XK96**: Id., pr. ermita de la Magdalena. **YK05**: Fuentes de Rubielos, Torre Batán.

**18. Lathyrus vernus** (L.) Bernh., Syst. Verz. Erfurt: 248 (1800)

≡ *Orobus vernus* L., Sp. Pl.: 728 (1753) [basión.]

Hemic.-esc. 1-4 dm. IV-VI. Terrenos pedregosos, orlas forestales frescas. Eurosib. Indicada por Asso de Tronchón, cosa verosímil, pero nunca reencontrada en esta zona ni en el resto de la provincial, aunque sí en la cercana Serranía de Cuenca. NV. 5. (ASSO, 1779)

### 3.48.15. LENS Mill. (2 esp.)

**1. Lens culinaris** Medik. in Vorl. Churpf. Phys.-Ökon. Ges. 2: 361 (1787) (*lenteja común*)

≡ *Ervum lens* L., Sp. Pl.: 738 (1753) [syn. subst.]; ≡ *L. esculenta* Moench, Meth.: 131 (1794); ≡ *Vicia lens* (L.) Coss. & Germ., Fl. Descr. Anal. Paris: 143 (1845)

Teróf.-esc. 1-4 dm. V-VII. Cultivada como legumbre comestible, pudiendo presentarse temporalmente asilvestrada. Iranotur.RR. 1. (NC).

**2. Lens nigricans** (Bieb.) Godr. (Bieb.) Godr., Fl. Lorr. 1: 173 (1843) (*lenteja silvestre*)

≡ *Ervum nigricans* Bieb., Fl. Taur.-Cauc. 2: 164 (1808) [basión.]; ≡ *L. culinaris* subsp. *nigricans* (Bieb.) Thell. in Mém. Soc. Sci. Nat. Cherbourg 38: 346 (1912)

Teróf.-esc. 5-25 cm. Pastizales anuales en medios poco soleados, con frecuencia silíceos. Circun-Medit. R. 3. (SL, 2000).

XK63, XK72, XK73, **XK74**, XK81, XK82, **XK83**.

### 3.48.16. LOTUS L. (6 esp.)

**1. Lotus corniculatus** L., Sp. Pl.: 775 (1753) (*cuernecillo del campo*)

Hemic.-esc. 1-5 dm. VI-X. Juncales y pastizales húmedos, sobre todo en márgenes de ríos y arroyos. Holárt. C. 2. (ASSO, 1779). TC.

**2. Lotus delortii** Timb.-Lagr. in F.W. Sch., Arch. Fl. Fr. Allem.: 201 (1852)

≡ *L. corniculatus* subsp. *delortii* (Timb.-Lagr.) O. Bolòs & Vigo, Fl. País. Catal. 1: 621 (1984); - *L. pilosus* auct.; - *L. villosus; - L. corniculatus* subsp. *villosus* auct.

Hemic.-esc. 5-25 cm. V-VII. Matorrales y pastizales vivaces frescos. Medit.-occid. C. 3. (R & B, 1961). TC.

**3. Lotus glaber** Mill., Gard. Dict. ed. 8: nº 3 (1768)

= *L. tenuis* Waldst. & Kit. ex Willd., Enum. Pl. Horti Berol.: 797 (1809); - *L. tenuifolius* auct.; - *L. corniculatus* subsp. *tenuifolius* auct.

Hemic.-esc. 2-8 dm. V-IX. Juncales y herbazales vivaces húmedos en ambientes ribereños. Holárt. M. 2. (R & B, 1961).

XK52, XK54, XK64, XK65, XK75, XK76, XK77, XK83, XK84, XK85, XK86, XK93, XK94, XK95, XK97, YK04, YK16, YK19.

**4. Lotus glareosus** Boiss. & Reut., Pugill. Pl. Afr. Bor. Hisp.: 36 (1852)

≡ *L. carpetanus* Lacaita in Cavanillesia 1: 10 (1928); = *L. corniculatus* subsp. *carpetanus* (Lacaita) Rivas Mart. in Anales Inst. Bot. Cavanilles 21: 240 (1963); - *L. alpinus* auct.; - *L. corniculatus* subsp. *alpinus* auct.

Hemic.-esc. 1-3 dm. VI-IX. Pastizales húmedos de montaña sobre suelo silíceo o poco carbonatado. Iberoatl. R. 4. (MATEO & LOZANO, 2010b).

XK96, XK97, YK06, YK07, YK18.

**5. Lotus pedunculatus** Cav., Icon. Descr. Pl. 2: 52 (1793)
= *L. uliginosus* Schkuhr, Bot. Handb. 2: 412 (1796); - *L. corniculatus* subsp. *pedunculatus* auct.

Hemic.-esc. 3-8 dm. V-IX. Indicada en la *flórula* de medios turbosos sobre terrenos silíceos, en las partes elevadas del macizo de Gúdar. No conocemos ninguna recolección que lo avale, ni ha sido observada en tiempos posteriores. Eurosib. NV. 4. (R & B, 1961).

**6. Lotus preslii** Ten., Fl. Napol. 5: 169 (1836)
≡ *L. corniculatus* subsp. *preslii* (Ten.) P. Fourn., Quatre Fl. France: 564 (1936) [basión.]; - *L. decumbens* auct.; - *L. corniculatus* subsp. *decumbens* auct.

Hemic.-esc. 2-5 dm. V-VIII. Pastizales vivaces húmedos en ambientes algo salinos. NV. 3. (PAU, 1895).

XK64: Camarena de la Sierra, pr. fuente del Baño (PAU, 1895).

**3.48.17. MEDICAGO** L. (8 esp.)

**1. Medicago littoralis** Rohde ex Loisel., Not. Pl. Fr.: 118 (1810)

Teróf.-rept. 1-4 dm. III-VI. Pastizales secos en medios arenosos alterados de clima muy suave. Circun-Medit. R. 2. (GM, 1992).

XK83, XK93, XK94, YK03, YK04.

**2. Medicago lupulina** L., Sp. Pl.: 779 (1753) (*lupulina*)

Hemic.-esc./rept. 2-6 dm. V-IX. Campos de cultivo, terrenos baldíos y pastizales degradados. Paleotemp. M. 1. (R & B, 1961). TC.

**3. Medicago minima** (L.) L., Fl. Angl.: 21 (1754)
≡ *M. polymorpha* var. *minima* L., Sp. Pl.: 780 (1753) [basión.]

Teróf.-esc. 5-30 cm. IV-VI. Terrenos bladíos, pastizales y matorrales degradados o muy pastoreados. Paleotemp. C. 1. (R & B, 1961). TC.

**4. Medicago orbicularis** (L.) Bartal., Cat. Piante Siena: 60 (1776) (*mielga de caracolillo*)
≡ *M. polymorpha* var. *orbicularis* L., Sp. Pl.: 779 (1753) [basión.]; = *M. calaviae* Losc. & Pardo, Ser. Imperf. Pl. Arag.: 101 (1876)

Teróf.-esc. 2-6 dm. IV-VI. Herbazales sobre terrenos baldíos o transitados. Euri-Medit. R. 2. (MATEO & LOZANO, 2010a).

XK62, XK71, XK72, XK74, XK81, XK83, XK84, XK86.

**5. Medicago polymorpha** L ., Sp. Pl.: 779 (1753)
= *M. nigra* Krocker, Fl. Siles. 2: 244 (1790); = *M. hispida* Gaertn., Fruct. Sem. Pl. 2: 349 (1791); = *M. lappacea* Desr. in Lam., Encycl. Méth. Bot. 3: 637 (1792); = *M. apiculata* Willd., Sp. Pl. 3(2):

1414 (1802); = *M. denticulata* Willd., Sp. Pl. 3(2): 1414 (1802); = *M. polycarpa* Willd., Enum. Pl. Horti Berol., Suppl.: 52 (1814)

Teróf.-esc. 2-5 dm. IV-VI. Herbazales anuales sobre substratos alterados o muy frecuentados. Paleotemp. R. 2. (MATEO & LOZANO, 2010b).

XK76: Formiche Alto, alrededores del pueblo. YK27: Mosqueruela, pr. La Estrella.

**6. Medicago rigidula** (L) All. Fl. Pedem. 1: 316 (1785)
≡ *M. polymorpha* var. *rigidula* L., Sp. Pl.: 780 (1753) [basión.]; = *M. gerardii* Waldst. & Kit. ex Willd., Sp. Pl. 3(2): 1415 (1802); = *M. agrestis* Ten., Fl. Napol. 1, Prodr.: lxxi (1815)

Teróf.-esc. 1-4 dm. IV-VI. Terrenos baldíos y ambientes de matorral aclarado muy degradados o pastoreados. Medit.-Iranot. C. 1. (AA, 1985). TC.

**7. Medicago sativa** L., Sp. Pl.: 778 (1753) (*alfalfa*)

Hemic.-esc. 2-6 dm. V-X. Se presenta cultivada como forrajera y formando parte de pastizales de todo tipo en caminos, terrenos baldíos y medios frecuentados por el hombre y el ganado. Paleotemp. CC. 1. (R & B, 1961). TC.

**8. Medicago suffruticosa** Ramond ex DC. in Lam. & DC., Fl. Franç. éd. 3, 4: 541 (1805) subsp. **leiocarpa** (Benth.) Urban in Verh. Bot. Vereins Prov. Brandenb. 15: 58 (1873)
≡ *M. leiocarpa* Benth., Cat. Pl. Pyrén.: 100 (1826) [basión.]

Hemic.-esc. 2-4 dm. IV-VI. Bosques aclarados y pastizales vivaces en ambientes no muy húmedos. Medit.-occid. M. 2. (PAU, 1891). TC.

**3.48.18. MELILOTUS** Mill. (7 esp.)

**1. Melilotus albus** Medik. in Vorl. Churpf. Phys.-Ökon. Ges. 2: 382 (1787) (*meliloto blanco*)

Hemic.-esc. 4-15 dm. VI-IX. Cunetas y pastizales vivaces de ambientes alterados. Paleotemp. M. 2. (R & B, 1961). TC.

**2. Melilotus altissimus** Thuill. Fl. Paris, ed. 2: 378 (1799) (*trébol oloroso*)
- *M. macrorhizus* auct.

Hemic.-esc. 4-12 dm. VI-IX. Herbazales vivaces en ambiente de vega antropizado. Eurosib. R. 2. (R & B, 1961).

XK84, XK96, XK97, YK04, YK05, YK06, YK07.

**3. Melilotus elegans** Salzm. ex Ser. in DC., Prodr. 3: 188 (1825)

Teróf.-esc. 3-12 dm. V-VII. Campos de cultivo y herbazales nitrófilos. Circun-Medit. R. 2. (NC).

XK62: Arcos de las Salinas, alrededores. XK72: Torrijas, La Nava. XK73: Id., hacia Los Cerezos.

**4. Melilotus indicus** (L.) All., Fl. Pedem. 1: 308 (1785)
≡ *Trifolium indicum* L., Sp. Pl.: 765 (1753) [basión.]; = *Melilotus parviflorus* Desf., Fl. Atl. 2: 192 (1799)

Teróf.-esc. 1-4 dm. IV-VII. Cultivos y herbazales nitrófilos sobre suelos transitados. Subcosmop. R. 1. (R & B, 1961).

XK55, XK62, XK63, XK71, XK73, XK81, XK83, XK84, XK93, XK94, XK95, YK04, YK05, YK06, YK29, YL00, YL10.

**5. Melilotus officinalis** (L.) Pallas in Reise Russ. Reich. 3: 537 (1776) *(trébol real)*

≡ *Trifolium officinale* L., Sp. Pl.: 765 (1753) [basión.]; = *M. arvensis* Wallr., Sched. Crit.: 391 (1822); = *M. segetalis* (Brot.) Ser. in DC., Prodr. 2: 187 (1825); = *T. segetale* Brot., Fl. Lusit. 2: 484 (1804); = *M. sulcatus* subsp. *segetalis* (Brot.) P. Fourn., Quatre Fl. Fr.: 549 (1936)

Hemic.-bien. 3-12 dm. V-IX. Campos de cultivo y terrenos baldíos. Paleotemp. C. 2. (SL, 2000). TC.

**6. Melilotus spicatus** (Sm.) Breistr. in Bull. Soc. Bot. Fr. 103 (Sess. Extr.): 127 (1956)

≡ *Trifolium spicatum* Sm. in Sibth. & Sm., Fl. Graeca Prodr. 2: 93 (1813); -*M. neapolitanus* auct.

Teróf.-esc. 1-4 dm. IV-VI. Pastizales secos anuales sobre terrenos removidos o alterados. Circun-Medit. M. 2. (PAU, 1887).

XK52, XK64, XK65, XK66, XK73, XK74, XK75, XK76, XK83, XK84, XK85, XK86, XK93, XK94, XK95, XK96, YK04, YK05.

**7. Melilotus sulcatus** Desf., Fl. Atl. 2: 193 (1799)

Teróf.-esc. 1-4 dm. IV-VI. Terrenos baldíos y márgenes de los caminos. Euri-Medit. R. 2. (ROSELLÓ, 1994).

XK77, XK93, XK94, YK28, YK29.

## 3.48.19. ONOBRYCHIS Mill. (3 esp.)

**1. Onobrychis argentea** Boiss., Voy. Bot. Esp. 2: 188 (1840) subsp. **hispanica** (Sirj.) P.W. Ball in Feddes Repert. 79: 42 (1968)

≡ *O. hispanica* Sirj. in Publ. Fac. Sci. Univ. Masaryk 56: 135 (1925) [basión.]; - *O. montana* auct.; - *O. viciifolia* subsp. *montana* auct.

Hemic.-ros./Camef.-sufr. 2-4 dm. V-VII. Pastizales mesoxerófilos sobre sustrato básico. Medit.-occid. C. 3. (R & B, 1961). TC.

**2. Onobrychis saxatilis** (L.) Lam., Fl. Franç. 2: 653 (1779) *(esparcetilla)*

≡ *Hedysarum saxatile* L., Syst. Nat. ed. 10, 2: 1171 (1759) [basión.]

Hemic.-esc. 2-4 dm. V-VII. Matorrales secos y soleados sobre suelos margosos o calizos. Medit.-occid. M. 3. (SENNEN, 1910).

XK52, XK53, XK54, XK62, XK63, XK64, XK73, XK74, XK75, XK76, XK77, XK81, XK83, XK84, XK85, XK86, XK87, XK88, XK94, XK95, XK96, XK98, YK03, YK04, YK05, YK06, YK09, YK15, YL00, YL10, YL20.

**3. Onobrychis viciifolia** Scop. Fl. Carniol. ed. 2, 2: 76 (1772) *(esparceta, pipirigallo)*

≡ *Hedysarum onobrychis* L., Sp. Pl.: 751 (1753) [syn. subst.]; = *O. sativa* Lam., Fl. Franç. 2: 652 (1779)

Hemic.-esc. 3-7 dm. V-X. Cultivada como forrajera y ampliamente naturalizada en medios alterados. Paleotemp. C. 1. (ASSO, 1779).

## 3.48.20. ONONIS L. (11 esp., 12 táx.)

**1. Ononis aragonensis** Asso, Syn. Stirp. Arag.: 96 (1779)

Caméf.-frut./Nano-Faner. 2-6 dm. V-VI. Pinares de montaña y matorrales de umbría sobre substrato calizo. Medit.-occid. M. 4. (ASSO, 1779).

XK63, XK64, XK65, XK71, XK72, XK73, XK74, XK77, XK78, XK79, XK81, XK82, XK83, XK84, XK86, XK87, XK94, XK95, XK96, XK97, XK98, XK99, YK04, YK05, YK06, YK07, YK08, YK09, YK16, YK17, YK18, YK19, YK25, YK26, YK27, YK28, YK29, YK37, YL00, YL10.

**2. Ononis cristata** Mill., Gard. Dict. ed. 8: nº 9 (1768) *(garbancillera, madre del cordero)*

= *O. cenisia* L., Mantissa 2: 267 (1771)

Caméf./Hemic.-rept. 5-25 cm. V-VII. Pastizales vivaces en terrenos calizos de montaña con abundante humedad climática. Late-Pirenaica. M. 4. (ASSO, 1779).

XK62, XK63, XK64, XK72, XK73, XK74, XK77, XK78, XK79, XK82, XK83, XK87, XK88, XK89, XK96, XK97, XK98, XK99, YK05, YK06, YK07, YK08, YK09, YK15, YK16, YK17, YK18, YK19, YK25, YK26, YK27, YK28, YK29, YL00, YL10.

**3. Ononis fruticosa** L., Sp. Pl.: 718 (1753) *(garbancillera borde)*

= *O. fruticosa* subsp. *microphylla* (DC.) O. Bolòs & al., Fl. Man. Païs. Catal.: 1214 (1990)

Nano-Faner. 3-10 dm. V-VII. Matorrales secos sobre terrenos margosos, a veces yesíferos. Medit.-occid. M. 3. (FL, 1878).

XK52, XK54, XK55, XK63, XK64, XK65, XK73, XK74, XK83, XK84, XK85, XK94, XK95, XK96, XK97, XL90, YK04, YK05, YK06, YK09, YK15, YK16, YK17, YK18, YK19, YK27, YK28, YK29, YL00, YL10, YL20.

**4. Ononis minutissima** L., Sp. Pl.: 717 (1753)

= *O. barbata* Cav., Icon. Descr. Pl. 2: 42 (1793)

Caméf.-sufr. 1-3 dm. IV-VI. Matorrales secos sobre terrenos calizos someros. Medit.-occid. M. 2. (ASSO, 1779).

XK52, XK62, XK63, XK71, XK72, XK73, XK74, XK75, XK77, XK81, XK82, XK83, XK84, XK85, XK86, XK87, XK93, XK94, XK95, YK03, YK04, YK05, YK06, YK15, YK16, YK19, YK25, YK26, YK27, YK28, YK29, YK37, YK38, YL10.

**5. Ononis natrix** L., Sp. Pl.: 717 (1753) *(anonis, hierba culebra)*

= *O. hispanica* L. f., Suppl. Pl.: 324 (1781); = *O. pyrenaica* Willk. & Costa ex Willk. in Linnaea 30: 97 (1859); - *O. natrix* subsp. *pyrenaica* auct.

Caméf.-sufr./Hemic.-esc. 1-4 dm. V-IX. Sedimentos fluviales, terrenos pedregosos o arenosos secos. Euri-Medit. M. 2. (R & B, 1961). TC.

**6. Ononis pubescens** L., Mantissa 2: 267 (1771)

Teróf.-esc. 1-3 dm. IV-VI. Pastizales secos anuales sobre sustratos básicos. Circun-Medit. NV. 3. (FL, 1886).

**XK93**: San Agustín, entre Mas de Tarín y Mas de los Pérez (FL, 1886).

**7. Ononis pusilla** L., Syst. Nat. ed. 10, 2: 1159 (1759) subsp. **pusilla**
= *O. columnae* All., Auct. Syn. Stirp. Horti Taur.: 77 (1773); = *O. juncea* Asso, Syn. Stirp. Arag.: 96 (1779); = *O. capitata* Cav., Icon. Descr. Pl. 2: 43 (1793); = *O. parviflora* Cav., Icon. Descr. Pl. 2: 42 (1793)
Hemic.-esc./Caméf.-sufr. 4-15 cm. V-VIII. Matorrales y pastizales secos sobre calizas. Euri-Medit. C. 2. (R & B, 1961). TC.

**8. Ononis rotundifolia** L., Sp. Pl.: 719 (1753)
Caméf.-sufr. 2-5 dm. V-VII. Terrenos calizos pedregosos o abruptos y poco soleados. Medit.-sept. M. 4. (PAU, 1885).
XK63, XK73, XK77, XK82, XK83, XK86, XK87, XK94, XK96, XK97, XK98, XK99, YK04, YK06, YK07, YK08, YK09, YK16, YK18, YK19, YK27, YK28, YK29, YL00.

**9. Ononis spinosa** L., Sp. Pl.: 716 (1753) (*gatuña*)
Hemic.-esc. 1-5 dm. V-IX. Caminos, terrenos baldíos, pastizales vivaces en ambiente fresco y no muy seco. En la zona se ha mencionado el tipo (subsp. *spinosa*) [≡ *O. repens* subsp. *spinosa* (L.) Greuter in Willdenowia 16: 113 (1986); = *O. campestris* W.D.J. Koch & Ziz, Cat. Pl.: 22 (1814); - *O. antiquorum* auct.; - *O. spinosa* subsp. *antiquorum* auct.; - *O. repens* subsp. *antiquorum* auct.; - *O. spinosa* subsp. *foetens* auct.], que parece ser minoritario, frente a la subsp. *australis* (Sirj.) Greuter & Burdet in Willdenowia 19: 33 (1989) [≡ *O. repens* var. *australis* Sirj. in Beih. Bot. Centralbl. 49(2): 601 (1932) [basión.]; ≡ *O. repens* subsp. *australis* (Sirj.) Devesa in Lagascalia 14(1): 145 (1986); - *O. procurrens* auct.]. Holárt. C. 2. (R & B, 1961). TC.

**10. Ononis striata** Gouan, Obs. Bot.: 47 (1773)
= *O. aggregata* Asso, Syn. Stirp. Arag.: 97 (1779)
Caméf.-sufr. 3-12 cm. VI-VII. Crestones y medios escarpados calizos elevados. Eurosib.-SW. NV. 4. (RP, 2002).
YK27: Mosqueruela, Mas de Saura (RP, 2002).

**11. Ononis tridentata** L., Sp. Pl.: 718 (1753)
Nano-Faner. 3-8 dm. V-VII. Matorrales secos y soleados sobre terrenos yesosos. En la zona parecen darse formas del tipo (subsp. *tridentata*), sobre todo en las áreas más interiores y de la subsp. *angustifolia* (Lange) Devesa & G. López in Anales Jard. Bot. Madrid 55(2): 258 (1997) [≡ *O. tridentata* fma. *angustifolia* Lange in Vidensk. Meddel. Dansk Naturh. Foren. Kjobenh. 1865: 152 (1866), basión.], en las más litorales, aunque con numerosas formas de tránsito. Medit.-occid. R 3. (SENNEN, 1910).
XK52, XK54, XK55, XK62, XK63, XK64, XK65, XK66, XK73, XK83, YL00, YL10.

**3.48.21. OXYTROPIS** DC. (1 esp.)

**1. Oxytropis jabalambrensis** (Pau) Podlech in Sendtnera 3: 147 (1996)

≡ *Astragalus jabalambrensis* Pau, Not. Bot. Fl. Españ. 6: 46 (1895) [basión.]
Hemic.-esc. 5-15 cm. V-VII. Crestas venteadas de alta montaña sobre suelos calizos someros. Ibero-lev. RR. 5 (PAU, 1895).
XK63: Puebla de Valverde, pr. prado de Javalambre. XK64: Camarena de la Sierra, pr. E.I. de Javalambre. XK74: Puebla de Valverde, afluente del barranco del Val (APARICIO, 2010). XK88: Monteagudo del Castillo, cerro de San Cristóbal.

**3.48.22. PHASEOLUS** L. (1 esp.)

**1. Phaseolus vulgaris** L., Sp. Pl.: 723 (1753) (*judías, alubias*)
Teróf.-escand. 4-25 dm. VII-IX. Cultivada como hortaliza comestible en los huertos. A veces se pueden observar ejemplares escapados de cultivo en sus alrededores. Neotrop. RR. 1. (NC).

**3.48.23. PISUM** L. (1 esp., 2 táx.)

**1a. Pisum sativum** L., Sp. Pl.: 727 (1753) subsp. **sativum** (*guisante*)
Teróf.-escand. 2-8 dm. V-VII. Se cultiva para el consumo de sus semillas, pudiendo aparecer alguna mata dispersa asilvestrada cerca de los campos y poblaciones. Origen incierto. RR. 1. (NC).

**1b. Pisum sativum** subsp. **elatius** (Bieb.) Asch. & Graebn., Syn. Mitteleur. Fl. 6(2): 1064 (1910)
≡ *P. elatius* Bieb., Fl. Taur.-Cauc. 2: 151 (1808) [basión.]
Teróf.-escand. 4-10 dm. V-VII. Cunetas, herbazales subnitrófilos no muy secos. Circun-Medit. R. 2. (SL, 2000).
XK82: Abejuela, barranco de Santa Margarita.

**3.48.24. ROBINIA** L. (1 esp.)

**1. Robinia pseudacacia** L., Sp. Pl.: 722 (1753) (*falsa acacia*)
Macro-Faner. 2-12 m. IV-VI. Cultivada como ornamental y ya de antiguo asilvestrada en caminos y zonas habitadas. Norteamér. M. 1. (SL, 2000).

**3.48.25. SCORPIURUS** L. (1 esp.)

**1. Scorpiurus subvillosus** L., Sp. Pl.: 745 (1753)
Teróf.-esc. 5-25 cm. IV-VI. Pastizales secos anuales sobre terrenos alterados o abandonados de cultivo, en áreas de baja altitud y clima suave. Medit.-Iranot. RR. 2. (MATEO & LOZANO, 2010b).
XK94: Olba, pr. La Civera. YK03: San Agustín, valle del río Maimona bajo loma de la Cañadilla. YK04: Olba, valle del Mijares pr. Los Lucas.

**3.48.26. SPARTIUM** L. (1 esp.)

**1. Spartium junceum** L., Sp. Pl.: 708 (1753) (*retama de flor, gayomba*)
Nano-Faner. 1-2 m. IV-VI. Cultivada como ornamental y en taludes o márgenes de carreteras, de donde suele asilvestrarse a pequeña escala por las zonas de altitud moderada. Medit.-orient. R. 1. (SL, 2000).

**3.48.27. TETRAGONOLOBUS** Scop. (1 esp.)

1. **Tetragonolobus maritimus** (L.) Roth, Tent. Fl. Germ. 1: 323 (1788)
≡ *Lotus maritimus* L., Sp. Pl.: 773 (1753) [basión.]; = *T. siliquosus* (L.) Roth, Tent. Fl. Germ. 1: 323 (1788)
Hemic.-esc. 1-3 dm. IV-VI. Juncales y herbazales vivaces en terrenos muy húmedos junto a ríos y arroyos. Holárt. M. 3. (FL, 1877). TC.

3.48.28. **TRIFOLIUM** L (20 esp., 21 táx.)

1. **Trifolium angustifolium** L., Sp. Pl.: 769 (1753)
Teróf.-esc. 2-4 dm. V-VII. Pastizales secos anuales en terrenos alterados. Euri-Medit. R. 2. (FL, 1885).
XK85, XK86, XK87, XK93, XK94, XK95, XK96, XK04, YK06, YK15, YK16, YK25, YK26.

2. **Trifolium arvense** L., Sp. Pl.: 769 (1753)
Teróf.-esc. 1-3 dm. IV-VI. Pastizales secos anuales sobre suelos arenosos silíceos. Paleotemp. M. 3. (FQ, 1953).
XK63, XK64, XK77, XK78, XK82, XK83, XK85, XK86, XK87, XK93, XK94, XK95, XK96, XK97, XK98, YK04, YK05, YK06, YK07, YK08, YK09, YK16, YK25, YK26.

3. **Trifolium campestre** Schreb. in Sturm, Deutschl. Fl. 1: 16 (1804)
= *T. procumbens* L., Sp. Pl.: 772 (1753) [nom. ambig.]
Teróf.-esc. 5-30 cm. IV-VI. Pastizales anuales sobre terrenos alterados secos. Paleotemp. M. 2. (R & B, 1961). TC.

4. **Trifolium dubium** Sibth., Fl. Oxon.: 231 (1794)
= *T. minus* Sm. in Relham, Fl. Cantab. ed. 2: 290 (1802); = *T. micranthum* Viv., Fl. Lyb. Spec.: 45 (1824); - *T. filiforme* subsp. *dubium* auct.
Teróf.-esc. 5-20 cm. IV-VII. Pastizales anuales sobre suelos silíceos frescos. Euri-Eurosib. M. 3. (R & B, 1961).
XK77, XK78, XK82, XK97, XK98, YK06, YK07.

5. **Trifolium fragiferum** L., Sp. Pl.: 772 (1753) (*trébol fresa*)
Hemic.-rept. 5-20 cm. V-VIII. Pastizales vivaces antropizados temporalmente húmedos. Paleotemp. M. 3. (R & B, 1961).
XK54, XK73, XK77, XK83, XK84, XK85, XK86, XK87, XK89, XK94, XK96, XK97, YK03, YK04, YK05, YK06, YK07, YK19, YK28.

6. **Trifolium glomeratum** L., Sp. Pl.: 770 (1753)
Teróf.-esc. 5-25 cm. IV-VI. Pastizales anuales sobre suelo silíceo o descarbonatado. Euri-Medit. R. 3. (AA, 1985).
**XK72**: Torrijas, La Nava.

7. **Trifolium hirtum** All., Auct. Fl. Pedem.: 20 (1789)
Teróf.-esc. 1-4 dm. V-VII. Pastizales anuales sobre suelos silíceos algo sombreados o húmedos. Circun-Medit. RR. 3. (SL, 2000).
**XK86**: Cabra de Mora, hacia Mora.

8. **Trifolium medium** L., Amoen. Acad. 4: 105 (1759)
Hemic.-esc. 1-3 dm. V-VII. Bosques caducifolios húmedos y sus orlas umbrosas. Eurosib. Aparece mencionado de diferentes puntos de la Sierra de Gúdar, donde no lo hemos podido observar los últimos años. NV. 4. (R & B, 1961).

9. **Trifolium montanum** L., Sp. Pl.: 770 (1753)
Hemic.-esc. 1-4 dm. V-VII. Pastizales vivaces húmedos sobre terreno silíceo. Eurosib. M. 4. (ASSO, 1779).
XK77, XK78, XK87, XK89, XK96, XK97, XK98, YK06, YK07, YK08, YK09, YK16, YK17, YK18, YK19, YK25, YK26, YK27, YK28, YL10.

10. **Trifolium ochroleucon** Huds., Fl. Angl.: 283 (1762)
Hemic.-esc. 2-4 dm. V-VII. Bosques caducifolios y pastizales vivaces de sus orlas. Eurosib. M. 3. (L & P, 1866).
XK63, XK64, XK72, XK73, XK74, XK76, XK77, XK78, XK82, XK83, XK84, XK85, XK86, XK87, XK93, XK95, XK96, XK97, XK98, YK05, YK06, YK07, YK08, YK09, YK15, YK16, YK17, YK18, YK19, YK25, YK26, YK27, YK28.

11. **Trifolium phleoides** Pourr. ex Willd., Sp. Pl. 3(2): 1377 (1802) subsp. **willkommii** (Chab.) Muñoz Rodr. in Acta Bot. Malac. 17: 105 (1992)
= *T. willkommii* Chab. in Bull. Herb. Boiss. 3: 145 (1895) [basión.]
Teróf.-esc. 5-20 cm. IV-VI. Pastizales secos anuales sobre suelo silíceo. Medit.-occid. R. 3. (CHABERT, 1895).
XK63, XK64, XK78, XK82, XK83, **XK84**.

12. **Trifolium pratense** L., Sp. Pl.: 768 (1753) (*trébol rojo*)
Hemic.-esc. 1-4 dm. V-X. Prados húmedos, medios ribereños o de vega. Subcosmop. CC. 2. (ASSO, 1779). TC.

13a. **Trifolium repens** L., Sp. Pl.: 767 (1753) subsp. **repens** (*trébol blanco*)
Hemic.-rept. 5-30 cm. V-VIII. Pastizales vivaces húmedos más o menos antropizados o alterados. C. 2. (ASSO, 1779). TC.

13b. **Trifolium repens** subsp. **nevadense** (Boiss.) Coombe in Feddes Repert. 79: 54 (1968)
≡ *T. nevadense* Boiss., Diagn. Pl. Orient., ser. 2, 2: 17 (1856) [basión.]
Hemic.-rept. 4-14 cm. V-VII. Pastizales silicícolas de las zonas elevadas de montaña. Subcosmop. R. 3. (NC).
XK97, XK98, YK07, YK08, YK09.

14. **Trifolium retusum** L., Demonstr. Pl.: 21 (1753)
= *T. parviflorum* Ehrh., Beitr. Naturk. 7: 165 (1792)
Teróf.-esc. 5-20 cm. V-VII. Herbazales anuales con abundante humedad primaveral. Euri-Eurosib.S. R. 3. (SL, 2000).

**XK78**: El Pobo, monte Castelfrío. **XK96**: Mora de Rubielos, pr. Ermita de la Magdalena.

### 15. Trifolium rubens L., Sp. Pl.: 768 (1753)

Hemic.-esc. 2-5 dm. V-VIII. Bosques caducifolios y pinares de montaña, sobre todo en terreno silíceo. Eurosib. R. 3. (VICIOSO, 1953).

**YK26**: Puertomingalvo, Macizo de Peñagolosa hacia El Rebollar. **YL00**: Villarluengo (VICIOSO, 1953).

### 16. Trifolium scabrum L., Sp. Pl.: 770 (1753)

Teróf.-esc. 5-25 cm. IV-VI. Pastizales secos anuales sobre terrenos calizos. Paleotemp. M. 1. (R &B, 1961). TC.

### 17. Trifolium striatum L., Sp. Pl.: 770 (1753) subsp. brevidens (Lange) Muñoz Rodr. in Acta Bot. Malac. 17: 100 (1992)

≡ *T. striatum* var. *brevidens* Lange in Vid. Med. Dansk Naturh. Foren. Kjobenh. 1865: 168 (1865) [basión.]

Teróf.-esc. 5-30 cm. IV-VII. Pastizales anuales sobre suelo silíceo. Paleotemp, M. 3. (R & B, 1961).

**XK62**, **XK72**, **XK76**, **XK77**, **XK78**, **XK85**, **XK86**, **XK95**, **XK96**, **XK97**, **YK06**, **YK07**, **YK08**.

### 18. Trifolium strictum L., Cent. Pl. 1: 24 (1755)

= *T. laevigatum* Poir., Voy. Barb. 2: 219 (1789)

Teróf.-esc. 5-15 cm. IV-VI. Pastizales anuales en ambientes frescos sobre suelo silíceo. Euri-Medit. RR. 3. (SL, 2000).

**XK77**: Corbalán, Puerto de Cabigordo. **XK78**: El Pobo, monte Castelfrío.

### 19. Trifolium subterraneum L., Sp. Pl.: 767 (1753)

Teróf.-cesp. 1-10 cm. IV-VI. Pastizales secos frecuentados por el ganado, sobre suelo silíceo. Circun-Medit. R. 3. (MATEO & LOZANO, 2010b).

**XK52**: Arcos de las Salinas, cerca del límite de las tres provincias pr. Peña Blanca.

### 20. Trifolium sylvaticum Gérard ex Loisel. in J. Bot. (Desv.) 2: 367 (1809)

= *T. smyrnaeum* Boiss., Diagn. Pl. Orient., ser. 1, 1(2): 25 (1843); = *T. hervieri* Freyn ex Willk., Suppl. Prodr. Fl. Hisp.: 245 (1893); - *T. lagopus* auct.,

Teróf.-esc. 5-15 cm. IV-VII. Pastizales secos sobre terrenos silíceos despejados. Medit.-sept. R. 3. (MW, 1893).

**XK64**: Camarena de la Sierra, Sierra de Camarena (MW, 1893). **XK77**: Corbalán, valle de Escriche. **XK78**: El Pobo, monte Castelfrío.

### 3.48.29. TRIGONELLA L. (4 esp., 5 táx.)

### 1. Trigonella foenum-graecum L., Sp. Pl.: 777 (1753) (alholva, fenogreco)

Teróf.-esc. 1-4 dm. IV-VI. Cultivada antiguamente y actualmente en vías de desaparición, aunque todavía se detectada el pasado siglo. Iranot. NV. 1. (PAU, 1928)

### 2. Trigonella gladiata Steven ex Bieb., Fl. Taur.-Cauc. 2: 222 (1808)

≡ *T. foenum-graecum* subsp. *gladiata* (Steven ex Bieb.) P. Fourn., Quatre Fl. France: 542 (1936)

Teróf.-esc. 4-10 cm. IV-VI. Pastizales secos anuales en barbechos y zonas alteradas. Circun-Medit. R. 3. (R & B, 1961).

**XK62**, **XK64**, **XK65**, **XK66**, **XK71**, **XK72**, **XK73**, **XK74**, **XK75**, **XK76**, **XK77**, **XK81**, **XK82**, **XK83**, **XK84**, **XK96**, **XK97**, **YK06**, **YK07**, **YK18**, **YK28**, **YL00**.

### 3. Trigonella monspeliaca L., Sp. Pl.: 777 (1753)

Teróf.-esc. 5-25 cm. IV-VII. Terrenos baldíos o antropizados secos. Medit.-Iranot. C. 1. (R & B, 1961). TC.

### 4a. Trigonella polyceratia L., Sp. Pl.: 777 (1753) subsp. polyceratia

Teróf.-esc. 1-4 dm. IV-VII. Campos de secano y terrenos baldíos o antropizados secos. Medit.-occid. C. 1. (R & B, 1961). TC.

### 4b. Trigonella polyceratia subsp. pinnatifida (Cav.) Mateo, C. Torres & Fabado in Flora Montib. 35: 37 (2007)

≡ *T. pinnatifida* Cav., Icon. Descr. Pl.: 26, tab. 38 (1791) [basión.]

Teróf.-esc. 1-4 dm. IV-VII. Herbazales subnitrófilos en medios antropizados. Iberolev. R. 3. (MATEO & LOZANO, 2007).

**YK04**: Olba, valle del Mijares.

### 3.48.30. ULEX L. (1 esp.)

### 1. Ulex parviflorus Pourr. in Hist. Mém. Acad. Roy. Sci. Toulouse 3: 334 (1788) subsp. parviflorus (aliaga, aulaga)

- *U. australis* auct.,

Nano-Faner. 5-16 dm. XI-IV. Matorrales secos y campos abandonados en áreas de baja altitud y escasa continentalidad. Medit.-occid. R. 2. (PAU, 1886).

**XK71**, **XK73**, **XK81**, **XK82**, **XK83**, **XK84**, **XK93**, **XK94**, **XK95**, **YK03**, **YK04**, **YK05**, **YK28**.

### 3.48.31. VICIA L. (17 esp.)

### 1. Vicia angustifolia L., Amoen. Acad. 4: 105 (1759)

≡ *V. sativa* subsp. *angustifolia* (L.) Batt. in Batt. & Trab., Fl. Algér. (Dicot.): 268 (1889); = *V. sativa* subsp. *nigra* (L.) Ehrh. in Hannover Mag. 18: 229 (1780); = *V. sativa* var. *nigra* L., Sp. Pl. ed. 2: 1037 (1763)

Teróf.-esc. 1-4 dm. IV-VI. Cultivos y herbazales de ambientes alterados. Paleotemp. M. 1. (R & B, 1961). TC.

### 2. Vicia benghalensis L., Sp. Pl.: 736 (1753)

= V. atropurpurea Desf., Fl. Atl. 2: 164 (1799)

Teróf.-esc. 2-6 dm. IV-VI. Colonizadora de campos abandonados, ribazos, cunetas y terrenos baldíos. Circun-Medit. R. 2. (SL, 2000).
**YK05:** Fuentes de Rubielos, hacia Torre Batán.

**3. Vicia cracca** L., Sp. Pl.: 735 (1753) subsp. **tenuifolia** (Roth) Bonnier & Layens, Table Syn. Pl. Vasc. Fr.: 86 (1894)
≡ *V. tenuifolia* Roth, Tent. Fl. Germ. 1: 309 (1788) [basión.]; ≡ *Cracca tenuifolia* (Roth) Gren. & Godr., Fl. France 1: 469 (1849)
Hemic.-esc. 4-8 dm. IV-VII. Bosques caducifolios o mixtos, pinares de montaña y sus orlas. Se ha citado a veces la subsp. *cracca*, hecho que no podemos confirmar, pero que nos parece bastante probable. Paleotemp. C. 3. (R & B, 1961). TC.

**4. Vicia ervilia** (L.) Willd., Sp. Pl. 3(2): 1103 (1802) (*yeros*)
≡ *Ervum ervilia* L., Sp. Pl.: 738 (1753) [basión.]; = *Ervilia sativa* Link, Enum. Pl. Horti Berol. Alt. 2: 240 (1822)
Teróf.-esc. 2-4 dm. IV-VI. Cultivada antiguamente como forrajera y comestible, estando cada vez más en desuso, aunque pueden observarse accidentalmente algunos ejemplares asilvestrados. Iranotur. RR. 1. (SENNEN, 1910).

**5. Vicia faba** L., Sp. Pl.: 737 (1753) (*haba*)
Teróf.-esc. 4-10 dm. IV-VII. Cultivada por sus legumbres a pequeña escala, muy raras veces accidentalmente asilvestrada. RR. 1. (NC).

**6. Vicia hirsuta** (L.) S.F. Gray, Nat. Arr. Brit. Pl. 2: 614 (1821)
≡ *Ervum hirsutum* L., Sp. Pl.: 738 (1753) [basión.]
Teróf.-esc. 5-25 cm. IV-VI. Pastizales secos anuales, principalmente en medios pedregosos. Subcosmop. M. 3. (AA, 1985).
XK63, XK64, XK72, XK73, XK74, XK75, XK77, XK78, XK81, XK82, XK83, XK84, XK85, XK86, XK87, XK93, XK94, XK95, XK96, XK97, YK04, YK26.

**7. Vicia hybrida** L., Sp. Pl.: 737 (1753)
Teróf.-esc. 2-5 dm. IV-VI. Herbazales anuales subnitrófilos. Circun-Medit. R. 2. (MW, 1893).
**XK64;** Sierra de Javalambre (MW, 1893). **XK81:** Abejuela, Sierra de El Toro pr. monte Salada.

**8. Vicia lathyroides** L., Sp. Pl.: 736 (1753)
Teróf.-esc. 5-20 cm. IV-VI. Pastizales anuales sobre suelos arenosos silíceos. Euri-Eurosib. R. 3. (RP, 2002).
**XK77:** Corbalán, valle de Escriche. **XK78:** El Pobo, monte Castelfrío. **XK82:** Abejuela, barranco de Santa Margarita (*S. López & C. Fabregat*, VAL). **YK18:** Cantavieja, La Fábrica (RP, 2002)

**9. Vicia lutea** L., Sp. Pl.: 736 (1753)
Teróf.-esc. 2-5 dm. IV-VI. Herbazales anuales en claros de matorrales secos sobre suelos alterados. Euri-Medit. M. 2. (SL, 2000).
XK71, XK72, XK81, XK82, XK83, XK85, **XK86,** XK87, XK95, XK96, YK05.

**10. Vicia onobrychioides** L., Sp. Pl.: 735 (1753)
Hemic.-esc. 2-5 dm. IV-VI. Pinares, orlas forestales y pastizales vivaces sobre calizas. Circun-Medit. M. 3. (FL, 1877). TC.

**11. Vicia pannonica** Crantz, Stirp. Vindob.: 393 (1769)
= *V. striata* Bieb., Fl. Taur.-Cauc. 2: 162 (1808); = *V. pannonica* subsp. *striata* (Bieb.) Nyman, Consp. Fl. Eur.: 209 (1878); = *V. purpurascens* DC., Cat. Pl. Horti Monsp.: 155 (1813); = *V. pannonica* subsp. *purpurascens* (DC.) Arcang., Comp. Fl. Ital.: 201 (1882)
Teróf.-esc. 2-4 dm. IV-VI. Campos de secano y herbazales anuales de sus ribazos. Euri-Eurosib. M. 2. (DEBEAUX, 1894). TC.

**12. Vicia parviflora** Cav. in Anales Ci. Nat. 4: 73 (1801)
= *Ervum gracile* (Loisel.) DC., Cat. Pl. Horti Monsp.: 109 (1813); = *V. tetrasperma* subsp. *gracilis* (Loisel.) Hook. in Moris, Fl. Sardoa 1: 568 (1837); - *V. gracilis* auct.; - *V. tenuissima* auct.
Teróf.-esc. 1-4 dm. V-VII. Pastizales anuales en terrenos más o menos alterados y algo húmedos. Euri-Medit. R. 2. (SL, 2000).
XK73, XK74, XK82, XK83, XK86, XK95, XK96, YK15, YK16, YK26.

**13. Vicia peregrina** L., Sp. Pl.: 737 (1753)
Teróf.-esc. 2-5 dm. Campos de secano y terrenos baldíos secos. IV-VI. Medit.-Iranot. M. 1. (R & B, 1961). TC.

**14. Vicia pyrenaica** Pourr. in Hist. Mém. Acad. Roy. Sci. Toulouse 3: 333 (1788)
Hemic.-esc. 5-15 cm. V-VII. Terrenos pedregosos y pastos sobre suelos someros. Late-Pirenaica. M. 4. (PAU, 1887).
XK63, XK64, XK65, XK73, XK74, XK77, XK78, XK82, XK87, XK96, XK97, XK98, YK05, YK06, YK07, YK08, YK09, YK15, YK16, YK17, YK18, YK19, YK26, YK27, YK28, YK29, YL00.

**15. Vicia sativa** L., Sp. Pl.: 736 (1753) (*veza*)
Teróf.-esc. 1-5 dm. IV-VII. Campos de cultivo y terrenos baldíos. Paleotemp. M. 1. (AA, 1985). TC.

**16. Vicia sepium** L., Sp. Pl.: 737 (1753)
Hemic.-esc. 1-4 dm. V-VII. Bosques caducifolios y pastizales vivaces en lugares recoletos de umbría. Eurosib. R. 4. (GM, 1990).
XK97, XK98, YK07, YK15, YK16, YK17, YK18, YK25, YK26, YK27.

**17. Vicia villosa** Roth, Tent. Fl. Germ. 2(1): 182 (1789) subsp. **pseudocracca** (Bertol.) Rouy Fl. Fr. 5: 239 (1899)
≡ *V. pseudocracca* Bertol., Rar. Ital. Pl. 2: 58 (1806) [basión.]; = *V. elegantissima* R.J. Shuttlew ex Rouy in Rev. Sci. Nat. ser. 3, 3(2): 229 (1883); = *V. villosa* subsp. *ambigua* (Guss.) Kerguélen in Lejeunia 120: 183 (1987)
Teróf.-escand. 3-8 dm. IV-VI. Campos de secano y herbazales anuales en medios alterados. Medit.-occid. M. 2. (SL, 2000).
XK83, XK86, XK94, XK95, YK04, YK05, YK06.

## 3.49. **LENTIBULARIACEAE** (*Lentibulariáceas*) (1 gén.)

### 3.49.1. **PINGUICULA** L. (1 esp.) (*grasillas*)

1. **Pinguicula dertosensis** (Cañig.) Mateo & M.B. Crespo, Fl. Abrev. Com. Valenciana: 430 (1995)
≡ *P. grandiflora* var. *dertosensis* Cañig. in Collect. Bot. 5: 413 (1957) [basión.]; ≡ *P. grandiflora* subsp. *dertosensis* (Cañig.) O. Bolòs & Vigo in Collect. Bot. 14: 99 (1983)
Hemic.-ros. 5-15 cm. V-VII. Pequeña planta carnívora mediante hojas mucilaginosas adherentes, que habita en roquedos calizos protegidos del sol y que rezuman agua con frecuencia. Iberolev. NV. 5. (RP, 2002).
**YK28**: Iglesuela del Cid, barranco de la Tosquilla (RP, 2002).

## 3.50. **LINACEAE** (*Lináceas*) (1 gén.)

### 3.50.1. **LINUM** L. (9 esp.)

1. **Linum appressum** Caballero in Anales Jard. Bot. Madrid 4: 426 (1944)
≡ *L. tenuifolium* subsp. *appressum* (Caballero) Rivas Mart. in Publ. Inst. Biol. Apl. 43: 76 (1968); ≡ *L. suffruticosum* subsp. *appressum* (Caballero) Rivas Mart. in Anales Inst. Bot. Cav. 34(2): 548 (1978); - *L. salsoloides* auct., - *L. ortegae* auct.
Caméf.-sufr./pulvin. 5-25 cm. V-VII. Matorrales y pastizales vivaces sobre calizas. Iberolev. M. 3. (FL, 1876).
XK65, XK71, XK73, XK74, XK75, XK76, XK77, XK78, XK79, XK84, XK85, XK87, XK88, XK89, XK95, XK96, XK97, XK98, XK99, XL80, XL90, YK05, YK06, YK07, YK08, YK09, YK15, YK16, YK17, YK18, YK19, YK27, YK28, YK29, YK00, YL10.

2. **Linum austriacum** L., Sp. Pl.: 278 (1753) subsp. **collinum** (Boiss.) Nyman, Consp. Fl. Eur.: 125 (1878)
≡ *L. austriacum* var. *collinum* Boiss., Fl. Orient. 1: 864 (1869) [basión.]
Hemic.-esc. 2-4 dm. V-VII. Pastizales vivaces no muy secos. Medit.-occid. R. 3. (SL, 2000).
**XK97**: Alcalá de la Selva, barranco de Valdespino.

3. **Linum bienne** Mill., Gard. Dict. ed. 8: nº 8 (1768)
Hemic.-bien./esc. 1-3 dm. V-VII. Pastizales sobre terrenos alterados algo húmedos. Circun-Medit. R. 3. (R & B, 1961).
XK84, XK85, XK86, XK93, XK94, XK95, XK97, YK04, YK28.

4. **Linum catharticum** L., Sp. Pl.: 281 (1753) (*cantilagua*)
Hemic./Teróf.-esc. 1-3 dm. V-VII. Pastizales vivaces húmedos, márgenes de arroyos. Eurosib. M. 3. (ASSO, 1779).
XK63, XK64, XK72, XK73, XK76, XK77, XK78, XK79, XK82, XK83, XK84, XK86, XK87, XK88, XK94, XK95, XK96, XK97, XK98, XK99, XL90, YK05, YK06, YK07, YK08, YK09, YK15, YK16, YK17, YK18, YK19, YK25, YK26, YK27, YK28, YK29, YL00, YL10.

5. **Linum maritimum** L., Sp. Pl.: 280 (1753)
Hemic.-esc. 4-8 dm. VI-IX. Pastizales vivaces húmedos sobre suelos más o menos salinos. Medit.-occid. RR. 4. (PAU, 1896).
**YK04**: Olba, pr. Los Pertegaces.

6. **Linum narbonense** L., Sp. Pl.: 278 (1753) (*lino azul*)
Caméf.-sufr. 2-5 dm.V-VII. Matorrales y pastizales vivaces secos sobre calizas. Medit.-occid. M. 3. (PAU, 1884). TC.

7. **Linum strictum** L., Sp. Pl.: 279 (1753)
Teróf.-esc. 1-3 dm. IV-VI. Pastizales secos anuales sobre todo tipo de terrenos. Euri-Medit. M. 2. (R & B, 1961).TC.

8. **Linum suffruticosum** L., Sp. Pl.: 279 (1753) (*lino blanco*)
Caméf.-sufr. 3-6 dm. V-VI. Matorrales secos sobre sustratos básico en altitudes moderadas. Medit.-occid. M. 3. (PAU, 1888).
XK52, XK54, XK55, XK62, XK63, XK64, XK65, XK66, XK71, XK72, XK73, XK74, XK75, XK76, XK77, XK81, XK82, XK83, XK84, XK85, XK86, XK87, XK89, XK93, XK94, XK95, XK96, XK97, XK98, XK99, YK03, YK04, YK05, YK06, YK09, YK15, YK16, YK18, YK19, YK27, YK28, YK29, YK38, YL00, YL10, YL20.

9. **Linum usitatissimum** L., Sp. Pl.: 277 (1753) (*lino común*)
Teróf.-esc. 4-10 dm. IV-VII. Antiguamente muy cultivada, por sus semillas y fibra, en la zona (lo que corrobora la toponimia), aunque en la actualidad se encuentra en completo desuso. Origen incierto. NV. 1. (ASSO, 1779).

## 3.51. **LOGANIACEAE** (*Loganiáceas*) (1 gén.)

### 3.51.1. **BUDDLEJA** L. (1 esp.)

1. **Buddleja davidii** Franchet in Nouv. Arch. Mus. Hist. Nat. Paris (ser. 2) 10: 65 (1887) (*budleya*)
Nano-Faner. 1-3 m. VII-X. Arbusto originario de Extremo Oriente, cultivado como ornamental en muchos pueblos, que eventualmente puede asilvestrarse en zonas periféricas. Chinojap. RR. 1. (NC).

## 3.52. **LYTHRACEAE** (*Litráceas*) (1 gén.)

### 3.52.1. **LYTHRUM** L. (2 esp.)

1. **Lythrum junceum** Banks & Soland. in Russell, Hist. Nat. Aleppo, ed. 2, 2: 253 (1794)
= *L. graefferi* Ten., Fl. Napol. 1, Prodr.: lxviii (1981); - *L. flexuosum* auct.; - *L. acutangulum* auct.; *L. hyssopifolia* auct.
Hemic.-esc. 1-5 dm. VI-IX. Juncales y cauces o márgenes de arroyos en áreas de baja altitud. Circun-Medit. R. 4. (R & B, 1961).
YK04, YK05, YK09, YK15, YK17, YK27.

2. **Lythrum salicaria** L., Sp. Pl.: 446 (1753) (*salicaria*)
Hemic.-esc. 5-20 dm. VII-IX. Juncales y carrizales ribereños sobre suelos siempre inundados. Subcosmop. M. 2. (SL, 2000). TC.

### 3.53. MALVACEAE (Malváceas) (5 gén.)

**3.53.1. ALCEA** L. (1 esp.)

**1. Alcea rosea** L., Sp. Pl.: 687 (1753) (*malva real*)
≡ *Althaea rosea* (L.) Cav., Monad. Class. Diss. Dec.: 426 (1790)
Hemic.-esc. 5-20 dm. VI-IX. Cultivada como ornamental y asilvestrada en zonas habitadas. Iranotur. R. 1. (SL, 2000).

**3.53.2. ALTHAEA** L. (3 esp.)

**1. Althaea cannabina** L., Sp. Pl.: 686 (1753)
Hemic.-esc. 5-15 dm. VI-IX. Juncales, carrizales y medios ribereños siempre húmedos. Medit.-Iranot. M. 3. (PAU, 1884).
XK73, XK83, XK86, XK94, XK95, XK96, XK97, YK04, YK05, YK15, YK16.

**2. Althaea hirsuta** L., Sp. Pl.: 687 (1753)
Teróf.-esc. 5-20 cm. IV-VI. Pastizales secos anuales, claros bien iluminados de matorral. Euri-Medit. M. 2. (PAU, 1884). 695.
XK52, XK55, XK62, XK63, XK64, XK65, XK66, XK71, XK72, XK73, XK74, XK75, XK76, XK77, XK81, XK82, XK83, XK84, XK85, XK87, XK93, XK94, XK95, YK03, YK04, YK05, YK06, YK26, YK27, YK29, YK37, YL00, YL10.

**3. Althaea officinalis** L., Sp. Pl.: 686 (1753) (*malvavisco*)
Hemic.-esc. 5-15 dm. VII-IX. Juncales, carrizales y medios ribereños con humedad permanente. Paleotemp. M. 3. (R & B, 1961). 696.
XK52, XK62, XK65, XK77, XK89, XK95, XK96, XK97, YK05, YK06, YK28.

**3.53.3. HIBISCUS** L. (1 esp.)

**1. Hibiscus trionum** L., Sp. Pl.: 697 (1753) (*aurora*)
Teróf.-esc. 2-5 dm. VII-IX. Campos de cultivo y herbazales de su entorno sobre terrenos alterados. Paleosubtrop. R. 2. (AA, 1985).
XK62: Arcos de las Salinas, alrededores. XK83: Manzanera, río Albentosa.

**3.53.4. LAVATERA** L. (2 esp.)

**1. Lavatera cretica** L., Sp. Pl.: 691 (1753)
Teróf.-esc. 2-5 dm. III-VI. Herbazales nitrófilos sobre terrenos muy degradados. Circun-Medit. NV. 1. (GARCÍA & ILLA, 1997).
XK65: Aldehuela, Sierra de las Coronillas (GARCÍA & ILLA, 1997).

**2. Lavatera triloba** L., Sp. Pl.: 691 (1753)
Nano-Faner. 5-18 dm. V-VII. Terrenos baldíos cerca de zonas habitadas. Medit.-occid. RR. 2. (MATEO & LOZANO, 2010b).
XK75: Puebla de Valverde, rambla de Peñaflor.

**3.53.5. MALVA** L. (5 esp.) (*malvas*)

**1. Malva moschata** L., Sp. Pl.: 690 (1753)
Hemic.-esc. 2-5 dm. VI-VIII. Pastizales vivaces sobre suelos profundos o de vega. Eurosib. R. 3. (SL, 2000).
YK16: Puertomingalvo, pr. Mas de Gasque.

**2. Malva neglecta** Wallr., Syll. Pl. Nov. 1: 140 (1824)
- *M. rotundifolia* auct.; - *M. vulgaris* auct.
Teróf.-esc./rept. 1-4 dm. V-VIII. Cultivos, caminos y herbazales antropizados de variada índole. Paleotemp. C. 1. (R & B, 1961). TC.

**3. Malva sylvestris** L., Sp. Pl.: 689 (1753)
- *M. ambigua* auct.
Hemic.-esc. 2-5 dm. V-X. Caminos, terrenos baldíos, herbazales nitrófilos sobre terrenos alterados. Subcosmop. C. 1. (R & B, 1961). TC.

**4. Malva tournefortiana** L., Cent. Pl. 1: 21 (1755)
= *M. stipulacea* Cav., Monad. Class. Dicc. Dec.: 62 (1786)
Hemic.-esc. 2-5 dm. VI-VIII. Pastizales vivaces algo húmedos. Es planta conocida de las Sierra de Albarracín y Montes Universales, pero que no ha sido vista en la zona. La cita de Loscos en Puertomingalvo parece lógico que se refiera a la indicada *M. moschata*. Medit.-sept. NV. 3. (FL, 1886).

**5. Malva trifida** Cav., Monad. Class. Diss. Dec.: 280 (1788)
Teróf.-esc. 5-20 cm. IV-VI. Pastizales secos anuales sobre substrato calcáreo. Iberolev. R. 3. (MW, 1893).
XK54, XK55, XK64, XK65, XK84, XK85, XK95.

### 3.54. MORACEAE (Moráceas) (2 gén.)

**3.54.1. FICUS** L. (1 esp.)

**1. Ficus carica** L., Sp. Pl.: 1059 (1753) (*higuera*)
Meso-Faner. 2-6 m. V-VIII. Cultivada por sus frutos comestibles y a veces escapada de cultivo y más o menos naturalizada en ribazos, roquedos y medios ribereños, junto a las zonas habitadas, por las partes más bajas. Circun-Medit. M. 1. (SL, 2000).
XK52, XK54, XK55, XK62, XK65, XK76, XK83, XK84, XK85, XK86, XK93, XK94, XK95, YK03, YK04, YK05, YK15, YK16, YK27, YK28, YK29, YK37, YL00, YL10, YL20.

**3.54.2. MORUS** L. (2 esp.)

**1. Morus alba** L., Sp. Pl.: 986 (1753) (*morera blanca*)
Macro-Faner. 3-10 m. V-VI. Cultivada como ornamental, antiguamente también para alimentar el gusano de seda, sobre todo en zonas bajas. Chinojap. RR. 1. (FABREGAT, 1989).

**2. Morus nigra** L., Sp. Pl.: 986 (1753) (*moral, morera negra*)
Macro-Faner. 3-12 m. V-VI. Cultivado o raras veces subespontáneo junto a las zonas habitadas. Chinojap. RR. 1. (RP, 2002).

### 3.55. NYCTAGINACEAE (Nictaginàceas) (1 gén.)

#### 3.55.1. MIRABILIS L. (1 esp.)

**1. Mirabilis jalapa** L., Sp. Pl.: 177 (1753) (*dondiego de noche*)
Geóf.-tub. 4-8 dm. Hierba exótica, que se cultiva como ornamental en los pueblos y casas de campo, pudiendo presentarse asilvestrada en baldíos y descampados. Neotrop. R. 1. (MATEO & LOZANO, 2010b).

### 3.56. OLEACEAE (Oleàceas) (6 gén.)

#### 3.56.1. FRAXINUS L. (2 esp.) (*fresnos*)

**1. Fraxinus angustifolia** Vahl, Enum. Pl. 1: 52 (1804)
Macro-Faner. 3-15 m. IV-V. Árbol caducifolio característico de medios ribereños. Medit.-occid. R. 4. (SL, 2000).
XK73, XK83, XK86, XK94, XK99, XL90, YK04, YK09, YL00, YL10.

**2. Fraxinus excelsior** L., Sp. Pl.: 1057 (1753)
Macro-Faner. 3-20 m. IV-V. Es un árbol propio de los bosques ribereños de la Europa templado-húmeda, que se cultiva esporádicamente como ornamental en la zona, estando naturalizado al menos en el entorno del balneario de Los Paraísos. Eurosib. RR. 4. (MATEO & LOZANO, 2010b).

#### 3.56.2. JASMINUM L. (2 esp.) (*jazmineros*)

**1. Jasminum fruticans** L., Sp. Pl.: 7 (1753) (*jazmín silvestre, bojecillo*)
Nano-Faner. 4-16 dm. IV-VI. Sabinares negrales, terrenos escarpados calizos. Medit.-occid. M. 3. (R & B, 1961).
XK53, XK54, XK55, XK62, XK63, XK64, XK65, XK71, XK72, XK73, XK74, XK75, XK76, XK81, XK82, XK83, XK84, XK85, XK86, XK93, XK94, XK95, YK03, YK04, YK05, YK06, YK09, YK15, YK16, YK26, YK27, YK28, YK29, YK37, YL00, YL10, YL20.

**2. Jasminum officinale** L., Sp. Pl.: 7 (1753) (*jazminero común*)
Faner.-escand. 1-3 m. VI-IX. Cultivado como ornamental y en ocasiones más o menos asilvestrado junto a los pueblos y casas de campo por las zonas bajas. Centroasiát. RR. 1. (RP, 2002).

#### 3.56.3. LIGUSTRUM L. (1 esp.)

**1. Ligustrum vulgare** L., Sp. Pl.: 7 (1753) (*aligustre*)
Meso-Faner. 1-4 m. V-VII. Bosques caducifolios ribereños y sus orlas arbustivas. Eurosib. M. 3. (PAU, 1884). TC.

#### 3.56.4. OLEA L. (1 esp.)

**1. Olea europaea** L., Sp. Pl.: 8 (1753) (*olivo*)
Meso-Faner. 2-5 m. IV-VI. Cultivado por sus frutos en las zonas de clima más suave y altitud menor, a veces naturalizado o abandonado de cultivo e integrado en la vegetación invasora de los mismos. Circun-Medit. R. 1. (RP, 2002).
XK94, XK95, YK03, YK04, YK05.

#### 3.56.5. PHILLYREA L. (3 esp.)

**1. Phillyrea angustifolia** L., Sp. Pl.: 7 (1753) (*olivillo, labiérnago*)
Meso-Faner. 1-3 m. IV-V. Matorrales y maquias, sobre calizas o rodenos, en áreas de clima suave. Circun-Medit. R. 3. (R & B, 1961).
YK04: Olba, pr. Los Ramones. YK27: Mosqueruela, hacia La Estrella (RP, 2002). YL10: Villarluengo, valle del Guadalope pr. Mas de Sisca.

**2. Phillyrea media** L., Syst. Nat. ed. 10, 2: 847 (1759)
Meso-Faner. 1-3 m. III-V. Matorrales y maquias en ambiente no muy seco ni fresco. Circun-Medit. NV. 4. (RP, 2002).
YK37: Mosqueruela, entre La Estrella y el Molí dels Ullals (RP, 2002).

**3. Phillyrea latifolia** L., Sp. Pl.: 8 (1753)
Meso-Faner. 1-4 m. IV-V. Bosques y matorrales densos de umbría sobre calizas, en áreas bajas y no muy secas. Circun-Medit. NV. 4. (RP, 2002).
YK37: Mosqueruela, Molí dels Ullals (RP, 2002).

#### 3.56.6. SYRINGA L. (1 esp.)

**1. Syringa vulgaris** L., Sp. Pl.: 9 (1753) (*lilo*)
≡ *Lilac vulgaris* (L.) Lam., Fl. Franç. 2: 305 (1779)
Meso-Faner. 1-4 m. IV-VI. Cultivado como ornamental, a veces asilvestrado o abandonado de cultivo. Euri-Eurosib.Orient. RR. 1. (RP, 2002).

### 3.57. ONAGRACEAE (Onagràceas) (1 gén)

#### 3.57.1. EPILOBIUM L. (7 esp.)

**1. Epilobium alsinifolium** Vill., Prosp. Pl. Dauph.: 45 (1779)
- *E. alpinum* auct.; - *E. alpinum* subsp. *alsinifolium* auct.
Hemic.-esc. 3-12 cm. VII-IX. Arroyos y regueros siempre húmedos en aguas frías de montaña. Holárt. NV. 4. (MW, 1893).
XK64: Sierra de Javalambre (MW, 1893). XK97: Gúdar (R & B, 1961). YK07: Valdelinares (R & B, 1961).

**2. Epilobium hirsutum** L., Sp. Pl.: 347 (1753) (*adelfilla pelosa*)
Hemic.-esc. 5-15 dm. VII-IX. Juncales y carrizales en ambientes ribereños. Subcosmop. M. 2. (PAU, 1884). TC.

**3. Epilobium montanum** L., Sp. Pl.: 348 (1753)
Hemic.-esc. 2-6 dm. V-VII. Bosques caducifolios y umbrías frescas poco accesibles. Eurosib. RR. 4. (VIGO, 1968).
YK26: Puertomingalvo, barranco de Monzón.

**4. Epilobium obscurum** Schreb., Spicil. Fl. Lips.: 147 (1771)

Hemic.-esc. 2-5 dm. VII-IX. Prados jugosos en humedales, regueros y manantiales. Eurosib. R. 4. (MATEO & SERRA, 1991).
**XK64:** La Puebla de Valverde, Prado de Javalambre. **YK04:** Olba, valle del Mijares. **YK19:** Villarluengo, barranco de la Hoz.

**5. Epilobium palustre** L., Sp. Pl.: 348 (1753)
Hemic.-esc. 2-4 dm. VI-VIII. Turberas ácidas y regueros muy húmedos sobre terrenos silíceos. Holárt. R. 4. (SENNEN, 1910).
**XK64:** Camarena de la Sierra, Sierra de Javalambre (SENNEN, 1910). **XK77:** Corbalán, Hoya del espinal. **YK17:** Mosqueruela, la Valtuerta.

**6. Epilobium parviflorum** Schreb., Spicil. Fl. Lips.: 146 (1771)
Hemic.-esc. 4-12 dm. VII-IX. Juncales y herbazales sobre terrenos inundados. Paleotemp. M. 2. (SENNEN, 1910). TC.

**7. Epilobium tetragonum** L., Sp. Pl.: 348 (1753)
Hemic.-esc. 2-6 dm. VII-X. Fuentes, nacederos y regueros húmedos de montaña. Paleotemp. R. 3. (GM, 1990).
**XK64:** Puebla de Valverde, Sierra de Javalambre.

**Híbridos** (2 esp.)
**1. Epilobium × rivulare** Wahlb., Fl. Upsal.: 126 (1820) (*obscurum × parviflorum*)
Hemic.-esc. 1-3 dm. VI-VIII. Terrenos inundados. Probablemente presente por un amplio territorio euroasiático. RR. 3. (SL, 2000).
**YK17:** Mosqueruela, La Valtuerta.

**2. Epilobium × subhirsutum** Gennari in Linnaea 24: 201 (1851) (*hirsutum × parviflorum*)
Hemic.-esc. 4-12 dm. VII-IX. Juncales y arroyos entre sus especies parentales. Paleotemp. RR. 3. (NIETO, 1995).
**XK64:** Camarena de la Sierra, valle del río Camarena. **YK18:** Fortanete, rambla del mal Burgo.

## 3.58. OROBANCHACEAE (*Orobancáceas*) (1 gén)

### 3.58.1. OROBANCHE L. (15 esp.) (*jopos*)

**1. Orobanche alba** Steph. ex Willd., Sp. Pl. 3(1): 350 (1800)
= *O. epithymum* DC. in Lam. & DC., Fl. Franç. ed. 3, 3: 490 (1805)
Teróf.-parás. 1-3 dm. IV-VI. Parásita sobre tomillos y ajedreas en matorrales secos, en las partes altas aparece una forma especial sobre *Thymus godayanus*. Paleotemp. M. 3. (MATEO & LOZANO, 2011).
XK81, XK82, YK06, YK07, YK16, YK17, YL00, YL20.

**2. Orobanche amethystea** Thuill., Fl. Env. Paris, ed 2: 317 (1799)
= *O. eryngii* Duby, Bot. Gall. 1: 350 (1828)
Teróf.-parás. 2-4 dm. V-VII. Parásita del cardo corredor (*Eryngium campestre*), que aparece accidentalmente en terrenos baldíos ocupados por éste. Medit.-Iranot. M. 3. (SL, 2000).
XK75, XK77, XK78, XK87, XK88, XK89, XK95, XK96, XK97, XK98, YK03, YK04, YK07, YK08, YK16, YK18, YK27, YL00, YL10.

**3. Orobanche arenaria** Borkh in Neues Mag. Bot. (Roemer) 1: 6 (1794)
≡ *Phelipaea arenaria* (Borkh.) Walpers in Repert. Bot. Syst. 3: 459 (1844); ≡ *Phelipanche arenaria* (Borkh.) Pomel, Nouv. Mat. Fl. Atl.: 103 (1874)
Teróf.-parás. 2-4 dm. VI-VII. Terrenos baldíos, parasitando *Artemisia campestris* o *A. absinthium*. Paleotempl. R. 3. (MATEO & LOZANO, 2011).
YK06: Linares de Mora, pr. El Martinete.

**4. Orobanche caryophyllacea** Sm. in Trans. Linn. Soc. London 4: 169 (1798)
= *O. galii* Vaucher in Duby, Bot. Gall. 1: 349 (1828)
Teróf.-parás. 2-5 dm. V-VII. Parásita sobre rubiáceas del género *Galium*. Eurosib. Ha sido mencionada por Pitarch de diversas localidades del Maestrazgo. NV. 3. (RP, 2002).

**5. Orobanche clausonis** Pomel, Nouv. Mat. Fl. Atl.: 107 (1874)
Teróf.-parás. 1-3 dm. V-VII. Parásita sobre *Rubia peregrina* y otras rubiáceas, en ambientes umbrosos. Medit.-occid. R. 4. (MATEO & LOZANO, 2010b).
XK83, XK84, XK85, XK94, YK04, YL00.

**6. Orobanche elatior** Sutton in Trans. Linn. Soc. London 4: 178 (1798) subsp. **icterica** (Pau) A. Pujadas in Flora Montib. 17: 11 (2001)
≡ *O. icterica* Pau, Not. Bot. Fl. Españ. 3: 5 (1889) [basión.]
Teróf.-parás. 3-5 dm. V-VII. Parásita sobre especies del género *Centaurea*. Medit.-Ocid. R. 3. (NC).
YK08: Allepuz, pr. Sollavientos (sobre *C. scabiosa*).

**7. Orobanche gracilis** Sm. in Transl. Linn. Soc. London 4: 172 (1798)
= *O. cruenta* Bertol., Rar. Ital. Pl. 3: 56 (1810)
Teróf.-parás. 1-4 dm. V-VII. Planta rojiza parásita sobre leguminosas, sobre todo aliagas, que aparece en los matorrales secos ocupados por estos arbustos. Euri-Medit. R. 2. (PAU, 1884). TC.

**8. Orobanche hederae** Duby, Bot. Gall. 1: 350 (1828)
Teróf.-parás. 1-4 dm. IV-VI. Parásita sobre la hiedra en rincones umbrosos, con frecuencia ribereños. Euri-Medit. R. 3. (SL, 2000).
XK76, XK77, XK83, XK84, XK85, XK86, XK94, XK95, YK03, YK04, YK05.

**9. Orobanche latisquama** (F.W. Sch.) Batt. in Batt. & Trab., Fl. Algér. (Dicot.): 659 (1890)
≡ *Boulardia latisquama* F.W. Sch., Arch. Fl. Fr. Allem.: 104 (1847) [basión.]; = *Ceratocalyx macrolepis* Coss. in Ann. Sci. Nat. Bot.

ser. 3, 9: 146 (1848); = *Ceratocalyx fimbriata* Lange in Vidensk. Medd. Dansk Naturh. For. Kjob. ser. 2, 5: 52 (1863)

Teróf.-parás. 1-4 dm. IV-VI. Parásita sobre el romero en matorrales secos. Medit.-occid. R. 3. (RP, 2002).

XK52, XK54, XK55, XK62, XK64, XK71, XK72, XK81, XK82, XK94, YK03, YK04, YK05, YK15, YK16, YK26, YK27, YK37, YL00, YL10.

**10. Orobanche minor** Sm. in Sowerby, Engl. Bot. 6: t. 422 (1797)

Teróf.-parás. 1-3 dm. IV-VI. Parásita sobre especies de leguminosas. Subcosmop. NV. 2. (MW, 1893).

XK64: Valacloche (MW, 1893). YK29: La Cuba (RP, 2002).

**11. Orobanche nana** (Reut.) G. Beck, Biblioth. Bot. 19: 91 (1890)
≡ *Phelipaea mutelii* var. *nana* Reut. in DC., Prodr. 11: 9 (1847) [basión.]: ≡ *Phelipaea nana* (Reut.) Rchb. f. in Rchb., Icon. Fl. Germ. Helv. 20: 88 (1862); ≡ *Orobanche ramosa* subsp. *nana* (Reut.) Cout., Fl. Portugal: 566 (1913); ≡ *Phelipanche nana* (F.W. de Noë ex Reut.) Soják in Cas. Nar. Muz., Odd. Prir. 11: 106 (1972)

Teróf.-parás. 5-20 cm. IV-VI. Aparece en herbazales alterados, parasitando sobre huéspedes variados. Medit.-Iranot. R. 3. (MATEO & LOZANO, 2010b).

XK63: Arcos de las Salinas, valle del río Arcos cerca de las salinas.

**12. Orobanche ramosa** L., Sp. Pl.: 633 (1753)
≡ *Phelipaea ramosa* (L.) C.A. Meyer ,Verz. Pfl. Casp. Meer.: 104 (1831); ≡ *Phelipanche ramosa* (L.) Pomel in Bull. Soc. Sci. Phys. Algérie 11: 103 (1874); - *O. mutelii* auct.

Teróf.-parás. 5-25 cm. IV-VII. Parásita sobre plantas variadas, en medios abiertos o alterados. Paleotemp. NV. 3. (CÁMARA, 1948).

**13. Orobanche rapum-genistae** Thuill., Fl. Paris, ed. 2: 317 (1799)
- *O. rapum* auct.

Teróf.-parás. 3-6 dm. V-VII. Parástia sobre leguminosas arbustivas, sobre todo del género *Genista*. Eurosib.-occid. NV. 3. (PAU, 1886).

XK97: Alcalá de la Selva (LUPPI, 1961). YK04: Olba (PAU, 1886).

**14. Orobanche santolinae** Losc. & Pardo, Ser. Inconf. Pl. Arag.: 79 (1863)
≡ *O. loricata* subsp. *santolinae* (Losc. & Pardo) O. Bolòs & Vigo in Collect. Bot. 14: 99 (1983); ≡ *O. artemisiae-campestris* subsp. *santolinae* (Losc. & Pardo) O. Bolòs & Vigo, Fl. País. Catal. 3: 516 (1995)

Teróf.-parás. 1-3 dm. V-VII. Parásita sobre la manzanilla amarga en terrenos alterados. Medit.-occid. R. 3. (MATEO & LOZANO, 2010b).

XK81: Abejuela, barranco de la Majada del Gato. XK94: San Agustín, La Hoya. YK28: Iglesuela del Cid, rambla de las Truchas.

**15. Orobanche variegata** Wallr., Orob. Gen. Diask.: 40 (1825)

Teróf.-parás. 2-4 dm. V-VII. Parásita sobre diferentes leguminosas arbustivas. Circun-Medit. Indicada

por Pitarch de diversas localidades del Maestrazgo. NV. 3. (RP, 2002).

## 3.59. OXALIDACEAE (*Oxalidáceas*) (1 gén.)

### 3.59.1. OXALIS L. (4 esp.)

**1. Oxalis acetosella** L., Sp. Pl.: 433 (1753)
Hemic.-esc. 4-10 cm. III-V. Manto herbáceo de bosques caducifolios frescos y taludes muy umbrosos. Había sido indicada hace siglo y medio (SALVADOR, 1866) de zonas muy próximas a la aquí indicada, correspondientes al contiguo término de Villafranca del Cid (Castellón) y desde entonces no había vuelto a ser mencionada del Sistema Ibérico oriental. Eurosib. RR. 5. (MATEO & LOZANO, 2010a).

YK17: Mosquerula, rambla de las Truchas. YK28: Id., pr. Molino de las Truchas.

**2. Oxalis corniculata** L., Sp. Pl.: 435 (1753)
Hemic.-rept. 5-30 cm. V-X. Herbazales antropizados húmedos y sombreados por las partes más bajas. Subcosmop. R. 2. (MATEO & LOZANO, 2010a).

XK83, XK84, XK93, XK94, YK04, YL00.

**3. Oxalis debilis** Kunth in Humb., Bonpl. & Kunth, Nov. Gen. Sp. 5: 236 (1822)
= *O. corymbosa* DC., Prodr. 1: 696 (1824)

Geóf.-tuber. 1-3 dm. VII-IX. Campos de regadío y herbazales sobre terrenos alterados sombreados. Neotrop. RR. 2. (SL, 2000).

XK83, XK84, XK85, XK86, XK93, XK94, YK03, YK04, YK29.

**4. Oxalis latifolia** Kunth: in Humb., Bonpl. & Kunth, Nov. Gen. Sp. 5: 237 (1822)
Geóf.-tuber. 1-3 dm. VII-X. Como mala hierba instalada en la penumbra bajo arbolado frutal. Neotrop. RR. 2. (RP, 2002).

XK94: Olba, pr. Los Giles. YK04: Olba, pr. Los Lucas. YK28: Iglesuela del Cid, alrededores (RP, 2002).

## 3.60. PAEONIACEAE (*Peoniáceas*) (1 gén.)

### 3.60.1. PAEONIA L. (1 esp.)

**1. Paeonia officinalis** L., Sp. Pl.: 530 (1753) subsp. **microcarpa** (Boiss. & Reut.) Nyman, Consp. Fl. Eur. 1: 22 (1878) (*peonía*)
≡ *P. microcarpa* Boiss. & Reut., Pugill. Pl. Afr. Bor. Hispan.: 3 (1852) [basión.]

Geóf.-riz. 4-8 dm. V-VI. Bosques frescos de montaña y parajes umbrosos sobre sustratos básicos. Eurosib. R. 4. (ASSO, 1779).

XK55, XK63, XK64, XK65, XK73, XK82, XK83, XK96, YK06, YK08, YK17, YK18, YK19, YK27, YK28, YK29.

## 3.61. PAPAVERACEAE (Papaveráceas) (8 gén.)

### 3.61.1. CHELIDONIUM L. (1 esp.)

**1. Chelidonium majus** L., Sp. Pl.: 505 (1753) (*celidonia mayor*)
Hemic.-esc. 3-8 dm. IV-VII. Herbazales antropizados pero sombreados. Holárt. M. 2. (R & B, 1961). TC.

### 3.61.2. FUMARIA L. (5 esp.) (*fumarias, palomillas*)

**1. Fumaria capreolata** L., Sp. Pl.: 701 (1753)
Teróf.-esc. 1-5 dm. III-V. Caminos, campos de cultivo y terrenos baldíos en zonas abrigadas o de escasa altitud. Circun-Medit. RR. 2. (MATEO & LOZANO, 2010b).
YK04: Olba, pr. Los Lucas.

**2. Fumaria densiflora** DC., Cat. Pl. Horti Monsp.: 113 (1813)
= *F. micrantha* Lag., Elench. Pl.: 21 (1816)
Teróf.-esc. 1-4 dm. IV-VI. Campos de cultivo y terrenos baldíos. Paleotemp. NV. 1. (SL, 2000).
YK07: Allepuz, barranco Manantial (*Montserrat*, JACA).

**3. Fumaria officinalis** L., Sp. Pl.: 700 (1753)
Teróf.-esc. 1-4 dm. III-VII. Cultivos y herbazales anuales sobre terrenos alterados. Paleotemp. Se presenta muy extendida la forma tipo (subsp. *officinalis*) y también se ha mencionado la subsp. *wirtgeni* (W.D.J. Koch) Arcang., Comp. Fl. Ital.: 27 (1882) [≡ *F. wirtgenii* W.D.J. Koch, Syn. Fl. Germ. Helv. ed. 2, 3: 1018 (1845), basión.]. C. 1. (SOLER, 1983). TC.

**4. Fumaria parviflora** Lam., Encycl. Méth. Bot. 2: 567 (1788)
- *F. officinalis* subsp. *parviflora* auct.
Teróf.-esc. 1-3 dm. III-VII. Cultivos y herbazales anuales sobre terrenos alterados. Paleotemp. M. 1. (L & P, 1866). TC.

**5. Fumaria vaillantii** Loisel. in J. Bot. (Desv.) 2: 358 (1809)
= *F. caespitosa* Losc., Trat. Pl. Arag. 1: 26 (1876); = *F. vaillantii* subsp. *schrammii* (Asch.) Nyman, Consp. Fl. Eur.: 28 (1878); = *F. schrammii* (Asch.) Velen., Fl. Bulg.: 22 (1891)
Teróf.-esc. 1-3 dm. IV-VII. Campos de secano y herbazales antropizados. Paleotemp. M. 1. (PAU, 1886).
XK64, XK79, XK88, XK93, XK97, XK98, XK99, YK06, YK07, YK17, YK27, YK28, YK29, YK38.

### 3.61.3. GLAUCIUM Mill. (2 esp.)

**1. Glaucium corniculatum** (L.) J.H. Rudolph, Fl. Jen.: 13 (1781) (*amapola cornuda*)
Teróf.-esc. 1-3 dm. IV-VI. Campos de cultivo y herbazales instalados en cunetas y terrenos baldíos. Paleotemp. M. 2. (RP, 2002).

XK55, XK65, XK66, XK74, XK75, XK77, XK83, XK84, XK85, XK86, XK87, XK93, XK94, XK95, XK96, YK03, YK04, YK05, YK24, YK28, YK29, YL00, YL10.

**2. Glaucium flavum** Crantz, Stirp. Austr. 2: 133 (1763) (*amapola amarilla*)
≡ *Chelidonium glaucium* L., Sp. Pl.: 506 (1753) [syn. subst.];≡ *G. luteum* Scop., Fl. Carniol. ed. 2, 1: 369 (1771)
Hemic.-esc. 3-6 dm. V-VII. Cauces pedregosos secos la mayor parte del año. RR. 3. (MATEO & LOZANO, 2010b).
YK28: Iglesuela del Cid, barranco de las Truchas. YK29: Mirambel, valle del río Cantavieja.

### 3.61.4. HYPECOUM L. (2 esp.)

**1. Hypecoum imberbe** Sibth. & Sm., Fl. Graeca Prodr. 1: 107 (1806) (*zadorija*)
= *H. procumbens* subsp. *grandiflorum* (Benth.) Pau, Not. Bot. Fl. Esp. 5: 8 (1892); = *H. grandiflorum* Benth., Cat. Pl. Pyrén.: 91 (1826)
Teróf.-esc. 1-4 dm. Campos de secano y sus ribazos. Medit.-Iranot. M. 1. (L & P, 1866). TC.

**2. Hypecoum pendulum** L., Sp. Pl.: 124 (1753)
- *H. procumbens* subsp. *pendulum* auct.
Teróf.-esc. 1-3 dm. IV-VI. Campos de secano y herbazales nitrófilos de su entorno. Paleotemp. M. 2. (R & B, 1961).
XK62, XK65, XK66, XK67, XK71, XK72, XK73, XK74, XK75, XK76, XK81, XK83, XK99, YK28, YK29, YL10.

### 3.61.5. PAPAVER L. (5 esp.) (*amapolas*)

**1. Papaver argemone** L., Sp. Pl.: 506 (1753)
≡ *Roemeria argemone* (L.) Morales Torres & al. in Lagascalia 15 (Extra): 184 (1988)
Teróf.-esc. 1-4 dm. IV-VI. Cultivos, caminos y terrenos baldíos. Paleotemp. M. 1. (PAU, 1884). TC.

**2. Papaver dubium** L., Sp. Pl.: 1196 (1753)
Teróf.-esc. 2-5 dm. IV-VII. Campos de cultivo y herbazales secos anuales alterados. Paleotemp. C. 1. (R & B, 1961). TC.

**3. Papaver hybridum** L., Sp. Pl.: 506 (1753)
= *P. hispidum* Lam., Fl. Franç. 3: 174 (1779)
Teróf.-esc. 2-5 dm. IV-VI. Campos de secano y herbazales anuales de su entorno. Medit.-Iranot. M. 1. (AA, 1985). TC.

**4. Papaver rhoeas** L., Sp. Pl.: 507 (1753) (*amapola común, ababol*)
Teróf.-esc. 2-8 dm. IV-VII. Campos de cultivo y herbazales de terrenos alterados. Paleotemp. CC. 1. (R & B, 1961). TC.

**5. Papaver somniferum** L., Sp. Pl.: 508 (1753) (*adormidera*)

Teróf.-esc. 4-10 dm. IV-VI. Cultivada como medicinal a pequeña escala y accidentalmente asilvestrada en caminos y descampados. Medit.-Iranot. RR. 1. (NC).

### 3.61.6. PLATYCAPNOS (DC.) Bernh. (1 esp.)

1. **Platycapnos spicata** (L.) Bernh. in Linnaea 8: 471 (1853)
≡ *Fumaria spicata* L., Sp. Pl.: 700 (1753) [basión.]
Teróf.-esc. 5-30 cm. IV-VI. Campos de secano y terrenos baldíos. Parece estar representada en la zona por la subsp. *echeandiae* (Pau) Heywood in Feddes Repert. 64: 51 (1961) [≡ *Platycapnos echeandiae* Pau, Not. Bot. Fl. Esp. 2: 6 (1888)]. Medit.-occid. RR. 2. (R & B, 1961).
**XK62**: Arcos de las Salinas, alrededores.

### 3.61.7. ROEMERIA Moench (1 esp.)

1. **Roemeria hybrida** (L.) DC., Syst. Nat. 2: 92 (1821) (*amapola morada*)
≡ *Chelidonium hybridum* L., Sp. Pl.: 506 (1753) [basión.]; = *R. violacea* Medik. in Ann. Bot. (Usteri) 3: 15 (1792)
Teróf.-esc. 1-4 dm. IV-VI. Campos de secano y terrenos baldíos antropizados de su entorno. Medit.-Iranot. M. 2. (L & P, 1866). TC.

### 3.61.8. SARCOCAPNOS DC. (1 esp.)

1. **Sarcocapnos enneaphylla** (L.) DC., Syst. Nat. 2: 129 (1821) (*zapatitos de la Virgen*)
≡ *Fumaria enneaphylla* L., Sp. Pl.: 700 (1753) [basión.]; - *Corydalis enneaphylla* auct.
Hemic.-esc./Caméf.-sufr. 5-30 cm. III-X. Muros artificiales y roquedos calizos soleados. Medit.-occid. M. 3. (PAU, 1884).
XK52, XK53, XK54, XK55, XK62, XK63, XK65, XK71, XK73, XK81, XK82, XK83, XK94, XK95, XK99, YK04, YK05, YK06, YK09, YK18, YK19, YK26, YK28, YK38, YL00, YL10, YL11.

### 3.62. PLANTAGINACEAE (*Plantagináceas*) (1 gén.)

### 3.62.1. PLANTAGO L. (13 esp.)

1. **Plantago albicans** L., Sp. Pl.: 114 (1753) (*hierba serpentina*)
Hemic.-esc./Caméf.-sufr. 5-30 cm. V-VII. Matorrales y pastizales secos sobre terrenos alterados en áreas periféricas poco elevadas. Circun-Medit. M. 2. (R & B, 1961).
XK52, XK54, XK55, XK62, XK63, XK64, XK65, XK71, XK72, XK73, XK74, XK75, XK76, XK77, XK78, XK81, XK82, XK83, XK84, XK85, XK86, XK88, XK89, XK93, XK94, XK95, XK96, XL90, XK03, YK04, YK05, YK27, YK28, YK29, YL00, YL10, YL20.

2. Plantago argentea Chaix., Pl. Vap.: 72 (1785)
Se ha mencionado de algunas escasas localidades de la zona y su entorno, desde SENNEN (1910), probablemente por confusión con variedades reducidas de *P. lanceolata*, pues en la revisión de *Flora iberica* aparece como muy escasa en España y no se admite como presente en la provincia de Teruel. NV.

3. **Plantago bellardii** All., Fl. Pedem. 1: 82 (1785)
= *P. pilosa* Cav., Icon. Descr. Pl. 3: 26 (1795)
Teróf.-ros. 3-8 cm. IV-VI. Pastizales anuales sobre suelos arenosos silíceos. Circun-Medit. R. 3. (MATEO & LOZANO, 2009).
**XK86**: Cabra de Mora, pr. Masía de Carrascosa.

4. **Plantago coronopus** L., Sp. Pl.: 115 (1753)
Teróf./Hemic.-ros. 5-30 cm. III-X. Caminos, terrenos muy transitados algo húmedos. Paleo-temp. M. 1. (R & B, 1961).
XK52, XK55, XK62, XK63, XK65, XK71, XK75, XK84, XK93, XK94, XK96, YK04, YK27, YK37.

5. **Plantago discolor** Gandoger in Bull. Soc. Bot. Fr. 45: 599 (1899)
- *P. monosperma* auct.
Hemic.-ros. 5-20 cm. V-VII. Pastizales secos y matorrales aclarados sobre substrato muy somero. Iberolev. Se ha mencionado de algunas localidades más o menos imprecisas de los macizos de Gúdar y Javalambre, donde no hemos podido observarlo. NV. 4. (R & B, 1961).

6. **Plantago holosteum** Scop., Fl. Carniol. ed. 2, 1: 108 (1771)
≡ *P. subulata* subsp. *holosteum* (Scop.) O. Bolòs & Vigo in Collect. Bot. 14: 99 (1983); = *P. radicata* Hoffmanns. & Link, Fl. Port. 1: 428 (1820); = *P. acanthophylla* Decne. in DC., Prodr. 13: 730 (1852); = *P. subulata* subsp. *radicata* (Hoffmanns. & Link) O. Bolòs & Vigo in Collect. Bot. 14: 99 (1983); - *P. subulata* auct.; - *P. recurvata* auct.; - *P. carinata* auct.
Hemic.-ros./Caméf.-sufr. 5-20 cm. Matorrales aclarados y pastizales vivaces sobre suelo silíceo. Euri-Medit. M. 2. (R & B, 1961).
XK77, XK78, XK79, XK85, XK86, XK87, XK88, XK95, XK96, XK97, XK98, YK07, YK08, YK19.

7. **Plantago lagopus** L., Sp. Pl.: 114 (1753)
Teróf.-ros. 8-30 cm. IV-VI. Terrenos baldíos secos en zonas de baja altitud. Circun-Medit. R. 1. (AA, 1985).
**XK82**: Abejuela, afueras del pueblo. **YK04**: Olba, alrededores del cementerio.

8. **Plantago lanceolata** L., Sp. Pl.: 113 (1753) (*llantén menor*)
Hemic.-ros. 1-5 dm. IV-VIII. Pastizales alterados, más bien algo húmedos, de todo tipo. Cosmop. C. 1. (MW, 1893). TC.

9. **Plantago loeflingii** L., Sp. Pl.: 115 (1753)
Teróf.-ros. 3-10 cm. IV-VI. Pastizales secos anuales sobre arenas silíceas. Euri-Circun-Medit. Rivas Goday y Borja la mencionan de diversas localidades

por la zona, pero no ha sido detectada posteriormente. NV. 3. (R & B, 1961).

**10. Plantago major** L., Sp. Pl.: 112 (1753) (*llantén mayor*)
Hemic.-ros. 1-4 dm. V-IX. Herbazales alterados sobre tegueros húmedos diversos. Subcosmop. M. 1. (R & B, 1961). TC.

**11. Plantago media** L., Sp. Pl.: 113 (1753) (*llantén mediano*)
Hemic.-ros. 1-4 dm. V-VII. Pastizales vivaces húmedos, márgenes de arroyos, etc. Eurosib. C. 3. (FL, 1878). TC.

**12. Plantago sempervirens** Crantz, Inst. Rei Herb. 2: 331 (1766) (*zaragatona mayor*)
- *P. cynops* auct.; - *P. psyllium* auct.
Caméf.-sufr. 2-4 dm. IV-VII. Cunetas, terrenos baldíos o muy transitados. El sinónimo de *P. psyllium*, que se ha empleado en ocasiones, corresponde en realidad a una planta anual (*P. afra* L.), que no alcanza la zona, pero se empleaba habitualmente para referirse a esta especie. Medit.-occid. C. 1. (R & B, 1961). TC.

**13. Plantago serpentina** All., Auct. Syn. Stirp. Horti Taur.: 8 (1773)
≡ *P. maritima* subsp. *serpentina* (All.) Arcang., Comp. Fl. Ital.: 499 (1882); = *P. loscosii* Willk. in Willk. & Lange, Prodr. Fl. Hisp. 2: 358 (1868); - *P. maritima* auct.
Hemic.-ros./Caméf.-sufr. 1-4 dm. V-VIII. Pastizales húmedos o periódicamente inundados. Paleotemp. C. 2. (ASSO, 1779). TC.

### 3.63. PLATANACEAE (*Platanáceas*) (1 gén.)

#### 3.63.1. PLATANUS L. (1 esp.)

**1. Platanus hispanica** Mill. ex Münchh., Hausvater 5: 229 (1770) (*plátano de sombra*)
= *P. hybrida* Brot., Fl. Lusit. 2: 487 (1804)
Macro-Faner. 5-30 m. IV-VI. Cultivado como ornamental en paseos y jardines, también naturalizado en zonas de vega y alrededores de las poblaciones. Medit.-occid. R. 1. (RP, 2002).

### 3.64. PLUMBAGINACEAE (*Plumbagináceas*) (3 gén.)

#### 3.64.1. ARMERIA Willd. (4 esp.)

**1. Armeria alliacea** (Cav.) Hoffmanns. & Link, Fl. Portug. 1: 441 (1820)
≡ *Statice alliacea* Cav., Icon. Descr. Pl. 2: 6 (1783) [basión.] - *A. allioides* auct.; - *A. plantaginea* auct.; - *A. rumelicina* auct.
Hemic.-ros. 2-4 dm. V-VII. Pastizales vivaces sobre terrenos calizos. En la zona se ha indicado a veces - probablemente por error- como subsp. *matritensis*

(Pau) Borja & al. in Anales Inst. Bot. Cavanilles 25: 154 (1969) [≡ *Statice alliacea* var. *matritensis* Pau in Bol. Soc. Ibér. Ci. Nat. 22: 98 (1923), basión.]. Iberolev. M. 3. (PAU, 1888).
XK55, XK62, XK63, XK64, XK65, XK72, XK73, XK74, XK75, XK76, XK77, XK78, XK81, XK82, XK83, YK08, YK09, YK18, YK19.

**2. Armeria arenaria** (Pers.) F.W. Sch. in Roem. & Schult., Syst. Veg. 6: 771 (1820) [≡ *Statice arenaria* Pers., Syn. Pl. 1: 332 (1805), basión.] subsp. **bilbilitana** (Bernis) G. Nieto in Anales Jard. Bot. Madrid 44(2): 341 (1987)
≡ *A. maritima* var. *bilbilitana* Bernis, Rev. Gén. Armeria: 10 1951) [basión.]
Hemic.-ros. 2-5 dm. VII-X. Pastizales vivaces secos sobre suelo arenoso. Medit.-occid. R. 4. (SL; 2000).
XK78: El Pobo, monte Castelfrío.

**3. Armeria filicaulis** (Boiss.) Boiss., Voy. Bot. Esp. 2: 527 (1841)
≡ *Statice filicaulis* Boiss., Elench. Pl.: 80 (1838) [basión.]; - *A. trachyphylla* auct.
Hemic.-ros. 1-2 dm. V-VII. Pastizales vivaces y terrenos calizos escarpados de montaña. Se trata de poblaciones diferentes a las otras especies del género mencionadas en la zona, atribuidas a esta especie desde hace más de un siglo, que requieren estudio más detallado. Iberolev. RR. 4. (PAU, 1900).
YK08: Fortanete, Peñacerrada (PAU, 1900). YK17: Mosqueruela, La Valtuerta.

**4. Armeria godayana** Font Quer, Fl. Hisp. Cent. 5: 6 (1948)
≡ *A. alpina* subsp. *godayana* (Font Quer) Malag. in Acta Phytotax. Barcin. 1: 22 (1968)
Hemic.-ros. 5-20 cm. V-VII. Endemismo de la Sierra de Gúdar, que habita en pastizales vivaces sobre suelos silíceos. Probablemente corresponde a esta especie lo que Asso menciona de la zona como *Statice armeria*. Iberolev. R. 4. (FQ, 1948).
XK97, XK98, YK06, YK07, YK08, YK09, YK17, YK18, YK19.

#### 3.64.2. LIMONIUM Mill. (1 esp.)

**1. Limonium aragonense** (Debeaux ex Willk.) Font Quer in Collect. Bot. 1: 300 (1947)
≡ *Statice aragonensis* Debeaux ex Willk., Suppl. Prodr. Fl. Hisp.: 326 (1893) [basión.]
Caméf.-sufr. 1-3 dm. VI-VIII. Matorrales secos sobre terrenos margosos yesíferos. Iberolev. RR. 5. (MW, 1893).
XK64: Valacloche, valle del río Camarena.

#### 3.64.3. PLUMBAGO L (1 esp.)

**1. Plumbago europaea** L., Sp. Pl.: 151 (1753) (*belesa*)
Caméf.-sufr. 3-8 dm. VI-VIII. Terrenos abruptos degradados o antropizados, sobre todo en las proximidades de los pueblos. Paleotemp. NV. 2. (R & B, 1961).

**XK95:** Rubielos de Mora (R & B, 1961).

## 3.65. POLYGALACEAE (Poligaláceas) (1 gén.)

### 3.65.1. POLYGALA L. (6 esp.)

**1. Polygala alpina** (DC.) Steud., Nomencl. Bot. 1: 642 (1821)
≡ *P. amara* var. *alpina* DC. in Lam. & DC., Fl. Franç. ed. 3, 3: 456 (1805) [basión.]
Hemic.-esc. 3-10 cm. V-VII. Pastizales vivaces de alta montaña, sobre sustrato básico, con humedad permanente. Había pasado desapercibida en la zona, seguramente confundida con formas reducidas de *P. calcarea*, pero ha sido reivindicada su presencia en la Sierra de Gúdar con motivo de la elaboración de la monografía para *Flora iberica*, aunque no se especifican localidades concretas. Eurosib. R. 5. (PAIVA, 2010).
**XK97:** Alcalá de la Selva, sobre Virgen de la Vega. **YK07:** Valdelinares, barranco de la Gitana. **YK19:** Tronchón, pr. nacimiento del río Palomita.

**2. Polygala calcarea** F.W. Sch. in Flora 20: 752 (1837)
Hemic.-esc. 5-25 cm. IV-VI. Bosques aclarados y pastizales vivaces sobre suelo calcáreo. Euri-Eurosib. M. 3. (MW, 1893).
XK63, XK64, XK74, XK77, XK87, XK88, XK95, XK96, XK97, XK98, XK99, YK05, YK06, YK07, YK08, YK09, YK17, YK18, YK19, YK28, YL00, YL01, YL10.

**3. Polygala monspeliaca** L., Sp. Pl.: 702 (1753)
Teróf.-esc. 5-25 cm. IV-VI. Pastizales anuales sobre sustrato básico. Euri-Medit. M. 2. (PAU, 1896).
XK52, XK54, XK55, XK62, XK63, XK64, XK65, XK71, XK72, XK73, XK76, XK81, XK82, XK83, XK84, XK93, XK94, XK96, YK19, YK27, YK28, YK29, YL00, YL10.

**4. Polygala nicaeensis** Risso ex Koch in Röhling, Deutschl. Fl. ed. 3, 5: 68 (1839) subsp. **gerundensis** (O. Bolòs & Vigo) Mateo & M.B. Crespo, Fl. Abr. Comun. Valenc.: 430 (1995)
≡ *P. vulgaris* var. *gerundensis* O. Bolòs & Vigo in Butll. Inst. Catal. Hist. Nat. 38: 82 (1974) [basión.]; ≡ *P. vulgaris* subsp. *gerundensis* (O. Bolòs & Vigo) O. Bolòs & al., Fl. Man. Païs. Catal.: 1215 (1990); = *P. caesalpinii* Bubani, Fl. Pyrén. 3: 283 (1901); = *P. nicaeensis* subsp. *caesalpinii* (Bubani) McNeill in Feddes Repert. 79: 32 (1968); - *P. rosea* auct.; - *P. nicaeensis* subsp. *mediterranea* auct.; - *P. vulgaris* subsp. *mediterranea* auct.; -
Hemic.-esc. 1-3 dm. IV-VII. Bosques aclarados y pastizales vivaces, principalmente calcícolas. Medit.-sept. C. 3. (R & B, 1961). TC.

**5. Polygala rupestris** Pourr. in Hist. Mém. Acad. Roy. Sci. Toulouse 3: 325 (1788)
Caméf.-sufr. 5-25 cm. IV-VII. Ambientes rocosos calizos soleados o matorrales sobre suelos calcáreos muy esqueléticos en áreas de clima suave. Medit.-occid. M. 2. (AA, 1985).

XK52, XK53, XK54, XK55, XK62, XK63, XK65, XK71, XK77, XK81, XK84, XK85, XK93, XK94, XK95, YK03, YK04, YK05, YK06, YK07, YK09, YK15, YK16, YK17, YK18, YK19, YK29, YL00, YL10.

**6. Polygala vulgaris** L., Sp. Pl.: 702 (1753) (*hierba lechera, polígala*)
Hemic.-esc. 1-3 dm. IV-VII. Pastizales vivaces húmedos sobre suelo silíceo. Eurosib. R. 4. (R & B, 1961).
XK64, XK88, XK97, YK06, YK07, YK08, YK15, YK16, YK18, YK19, YK25, YK26, YK28.

## 3.66. POLYGONACEAE (Poligonáceas) (3 gén.)

### 3.66.1. FALLOPIA Adans. (2 esp.)

**1. Fallopia baldschuanica** (Regel) J. Holub in Folia Geobot. Phytotax. 6: 176 (1971) (*viña del Tíbet*)
≡ *Polygonum baldschuanicum* Regel in Acta Horti Petrop. 8: 684 (1884) [basión.]; = *P. aubertii* L. Henry in Rev. Hort. 79: 82 (1907); = *Bilderdykia aubertii* (L. Henry) Moldenke in Rev. Sudamer. Bot. 6: 29 (1939); = *F. aubertii* (L. Henry) J. Holub in Folia Geobot. Phytotax. 6: 176 (1971)
Faner.-escand. 1-4 m. VI-IX. Cultivada como trepadora ornamental, a veces asilvestrada junto a pueblos y masías. Centroasiát. R. 1. (RP, 2002).

**2. Fallopia convolvulus** (L.) A. Löve in Taxon 19: 300 (1970) (*polígono trepador*)
≡ *Polygonum convolvulus* L., Sp. Pl.: 364 (1753) [basión.]; ≡ *Bilderdykia convolvulus* (L.) Dumort., Fl. Belg.: 18 (1827)
Teróf.-escand. 2-6 dm. V-IX. Campos de secano y herbazales alterados. Holárt. M. 1. (R & B, 1961). TC.

### 3.66.2. POLYGONUM L. (6 esp.)

**1. Polygonum amphibium** L., Sp. Pl.: 361 (1753)
Hidróf.-rad. 4-10 dm. VI-VIII. Aguas dulces estancadas o de curso lento. Subcosmop. RR. 4. (GM, 1990).
**XK87:** Cedrillas, pr. El Hocino.

**2. Polygonum aviculare** L., Sp. Pl.: 362 (1753) (*centinodia*)
Teróf.-esc. 1-4 dm. III-X. Herbazales alterados o muy pisoteados. Además del tipo de ha mencionado la subsp. *rurivagum* (Jord. ex Boreau) Berher in Louis, Dép. Vosges 2: 195 (1887) [≡ *P. rurivagum* Jord. ex Boreau, Fl. Centre Fr. ed. 3, 2: 560 (1857), basión.]. Cosmop. C. 1. (R & B, 1961). TC.

**3. Polygonum bellardii** All., Fl. Pedem. 2: 207 (1785)
- *P. patulum* auct.; - *P. aviculare* subsp. *bellardii* auct.
Teróf.-esc. 2-5 dm. V-VII. Campos de secano y herbazales alterados de su entorno. Paleotemp. M. 2. (R & B, 1961). TC.

**4. Polygonum bistorta** L., Sp. Pl.: 360 (1753)

Geóf.-riz. 3-8 dm. VI-VIII. Prados húmedos de montaña, donde parece estar en franca regresión. Eurosib. NV. 4. (R & B, 1961).
**YK07**: Valdelinares (R & B, 1961)

5. **Polygonum lapathifolium** L., Sp. Pl.: 360 (1753) (*pata de perdiz*)
Teróf.-esc. 4-8 dm. VII-X. Herbazales nitrófilos húmedos y sobreados, sobre todo de zonas de vega. Cosmop. R. 1. (SL, 2000).
XK55, XK66, XK85, XK86, XK94, YK04, YK28, YL00.

6. **Polygonum persicaria** L., Sp. Pl.: 361 (1753) (*hierba pejiguera*)
Teróf.-esc. 2-6 dm. VII-X. Campos de regadío y herbazales húmedos antropizados. Subcosmop. M. 1. (R & B, 1961). TC.

3.66.3. **RUMEX** L. (9 esp.)

1. **Rumex acetosa** L., Sp. Pl.: 337 (1753) (*acedera*)
Hemic.-esc. 5-10 dm. VI-VIII. Pastizales vivaces sobre suelos profundos y húmedos. Holárt. R. 3. (R & B, 1961).
XK97, XK98, YK06, YK07, YK08, YK17, YK28.

2. **Rumex acetosella** L., Sp. Pl.: 338 (1753) subsp. **angiocarpus** (Murb.) Murb. in Bot. Not. 1899: 41 (1899) (*acedera menor, acederilla*)
≡ *R. angiocarpus* Murb. in Lunds Univ. Arsskr. 27(5): 46 (1891) [basión.]
Teróf.-esc. 1-3 dm. IV-VII. Pastizales secos anuales sobre arenas silíceas. Cosmop. M. 2. (FQ, 1953).
XK63, XK77, XK78, XK82, XK83, XK85, XK86, XK87, XK93, XK94, XK95, XK96, XK97, XK98, YK04, YK05, YK06, YK07, YK08, YK25, YK26.

3. **Rumex conglomeratus** Murray, Prodr. Stirp. Götting.: 52 (1770) (*romaza*)
Hemic.-esc. 4-8 dm. VII-IX. Herbazales húmedos alterados. Holárt. M. 1. (R & B, 1961). TC.

4. **Rumex crispus** L., Sp. Pl.: 335 (1753) (*hidrolapato menor*)
Hemic.-esc. 4-12 dm. VII-IX. Herbazales húmedos alterados. Subcosmop. M. 1. (R & B, 1961). TC.

5. **Rumex intermedius** DC. in Lam. & DC., Fl. Franç. ed. 3, 5: 369 (1815)
≡ *R. thyrsoides* subsp. *intermedius* (DC.) Maire & Weiller in Maire, Fl. Afr. Nord 7: 317 (1961)
Hemic.-esc. 3-6 dm. V-VII. Encinares, quejigares y pastizales poco soleados de su entorno sobre sustarto básico. Medit.-occid. M. 3. (MW, 1893).
XK64, XK65, XK66, XK71, XK72, XK73, XK74, XK75, XK76, XK77, XK81, XK82, XK83, XK84, XK85, XK93, XK94, XK95, YK04, YK05, YK06, YK07, YK16, YK17, YK19, YK26, YK27, YK28, YK38, YL11.

6. **Rumex obtusifolius** L., Sp. Pl.: 335 (1753) (*lengua de vaca*)

Hemic.-esc. 4-10 dm. V-VIII. Herbazales húmedos antropizados. Subcosm. M. 1. (R & B, 1961).
XK62, XK96, XK97, YK06, YK07, YK28, YK29.

7. **Rumex papillaris** Boiss. & Reut., Pugill. Pl. Afr. Bor. Hisp.: 107 (1852) subsp. **jabalambrensis** (Pau) G. López in Anales Jard. Bot. Madrid 44(2): 584 (1987)
≡ *R. jabalambrensis* Pau, Gazapos Bot.: 68 (1891) [basión.]; - *R. thyrsoideus* subsp. *jabalambrensis* auct.
Hemic.-esc. 5-10 dm. VI-VIII. Pastizales vivaces frescos más o menos alterados o frecuentemente pastoreados. Medit.-occid. RR. 3. (PAU, 1891).
**XK63**: La Puebla de Valverde, Sierra de Javalambre. **XK64**: Camarena de la Sierra, Javalambre.

8. **Rumex pulcher** L., Sp. Pl.: 336 (1753) (*romaza de violón*)
Hemic.-esc. 3-6 dm. V-VII. Terrenos baldíos y zonas muy pastoreadas. A veces se admite en la zona, además del tipo, la denominada subsp. *woodsii* (De Not.) Arcang., Comp. Fl. Ital.: 585 (1882) [≡ *R. woodsii* De Not., Cat. Sem. Roma: 28 (1875), basión.], cuya separación morfológica y ecológica no vemos clara. Holárt. M. 1. (R & B, 1961). TC.

9. **Rumex scutatus** L., Sp. Pl.: 337 (1753) (*acedera romana*)
- *R. induratus* auct.
Hemic.-esc. 2-5 dm. V-VII. Terrenos pedregosos calizos o silíceos de montaña. Medit.-sept. M. 3. (FL, 1885).
XK53, XK62, XK63, XK64, XK65, XK71, XK72, XK73, XK74, XK75, XK76, XK77, XK78, XK81, XK82, XK83, XK86, XK87, XK96, XK97, XK98, XK99, YK06, YK07, YK08, YK09, YK16, YK17, YK18, YK19, YK26, YK27, YK28, YK37, YL00.

### 3.67. PORTULACACEAE (*Portulacáceas*) (1 gén.)

3.67.1. **PORTULACA** L. (1 esp.)

1. **Portulaca oleracea** L., Sp. Pl.: 445 (1753) (*verdolaga*)
Teróf.-rept. 1-3 dm. VI-IX. Campos de cultivo, sobre todo regadíos. Cosmop. R. 1. (SL, 2000).
XK55, XK65, XK83, XK84, XK94, XK95, YK04, YK05, YK27, YK28.

### 3.68. PRIMULACEAE (*Primuláceas*) (7 gén.)

3.68.1. **ANAGALLIS** L. (2 esp., 3 táx.)

1. **Anagallis arvensis** L., Sp. Pl.: 148 (1753) (*murajes*)
= *A. caerulea* L., Amoen. Acad. 4: 479 (1759); = *A. arvensis* subsp. *phoenicea* Vollmann in Ber. Bayer. Bot. Ges. 9: 44 (1904)
Teróf.-esc. 5-30 cm. III-X. Campos de cultivo y herbazales alterados. Predomina la forma típica (subsp. *arvensis*), pero no resulta rara la subsp. *foemina* (Mill.) Schinz & Thell. in Bull. Herb. Boiss., ser. 2, 7: 497 (1907) [≡ *A. foemina* Mill., Gard. Dict. ed. 8: nº 2 (1768), basión.].
Paleotemp. C. 1. (R & B, 1961). TC.

2. **Anagallis tenella** (L.) Murray in L., Syst. Veg. ed. 13: 165 (1774)

≡ *Lysimachia tenella* L., Sp. Pl.: 148 (1753) [basión.]

Hemic.-rept. 5-15 cm. V-VII. Juncales y pastizales vivaces sobre arroyos y hondonadas húmedas en áreas de baja altitud. Eurosib.SW-Medit.Occid. RR. 4. (PAU, 1885).

**YK04:** Fuentes de Rubielos, pr. Rodeche. **YK05:** Id., valle del río Rodeche. **YK16:** Linares de Mora, valle del río Linares (R & B, 1961).

### 3.68.2. ANDROSACE L. (3 esp.)

1. **Androsace elongata** L., Sp. Pl. ed. 2: 1668 (1763)

Teróf.-ros. 2-5 cm. III-V. Pastizales secos despejados y bien iluminados sobre suelo silíceo. Se suelen atribuir estas formas ibéricas a la subsp. *breistrofferi* (Charpin & Greuter) Molero & J.M. Monts. in Collect. Bot. 14: 361 (1983) [≡ *A. elongata* var. *breistrofferi* Charpin & Greuter in Candollea 25: 95 (1970), basión.]. Euri-Medit.-sept. R. 4. (MATEO, FABREGAT, 1991).

**XK63:** Puebla de Valverde, Collado del Prado. **XK73:** Torrijas, pr. fuente de las Fontanelas (LÓPEZ UDIAS & FABREGAT, 2011). **YK26:** Puertomingalvo, pr. La Badina.

2. **Androsace maxima** L., Sp. Pl.: 141 (1753) (*cantarillos*)

Teróf.-ros. 2-12 cm. IV-VI. Pastizales secos anuales en áreas muy pastadas. Paleotemp. M. 2. (SENNEN, 1910). TC.

3. **Androsace vitaliana** (L.) Lapeyr., Hist. Abr. Pyr.: 94 (1813) [≡ *Primula vitaliana* L., Sp. Pl.: 143 (1753), basión.; ≡ *Gregoria vitaliana* (L.) Duby, Bot. Gall. 1: 583 (1828); ≡ *Douglasia vitaliana* (L.) Hook. f. in Benth. & Hook. f., Gen. Pl. 2: 632 (1873); = *Vitaliana primuliflora* Bertol., Fl. Ital. 2: 368 (1835)] subsp. **assoana** (Laínz) Kress in Phyton (Austria) 13: 221 (1969)

≡ *Vitaliana primuliflora* subsp. *assoana* Laínz in Bol. Inst. Estud. Astur., Supl. Ci. 10: 199 (1964) [basión.]

Caméf.-pulvin. 1-5 cm. IV-VI. Matorrales enanos o rastreros sobre calizas esqueléticas de alta montaña. R. 5. (ASSO, 1779).

**XK63:** Arcos de las Salinas, El Buitre. **XK64:** Camarena de la Sierra, altos del Javalambre. **XK73:** Torrijas, Los Verdinales. **XK74:** Puebla de Valverde, pr. La Zarzuela.

### 3.68.3. ASTEROLINON Hoffmanns. & Link (1 esp.)

1. **Asterolinon linum-stellatum** (L.) Duby in DC., Prodr. 8: 68 (1844)

≡ *Lysimachia linum-stellatum* L., Sp. Pl.: 148 (1753) [basión.]; = *A. stellatum* Hoffmanns. & Link, Fl. Portug. 1: 333 (1820)

Teróf.-esc. 3-14 cm. III-V. Pastizales efímeros de primavera en medios no muy soleados. Medit.-Iranot. C. 2. (R & B, 1961). TC.

### 3.68.4. CORIS L. (1 esp.)

1. **Coris monspeliensis** L., Sp. Pl.: 177 (1753) (*hierba pincel*)

Caméf.-sufr. 5-25 cm. V-VII. Matorrales secos y soleados sobre calizas. Medit.-occid. C. 2. (SENNEN, 1910). TC.

### 3.68.5. LYSIMACHIA L. (2 esp.)

1. **Lysimachia ephemerum** L., Sp. Pl.: 146 (1753) (*lisimaquia roja*)

= *L. otani* Asso, Syn. Stirp. Arag.: 22 (1779)

Hemic.-esc. 5-14 dm. VI-VIII. Juncales y otros altos herbazales vivaces sobre regueros húmedos o arroyos. Medit.-occid. M. 3. (ASSO, 1779).

XK55, XK62, XK64, XK65, XK73, XK75, XK77, XK83, XK84, XK85, XK86, XK87, XK93, XK94, XK95, XK96, XK97, YK03, YK04, YK05, YK06, YK08, YK09, YK15, YK16, YK18, YK19, YK28, YK29, YL00, YL10.

2. **Lysimachia vulgaris** L., Sp. Pl.: 146 (1753) (*lisimaquia común o amarilla*)

Hemic.-esc. 6-16 dm. VI-VIII. Juncales, carrizales y altos herbazales que se instalan en medios ribereños siempre húmedos. Paleotemp. R. 3. (R & B, 1961).

XK86, XK96, XK97, YK06, YK07, YK18, YK19, YL10.

### 3.68.6. PRIMULA L. (3 esp.) (*prímulas, primaveras*)

1. **Primula acaulis** (L.) L., Fl. Angl.: 12 (1754)

≡ *P. veris* var. *acaulis* L., Sp. Pl.: 143 (1753) [basión.]; = *P. vulgaris* Huds., Fl. Angl.: 70 (1762)

Hemic.-ros. 5-15 cm. III-V. Bosques caducifolios densos y medios umbrosos con abundante humedad. Eurosib. RR. 5. (PITARCH & SANCHÍS, 1995).

**YK28:** Iglesuela del Cid, barranco de la Tosquilla.

2. **Primula farinosa** L., Sp. Pl.: 143 (1753)

Hemic.-ros. 5-20 cm. IV-VI. Prados vivaces siempre húmedos y medios turbosos sobre sustratos calizos. Paleotemp. RR. 5. (ASSO, 1779).

**YK07:** Valdelinares, fuente del Villarejo. **YK08:** Fortanete, arroyo de Peñacerrada. **YK18:** Cantavieja, Puerto de la Tarayuela. **YK19:** Tronchón, nacimiento río Palomita.

3. **Primula veris** L., Sp. Pl.: 142 (1753) subsp. **columnae** (Ten.) Lüdi in Hegi, Ill. Fl. Mitt.-Eur. 5 (3): 1752 (1927)

≡ *P. columnae* Ten., Fl. Napol. 1, Prodr.: 54 (1811) [basión.]; ≡ *P. officinalis* subsp. *columnae* (Ten.) Widmer, Eur. Arten Primula: 130 (1891); = *P. suaveolens* Bertol. in J. Bot. App. Agric. 2: 76 (1813)

Hemic.-ros. 1-3 dm. III-V. Medios forestales frescos y sombreados. Atribuimos las poblaciones de la zona a la subespecie indicada, aunque en ocasiones se ven ejemplares con caracteres que parecen mostrar tránsito hacia el tipo. Paleotemp. M. 3. (ASSO, 1779).

XK63, XK64, XK65, XK67, XK72, XK73, XK74, XK75, XK77, XK78, XK79, XK81, XK82, XK83, XK84, XK85, XK86, XK87, XK88, XK89, XK92, XK94, XK95, XK96, XK97, XK98, XK99, YK05, YK06, YK07, YK08, YK09, YK15, YK16, YK17, YK18, YK19, YK25, YK26, YK27, YK28, YK29, YK37, YL00, YL10, YL20.

#### 3.68.7. SAMOLUS L. (1 esp.)

**1. Samolus valerandi** L., Sp. Pl.: 171 (1753) (*pamplina de agua*)
Hemic.-esc. 1-4 dm. VI-IX. Juncales y pastizales siempre húmedos junto a corrientes de agua permanente. Subcosmop. M. 2. (SL, 2000).
XK52, XK54, XK55, XK77, XK79, XK84, XK85, XK93, XK94, XK95, YK03, YK04, YK05, YK15, YK16, YK19, YK29, YL10.

### 3.69. PUNICACEAE (*Punicáceas*) (1 gén.)

#### 3.69.1. PUNICA L. (1 esp.)
**1. Punica granatum** L., Sp. Pl.: 472 (1753) (*granado*)
Meso-Faner. 2-5 m. IV-VI. Cultivado a pequeña escala como comestible en las zonas más bajas, estando más o menos naturalizado en ribazos y terrenos abandonados. Medit.-Iranot. RR. 2. (SL, 2000).
XK94: Olba, pr. Los Giles. YK04: Id., pr. Los Locas. YK27: Mosqueruela, pr. La Estrella.

### 3.70. RAFLESIACEAE (*Raflesiáceas*) (1 gén.)

#### 3.70.1. CYTINUS L. (1 esp., 2 táx.)

**1a. Cytinus hypocistis** (L.) L., Syst. Nat. ed. 12, 2: 602 (1767) subsp. **hypocistis** (*hipocisto*)
≡ *Asarum hypocistis* L., Sp. Pl.: 442 (1753) [basión.]
Geóf.-parás. 3-8 cm. V-VI. Parásito sobre raíces de diferentes especies de jaras de flor blanca. Circun-Medit. RR. 3. (MATEO & LOZANO, 2011).
XK97: Alcalá de la Selva, barranco del Agua Blanca. YL10: Villarluengo, Hoz Baja.

**1b. Cytinus hypocistis** subsp. **clusii** Nyman, Consp. Fl. Eur.: 645 (1881)
≡ *C. clusii* (Nyman) Gand., Fl. Cret.: 92 (1916); = *C. ruber* Fourr. ex Fritschh, Exkursionsfl. Österr., ed. 3: 69 (1922); = *C. hypocistis* subsp. *kermesinus* (Guss.) Arcang., Comp. Fl. Ital.: 612 (1882)
Geóf.-parás. 1-5 cm. V-VI. Parásito sobre *Cistus albidus*, en las zonas bajas. Medit.-occid. RR. 3 (MATEO & LOZANO, 2011).
XK85: Mora de Rubielos, barranco de Toyaga.

### 3.71. RANUNCULACEAE (*Ranunculáceas*) (13 gén.)

#### 3.71.1. ACONITUM L. (3 esp.) (*acónitos*)

**1. Aconitum anthora** L., Sp. Pl.: 532 (1753)
- *A. jacquinii* auct.
Geóf.-tuber. 3-5 dm. VII-IX. Terrenos pedregosos calizos en áreas frías, poco soleadas y con abundante humedad climática. Eurosib. RR. 5. (PAU, 1888).
YK08: Fortanete, Los Acebares. YK17: Mosqueruela, La Valtuerta.

**2. Aconitum napellus** L., Sp. Pl.: 532 (1753) subsp. **vulgare** Rouy & Fouc., Fl. Fr. 1: 142 (1893)
Geóf.-riz. 4-12 dm. VII-IX. Orlas forestales frescas y húmedas de alta montaña sometidas a pastoreo intenso. Eurosib. RR. 5. (ASSO, 1779).
XK97: Alcalá de la Selva, pr. Masía de Peña la Graja. YK08: Fortanete, barranco del Tajo. YK19: Cantavieja, Muela Monchén.

**3. Aconitum vulparia** Rchb., Uebers Aconitum: 70 (1819) subsp. **neapolitanum** (Ten.) Muñoz Garm. in Anales Jard. Bot. Madrid 41(1): 212 (1984) (*matalobos*)
≡ *A. lycoctomum* var. *neapolitanum* Ten., Fl. Napol. 4, Syll.: 76 (1830) [basión.]; = *A. lamarckii* Rchb., Ill. Sp. Acon. Gen.: tab. 40 (1825); = *A. pyrenaicum* subsp. *lamarckii* (Rchb.) O. Bolòs & Vigo in Butll. Inst. Cat. Hist. Nat. 38: 64 (1974); - *A. lycoctomum* subsp. *pyrenaicum* auct.
Hemic.-esc. 5-14 dm. VI-VIII. Medios forestales húmedos y umbrosos y herbazales de sus orlas poco soleadas. Eurosib. R. 5. (FL, 1878).
XK64, XK87, XK97, YK06, YK07, YK08, YK09, YK17, YK18, YK19, YK27, YK28, YL10.

#### 3.71.2. ACTAEA L. (1 esp.)
**1. Actaea spicata** L., Sp. Pl.: 504 (1753)
Hemic.-esc. 2-5 dm. V-VI. Medios forestales densos y abrigados u oquedades umbrosas en áreas lluviosas de montaña. Paleotemp. RR. 5. (FL, 1878).
YK17: Mosqueruela, La Valtuerta. YK18: Cantavieja (MW, 1893).

#### 3.71.3. ADONIS L. (5 esp.) (*ojo de perdiz, gota de sangre*)

**1. Adonis aestivalis** L., Sp. Pl. ed. 2: 771 (1762)
Teróf.-esc. 1-4 dm. V-VII. Campos de secano y terrenos baldíos. Se han indicado en la zona tanto el tipo (subsp. *aestivalis*) como la subsp. *squarrosa* (Steven) Nyman, Consp. Fl. Eur.: 4 (1878) [≡ *A. squarrosa* Steven in Bull. Soc. Nat. Moscou 21: 272 (1848), basión.], aunque su separación no es muy clara y ambas comparten los mismos ambientes y territorios. Paleotemp. M. 2. (FL, 1876).
XK64, XK71, XK72, XK81, XK82, XK83, XK84, XK88, XK93, XK94, XK97, XK98, YK06, YK07, YK16, YK17, YK18, YK28, YK29.

**2. Adonis annua** L., Sp. Pl.: 647 (1753)
= *A. autumnalis* L., Sp. Pl. ed. 2: 771 (1762); - *A. annua* subsp. *atrorubens* auct.
Teróf.-esc. 1-4 dm. IV-VI. Campos de secano y terrenos baldíos despejados. Paleotemp. R. 2. (FQ, 1953).
XK81, XK82, XK97, XK29.

**3. Adonis flammea** Jacq., Fl. Austriac. 4: 29 (1776)
- *A. annua* subsp. *flammea* auct.
Teróf.-esc. 1-4 dm. V-VII. Campos de secano y herbazales nitrófilos de su entorno. Paleotemp. M. 2. (PAU, 1884).

XK64, XK71, XK72, XK73, XK74, XK75, XK78, XK79, XK82, XK83, XK94, XK95, XK97, XK98, XK99, YK16, YK29, YK38, YL00, YL10.

**4. Adonis microcarpa** DC., Syst. Nat. 1: 223 (1817)
- *A. dentata* auct.; - *A. annua* subsp. *dentata* auct.
Teróf.-esc. 5-25 cm. IV-VI. Campos de secano y herbazales secos alterados. Medit.-Iranot. R. 2. (DEBEAUX, 1894).
XK55, XK64, XK65, XK72, XK82, XK83, XK84.

**5. Adonis vernalis** L., Sp. Pl.: 547 (1753)
Hemic.-esc. 1-3 dm. IV-V. Pastozales vivaces no muy secos y claros forestales pedregosos, siempre sobre terrenos calizos. Eurosib. R. 4. (PAU, 1895).
XK55, XK65, XK72, XK73, XK82, XK83, XK84, XK93.

**3.71.4. ANEMONE** L. (2 esp.)

**1. Anemone nemorosa** L., Sp. Pl.: 541 (1753)
Geóf.-riz. 5-15 cm. III-V. Medios forestales densos y umbrosos en ambiente fresco y húmedo de montaña. Eurosib. RR. 5. (MATEO & LOZANO, 2009).
**YK25**: Puertomingalvo, pr. Mas de Gómez.

**2. Anemone ranunculoides** L., Sp. Pl.: 541 (1753)
Geóf.-riz. 5-15 cm. III-V. Orlas forestales frescas, regueros húmedos de montaña, sobre sustrato calizo. Paleotemp. RR. 5. (MATEO, FABREGAT, LÓPEZ UDIAS & MERCADAL, 1995).
**YK08**: Fortanete, arroyo de Peñacerrada, **YK17**: Mosqueruela, Las Valtuertas (RP, 2002).

**3.71.5. AQUILEGIA** L. (1 esp.)

**1. Aquilegia vulgaris** L., Sp. Pl.: 533 (1753) (*aguileña, pajarilla*)
Hemic.-esc. 2-8 dm. V-VI. Medios forestales umbrosos y húmedos, pasando a ambientes pratenses o pedregosos con suficiente humedad. Las poblaciones de la zona se han atribuido a veces a la subsp. *hispanica* (Willk.) Heywood in Feddes Repert. 64: 44 (1961) [≡ *A. vulgaris* var. *hispanica* Willk. in Willk. & Lange, Prodr. Fl. Hisp. 3: 965 (1880), basión.; = *A. zapateri* Pau, Not. Bot. Fl. Esp. 6: 114 (1895)], de flores algo menores que el tipo. Eurosib. M. 3. (FL, 1878).
XK53, XK54, XK62, XK63, XK64, XK65, XK72, XK73, XK74, XK76, XK77, XK78, XK81, XK82, XK83, XK86, XK87, XK88, XK89, XK95, XK96, XK97, XK98, XK99, YK05, YK06, YK07, YK08, YK09, YK15, YK16, YK17, YK18, YK19, YK25, YK26, YK27, YK28, YK29, YK37, YL00, YL01, YL10, YL11.

**3.71.6. CLEMATIS** L. (2 esp.)

**1. Clematis flammula** L., Sp. Pl.: 544 (1753)
Faner.-escand. 5-20 dm. VI-IX. Bosques y maquias esclerófilos en áres de escasa altitud. Circun-Medit. R. 3. (PAU, 1884).
XK71, XK94, XK95, YK03, YK04, YK05.

**2. Clematis vitalba** L., Sp. Pl.: 544 (1753) (*vidalba, hierba de los pordioseros*)
Faner.-escand. 1-3 m. VI-VIII. Trepadora en medios forestales, sobre todo de ribera. Eurosib. C. 3. (PAU, 1884).
XK55, XK64, XK65, XK76, XK82, XK83, XK84, XK85, XK86, XK93, XK94, XK95, XK96, XK97, XK98, XK99, XL90, YK03, YK04, YK05, YK06, YK07, YK08, YK09, YK15, YK16, YK17, YK18, YK19, YK25, YK26, YK27, YK28, YK29, YK37, YL00, YL10, YL20.

**3.71.7. CONSOLIDA** Riv. ex Rupp. (3 esp.) (*espuelas de caballero*)

**1. Consolida ajacis** (L.) Schur in Verh. Mitth. Siebenb. Vereins Naturwiss. Hermannstadt 4: 47 (1853)
≡ *Delphinium ajacis* L., Sp. Pl.: 531 (1753) [basión.]
Teróf.-esc. 2-6 dm. V-VIII. Cultivada como ornamental y a veces asilvestrada en las afueras de los pueblos. Paleotemp. RR. 1. (NC).

**2. Consolida orientalis** (J. Gay) Schrödinger in Abh. Zool.-Bot. Ges. Wien 4(5): 27 (1909) [≡ *Delphinium orientale* J. Gay in Actes Soc. Linn. Bordeaux 11: 182 (1840) (basión)] subsp. **hispanica** (Willk. & Costa) P.W. Ball & Heywood in Feddes Repert. 66: 151 (1962)
≡ *Delphinium hispanicum* Willk. & Costa ex Costa in Anales Soc. Esp. Hist. Nat. 2: 26 (1873) [basión.]; ≡ *C. hispanica* (Willk. & Costa) Greuter & Burdet in Willdenowia 19: 43 (1989); - *D. orientale* subsp. *hispanicum* auct.
Teróf.-esc. 2-6 dm. V-VII. Campos de secano y herbazales nitrófilos de su entorno. Medit.-occid. M. 3. (FL, 1876).
XK64, XK65, XK66, XK71, XK72, XK73, XK74, XK75, XK76, XK77, XK81, XK82, XK83, XK84, XK85, XK87, XK88, XK89, XK93, XK94, XK95, XK96, XK97, XK98, YK05, YK06, YK07, YK08, YK16, YK17, YK18, YK19, YK28, YK29, YL00.

**3. Consolida pubescens** (DC.) Soó in Österr. Bot. Zeit. 71: 241 (1922)
≡ *Delphinium pubescens* DC. in Lam. & DC., Fl. Franç. ed. 3, 5: 641 (1815) [basión.]; = *D. loscosii* Costa in Anales Soc. Esp. Hist. Nat. 2: 26 (1873)
Teróf.-esc. 1-3 dm. V-VII. Campos de secano y herbazales sobre suelos removidos. Medit.-occid. M. 2. (W & L, 1880).
XK55, XK64, XK65, XK66, XK71, XK72, CK74, XK75, XK76, XK77, XK78, XK81, XK82, XK83, XK84, XK85, XK86, XK87, XK93, XK94, XK95, YK04, YK05, YK06, YK09, YK17, YK18, YK19, YK28, YK29, YL00.

**3.71.8. DELPHINIUM** L. (3 esp.) (*espuelas de caballero*)

**1. Delphinium gracile** DC., Syst. Nat. 1: 350 (1817)
≡ *D. peregrinum* subsp. *gracile* (DC.) O. Bolòs & Vigo in Butll. Inst. Cat. Hist. Nat. 38: 64 (1974); = *D. junceum* DC. in Lam. & DC., Fl. Franç. ed. 3, 5: 641 (1815); = *D. peregrinum* subsp. *junceum* (DC.) Batt in Batt. & Trab., Fl. Algér. (Dicotyl.): 16 (1888); - *D. peregrinum* auct.
Teróf.-esc. 1-5 dm.VII-X. Campos de secano y terrenos baldíos. Medit.-occid. M. 2. (SENNEN, 1910).
XK64, XK72, XK76, XK83, XK84, XK93, XK94, YK04, YK05, YK06, YK17, YK18, YK27, YK28, YL00.

**2. Dephinium halteratum** Sibth. & Sm., Fl. Graeca Prodr. 1: 371 (1809) [≡ *D. peregrinum* subsp. *halteratum* (Sibth. & Sm.) Batt in Batt. & Trab., Fl. Algér. (Dicotyl.): 16 (1888)] **subsp. verdunense** (Balbis) Graebn. & Graebn. f. in Asch. & Graebn., Syn. Mitteleur. Fl. 5(2): 703 (1918)

≡ *D. verdunense* Balbis, Cat. Stirp. Hort. Bot. Taur., app. 3: 31 (1813) [basión.]; ≡ *D. peregrinum* subsp. *verdunense* (Balbis) Cout., Fl. Portugal: 239 (1913)

Teróf.-esc. 2-5 dm. Caminos, pastos secos sobre terrenos alterados. VII-IX. Euri-Medit. R. 2. (FL, 1886).

XK62, XK64, XK72, XK82, XK97, XK98, YK04, YK16, YK17, YK26, YK28, YK29, YL00.

**3. Delphinium mansanetianum** Pitarch, Peris & Sanchis ex Pitarch, Estud. Fl. Veg. Sierras Orient. Sist. Ibérico: 76 (2002)

Hemic.-esc. 5-10 dm. VI-VIII. Importante especie, recientemente descrita, que habita relicta en terrenos calizos escarpados en ambientes de alta montaña. Iberolev. NV. 5. (RP, 2002).

**YK17**: Mosqueruela, Masía Motorrillo (RP, 200).

### 3.71.9. HELLEBORUS L. (1 esp.)

**1. Helleborus foetidus** L., Sp. Pl.: 558 (1753) (*heléboro*)

Hemic.-esc. 3-6 dm. II-V. Orlas forestales y medios pedregosos no muy soleados. Euri-Medit.-sept. C. 3. (ASSO, 1779). TC.

### 3.71.10. HEPATICA L. (1 esp.)

**1. Hepatica nobilis** Schreb., Spicil. Fl. Lips.: 39 (1979) (*hepática*)

≡ *Anemone hepatica* L., Sp. Pl.: 538 (1753) [syn. subst.]; = *H. triloba* Chaix, Pl. Vap.: 32 (1785)

Hemic.-esc. 5-25 cm. II-V. Medios forestales y oquedades umbrosas. Holárt. M. 4. (ASSO, 1779). TC.

### 3.71.11. NIGELLA L. (2 esp.)

**1. Nigella damascena** L., Sp. Pl.: 534 (1753) (*arañuela*)

Teróf.-esc. 1-4 dm. IV-VI. Cultivada a pequeña escala como ornamental y esporádicamente asilvestrada cerca de los pueblos. Circun-Medit. R. 1. (MATEO & LOZANO, 2010b).

**YL00**: Villarluengo, alrededores de Montoro.

**2. Nigella gallica** Jord. in Mém. Acad. Roy. Sci. Lyon, ser. 2, 1: 214 (1851) (*neguilla*)

- *N. arvensis* auct., - *N. divaricata* auct.

Teróf.-esc. 1-4 dm. V-VII. Campos cerealistas de secano y herbazales de su entorno. Medit.-sept. M. 2. (SENNEN, 1910).

XK62, XK64, XK65, XK71, XK72, XK76, XK77, XK83, XK84, XK85, XK86, XK93, XK94, XK95, XK96, XK99, YK04, YK28, YK29.

### 3.71.12. RANUNCULUS L. (19 esp.)

**1. Ranunculus acris** L., Sp. Pl.: 554 (1753)

- *R. steveni* auct.

Hemic.-esc. 3-8 dm. V-VII. Bosques húmedos y sombreados, márgenes de regueros y arroyos. Se ha citado como subsp. *despectus* Laínz in Bol. Soc. Brot., ser. 2, 53: 36 (1979) o como subsp. *friesianus* (Jord.) Syme in Soberby, Engl. Bot. ed. 3, 1: 39 (1863) [≡ *R. friesianus* Jord., Observ. Pl. Nouv. 6: 17 (1847), basión.], aunque estamos convencidos de que las poblaciones de la zona corresponden a un único taxon. Eurosib. M. 3. (ASSO, 1779).

XK76, XK77, XK78, XK79, XK86, XK87, XK88, XK89, XK95, XK96, XK97, XK98, XK99, YK05, YK06, YK07, YK08, YK09, YK16, YK17, YK18, YK19, YK26, YK28, YL00, YL10.

**2. Ranunculus aduncus** Gren. in Gren. & Godr., Fl. France 1: 32 (1847)

- *R. montanus* subsp. *aduncus* auct.

Hemic.-esc. 1-3 dm. V-VII. Bosques de montaña y pastizales vivaces húmedos. Eurosib. R. 4. (SL, 2000).

XK87, XK97, YK06, YK07, YK08, YK09, YK16, YK17, YK18, YK19, YK25, YK26, YK28.

**3. Ranunculus arvensis** L., Sp. Pl.: 555 (1753) (*gata rabiosa*)

Teróf.-esc. 1-4 dm. IV-VI. Campos de cultivo y herbazales sobre terrenos alterados no muy secos. Paleotemp. M. 2. (ASSO, 1779).

XK66, XK72, XK73, XK74, XK75, XK76, XK81, XK82, XK83, XK84, XK86, XK87, XK88, XK89, XK93, XK94, XK96, XK97, XK98, XL80, XL90, YK04, YK05, YK06, YK07, YK08, YK18, YK19, YK28, YK29, YK38, YL00.

**4. Ranunculus auricomus** L., Sp. Pl.: 551 (1753) **subsp. carlittensis** (Sennen) Molero, Pujadas & Romo in Monogr. Inst. Piren. Ecología 4: 274 (1988)

≡ *R. auricomus* var. *carlittensis* Sennen, Diagn. Nouv. Pl. Espagne Maroc: 137 (1936) [basión.]; ≡ *R. carlittensis* (Sennen) Grau in Mitt. Bot. Staatssämml. München 20: 13 (1984)

Hemic.-esc. 1-4 dm. IV-VI. Medios forestales y pratenses muy húmedos y sombreados. Iberoatl. RR. 5. (AGUILELLA & MATEO, 1984).

**YK07**: Linares de Mora, Cerrada de la Balsa. **YK08**: Fortanete, arroyo de Peñacerrada. **YK18**: Cantavieja, Puerto de la Tarayuela. **YK19**: Cañada de Benatanduz, pr. Capellanía.

**5. Ranunculus baudotii** Godr. in Mém. Soc. Roy. Nancy 1839: 21 (1840) (*hierba lagunera*)

≡ *R. peltatus* subsp. *baudotii* (Godr.) Meikle ex C.D.K.Cook in Anales Jard. Bot. Madrid 40(2): 473 (1984); ≡ *R. aquatilis* subsp. *baudotii* (Godr.) Ball in J. Linn. Soc., Bot. 16: 304 (1877); = *R. confusus* Godr. in Gren. & Godr., Fl. France 1: 22 1847

Hidróf.-rad. 1-6 dm. IV-VII. Planta acuática que habita en aguas someras, estancadas o de curso lento. Subcosmop. Ha sido mencionada, al menos a través de alguno de sus sinónimos, aunque no hemos detectado ninguna población concreta. NV. 3.

**6. Ranunculus bulbosus** L., Sp. Pl.: 554 (1753) (*hierba velluda, pie de gato*)

Hemic.-esc. 1-4 dm. IV-VI. Bosques frescos y sus orlas herbáceas. Parece que en la zona pueden convivir el tipo (subsp. *bulbosus*), que resulta dominante, sobre todo en las zonas altas y la subsp. *aleae* (Willk.) Rouy & Fouc., Fl. Fr. 1: 106 (1893) [≡ *R. aleae* Willk. in Linnaea 30: 84 (1859), basión.; = *R. adscendens* Brot., Fl. Lusit. 2: 370 (1804)], que accedería a las partes bajas. Paleotemp. M. 3. (R & B, 1961). TC.

**7. Ranunculus falcatus** L., Sp. Pl.: 556 (1753)
≡ *Ceratocephala falcata* (L.) Pers., Syn. Pl. 1: 341 (1805); - *C. incana* auct.
Teróf.-ros. 2-8 cm. IV-VI. Campos de secano y claros de matorrales secos muy pastados. Medit.-Iranot. M. 2. (DEBEAUX, 1894).
XK62, XK63, XK64, XK65, XK72, XK73, XK74, XK75, XK82, XK83.

**8. Ranunculus ficaria** L., Sp. Pl.: 550 (1753) (*celidonia menor*)
= *Ficaria verna* Huds., Fl. Angl.: 214 (1762); = *F. ranunculoides* Roth, Tent. Fl. Germ. 2(1): 622 (1789); - *R. bulbiger* auct.
Geóf.-tuber. 1-3 dm. II-V. Bosques caducifolios, sobre todo ribereños. Eurosib. R. 3. (ASSO, 1779).
XK64, XK87, XK88, XK89, XK95, XK96, XK97, XK98, YK05, YK06, YK07, YK08, YK18, YK19, YK26.

**9. Ranunculus flammula** L., Sp. Pl.: 548 (1753) (*flámula*)
Hemic.-esc./Hidróf.-rad. 2-5 dm. V-VIII. Medios turbosos y regueros húmedos en ambiente silíceo. Eurosib. R. 4. (R & B, 1961).
XK77, XK97, YK06, YK07, YK18.

**10. Ranunculus gramineus** L., Sp. Pl.: 549 (1753)
Hemic.-esc- 2-4 dm. IV-VI. Matorrales y pastizales secos sobre calizas. Medit.-occid. M. 3. (ASSO, 1779).
XK62, XK63, XK64, XK72, XK73, XK74, XK77, XK78, XK81, XK82, XK87, XK88, XK89, XK97, XK98, XK99, YK07, YK08, YK09, YK17, YK18, YK19, YK27, YK28, YL00.

**11. Ranunculus granatensis** Boiss., Diagn. Pl. Orient. ser. 2, 1: 8 (1854)
≡ *R. acris* subsp. *granatensis* (Boiss.) Nyman, Consp. Fl. Eur.: 12 (1878)
Hemic.-esc. 4-8 dm. VI-VIII. Bosques ribereños, orlas frescas y prados siempre húmedos. Medit.-occid. R. 4. (FL, 1885).
XK97, YK06, YK07, YK08, YK09, YK18, YK19, YL00.

**12. Ranunculus lateriflorus** DC., Syst. Nat. 1: 251 (1817)
Teróf.-esc. 5-20 cm. V-VI. Terrenos silíceos temporalmente inundados. Paleotemp. NV. 4. (R & B, 1961).
**YK06**: Linares de Mora, La Cespedosa (R & B, 1961)

**13. Ranunculus muricatus** L., Sp. Pl.: 555 (1753)
Planta más bien termófila y litoral, que fue mencionada del valle del río Linares (R & B, 1961), aunque no la

hemos podido observar en vivo ni recolecciones ajenas. NV.

**14. Ranunculus ollissiponensis** Pers., Syn. Pl. 2: 106 (1806)
= *R. carpetanus* Boiss. & Reut. in Biblioth. Univ. Genève, ser. 2, 38: 195 (1842); -*R. gregarius* auct
Hemic.-esc. 1-4 dm. IV-VI. Bosques y pastizales húmedos de montaña sobre suelo silíceo. No podemos confirmar la presencia de esta especie en la zona, como sí está confirmada su presencia en la zona alta silícea de la Sierra de Albarracín. Las poblaciones de la parte caliza de la Sierra de Javalambre, que indicaba Willkomm como *R. carpetanus* var. *heterophyllus*, podrían corresponder al muy semejante *R. paludosus*. Iberoatl. NV. 4. (MW, 1893).

**15. Ranunculus paludosus** Poir., Voy. Barb. 2: 184 (1789)
= *R. flabellatus* Desf., Fl. Atl. 1: 438 (1798); - *R. monspeliacus* auct.
Hemic.-esc. 1-4 dm. IV-VI. Pastizales vivaces en ambiente de montaña no muy secos. Circun-Medit. M. 3. (R & B, 1961).
XK63, XK64, XK65, XK72, XK73, XK74, XK77, XK78, XK82, YK06.

**16. Ranunculus repens** L., Sp. Pl.: 554 (1753) (*botón de oro*)
Hemic.-esc. 2-5 dm. IV-VI. Terrenos inundables y márgenes de cursos de agua. Holárt. C. 2. (PAU, 1884). TC.

**17. Ranunculus trichophyllus** Chaix, Pl. Vap.: 31 (1785)
= *R. divaricatus* Schrank, Baier Fl. 2: 104 (1789)
Hidróf.-rad. 2-6 dm. V-VIII. Más o menos completamente sumergida en aguas estancadas o quietas. Subcosmop. M. 3. (SL, 2000).
XK76, XK77, XK86, XK87, XK93, XK94, XK95, XK96, XK97, XK98, YK04, YK05, YK06, YK07, YK08, YK16, YK17, YK27, YK28, YK38.

**18. Ranunculus trilobus** Desf., Fl. Atl. 1: 437 (1798)
≡ *R. sardous* subsp. *trilobus* (Desf.) Rouy & Fouc., Fl. Fr. 1: 109 (1893)
Teróf.-esc. 1-5 dm. IV-VI. Terrenos fangosos alterados en áreas de baja altitud. Pese a lo termófilo de la especie Rivas Goday y Borja dan varias citas, que abarcan el núcleo principal de la Sierra de Gúdar, no habiendo vuelto a ser vista ni mencionada por nadie más. Circun-Medit. NV. 2. (R & B, 1961).

**19. Ranunculus tuberosus** Lapeyr., Hist. Abr. Pyr.: 320 (1813)
= *R. nemorosus* DC., Syst. Nat. 1: 280 (1817); - *R. breyninus* auct.
Hemic.-esc. 2-5 dm. V-VII. Medios forestales frescos y húmedos o sus orlas en áreas elevadas de montaña. Eurosib.-merid. RR. 5. (FQ, 1953).
XK97, YK06, YK18, YK19, YK27.

### 3.71.13. THALICTRUM L. (3 esp.)

**1. Thalictrum flavum** L., Sp. Pl.: 546 (1753) subsp. **costae** (Timb.-Lagr. ex Debeaux) Rouy & Fouc., Fl. Fr. 1: 35 (1893)

≡ *T. costae* Timb.-Lagr. ex Debeaux, Rech. Fl. Pyrén. Orient. 1: 14 (1878) [basión.]; - *T. simplex* auct.; - *T. majus* auct.

Hemic.-esc. 4-10 dm. VI-VIII. márgenes de arroyos y hondonadas húmedas de montaña. Euri-Eurosib. R. 4. (ASSO, 1779).

XK87, XK97, YK06, YK07, YK17, YK18.

## 2. Thalictrum minus L., Sp. Pl.: 546 (1753)

Hemic.-esc. 2-5 dm. VI-VII. Pedregales calizos no muy secos. Incluye un grupo de taxones que se han propuesto como subsp. *valentinum* (O. Bolòs & Vigo) García Adá, G. López & P. Vargas in Anales Jard. Bot. Madrid 52(2): 216 (1995) [≡ *T. foetidum* subsp. *valentinum* O. Bolòs & Vigo in Butll. Inst. Cat. Hist. Nat. 38: 65 (1974) (basión); = *T. foetidum* var. *jabalambrense* Pau, Not. Bot. Fl. Esp. 6: 8 (1895)], subsp. *pubescens* Schleich. ex Arcangeli, Comp. Fl. Ital.: 3 (1882) y subsp. *matritense* (Pau) P. Monts. in Anales Jard. Bot. Madrid 41(2): 475 (1985) [≡ *T. pubescens* var. *matritense* Pau in Bol. Soc. Ibér. Ci. Nat. 23: 98 (1924), basión.], cuyos límites no vemos claros. Medit.-sept. R. 3. (FL, 1885).

XK63, XK64, XK73, XK75, XK77, XK82, XK84, XK95, XK96, XK97, YK05, YK06, YK07, YK08, YK09, YK17, YK18, YK19, YK27, YK28, YK29, YL00.

## 3. Thalictrum tuberosum L., Sp. Pl.: 545 (1753)

Geóf.-tuber. 2-5 dm. IV-VI. Medios forestales no muy húmedos sobre suelo calcáreo. Medit.-occid. C. 3. (PAU, 1884). TC.

## 3.72. RESEDACEAE (Resedáceas) (1 gén.)

### 3.72.1. RESEDA L. (6 esp.)

**1. Reseda barrelieri** Bertol. ex Müller-Arg. in DC., Prodr. 16: 557 (1868) (*reseda mayor*)
≡ *R. fruticulosa* subsp. *barrelieri* (Bertol. ex Müller-Arg.) Fern. Casas & al. in Anales Jard. Bot. Madrid 36: 391 (1979); = *R. macrostachya* Lange in Willk. & Lange, Prodr. Fl. Hisp. 3: 891 (1880); - *R. suffruticosa* auct.

Hemic.-bien. 3-12 dm. V-VII: Cunetas, secanos y herbazales sobre terrenos alterados. Medit.-occid. M. 2. (L & P, 1866).

XK71, XK72, XK81, XK82, XK83, XK84, XK95, XK96, XK97, XK98, YK05, YK06, YK07, YK08, YK09, YK17, YK18, YK19, YK26, YK27, YK28.

**2. Reseda lutea** L, Sp. Pl.: 449 (1753) subsp. **lutea** (*gualdón*)
Teróf./Hemic.-esc. 1-5 dm. IV-VII. Herbazales pioneros sobre terrenos alterados o labrados. Paleotemp. C. 1. (ASSO, 1779). TC.

**3. Reseda luteola** L, Sp. Pl.: 448 (1753) (*gualda*)
Teróf./Hemic.-esc. 4-10 dm. V-VIII. Campos de cultivo y terrenos baldíos. Paleotemp. M. 2. (R & B, 1961). TC.

**4. Reseda phyteuma** L, Sp. Pl.: 449 (1753) (*farolilla, reseda silvestre*)

= *R. aragonensis* Losc. & Pardo, Ser. Inconf. Pl. Arag.: 14 (1863); - *R. media* auct.

Teróf.-esc. 1-4 dm. IV-VII. Campos de cultivo y herbazales antropizados. Euri-Medit. C. 1. (PAU, 1884). TC.

**5. Reseda stricta** Pers., Syn. Pl. 2: 10 (1806)
= *R. erecta* Lag., Elench. Pl.: 17 (1816)
Hemic.-bien. 2-5 dm. IV-VI. Matorrales y pastizales secos y soleados sobre suelos yesosos. Medit.-occid. R. 3. (R & B, 1961).

XK55, XK62, XK65, XK66.

**6. Reseda undata** L., Syst. Nat. ed. 10, 2: 1046 (1759) (*resedilla*)
- *R. gayana* auct.; - *R. bipinnata* auct.; - *R. alba* auct.
Teróf.-esc. 2-6 dm. IV-VI. Campos de secano y herbazales antropizados. Medit.-occid. M. 2. (FL, 1876). TC.

## 3.73. RHAMNACEAE (Ramnáceas) (2 gén.)

### 3.73.1. FRANGULA Mill. (1 esp.)

**1. Frangula alnus** Mill., Gard. Dict. ed. 8: nº 1 (1768) (*arraclán, frángula*)
≡ *Rhamnus frangula* L., Sp. Pl.: 193 (1753) [syn. subst.]
Meso-Faner. 2-5 m. V-VI. Bosques ribereños principalmente sobre terrenos silíceos. Eurosib. NV. 5. (ASSO, 1779).
XK98: Villarroya de los Pinares, Puerto de Villarroya (MORALES ABAD, 1993). YK19: Tronchón (ASSO, 1779).

### 3.73.2. RHAMNUS L. (6 esp.)

**1. Rhamnus alaternus** L, Sp. Pl.: 193 (1753) (*aladierno, carrasquilla, palo mesto*)
- *Rh. alaternus* subsp. *myrtifolia* auct.
Nano-Faner. 5-20 dm. III-V. Matorrales secos y terrenos escarpados, por las zonas más bajas o abrigadas bajo sustrato calizo. Circun-Medit. M. 3. (PAU, 1884).
XK52, XK53, XK54, XK55, XK63, XK64, XK65, XK71, XK72, XK73, XK75, XK81, XK82, XK83, XK84, XK85, XK86, XK89, XK93, XK94, XK95, XK96, YK03, YK04, YK05, YK09, YK15, YK16, YK19, YK26, YK27, YK28, YK29, YK37, YL00, YL10, YL20.

**2. Rhamnus alpinus** L, Sp. Pl.: 193 (1753) (*pudio*)
Meso-Faner. 1-3 m. V-VI. Medios forestales caducifolios y zonas escarpadas calizas poco soleadas. Eurosib.S. M. 4. (FL, 1885).
XK63, XK64, XK73, XK74, XK82, XK83, XK87, XK95, XK96, XK97, XK98, XK99, YK05, YK06, YK07, YK08, YK09, YK16, YK17, YK18, YK19, YK26, YK27, YK28, YK37, YL00.

**3. Rhamnus catharticus** L, Sp. Pl.: 194 (1753) (*espino cerval*)

Meso-Faner. 2-5 dm. IV-VI. Bosques caducifolios, sobre todo ribereños, y sus orlas arbustivas. Eurosib. M. 4. (R & B, 1961).
XK73, XK82, XK87, XK88, XK96, XK97, XK98, YK06, YK07, YK08, YK16, YK17, YK18, YK19, YK28.

**4. Rhamnus lycioides** L., Sp. Pl. ed. 2: 279 (1762) (*espino negro, cambrón*)
Nano-Faner. 4-18 dm. IV-VI. Matorrales secos en ambiente muy soleado y sobre suelos calcáreos poco desarrollados. Medit.-occid. M. 3. (SENNEN, 1910).
XK52, XK54, XK55, XK62, XK65, XK71, XK75, XK76, XK83, XK84, XK93, XK94, XK95, YK03, YK04, YK05, YK27, YK37, YL00, YL10, YL20.

**5. Rhamnus pumilus** Turra in Giorn. Ital. Sci. Nat. 1: 120 (1764)
≡ *Rh. alpinus* subsp. *pumilus* (Turra) O. Bolòs & Vigo in Butll. Inst. Cat. Hist. Nat. 38: 82 (1974)
Caméf.-rept. 1-5 dm. IV-VI. Roquedos calizos sombreados. Medit.-sept. M. 3. (R & B, 1961).
XK63, XK64, XK72, XK73, XK74, XK77, XK78, XK79, XK81, XK82, XK83, XK86, XK87, XK88, XK89, XK96, XK97, XK98, XK99, XL90, YK05, YK06, YK07, YK08, YK09, YK15, YK16, YK17, YK18, YK19, YK27, YK28, YK29, YL00, YL10, YL20.

**6. Rhamnus saxatilis** Jacq., Enum. Stirp. Vindob.: 39 (1762) (*artos*)
= *Rh. infectorius* auct.
Nano-Faner. 3-15 dm. IV-VI. Sabinares, encinares y matorrales de montaña sobre calizas. Medit.-sept. C. 3. (R & B, 1961). TC.

**Híbridos** (1 esp.)
**1. Rhamnus × colmeiroi** Rivera, Obón & Selma in Anales Jard. Bot. Madrid 45(2): 558 (1989) (*lycioides × saxatilis*)
Nano-Faner. 4-15 dm. IV-V. Terrenos escarpados calizos secos de baja altitud, donde se juntan ambos parentales. Medit.-occid. RR. 3. (MATEO & LOZANO, 2010b).
**XK85:** Valbona, entorno del embalse de Valbona. **XK93:** Albentosa, barranco del Barruezo.

### 3.74. ROSACEAE (*Rosáceas*) (19 gén.)

#### 3.74.1. AGRIMONIA L. (1 esp.)

**1. Agrimonia eupatoria** L., Sp. Pl.: 448 (1753) (*agrimonia*)
Hemic.-esc. 3-8 dm. VI-IX. Herbazales vivaces densos y ambientes forestales antropizados sobre suelos profundos. Subcosmop. M. 2. (ASSO, 1779). TC.

#### 3.74.2. ALCHEMILLA L. (1 esp.)

**1. Alchemilla vetteri** Buser in C. Bicknell, Fl. Bordighera: 99 (1896) (*pie de león*)
- *A. lapeyrousii* auct.; - *A. flabellata* auct.; - *A. vulgaris* auct., - *A. minor* auct.

Hemic.-esc. 1-3 dm.VI-VIII. Pastizales vivaces húmedos sobre suelo silíceo. Eurosib.S. RR. 4. (ASSO, 1779).
XK73, XK84, XK87, XK97, XK98, XK99, YK06, YK07, YK08, YK09, YK17, YK18, YK19, YK25, YK28.

#### 3.74.3. AMELANCHIER Medik. (1 esp.)

**1. Amelanchier ovalis** Medik., Gesch. Bot.: 79 (1793) (*guillomo, guillomera*)
≡ *Mespilus amelanchier* L., Sp. Pl.: 478 (1753) [syn. subst.]; = *A. vulgaris* Moench, Meth.: 682 (1794); = *A. rotundifolia* (Lam.) Dum.-Cours., Bot. Cult. ed. 2, 5: 459 (1811)
Nano-Faner. 5-20 dm. IV-VI. Matorrales caducifolios o mixtos con preferencia por los terrenos escarpados. Medit.-sept. C. 3. (FL, 1878). TC.

#### 3.74.4. APHANES L. (1 esp.)

**1. Aphanes arvensis** L., Sp. Pl.: 123 (1753)
≡ *Alchemilla arvensis* (L.) Scop., Fl. Carniol. ed. 2, 1: 115 (1771)
Teróf.-esc. 4-15 cm. IV-VI. Campos de cultivo y pastizales antropizados sobre suelos arenosos silíceos. Paleotemp. R. 2. (R & B, 1961).
XK77, XK82, XK85, XK95, YK07, YL10.

#### 3.74.5. COTONEASTER Medik. (2 esp.)

**1. Cotoneaster integerrimus** Medik., Gesch. Bot.: 85 (1793)
≡ *Mespilus cotoneaster* L., Sp. Pl.: 479 (1753)
Nano-Faner. 1-2 m. V-VI. Setos y matorrales con predominio de caducifolios en umbrías calizas. Eurosib. R. 4. (ASSO, 1779).
XK87, XK95, XK96, XK97, YK07, YK17, YK18, YK27.

**2. Cotoneaster tomentosus** (Ait.) Lindl. in Trans. Linn. Soc. London 13(1): 101 (1821) (*falso membrillo*)
≡ *Mespilus tomentosa* Ait., Hort. Kew. 2: 174 (1789) [basión.]; - *C. vulgaris* auct.; - *C. nebrodensis* auct.
Nano-Faner. 4-20 dm. IV-VI. Matorrales caducifolios en terrenos calcáreos escarpados de umbría. Medit.-sept. M. 4. (FL, 1878).
XK75, XK77, XK78, XK83, XK87, XK95, XK97, XK98, XK99, YK06, YK07, YK08, YK09, YK16, YK17, YK18, YK19, YK26, YK27, YK28, YK29.

#### 3.74.6. CRATAEGUS L. (1 esp.)

**1. Crataegus monogyna** Jacq., Fl. Austriac. 3: 50 (1775) (*espino albar, majuelo*)
= *C. oxyacantha* L., Sp. Pl.: 477 (1753), nom. ambig.; - *C. brevispina* auct.
Meso-Faner. 1-4 m. IV-VI. Espinares, setos, riberas, medios forestales con predominio de caducifolios. Paleotemp. C. 2. (L & P, 1866). TC.

#### 3.74.7. CYDONIA Mill. (1 esp.)

**1. Cydonia oblonga** Mill., Gard. Dict. ed. 8: nº 1 (1768) (*membrillero*)
≡ *Pyrus cydonia* L., Sp. Pl.: 489 (1753) [syn. subst.]; = *C. vulgaris* Pers., Syn. Pl. 2: 40 (1806)

Meso-Faner. 1-4 m. IV-V. Cultivado como comestible y a veces asilvestrado en setos y ribazos. Iranotur. R. 1. (SL, 2000).

### 3.74.8. FILIPENDULA Mill. (2 esp.)

**1. Filipendula ulmaria** (L.) Maxim. in Acta Horti Petrop. 6(1): 251 (1789) *(ulmaria)*
≡ *Spiraea ulmaria* L., Sp. Pl.: 490 (1753) [basión.]
Hemic.-esc. 6-15 dm. VI-VIII. Riberas de ríos y arroyos o prados muy húmedos de montaña. Eurosib. R. 4. (ASSO, 1779).
XK83, XK86, XK87, XK96, XK97, YK06, YK07, YK09, YK18, YK19, YL00, YL10.

**2. Filipendula vulgaris** Moench, Meth.: 663 (1794) *(reina de los prados)*
≡ *Spiraea filipendula* L., Sp. Pl.: 490 (1753) [syn. subst.]; = *F. hexapetala* Gilib., Fl. Lit. Inch. 1: 237 (1782)
Hemic.-esc. 3-7 dm. V-VII. Pastizales húmedos y bosques frescos no muy densos. Eurosib. M. 4. (ASSO, 1779).
XK62, XK63, XK64, XK72, XK73, XK74, XK75, XK76, XK77, XK78, XK82, XK83, XK85, XK86, XK87, XK88, XK89, XK95, XK96, XK97, XK98, XK99, YK05, YK06, YK07, YK08, YK09, YK15, YK16, YK17, YK18, YK19, YK25, YK26, YK27, YK28, YL00, YL10, YL20.

### 3.74.9. FRAGARIA L. (2 esp.) *(fresales)*

**1. Fragaria vesca** L., Sp. Pl.: 494 (1753)
- *F. vesca* subsp. *magna* auct.
Hemic.-rept. 5-25 cm. V-VII. Bosques caducifiolios o mixtos y sus orlas, con abundante humedad y sombra. Eurosib. M. 3. (ASSO, 1779).
XK63, XK64, XK74, XK77, XK78, XK82, XK83, XK85, XK87, XK95, XK96, XK97, XK98, XK99, YK05, YK06, YK07, YK08, YK09, YK15, YK16, YK17, YK18, YK19, YK25, YK26, YK27, YK28, YL00, YL10.

**2. Fragaria viridis** Duchesne, Hist. Nat. Frais.: 135 (1766)
- *F. vesca* subsp. *viridis* auct.
Hemic.-rept. 5-20 cm. IV-VII. Orlas forestales en ambiente fresco de montaña. Paleotemp. R. 4. (R & B, 1961).
XK87, XK97, YK06, YK07, YK19.

### 3.74.10. GEUM L. (5 esp.)

**1. Geum heterocarpum** Boiss. in Biblioth. Univ. Genève, ser. 2, 13: 408 (1838)
= *G. umbrosum* Boiss., Voy. Bot. Esp. 2: 728 (1845); = *Geopatera umbraticola* Pau, Not. Bot. Fl. Esp. 6: 50 (1895)
Hemic.-esc. 2-5 dm. IV-VI. Terrenos calizos abruptos o rocosos sombreados. Circun-Medit. RR. 5. (PAU, 1895).
XK63, XK64, XK73, XK74, XK78, YK07, YK08.

**2. Geum hispidum** Fr., Fl. Halland.: 90 (1818)
= *G. albarracinense* Pau, Not. Bot. Fl. Esp. 1: 23 (1887); = *G. hispidum* subsp. *albarracinense* (Pau) Mateo, Catl. Fl. Prov. Teruel: 324 (1990)

Hemic.-esc. 2-5 dm. V-VII. Orlas forestales y pastizales vivaces húmedos sobre suelos silíceos. Eurosib. R. 4. (PAU, 1887).
XK63, XK64, XK78, XK87, XK97, YK06, YK07, YK15, YK16, YK17, YK18, YK25, YK26, YK27.

**3. Geum rivale** L., Sp. Pl.: 501 (1753) *(cariofilada acuática)*
Hemic.-esc. 2-4 dm. V-VII. Regueros húmedos y medios ribereños en zonas elevadas y lluviosas. Holárt. R. 4. (ASSO, 1779).
XK64, XK87, XK88, XK89, XK96, XK97, XK98, YK06, YK07, YK08, YK09, YK17, YK18, YK19, YK26, YK27, YK28.

**4. Geum sylvaticum** Pourr. in Hist. Mém. Acad. Roy. Sci. Toulouse 3: 319 (1788)
Hemic.-esc. 1-3 dm. IV-VI. Bosques y pastos de sus claros, en ambiente algo húmedo y sobre todo tipo de sustratos. Medit.-occid. M. 3. (MW, 1893). TC.

**5. Geum urbanum** L., Sp. Pl.: 501 (1753) *(cariofilada, hierba de San Benito)*
Hemic.-esc. 3-8 dm. IV-VII. Orlas forestales y medios antropizados poco soleados. Holárt. M. 2. (R & B, 1961).
XK63, XK64, XK73, XK74, XK77, XK78, XK81, XK82, XK83, XK84, XK87, XK88, XK89, XK96, XK97, XK98, XK99, YK05, YK06, YK07, YK08, YK09, YK15, YK16, YK17, YK18, YK19, YK26, YK27, YK28, YL00, YL10.

#### *Híbridos* (4 esp.)

**1. Geum × gudaricum** Mateo & Lozano in Flora Montib. 38: 3 (2008) *(hispidum × sylvaticum)*
Hemic.-esc. 2-4 dm. V-VII. Orlas forestales y pastizales húmedos de montaña. Medit.-noroccid. RR. 4. (MATEO & LOZANO, 2008).
**XK87**: Cedrillas, Pinar del Molino. **YK17**: Mosqueruela, rambla de las Truchas.

**2. Geum × intermedium** Ehrh. *(rivale × urbanum)*
Hemic.-esc. 2-4 dm. V-VI. Orlas forestales sombreadas y antropizadas. Eurosib. RR. 4. (MATEO & LOZANO, 2011).
**YK07**: Valdelinares, barranco del Bolage.

**3. Geum × montibericum** Mateo & Lozano in Flora Montib. 38: 3 (2008) *(hispidum × rivale)*
Hemic.-esc. 2-4 dm. V-VI. Pastizales viveces húmedos de montaña. Podría presentarse por un ámbito Medit.-occid. y Eurosib. RR. 4. (MATEO & LOZANO, 2008).
**XK87**: Cedrillas, Pinar del Molino. **YK07**: Valdelinares, barranco del Bolage.

**4. Geum × pratense** Pau, Not. Bot. Fl. Españ. 1: 22 (1887) *(rivale × sylvaticum)*
Hemic.-esc. 1-3 dm. V-VI. Pastizales vivaces húmedos. Medit.-noroccid. RR. 3. (PAU, 1887).
**XK64**: Prado de Javalambre (PAU, 1887). **XK97**: Valdelinares, masía del Pino. **YK07**: Id., pr. fuente del Espinillo.

### 3.74.11. MALUS Mill. (2 esp.)

1. **Malus domestica** (Borkh.) Borkh., Theor. Prakt. Hand. Forstbot. 2: 1272-1276 (1803) (*manzano común*)
= *Pyrus malus* var. *domestica* Borkh., Theor. Prakt. Hand. Forstbot.: 174 (1790) [basión.]; = *P. malus* subsp. *mitis* (Wallr.) Syme in Sm., Engl. Bot. ed. 3[B], 3: 256 (1864)

Meso-Faner. 2-5 m. IV-VI. Cultivado por sus frutos comestibles y a veces asilvestrado en zonas de vega y riberas. Paleotemp. R. 1. (RP, 2002).

2. **Malus sylvestris** (L.) Mill., Gard. Dict. ed. 8: nº 1 (1768) (*manzano silvestre*)
≡ *Pyrus malus* var. *sylvestris* L., Sp. Pl.: 479 (1753) [basión.]; ≡ *P. malus* subsp. *sylvestris* (L.) Ehrh.in Hannover Mag. 1780(14): 223 (1780)

Meso-Faner. 2-6 m. IV-VI. Medios forestales frescos ricos en caducifolios. Paleotemp. R. 4. (SL, 2000).

XK97, YK17, YK18, YK26, YK27, YK28.

3.74.12. **MESPILUS** L. (1 esp.)

1. **Mespilus germanica** L., Sp. Pl.: 478 (1753) (*nisperero europeo*)
Meso-Faner. 1-4 m. IV-VI. Antiguamente cultivado por sus frutos comestibles, pudiendo quedar algunos ejemplares asilvestrados en zonas de vega. Origen incierto. NV. 1. (PITARCH & SANCHIS, 1995).

3.74.13. **POTENTILLA** L. (11 esp.)

1. **Potentilla argentea** L., Sp. Pl.: 479 (1753)
Hemic.-esc. 1-4 dm. V-VII. Pastizales vivaces y bosques aclarados sobre sustrato silíceo. Holárt. R. 3. (MATEO & LOZANO, 2010a).
XK78, XK86, XK87, YK15, YK16, YK25, YK26.

2. **Potentilla caulescens** L., Cent. Pl. 2: 19 (1756)
- *P. alba* auct.
Hemic.-esc. 5-25 cm. VII-IX. Roquedos calizos verticales poco soleados. Euri-Medit.-sept. R. 4. (ASSO, 1779).
XK64, XK82, XK94, XK95, XK96, XK97, XK99, YK05, YK06, YK08, YK09, YK16, YK17, YK18, YK19, YK27, YK29, YK38, YL00, YL10.

3. **Potentilla cinerea** Chaix ex Vill., Prosp. Hist. Pl. Dauph.: 46 (1779)
= *P. arenaria* Borkh. ex P. Gaertn. & al., Fl. Wetterau 2: 248 (1800); = *P. velutina* Lehm., Monogr. Potent.: 170 (1820); = *P. cinerea* subsp. *velutina* (Lehm.) Nyman, Consp. Fl. Eur. 1: 226 (1878); - *P. subcaulis* auct.
Hemic.-esc./Caméf.-sufr. 3-30 cm. III-VI. Pastizales vivaces secos y claros forestales bien iluminados. Eurosib.S. C. 3. (ASSO, 1779).
XK63, XK64, XK65, XK66, XK72, XK73, XK74, XK75, XK76, XK77, XK78, XK79, XK81, XK82, XK83, XK84, XK85, XK86, XK87, XK88, XK93, XK94, XK95, XK96, XK97, XK98, XK99, XL80, XL90, YK05, YK06, YK07, YK08, YK09, YK15, YK16, YK17, YK18, YK19, YK25, YK26, YK27, YK28, YK29, YL00.

4. **Potentilla crantzii** (Crantz) G. Beck ex Fritsch, Exkursionsfl. Österr.: 295 (1897)

≡ *Fragaria crantzii* Crantz, Inst. Rei Herb. 2: 178 (1766) [basión.]; = *P. verna* L., Sp. Pl.: 498 (1753), nom. ambig.; = *P. reverchonii* Siegfried ex Debeaux in Rev. Bot. Bull. Mens. 13: 350 (1895)

Hemic.-esc. 5-20 cm. V-VII. Pastizales vivaces de montaña sobre calizas. Holárt. R. 4. (FABREGAT & al., 1995).
XK97: Valdelinares, Peñarroya. YK07: Valdelinares, Puerto de Valdelinares. YK17: Mosqueruela, umbría de Bramadoras.

5. **Potentilla erecta** (L.) Räuschel, Nomencl. Bot. ed. 3: 152 (1797) (*tormentilla*)
≡ *Tormentilla erecta* L., Sp. Pl.: 500 (1753) [basión.]; = *P. tormentilla* Necker in Hist. Comment. Acad. Elect. Sci. Theod.-Palat. 2: 491 (1770)

Hemic.-esc. 1-4 dm. V-VIII. Medios turbosos y regueros siempre húmedos. Paleotemp. M. 3. (ASSO, 1779).
XK73, XK77, XK78, XK87, XK88, XK95, XK96, XK97, XK98, YK05, YK06, YK07, YK08, YK09, YK15, YK16, YK17, YK18, YK19, YK25, YK26, YK27, YK28.

6. **Potentilla hirta** L, Sp. Pl.: 497 (1753)
Hemic.-esc. 1-3 dm. IV-VI. Pastizales vivaces de montaña en ambiente fresco. RR. 4. (MATEO, FABREGAT & LÓPEZ UDIAS, 1994a).
YK07: Valdelinares, hacia Alcalá de la Selva.

7. **Potentilla neumanniana** Rchb., Fl. Germ. Excurs.: 592 (1832)
= *P. tabernaemontani* Asch. in Verh. Bot. Vereins Prov. Brandenb. 32: 156 (1891); - *P. verna* auct.; - *P. opaca* auct.

Hemic.-esc. 5-30 cm. III-VI. Pastizales vivaces en ambientes algo alterados y despejados. Eurosib. C. 2. (MW, 1893). TC.

8. **Potentilla pensylvanica** L, Mantissa 1: 76 (1767)
- *P. hispanica* auct.; - *P. pensylvanica* subsp. *hispanica* auct.
Hemic.-esc. 2-5 dm. VI-VIII. Pastizales vivaces en ambientes alterados no muy secos. Existe confusión con el origen de esta especie entre si es norteamericana, europea o comparte ambos territorios. R. 3. (FL, 1878).
XK97, XK98, YK07, YK08, YK17.

9. **Potentilla reptans** L, Sp. Pl.: 499 (1753) (*cincoenrama*)
Hemic.-rept. 2-8 dm. IV-IX. Humedales y pastizales vivaces sobre suelos húmedos alterados. Holárt. C. 2. (R & B, 1961). TC.

10. **Potentilla rupestris** L, Sp. Pl.: 496 (1753)
Hemic.-esc. 2-5 dm. V-VII. Pastizales vivaces y medios abruptos sobre suelo silíceo. Eurosib. R. 3. (ASSO, 1779).
XK63, XK73, XK87, XK97, YK06, YK07, YK16.

11. **Potentilla zapateri** Pau in Bol. Soc. Arag. Ci. Nat. 9: 59 (1910)
= *P. tremedalis* Pau in Bol. Soc. Arag. Ci. Nat. 9: 59 (1910)

Hemic.-esc. 1-3 dm. IV-VI. Pastizales vivaces secos. Ha sido interpretada habitualmente como híbrido entre *P. cinerea* y *P. neumanniana*, ya que muestra caracteres evidentemente intermedios, pero su gran extensión por esta zona -y por toda la montaña turolense- sugiere una especie hibridógena, genéticamente estabilizada y capaz de reproducirse por sus medios. Medit.-occid. R. 3. (SL, 2000). XK72, XK73, XK75, XK76, XK78, XK82, XK83, XK84, XK85, XK87, XK93, XK94, XK97, YK07, YK08.

### 3.74.14. PRUNUS L. (11 esp.)

**1. Prunus armeniaca** L., Sp. Pl.: 474 (1753) (*albaricoquero*)
≡ *Armeniaca vulgaris* Lam., Encycl. Méth. Bot. 1: 2 (1783) [syn. subst.]
Meso-Faner. 2-6 m. III-V. Cultivado por sus frutos, a veces puede verse abandonado de cultivo o en situaciones que hacen su suponer su presencia espontánea. Centroasiát. RR. 1. (RP, 2002).

**2. Prunus avium** L., Fl. Suec. ed. 2: 165 (1755) (*cerezo*)
Macro-Faner. 3-10 m. III-V. Cultivado por sus frutos comestibles y a veces asilvestrado, sobre todo en medios ribereños. Paleotemp. M. 2. (SL, 2000).

**3. Prunus cerasifera** Ehrh., Gartenkalender 4: 192 (1784) (*ciruelo japonés*)
Meso-Faner. 2-6 m. II-V. Se cultiva como ornamental la var. *pisardii*, frecuente en jardines y paseos, a veces introducida en áreas más de campo, donde puede dar la impresión de planta del terreno. R. 1. (NC).

**4. Prunus cerasus** L., Sp. Pl.: 474 (1753) (*guindo*)
Meso-Faner. 1-8 m. III-V. Cultivado como frutal y accidentalmente asilvestrado en zonas de vega. Iranotur. R. 2. (NC).

**5. Prunus domestica** L., Sp. Pl.: 475 (1753) (*ciruelo*)
Meso-Faner. 2-6 m. III-V. Cultivado por sus frutos y con frecuencia naturalizado, sobre todo en bosques ribereños. Paleotemp. M. 1. (NC).

**6. Prunus dulcis** (Mill.) D.A. Webb in Feddes Repert. 74: 24 (1967) (*almendro*)
≡ *Amygdalus dulcis* Mill., Gard. Dict. ed. 8: nº 2 (1768) [basión.]; = *A. communis* L., Sp. Pl.: 473 (1753)
Meso-Faner. 2-6 m. II-IV. Cultivado por sus frutos en las partes menos elevadas y muy raramente asilvestrado. Iranotur. R. 1. (RP, 2002).

**7. Prunus insititia** L., Amoen. Acad. 4: 273 (1759) (*endrino mayor*)
≡ *P. domestica* subsp. *insititia* (L.) C.K. Schneider, Ill. Handb. Landholzk 1: 680 (1906)
Meso-Faner. 1-5 m. III-V. Setos y espinares que orlan bosques ribereños en zonas de vega. Paleotemp. R. 2. (RP, 2002).

**8. Prunus mahaleb** L., Sp. Pl.: 474 (1753) (*cerezo de Santa Lucía*)

Meso-Faner. 1-4 m. IV-VI. Interviene en bosques caducifolios y sus orlas arbustivas, sobre substrato calizo. Eurosib. M. 3. (FL, 1878). TC.

**9. Prunus persica** (L.) Batsch, Beitr. Entw. Pragm. Gesch. Nat.-Reiche: 30 (1801) (*melocotonero*)
≡ *Amygdalus persica* L., Sp. Pl.: 472 (1753) [basión.]; ≡ *Persica vulgaris* Mill., Gard. Dict. ed. 8: nº 1 (1768)
Cultivado por sus frutos comestibles y, aunque no es dado a su naturalización, sí se pueden ver ejemplares en campos abandonados ya no sujetos a cultivo. Iranotur. R. 1. (RP, 2002).

**10. Prunus prostrata** Labill., Icon. Pl. Syr. 1: 15 (1791)
Nano-Faner. 2-8 dm. IV-VI. Roquedos y terrenos escarpados en ambientes calizos. Circun-Medit. R. 4. (PAU, 1891).
XK63, XK64, XK65, XK73, XK74, XK75, XK87, XK88, XK97, YK06, YK07, YK08.

**11. Prunus spinosa** L., Sp. Pl. 475 (1753) (*endrino*)
= *P. amygdaliformis* Pau, Not. Bot. Fl. Esp. 1: 21 (1887)
Nano-Faner. 3-20 dm. III-V. Matorrales caducifolios que orlan bosques de ribera, umbrías o zonas con suelo profundo. Eurosib. C. 2. (R & B, 1961). TC.

*Híbridos* (1 esp.)
**1. Prunus × javalambrensis** Aparicio & Uribe-Echeb. ex Aparicio in Toll Negre 12: 69 (2010) (*prostrata × spinosa*)
Nano-Faner. 2-10 dm. IV-VI. Terrenos escarpados calizos en áreas elevadas. Medit.-occid. NV. 4. (APARICIO, 2010).
**XK64**: Camarena de la Sierra, pico Javalambre (APARICIO, 2010).
**XK74**: Puebla de Valverde, cabecera del barranco del Val (APARICIO, 2010).

### 3.74.15. PYRUS L. (1 esp.)

**1. Pyrus communis** L., Sp. Pl.: 479 (1753) (*peral*)
Meso-Faner. 2-6 m. III-V. Cultivado por sus frutos y accidentalmente asilvestrado en las zonas de vega. Paleotemp. R. 1. (RP, 2002).

### 3.74.16. ROSA L. (18 esp., 19 táx.) (*majuelos, rosales*)

**1. Rosa agrestis** Savi, Fl. Pis. 1: 475 (1798)
= *R. sepium* Thuill., Fl. Paris, ed. 2: 252 (1799), non Lam. (1775); = *R. graveolens* Gren. & Godron, Fl. France 1: 560 (1849)
Faner.-escand. 2-20 dm. V-VII. Setos y orlas de bosques caducifolios, mixtos y pinares frescos. Eurosib. M. 2. (PAU, 1887). TC.

**2. Rosa canina** L., Sp. Pl.: 492 (1753)
Faner.-escand. 1-3 m. V-VII. Setos y orlas de bosques caducifolios, con frecuencia ribereños. Paleotemp. M. 2. (PAU, 1884). TC.

**3. Rosa corymbifera** Borkh., Vers. Forstbot. Beschr. Holzart.: 319 (1790)
= *R. dumetorum* Thuill., Fl. Paris, ed. 2: 250 (1799)

Faner.-escand. 1-2 m. V-VII. Presente en medios forestales ricos en caducifolios y sus orlas arbustivas. Eurosib. M. 3. (SL, 2000).

**4. Rosa deseglisei** Boreau, Fl. Centre Fr. ed. 3, 2: 224 (1857)
Faner.-escand. 1-3 m. V-VII. Setos y orlas forestales frescas. Eurosib. R. 3. (PAU, 1887).

**5. Rosa elliptica** Tausch in Flora 2: 465 (1819)
Faner.-escand. 5-25 dm. V-VII. Espinares y setos con abundante participación de caducifolios. Eurosib. R. 3. (MATEO, FABREGAT, LÓPEZ UDIAS & MERCADAL, 1995).
**YK08**: Fortanete, Peñacerrada. **YK18**: Cantavieja, barranco del Carrascal. **YK27**: Mosqueruela (AFA).

**6. Rosa foetida** J. Herrmann, Diss. Bot.-Med. Rosa: 18 (1762)
Faner.-escand. 1-4 m. V-VII. Cultivada como ornamental y excepcionalmente asilvestrada. Iranotur. RR. 1. (NC).

**7. Rosa gallica** L., Sp. Pl.: 492 (1753)
Nano-Faner. 4-10 dm. Es el rosal no trepador, con flores rosadas, más ampliamente cultivado antiguamente, aunque hoy día muy en desuso por el empleo de las variedades trepadoras. Se observan ejemplares asilvestrados en las proximidades de los huertos y casas de campo. Origen incierto. R. 1. (RP, 2002).

**8. Rosa glauca** Pourr. in Hist. Mém. Acad. Roy. Sci. Toulouse 3: 326 (1788)
- *R. corylifolia* auc.
Faner.-escand. 1-3 m. VI-VIII. Orlas de bosque caducifolio o mixto bastante húmedo en áreas elevadas. Había sido citada por PAU (1888) como *R. corylifolia*, pero luego (PAU, 1891) aseguró que ésta sólo era una forma pubescente de la anterior. Eurosib. R. 5. (RP, 2002).
**XK87**: Cedrillas, Molino Alto. **YK07**: Mosqueruela, Masía El Botiguero (RP, 2002). **YK17**: Id., La Valtuerta.

**9. Rosa micrantha** Borrer ex Sm. in Sowerby, Engl. Bot. 35: t. 2490 (1812)
- *R. nemorosa* auct.
Faner.-escand. 1-3 m. V-VII. Setos y orlas de bosques caducifolios o mixtos. Eurosib. M. 2. (PAU, 1886). TC.

**10. Rosa nitidula** Besser, Cat. Pl. Jard. Krzemien. Suppl. 4: 20 (1815)
Faner.-escand. 2-25 dm. V-VII. Trepadora en bosques y matorrales caducifolios o mixtos de montaña. Eurosib. Ha sido mencionada de algunas zonas de las sierras de El Toro y de Gúdar. M. 3. (AA, 1985).

**11a. Rosa pimpinellifolia** L., Syst. Nat. ed. 10, 2: 1062 (1759) subsp. **pimpinellifolia**

= *R. javalambrensis* Pau, Not. Bot. Fl. Esp. 1: 25 (1887); - *R. spinosissima* auct.; - *R. mathonnneti* auct.
Nano-Faner. 3-8 dm. V-VII. Orlas forestales frescas y matorrales de umbría. Eurosib. R. 3. (PAU, 1887).
XK85, XK86, XK87, XK88, XK95, XK96, XK97, YK06, YK07, YK08, YK17, YK18, **YK19**

**11b. Rosa pimpinellifolia** subsp. **myriacantha** (DC.) O. Bolòs & Vigo in Butll. Inst. Cat. Hist. Nat. 38: 67 (1974)
≡ *R. myriacantha* DC. in Lam. & DC., Fl. Franç. ed. 3, 4: 439 (1805) [basión.]; ≡ *R. spinosissima* subsp. *myriacantha* (DC.) C. Vic., Estud. Gén. Rosa: 95 (1964)
Nano-Faner. 3-8 dm. V-VII. Algo más extendida que la anterior en ambientes similares. Eurosib. M. 3. (PAU, 1887).
XK54, XK55, XK62, XK63, XK64, XK65, XK72, XK73, XK74, XK75, XK76, XK77, XK78, XK81, XK82, XK83, XK84, XK85, XK86, XK87, XK88, XK89, XK92, XK93, XK95, XK96, XK97, XK98, XK99, YK05, YK06, YK07, YK08, YK09, YK15, YK16, YK17, YK18, YK19, YK26, YK27, YK28, YK29, YL00, YL10.

**12. Rosa pouzinii** Tratt., Rosac. Monogr. 2: 112 (1823)
= *R. hispanica* Boiss. & Reut., Pugill. Pl. Afr. Bor. Hisp.: 44 (1852); = *R. segobricensis* Pau, Not. Bot. Fl. Esp. 3: 23 (1889)
Faner.-escand. 5-20 dm. V-VII. Bosques caducifolios y sus orlas arbustivas. Medit.-occid. M. 2. (R & B, 1961). TC.

**13. Rosa rubiginosa** L., Mantissa 2: 564 (1771)
- *R. eglanteria* auct.
Nano-Faner. 5-20 dm. V-VII. Bosques caducifolios frescos y sus orlas. Eurosib. R. 4. (PAU, 1891).
XK64, XK97, YK07, YK08, YK16, YK17, YK27, YK28.

**14. Rosa sicula** Tratt., Rosac. Monogr. 2: 86 (1823)
= *R. thuretii* (Burnat & Gremli) Burnat & Gremli, Rev. Orient.: 30 (1888)
Nano-Faner. 2-7 dm.V-VII. Matorrales de umbría en áreas elevadas sobre calizas. Euri-Medit. M. 4. (PAU, 1891).
XK62, XK63, XK64, XK65, XK72, XK73, XK74, XK77, XK81, XK82, XK83, XK96, XK97, XK98, YK06, YK07, YK08, YK16, YK17.

**15. Rosa squarrosa** (A. Rau) Boreau, Fl. Centre Fr. ed. 3, 2: 222 (1857)
≡ *R. canina* var. *squarrosa* A. Rau, Enum. Ros. Wirceb.: 77 (1816) [basión.]
Faner.-escand. 1-3 m. V-VII. Ribazos, cunetas, orlas forestales, etc. Ha sido recolectada en la zona, pero no aparece indicada en la bibliografía, ni la hemos podido observar. Eurosib. NV. 3. (NC).
**XK87**: Cedrillas, valle del Mijares pr. La Maraña (J. Riera, VAL).

**16. Rosa stylosa** Desv. in J. Bot. Agric. (Paris) 2: 317 (1809)
≡ *R. canina* subsp. *stylosa* (Desv.) Mascl., Misc. Fontseré: 288 (1961)
Nano-Faner. 1-2 m. V-VII. Orlas forestales frescas. Eurosib. RR. 4. (SL, 2000).
XK82, XK83, YK17, YK18, YK19.

**17. Rosa tomentosa** Sm., Fl. Brit. 2: 539 (1800)
Faner.-escand. 5-25 dm. V-VII. Bosques caducifolios y sus orlas, sobre todo en terrenos silíceos. Eurosib. R. 4. (SL, 2000).
XK93, YK03, YK06, YK07, YK17, **YK19**.

**18. Rosa villosa** L., Sp. Pl.: 491 (1753)
= *R. pomifera* J. Herrmann, Diss. Bot.-Med. Rosa: 16 (1762); = *R. mollis* Sm. in Sowerby, Engl. Bot. 35: t. 2459 (1812)
Nano-Faner. 4-18 dm. VI-VIII. Orlas forestales en áreas frescas de montaña. Eurosib. R. 3. (PAU, 1888).
XK98, YK07, YK08, YK17, YK18, YK19.

## 3.74.17. RUBUS L. (5 esp.)

**1. Rubus caesius** L., Sp. Pl.: 493 (1753)
Faner.-escand. 5-30 dm. VI-IX. Bosques ribereños y sus setos. Paleotemp. M. 2. (R & B, 1961).
XK54, XK55, XK62, XK63, XK64, XK65, XK73, XK77, XK83, XK84, XK85, XK86, XK87, XK88, XK89, XK93, XK94, XK95, XK96, XK97, XK98, XK99, YK03, YK04, YK05, YK06, YK16, YK19, YK26, YK27, YK29, YK37, YL00, YL10, YL20.

**2. Rubus canescens** DC., Cat. Pl. Horti Monsp.: 139 (1813)
- *R. tomentosus* auct.
Faner.-escand. 5-20 dm. V-VIII. Pinares y orlas forestales sobre terrenos silíceo. Eurosib. R. 3. (MATEO & LOZANO, 2010a).
XK87, XK97, XK98, YK15, YK16, YK25, YK26.

**3. Rubus idaeus** L., Sp. Pl.: 492 (1753) (*frambueso*)
Nano-Faner. 5-15 dm. V-VII. Orlas forestales frescas o terrenos pedregosos sobre suelo silíceo. Paleotemp. RR. 4. (PAU, 1901).
XK87, XK97, XK98, YK06, YK07, YK08, YK17, **YK19**.

**4. Rubus ulmifolius** Schott in Isis (Oken) 2(5): 821 (1818) (*zarzamora común*)
- *R. fruticosus* auct., pro max. parte; - *R. amoenus* auct.
Faner.-escand. 1-4 m. V-VIII. Setos, ribazos, orlas forestales de todo tipo. Medit.-Atlant. CC. 2. (PAU, 1886). TC.

**5. Rubus vigoi** R. Roselló, Peris & Stübing in Fontqueria 36: 375 (1993)
= *R. weberanus* Monasterio-Huelin in Candollea 48: 77 (1993); - *R. thyrsoideus* auct., - *R. bifrons* auct.
Faner-escand. 1-3 m. V-VII. Setos y orlas forestales frescas. Iberolev. M. 3. (MONASTERIO, 1993).
XK82, XK86, XK95, YK15, YK16, YK18, YK25, YK26, YK29.

## 3.74.18. SANGUISORBA L. (2 esp., 3 táx.)

**1a. Sanguisorba minor** Scop., Fl. Carniol. ed. 2: 110 (1771) subsp. **minor** (*pimpinela menor*)
≡ *Poterium sanguisorba* L., Sp. Pl.: 994 (1753) [syn. subst.]; = *P. dictyocarpum* Spach in Ann. Sci. Nat. Bot., ser. 3, 5: 34 (1846); -. *S. rupicola* auct.

Hemic.-esc. 2-5 dm. IV-IX. Pastizales vivaces más o menos húmedos y alterados. Holárt. M. 2. (R & B, 1961). TC.

**1b. Sanguisorba minor** subsp. **balearica** (Bourg.) Muñoz Garm. & C. Navarro in Anales Jard. Bot. Madrid 56(1): 176 1998
≡ *Poterium spachianum* subsp. *balearicum* Bourg. ex Nyman, Consp. Fl. Eur.: 240 (1878) [basión.]; = *P. polygamum* Waldst. & Kit., Pl. Rar. Hung. 2: 117 (1804); = *P. muricatum* Spach in Ann. Sci. Nat. Bot., ser. 3, 4: 36 (1845); = *S. muricata* (Spach) Gremli, Exkursionsfl. Schweiz, ed. 1: 174 (1867); = *S. minor* subsp. *muricata* (Spach) Briq., Prodr. Fl. Corse 2: 209 (1913); = *S. minor* subsp. *polygama* (Waldst. & Kit.) Cout., Fl. Portugal: 296 (1913)
Hemic.-esc. 1-4 dm. V-VII. Herbazales antropizados, cunetas, terrenos baldíos en ambientes frescos y húmedos. Paleotemp. C. 2. (R & B, 1961). TC.

**2. Sanguisorba verrucosa** (Link ex G. Don) Ces., Stirp. Ital. Rar. 2: s/p (1842)
≡ *Poterium verrucosum* Link ex G. Don, Gen. Hist. 2: 595 (1832) [basión.]; ≡ *S. minor* subsp. *verrucosa* (Link. ex G. Don) Cout., Fl. Portugal: 296 (1913); = *P. magnolii* Spach in Ann. Sci. Nat. Bot., ser. 3, 3: 38 (1846); = *S. minor* subsp. *magnolii* (Spach) Briq., Prodr. Fl. Corse 2: 209 (1913); = *S. minor* subsp. *spachiana* (Coss.) Muñoz Garm. & Pedrol in Anales Jard. Bot. Madrid 44(2): 601 (1987); = *P. spachianum* Coss., Not. Pl. Crit. 2: 108 (1851)
Hemic.-esc. 2-5 dm. V-IX. Pastizales vivaces sobre suelos bastante alterados. Circun-Medit. M. 1. (PAU, 1886). TC.

## 3.74.19. SORBUS L. (5 esp.)

**1. Sorbus aria** (L) Crantz, Stirp. Austr. 2: 46 (1763) (*mostajo*)
≡ *Crataegus aria* L., Sp. Pl.: 475 (1753) [basión.]
Meso-Faner. 1-5 m. IV-VI. Bosques caducifolios y zonas escarpadas de umbría. Paleotemp. R. 4. (L & P, 1866).
XK63, XK73, XK75, XK77, XK82, XK87, XK96, XK97, XK98, YK05, YK06, YK07, YK08, YK09, YK16, YK17, YK18, YK19, YK26, YK27, YK28, YL00.

**2. Sorbus aucuparia** L., Sp. Pl.: 477 (1753) (*serbal de cazadores*)
Meso-Faner. 2-8 m. V-VII. Bosques y setos caducifolios de montaña sobre sustrato silíceo, interviniendo con frecuencia en medios escarpados con poco suelo. Paleotemp. RR. 5. (MATEO & LOZANO, 2007).
**XK87**: Cedrillas, pr. nacimiento del Mijares. **XK97**: Alcalá de la Selva, pr. El Temblar. **YK06**: Linares de Mora, barranco de las Torres. **YK19**: Cantavieja, Puntal de Pardos.

**3. Sorbus domestica** L., Sp. Pl.: 477 (1753) (*serbal, azarollo, acerollera*)
Macro-Faner. 3-10 m. IV-VI. Cultivado antiguamente por sus frutos comestibles, estando en la actualidad ampliamente asilvestrado por toda la zona. Eurosib. R. 2. (AA, 1985).

**4. Sorbus intermedia** (Ehrh.) Pers., Syn. Pl. 2(1): 38 (1806)

≡ *Pyrus intermedia* Ehrh. in Gartenkalender 4: 197 (1784) [basión.]; = *S. mougeotii* Soy.-Will. & Godr. in Bull. Soc. Bot. Fr. 5(7): 447 (1859)

Meso-/Macro-Faner. 3-15 m. V-VI. Bosques caducifolios húmedos sobre todo en terreno silíceo. Eurosib. RR. 5. (MATEO & LOZANO, 2010a).

**YK06:** Linares de Mora, barranco de las Torres.

**5. Sorbus torminalis** (L.) Crantz, Stirp. Austr. 2: 45 (1763) (*peral de monte*)

≡ *Crataegus torminalis* L., Sp. Pl.: 476 (1753) [basión.]

Macrofaner. 3-8 m. IV-VI. Bosques caducifolios o mixtos de montaña. Paleotemp. RR. 5. (SL, 2000).

**XK75:** Puebla de Valverde, barranco del Hocino.

## 3.75. RUBIACEAE (*Rubiáceas*) (6 gén.)

### 3.75.1. ASPERULA L. (3 esp.)

**1. Asperula aristata** L. f., Suppl. Pl.: 120 (1781) subsp. **scabra** (J. & C. Presl) Nyman, Consp. Fl. Eur.: 334 (1879) (*asperilla*)

≡ *A. aristata* var. *scabra* J. & C. Presl ex Lange in Willk. & Lange, Prodr. Fl. Hisp. 2: 302 (1868) [basión.]

Caméf.-sufr. 2-4 dm. V-IX. Matorrales y pastizales secos sobre calizas. Circun-Medit. C. 2. (SENNEN, 1910). TC.

**2. Asperula arvensis** L., Sp. Pl.: 103 (1753) (*rubiadera azul*)

Teróf.-esc. 1-4 dm. V-VII. Mala hierba de los campos cerealistas de secano, que debió ser más abundante antaño, pero que en la actualidad está en franca regresión. Paleotemp. R. 3. (R & B, 1961).

XK65, XK72, XK73, XK75, XK82, XK83, XK94, XK97, YK06, YK07, YK17, YK29.

**3. Asperula cynanchica** L., Sp. Pl.: 104 (1753)

Caméf.-sufr./Hemic.-esc. 1-4 dm. V-IX. Matorrales y pastizales secos sobre sustrato básico. Las poblaciones de la zona deberían corresponder a la denominada var. *brachysiphon* Lange in Willk. & Lange, Prodr. Fl. Hispan. 2: 302 (1868) [≡ *A. cynanchica* subsp. *brachysiphon* (Lange) O. Bolòs & Vigo in Collect. Bot. 14: 99 (1983)]. Circun-Medit. M. 2. (R & B, 1961).

XK52, XK54, XK62, XK63, XK64, XK66, XK71, XK72, XK77, XK81, XK83, XK84, XK87, XK89, XK93, XK94, XK95, XK96, XK97, YK04, YK05, YK06, YK07, YK17, YK18, YK27, YK28, YK29, YL00.

### 3.75.2. CRUCIANELLA L. (2 esp.)

**1. Crucianella angustifolia** L., Sp. Pl.: 108 (1753) (*espigadilla*)

Teróf.-esc. 5-30 cm. IV-VI. Pastizales secos anuales en terrenos alterados. Circun-Medit. C. 2. (SENNEN, 1910). TC.

**2. Crucianella patula** L., Demonstr. Pl.: 4 1753

Teróf.-esc. 1-3 dm. V-VI. Campos de secano y herbazales anuales de su entorno. Medit.-occid. R. 3. (MATEO & LOZANO, 2011).

**XK94:** Albentosa, pr. Venta del Aire.

### 3.75.3. CRUCIATA Gilib. (2 esp.)

**1. Cruciata glabra** (L.) Ehrend. in Not. Roy. Bot. Gard. Edinburgh 22: 393 (1958) subsp. **glabra**

≡ *Valantia glabra* L., Sp. Pl. ed. 2: 491 (1762) [basión.]; ≡ *Galium vernum* Scop., Fl. Carniol. ed. 2, 1: 99 (1771) [syn. subst.]

Hemic.-esc. 5-20 cm. IV-VI. Medios forestales y pastizales vivaces frescos de montaña. Paleotemp. M. 3. (ASSO, 1779).

XK64, XK73, XK77, XK78, XK83, XK84, XK85, XK86, XK87, XK88, XK89, XK94, XK95, XK96, XK97, XK98, XK99, YK05, YK06, YK07, YK08, YK09, YK15, YK16, YK17, YK18, YK19, YK25, YK26, YK27, YK28, YK29, YK37, YK38, YL00, YL01, YL10, YL20.

**2. Cruciata pedemontana** (Bellardi) Ehrend. in Not. Roy. Bot. Gard. Edinburgh 22: 396 (1958)

≡ *Valantia pedemontana* Bellardi, App. Fl. Pedem.: 46 (1788) [basión.]; ≡ *Galium pedemontanum* (Bellardi) All., Auct. Fl. Pedem.: 2 (1789)

Teróf.-esc. 5-25 cm. IV-VI. Pastizales no muy secos sobre terrenos silíceos despejados. Eurosib.-merid. R. 3. (GM, 1990).

XK64, XK78, YK07, YK08, YK17, YK27.

### 3.75.4. GALIUM L. (17 esp.)

**1. Galium aparine** L., Sp. Pl.: 108 (1753) (*amor del hortelano*)

Teróf.-escand. 3-15 dm. IV-VI. Campos de cultivo y herbazales antropizados. Paleotemp. C. 1. (R & B, 1961). TC.

**2. Galium divaricatum** Pourr. in Lam., Encycl. Méth. Bot. 2: 580 (1788)

≡ *G. parisiense* subsp. *divaricatum* (Pourr.) Rouy & Camus, Fl. Fr. 8: 46 (1903)

Teróf.-esc. 8-30 cm. IV-VI. Pastizales secos y soleados sobre terrenos silíceos. Circun-Medit. R. 3. (R & B, 1961).

XK85, XK95, YK27, YK38.

**3. Galium estebani** Sennen, Diagn. Nouv. Pl. Espagne Maroc: 289 (1936)

= *G. pinetorum* Ehrend. in Sitz.-Ber. Akad. Wiss. Wien (Math.-Nat. Kl.) 169: 410 (1960); = *G. pumilum* subsp. *pinetorum* (Ehrend.) Vigo in Arx. Secc. Ci. Inst. Estud. Catal. 37: 91 (1968); - *G. jordani* auct.; - *G. sylvestre* auct.+

Hemic.-esc. 1-3 dm. V-VII. Medios forestales y pastizales vivaces de su entorno. Medit.-occid. M. 3. (PAU, 1895).

XK63, XK64, XK72, XK73, XK74, XK77, XK78, XK81, XK82, XK83, XK84, XK85, XK87, XK88, XK93, XK94, XK95, XK96, XK97, XK98, YK04, YK05, YK06, YK07, YK08, YK09, YK16, YK17, YK18, YK19, YK26, YK27, YK28, YL00, YL10.

**4. Galium fruticescens** Cav., Icon. Descr. Pl. 3: 3 (1795)

≡ *G. lucidum* subsp. *fruticescens* (Cav.) O. Bolòs & Vigo in Collect. Bot. 14: 100 1983

Caméf.-sufr. 3-8 dm. IV-VI. Matorrales secos, pedregales, cunetas y terrenos alterados a baja altitud. Iberolev. No indicamos cuadrículas concretas por la imposibilidad de asegurar cuáles sean ciertas, sobre todo las atribuidas a las zonas elevadas, ya que nuestras observaciones se limitan a las partes más bajas. R. (R & B, 1961).

**5. Galium idubedae** (Pau ex Debeaux) Pau ex Ehrend. in Sitz.-Ber. Akad. Wiss. Wien (Math.-Nat. Kl.) 169: 412 (1960)
≡ *G. valentinum* var. *idubedae* Pau ex Debeaux in Rev. Bot. Bull. Mens. 15: 153 (1897); ≡ *G. pusillum* subsp. *idubedae* (Pau ex Debeaux) Vigo, Fl. Mass. Penyagolosa: 91 (1968)

Hemic.-esc. 2-4 dm. IV-VI. Bosques y matorrales no muy densos sobre suelos arenosos a baja altitud. Iberolev. R. 4. (MATEO & LOZANO, 2011).
XK85, XK86, XK95, XK96, YK04, **YK05**.

**6. Galium javalambrense** López Udias, Mateo & M.B. Crespo in Flora Montib. 27: 49 (2004)
- *G. idubedae* subsp. *humile* auct.; - *G. pyrenaicum* auct.; - *G. hypnoides* auct.

Hemic.-esc./Caméf.-pulv. 5-25 cm. V-VII. Pastizales vivaces y matorrales abiertos sobre terrenos variados en áreas elevadas de montaña. Iberolev. R. 4. (LÓPEZ UDIAS, MATEO & CRESPO, 2004).
XK63, XK64, XK73, XK74, XK79, XK84, XK97, XK98, XK99, YK06, YK07, YK08, YK09, YK16, YK17, YK18, YK19, YK27, YL00.

**7. Galium lucidum** All., Auct. Syn. Stirp. Horti Taur.: 5 (1773)
= *G. rigidum* Vill., Hist. Pl. Dauph. 2: 319 (1787); = *G. mollugo* subsp. *gerardi* (Vill.) Rouy, Fl. Fr. 8: 16 (1903)

Caméf.-sufr. 1-5 dm. IV-VII. Roquedos, pedregales y pastizales vivaces secos. Circun-Medit. C. 2. (PAU, 1888). TC.

**8. Galium maritimum** L., Mantissa 1: 38 (1767)
Hemic.-esc. 2-6 dm. VI-VIII. Medios forestales o sombreados en altitudes moderadas. Medit.-noroccid. R. (PAU, 1884).
XK62, XK63, XK71, XK72, XK73, XK81, XK82, XK83, XK84, XK85, XK93, XK94, XK95, YK03, YK04, YK05, YK06, YK15, YK16, YK25, YK26, YK27, YK28, YK37.

**9. Galium palustre** L., Sp. Pl.: 105 (1753)
Hemic.-esc. 2-5 dm. VI-VIII. Medios turbosos y regueros siempre húmedos. Holárt. R. 3. (MATEO, FABREGAT & LÓPEZ UDIAS, 1995b).
XK98, YK07, YK08, YK17, **YK18**.

**10. Galium papillosum** Lapeyr., Hist. Abr. Pyr.: 66 (1813)
≡ *G. pumilum* subsp. *papillosum* (Lapeyr.) O. Bolòs in Collect. Bot. 4: 272 (1954); = *G. rivulare* Boiss. & Reut., Diagn. Pl. Nov. Hisp.: 15 (1842); = *G. pumilum* subsp. *rivulare* (Boiss. & Reut.) O. Bolòs & Vigo, Fl. Països. Catal. 3: 517 (1995)

Hemic.-esc. 2-6 dm. V-VII. Terrenos turbosos o regueros húmedos de montaña. Medit.-occid. NV. 4. (R & B, 1961).
YK07: Valdelinares, 1800 m (AFA).

**11. Galium parisiense** L., Sp. Pl.: 108 (1753)
Teróf.-esc. 5-30 cm. IV-VI. Pastizales secos anuales sobre terrenos despejados de diversa naturaleza. Euri-Medit. C. 2. (R & B, 1961). TC.

**12. Galium rivulare** Boiss. & Reut., Diagn. Pl. Nov. Hisp.: 15 (1842)
Hemic.-esc. 2-6 dm. V-VII. Márgenes de arroyos, terrenos inundables. Medit.-occid. NV. 4. (R & B, 1961).
XK77: Corbalán, Sierra de Corbalán (R & B, 1961). XK97: Gúdar, Cerrada del Mas (R & B, 1961).

**13. Galium rotundifolium** L., Sp. Pl.: 108 (1753)
- *Asperula laevigata* auct.

Hemic.-esc. 1-3 dm. V-VII. Medios forestales frescos y umbrosos sobre suelos silíceos. Eurosib. R. 4. (SL, 2000).
XK63: Camarena de la Sierra, Matahombres. XK64: Ibíd., barranco de la Colgada. YK07: Valdelinares (AFA).

**14. Galium spurium** L., Sp. Pl.: 106 (1753)
≡ *G. aparine* subsp. *spurium* (L.) Dusén in Öfvers. Förh. Kongl. Svenska Vetensk.-Akad. 38: 238 (1901); = *G. vaillantii* DC. in Lam. & DC., Fl. Franç. ed. 3, 4: 263 (1805); = *G. tenerum* Schleich. ex Gaudin, Fl. Helv. 1: 442 (1828); = *G. aparine* subsp. *tenerum* (Schleich. ex Gaud.) Cout., Fl. Portugal, ed. 2: 691 (1939); = *G. spurium* subsp. *tenerum* (Schleich. ex Gaudin) Nyman, Consp. Fl. Eur.: 330 (1879)

Teróf.-escand. 2-10 dm. IV-VI. Orlas sobreadas de bosque frecuentemente visitadas por animales. Paleotemp. M. 1. (SL, 2000). TC.

**15. Galium tricornutum** Dandy in Watsonia 4: 47 (1957)
= *G. tricorne* Stokes in With., Arr. Brit. Pl. ed. 3, 1: 153 (1796)

Teróf.-esc. 1-4 dm. IV-VI. Campos de secano y herbazales nitrófilos de su entorno. Paleotemp. M. 2. (R & B, 1961). TC.

**16. Galium verticillatum** Danth. in Lam., Encycl. Méth. Bot. 2: 585 (1788)
Teróf.-esc. 5-20 cm. IV-VI. Micropraderas anuales en medios rocosos o pedregosos. Circun-Medit. M. 2. (SL, 2000).
XK62, XK63, XK64, XK65, XK72, XK73, XK74, XK75, XK76, XK77, XK78, XK81, XK82, XK83, XK84, XK87, XK95, XK96, YK05, YK06.

**17. Galium verum** L., Sp. Pl.: 107 (1753) (*cuajaleches*)
Hemic.-esc. 1-5 dm. VI-VIII. Pastizales vivaces húmedos, cunetas y ribazos. Paleotemp. C. 3. (PAU, 1884). TC.

**3.75.5. RUBIA** L (2 esp., 3 táx.)

**1a. Rubia peregrina** L., Sp. Pl.: 109 (1753) subsp. **peregrina** (*rubia común*)
Faner.-escand. 4-18 dm. V-VII. Medios forestales secos en áreas no demasiado frescas ni elevadas. Euri-Medit. C. 3. (R & B, 1961). TC.

**1a. Rubia peregrina** subsp. **longifolia** (Poir.) O. Bolòs, V Simp. Fl. Eur. (Sevilla): 84 (1969)
≡ *R. longifolia* Poir. in Lam. & Poir., Encycl. Méth. Bot., Suppl. 2: 705 (1812) [basión.]
Faner.-escand. 5-15 dm. V-VI. Maquias y medios ribereños en las partes más bajas del territorio. Medit.-occid. RR. 4. (MATEO & LOZANO, 2010b).
**YK04**: Olba, pr. Los Ramones. **YK05**: Fuentes de Rubielos, valle del río Rodeche.

**2. Rubia tinctorum** L., Sp. Pl.: 109 (1753) (*rubia de tintoreros*)
Faner.-escand. 4-14 dm. VI-IX. Antiguamente cultivada para tinción y actualmente naturalizada en algunos pueblos y su entorno inmediato. Centroasiát. R. 1. (R & B, 1961).
XK55, XK83, XK86, XK94, XK95, XK98, YK05, YK06, YK17, YK28, YK29, YL00, YL20.

### 3.75.6. SHERARDIA L. (1 esp.)

**1. Sherardia arvensis** L., Sp. Pl.: 102 (1753)
Teróf.-esc. 5-25 cm. IV-VI. Herbazales anuales sobre suelos alterados. Paleotemp. M. 1. (R & B, 1961). TC.

### 3.76. RUTACEAE (Rutáceas) (3 gén.)

### 3.76.1. DICTAMNUS L. (1 esp.)

**1. Dictamnus hispanicus** Webb ex Willk., Suppl. Prodr. Fl. Hisp.: 263 (1893) (*fresnillo, dictamno, hierba gitana*)
- *D. albus* auct.
Hemic.-esc. 2-4 dm. V-VI. Matorrales y pastizales vivaces sobre calizas a baja altitud. Iberolev. M. 4. (PAU, 1884).
XK62, XK73, XK74, XK83, XK84, XK85, XK93, XK94, XK95, YK04, YK05, YK06.

### 3.76.2. HAPLOPHYLLUM Rchb. (1 esp.)

**1. Haplophyllum linifolium** (L.) G. Don f., Gen. Syst. 1: 780 (1831) subsp. **linifolium**
≡ *Ruta linifolia* L., Sp. Pl.: 384 (1753) [basión.]; = *H. hispanicum* Spach in Ann. Sci. Nat. Bot., ser. 3, 11: 176 (1849); = *H. latifolium* Pau, Not. Bot. Fl. Esp. 1: 15 (1887); = *H. pubescens* (Willd.) Boiss., Voy. Bot. Esp. 2: 125 (1840); - *Aplophyllum hispanicum* auct.; - *A. linifolium* auct.
Caméf.-sufr. 2-4 dm. V-VII- Matorrales secos y soleados sobre sustratos básicos en áreas poco elevadas. Medit.-occid. NV. 3. (PAU, 1886).
**XK94**: Albentosa, Los Llanos (PAU, 1886).

### 3.76.3. RUTA L. (3 esp.) (*rudas*)

**1. Ruta angustifolia** Pers., Syn. Pl. 1: 464 (1805)
- *R. chalepensis* auct.
Caméf.-frut./Nano-Faner. 4-14 dm. V-VII. Matorrales secos, terrenos escarpados de solana en altitudes moderadas. Medit.-occid. R. 3. (SL, 2000).
XK54, XK55, XK62, XK63, XK64, XK65, XK71, XK72, XK73, XK75, XK81, XK82, XK83, XK84, XK85, XK86, XK89, XK93, XK94, XK95, YK03, YK04, YK05, YK26, YK27, YK37, YL00, YL10.

**2. Ruta graveolens** L., Sp. Pl.: 383 (1753)
Caméf.-frut./Nano-Faner. 4-8 dm. IV-VII. Planta procedente del Mediterráneo oriental, que se cultiva como ornamental en pueblos y casas de campo, pudiendo verse ajemplares accidentalmente asilvestrados en sus proximidades. RR. 1. (SL, 2000).

**3. Ruta montana** (L.) L., Amoen. Acad. 3: 52 (1756)
≡ *R. graveolens* var. *montana* L., Sp. Pl.: 383 (1753) [basión.]
Caméf.-sufr. 2-5 dm. VII-IX. Matorrales secos sobre terrenos someros bastante degradados. Circun-Medit. R. 2. (PAU, 1891).
XK55, XK64, XK65, XK84, XK85, XK93, YK03.

### 3.77. SALICACEAE (*Salicáceas*) (2 gén.)

### 3.77.1. POPULUS L. (3 esp.)

**1. Populus alba** L., Sp. Pl.: 1034 (1753) (*álamo blanco*)
Macro-Faner. 3-25 m. III-V. Interviene en bosques de ribera, siendo difícil deslindar su posible participación espontánea de los mayoritarios ejemplares cultivados. Paleotemp. M. 3. (R & B, 1961). TC.

**2. Populus nigra** L., Sp. Pl.: 1034 (1753) (*chopo*)
Macro-Faner. 3-30 m. III-V. Más extendido que el anterior, en similares medios ribereños, con una evidente participación en la flora silvestre, aunque la especie silvestre se evita en la arboricultura. Paleotemp. M. 3. (AA, 1985). TC.

**3. Populus tremula** L., Sp. Pl.: 1034 (1753) (*álamo temblón*)
Macro-Faner. 3-20 m. III-V. Bosques caducifolios sobre suelo muy húmedo. Eurosib. R. 4. (SL, 2000).
XK63, XK86, XK87, XK89, XK97, XK98, YK17, YK27.

*Híbridos* (2 esp.)
**1. Populus × canadensis** Moench in Verz. Ausl. Bäume Weissenst.: 81 (1785) (*deltoides × nigra*)
Macro-Faner. 3-30 m. III-V. Híbrido artificial cultivado en zonas de vega para aprovechar su madera. C. 1. (RP, 2002).

**2. Populus × canescens** (Ait.) Sm., Fl. Brit. 3: 1080 (1804) (*alba × tremula*)
≡ *P. alba* var. *canescens* Ait., Hort. Kew. 3: 405 (1789) [basión.]

Macro-Faner. 2-20 m. III-V. Se observa accidentalmente en algunas riberas y zonas de vega, probablemente cultivado. 2. (NC).

### 3.77.2. SALIX L. (8 esp.)

**1. Salix alba** L., Sp. Pl.: 1021 (1753) *(sauce común o blanco)*
Macro-Faner. 2-15 m. III-V. Aparece de modo autóctono en bosques ribereños de las zonas elevadas, pudiendo aparecer también ejemplares cultivados en las áreas habitadas o vegas alteradas. Paleotemp. R. 4. (R & B, 1961).
XK62, XK64, XK65, XK73, XK74, XK77, XK83, XK84, XK85, XK87, XK88, XK89, XK96, XK97, XK98, XK99, YK04, YK06, YK07, YK08, YK09, YK18, YK25, YK28, YL00.

**2. Salix atrocinerea** Brot., Fl. Lusit. 1: 31 (1804) *(sarga negra)*
= *S. cinerea* subsp. *oleifolia* (Sm.) Macreight, Man. Brit. Bot.: 212 (1837); = *S. catalaunica* Sennen in Ann. Soc. Linn. Lyon, ser. 2, 69: 107 (1923): = *S. atrocinerea* subsp. *catalaunica* (Sennen) Görz in Cavanillesia 2: 142 (1930)
Meso-Faner. 2-8 m. III-V. Bosques de ribera y márgenes de regueros húmedos. Medit.-Atlant. M. 4. (FQ, 1953). TC.

**3. Salix babylonica** L., Sp. Pl.: 1017 (1753) *(sauce llorón)*
Macro-Faner. 3-8 m. IV-VI. Cultivado como ornamental y ocasionalmente con apariencia de asilvestrado. Irano-Turan. RR. 1. (RP, 2002).

**4. Salix caprea** L., Sp. Pl.: 1020 (1753) *(sauce cabruno)*
Macro-Faner. 3-10 m. III-V. Bosques ribereños en ambientes frescos y lluviosos de montaña. Eurosib. Planta de presencia probable, confirmada en Cuenca y Castellón en los últimos tiempos, pero no es esta zona, donde se indicó de dos localidades extremas. NV. 5. (ASSO, 1779).
YK04: Olba (FL, 1885). YL00: Pitarque (ASSO, 1779).

**5. Salix eleagnos** Scop., Fl. Carniol. ed. 2, 2: 257 (1772) subsp. **angustifolia** (Cariot) Rech. f. in Österr. Bot. Zeit. 104: 314 (1957) *(sargatillo)*
≡ *S. incana* var. *angustifolia* Cariot, Étude Fl.: 685 (1875) [basión.]; = *S. incana* Schrank, Baier Fl. 1: 230 (1789)
Meso-Faner. 1-4 m. III-V. Bosques y matorrales ribereños. Euri-Eurosib. M. 3. (PAU, 1888). TC.

**6. Salix fragilis** L., Sp. Pl.: 1017 (1753) *(mimbrera)*
Macro-Faner. 2-15 m. III-V. Quizás nativa, pero sobre todo cultivada en áreas ribereñas para el aprovechamiento tradicional de sus ramas como mimbre. Eurosib. R. 3. (R & B, 1961). TC.

**7. Salix purpurea** L., Sp. Pl.: 1017 (1753) subsp. **lambertiana** (Sm.) A. Neumann ex Rech. f. in Österr. Bot. Zeit. 110: 341 (1963) *(sarga roja)*
≡ *S. lambertiana* Sm., Fl. Brit. 3: 1041 (1804) [basión.]; = *S. amplexicaulis* Bory & Chaub., Exped. Sci. Morée, sect. Phys. 3, 2: 277 (1832); - *S. helix* auct.
Meso-Faner. 1-4 m. III-V. Bosques y matorrales ribereños. También ha sido mencionada en la zona la subsp. *purpurea* (RP, 2002), aunque los límites entre ambas no siempre resultan claros. Paleotemp. M. 3. (ASSO, 1779). TC.

**8. Salix triandra** L., Sp. Pl.: 1016 (1753)
= *S. amygdalina* L., Sp. Pl.: 1016 (1753)
Meso-Faner. 2-5 m. III-V. Bosques y matorrales junto a las riberas fluviales. Paleotemp. R. 3. (NC).
XK87, XK88, XK89, XK98, XK99, YL00, YL10.

*Híbridos* (4 esp.)
**1. Salix × atroeleagnos** L. Serra & M.B. Crespo in Thaiszia 5: 3 (1995) *(atrocinerea × eleagnos)*
Meso-Faner. 1-3 m. Ha sido detectada en la parte baja del valle del Mijares entre sus parentales. RR. 3. (MATEO & LOZANO, 2010b).
YK04: Olba, valle del Mijares entre Olba y Los Pertegaces. YK28: Iglesuela del Cid, barranco de la Tosquilla.

**2. Salix × bifida** Wulf., Fl. Norica Phaner.: 780 (1858) *(eleagnos × purpurea)*
Meso-Faner. 1-3 m. Puede aparecer esporádicamente donde ambos parentales conviven. RR. 3. (MATEO & LOZANO, 2010b).
XK83: Manzanera, pr. río Paraíso. XK86: Cabra de Mora, valle del río Alcalá.

**3. Salix × viciosorum** Sennen & Pau ex Sennen, Pl. d'Espagne: n. 1562 [in sched.] (1912) *(atrocinerea × purpurea)*
Meso-Faner. 2-4 m. Entre sus parentales en bosques de ribera. Medit.-occid. RR. 3. (MATEO & LOZANO, 2011).
XK63: Arcos de las Salinas, pr. Fuente de los Baños.

**4. Salix × sp.** (*S. atrocinerea × S. fragilis*)
No conseguimos localizar un nombre para este híbrido, entre dos especies tan comunes, que hemos detectado en la cuenca del Mijares por San Agustín. (NC).

## 3.78. SANTALACEAE *(Santaláceas)* (2 gén)

### 3.78.1. OSYRIS L. (1 esp.)

**1. Osyris alba** L., Sp. Pl.: 1022 (1753) *(retama loca)*
Nano-Faner. 4-10 dm. IV-VI. Matorrales en áreas de ribera o de vega por las partes menos elevadas. Circun-Medit. R. 3. (R & B, 1961).
XK81, XK94, XK95, YK03, YK04, YK15.

### 3.78.2. THESIUM L. (2 esp.)

**1. Thesium alpinum** L., Sp. Pl.: 207 (1753)
- *T. pyrenaicum* auct.; - *T. alpinum* subsp. *pyrenaicum* auct.
Hemic.-esc. 1-3 dm. VI-VIII. Prados vivaces en ambientes frecsos y húmedos de montaña. Eurosib. R. 4. (ASSO, 1779).

XK97, XK98, YK07, YK08, YK17, YK18, YK19.

2. **Thesium humifusum** DC. in Lam. & DC., Fl. Franç. ed. 3, 5: 366 (1815)

= *T. divaricatum* Jan ex Mert. & Koch in Röhling, Deutschl. Fl. ed. 3, 2: 285 (1826); = *T. humifusum* subsp. *divaricatum* (Jan ex Mert. & Koch) Bonnier & Layens, Table Syn. Pl. Vasc. Fr.: 276 (1894); - *T. linophyllum* subsp. *divaricatum* auct.

Hemic.-esc./Caméf.-sufr. 1-4 dm. IV-VII. Matorrales secos sobre calizas. Euri-Medit. M. 2. (PAU, 1895). TC.

## 3.79. SAXIFRAGACEAE (Saxifragáceas) (3 gén.)

3.79.1. **BERGENIA** Moench (1 esp.)

1. **Bergenia crassifolia** (L.) Fritsch in Verh. Zool.-Bot. Ges. Wien 39: 597 (1889)

≡ *Saxifraga crassifolia* L., Sp. Pl.: 401 (1753) [basión.]

Caméf.-sufr. 5-20 cm. II-V. Se cultiva como ornamental, pudiendo escaparse en zonas frescas o sombreadas, sobre todo de ribera. Norteamer. RR. 1. (MATEO & LOZANO, 2011).

3.79.2. **PARNASSIA** L. (1 esp.)

1. **Parnassia palustris** L., Sp. Pl.: 273 (1753) (*grama del Parnaso*)

Hemic.-esc. 1-3 dm. VII-IX. Zonas turbosas o encharcadas permanentemente. Holárt. R. 4. (ASSO, 1779).

XK63, XK64, XK73, XK87, XK96, XK97, XK98, YK06, YK07, YK08, YK17, YK18, YK19, YK26, YK28.

3.79.3. **SAXIFRAGA** L. (6 esp.)

1. **Saxifraga carpetana** Boiss. & Reut., Diagn. Pl. Nov. Hisp.: 12 (1842)

= *S. blanca* Willk., Ill. Fl. Hisp. 1 (1): 8 (1881)

Hemic.-esc. 5-25 cm. IV-VI. Pastizales vivaces no muy secos, con preferencia por medios silíceos. Medit.-occid. M. 3. (DEBEAUX, 1895).

XK63, XK64, XK76, XK77, XK78, XK86, XK87, XK98, XK99, YK07, YK08, YK18, YK19, YL10.

2. **Saxifraga cuneata** Willd., Sp. Pl. 2: 658 (1799) (*bálsamo*)

Hemic.-esc./Caméf.-pulv. 1-3 dm. IV-VI. Esta es una zona de contacto entre las dos formas que se han reconocido de la especie, concretadas a la subsp. *cuneata* [= *S. fragilis* Schrank, Pl. Rar. Hort. Monac.: tab. 92 (1821); = *S. corbariensis* Timb.-Lagr. in Mém. Acad. Sci. Toulouse ser, 7, 7: 469 (1875); = *S. cuneata* subsp. *corbariensis* (Timb.-Lagr.) Mateo & M.B. Crespo in Fontqueria 24: 7 (1989)] por la parte norte y a la subsp. *paniculata* (Pau) Mateo & M.B. Crespo, Fl. Abrev. Comun. Valenciana: 430 (1995) [≡ *S. trifurcata* subsp. *paniculata* Pau, Not. Bot. Fl. Esp. 6: 53 (1895); ≡ *S. paniculata* Cav., Descr. Pl. 2: 473 (1803), non Mill. (1768); ≡ *S. fragilis* subsp. *paniculata* (Pau) Muñoz Garm. & Vargas in Anales Jard. Bot. Madrid 47(1): 279 (1990); = *S. valentina* Willk. ex Hervier in Rev.

Gén. Bot. 4: 153 (1892); = *S. corbariensis* subsp. *valentina* (Willk.) Rivas Goday & Borja in Anales Inst. Bot. Cav. 19: 383 (1961); = *S. fragilis* susbps. *valentina* (Willk.) D.A. Webb in Bot. Mag. 180: 186 (1985)] por el sur. Roquedos calizos en áreas frescas y poco soleadas. Medit.-occid. M. 4. (FL, 1876).

XK63, XK64, XK65, XK73, XK74, XK75, XK76, XK77, XK78, XK79, XK81, XK82, XK83, XK86, XK87, XK88, XK89, XK96, XK97, XK98, XK99, YK05, YK06, YK07, YK08, YK09, YK16, YK17, YK18, YK19, YK27, YK28, YK29, YL00, YL10.

3. **Saxifraga dichotoma** Willd. in Sternb., Revis. Saxifr.: 51 (1810)

= *S. albarracinensis* Pau, Not. Bot. Fl. Esp. 6: 54 (1895); = *S. dichotoma* subsp. *albarracinensis* (Pau) D.A. Webb in Feddes Repert. 68: 207 (1963)

Hemic.-esc. 5-25 cm. IV-VI. Pastizales vivaces, con humedad primaveral, sobre suelo silíceo. Medit.-occid. R 4. (MATEO, 1990).

XK77: Corbalán, Puerto de Cabigordo. XK78: El Pobo, monte Castelfrío.

4. **Saxifraga granulata** L., Sp. Pl.: 403 (1753) (*saxífraga blanca*)

= *S. glaucescens* Reut. ex Boiss. & Reut., Pugill. Pl. Afr. Bor. Hisp.: 131 (1852): = *S. rouyana* Magnier, Scrinia Fl. Select. 12: 286 (1893); - *S. castellana* auct.

Hemic.-esc. 1-4 dm. IV-VI. Claros forestales y terrenos escarpados poco soleados. Euri-Eurosib. M. 3. (FL, 1878).

XK63, XK64, XK72, XK73, XK74, XK77, XK78, XK79, XK82, XK83, XK86, XK87, XK95, XK96, XK97, XK98, XK99, YK05, YK06, YK07, YK08, YK09, YK15, YK16, YK17, YK18, YK19, YK27, YK28, YK37.

5. **Saxifraga latepetiolata** Willk. in Willk. & Lange, Prodr. Fl. Hisp. 3: 120 (1874)

Hemic.-bien./ros. 1-4 dm. V-VII. Grietas y repisas de roquedos calizos de umbría. Iberolev. R. 4. (AA, 1985).

XK52, XK62, XK63, XK72, XK73, XK82, XK83, XK98.

6. **Saxifraga tridactylites** L., Sp. Pl.: 404 (1753)

Teróf.-esc. 2-12 cm. III-VI. Repisas y rellanos en medios escarpados o rocosos. Paleotemp. M. 2. (ASSO, 1779). TC.

*Híbridos* (2 esp.)

1. **Saxifraga × blatii** Mateo, Fabado & C. Torres in Flora Montib. (*S. cuneata × S. granulata*)

Hemic.-esc. 5-20 cm. V-VI. Escarpados calizos umbrosos. Iberolev. RR. 5. (MATEO & LOZANO, 2011).

XK82: Abejuela, Los Charcos.

2. **Saxifraga × guadarramica** Fern. Casas in Fontqueria 2: 25 (1982) (*dichotoma × granulata*)

Hemic.-esc. 1-2 dm. IV-VI. Pastizales sobre suelos silíceos. Medit.-occid. RR. 4. (SL, 2000).

XK63: Puebla de Valverde, Prado de Javalambre. XK78: El Pobo, monte Castelfrío.

## 3.80. SCROPHULARIACEAE (Escrofulariáceas) (18 gén.)

### 3.80.1. ANARRHINUM Desf. (1 esp.)

**1. Anarrhinum bellidifolium** (L.) Willd., Sp. Pl. 3(1): 260 (1800) (*linaria olorosa*)
≡ *Antirrhinum bellidifolium* L., Sp. Pl.: 617 (1753) [basión.]
Hemic.-bien. 2-5 dm. IV-VI. Pastizales secos sobre suelos silíceos despejados. Euri-Medit. R. 3. (R & B, 1961).
XK85, XK86, XK95, XK96, YK04, YK05.

### 3.80.2. ANTIRRHINUM L. (2 esp.)

**1. Antirrhinum litigiosum** Pau, Not. Bot. Fl. Esp. 6: 82 (1895)
≡ *A. majus* subsp. *litigiosum* (Pau) Rothm. in Feddes Repert.(Beih.) 136: 99 (1956); ≡ *A. barrelieri* subsp. *litigiosum* (Pau) O. Bolòs & Vigo in Collect. Bot. 14: 97 (1983); = *A. barrelieri* Boreau, Graines Récolt. Jard. Bot. Angers 1854: 2 (1855) [nom. rej. prop.]
Hemic.-esc./Caméf.-sufr. 3-6 dm. V-IX(XI). Cunetas, muros, roquedos y pedregales secos en zonas no muy elevadas. Iberolev. M. 2. (R & B, 1961).
XK52, XK53, XK55, XK62, XK63, XK64, XK65, XK66, XK71, XK72, XK73, XK74, XK75, XK76, XK81, XK82, XK83, XK84, XK85, XK86, XK89, XK93, XK94, XK95, XK96, XK98, XK99, YK03, YK04, YK05, YK06, YK09, YK15, YK16, YK18, YK19, YK26, YK27, YK28, YK29, YK37, YK38, YL00, YL10.

**2. Antirrhinum majus** L., Sp. Pl.: 617 (1753) (*boca de dragón*)
Hemic.-esc./Caméf.-sufr. 3-8 dm. V-VIII. Cultivado como ornamental en los pueblos y, a veces, naturalizado en herbazales del entorno. Medit.-sept. RR. 1. (NC).

### 3.80.3. BARTSIA L. (1 esp.)

**1. Bartsia trixago** L., Sp. Pl.: 602 (1753)
≡ *Bellardia trixago* (L.) All., Fl. Pedem. 1: 61 (1785); = *Trixago apula* Steven in Mém. Soc. Nat. Moscou 6: 4 (1823)
Teróf.-esc. 2-4 dm. V-VII. Pastizales secos anuales sobre suelos arenosos. Circun-Medit. NV. 2. (R & B, 1961).
YK05: Rubielos de Mora, hacia Linares (R & B, 1961).

### 3.80.4. CHAENORHINUM (DC.) Rchb. (4 esp.)

**1. Chaenorhinum crassifolium** (Cav.) Kostel., Ind. Hort. Bot. Prag.: 34 (1844)
≡ *Antirrhinum crassifolium* Cav., Icon. Descr. Pl. 2: 11 (1793) [basión.]; ≡ *Linaria crassifolia* (Cav.) DC. in Lam. & DC., Fl. Franç. ed. 3, Suppl.: 410 (1815); ≡ *C. origanifolium* subsp. *crassifolium* (Cav.) Rivas Goday & Borja in Anales Inst. Bot. Cavanilles 19: 451 (1961)
Caméf.-sufr. 5-25 cm. IV-VII. Roquedos calizos soleados en áreas de altitud moderada. Iberolev. M. 3. (PAU, 1884).
XK52, XK53, XK54, XK55, XK62, XK63, XK64, XK65, XK66, XK71, XK72, XK73, XK74, XK77, XK81, XK82, XK83, XK84, XK85, XK93, XK94, XK95, XK96, XK97, XK99, XL80, XL90. YK03, YK04, YK05, YK06,

YK07, YK08, YK09, YK15, YK16, YK18, YK19, YK26, YK27, YK28, YK37, YK38, YL00, YL10, YL20.

**2. Chaenorhinum minus** (L.) Lange in Willk. & Lange, Prodr. Fl. Hisp. 2: 577 (1870)
≡ *Antirrhinum minus* L., Sp. Pl.: 617 (1753) [basión.]; ≡ *Linaria minor* (L.) Desf., Fl. Atl. 2: 46 (1798)
Teróf.-esc. 5-20 cm. V-VIII. Campos de cultivo y terrenos pedregosos alterados. Euri-Medit. M. 2. (FL, 1876). TC.

**3. Chaenorhinum robustum** Losc., Descr. Esp. Nuevas Reparto 1873-74: 13 (1875)
≡ *Linaria serpyllifolia* subsp. *robusta* (Losc.) O. Bolòs & Vigo in Collect. Bot. 14: 97 (1983); ≡ *C. serpyllifolium* subsp. *robustum* (Losc.) Mateo & Figuerola, Fl. Analít. Prov. Valencia: 368 (1987)
Teróf.-esc. 1-3 dm. V-VII. Pastizales sobre suelos someros, pedregosos o en zonas con fuerte pendiente. Iberolev. R. 3. (PAU, 1895).
XK73, XK82, XK83, YK06, YL00.

**4. Chaenorhinum serpyllifolium** (Lange) Lange in Willk. & Lange, Prodr. Fl. Hisp. 2: 578 (1870)
≡ *Linaria serpyllifolia* Lange in Vidensk. Meddel. Dansk Naturh. Foren. Kjøbenh. 1863: 39 (1863)
Teróf.-esc. 5-30 cm. IV-VI. Pastizales secos sobre terrenos calcáreos. Iberolev. Su separación con *Ch. robustum* no es muy clara, por lo que no podemos delimitar con claridad su presencia sobre las citas existentes. R. 3. (NC).
YL10: Villarluengo.

### 3.80.5. CYMBALARIA Medik. (1 esp.)

**1. Cymbalaria muralis** P. Gaertn. & al., Fl. Wetterau 2: 397 (1800) (*cimbalaria*)
≡ *Antirrhinum cymbalaria* L., Sp. Pl.: 612 (1753) [syn. subst.]; ≡ *Linaria cymbalaria* (L.) Mill., Gard. Dict. ed. 8: nº 17 (1768)
Hemic.-escand. 1-5 dm. V-IX. Muros y empedrados artificiales, sobre todo en los pueblos. Medit.-centro-orient. Originaria de Europa centro-meridional, ampliamente naturalizada por el planeta. R. 1. (R & B, 1961).
XK84, XK94, XK95, YK04, YK05, YK06, YK29.

### 3.80.6. DIGITALIS L. (1 esp.)

**1. Digitalis obscura** L., Sp. Pl. ed. 2: 867 (1763) (*digital negra*)
Caméf.-sufr. 2-6 dm. V-VII. Matorrales secos sobre terrenos de naturaleza básica. Medit.-occid. C. 3. (PAU, 1884). TC.

### 3.80.7. ERINUS L. (1 esp.)

**1. Erinus alpinus** L., Sp. Pl.: 630 (1753) subsp. **hispanicus** (Pers.) Pau in Bol. Soc. Arag. Ci. Nat. 14: 137 (1915)
≡ *E. hispanicus* Pers., Syn. Pl. 2: 147 (1806) [basión.]
Hemic.-esc. 5-25 cm. V-VII. Grietas de roquedos calizos umbrosos o recónditos. Eurosib. R. 3. (R & B, 1961).
XK64, XK81, XK82, XK83, XK84, XK87, XK96, XK97, XK98, YK05, YK06, YK07, YK09, YK16, YK17, YK18, YK19, YK27, YK28, YL00.

## 3.80.8. EUPHRASIA L. (3 esp.) *(eufrasias)*

**1. Euphrasia hirtella** Jord. ex Reut. in Compt.-Rend. Soc. Hallér. 4: 120 (1856)
- *E. rotskoviana* auct.; - *E. officinalis* subsp. *hirtella* auct.

Teróf.-esc. 3-10 cm. VI-IX. Pastizales vivaces húmedos en ambientes frescos de montaña. Eurosib. M. 4. (ROTHMALER, 1935).
XK64, XK72, XK77, XK82, XK95, XK96, XK97, XK98, YK05, YK06, YK07, YK08, YK09, YK16, YK17, YK18, YK19, YK25, YK26, YK27, YK28.

**2. Euphrasia minima** DC. in Lam. & DC., Fl. Franç. ed. 3, 3: 473 (1805)
= *E. jabalambrensis* Pau, Not. Bot. Fl. Esp. 2: 33 (1888); = *E. minima* subsp. *masclansii* O. Bolòs & Vigo in Collect. Bot. 14: 98 (1983); - *E. officinalis* subsp. *minima* auct.

Teróf.-esc. 5-15 cm. VI-IX. Pastizales vivaces húmedos de montaña. Euri-Eurosib.-merid. R. 4. (ASSO, 1779).
XK63, XK64, XK87, YK07, YK18, YK19, YK28.

**3. Euphrasia pectinata** Ten., Fl. Napol. 1, Prodr.: 36 (1811)
≡ *E. stricta* subsp. *pectinata* (Ten.) P. Fourn, Quatre Fl. France: 784 (1812)

Teróf.-esc. 5-25 cm. VI-X. Pastizales y orlas forestales en las partes más elevadas y húmedas del territorio. Eurosib. R. 4. (MATEO, FABREGAT & LÓPEZ UDIAS, 1994).
**XK97**: Alcalá de la Selva. **YK07**: Valdelinares, pr. barranco de Zoticos. **YK18**: Cantavieja, La Tarayuela, **YK19**: Cantavieja, Cuarto Pelado.

## 3.80.9. GRATIOLA L. (1 esp.)

**1. Gratiola officinalis** L., Sp. Pl.: 17 (1753)
Hidróf.-rad. 2-5 dm. VI-VIII. Interior de lagunazos o cursos de agua. Holárt. NV. 4. (L & P, 1866).
**YK19**: Cantavieja, La Palomita (L & P, 1866).

## 3.80.10. KICKXIA Dumort. (2 esp.)

**1. Kickxia elatine** (L.) Dumort., Fl. Belg.: 35 (1827)
≡ *Antirrhinum elatine* L., Sp. Pl.: 612 (1753) [basión.]; ≡ *Linaria elatine* (L.) Mill., Gard. Dict. ed. 8: nº 16 (1768)

Teróf.-esc. 2-5 dm. VII-X. Campos de cultivo y herbazales alterados algo húmedos. Circun-Medit. R. 2. (MATEO & LOZANO, 2010b).
**XK85**: Valbona, alrededores. **XK95**: Rubielos de Mora, pr. ermita de San Roque. **XK96**: Mora de Rubielos, barranco de Fuennarices.

**2. Kickxia spuria** (L.) Dumort., Fl. Belg.: 35 (1827)
≡ *Antirrhinum spurium* L., Sp. Pl.: 613 (1753) [basión.]; ≡ *Linaria spuria* (L.) Mill., Gard. Dict. ed. 8: nº 15 (1768)

Teróf.-esc. 2-5 dm. VII-X. Campos de cultivo y terrenos baldíos pedregosos o arenosos. En las últimas décadas se suele citar como subsp. *integrifolia* (Brot.) R. Fern. Paleotemp. R. 2. (MATEO & LOZANO, 2010b).
XK83, XK93, XK94, XK95, YK03, YK04.

## 3.80.11. LINARIA L. (8 esp.)

**1. Linaria aeruginea** (Gouan) Cav., Elench. Pl. Horti Matr.: 21 (1803)
= *Antirrhinum aerugineum* Gouan, Ill. Observ. Bot.: 38 (1773) [basión.]; = *L. supina* subsp. *aeruginea* (Gouan) O. Bolòs & Vigo in Collect. Bot. 14: 97 (1983); = L. *melanantha* Boiss. & Reut., Pugill. Pl. Afr. Bor. Hisp.: 85 (1852)

Hemic.-esc. 5-25 cm. V-VII. Pastizales y matorrales secos en áreas bien iluminadas sobre suelos someros. Medit.-occid. M. 3. (PAU, 1884). TC.

**2. Linaria arvensis** (L.) Desf., Fl. Atlant. 2: 45 (1798)
≡ *Antirrhinum arvense* L., Sp. Pl.: 614 (1753) [basión.]

Teróf.-esc. 5-20 cm. IV-VI. Cultivos, pastizales anuales alterados sobre suelos preferentemente silíceos. Euri-Medit. M. 2. (ASSO, 1779).
XK74, XK77, XK78, XK84, XK85, XK86, XK93, XK94, XK95, XK96, YK04, YK05, YK19, YK29.

**3. Linaria badalii** Losc., Trat. Pl. Arag. Supl. 7: 58 (1885)
≡ *L. alpina* var. *badalii* (Losc.) P. Monts. in Soc. Échange Pl. Vasc. Eur. Occid. Médit. 15: 84 (1974); = *L. supina* var. *glaberrima* Freyn in Bull. Herb. Boissier 1: 547 (1893)

Teróf.-esc. 5-25 cm. V-VII. Terrenos pedregosos calizos. Iberolev. M. 4. (PAU, 1888).
XK63, XK64, XK73, XK74, XK82, XK83, XK87, YK07, YK08, YK18, YK19, YK28.

**4. Linaria hirta** (Loefl. ex L.) Moench, Suppl. Meth.: 170 (1802)
≡ *Antirrhinum hirtum* Loefl. ex L., Sp. Pl.: 616 (1753) [basión.]

Teróf.-esc. 2-5 dm. IV-VII. Campos de secano, barbechos y herbazales de su entorno. Medit.-occid. M. 2. (L & P, 1866).
XK53, XK54, XK55, XK63, XK65, XK66, XK71, XK72, XK73, XK74, XK75, XK76, XK77, XK81, XK82, XK83, XK84, XK85, XK86, XK88, XK93, XK94, XK95, XK96, YK03, YK04.

**5. Linaria ilergabona** M.B. Crespo & Arán in Flora Montib. 14: 24 (2000)
≡ *L. depauperata* subsp. *ilergabona* (M.B. Crespo & Arán) L. Sáez in Folia Geobot. 39(3): 297 (2004); = *L. sulphurea* Segarra & Mateu in Mateu, Segarra & S. Paula, Linaria Chaenorhinum Valenc. 62 (2000)

Hemic.-esc. 5-20 cm. IV-VII. Cauces secos de ramblas y terrenos pedregosos calizos. Iberolev. R. 4. (SL, 2000).
XK72, XK81, XK82, XK83, YK28.

**6. Linaria oblongifolia** (Boiss.) Boiss. & Reut., Pugill. Pl. Afr. Bor. Hispan.: 86 (1852) [≡ *L. supina* var. *oblongifolia* Boiss., Voy. Bot. Esp. 2: 461 (1841), basión.] subsp. **aragonensis** (Lange) D.A. Sutton, Rev. Antirrhin.: 391 (1988)
≡ *L. diffusa* var. *aragonensis* Lange, Prodr. Fl. Hispan. 2: 569 (1870) [basión.]; ≡ *L. aragonensis* (Lange) Willk., Ill. Fl. Hispan. 2: 34 (1887); ≡ *L. glauca* subsp. *aragonensis* (Lange) Valdés, Rev. Esp. Eur. Linaria: 177 (1970)

Teróf.-esc. 4-20 cm. IV-VI. Claros de matorrales y terrenos pedregosos sobre calizas. Iberolev. M. 3. (PAU, 1926).

XK62, XK63, XK71, XK72, XK74, XK81, XK82, XK83, XK84, XK85, XK93, YK08, YK18, YK19, YK28.

**7. Linaria repens** (L.) Mill., Gard. Dict. ed. 8, nº 6 (1768) [≡ *Antirrhinum repens* L., Sp. Pl.: 614 (1753), basión.] subsp. **blanca** (Pau) Fern. Casas & Muñoz Garm. in Fern. Casas, Ex-sicc. Quaed. Nobis Distr. 2: 8 (1979)

≡ *L. blanca* Pau, Not. Bot. Fl. Españ. 2: 10 (1888) [basión.]; ≡ *L. repens* subsp. *blanca* (Pau) Rivas Goday & Borja in Anales Inst. Bot. Cavanilles 19: 450 (1961), comb. inval.; = *Antirrhinum junceum* Asso, Syn. Stirp. Arag.: 80 (1779) (non L., 1753); = *L. repens* subsp. *juncea* (Asso) Rivas Goday & Borja in Anales Inst. Bot. Cavanilles 19: 450 (1961), comb. inval.; - *L. striata* auct.

Hemic.-esc. 4-12 dm. VII-IX. Orlas de bosque, te-rrenos pedregosos o escarpados. Iberolev. M. 3. (PAU, 1885).

XK82, XK83, XK85, XK86, XK94, XK95, XK96, YK04, YK06, YK19, YK26, YK27, YK29, YK37.

**8. Linaria simplex** Willd. ex Desf., Tabl. École Bot.: 65 (1804)

≡ *Antirrhinum simplex* Willd., Sp. Pl. ed. 4, 3: 243 (1800), non Link (1799) [syn. subst.]; ≡ *L. arvensis* subsp. *simplex* (Willd.) ex P. Fourn., Quatre Fl. France: 764 (1937); = *A. parviflorum* Jacq., Collect. 4: 204 (1791), non *L. parviflora* Desf. (1798)

Teróf.-esc. 5-30 cm. IV-VI. Caminos, cultivos y pasti-zales anuales en terrenos alterados, sobre todo pedregosos. Euri-Medit. C. 2. (R & B, 1961). TC.

**3.80.12. MELAMPYRUM** L. (1 esp.)

**1. Melampyrum pratense** L., Sp. Pl.: 605 (1753)

Teróf.-esc. 5-30 cm. VI-VIII. Bosques umbrosos sobre terrenos silíceos. Eurosib. RR. 4. (MATEO, FABREGAT, LÓPEZ UDIAS & MERCADAL, 1995).

**YK08**: Fortanete, Los Acebares.

**3.80.13. ODONTITES** Spreng. (5 esp.)

**1. Odontites cebennensis** Coste & Soulié in Bull. Soc. Bot. Fr. 52: 659 (1906)

= *O. lanceolatus* subsp. *olotensis* (Pau ex Cadevall) O. Bolòs & Vigo, Fl. Països. Catal. 3: 484 1995

Teróf.-esc. 1-3 dm. VIII-X. Pastizales de montaña y claros forestales sobre calizas. Medit.-noroccid. RR. 4. (MATEO, FABADO & TORRES, 2006).

**YK06**: Linares de Mora, base del cerro Brun.

**2. Odontites kaliformis** (Willd.) Pau in Bol. Soc. Arag. Ci. Nat. 6: 28 (1907)

≡ *Euphrasia kaliformis* Willd., Enum. Pl. Horti Berol.: 635 (1809) [basión.]

Teróf.-esc. 2-5 dm. VII-X. Matorrales y pastizales secos sobre calizas. Medit.-occid. R. 3. (MATEO & LOZANO, 2009).

**XK86**: Formiche Alto. **XK94**: San Agustín, valle del Mijares.

**3. Odontites longiflorus** (Vahl) Webb, Iter Hisp.: 24 (1838)

≡ *Euphrasia longiflora* Vahl, Symb. Bot. 3: 78 (1794);≡ *Macrosy-ringion longiflorum* (Lam.) Rothm. in Mitth. Thüring. Bot. Vereins 50: 228 (1943)

Teróf.-esc. 1-3 dm. VII-X. Matorrales o pastizales secos y aclarados sobre suelos esqueléticos. Me-dit.-occid. M. 3. (SENNEN, 1910).

XK53, XK54, XK62, XK63, XK64, XK65, XK66, XK73, XK74, XK75, XK76, XK77, XK79, XK84, XK87, XK88, XK89, XK96, XK97, XK98, XK99, YK07, YK08, YK09, YK17, YK18, YK19, YL00.

**4. Odontites vernus** (Bellardi) Dumort., Fl. Belg.: 32 (1827)

≡ *Euphrasia verna* Bellardi, App. Fl. Pedem.: 33 (1792) [basión.]; ≡ *E. odontites* L., Sp. Pl.: 604 (1753); = *O. vulgaris* Moench, Meth.: 439 (1794); = *O. ruber* Pers. ex Besser, Prim. Fl. Galiciae Austriac. 2: 47 (1809); = *O. serotinus* Dumort., Fl. Belg.: 32 (1827); = *O. vernus* subsp. *serotinus* (Dumort.) Corb., Nouv. Fl. Normandie: 437 (1894)

Teróf.-esc. 2-5 dm. VII-IX. Juncales y herbazales húmedos. Paleotemp. M. 2. (ASSO, 1779). TC.

**5. Odontites viscosus** (L.) Clairv., Man. herbor. Suisse: 207 (1811) [≡ *Euphrasia viscosa* L., Mantissa 1: 86 (1767), basión.] subsp. **australis** (Boiss.) Jahand. & Maire 1 Cat. Pl. Maroc 3: 691 (1934)

≡ *O. viscosus* var. *australis* Boiss., Voy. Bot. Esp. 2: 471 (1841) [basión.]; = *O. hispanicus* Boiss. & Reut., Pugill. Pl. Afr. Bor. His-pan.: 91 (1852); = *O. commutata* Pau, Not. Bot. Fl. Esp. 6: 85 (1895); = *O. viscosus* subsp. *hispanicus* (Boiss. & Reut.) Rothm. in Mitt. Thür. Bot. Ver., nov. ser. 50: 279 (1943); - *O. luteus* auct.

Teróf.-esc. 2-6 dm. VII-X. Encinares, quejigares, sabinares y sus orlas secas. Medit.-occid. C. 3. (PAU, 1884). TC.

**3.80.14. PARENTUCELLIA** Viv. (1 esp.)

**1. Parentucellia latifolia** (L.) Caruel in Parl., Fl. Ital. 6: 480 (1885)

≡ *Euphrasia latifolia* L., Sp. Pl.: 604 (1753) [basión.]; ≡ *Bartsia latifolia* (L.) Sibth. & Sm., Fl. Graeca Prodr. 6: 68 (1825); ≡ *Eufra-gia latifolia* (L.) Griseb., Spicil. Fl. Rumel. 2: 14 (1844)

Teróf.-esc. 4-12 cm. IV-VI. Pastizales anuales algo húmedos sobre terrenos silíceos. Circun-Medit. NV. 3. (R & B, 1961).

**YK05**: Nogueruelas (R & B, 1961). **YK06**: Linares de Mora, hacia Valdelinares (R & B, 1961).

**3.80.15. RHINANTHUS** L. (2 esp.)

**1. Rhinanthus minor** L., Amoen. Acad. 3: 54 (1756)

≡ *Alectorolophus minor* (L.) Wimm. & Grals., 3 Fl. Siles. 2: 213 (1829)

Teróf.-esc. 1-3 dm. V-VIII. Pastizales vivaces húme-dos en ambientes frescos de montaña, sobre todo en terrenos silíceos. Holárt. M. 3. (PAU, 1887).

XK63, XK64, XK77, XK78, XK87, XK89, XK96, XK97, XK98, YK06, YK07, YK08, YK09, YK15, YK16, YK17, YK18, YK19, YK25, YK26, YK27, YK28, YL00, YL10.

**2. Rhinanthus pumilus** (Sterneck) Pau in Actas Mem. Prim. Congr. Nat. Esp. (Zaragoza): 248 (1909) (*cresta de gallo, mata-trigo*)

≡ *Alectorolophus pumilus* Sterneck in Österr. Bot. Zeit. 45: 49 (1895) [basión.]; = *R. mediterraneus* (Sterneck) Sennen in Actas Mem. Prim. Congr. Nat. Esp. (Zaragoza): 289 (1909); = *A. medite-*

*rraneus* Sterneck in Abh. Zool.-Bot. Ges. Wien 2: 102 (1901); - *A. major* auct.; - *R. major* auct.

Teróf.-esc. 1-5 dm. V-VII. Campos de cultivo y pastizales algo húmedos. Euri-Medit.-sept. C. 3. (PAU, 1888).

XK64, XK74, XK75, XK77, XK78, XK79, XK86, XK87, XK88, XK89, XK95, XK96, XK97, XK98, XK99, YK05, YK06, YK07, YK08, YK09, YK15, YK16, YK17, YK18, YK19, YK25, YK26, YK27, YK28, YK38, YL00, YL10.

### 3.80.16. SCROPHULARIA L. (4 esp.)

**1. Scrophularia auriculata** L., Sp. Pl.: 620 (1753) (*falsa betónica mayor*)

= *S. balbisii* Hornem., Hort. Hafn. 2: 577 1815; - *S. aquatica* auct.; - *S. valentina* auct., - *S. oblongifolia* auct.

Hemic.-esc. 4-12 dm. V-IX. Juncales, carrizales, herbazales vivaces densos siempre húmedos o parcialmente imundados. Medit.-Atlánt. M. 3. (R & B, 1961). TC.

**2. Scrophularia canina** L., Sp. Pl.: 621 (1753) (*escrofularia menor*)

Caméf.-sufr. 3-8 dm. V-VIII. Canchales frecuentados, cauces secos, cunetas, sembrados pedregosos. Euri-Medit. M. 2. (AA, 1985). TC.

**3. Scrophularia crithmifolia** Boiss., Voy. Bot. Esp. 2: 447 (1841)

≡ *S. canina* subsp. *crithmifolia* (Boiss.) O. Bolòs & Vigo in Collect. Bot. 14: 96 (1983)

Caméf.-sufr. 3-6 dm. V-VI. Terrenos pedregosos o removidos en áreas frescas de montaña de naturaleza caliza. Iberolev. R. 3. (DEBEAUX, 1894).

XK63, XK64, XK72, XK73, XK74, XK82, XK83, XK97, YK06, YK07, YK08, YK17, YK18, YK19, YK27, YK37.

**4. Scrophularia tanacetifolia** Willd., Hort. Berol. 1(4-5): t. 56 (1805)

= *S. sciophila* Willk. in Bot. Zeit. 8: 77 (1850); = *S. grenieri* Reut. ex Lange in Willk. & Lange, Prodr. Fl. Hisp. 2: 554 (1870)

Caméf.-sufr. 4-10 dm. IV-VI. Roquedos y pedregales poco soleados en áreas de clima suave. Iberolev. R. 3. (PAU, 1891).

XK62, XK71, XK72, XK81, XK82, XK83.

### 3.80.17. VERBASCUM L. (8 esp.) (*gordolobos*)

**1. Verbascum blattaria** L., Sp. Pl.: 178 (1753)

Hemic.-bien. 4-10 dm. V-VII. Márgenes de caminos, terrenos baldíos o bastante antropizados. R. 2. (GM & al., 2003).

XK77: Corbalán, valle de Escriche.

**2. Verbascum boerhaavii** L., Mantissa 1: 45 (1767)

Hemic.-bien. 4-12 dm. V-VII. Terrenos baldíos, barbechos, cunetas, etc. Medit.-occid. M. 2. (R & B, 1961).

XK64, XK96, XK97, YK04, YK17, YK18, YK19, YK27, YK28, YK29, YK38, YL00, YL01, YL10, YL20.

**3. Verbascum chaixii** Vill., Prosp. Pl. Dauph.: 22 (1779)

Hemic.-esc. 5-15 dm. V-VIII. Medios pastoreados o antropizados en áreas frescas de montaña. Paleotemp. R. 3. (GM & al., 2003).

XK77: Corbalán, valle de Escriche.

**4. Verbascum lychnitis** L., Sp. Pl.: 177 (1763) (*gordolobo hembra*)

Hemic.-bien./esc. 4-12 dm. V-VII. Ribazos, pastizales vivaces algo húmedos, aunque antropizados. Eurosib. M. 3. (PAU, 1895).

XK63, XK64, XK72, XK73, XK74, XK76, XK77, XK78, XK82, XK83, XK86, XK87, XK88, XK95, XK96, XK97, XK98, XK99, YK05, YK06, YK07, YK08, YK09, YK15, YK16, YK17, YK18, YK19, YK25, YK26, YK27, YK28, YL00, YL10.

**5. Verbascum pulverulentum** Vill., Hist. Pl. Dauph. 2: 490 (1787)

Hemic.-bien. 5-12 dm. VI-VIII. Campos abandonados, terrenos baldíos, cunetas, etc. Euri-Medit. M. 2. (R & B, 1961).

XK97, YK06, YK16, YK18, YK27, YK28, YK29, YL00, YL01.

**6. Verbascum rotundifolium** Ten., Fl. Napol. 1, Prodr.: 66 (1811) subsp. **haenseleri** (Boiss.) Murb. in Lunds Univ. Arsskr., nov. ser. 29(2): 401 (1933)

≡ *V. haenseleri* Boiss., Voy. Bot. Esp. 2: 442 (1841)

Hemic.-bien. 4-10 dm. V-VII. Terrenos baldíos, barbechos, cunetas, etc. Medit.-occid. R. 2. (AA, 1985).

XK55, XK62, XK63, XK64, XK65, XK71, XK72, XK73, XK74, XK75, XK77, XK81, XK82, XK83, XK93, XK94, YK04, YK15, YK18, YK28, YL00, YL10, YL20.

**7. Verbascum sinuatum** L., Sp. Pl.: 178 (1753) (*gordolobo cenicero*)

Hemic.-bien. 4-10 dm. V-IX. Cunetas, barbechos, terrenos baldíos o muy transitados. Medit.-Iranot. M. 1. (R & B). TC.

**8. Verbascum thapsus** L., Sp. Pl.: 177 (1753) (*gordolobo macho*)

= *V. crassifolium* DC. in Lam. & DC., Fl. Franç. ed. 3, 3: 601 (1805); = *V. montanum* Schrad., Hort. Gott.: 18 (1811)

Hemic.-bien. 5-15 dm. V-VII(XI). Barbechos, terrenos baldíos, cunetas, etc. Con el nombre de *V.* x *turolense* (PAU, 1898b) se describió una forma que ha sido interpretada posteriormente como pertenciente a este especie. Paleotemp. C. 1. (R & B, 1904). TC.

### 3.80.18. VERONICA L. (16 esp., 17 táx.) (*verónicas*)

**1. Veronica agrestis** L., Sp. Pl.: 13 (1753)

Teróf.-esc. 5-30 cm. III-VII. Campos de cultivo, herbazales antropizados. Paleotemp. NV. 1. (AFA).
**XK88:** Monteagudo del Castillo (AFA).

**2. Veronica anagallis-aquatica** L., Sp. Pl.: 12 (1753) (*bérula*)
= *V. espadanae* Pau, Not. Bot. Fl. Españ. 1: 13 (1887); - *V. anagallis* auct.
Hidróf.-rad. 1-6 dm. V-IX. Cauces fluviales, regueros húmedos. Cosmop. M. 2. (R & B, 1961). TC.

**3. Veronica anagalloides** Guss., Pl. Rar.: 5 (1826)
≡ *V. anagallis-aquatica* subsp. *anagalloides* (Guss.) Batt. in Batt. & Trab., Fl. Algérie (Dicot.): 650 (1890)
Teróf.-esc. 5-25 cm. IV-VII. Terrenos cenagosos o periódicamente inundables. Euri-Medit. R. 2. (GM, 1990).
**XK96:** Alcalá de la Selva, afluente del río Alcalá. **YK17:** Mosqueruela, La Valtuerta.

**4. Veronica arvensis** L., Sp. Pl.: 13 (1753)
Teróf.-esc. 5-20 cm. IV-VI. Campos de cultivo, terrenos baldíos y terrenos alterados. Subcosmop. M. 1. (PAU, 1895). TC.

**5. Veronica beccabunga** L., Sp. Pl.: 12 (1753) (*beccabunga*)
Hidróf.-rad. 1-5 dm. V-VIII. Cauces fluviales y regueros húmedos. Paleotemp. M. 3. (PAU, 1887).
XK52, XK54, XK62, XK63, XK64, XK74, XK77, XK81, XK82, XK86, XK87, XK95, XK96, XK97, XK98, XK99, YK04, YK05, YK06, YK07, YK08, YK09, YK16, YK18, YK19, YK26, YK27, YK28, YK29, YK37.

**6. Veronica chamaedrys** L., Sp. Pl.: 13 (1753)
Hemic.-esc. 1-3 dm. IV-VI. Bosques caducifolios y rincones umbosos. Eurosib. R. 4. (ASSO, 1779).
XK73, XK87, XK96, XK97, XK98, YK05, YK06, YK07, YK08, YK16, YK17, YK18, YK19, YK25, YK26, YK27, YK28, YL10.

**7a. Veronica hederifolia** L., Sp. Pl.: 13 (1753) subsp. **hederifolia** (*té de Europa*)
Teróf.-esc./rept. 1-4 dm. III-V. Campos de cultivo y herbazales anuales sobre terrenos alterados. Paleotemp. C. 1. (FL, 1876). TC.

**7b. Veronica hederifolia** subsp. **triloba** (Opiz) Celak, Prodr. Fl. Böhmen 333 (1871)
≡ *V. hederifolia* var. *triloba* Opiz in Hesperus 1815: 327 (1815) [basión.]; ≡ *V. triloba* (Opiz) Opiz in Lotos 4: 157 (1854)
Teróf.-esc. 1-3 dm. IV-VI. Pastizales anuales subnitrófilos en áreas poco soleadas. Paleotemp. R. 2. (MATEO & LOZANO, 2007).
XK87, XK88, XK98, YK19.

**8. Veronica jabalambrensis** Pau, Not. Bot. Fl. Esp. 1: 22 (1887)
≡ *V. teucrium* subsp. *jabalambrensis* (Pau) Rivas Goday & Borja in Anales Inst. Bot. Cav. 19: 447 (1961); ≡ *V. tenuifolia* subsp. *jabalambrensis* (Pau) Molero & Pujadas in Fol. Bot. Misc. 2: 46

(1981); - *V. commutata* auct.; - *V. prostrata* auct.; - *V. assoana* auct.
Caméf.-sufr. 5-20 cm. V-VII. Pastizales vivaces algo húmedos en áreas frescas de montaña. Iberolev. R. 4. (PAU, 1887).
XK63, XK64, XK73, XK78, XK97, YK06, YK07, YK08.

**9. Veronica officinalis** L., Sp. Pl.: 11 (1753)
Hemic.-esc. 1-4 dm. V-VII. Bosques caducifolios o mixtos sobre substrato silíceo. Holárt. M. 3. (AA, 1985).
XK63, XK78, XK82, XK83, XK86, XK87, XK97, YK07, YK15, YK16, YK25, YK26, YK27, YK28.

**10. Veronica orsiniana** Ten., Fl. Neapol. Prodr. App. 5: 4 (1826)
- *V. teucrium* auct.; - *V. austriaca* subsp. *teucrium* auct.
Caméf.-sufr. 1-4 dm. V-VII. Orlas forestales y pastizales vivaces en ambientes frescos y húmedos sobre calizas. Eurosib.-S. R. (FL, 1878).
YK07, YK17, YK18, YK19, YK25, YK27, YK28.

**11. Veronica persica** Poir. in Lam., Encycl. Méth. Bot. 8: 542 (1808)
Teróf.-esc. 1-4 dm. V-IX. Campos de cultivo y herbazales nitrófilos de zonas poco elevadas. Subcosmop. M. 1. (SL, 2000).
XK55, XK62, XK64, XK73, XK83, XK94, XK95, YK03, YK04, YK05, YK27, YK29, YK37.

**12. Veronica polita** Fr., Novit. Fl. Suec.: 63 (1819)
= *V. didyma* Ten., Prodr. Fl. Neapol.: 6 (1811), nom. rej.
Teróf.-esc. 5-30 cm. III-IX. Campos de cultivo y herbazales anuales sobre terrenos alterados. Subcosmop. C. 1. (FL, 1876). TC.

**13. Veronica praecox** All., Auct. Fl. Pedem.: 5 (1789)
Teróf.-esc. 5-20 cm. III-V. Pastizales anuales en ambientes despejados con suelo somero. Paleotemp. M. 2. (AA, 1985). TC.

**14. Veronica serpyllifolia** L., Sp. Pl.: 12 (1753)
= *V. serpyllifolia* subsp. *humifusa* (Dicks.) Syme in Sm., Engl. Bot. ed. 1: 19 (1800); ≡ *V. humifusa* Dicks. in Trans. Linn. Soc. 2: 288 (1794)
Hemic.-esc. 5-25 cm. V-VII. Pastizales húmedos, con preferencoa por los suelos silíceos. Holárt. R. 4. (PAU, 1888).
XK63, XK64, XK97, YK07, YK08, YK17.

**15. Veronica tenuifolia** Asso, Syn. Stirp. Aragon.: 2 (1779) (*hierba de ermitaños*)
≡ *V. austriaca* subsp. *tenuifolia* (Asso) O. Bolòs & Vigo in Collect. Bot. 14: 98 (1983); = *V. assoana* (Boiss.) Willk. in Linnaea 30: 120 (1860)
Caméf.-sufr. 1-3 dm. IV-VI. Matorrales secos sobre calizas en áreas de altitud moderada. Iberolev. RR. 4. (FL, 1878).

XK56, YK17, YK37, YL00, YL01.

**16. Veronica verna** L. Sp. Pl.: 14 (1753)
Teróf.-esc. 3-10 cm. III-V. Pastizales anuales bien iluminados sobre suelo silíceo. Paleotempl. M. 2. (R & B, 1961).
XK63, XK64, XK65, XK73, XK74, XK77, XK78, XK86, XK87, XK96, XK97, XK98, YK06, YK07, YK26.

**3.81. SIMAROUBACEAE** (Simarubáceas) (1 gén)

**3.81.1. AILANTHUS** Desf. (1 esp.)

**1. Ailanthus altissima** (Mill.) Swingle in Washing. Acad. Sci. 6: 490 (1916) (ailanto)
≡ Toxicodendron altissima Mill., Gard. Dict. ed. 8: nº 10 (1768) [basión.]; = A. glandulosa Desf., Mém. Acad. Sci. (Paris) 1786: 265 (1790)
Macro-Faner. 2-15 m. V-VII. Ampliamente naturalizado en márgenes de caminos, terrenos baldíos, bosques de ribera, etc. Chinojap. M. 1. (ROSELLÓ, 1994).

**3.82. SOLANACEAE** (Solanáceas) (8 gén.)

**3.82.1. ATROPA** L. (1 esp.)

**1. Atropa belladonna** L., Sp. Pl.: 181 (1753) (belladona)
Hemic.-esc. 5-15 dm. VII-IX. Altos herbazales sub-nitrófilos o megafórbicos en orlas forestales frescas y umbrosas. Eurosib. R. 4. (ASSO, 1779).
XK63, XK64, XK73, YK08, YK17, YK18, YK19, YK28, YL00.

**3.82.2. CAPSICUM** L. (1 esp.)

**1. Capsicum annuum** L., Sp. Pl.: 188 (1753) (pimiento)
Teróf.-esc. 4-10 dm. VI-VIII. Cultivado en huertos, pudiendo asilvestrarse en el entorno. Neotrop. RR. 1. (NC).

**3.82.3. DATURA** L. (1 esp.)

**1. Datura stramonium** L., Sp. Pl.: 179 (1753) (estramonio)
- D. tatula auct.
Teróf.-esc. 3-6 dm. VII-X. Puede verse esporádicamente asilvestrada en campos de cultivo y terrenos baldíos en altituides moderadas. Neotrop. R. 2. (PAU, 1884).
YK04, YK18, YK28, YL10.

**3.82.4. HYOSCYAMUS** L. (2 esp.)

**1. Hyoscyamus albus** L., Sp. Pl.: 180 (1753) (beleño blanco)
Hemic.-bien. 2-4 dm. V-IX. Muros, escombros y terrenos baldíos junto a zonas habitadas, siempre en clima suave. Circun-Medit. R. 2. (SL, 2000).
XK83, XK94, XK95, YK04, YK05, YK29.

**2. Hyoscyamus niger** L., Sp. Pl.: 179 (1753) (beleño negro)
Hemic.-bien. 4-10 dm. V-VII. Campos de secano, cunetas y escombreras. Paleotemp. M. 2. (R & B, 1961).
XK62, XK64, XK65, XK71, XK72, XK73, XK74, XK75, XK76, XK77, XK79, XK81, XK82, XK84, XK86, XK87, XK88, XK89, XK96, XK97,

XK98, XK99, XL90, YK06, YK07, YK08, YK09, YK15, YK17, YK18, YK19, YK28, YK29, YL00, YL01, YL10.

**3.82.5. LYCIUM** L. (1 esp.)

**1. Lycium europaeum** L., Sp. Pl.: 192 (1753) (cambrón, artos)
- L. vulgare auct.
Meso-Faner. 1-3 m. V-VIII. Cultivado antiguamente como seto en senderos y junto a los pueblos, donde persiste asilvestrado de modo indefinido. RR. 1. (MATEO & LOZANO, 2011).
XK54: Riodeva, alrededores. XK83: Manzanera, alrededores de la población.

**3.82.6. LYCOPERSICUM** Mill. (1 esp.)

**1. Lycopersicum esculentum** Mill., Gard. Dict. ed. 8: nº 2 (1768) (tomatera)
≡ Solanum lycopersicum L., Sp. Pl.: 175 (1753) [syn. subst.]
Teróf.-escand. 4-15 dm. VI-IX. Cultivada por sus frutos comestibles en los huertos y accidentalmente asilvestrada. Neotrop. R. 1. (ROSELLÓ, 1994).

**3.82.7. PETUNIA** Juss. (1 esp.)

**1. Petunia × hybrida** Vilm., Fleurs Pleine Terre: 615 (1863) (petunia)
Teróf.-esc. 2-6 dm. VI-IX. Cultivada como ornamental y a veces asilvestrada de forma esporádica junto a los pueblos. Neotrop. RR. 1. (NC).

**3.82.8. SOLANUM** L. (4 esp.)

**1. Solanum dulcamara** L., Sp. Pl.: 185 (1753) (dulcamara)
Faner.-escand. 4-20 dm. VI-IX. Trepadora en carrizales y bosques de ribera. Paleotemp. C. 3. (PAU, 1884). TC.

**2. Solanum nigrum** L., Sp. Pl.: 186 (1753) (tomate del diablo, hierba mora)
Teróf.-esc. 1-5 dm. IV-X. Terrenos baldíos y campos de cultivo. Subcosmop. M. 1. (R & B, 1961).
XK55, XK65, XK74, XK76, XK84, XK86, XK89, XK94, XK95, YK04.

**3. Solanum tuberosum** L., Sp. Pl.: 185 (1753) (patatera)
Geóf.-tuber. 2-5 dm. V-IX. Cultivada por sus tubérculos y accidentalmente escapada de cultivo. Neotrop. RR. 1. (RP, 2002).

**4. Solanum villosum** Mill., Gard. Dict. ed. 8: nº 2 (1768)
- S. luteum auct., - S. alatum auct.
Teróf.-esc. 1-4 dm. VI-IX. Campos de cultivos y herbazales nitrófilos en zonas no muy elevadas. Paleotemp. R. 1. (NC).
XK85: Valbona, Hoya de la Sabina.

**3.83. TAMARICACEAE** (Tamaricáceas) (2 gén.)

**3.83.1. MYRICARIA** Desv. (1 esp.)

**1. Myricaria germanica** (L.) Desv. in Ann. Sci. Nat. (Paris) 4: 349 (1825)
≡ Tamarix germanica L., Sp. Pl.: 271 (1753) [basión.]

Nano/Meso-Faner. 5-25 dm. V-VII. Medios ribereños despejados de ramblas y cauces fluviales pedregosos anchos. Eurosib. RR. 4. (RP, 2002).
**YK29:** La Cuba, valle del río La Cuba (RP, 2002). **YL20:** Tronchón, pr. fuente de la Merienda

### 3.83.2. TAMARIX L. (1 esp.)

**1. Tamarix canariensis** Willd. in Abh. Bayer. Akad. Wiss., Math.-Phys. Kl. 1812-13: 79 (1816) (*taray, tamariz*)
- *T. gallica* auct.
Meso-Faner. 2-5 m. V-VI. Bosques ribereños en ambientes templados o cálidos. Medit.-occid. R. 3. (PAU, 1884).
XK54, XK55, XK62, XK63, XK64, XK65, XK86, XK94, YK04, YK29.

### 3.84. THYMELAEACEAE (*Timeleáceas*) (2 gén.)

### 3.84.1. DAPHNE L. (2 esp.)

**1. Daphne gnidium** L., Sp. Pl.: 357 (1753) (*torvisco*)
Nano-Faner. 5-15 dm. VII-IX. Matorrales sobre calizas en las zonas más bajas. Medit.-occid. R. 3. (R & B, 1961).
XK73, XK85, XK94, XK95, XK97, YK03, YK04, YK15, YK16, YK19.

**2. Daphne mezereum** L., Sp. Pl.: 356 (1753)
Nano-Faner. 3-8 dm. III-V. Sabinares y pinares oromediterráneos sobre calizas. Eurosib. RR. 5. (MATEO & al., 1995).
**YK08:** Fortanete, pr. Peñacerrada.

### 3.84.2. THYMELAEA Mill. (3 esp.)

**1. Thymelaea pubescens** (L.) Meisn. in DC., Prodr. 14: 558 (1857)
≡ *Daphne pubescens* L., Mantissa 1: 66 (1767) [basión.]; = *Daphne thesioides* Lam., Encycl. Méth. Bot. 3: 437 (1792); = *T. thesioides* (Lam.) Endl., Gen. Pl., Suppl. 4(2): 66 (1848)
Caméf.-sufr. 5-25 cm. V-VII. Matorrales secos y soleados sobre terrenos de naturaleza básica. Medit.-occid. M. 3. (PAU, 1885).
XK55, XK62, XK65, XK66, XK71, XK72, XK73, XK74, XK75, XK76, XK77, XK81, XK82, XK83, XK84, XK85, XK86, XK93, XK94, XK95, YK03, YK04, YK05, YK06, YK09, YK17, YK26, YK27, YL20.

**2. Thymelaea sanamunda** All., Fl. Pedem. 1: 132 (1785)
≡ *Daphne thymelaea* L., Sp. Pl.: 356 (1753); ≡ *Passerina thymelaea* (L.) DC. in Lam. & DC., Fl. Franç. ed. 3, 5: 366 (1815)
Caméf.-sufr. 1-3 dm. V-VII. Matorrales secos sobre calizas. Medit.-suroccd. RR. 4. (NC).
**YK09:** Cañada de Benatanduz, Santos Adones.

**3. Thymelaea tinctoria** (Pourr.) Endl., Gen. Pl., Suppl. 4(2): 66 (1848)
≡ *Passerina tinctoria* Pourr. in Mém. Acad. Sci. Toulouse 3: 27 (1784) [basión.]
Caméf.-sufr. 2-5 dm. III-V. Matorrales secos y soleados sobre sustratos básicos, en altitudes moderadas. Medit.-occid. R. 3. (L & P, 1866).

XK84, XK87, YL00, YL10, YL20.

### 3.85. TILIACEAE (*Tiliáceas*) (1 gén.)

### 3.85.1. TILIA L. (1 esp.)

**1. Tilia platyphyllos** Scop., Fl. Carniol. ed. 2, 1: 373 (1771) (*tilo*)
- *T. sylvestris* auct.; - *T. europaea* auct.
Macro-Faner. 3-20 m. V-VI. Bosques caducifolios o mixtos en terrenos calizos de umbría. Eurosib. R. 5. (R & B, 1961).
XK87, XK96, XK99, YK06, YK08, YK09, YK16, YK17, YK18, YK19, YK26, YK27, YK28, YK37, YL00, YL10.

***Híbridos*** (1 esp.)
**1. Tilia × vulgaris** Hayne, Getreur Darstell. Gew. 3: nº 47 (1813) (*cordata × platyphyllos*)
= *T. × intermedia* DC., Prodr. 1: 518 (1824)
Macro-Faner. 3-20 m. Accidental en áreas ocupadas por la especie anterior, sin que se haya podido detectar ningún ejemplar de *T. cordata*, cuya antigua presencia en la zona es bastante razonable. Eurosib. RR. 5. (FL, 1878).
**XK87:** Cedrillas, Molino Alto.

### 3.86. ULMACEAE (*Ulmáceas*) (2 gén.)

### 3.86.1. CELTIS L. (1 esp.)

**1. Celtis australis** L., Sp. Pl.: 1043 (1753) (*almez, latonero*)
Macro-Faner. 3-14 m. IV-VI. Cultivado por su madera y naturalizado -posiblemente autóctono en determinados parajes- en senderos y riberas por las partes más bajas y abrigadas. Circun-Medit. M. 2. (R & B, 1961).
XK55, XK83, XK84, XK85, XK86, XK94, XK95, YK03, YK04, YK05, YK09, YK16, YK27, YK28, YK29, YK37, YL00, YL10, YL20.

### 3.86.2. ULMUS L. (2 esp.)

**1. Ulmus glabra** Huds., Fl. Angl.: 95 (1762) (*olmo de montaña*)
= *U. montana* With., Nat. Arr. Brit. Pl. ed. 3, 5: 279 (1796)
Macro-Faner. 3-15 m. III-V. Bosques caducifolios en ambientes particularmente frescos y húmedos. Eurosib. RR. 5. (GM, 1990).
XK87, YK08, YK09, YK27, YK29, YL00.

**2. Ulmus minor** Mill., Gard. Dict. ed. 8: nº 6 (1768) (*olmo común*)
- *U. carpinifolia* auct.; - *U. campestris* auct.
Macro-Faner. 3-18 m. III-V. Espontáneo en bosques ribereños y a veces cultivado en márgenes de caminos o cultivos. Paleotemp. C. 3. (R & B, 1961). TC.

### 3.87. UMBELLIFERAE (APIACEAE) (*Umbelíferas o Apiáceas*) (39 Gén.)

### 3.87.1. ANETHUM L. (1 esp.)

1. **Anethum graveolens** L., Sp. Pl.: 251 (1753) (*eneldo*)
Teróf.-esc. 2-5 dm. VI-VIII. Cultivada como alimenticia a escala reducida y accidentalmente asilvestrada. Iranotur. NV. 1. (ARENAS & GARCÍA, 1993).

### 3.87.2. ANTHRISCUS Bernh. (2 esp.)

1. **Anthriscus caucalis** Bieb., Fl. Taur.-Cauc. 1: 230 (1808)
≡ *Scandix anthriscus* L., Sp. Pl.: 257 (1753) [syn. subst.]; ≡ *Torilis anthriscus* (L.) C.C. Gmel., Fl. Bad. 1: 613 (1805); = *A. vulgaris* Pers., Syn. Pl. 1: 320 (1805), non Bernh. (1800); - *A. neglecta* auct.
Teróf.-esc. 2-5 dm. IV-VI. Medios más o menos sombreados pero antropizados o frecuentados por el ganado. Paleotemp. C. 2. (AA, 1985). TC.

2. **Anthriscus sylvestris** (L.) Hoffm., Gen. Pl. Umbell.: 40 (1814) (*perifollo silvestre*)
≡ *Chaerophyllum sylvestre* L., Sp. Pl.: 258 (1753) [basión.]
Hemic.-esc. 3-10 dm. IV-VI. Herbazales frescos y algo antropizados en zonas de ribera u orlas de caducifolios. Eurosib. M. 3. (FL, 1878).
XK55, XK62, XK63, XK64, XK65, XK73, XK74, XK75, XK76, XK77, XK81, XK82, XK83, XK86, XK87, XK88, XK89, XK95, XK96, XK97, XK98, XK99, YK05, YK06, YK07, YK08, YK09, YK15, YK16, YK17, YK18, YK19, YK26, YK27, YK28, YL00, YL10.

### 3.87.3. APIUM L. (3 esp.)

1. **Apium graveolens** L., Sp. Pl.: 264 (1753) (*apio*)
Hemic.-esc. 3-6 dm.VII-IX. Espontáneo por las partes bajas, en ambientes húmedos algo salobres. También cultivado como hortaliza. Paleotemp. R. 2. (ARENAS & GARCÍA, 1993).
XK62, XK65, XK84, XK85, XK94, YL00.

2. **Apium nodiflorum** (L.) Lag., Amen. Nat. 1: 101 (1821) (*berraza*)
≡ *Sium nodiflorum* L., Sp. Pl.: 251 (1753) [basión.]; ≡ *Helosciadium nodiflorum* (L.) W.D.J. Koch in Nova Acta Acad. Leop.-Carol. 12(1): 126 (1824)
Hidróf.-rad. 1-6 dm. V-IX. Cauces fluviales y regueros húmedos. Euri-Medit. M. 2. (R & B, 1961). TC.

3. **Apium repens** (Jacq.) Lag., Amen. Nat. 1: 101 (1821)
≡ *Sium repens* Jacq., Fl. Austriac. 2: 34 (1774) [basión.]; ≡ *Helosciadium repens* (Jacq.) W.D.J. Koch in Nova Acta Acad. Leop.-Carol. 12(1): 126 (1824); ≡ *A. nodiflorum* subsp. *repens* (Jacq.) Thell. in Hegi, Ill. Fl. Mitt.-Eur. 5(2): 1150 (1926)
Hidróf.-rad./Hemic.-rept. 5-25 cm. VI-IX. Regueros húmedos, hondonadas inundables. Eurosib. R. 4. (MATEO, MERCADAL & PISCO, 1995).
XK87, XK89, XK98, XK99, YK07, YK08, YK17, YK18, YK28, YK29.

### 3.87.4. ASTRANTIA L. (1 esp.)

1. **Astrantia major** L., Sp. Pl.: 235 (1753) (*astrancia, sanícula hembra*)
Hemic.-esc. 3-8 dm. VII-IX. Medios forestales muy umbrosos y poco alterados en áreas lluviosas de montaña. Eurosib. R. 5. (ASSO, 1779).
XK87, XK97, YK06, YK07, YK09, YK18, YK19, YK27.

### 3.87.5. BIFORA Hoffm. (2 esp.)

1. **Bifora radians** Bieb., Fl. Taur.-Cauc. 3: 233 (1819)
Teróf.-esc. 1-4 dm. IV-VII. Campos de secano y herbazales de su entorno. Medit.-Iranot. RR. 3. (MATEO & al., 1995).
**YK28:** Iglesuela del Cid, hacia san Miguel de la Puebla (RP, 2002).
**YK29:** Mirambel, pr. La Coroneta. **YL00:** Pitarque, alrededores.

2. **Bifora testiculata** (L.) Spreng. in Roem. & Schult., Syst. Veg. 6: 448 (1820)
≡ *Coriandrum testiculatum* L., Sp. Pl.: 256 (1753) [basión.]
Teróf.-esc. 1-4 dm. IV-VI. Campos de secano poco tratados. Medit.-Iranot. R. 3. (R & B, 1961).
XK97, YK06, YK19, YK29, YL00.

### 3.87.6. BUNIUM L. (1 esp.)

1. **Bunium balearicum** (Sennen) Mateo & López Udias in Anales Jard. Bot. Madrid 57: 229 (1999)
≡ *Bulbocastanum balearicum* Sennen in Bol. Soc. Ibér. Ci. Nat. 27: 138 (1928) [basión.]; - *Bulbocastanum linnaei* auct., nonSchur; - *Bunium bulbocastanum* auct.
Geóf.-bulb. 2-4 dm. V-VII. Campos de secano y herbazales anuales de su entorno. Medit.-occid. R. 4. (AA, 1985).
**XK72:** Torrijas, La Nava.

### 3.87.7. BUPLEURUM L. (7 esp.)

1. **Bupleurum baldense** Turra in Giorn. Ital. Sci. Nat. 1: 120 (1764)
= *B. aristatum* Bartl. in Bartl. & Wendl., Beitr. Bot. 2: 89 (1825); = *B. opacum* Lange in Willk. & Lange, Prodr. Fl. Hisp. 3: 71 (1874); - *B. odontites* auct.
Teróf.-esc. 5-30 cm. IV-VI. Pastizales anuales en terrenos alterados más bien secos. Euri-Medit. M. 2. (FL, 1876). TC.

2. **Bupleurum fruticescens** L., Cent. Pl. 1: 9 (1755) (*hinojo de perro*)
Caméf.-sufr./frutic. 3-6 dm.VII-X. Matorrales secos sobre sustratos básicos. Circun-Medit. M. 2. (PAU, 1884). TC.

3. **Bupleurum fruticosum** L., Sp. Pl.: 238 (1753)
Nano-Faner. 1-2 m. VII-IX. Cauces de ramblas y matorrales densos en ambientes no muy frescos secos. Circun-Medit. NV. 4. (R & B, 1961).
**YK15:** Linares de Mora, valle del río Linares (R & B, 1961).

4. **Bupleurum gerardii** All. in Mélang. Philos. Math. Soc. Roy. Turin 5: 81 (1774)
= *B. virgatum* Cav., Descr. Pl. 1: 121 (1802); - *B. affine* auct.

Teróf.-esc. 2-5 dm. VI-VIII. Pastizales húmedos o sombreados en ambiente de bosque caducifolio y sus orlas. Medit.-sept. R. 4. (RP, 2002).

**XK78**: El Pobo, monte Castelfrío. **YK28**: Iglesuela del Cid, hacia Cantavieja.

**5. Bupleurum ranunculoides** L., Sp. Pl.: 237 (1753)

= *B. gramineum* Vill., Prosp. Hist. Pl. Dauph.: 23 (1779); = *B. ranunculoides* subsp. *gramineum* (Vill.) Hayek, Prodr. Fl. Pen. Balc. 1: 971 (1927)

Hemic.-esc. 2-5 dm. VI-VIII. Terrenos abruptos sombreados de naturaleza básica en zonas frescas de montaña. Euri-Eurosib. R. 4. (FL, 1878).

XK64, XK87, XK96, XK97, XK98, YK06, YK07, YK08, YK09, YK17, YK18, YK19, YK27, YK28.

**6. Bupleurum rigidum** L., Sp. Pl.: 238 (1753) (*oreja de liebre*)

Hemic.-esc. 5-15 dm. VII-IX. Encinares o robledales y sus orlas. Medit.-occid. M. 3. (ASSO, 1779). TC.

**7. Bupleurum rotundifolium** L., Sp. Pl.: 236 (1753) (*perfoliada*)

Teróf.-esc. 2-5 dm. V-VII. Campos de secano y herbazales de su entorno. Paleotemp. M. 3. (FL, 1876).

XK53, XK54, XK55, XK62, XK63, XK64, XK65, XK66, XK67, XK68, XK71, XK72, XK73, XK74, XK75, XK76, XK77, XK81, XK82, XK83, XK84, XK86, XK87, XK88, XK89, XK93, XK94, XK96, XK97, XK98, XL80, XL90, YK05, YK06, YK16, YK17, YK18, YK19, YK28, YK29, YL00, YL20.

**3.87.8. CARUM** L. (2 esp.)

**1. Carum carvi** L., Sp. Pl.: 263 (1753) (*comino, alcaravea*)

≡ *Bunium carvi* (L.) Bieb., Fl. Taur.-Cauc. 1: 211 (1808)

Hemic.-esc. 2-5 dm. VI-VIII. Pastizales vivaces húmedos pero transitados o algo alterados en áreas frescas de montaña. Paleotemp. M. 3. (ASSO, 1779).

XK63, XK77, XK87, XK96, XK97, XK98, YK06, YK07, YK08, YK09, YK17, YK18, YK19, YL00.

**2. Carum verticillatum** (L.) W.D.J. Koch in Nova Acta Acad. Leop.-Carol. 12(1): 122 (1824)

≡ *Sison verticillatum* L., Sp. Pl.: 253 (1753) [basión.]

Hemic.-esc./Hidróf.-rad. 3-6 dm. VI-IX. Turberas y regueros húmedos, tanto calizos como silíceos. Eurosib. R. 4. (ASSO, 1779).

XK64, XK72, XK77, XK78, XK87, XK88, XK96, XK97, XK98, XK99, YK06, YK07, YK08, YK09, YK15, YK16, YK17, YK18, YK19, YK25, YK26, YL00.

**3.87.9. CAUCALIS** L. (1 esp.)

**1. Caucalis platycarpos** L., Sp. Pl.: 241 (1753) (*cadillos*)

- *C. daucoides* auct.

Teróf.-esc. 1-3 dm. IV-VII. Campos de secano, herbazales nitrófilos de sus entorno. Paleotemp. M. 2. (FL, 1876). TC.

**3.87.10. CHAEROPHYLLUM** L. (2 esp.)

**1. Chaerophyllum aureum** L., Sp. Pl. ed. 2: 370 (1762)

Hemic.-esc. 5-12 dm. VI-VIII. Megaforbios y orlas umbrosos en ambiente periforestal fresco y húmedo. Eurosib. RR. 5. (FL, 1885).

**YK07**: Valdelinares, barranco de Zoticos. **YK08**: Fortanete, Peñacerrada. **YK17**: Mosqueruela, la Valtuerta. **YK18**: Fortanete, rambla del Mal Burgo.

**2. Chaerophyllum temulum** L., Sp. Pl.: 258 (1753) (*perejil de asno*)

- *C. temulentum* auct.; - *C. hirsutum* auct.

Hemic.-esc. 3-8 dm. V-VII. Herbazales vivaces en zonas alteradas umbrosas. Eurosib. M. 3. (FL, 1878).

XK63, XK75, XK97, XK99, YK06, YK07, YK08, YK09, YK17, YK18, YK19, YK28, YL00.

**3.87.11. CONIUM** L. (1 esp.)

**1. Conium maculatum** L., Sp. Pl.: 243 (1753) (*cicuta mayor*)

Hemic.-esc. 8-20 dm. V-VII. Márgenes de arroyos y acequias, medios ribereños o de vega. Paleotemp. M. 3. (FL, 1876).

XK55, XK64, XK65, XK66, XK74, XK76, XK77, XK78, XK82, XK83, XK86, XK87, XK88, XK89, XK96, XK97, XK99, YK04, YK06, YK17, YK28, YK38, YL00, YL01.

**3.87.12. CONOPODIUM** W.D.J. Koch(4 esp.) (*castañuelas*)

**1. Conopodium arvense** (Coss.) Calestani in Webbia 1: 279 (1905)

≡ *Heterotaenia arvensis* Coss., Not. Pl. Crit. 2: 111 (1851) [basión.]; = *C. ramosum* Costa, Ind. Sem. Hort. Bot. Barcinon. 1860: 5 (1860); = *Bunium costae* Pau, Not. Bot. Fl. Esp. 6: 56 (1895); = *C. majus* subsp. *ramosum* (Costa) Silvestre in Lagascalia 2(2): 151 (1972); - *C. denudatum* auct., p.p., - *Bunium macuca* auct.

Geóf.-tuber. 1-4 dm. IV-VI. Cultivos y pastizales de umbría sobre ambientes algo alterados. Iberolev. M. 4. (FL, 1878).

XK63, XK64, XK72, XK73, XK81, XK82, XK83, XK87, XK97, XK98, YK07, YK17.

**2. Conopodium majus** (Gouan) Loret in Loret & Barrand., Fl. Montpellier, ed. 2: 214 (1886) subsp. **majus**

≡ *Bunium majus* Gouan, Obs. Bot.: 10 (1773) [basión.]; = *C. denudatum* (DC.) W.D.J. Koch in Nova Acta Acad. Leop.-Carol. 12(1): 118 (1824); - *C. majus* subsp. *denudatum* auct.

Geóf.-tuber. 1-5 dm. IV-VI. Pastizales vivaces húmedos en las áreas más frías y elevadas, sobre suelos silíceos o descarbonatados. Medit.N-Atlánt. RR. 4. (SL, 2000).

**XK97**: Alcalá de la Selva, hacia Collado de la Gitana. **YK07**: Valdelinares, pr. Morrón del Bolage.

**3. Conopodium pyrenaeum** (Loisel.) Miégev. in Bull. Soc. Bot. Fr. 21: xxxii (1874)

≡ *Bunium pyrenaeum* Loisel., Fl. Gall. 1: 161 (1806) [basión.]; = *C. bourgaei* Coss., Not. Pl. Crit. 2: 110 (1851); = *C. majus* subsp. *bourgaei* (Coss.) Rivas Goday & Borja in Anales Inst. Bot. Cav. 19: 427 (1961)

Geóf.-tuber. 1-4 dm. V-VII. Robledales, pinares albares y orlas forestales sobre suelo silíceo o no carbonatado. Iberoatl. R. 4. (PAU, 1891).
XK63, XK64, XK96, XK97, XK99, YK06, YK07, YK08.

4. **Conopodium subcarneum** (Boiss. & Reut.) Boiss., Voy. Bot. Esp. 2: 736 (1845)
≡ *Bunium subcarneum* Boiss. & Reut., Diagn. Pl. Nov. Hisp.: 25 (1842) [basión.]; ≡ *C. capillifolium* subsp. *subcarneum* (Boiss. & Reut.) Laínz in Bol. Inst. Estud. Astur., Supl. Ci. 15: 29 (1970); = *C. brachycarpum* Boiss. ex Lange in Vidensk. Meddel. Dansk Naturh. Foren. Kjobenh. 1865: 44 (1866); - *C. capillifolium* auct.,

Geóf.-tuber. 2-5 dm. V-VII. Bosques caducifolios o mixtos y herbazales de sus orlas y entorno. Iberoatl. R. 4. (PAU, 1896).
XK64, XK75, XK78, YK07, YK25, YK26.

3.87.13. **CORIANDRUM** L. (1 esp.)

1. **Coriandrum sativum** L., Sp. Pl.: 256 (1753) (*cilantro, coriandro*)
Teróf.-esc. 2-6 dm. V-VII. Campos de secano, herbazales subnitrófilos. Planta originaria de Orinte Medio, cultivada como condimento y a veces asilvestrada en zonas rurales y agrícolas. RR. 2. (MATEO & LOZANO, 2011).

3.87.14. **DAUCUS** L. (2 esp., 3 táx.)

1a. **Daucus carota** L., Sp. Pl.: 242 (1753) subsp. **carota** (*zanahoria silvestre*)
- *D. maximus* auct., - *D. carota* subsp. *maximus* auct.; - *D. carota* subsp. *maritimus* auct.
Hemic.-bien. 3-8 dm. V-X. Pastizales vivaces desde relativamente secos a bastante húmedos, siempre algo alterados. Subcosmop. CC. 1. (R & B, 1961). TC.

1b. **Daucus carota** subsp. **cantabricus** A. Pujadas in Anales Jard. Bot. Madrid 59(2): 370 (2002)
Hemic.-bien./esc. 2-8 dm. VII-IX. Pastizales densos y húmedos en áreas frescas de montaña. Iberoatl. NV. 4. (PUJADAS, 2002).
XK96: Alcalá de la Selva, pr. Los Castillejos (PUJADAS, 2002).

2. **Daucus durieua** Lange in Willk. & Lange, Prodr. Fl. Hisp. 3: 23 (1874)
Teróf.-esc. 1-3 dm. V-VII. Pastizales secos anuales en medios arenosos alterados. Medit.-occid. NV. 3. (RP, 2002).
YK27: Mosqueruela, La Barraca (RP, 2002).

3.87.15. **ERYNGIUM** L. (1 esp.)

1. **Eryngium campestre** L., Sp. Pl.: 233 (1753) (*cardo corredor*)

Hemic.-esc. 15-40 cm. VI-VIII. Matorrales y pastizales antropizados o muy pastoreados. Paleotemp. CC. 1. (R & B, 1961). TC.

3.87.16. **FERULA** L. (1 esp.)

1. **Ferula communis** L., Sp. Pl.: 246 (1753) subsp. **catalaunica** (Pau ex C. Vic.) Sánchez Cuxart & Bernal in Acta Bot. Barcinon. 45: 236 (1998) (*cañaferla*)
≡ *F. communis* var. *catalaunica* Pau ex C. Vic. in Bol. Soc. Arag. Ci. Nat. 10: 98 (1911) [basión.]; = *F. hispanica* Rouy in Bull. Soc. Bot. Fr. 31: 39 (1884); - *F. communis* subsp. *communis* auct.
Hemic.-esc. 1-2 m. VI-VII. Matorrales y pastizales secos sobre terrenos calizos, margosos o yesosos, en áreas de altitud moderada. Medit.-occid. R. 3. (RP, 2002).
XK55: Cascante del Río, valle del río Camarena hacia Villel. XK65: Cubla, barranco del Horcajo. XK74: Sarrión (AFA). YK29: Mirambel, hacia Puente Vallés (RP, 2002).

3.87.17. **FOENICULUM** Mill. (1 esp.)

1. **Foeniculum vulgare** Mill., Gard. Dict. ed. 8: nº 1 (1768) (*hinojo*)
≡ *Anethum foeniculum* L., Sp. Pl.: 263 (1753) [syn. subst.]; = *A. piperitum* Ucria in Arch. Bot. (Roemer) 1(1): 68 (1796); = *F. piperitum* (Ucria) Sweet, Hort. Brit.: 187 (1826); = *F. vulgare* subsp. *piperitum* (Ucria) Cout., Fl. Portugal: 450 (1913); - *F. officinale* auct.
Hemic.-esc. 5-20 dm. VII-X. Cunetas y terrenos baldíos en áreas de poca altitud. Circun-Medit. M. 1. (SL, 2000).
XK52, XK54, XK55, XK62, XK64, XK65, XK71, XK75, XK76, XK77, XK81, XK82, XK83, XK84, XK85, XK86, XK93, XK94, XK95, XK96, YK03, YK04, YK05, YK15, YK27, YK28, YK29, YK37, YL00, YL10, YL20.

3.87.18. **GUILLONEA** Coss. (1 esp.)

1. **Guillonea scabra** (Cav.) Coss., Not. Pl. Crit. 2: 110 (1851)
≡ *Laserpitium scabrum* Cav., Icon. Descr. Pl. 2: 72 (1793) [basión.]
Hemic.-esc. 3-10 dm. VII-IX. Matorrales y pastizales vivaces secos sobre calizas en zonas de baja altitud. Iberolev. R. 4. (PAU, 1888).
XK62: Arcos de las Salinas, arroyo Torrijano. YK04: Olba, pr. Los Pertegaces. YK05: Noguerelas, El Bolaje.

3.87.19. **HERACLEUM** L. (1 esp.)

1. **Heracleum sphondylium** L., Sp. Pl.: 249 (1753) (*ursina*)
Hemic.-esc. 6-18 dm.VI-VIII. Bosques caducifolios, sobre todo ribereños. Existe una transición entre ejemplares atribuibles al tipo (subsp. *sphondylium*), provistas de hojas inferiores divididas en 5-7 segmentos más o menos profundamente recortados y a la subsp. *granatense* (Boiss.) Briq. in Candollea 2: 24 (1924) 33790 [≡ *H. granatense* Boiss, Elench. Pl. Nov.: 49 (1838), basión.; - *H. montanum* auct.; - *H. sphondylium* subsp. *montanum* auct.], de hojas inferiores trifoliadas e

incluso a la subsp. *pyrenaicum* (Lam.) Bonnier & Layens Table Syn. Pl. Vasc. Fr.: 128 (1894) [≡ *H. pyrenaicum* Lam., Encycl. Méth. Bot. 1: 403 (1785), basión.], de hojas inferiores palmeadamente lobuladas pero no divididas en folíolos independientes. Eurosib. M. 3. (ASSO, 1779).

XK63, XK64, XK73, XK74, XK76, XK77, XK86, XK87, XK88, XK89, XK95, XK96, XK97, XK98, XK99, YK05, YK06, YK07, YK08, YK09, YK16, YK17, YK18, YK19, YL00, YL10.

### 3.87.20. HOHENACKERIA Fisch. & C.A. Mey. (1 esp.)

1. **Hohenackeria exscapa** (Steven) Koso-Pol. in Trudy Bot. Sada Imp. Jurevsk Univ. 15: 120 (1914)
≡ *Valerianella exscapa* Steven in Mém. Soc. Nat. Moscou 3: 251 (1812) [basión.]

Teróf.-ros. 1-4 cm. V-VII. Depresiones del terreno que pueden inundarse en invierno estando secas en verano. Medit.-Iranot. RR. 4. (LÓPEZ UDIAS & FABREGAT, 2011).

**XK63**: Arcos de las Salinas, Los Colchanes (LÓPEZ UDIAS & FABREGAT, 2011).

### 3.87.21. LASERPITIUM L. (4 esp.)

1. **Laserpitium gallicum** L., Sp. Pl.: 248 (1753)

Hemic.-esc. 4-8 dm. V-VII. Pedregales calizos en zonas de umbría a cierta altitud. Medit.-sept. M. 4. (FL, 1878).

XK52, XK53, XK62, XK63, XK64, XK65, XK66, XK72, XK73, XK74, XK75, XK76, XK77, XK78, XK82, XK83, XK84, XK86, XK87, XK88, XK89, XK95, XK96, XK97, XK98, XK99, YK05, YK06, YK07, YK08, YK09, YK15, YK16, YK17, YK18, YK19, YK26, YK27, YK28, YK37, YK38, YL00, YL10.

2. **Laserpitium latifolium** L., Sp. Pl.: 248 (1753)

Hemic.-esc. 5-12 dm. VII-IX. Bosques húmedos y sus orlas en ambiente fresco de montaña. Eurosib. R. 5. (ASSO, 1779).

XK87, XK95, XK97, YK05, YK06, YK07, YK08, YK09, YK16, YK17, YK18, YK19, YK27, YL00.

3. **Laserpitium nestleri** Soy.-Will., Obs. Pl. France: 87 (1828)
≡ *Siler nestleri* (Soy.-Will.) Thell. in Monde Pl. 26(153): 4 (1925); = *L. nestleri* subsp. *turolensis* P. Monts. in Bol. Soc. Brot., ser. 2, 47: 307 (1974)

Hemic.-esc. 5-10 dm. VI-VII. Medios umbrosos y frescos de montaña, con frecuencia asociada a paredones calizos a norte. Eurosib. R. 4. (R & B, 1961).

XK87, XK96, XK97, YK06, YK07, YK08, YK09, YK17, YK18, YK19, YK26, YK27, YK28, YL00.

4. **Laserpitium siler** L., Sp. Pl.: 249 (1753)

Hemic.-esc. 5-14 dm. VI-VIII. Terrenos escarpados o pedregosos calcáreos al norte. Eurosib. R. 5. (ASSO, 1779).

XK82, XK87, XK96, XK97, XK98, XK99, YK05, YK06, YK07, YK08, YK09, YK17, YK18, YK19, YK28, YK29, YL00.

### 3.87.22. LIGUSTICUM L. (1 esp)

1. **Ligusticum lucidum** Mill., Gard. Dict. ed. 8: nº 4 (1768) *(turbit)*
= *L. pyrenaeum* Gouan, Obs. Bot.: 14 (1773)

Hemic.-esc. 5-16 dm. VI-VIII. Terrenos pedregosos, cunetas, orlas forestales. Medit.-sept. M. 3. (ASSO, 1781).

XK62, XK63, XK64, XK65, XK72, XK73, XK74, XK75, XK76, XK77, XK78, XK79, XK81, XK82, XK83, XK84, XK86, XK87, XK88, XK89, XK95, XK96, XK97, XK98, YK05, YK06, YK07, YK08, YK09, YK15, YK16, YK17, YK18, YK19, YK26, YK27, YK28, YL00, YL10.

### 3.87.23. MYRRHOIDES Heist. ex Fabr. (1 esp.)

1. **Myrrhoides nodosa** (L.) Cannon in Feddes Repert. 79: 65 (1968)
≡ *Scandix nodosa* L., Sp. Pl.: 257 (1753) [basión.]; ≡ *Chaerophyllum nodosum* (L.) Crantz, Class. Umbel. Emend.: 76 (1767); ≡ *Physocaulis nodosus* (L.) W.D.J. Koch, Syn. Fl. Germ. Helv. ed. 2, 1: 348 (1843)

Teróf.-esc. 3-8 dm. V-VII. Orlas forestales umbrosas. Circun-Medit. R. 3. (ARENAS & GARCÍA, 1993).

XK71, XK72, XK74, XK75, XK81, XK82, XK97, YK08.

### 3.87.24. OENANTHE L. (1 esp.)

1. **Oenanthe lachenalii** C.C. Gmel., Fl. Bad. 1: 678 (1805)
≡ *Oenanthe pimpinelloides* subsp. *lachenalii* (C.C. Gmel.) Rivas Goday & Borja in Anales Inst. Bot. Cav. 19: 426 (1961);- *O. peucedanifolia* auct.; - *O. fistulosa* auct.

Hemic.-esc. 5-12 dm. VII-IX. Juncales y herbazales densos sobre suelos inundables, márgenes de arroyos o regueros húmedos, a veces algo salinos. Euri-Medit. M. 4. (R & B, 1961).

XK62, XK64, XK65, XK73, XK77, XK85, XK86, XK87, XK89, XK94, XK95, XK96, XK97, YK04, YK05, YK06, YL00, YL10.

### 3.87.25. PASTINACA L. (1 esp.)

1. **Pastinaca sativa** L., Sp. Pl.: 267 (1753) subsp. **sylvestris** (Mill.) Rouy & Camus, Fl. Fr. 7: 371 (1901) *(chirivía)*
≡ *P. sylvestris* Mill., Gard. Dict. ed. 8: nº 1 (1768) [basión.]; - *P. opaca* auct.

Hemic.-esc. 4-12 dm. VII-IX. Bosques ribereños y pastizales vivaces húmedos antropizados, sobre todo en zonas de vega. Paleotemp. M. 2. (R & B, 1961). TC.

### 3.87.26. PETROSELINUM Hill (1 esp.)

1. **Petroselinum crispum** (Mill.) Fuss., Fl. Transsilv.: 254 (1866) *(perejil)*
≡ *Apium crispum* Mill., Gard. Dict. ed. 8: nº 3 (1768) [basión.]; = *A. petroselinum* L., Sp. Pl.: 264 (1753); = *P. sativum* Hoffm., Gen. Pl. Umbel.: 73 (1814); - *P. segetum* auct.

Hemic.-bien. 3-8 dm. VI-IX. Cultivado a pequeña escala y accidentalmente naturalizado junto a los huertos y muros de las casas. Paleotemp. R. 1. (MW, 1893).

### 3.87.27. PEUCEDANUM L. (4 esp.)

1. **Peucedanum carvifolia** Crantz ex Vill., Prosp. Hist. Pl. Dauph.: 25 (1779)

≡ *Selinum carvifolia* Crantz, Inst. Rei Herb. 2: 126 (1766) [syn. subst.], non (L.) L. (1762); - *Selinum palustre* auct.; - *Silaus carvifolia* auct.; - *Silaus virescens* auct.; - *Silaus peucedanoides* auct.; - *Seseli peucedanoides* auct.

Hemic.-esc. 2-8 dm. VII-IX. Pastizales vivaces húmedos de montaña. Eurosib. R. 4. (ASSO, 1779).

XK77, XK78, XK97, XK98, YK06, YK07, YK08, YK09, YK17, YK18, YK19, YK28, YL00.

**2. Peucedanum hispanicum** (Boiss.) Endl. ex Walpers in Repert. Bot. Syst. 2: 411 (1843) (*hierba imperial*)

≡ *Imperatoria hispanica* Boiss., Voy. Bot. Esp. 2: 252 (1840) [basión.]; ≡ *Tommasinia hispanica* (Boiss.) Lange in Willk. & Lange, Prodr. Fl. Hisp. 3: 44 (1874)

Hemic.-esc. 5-12 dm. VII-X. Juncales y medios bastante húmedos, generalmente ribereños, en las áreas más bajas o templadas. Iberolev. R. 4. (GM, 1990).

XK52, XK54, XK55, XK62, XK76, XK77, XK84, XK85, XK86, XK94, YK03, YK04.

**3. Peucedanum officinale** L., Sp. Pl.: 245 (1753)

= *P. stenocarpum* Boiss. & Reut., Voy. Bot. Esp. 2: 733 (1845); = *P. bourgaei* Lange in Willk. & Lange, Prodr. Fl. Hisp. 3: 42 (1874); = *P. officinale* subsp. *stenocarpum* (Boiss. & Reut.) Font Quer, Fl. Cardó: 114 (1950)

Hemic.-esc. 4-12 dm. VII-IX. Pastizales meso-xerófilos en terrenos pedregosos o abruptos. Paleotemp. R. 4. (PAU, 1896).

XK62, XK94, XK95, XK97, YK04, YK06, YK29, YK37, YL00.

**4. Peucedanum oreoselinum** (L.) Moench, Meth.: 82 (1794)

≡ *Athamantha oreoselinum* L., Sp. Pl.: 244 (1753) [basión.]

Hemic.-esc. 4-8 dm. Pastizales húmedos, orlas forestales frescas, sobre todo en sustratos silíceos. Eurosib. VI-VIII. R. 4. (ASSO, 1779).

XK95, YK06, YK16, YK18, YK19, YK26, YL00.

**3.87.28. PIMPINELLA** L. (3 esp.)

**1. Pimpinella espanensis** M. Hiroe, Umbell. World: 833 (1979)

≡ *Reutera gracilis* Boiss., Elench. Pl. Nov.: 46 (1838) [syn. subst.]; ≡ *P. gracilis* (Boiss.) Pau in Actas Soc. Esp. Hist. Nat. 21: 3 (1892), non Bisch (1848); = *Reutera puberula* Losc. & Pardo, Ser. Inconf. Pl. Arag.: 44 (1863); - *P. gracilis* subsp. *puberula* auct.

Hemic.-esc. 5-15 dm. VII-IX. Orlas forestales de umbría y pastizales vivaces sobre terreno calizo. Iberolev. M. 4. (PAU, 1896).

XK52, XK53, XK62, XK63, XK64, XK65, XK71, XK72, XK73, XK74, XK75, XK77, XK81, XK82, XK83, XK84, XK85, XK86, XK87, XK93, XK94, XK96, XK97, XK98, YK03, YK04, YK05, YK06, YK07, YK08, YK09, YK15, YK16, YK17, YK18, YK19, YK26, YK27, YK28, YK29, YK37, YL00, YL10, YL20.

**2. Pimpinella major** (L.) Huds., Fl. Angl.: 110 (1762) (*pimpinela mayor*)

≡ *P. saxifraga* var. *major* L., Sp. Pl.: 264 (1753); = *P. magna* L., Mantissa 2: 219 (1771); = *P. siifolia* var. *macrodonta* Pau, Not. Bot. Fl. Esp. 4: 39 (1891); = *P. major* subsp. *macrodonta* (Pau) Rivas Goday & Borja in Anales Inst. Bot. Cav. 19: 429 (1961)

Hemic.-esc. 5-12 dm. VI-VIII. Bosques ribereños y ambientes húmedos muy umbrosos de montaña. Eurosib. R. 4. (ASSO, 1779).

XK87, XK97, XK98, YK06, YK07, YK15, YK16, YK17, YK18, YK26, YL00.

**3. Pimpinella saxifraga** L., Sp. Pl.: 263 (1753) (*saxifraga menor*)

Hemic.-esc. 2-6 dm. VI-VIII. Pastizales vivaces húmedos de montaña y orlas forrstales frescas. R. 4. (ASSO, 1779).

XK96, XK97, YK05, YK06, YK07, YK08, YK16, YK17, YK18, YK19, YK28.

**3.87.29. PRANGOS** Lindl. (1 esp.)

**1. Prangos trifida** (Mill.) Herrnst. & Heyn in Boissiera 26: 58 (1977)

≡ *Cachrys trifida* Mill., Gard. Dict. ed. 8: nº 1 (1768) [basión.]; = *C. laevigata* Lam., Encycl. Méth. Bot. 1: 259 (1783)

Hemic.-esc. 4-12 dm. Orlas forestales y pastos vivaces de montaña sobre calizas. Medit.-occid. R. 4. (SL, 2000).

**XK73**: Manzanera, barranco de los Agrillares. **YK04**: Olba (ARENAS & GARCÍA, 1993).

**3.87.30. PTYCHOTIS** W.D.J. Koch (1 esp.)

**1. Ptychotis saxifraga** (L.) Loret & Barrand., Fl. Montpellier: 283 (1876)

≡ *Seseli saxifragum* L., Sp. Pl.: 261 (1753) [basión.]; = *P. heterophylla* W.D.J. Koch, Gen. Pl. Umbel.: 122 (1824)

Hemic.-esc. 2-6 dm. VII-IX. Terrenos escarpados o pedregosos calizos. Medit.-occid. M. 3. (SENNEN, 1910). TC.

**3.87.31. SANICULA** L. (1 esp.)

**1. Sanicula europaea** L., Sp. Pl.: 235 (1753) (*sanícula*)

Hemic.-esc. 1-4 dm. V-VII. Bosques caducifolios y enclaves particularmente umbrosos en los pinares de montaña. Paleotemp. R. 4. (ASSO, 1779).

XK82, XK87, XK97, YK06, YK07, YK09, YK15, YK16, YK18, YK25, YK26.

**3.87.32. SCANDIX** L. (3 esp.)

**1. Scandix australis** L., Sp. Pl.: 257 (1753) subsp. **australis**

Teróf.-esc. 1-3 dm. IV-VI. Campos de cultivo y herbazales anuales antropizados. Circun-Medit. R. 2. (SL, 2000).

XK63, XK65, XK73, XK74, XK81, XK82.

**2. Scandix pecten-veneris** L., Sp. Pl.: 256 (1753) (*peine de Venus*)

Teróf.-esc. 1-4 dm. IV-VI. Campos de cultivo y herbazales nitrófilos de su entorno. Medit.-Iranot. M. 2. (PAU, 1884). TC.

**3. Scandix stellata** Banks & Sol. in Russell, Nat. Hist. Aleppo, ed. 2, 2: 249 (1794)

= *S. pinnatifida* Vent., Descr. Pl. Jard. Cels.: t. 14 (1800)

Teróf.-esc. 1-3 dm. IV-VI. Terrenos pedregosos calizos. Circun-Medit. NV. 3. (ARENAS & GARCÍA, 1993).
**XK74:** La Puebla de Valverde (AFA). **XK95:** Rubielos de Mora (ARENAS & GARCÍA, 1993).

### 3.87.33. SESELI L. (3 esp.)

**1. Seseli elatum** L., Sp. Pl. ed. 2: 375 (1762)
Hemic.-esc. 4-8 dm. VII-IX. Pastizales vivaces en medios secos o no muy húmedos. Pitarch la menciona de El Maestrazgo. Es de esperar que se encuentre relativamente extendida, pero no la hemos podido localizar. Medit.-occid. NV. 3. (RP, 2002).

**2. Seseli montanum** L., Sp. Pl.: 260 (1753)
- *S. nanun* auct.
Hemic.-esc. 2-5 dm. VII-X. Pinares de montaña, pastizales vivaces no muy secos. Euri-Medit.-sept. M. 3. (FL, 1878). TC.

**3. Seseli tortuosum** L., Sp. Pl.: 260 (1753)
Hemic.-esc. 3-8 dm. VII-IX. Pastizales vivaces secos, en terrenos margosos, yesosos o salinos. Circun-Medit. R. 3. (PAU, 1888).
XK55, XK65, XK75, XK85, XK94.

### 3.87.34. SISON L. (1 esp.)

**1. Sison amomum** L., Sp. Pl.: 252 (1753)
Hemic.-esc. 5-24 dm. VII-IX. Juncales y medios ribereños siempre húmedos. Eurosib. R. 4. (MATEO & LOZANO, 2010b).
**XK94:** San Agustín, La Hoya. **YK03:** Id., rambla del Barruezo.

### 3.87.35. THAPSIA L. (2 esp.)

**1. Thapsia dissecta** (Boiss.) Arán & Mateo in Flora Montib. 20: 17 (2002)
≡ *T. villosa* var. *dissecta* Boiss., Voy. Bot. Esp. 2: 255 (1840) [basión.]
Hemic.-esc. 3-10 dm. VI-VII. Pastizales vivaces secos en claros de bosques y matorrales bien iluminados. Iberolev. R. 4. (MATEO & LOZANO, 2009).
XK62, XK63, XK64, XK65, XK74, XK75, XK83, XK93, XK94, YK04, YK05.

**2. Thapsia villosa** L., Sp. Pl.: 261 (1753) (*candileja*)
= *T. maxima* Mill., Gard. Dict. ed. 8: nº 2 (1768)
Hemic.-esc. 5-18 dm. V-VII. Pastizales y matorrales secos, principalmente sobre suelo silíceo. Medit.-occid. C. 3. (PAU, 1891).
XK54, XK55, XK62, XK64, XK65, XK66, XK74, XK75, XK76, XK77, XK78, XK82, XK83, XK84, XK85, XK86, XK87, XK94, XK95, XK96, XK98, XL90, YK04, YK05, YK06, YK16, YK19, YK25, YK26, YK29, YL00, YL10.

### 3.87.36. TORDYLIUM L. (1 esp.)

**1. Tordylium maximum** L., Sp. Pl.: 240 (1753) (*tordillo*)
Teróf.-esc. 3-5 dm. V-VII. Orlas forestales umbrosas y algo alteradas o frecuentadas. Euri-Medit. R. 3. (PAU, 1884).
XK94, XK95, YK09, YK28, YL00.

### 3.87.37. TORILIS Adans. (4 esp.)

**1. Torilis arvensis** (Huds.) Link, Enum. Pl. Horti Berol. Alt. 1: 265 (1821)
≡ *Caucalis arvensis* Huds., Fl. Angl.: 98 (1762) [basión.]; = *T. infesta* (L.) Clairv., Man. Herb. Suisse: 78 (1811)
Teróf.-esc. 5-15 cm. IV-VI. Herbazales alterados sobre suelos profundos o algo húmedos. Corresponde a un complejo de formas que parecen concretarse en la zona a las dos más habituales en nuetro país: subsp. *purpurea* (Ten.) Hayek in Feddes Repert. 30(1): 1057 (1927) [≡ *Caucalis purpurea* Ten., Corso Bot. Lezioni, ed. 2, 4: 209 (1823), basión.; ≡ *T. purpurea* (Ten.) Guss., Fl. Sicul. Prodr. 1: 325 (1827); = *T. heterophylla* Guss., Fl. Sicul. Prodr. 1: 326 (1827); = *T. arvensis* subsp. *heterophylla* (Guss.) Thell. in Hegi, Ill. Fl. Mitt.-Eur. 5(2): 1055 (1926)] y subsp. *neglecta* (Spreng.) Thell. in Hegi, Ill. Fl. Mitt.-Eur. 5(2): 1055 (1926) [≡ *T. neglecta* Spreng. in Roem. & Schult., Syst. Veg. 6: 484 (1820), basión.]. Paleotemp. M. 1. (R & B, 1961). TC.

**2. Torilis japonica** (Houtt.) DC., Prodr. 4: 219 (1830)
≡ *Caucalis japonica* Houtt., Natuurl. Hist. 8: 42 (1777) [basión.]
Teróf.-esc. 2-6 dm. V-VII. Orlas forestales frescas y herbazales subnitrófilos en áreas de montaña. Holárt. M. 3. (ARENAS & GARCÍA, 1993).
XK86, XK87, XK96, XK97, XK98, YK06, YK07, YK16, YK17, YK18, YK26, YK27, YK28, YL00.

**3. Torilis leptophylla** (L.) Rchb. f. in Rchb., Icon. Fl. Germ. Helv. 21: 83 (1864)
≡ *Caucalis leptophylla* L., Sp. Pl.: 242 (1753) [basión.]
Teróf.-esc. 1-3 dm. IV-VI. Terrenos baldíos secos, caminos y campos de cultivo. Medit.-Iranot. M. 2. (R & B, 1961).
XK63, XK64, XK65, XK66, XK72, XK73, XK74, XK75, XK76, XK77, XK81, XK82, XK83, XK84, XK93, XK94, XK96, XK97, XK98, YK06, YK07, YK08, YK17, YK27.

**4. Torilis nodosa** (L.) Gaertn., Fruct. Sem. Pl. 1: 82 (1788)
≡ *Tordylium nodosum* L., Sp. Pl.: 240 (1753) [basión.]
Teróf.-esc. 1-4 dm. IV-VII. Herbazales nitrófilos en márges de caminos y terrenos baldíos secos. Medit.-Iranot. M. 2. (L & P, 1866).
XK55, XK62, XK63, XK64, XK73, XK75, XK82, XK83, XK84, XK85, XK86, XK93, XK94, YK03, YK04, YK06, YK16, YK17, YK18, YK19, YK27, YK37, YL00, YL20.

### 3.87.38. TRINIA Hoffm. (1 esp.)

**1. Trinia glauca** (L.) Dumort., Fl. Belg.: 78 (1827)
≡ *Pimpinella glauca* L., Sp. Pl.: 264 (1753) [basión.]; = *T. vulgaris* DC., Prodr. 4: 103 (1830)

Hemic.-esc. 1-3 dm. V-VII. Matorrales y pastos secos sobre calizas. Euri-Medit.N. R. 4. (PAU, 1926).
XK62, XK74, XK76, XK82, XK83, XK93, XL80.

### 3.87.39. TURGENIA Hoffm. (1 esp.)

1. **Turgenia latifolia** (L.) Hoffm., Gen. Pl. Umbel.: 59 (1814)
≡ *Tordylium latifolium* L., Sp. Pl.: 240 (1753) [basión.]; ≡ *Caucalis latifolia* (L.) L., Mantissa 2: 350 (1771)
Teróf.-esc. 1-4 dm. IV-VII. Campos de secano y sus ribazos. Paleotemp. R. 2. (R & B, 1961). TC.

## 3.88. URTICACEAE (*Urticáceas*) (2 gén)

### 3.88.1. PARIETARIA L. (1 esp.)

1. **Parietaria judaica** L., Fl. Palaest.: 32 (1756) (*parietaria*)
= *P. diffusa* Mert. & Koch in Röhling, Deutschl. Fl. ed. 3, 1: 827 (1823); - *P. officinalis* auct.
Hemic.-esc. 2-5 dm. II-X. Muros y terrenos baldíos adyacentes en áreas de baja altitud. Circun-Medit. M. 1. (R & B, 1961).
XK55, XK84, XK85, XK86, XK94, XK95, YK03, YK04, YK05, YK06, YK26, YK27, YK28, YK29, YK37, YL00, YL10, YL20.

### 3.88.2. URTICA L. (2 esp.)

1. **Urtica dioica** L., Sp. Pl.: 984 (1753) (*ortiga mayor, ortiga blanca*)
Hemic.-esc. 4-14 dm. V-IX. Terrenos alterados o antropizados no muy secos de toda índole. Subcosmop. C. 1. (R & B, 1961). TC.

2. **Urtica urens** L., Sp. Pl.: 984 (1753) (*ortiga menor*)
Teróf.-esc. 1-3 dm. IV-VII. Estercoleros, basureros o campos muy abonados en zonas no muy elevadas. Subcosmop. R. 1. (RP, 2002).
XK71, XK74, XK86, XK94, XK95, YK04, YK05, YK27, YK28, YK29, YL10, YL20.

## 3.89. VALERIANACEAE (*Valerianáceas*) (3 gén.)

### 3.89.1. CENTRANTHUS DC. (3 esp.)

1. **Centranthus angustifolius** (Mill.) DC. in Lam. & DC., Fl. Franç. ed. 3, 4: 239 (1805) [≡ *Valeriana angustifolia* Mill., Gard. Dict. ed. 8: nº 4 (1768), basión.] subsp. **lecoqii** (Jord.) Br.-Bl., Cat. Fl. Aigoual: 293 (1933)
≡ *C. lecoqii* Jord., Pug. Pl. Nov.: 76 (1852) [basión.]
Caméf.-sufr. 2-8 dm. VI-VII. Pedregales calizos y terrenos escarpados, sobre terrenos calizos. Medit.-noroccid. M. 3. (PAU, 1884).
XK62, XK63, XK64, XK65, XK73, XK74, XK75, XK82, XK83, XK87, XK94, XK96, XK97, YK04, YK06, YK09, YK19, YK26, YK27, YK37, YL00, YL10, YL11.

2. **Centranthus calcitrapae** (L.) Dufresne, Hist. Nat. Méd. Farm. Valér.: 39 (1811)
≡ *Valeriana calcitrapae* L., Sp. Pl.: 31 (1753) [basión.]

Teróf.-esc. 5-30 cm. IV-VI. Pastizales anuales sobre suelos someros, a veces rocosos o pedregosos. Circun-Medit. M. 2. (PAU, 1884).
XK52, XK53, XK54, XK55, XK62, XK63, XK64, XK65, XK71, XK72, XK73, XK74, XK75, XK78, XK81, XK82, XK83, XK84, XK87, YK04, YL00, YL10.

3. **Centranthus ruber** (L.) DC. in Lam. & DC., Fr. Franç. ed. 3, 4: 239 (1805) (*valeriana roja*)
≡ *Valeriana rubra* L., Sp. Pl.: 31 (1753) [basión.]
Caméf.-sufr. 3-8 dm. III-VI. Cultivada como ornamental y a veces asilvestrada en muros y descampados de los pueblos y su entorno. R. 1. (ASSO, 1779).

### 3.89.2. VALERIANA L. (3 esp.)

1. **Valeriana officinalis** L., Sp. Pl.: 31 (1753) (*valeriana*)
Hemic.-esc. 5-12 dm. V-VII. Pastizales vivaces húmedos, márgenes de arroyos de montaña. Eurosib. R. 4. (ASSO, 1779).
XK64, XK87, XK96, XK97, YK06, YK07, YK08, YK09, YK17, YK18, YK19, YK28, YL00.

2. **Valeriana montana** L., Sp. Pl.: 32 (1753) subsp. **tarraconensis** (Pau) Devesa, J. López, Vázq. Pardo & R. Gonzalo in Lagascalia 25: 258 (2005)
≡ *V. tripteris* var. *tarraconensis* Pau in Treb. Inst. Catal. Hist. Nat. 1: 31 (1915); - *V. tripteris* auct.
Hemic.-esc. 1-4 dm. V-VII. Medios rocosos o escarpados particularmente húmedos o umbrosos. Eurosib. R. 5. (FL, 1878).
YK09: Pitarque, Ojos del río Pitarque. YK19: Villarluengo, río Palomita. YK27: Mosqueruela, barranco de los Tilos (RP, 2002).

3. **Valeriana tuberosa** L., Sp. Pl.: 33 (1753)
Hemic.-esc. 1-3 dm. IV-VI. Pastizales vivaces sobre suelos poco profundos. Euri-Medit.-sept. M. 3. (PAU, 1887).
XK63, XK64, XK65, XK72, XK73, XK74, XK75, XK77, XK78, XK79, XK81, XK82, XK83, XK84, XK87, XK89, XK96, XK97, XK98, XK99, YK05, YK06, YK07, YK08, YK09, YK16, YK17, YK18, YK19, YK26, YK27, YK28, YL00.

### 3.89.3. VALERIANELLA Mill. (8 esp.)

1. **Valerianella carinata** Loisel., Not. Pl. Fr.: 149 (1810)
Teróf.-esc. 5-20 cm. IV-VI. Pastizales secos anuales en terrenos despejados. Circun-Medit. R. 2. (RP, 2002).
YK19: Tronchón, pr. nacimiento del río Palomita. YK38: Iglesuela del Cid, rambla de las Truchas.

2. **Valerianella coronata** (L.) DC. in Lam. & DC., Fl. Franç. ed. 3, 4: 241 (1805)
≡ *Valeriana locusta* var. *coronata* L., Sp. Pl.: 34 (1753) [basión.]; = *V. divaricata* Lange in Vidensk. Meddel. Dansk Naturh. Foren. Kjobenh. 1861: 61 (1861); = *V. pumila* (L.) DC. in Lam. & DC., Fl. Franç. ed. 3, 4: 242 (1805)
Teróf.-esc. 1-3 dm. IV-VI. Pastizales secos anuales sobre terrenos pastoreados o alterados. Holárt. M. 2. (SL, 2000).

XK62, XK64, XK74, XK78, XK81, XK82, XK83, YK17.

**3. Valerianella dentata** (L.) Pollich., Hist. Pl. Palat. 1: 30 (1776)

≡ *Valeriana locusta* var. *dentata* L., Sp. Pl.: 34 (1753) [basión.]; = *V. rimosa* Bast. in J. Bot. (Desv.) 3: 20 (1814); = *V. auricula* DC. in Lam. & DC, Fl. Franç. ed. 3, 5: 492 (1815); = *V. morisonii* (Spreng.) DC., Prodr. 4: 627 (1830)

Teróf.-esc. 5-20 cm. IV-VI. Pastizales secos anuales principalmente sobre arenas silíceas. Paleotemp. M. 2. (SL, 2000).
XK76, XK87, XK98, YK06, YK15, YK17, YK18, YK19, YK28.

**4. Valerianella discoidea** (L.) Loisel., Not. Pl. Fr.: 148 (1810)

≡ *Valeriana locusta* var. *discoidea* L., Sp. Pl. ed. 2: 48 1762) [basión.]; ≡ *V. coronata* subsp. *discoidea* (L.) Rivas Goday & Borja in Anales Inst. Bot. Cav. 19: 477 (1961)

Teróf.-esc. 5-30 cm. IV-VI. Cunetas, barbechos y terrenos baldíos secos. Euri-Medit. M. 2. (SL, 2000).
XK62, XK82, XK83, XK87, XK97, YK06, YK07, YK19.

**5. Valerianella eriocarpa** Desv. in J. Bot. Agric. (Paris) 2: 314 (1809)

Teróf.-esc. 5-35 cm. IV-VI. Campos de secano, terrenos baldíos secos. Euri-Medit. R. 2. (MATEO & LOZANO, 2010b).
**XK78**: El Pobo. Monte Castelfrío.

**6. Valerianella locusta** (L.) Laterr., Fl. Bordel. ed. 2: 39 (1821)

≡ *Valeriana locusta* L., Sp. Pl.: 33 (1753) [basión.]; = *V. olitoria* (L.) Pollich, Hist. Pl. Palat. 1: 30 (1776); = *V. carinata* Loisel., Not. Pl. Fr.: 149 (1810)

Teróf.-esc. 5-30 cm. IV-VI. Pastizales anuales sobre terrenos alterados o muy pastoreados. Holárt. M. 2. (SL, 2000). TC.

**7. Valerianella martinii** Losc., Trat. Pl. Arag. 1: 23 (1876)

≡ *V. echinata* subsp. *martinii* (Losc.) Rivas Goday & Borja in Anales Inst. Bot. Cav. 19: 477 (1961); = *V. willkommii* Freyn ex Willk., Suppl. Prodr. Fl. Hisp.: 71 (1893); = *V. godayana* Fanlo in Anales Inst. Bot. Cav. 32: 155 (1975)

Teróf.-esc. 5-25 cm. IV-VI. Claros de matorrales secos, pastizales anuales sobre terrenos baldíos. Iberolev. R. 3. (MW, 1893).
XK64, XK82, XK88, XK89, XK97, XK99, YK06, YK07, YK16.

**8. Valerianella multidentata** Losc. & Pardo, Ser. Inconf. Pl. Arag.: 49 (1863)

Teróf.-esc. 5-15 cm. IV-VI. Pastizales secos anuales sobre terrenos alterados. Medit.-occid. NV. 3. (MW, 1893).
**XK64**: Valacloche (MW, 1893).

## 3.90. VERBENACEAE (*Verbenáceas*) (1 gén)

### 3.90.1. VERBENA L (1 esp.)

**1. Verbena officinalis** L., Sp. Pl.: 20 (1753) (*verbena*)

Hemic.-esc. 3-8 dm. VII-IX. Juncales y herbazales húmedos alterados. Cosmop. C. 2. (R & B, 1961). TC.

## 3.91. VIOLACEAE (*Violáceas*) (1 gén.)

### 3.91.1. VIOLA L (12 esp.)

**1. Viola alba** Besser, Prim. Fl. Galiciae Austriac. 1: 171 (1809)

= *V. scotophylla* Jord., Pug. Pl. Nov.: 16 (1852); = *V. alba* subsp. *scotophylla* (Jord.) Nyman, Consp. Fl. Eur.: 78 (1878); = *V. dehnhardtii* Ten., Ind. Sem. Horti Neap. 1830: 12 (1830); *V. alba* subsp. *dehnhardtii* (Ten.) W. Becker in Ber. Bayer. Bot. Ges. 8(2): 257 (1902)

Hemic.-ros. 5-15 cm. II-V. Medios forestales y sus orlas sombreadas en altitudes moderadas. Circun-Medit. M. 2. (R & B, 1961).
XK52, XK54, XK55, XK62, XK63, XK64, XK65, XK71, XK72, XK73, XK74, XK75, XK77, XK81, XK82, XK83, XK84, XK85, XK86, XK87, XK93, XK94, XK95, XK96, XK98, YK03, YK04, YK05, YK06, YK07, YK08, YK15, YK18, YK19, YK27, YK28, YK29, YK37, YK38, YL00, YL10, YL20.

**2. Viola arvensis** Murray, Prodr. Stirp. Götting.: 73 (1770)

- *V. tricolor* auct., - *V. tricolor* subsp. *arvensis* auct.

Teróf.-esc. 1-4 dm. III-VI. Cultivada como ornamental y a veces subespontánea en herbazales anuales antropizados. Paleotemp. NV. 2. (R & B, 1961).

**3. Viola canina** L., Sp. Pl.: 934 (1753)

Hemic.-esc. 1-3 dm. III-VI. Robledales y pinares sobre suelo silíceo, a veces en medios rocosos o pedregosos sombreados. Paleotemp. R. 4. (SL, 2000).
XK64, XK82, XK97, YK15, YK16, YK18, YK19, YK25, **YK26**.

**4. Viola hirta** L., Sp. Pl.: 934 (1753)

Hemic.-ros. 5-20 cm. III-V. Bosques de montaña y pastizales vivaces sombreados. Euri-Eurosib. R. 3. (SL, 2000).
XK96, XK97, XK98, YK06, YK07, YK16, YK19, YK28.

**5. Viola kitaibeliana** F.W. Sch. in Roem. & Schult., Syst. Veg. 5: 383 (1819)

≡ *V. arvensis* subsp. *kitaibeliana* (F.W. Sch.) Mateo & Figuerola, Fl. Analít. Prov. Valencia: 369 (1987); = *V. tricolor* subsp. *minima* (Gaudin) Schinz & Thell. in Schinz & R. Keller, Fl. Schweiz, ed. 4, 1: 460 (1923)

Teróf.-esc. 3-15 cm. III-V. Pastizales anuales en ambientes despejados pero no muy soleados. Paleotemp. M. 3. (SL, 2000). TC.

**6. Viola odorata** L., Sp. Pl.: 934 (1753) (*violeta común*)

Hemic.-ros. 5-20 cm. II-V. Cultivada como ornamental desde antiguo y con frecuencia naturalizada cerca de las zonas habitadas. Paleotemp. R. 2. (SL, 2000).

**7. Viola pyrenaica** Ramond ex DC. in Lam. & DC., Fl. Franç. ed. 3, 4: 803 (1805)

Hemic.-ros. 4-12 cm. III-VI. Pastizales húmedos sobre suelo turboso. Eurosib.-merid. RR. 5. (GM, 1992).
**XK97**: Alcalá de la Selva, pr. Peñarroya. **YK07**: Valdelinares, rambla de Mal Burgo. **YK17**: Mosqueruela, Las Valtuertas (RP, 2002).

**8. Viola reichenbachiana** Jord. ex Boreau, Fl. Centre Fr. ed. 3, 2: 78 (1857)
Hemic.-esc. 1-3 dm. III-VI. Medios forestales frescos de montaña. Eurosib. R. 4. (NC).
**XK96**: Mora de Rubielos, hacia Linares. **XK97**: Alcalá de la Selva, barranco de Valdespino. **YK18**: Cantavieja, Puerto de la Tarayuela.

**9. Viola riviniana** Rchb., Iconogr. Bot. Pl. Crit. 1: 81 (1823)
- *V. sylvestris* auct.; - *V. sylvatica* auct.; - *V. canina* subsp. *sylvestris* auct.; - *V. reichenbachiana* auct.
Hemic.-esc. 5-25 cm. III-VI. Pinares húmedos y bosques caducifolios de montaña. Eurosib. M. 3. (PAU, 1888).
XK63, XK64, XK65, XK72, XK73, XK74, XK82, XK83, XK86, XK87, XK96, XK97, XK98, YK05, YK06, YK07, YK08, YK09, YK17, YK18, YK19, YK26, YK27, YK28, YK29, YK38, YL00, YL10.

**10. Viola rupestris** F.W. Schmidt in Abh. Böhm. Ges. Wiss. ser. 2, 1: 60 (1791)
≡ *V. canina* subsp. *rupestris* (F.W. Schmidt) Rivas Goday & Borja in Anales Inst. Bot. Cav. 19: 379 (1961); = *V. arenaria* DC. in Lam. & DC. Fl. Franç. ed. 3, 4: 806 (1805)
Hemic.-ros. 4-12 cm. IV-VI. Medios rocosos y pedregosos, pastizales sobre suelos someros. Eurosib.-merid. M. 3. (PAU, 1885). TC.

**11. Viola suavis** Bieb., Fl. Taur.-Cauc. 3: 164 (1819)
= *V. sepincola* Jord., Obs. Pl. Crit. 7: 8 (1849); = *V. segobricensis* Pau in Seman. Farmac. 16: 268 (1888); = *V. reverchonii* Willk. ex Debeaux in Rev. Bot. Bull. Mens. 13: 345 (1895)
Hemic.-ros. 5-15 cm. II-V. Bosques aclarados o algo alterados y herbazales sombreados de sus orlas. Holárt. M. 3. (PAU, 1887). TC.

**12. Viola willkommii** R. Roem. in Linnaea 25: 10 (1852)
Hemic.-esc. 6-25 cm. III-VI. Bosques caducifolios o mixtos de montaña sobre calizas. Iberolev. M. 3. (PAU, 1886).
XK63, XK64, XK65, XK72, XK73, XK74, XK75, XK76, XK77, XK78, XK82, XK83, XK84, XK85, XK86, XK87, XK93, XK94, XK95, XK96, XK97, XK99, YK03, YK04, YK05, YK06, YK07, YK08, YK09, YK15, YK16, YK17, YK18, YK19, YK26, YK27, YK28, YK29, YK37, YL00, YL10, YK20.

*Híbridos* (3 esp.)
**1. Viola × burnatii** Gremli, Exkursionsfl. Schweiz, ed. 3: 89 (1878) (*riviniana × rupestris*)
Hemic.-esc. 5-20 cm. III-V. Orlas forestales frescas. Eurosib. R. 3. (MATEO & LOZANO, 2010b).
**YK07**: Valdelinares, collado de la Gitana. **YK08**: Fortanete, pr. Los Acebares.

**2. Viola × nemenyana** J. Wagner in Magyar. Bot. Lapok., 12: 33 (1913) (*rupestris × suavis*)

Hemic.-esc. 5-15 cm. III-V. Medios sombreados algo antropizados. Eurosib. R. (NC).
**YL00**: Villarluengo, Mas de los Ciegos.

**3. Viola × sp.** (*rupestris × willkommii*)
No tenemos constancia de que este híbrido haya sido descrito como tal, pero sí de su presencia en las muchas zonas en que estas especies contactan en nuestro territorio.
**XK73**: Torrijas, pr. Fuente de la Torre. **XK27**: Mosqueruela, arroyo Majo. **YK05**: Nogueruelas, Sierra de Férriz.

## 3.92. VISCACEAE (*Viscáceas, Lorantáceas p.p.*) (2 gén)

### 3.92.1. ARCEUTHOBIUM Bieb. (1 esp.)

**1. Arceuthobium oxycedri** (DC.) Bieb. Fl. Taur.-Cauc. 3: 629 (1819)
≡ *Viscum oxycedri* DC. in Lam. & DC., Fl. Franç. ed. 3, 5: 274 (1815) [basión.]
Faner.-epíf. 1-8 cm. VI-IX. Hierba verdeamarillenta, parásita sobre enebros y sabinas, principalmente sobre *Juniperus communis*, a los que debilita y puede llegar a matar en condiciones de sequía y otras adversidades añadidas. Holárt. M. 3. (PAU, 1887).
XK53, XK62, XK63, XK64, XK65, XK67, XK71, XK72, XK73, XK74, XK75, XK77, XK82, XK83, XK84, XK85, XK86, XK87, XK93, XK94, XK95, XK96, XK97, XK98, YK05, YK06, YK07, YK08, YK15, YK16, YK17, YK26, YK27, YK29, YL00, YL10.

### 3.92.2. VISCUM L. (1 esp.)

**1. Viscum album** L., Sp. Pl.: 1023 (1753) subsp. **austriacum** (Wiesb. ex Dichtl.) Vollmann, Fl. Bayern: 212 (1914) (*muérdago, visco*)
≡ *V. austriacum* Wiesb. ex Dichtl., Deutsch. Bot. Monatsschr. 2: 154 (1884) [basión.]; - *V. album* subsp. *laxum* auct.
Faner.-epíf. 1-3 dm. IV-VI. Parásito sobre las ramas de los pinos. Bastante más grande y vistoso que el anterior, su presencia resulta mucho más evidente, incómoda para el hospedante pero raras veces letal. Paleotemp. M. 3. (R & B, 1961).
XK62, XK63, XK64, XK72, XK73, XK74, XK82, XK83, XK96, XK97, XK98, YK05, YK06, YK07, YK08, YK09, YK16, YK17, YK18, YK19, YK26, YK27, YK28, YK37.

## 3.93. VITACEAE (*Vitáceas*) (2 gén.)

### 3.93.1. PARTHENOCISSUS Planchon (1 esp.)

**1. Parthenocissus quinquefolia** (L.) Planchon in A. DC & DC., Monogr. Phan. 5: 448 (1887) (*viña virgen*)
≡ *Hedera quinquefolia* L., Sp. Pl.: 202 (1753) [basión.]
Faner.-escand. 1-5 m. V-VI. Cultivada como ornamental en muros y verjas, pudiendo asilvestrarse eventualmente en sus proximidades. Norteamer. RR. 1. (NC)

### 3.93.2. VITIS L. (2 esp.)

**1. Vitis rupestris** Scheele in Linnaea 21: 591 (1848)

Faner.-escand. 4-2 m. VI-VII. Cultivada en las zonas bajas y más o menos asilvestrad en campos abandonados. Nortemer. R. 1. (LOZANO & MATEO, 2010b).

2. **Vitis vinifera** L., Sp. Pl.: 202 (1753) (*vid*)
Faner.-escand. 1-4 m. VI-VII. Cultivada por sus frutos y con frecuencia asilvestrada en valles fluviales y ribazos cerca de los campos y zonas habitadas a baja altitud. Euri-Medit. R. 2. (RP, 2002).

### 3.94. ZYGOPHYLLACEAE (*Cigofiláceas*) (2 gén.)

#### 3.94.1. PEGANUM L (1 esp.)

1. **Peganum harmala** L., Sp. Pl.: 444 (1753) (*armalá*)
Caméf.-sufr. 2-4 dm. VI-VIII. Terrenos baldíos muy áridos. Solamente detectada en las zonas áridas cercanas a Teruel capital hacia la Sierra de Javalambre. Paleotemp. R. 2. (SENNEN, 1910).

#### 3.94.2. TRIBULUS L (1 esp.)

1. **Tribulus terrestris** L., Sp. Pl.: 387 (1753) (*abrojos*)
Teróf.-rept. 1-4 dm. VI-IX. Caminos y terrenos baldíos transitados. Cosmop. R. 1. (FABREGAT, 1989).
XK64, XK76, XK86, YK27, YK29.

## 4. ANGIOSPERMAS MONOCOTILEDÓNEAS

### 4.1. AGAVACEAE (*Agaváceas*) (1 gén.)

#### 4.1.1. AGAVE L (1 esp.)

1. **Agave americana** L., Sp. Pl.: 323 (1753) (*pitera*)
Hemic.-ros. 1-4 m. VI-VIII. Cultivada como ornamental en las partes más bajas y esporádicamente naturalizada en caminos y cercanías de las zonas habitadas. RR. 1. (PAU, 1885).
**XK94**: Olba, pr. Los Giles. **YK04**: Olba, pr. Los Lucas.

### 4.2. ALISMATACEAE (*Alismatáceas*) (2 gén.)

#### 4.2.1. ALISMA L (2 esp.)

1. **Alisma lanceolatum** With., Arr. Brit. Pl. ed. 3, 2: 362 (1796)
≡ *A. plantago-aquatica* subsp. *lanceolatum* (With.) Arcang., Comp. Fl. Ital.: 709 (1882)
Hidróf.-rad. 3-6 dm. V-IX. Semisumergida en aguas dulces quietas. Subcosm. M. 3. (R & B, 1961).
XK82, XK83, XK85, XK88, XK89, XK94, XK95, XK96, YK04, YK05, YK06, YK07.

2. **Alisma plantago-aquatica** L., Sp. Pl.: 342 (1753) (*llantén de agua*)
- *A. plantago-aquatica* subsp. *latifolium* auct.

Hidróf.-rad. 4-8 dm. V-IX. Cauces y márgenes de ríos, arroyos o acequias. Cosmop. R. 3. (PAU, 1884).
XK82, XK85, XK88, XK96, XK97, YK03, YK04, YK28.

#### 4.2.2. DAMASONIUM Mill. (1 esp.)

1. **Damasonium polyspermum** Coss., Not. Pl. Crit. 1: 47 (1849)
≡ *D. alisma* subsp. *polyspermum* (Coss.) Maire in Jahand. & Maire, Cat. Pl. Maroc 1: 22 (1931); - *D. stellatum* auct.; - *Alisma damasonium* auct.; - *D. alisma* auct.
Hidróf.-rad. 4-12 cm. V-VII. Ambientes cenagosos fluctuantes, márgenes de lagunazos estacionales. Circun-Medit. NV. 4. (R & B, 1961).
**YK06**: Linares de Mora, La Cespedosa (R & B, 1961).

### 4.3. AMARYLLIDACEAE (*Amarilidáceas*) (3 gén.)

#### 4.3.1. GALANTHUS L (1 esp.)

1. **Galanthus nivalis** L., Sp. Pl.: 288 (1753)
Geóf.-bulb. 5-25 cm. II-IV. Bosques caducifolios y sus orlas umbrosas. Eurosib. R. 5. (ASSO, 1781).
XK77, XK87, XK97, YK06, YK07, YK17, YK19, YK27.

#### 4.3.2. NARCISSUS L (3 esp) (*narcisos*)

1. **Narcissus bulbocodium** L., Sp. Pl.: 289 (1753)
- *N. nivalis* auct., - *N. graellsii* auct.
Geóf.-bulb. 4-14 cm. II-V. Pastizales vivaces algo húmedos sobre suelo silíceo. Euri-Medit.-occid. NV. 3. (R & B, 1961).

2. **Narcissus assoanus** Dufour in Schult. & Schult. fil., Syst. Veg. 7: 962 (1830)
= *N. juncifolius* Lag., Elench. Pl.: 13 (1816), non Salisb.; = *N. requienii* M.J. Roemer, Fam. Nat. Syn. Monogr. 4: 236 (1847)
Geóf.bulb. 1-3 dm. III-IV. Matorrales y pastizales secos sobre calizas a baja altitud. Medit.-occid. Se conoce de zonas periféricas contiguas, siendo muy probable su presencia en el territorio. NV. 3.

3. **Narcissus pseudonarcissus** L., Sp. Pl.: 289 (1753) subsp. **eugeniae** (Fern. Casas) Fern. Casas in Fontqueria 4: 27 (1983)
≡ *N. eugeniae* Fern. Casas in Fontqueria 1: 11 (1982)
Geóf.-bulb. 15-35 cm. III-V. Pastizales vivaces húmedos, repisas de roquedos y terrenos escarpados. Iberolev. R. 5. (FL, 1878).
XK97, YK06, YK07, YK08, YK17.

#### 4.3.3. STERNBERGIA Waldst. & Kit. (1 esp.)

1. **Sternbergia colchiciflora** Waldst. & Kit., Pl. Rar. Hung. 2: 172 (1804)
Geóf.-bulb. 5-10 cm. IX-X. Pastizales secos y despejados en ambiente continental. Medit.-sept. NV. 4. (NC).
**XK64**: Camarena de la Sierra, Sierra de Javalambre (*Corbín & Criado*, VAL).

## 4.4. ARACEAE (Aráceas) (1 gén.)

### 4.4.1. ARUM L. (1 esp.)

**1. Arum italicum** Mill., Gard. Dict. ed. 8: nº 2 (1768)
Geóf.-riz. 4-8 dm. IV-V. Medios ribereños y ambientes umbrosos antropizados a baja altitud. Circun-Medit. RR. 3. (R & B, 1961).
**YL00:** Villarluengo, pr. Montoro. **YK29:** Mirambel (RP, 2002).

## 4.5. CYPERACEAE (Ciperáceas) (7 gén.)

### 4.5.1. BLYSMUS Panz. ex Schult. (1 esp.)

**1. Blysmus compressus** (L.) Panz. ex Likn, Hort. Berol. 1: 278 (1827)
Geóf.-riz. 1-3 dm. V-IX. Medios turbosos o aguanosos sobre todo en terrenos calizos. La mención que se hace de la especie en la zona no es improbable en el contexto de su distribución ibérica, pero no ha podido ser confirmada por muestras de herbario ni recolecciones posteriores. Paleotemp. NV. 4. (R & B, 1961).

### 4.5.2. CAREX L. (32 esp.)

**1. Carex acutiformis** Ehrh., Beitr. Naturk. 4: 43 (1789)
= *C. paludosa* Good. in Trans. Linn. Soc. London 2: 202 (1794)
Geóf.-riz. 5-10 dm. V-VII. Riberas fluviales y márgenes de acequias o arroyos. Paleotemp. R. 3. (FL, 1883).
XK96, XK97, YK06, YK07.

**2. Carex caryophyllea** Latourr., Chlor. Lugd.: 27 (1785)
= *C. verna* Chaix in Vill., Hist. Pl. Dauph. 2: 204 (1787); - *C. praecox* auct.; - *C. ericetorum* auct.
Geóf.-riz. 5-20 cm. III-V. Pastizales vivaces sobre suelo silíceo algo húmedo. Holárt. M. 3. (LUPPI, 1961).
XK63, XK77, XK78, XK83, XK86, XK87, XK93, XK94, XK96, XK97, YK08, YK17, YK18, YK19, YK26, YK27.

**3. Carex cuprina** (I. Sándor ex Heuff.) Nendtv. ex A. Kern in Verh. Zool. Bot. Ges. Wien 13: 566 (1863)
≡ *C. nemorosa* var. *cuprina* I. Sándor ex Heuff. in Linnaea 31: 662 (1862) [basión.]; ≡ *C. vulpina* subsp. *cuprina* (I. Sándor ex Heuff.) O. Bolòs & Vigo, Fl. Païs. Catal. 4: 251 (2001); = *C. otrubae* Podp. in Publ. Fac. Sci. Univ. Masaryk 12: 15 (1922); - *C. vulpina* subsp. *nemorosa* auct.
Hemic.-cesp. 3-8 dm. IV-VII. Juncales y carrizales en márgenes de ríos y arroyos. Paleotemp. R. 3. (R & B, 1961).
XK77, XK87, XK89, YK04, YK05, YK06, YK07, YK16, YK28.

**4. Carex davalliana** Sm. in Trans. Linn. Soc. London 5: 266 (1800)
- *C. dioica* auct.
Hemic.-cesp. 1-3 dm. IV-VI. Turberas y pastizales muy húmedos sobre substrato básico. Eurosib. R. 4. (L & P, 1866).

XK97, XK98, YK07, YK08, YK16, YK17, YK18, YK19.

**5. Carex demissa** Hornem., Fl. Dan. 8(23): 4 (1808)
= *C. oederi* var. *oedocarpa* Andersson, Pl. Scand. 1: 25 (1849); = *C. viridula* subsp. *oedocarpa* (Andersson) B. Schmid in Watsonia 14: 316 (1983); = *C. flava* subsp. *oedocarpa* (Andersson) P.D. Sell in P.D. Sell & G. Murrell (eds.), Fl. Great Brit. Irel. 5: 363 (1996); - *C. flava* subsp. *oederi* auct.
Hemic.-cesp. 1-4 dm. IV-VII. Medios turbosos o cenagosos en ambientes fríos o de montaña, sobre todo en suelo silíceo. Eurosib. R. 4. (RP, 2002).
**YK28:** Iglesuela del Cid, barranco de la Tosquilla.

**6. Carex distachya** Desf., Fl. Atl. 2: 336 (1799)
= *C. linkii* Schkuhr, Beschr. Riedgr. 2: 39 (1806)
Hemic.-cesp. 1-4 dm. IV-VI. Bosques y matorrales secos sobre terrenos silíceos. Circun-Medit. R. 3. (R & B, 1961).
**XK95:** Rubielos de Mora, hacia Mora (R & B, 1961). **YK06:** Linares (R & B, 1961). **YK16:** Puertomingalvo, Mas de Gasque.

**7. Carex distans** L., Syst. Nat. ed. 10, 2: 1263 (1759)
Hemic.-cesp. 3-8 dm. IV-VI. Juncales y herbazales jugosos en arroyos y vaguadas. Paleotemp. M. 3. (R & B, 1961).
XK62, XK63, XK73, XK77, XK86, XK87, XK93, XK94, XK97, XK99, YK04, YK05, YK06, YK28.

**8. Carex disticha** Huds., Fl. Angl.: 347 (1762)
= *C. intermedia* Good. in Trans. Linn. Soc. London 2: 154 (1794)
Geóf.-riz. 3-8 dm. V-VI. Regueros y hondonadas húmedas. Eurosib. R. 3. (VICIOSO, 1959).
**XK97:** Valdelinares, barranco de la Gitana. **YK07:** Valdelinares, Cuarto del Prado. **YK18:** Cantavieja, puerto de La Tarayuela. **YK19:** Id., Cuarto Pelado.

**9. Carex divisa** Huds., Fl. Angl.: 348 (1762)
= *C. ammophila* Willd., Sp. Pl. 4(1): 226 (1805); = *C. setifolia* Godron in Mém. Compt.-Rend. Soc. Emul. Doubs, ser. 2, 5: 14 (1854); = *C. chaetophylla* Steudel, Syn. Pl. Glum. 2: 187 (1854-55); = *C. divisa* subsp. *ammophila* (Willd.) C. Vic. in Bol. Inst. Forest. Invest. Exp. 79: 41 (1959)
Geóf.-riz. 1-4 dm. IV-VI. Pastizales vivaces en terrenos despejados no muy secos. Paleotemp. M. 2. (R & B, 1961).
XK52, XK62, XK63, XK73, XK74, XK77, XK81, XK82, XK83, XK84, XK85, XK86, XK93, XK94, XK95, XK96, YK04, YK05, YK06, YK07.

**10. Carex divulsa** Stokes, Arr. Brit. Pl. ed. 2, 2: 1035 (1787)
≡ *C. muricata* subsp. *divulsa* (Stokes) Syme in Sowerby, Engl. Bot. ed. 3, 10: 94 (1870); = *C. divulsa* subsp. *leersii* (Kneuck.) W. Koch in Mitt. Bad. Landesver. Naturk. Natursch. 11: 259 (1923)
Hemic.-cesp. 2-5 dm. IV-VI. Herbazales sombreados y orlas forestales. Eurosib. M. 3. (SL, 2000).
XK81, XK82, XK83, XK84, XK85, XK95, XK96, YK04, YK05, YK06, YK08, YK09, YK16, YK18, YK26, YK27, YK28, YK29, YK37, YL00.

**11. Carex echinata** Murray, Prodr. Stirp. Götting.: 76 (1770)
= *C. stellulata* Good. in Trans. Linn. Soc. London 2: 144 (1794)

Hemic.-cesp. 1-4 dm. V-VII. Medios turbosos, márgenes de arroyos en zonas frescas de montaña sobre suelo silíceo. Subcosmop. NV. 4. (RP, 2002).
**YK18**: Cantavieja, barranco del Avellanar (RP, 2002). **YK19**: Ibíd., Muela Monchén (RP, 2002).

**12. Carex elata** All., Fl. Pedem. 2: 272 (1785)
- *C. acuta* auct.

Hemic.-cesp. 4-12 dm. IV-VII. Juncales en márgenes de ríos y arroyos. Euri.-Eurosib. La única mención de la especie es muy antigua y no ha vuelto a ser obaservada en la zona. NV. 4. (ASSO, 1779).
**YK19**: Cantavieja, La Palomita (ASSO, 1779).

**13. Carex flacca** Schreb. Spicil. Fl. Lips.: 178 (1771)
= *C. glauca* Scop., Fl. Carniol. ed. 2, 2: 223 (1772); = *C. serrulata* Biv. ex Spreng., Syst. Veg. 3: 827 (1826); = *C. flacca* subsp. *serrulata* (Biv. ex Spreng.) Greuter in Boissiera 13: 167 (1967)

Geóf.-riz. 1-4 dm. IV-VI. Regueros húmedos, pastizales vivaces sobre suelo temporalmente inundable. Podría corresponder a esta especie la cita de *C. limosa* –ausente en la Cordillera Ibérica- en Cantavieja (ASSO, 1779), pues en esta obra se omite esta frecuente especie. Paleotemp. C. 2. (R & B, 1961). TC.

**14. Carex halleriana** Asso, Syn. Stirp. Arag.: 133 (1779)
(*lastoncillo*)

Hemic.-cesp. 1-4 dm. III-VI. Bosques perennifolios y matorrales de su entorno. Circun-Medit. M. 2. (VICIOSO, 1959). TC.

**15. Carex hirta** L., Sp. Pl.: 975 (1753)

Geóf.-riz. 1-4 dm. V-VII. Regueros húmedos, pastizales vivaces inundables. Paleotemp. R. 3. (FL, 1878).
XK64, XK72, XK74, **XK77,** XK82, XK87, XK95, XK96, XK97, YK05, YK06, YK07, YK08, YK09, YK18, YK19, YK28, YL00, YL10.

**16. Carex hordeistichos** Vill., Hist. Pl. Dauph. 2: 221 (1787)

Hemic.-cesp. 1-3 dm. V-VII. Pastizales vivaces muy húmedos pero frecuentados o alterados. Paleotemp. R. 3. (PAU, 1891).
XK63, XK64, XK67, XK74, XK87, XK97, YK07, YK08, YK17, YK18, YK19.

**17. Carex humilis** Leyss., Fl. Hal.: 175 (1761)

Hemic.-cesp. 5-25 cm. III-V. Matorrales o pastizales vivaces secos y soleados. Paleotemp. C. 2. (R & B, 1961). TC.

**18. Carex lepidocarpa** Tausch in Flora 17: 179 (1834)
≡ *C. flava* subsp. *lepidocarpa* (Tausch) Nyman, Consp. Fl. Eur.: 771 (1879); - *C. flava* auct.; - *C. nevadensis* auct.

Hemic.-cesp. 1-4 dm. V-VII. Pastizales vivaces húmedos, manantiales y regatos. Holárt. M. 3. (R & B, 1961).

XK63, XK77, XK87, XK96, XK97, XK98, XK99, YK06, YK07, YK08, YK17, YK18, YK19, YK28, YL00.

**19. Carex leporina** L., Sp. Pl.: 973 (1753)
= *C. ovalis* Good. in Trans. Linn. Soc. London 2: 148 (1794); = *C. leporina* subsp. *ovalis* (Good.) Maire in Jahand. & Maire, Cat. Pl. Maroc 4: 950 (1941)

Hemic.-cesp. 2-4 dm. V-VII. Cervunales y otros pastizales vivaces densos silicícolas. Eurosib. R. 4. (R & B, 1961).
XK77, XK78, YK06, YK07, YK18.

**20. Carex liparocarpos** Gaudin, Étrennes Fl.: 153 (1804)
= *C. nitida* Host, Icon. Descr. Gram. Austriac. 1: 53 (1801), non Hoppe (1801)

Geóf.-riz. 1-3 dm. IV-VI. Pastizales vivaces de montaña en sustratos someros o pedregosos. Eurosib. NV. 4. (RP, 2002).
**YK27**: Mosqueruela, barranco de Valderagua (RP, 2002).

**21. Carex mairei** Coss. & Germ., Obs. Pl. Crit.: 18 (1840)
= *C. loscosii* Lange in Vidensk. Meddel. Dansk Naturh. Foren. Kjobenh., ser. 2, 9: 223 (1878)

Hemic.-cesp. 2-5 dm. IV-VI. Regueros húmedos y zonas inundables sobre calizas. Medit.-occid. M. 3. (MW, 1893).
XK55, XK62, XK63, XK64, XK73, XK79, XK82, XK83, XK84, XK85, XK93, XK94, XK95, XK97, YK03, YK04, YK05, YK06, YK07, YK15, YK17, XK18, YK26, YK28.

**22. Carex muricata** L., Sp. Pl.: 974 (1753)

Hemic.-cesp. 2-6 dm. IV-VI. Orlas forestales y herbazales umbrosos. Ha sido indicada a través del tipo (subsp. *muricata*) y de la subsp. *pairaei* (F.W. Sch.) Celak in Kvet. Okolí Prag.: 43 (1870) [≡ *C. pairaei* F.W. Sch. in Flora 50: 303 (1868), basión.; - *C. muricata* subsp. *lamprocarpa* auct. - *C. lamprocarpa* auct.]. Paleotemp. M. 3. (R & B, 1961).
XK62, XK63, XK64, XK72, XK73, XK74, XK75, XK81, XK82, XK83, XK84, XK85, XK94, XK95, XK96, XK97, YK03, YK04, YK05, YK06, YK07, YK08, YK17, YK18, YK19, YK27, YK28, YK29, YK37, YK38, YL00.

**23. Carex nigra** (L.) Reichard, Fl. Moeno-Francof. 2: 96 (1778)
≡ *C. acuta* var. *nigra* L., Sp. Pl.: 978 (1753) [basión.]; = *C. fusca* All., Fl. Pedem. 2: 269 (1785); = *C. goodenowii* J. Gay in Ann. Sci. Nat. Bot., ser. 2, 11: 191 (1839); = *C. vulgaris* Fr., Novit. Fl. Suec., Mantissa 3: 153 (1842); - *C. fusca* subsp. *goodenowii* auct.

Geóf.-riz. 1-4 dm. IV-VI. Turberas y pastizales vivaces densos sobre suelos silíceos inundables. Es probable que correspondan a esta especie las citas de ASSO (1779), para la zona de Cantavieja, de las cercanas *C. cespitosa* y *C. acuta*, que no se conocen en Teruel y su entorno. Subcosmop. R. 4. (SL, 2000).
XK97, XK98, XK99, YK07, YK08, YK17, YK18, YK19.

**24. Carex ornithopoda** Willd., Sp. Pl. 4(1): 255 (1805)

Hemic.-cesp. 5-25 cm. IV-VI. Medios forestales umbrosos y húmedos, rincones poco alterados en

ambientes de umbría poco transitados. RR. 5. (MATEO & LOZANO, 2010b).
**YK37:** Mosqueruela, barranco de los Frailes.

25. **Carex panicea** L., Sp. Pl.: 977 (1753)
Geóf.-riz. 1-4 dm. IV-VI. Pastizales vivaces húmedos sobre suelo silíceo. Eurosib. R. 4. (R & B, 1961).
XK96, XK97, YK06, YK07, YK08, YK09, YK19.

26. **Carex paniculata** L., Cent. Pl. 1: 32 (1755)
Hemic.-cesp. 4-10 dm. V-VII. Regueros y hondonadas húmedas en zonas de montaña. Eurosib. R. 4. (GM, 1990).
**YK18:** Cantavieja, La Tarayuela.

27. **Carex pendula** Huds., Fl. Angl.: 352 (1762)
= *C. maxima* Scop., Fl. Carniol. ed. 2, 2: 229 (1772)
Hemic.-cesp. 8-18 dm. V-VIII. Riberas fluviales muy húmedas y bien sombreadas. Paleotemp. R. 4. (GM, 1990).
**XK94:** San Agustín, pr. Molino de la Hoz. **YK04:** Olba, pr. Los Pertegaces. **YK05:** Fuentes de Rubielos, pr. Torre Batán.

28. **Carex pilulifera** L., Sp. Pl.: 976 (1753)
Hemic.-cesp. 1-3 dm. V-VII. Prados turbosos o inundables sobre substrato silíceo en áreas frescas de montaña. Eurosib. RR. 4. (VICIOSO, 1959).
**XK77:** Corbalán, Puerto de Cabigordo. **XK87:** Cedrillas, pr. Valdespino. **YK06:** Linares de Mora, pr. La Cespedosa (R & B, 1961). **YK07:** Valdelinares (R & B, 1961).

29. **Carex remota** L., Fl. Angl.: 24 (1754)
Hemic.-cesp. 3-6 dm. V-VIII. Bosques densos, rincones muy sombreados en medios rocosos silíceos. Eurosib. RR. 5. (MATEO, FABREGAT & LÓPEZ UDIAS, 1995b).
**YK26:** Puertomingalvo, barranco del Monzón.

30. **Carex riparia** Curtis, Fl. Lond. 4: t. 60 (1783)
Hemic.-cesp. 5-15 dm. IV-VI. Forma parte de las densas comunidades graminoides y juncoides que bordean los cursos de agua. Paleotemp. R. 3. (VICIOSO, 1959).
XK77, XK88, XK89, XK97, XK98.

31. **Carex rostrata** Stokes in With., Arr. Brit. Pl. ed. 2, 2: 1059 (1787)
- *C. vesicaria* auct.
Geóf.-riz. 3-10 dm. V-VII. Medios turbosos o encharcados de modo casi permanente sobre substratos silíceos. Holárt. Aparace indicado en el AFA de varios punto de la alta Sierra de Gúdar, donde lo hemos observado. NV. 4. (SL, 2000).

32. **Carex tomentosa** L., Mantissa 1: 123 (1767)

Geóf.-riz. 2-4 dm. IV-VI. Terrenos turbosos, márgenes de arroyos sobre terrenos silíceos. Eurosib. R. 4. (VICIOSO, 1959).
XK77, XK78, XK87, XK88, XK89, XK96, XK97, YK06, YK07, YK08.

4.5.3. **CYPERUS** L. (2 esp.)

1. **Cyperus fuscus** L., Sp. Pl.: 46 (1753)
Teróf.-cesp. 4-20 cm. VII-X. Márgenes de arroyos y acequias en zonas de baja altitud. Paleotemp. R. 2. (R & B, 1961).
**XK95:** Rubielos de Mora, pr. ermita de San Roque. **YK04:** Olba, hacia Los Lucas. **YK06:** Nogueruelas, fuente de la Solana. **YK17:** Mosqueruela, 1450 m (AFA). **YK29:** Mirambel, valle del río Cantavieja.

2. **Cyperus rotundus** L., Sp. Pl.: 45 (1753)
Geóf.-riz. 1-4 dm. VIII-X. Mala hierba de campos de regadío en las áreas de menor altitud. Paleosubtrop. R. 1. (MATEO & LOZANO, 2010a).
**YK04:** Olba, pr. Los Ramones.

4.5.4. **ELEOCHARIS** R. Br. (4 esp.)

1. **Eleocharis acicularis** (L.) Roem. & Schult., Syst. Veg. ed. 15, 2: 154 (1817)
≡ *Scirpus acicularis* L., Sp. Pl.: 48 (1753) [basión.]
Teróf.-cesp. 2-6 cm. VI-VIII. Terrenos fangosos, humedales permanentes. Subcosmop. RR. 3. (NC).
**XK82:** Abejuela, El Gallotero.

2. **Eleocharis palustris** (L.) Roem. & Schult., Syst. Veg. ed. 15, 2: 151 (1817)
≡ *Scirpus palustris* L., Sp. Pl.: 47 (1753) [basión.]
Geóf.-riz. 1-4 dm. IV-VI. Terrenos pantanosos o inundables. Subcosmop. M. 3. (R & B, 1961).
XK72, XK77, XK82, XK83, XK84, XK85, XK87, XK93, XK94, XK95, XK97, XK98, XK99, XL80, XL90, YK03, YK04, YK06, YK07, YK08, YK15, YK16, YK17, YK18, YK19, YK25, YK28, YK29, YL00.

3. **Eleocharis quinqueflora** (Hartm.) O. Schwarz in Mitt. Thür. Bot. Ges. 1: 89 (1949)
≡ *Scirpus quinqueflorus* Hartm., Prima Lin. Inst. Bot.: 85 (1767) [basión.]; = *S. pauciflorus* Lightf., Fl. Scot. 2: 1078 (1777); = *E. pauciflora* (Lightf.) Link, Hort. Berol. 1: 284 (1827)
Geóf.-riz. 5-25 cm. V-VII. Juncales y pastizales densos sobre suelos inundables. Holárt. R. 3. (R & B, 1961).
**XK97:** Gúdar, La Cerrada (R & B, 1961). **YK07:** Valdelinares, barranco de Zoticos. **YK28:** Iglesuela del Cid, rambla de las Truchas.

4. **Eleocharis uniglumis** (Link) Schult., Mantissa Syst. Veg. 2: 88 (1824)
≡ *Scirpus uniglumis* Link in Jahrb. Gew. 1: 77 (1820) [basión.]; ≡ *E. palustris* subsp. *uniglumis* Link Hartm., Svensk Norsk Exc.-Fl.: 10 (1846)
Geóf.-riz. 1-4 dm. VI-IX. Juncales, terrenos fangosos inundados con frecuencia. Holárt. NV. (R & B, 1961).
**XK77:** Sierra de Corbalán (R & B, 1961). **YK06:** Linares de Mora, La Cespedosa (R & B, 1961).

**XK62**: Arcos de las Salinas, pr. fuente de la Risca.

#### 4.5.5. ERIOPHORUM L. (1 esp.)

**1. Eriophorum latifolium** Hoppe, Bot. Taschenb. 1800: 108 (1800)
- *E. polystachyon* auct.

Hemic.-cesp. 2-6 dm. VI-VII. Turberas y pastizales densos muy húmedos sobre substrato básico. Paleotemp. R. 5. (ASSO, 1779).

XK97, XK98, XK99, YK06, YK07, YK08, YK17, YK18, YK19.

#### 4.5.6. SCHOENUS L. (1 esp.)

**1. Schoenus nigricans** L., Sp. Pl.: 43 (1753) (*junquillo negral*)

Hemic.-cesp. 3-6 dm. IV-VI. Pastizales húmedos sobre suelos carbonatados. Paleotemp. M. 3. (R & B, 1961).

XK62, XK85, XK86, XK94, XK95, XKL96, YK04, YK05, YK06, YK08, YK09, YK18, YK28, YL00, YL10.

#### 4.5.7. SCIRPUS L. (4 esp.)

**1. Scirpus cernuus** Vahl, Enum. Pl. 2: 245 (1805)
≡ *Isolepis cernua* (Vahl) Roem. & Schult., Syst. Veg. ed. 15, 2: 106 (1817); = *S. savii* Sebast. & Mauri, Fl. Rom.: 22 (1818)

Teróf.-cesp. 4-14 cm. VI-IX. Pastizales húmedos sobre terrenos alterados, cunetas, etc. Subcosmop. R. 2. (PAU, 1896).

XK93, YK04, YK06, YK17, YK28.

**2. Scirpus holoschoenus** L., Sp. Pl.: 49 (1753) (*junco común*)
≡ *Holoschoenus vulgaris* Link, Hort. Berol. 1: 293 (1827) [syn. Ssbst.]; ≡ *Scirpoides holoschoenus* (L.) Soják in Cas. Nár. Muz., Odd. Prír. 140: 127 (1972); = *S. romanus* (L.) Sp. Pl.: 49 (1753); = *Holoschoenus romanus* (L.) Link, Hort. Berol. 1: 293 (1827); = *S. holoschoenus* subsp. *romanus* (L.) Mateo & Figuerola, Fl. Analít. Prov. Valencia: 369 (1987)

Geóf.-riz. 4-18 dm. VI-VIII. Juncales y ambientes variados bien iluminados sobre suelos profundos con agua freática cercana. Paleotemp. CC. 2. (R & B, 1961). TC.

**3. Scirpus lacustris** L., Sp. Pl.: 48 (1753) (*junco de laguna*)
≡ *Schoenoplectus lacustris* (L.) Palla in Sitzb. Zool.-Bot. Ges. Wien 38: 49 (1888)

Hidróf.-rad./Geóf.-riz. 8-20 dm. V-VII. Propio de cauces y riberas fluviales, lagunas, hondonadas inundables, etc. La única población detectada parace corresponder a la subsp. *lacustris*. Paleotemp. RR. 3. (NC).

**XK89**: Camarillas, río Penilla.

**4. Scirpus maritimus** L., Sp. Pl.: 51 (1753) (*juncia marina*)
≡ *Bolboschoenus maritimus* (L.) Palla in W.D.J. Koch, Syn. Deutschl. Schweiz. Fl. ed. 3, 2: 2532 (1905)

Geóf.-riz. 3-8 dm. V-VII. Depresiones húmedas o regueros de aguas más o menos salinas. Cosmop. RR. 3. (AA, 1985).

#### 4.6. DIOSCOREACEAE (*Dioscoreáceas*) (1 gén.)

#### 4.6.1. TAMUS L. (1 esp.)

**1. Tamus communis** L., Sp. Pl.: 1028 (1753) (*nueza negra*)
Geóf./Faner.-escand. 1-4 m. IV-VI. Bosques y altos matorrales densos y umbrosos en áreas de clima poco riguroso. Paleotemp. R. 4. (R & B, 1961).

**XK94**: San Agustín, pr. Molino de la Hoz. **YL00**: Villarluengo (R & B, 1961).

#### 4.7. GRAMINEAE (POACEAE) (*Gramíneas o Poáceas*) (73 gén.)

##### 4.7.1. ACHNATHERUM Beauv. (1 esp.)

**1. Achnatherum calamagrostis** (L.) Beauv., Agrost.: 19, 146 (1812)
≡ *Agrostis calamagrostis* L., Syst. Nat. ed. 10, 2: 872 (1759) [basión.]; ≡ *Stipa calamagrostis* (L.) Wahlemb., Fl. Helv.: 25 (1813); ≡ *Lasiagrostis calamagrostis* (L.) Link, Hort. Berol. 1: 91 (1827); = *Calamagrostis argentea* Lam. DC. in Lam. & DC., Fl. Franç. ed. 3, 3: 25 (1805)

Hemic.-cesp. 5-15 dm. VI-VIII. Pedregales, cunetas y terrenos escarpados calizos. Medit.-sept. M. 3. (FL, 1885).

XK62, XK63, XK64, XK67, XK73, XK74, XK82, XK83, XK97, XK98, XK99, XL90, YK06, YK07, YK08, YK09, YK16, YK18, YK19, YK27, YK28, YK37, YL00, YL01, YL10, YL20.

##### 4.7.2. AEGILOPS L. (3 esp.)

**1. Aegilops geniculata** Roth, Bot. Abh. Beobacht.: 45 (1787) (*trigo montesino*)
- *A. ovata* auct.

Teróf.-esc. 5-25 cm. IV-VII. Pastizales anuales secos y soleados instalados en en terrenos baldíos, barbechos, etc. Medit.-Iranot. CC. 1. (PAU, 1896). TC.

**2. Aegilops triuncialis** L., Sp. Pl.: 1051 (1753)
Teróf.-esc. 1-4 dm. IV-VII. Campos de secano y terrenos baldíos de su entorno. Euri-Medit. M. 2. (AA, 1985).

XK63, XK72, XK73, XK81, XK82, XK83.

**3. Aegilops ventricosa** Tausch in Flora 20: 108 (1837)
Teróf.-esc. 2-5 dm. V-VII. Pastizales anuales algo sombreados o frescos, sobre suelos de cierta profundidad. Medit.-occid. M. 2. (AA, 1985).

XK62, XK64, XK72, XK73, XK81, XK83, XK87, XK88, XK95, XK96, XK97, YK05, YK06, YK17, YK27, YK28, YK38.

##### 4.7.3. AGROPYRON Gaertn. (1 esp.)

**1. Agropyron cristatum** (L.) Gaertn., Novi Comment. Acad. Sci. Imp. Petrop. 14(1): 540 (1770) [≡ *Bromus cristatus* L., Sp. Pl.: 78 (1753), basión.; ≡ *Eremopyron cristatum* (L.) Willk. in Willk. &

Lange, Prodr. Fl. Hisp. 1: 108 (1861)] subsp. **pectinatum** (Bieb.) Tzvelev Sched. Herb. Fl. URSS 18: 25 (1970)
≡ *Triticum pectinatum* Bieb., Fl. Taur.-Cauc. 1: 87 (1808) [basión.]; = *T. aragonense* Lag., Varied. Ci. 2: 212 (1805)

Hemic.-cesp. 3-8 dm. V-VII. Pastizales secos vivaces, matorrales aclarados en áreas erosionadas sobre substratos margosos o yesosos. Paleotemp. R. 3. (R & B, 1961).
XK54, XK55, XK65, XK84, XK87, XK94, YK08.

## 4.7.4. AGROSTIS L. (4 esp.)

### 1. Agrostis capillaris L., Sp. Pl.: 62 (1753)
= *A. tenuis* Sibth., Fl. Oxon.: 36 (1784); - *A. canina* auct.

Hemic.-cesp. 3-6 dm. V-VIII. Pastizales vivaces húmedos de montaña. A veces se ha mencionado como subsp. *olivetorum* (Godr.) O. Bolòs & al. in Collect. Bot. 17(1): 196 (1987) [≡ *A. olivetorum* Gren. & Godr., Fl. France 3: 483 (1853), basión.]. Holárt. R. 3. (R & B, 1961).
XK64, XK84, XK85, XK95, XK97, YK06, YK07, YK15, YK16, YK17, YK18, YK25, YK26, **YK28**.

### 2. Agrostis castellana Boiss. & Reut., Diagn. Pl. Nov. Hisp.: 26 (1842)
≡ *A. capillaris* subsp. *castellana* (Boiss. & Reut.) O. Bolòs & al. in Collect. Bot. 17(1): 96 (1987)

Geóf.-riz. 3-8 dm. V-VII. Pastizales vivaces no muy húmedos, sobre suelo arenoso silíceo. Circun-Medit. M. 3. (PAUNERO, 1948).
XK64, XK77, XK78, XK82, XK85, XK86, XK87, XK93, XK94, XK95, XK96, XK97, YK04, YK06, YK07, YK15, YK16, YK28.

### 3. Agrostis nebulosa Boiss. & Reut. in Boiss., Diagn. Pl. Nov. Hispan.: 26 (1842)
Teróf.-esc. 5-25 cm. VI-VIII. Pastizales húmedos o inundables en primavera sobre sustratos básicos. Medit.-occid. NV. 3. (R. & B., 1961).

### 4. Agrostis stolonifera L., Sp. Pl.: 62 (1753)
= *A. valentina* Roem. & Schult., Syst. Veg. ed. 15, 2: 348 (1817); = *A. scabriglumis* Boiss. & Reut., Pugill. Pl. Afr. Bor. Hisp.: 125 (1852); = *A. adscendens* Lange in Vidensk. Meddel. Dansk Naturh. Foren. Kjobenh. 1860: 33 (1860); - *A. alba* auct.; - *A. stolonifera* subsp. *alba* auct.; - *A. stolonifera* subsp. *scabriglumis* auct.

Geóf.-riz. 4-8 dm. V-VIII. Pastizales vivaces permanentemente húmedos, juncales ribereños. Holárt. C. 2. (R & B, 1961). TC.

## 4.7.5. AIRA L. (2 esp.)

### 1. Aira caryophyllea L., Sp. Pl.: 66 (1753)
Teróf.-esc./cesp. 4-20 cm. IV-VI. Pastizales secos sobre arenales silíceos soleados. Paleotemp. M. 2. (R & B, 1961).
XK63, XK64, XK77, XK78, XK82, XK83, XK87, XK89, XK96, XK97, XK98, YK06, YK07, YK08, YK15, YK16, YK25, YK26.

### 2. Aira cupaniana Guss., Fl. Sicul. Syn. 1: 148 (1843)

Teróf.-esc. 5-25 cm. IV-VI. Pastizales secos anuales sobre substrato silíceo. Circun-Medit. NV. 3. (R & B, 1961).

## 4.7.6. ALOPECURUS L. (2 esp.)

### 1. Alopecurus arundinaceus Poir. in Lam., Encycl. Méth. Bot. 8: 776 (1808)
≡ *A. pratensis* subsp. *arundinaceus* (Poir.) Husnot, Gram. Fr. Belg.: 5 (1896); = *A. ventricosus* Pers., Syn. Pl. 1: 80 (1805), non (Gouan) Huds., 1778; = *A. castellanus* Boiss. & Reut., Diagn. Pl. Nov. Hisp.: 26 (1842); = *A. salvatoris* Losc., Trat. Pl. Arag. 1: 45 (1876); = *A. pratensis* subsp. *ventricosus* (Pers.) Thell. in Viert. Naturf. Ges. Zürich 52: 436 (1908); - *A. pratensis* subsp. *castellanus* auct.

Hemic.-cesp. 3-10 dm.V-VII. Pastizales vivaces húmedos, juncales, márgenes de ríos y arroyos. Paleotemp. R. 3. (R & B, 1961).
XK63, XK64, XK72, XK73, XK74, XK77, XK78, XK82, XK83, XK84, XK87, XK88, XK89, XK96, XK97, XK98, YK07, YK08, YK17, YK18, YK19.

### 2. Alopecurus myosuroides Huds., Fl. Angl.: 23 (1762)
= *A. agrestis* L., Sp. Pl. ed. 2: 89 (1762)

Teróf.-esc. 3-6 dm. IV-VII. Campos de secano pero que recogen bastante lluvia en primavera. Paleotemp. R. 3. (AA, 1985).
XK62, XK63, XK66, XK72, XK75, XK76, XK82, XK88.

## 4.7.7. ANDROPOGON L. (1 esp.)

### 1. Andropogon distachyos L., Sp. Pl.: 1046 (1753)
≡ *Pollinia distachya* (L.) Spreng., Pl. Min. Cogn. Pugill. 2: 12 (1815)

Hemic.-cesp. 4-10 dm. VII-X. Herbazales vivaces en terrenos secos alterados a baja altitud. Paleosubtrop. RR. 3. (PAU, 1895).
**XK94**: Olba, pr. Los Villanuevas. **YK04**: Olba, pr. Los Ramones.

## 4.7.8. ANTHOXANTHUM L. (2 esp.)

### 1. Anthoxanthum aristatum Boiss., Voy. Bot. Esp. 2: 638 (1842)
Teróf.-esc. 5-15 cm. V-VII. Pastizales anuales sobre terrenos silíceos despejados con cierta humedad primaveral. Medit.-occid. NV. 3. (ASSO, 1779).
**YK18**: Cantavieja (FL, 1878).

### 2. Anthoxanthum odoratum L., Sp. Pl.: 28 (1753)
(*grama de olor*)

Hemic.-esc. 3-8 dm. IV-VII. Orlas forestales y pastizales vivaces húmedos sobre suelo silíceo. Holárt. M. 3. (ASSO, 1779).
XK73, XK77, XK78, XK82, XK83, XK86, XK87, XK96, XK97, XK98, YK06, YK07, YK08, YK15, YK16, YK18, YK19, YK25, YK26.

## 4.7.9. ARRHENATHERUM Beauv. (2 esp.)

### 1. Arrhenatherum album (Vahl) W.D. Clayton in Kew Bull. 16: 250 (1962)
≡ *Avena alba* Vahl, Symb. Bot. 2: 24 (1791) [basión.]; = *A. erianthum* Boiss. & Reut., Pugill. Pl. Afr. Bor. Hisp.: 121

(1852); = *Avena hispanica* Lange in Vidensk. Meddel. Dansk Naturh. Foren. Kjobenh. 1860: 41 (1860); = *A. elatius* subsp. *erianthum* (Boiss. & Reut.) Trab. in Batt. & Trab., Fl. Algér. (Monoc.): 184 (1895)

Hemic.-cesp. 3-10 dm. V-VII. Terrenos pedregosos, pastizales secos. Medit.-occid. M. 2. (PAU, 1892). TC.

## 2. Arrhenatherum elatius (L.) Beauv. ex J. & C. Presl, Fl. Cech.: 17 (1819)

≡ *Avena elatior* L., Sp. Pl.: 79 (1753) [basión.]

Hemic.-esc. 4-15 dm. V-VII. Pastizales vivaces húmedos. Especie compleja y muy polimorfa, de la que se han mencionado en la zona y su entorno tanto el tipo o subsp. *elatius* como la subsp. *bulbosum* (Willd.) Schübler & Martens, Fl. Würtemberg: 70 (1834) [≡ *Avena bulbosa* Willd. in Ges. Naturf. Freunde Berlin Neue Schr. 2: 116 (1799), basión.; ≡ *A. bulbosum* (Willd.) C. Presl, Cyper. Gram. Sic.: 29 (1820)], formando parte de prados vivaces húmedos, y la subsp. *sardoum* (E. Schmidt) Gamisans in Candollea 29: 46 (1974) [≡ *A. elatius* var. *sardoum* E. Schmid in Viert. Naturf. Ges. Zürich 70: 239 (1933), basión.], más propia de medios pedregosos o no muy húmedos. Paleotemp. M. 3. (R & B, 1961). TC.

## 4.7.10. ARUNDO L. (1 esp.)

### 1. Arundo donax L., Sp. Pl.: 81 (1753) (*caña vera*)

Geóf.-riz. 2-5 m. VIII-X. Cañaverales y riberas húmedas algo alteradas, siempre en zonas con clima suave. Subcosmop. R. 2. (SL, 2000).

XK52, XK54, XK55, XK62, XK84, XK85, XK94, XK95, YK03, YK04, YK05, YK29, YL00, YL10, YL20.

## 4.7.11. AVELLINIA Parl. (1 esp.)

### 1. Avellinia michelii (Savi.) Parl., Pl. Nov.: 61 (1842)

≡ *Bromus michelii* Savi, Bot. Etrusc. 1: 78 (1808) [basión.]; ≡ *Vulpia michelii* (Savi) Rchb., Fl. Germ. Excurs.: 140 (1831); ≡ *Koeleria michelii* (Savi) Coss. & Durieu, Expl. Sci. Algér. (Bot.) 2: 120 (1855)

Teróf.-esc. 5-15 cm. IV-VI. Pastizales secos anuales sobre suelos arenosos. Circun-Medit. RR. 3. (GM, 1990e).

XK94: Rubielos de Mora, valle del Mijares. YK04: Olba (AFA). YL10: Villarluengo, Hoz Baja.

## 4.7.12. AVENA L. (5 esp.) (*avenas*)

### 1. Avena barbata Pott ex Link in J. Bot. (Schrader) 1799(2): 315 (1800)

- *A. alba* auct., non Vahl.

Teróf.-esc. 3-8 dm. IV-VI. Campos de cultivo, cunetas y terrenos baldíos secos. Paleotemp. C. 1. (ROMERO, 1990). TC.

### 2. Avena byzantina C. Koch in Linnaea 21: 392 (1848)

Teróf.-esc. 3-10 dm. IV-VII. Herbazales nitrófilos sobre terrenos antropizados. Peleotemp. R. 1. (RP, 2002). TC.

### 3. Avena fatua L., Sp. Pl.: 80 (1753)

Teróf.-esc. 3-10 dm. IV-VI. Campos de secano, cunetas y terrenos baldíos. Paleotemp. M. 1. (SL, 2000).

XK88, XK98, YK04, YK17.

### 4. Avena sativa L., Sp. Pl.: 79 (1753)

Teróf.-cesp. 4-12 dm. Cultivada como cereal y a veces subespontánea en campos, barbechos y cunetas. Paleotemp. R. 1. (NC).

### 5. Avena sterilis L., Sp. Pl. ed. 2: 118 (1762)

Teróf.-esc./cesp. 4-12 dm. IV-VI. Terrenos baldíos, cultivos, herbazales anuales más o menos alterados. Ha sido mencionada la forma típica (subsp. *sterilis*) y la subsp. *ludoviciana* (Durieu) Gillet & Maque, Nouv. Fl. Fr. ed. 3: 532 (1875) [≡ *A. ludoviciana* Durieu in Bull. Soc. Bot. Linn. Bordeaux 20: 44 (1855), basión.]. Medit.-Iranot. M. 1. (AA, 1985).

XK62, XK63, XK71, XK72, XK73, XK75, XK81, XK82, XK84, XK85, XK94, XK95, YK04, YK16, YK28, YK37.

## 4.7.13. AVENELLA Koch ex Steud. (1 esp.)

### 1. Avenella flexuosa Parl, Fl. Ital. 1: 246 (1850) [≡ *Aira flexuosa* L., Sp. Pl.: 65 1753 (basión); ≡ *Deschampsia flexuosa* (L) Trin. in Bull. Sci. Acad. Imp. Sci. Petersb. 1: 66 (1836)] subsp. iberica (Rivas Mart.) Valdés & H. Scholz in Willdenowia 36: 662 (2006) [≡ *Deschampsia flexuosa* subsp. *iberica* Rivas Mart. in Trab. Dep. Bot. Fis. Veg. 3: 113 (1971) (basión).].

Hemic.esc./cesp. 2-5 dm. VI-VIII. Pinares de montaña sobre suelo silíceo. Medit.-occid. R. 4. (SL, 2000).

YK26: Puertomingalvo, barranco de Monzón.

## 4.7.14. AVENULA (Dumort.) Dumort. (4 esp.)

### 1. Avenula bromoides (Gouan) H. Scholz in Willdenowia 7: 420 (1974)

≡ *Avena bromoides* Gouan, Hort. Monsp.: 52 (1762) [basión.]; ≡ *Helictotrichon bromoides* (Gouan) C.E. Hubbard in Kew Bull. 1939: 10 (1940); ≡ *Avenochloa bromoides* (Gouan) Holub in Acta Hort. Bot. Prag. 1962: 83 (1962)

Hemic.-cesp. 2-6 dm. IV-VII. Claros de matorral y pastizales vivaces sobre substratos someros. Se han encontrado tanto el tipo (subsp. *bromoides*) como la subsp. *pauneroi* Romero Zarco in Lagascalia 13(1): 114 (1984). Medit.-occid. C. 2. (R &B, 1961, ROMERO, 1984). TC.

### 2. Avenula pratensis (L.) Dumort. in Bull. Soc. Roy. Bot. Belg. 7: 68 (1868)

≡ *Avena pratensis* L., Sp. Pl.: 80 (1753) [basión.]; ≡ *Helictotrichon pratense* (L.) Pilger in Feddes Repert. 45: 6 (1938)

Hemic.-cesp./esc. 3-8 dm. V-VII. Pastizales vivaces densos y húmedos. Se ha mencionado en la zona el tipo, que podría estar, pero la representación mayoritaria corre a cargo de la subsp. *iberica* (St.-

Yves) Romero Zarco in Lagascalia 13(1): 88 1984 [≡ *Avena pratensis* subsp. *iberica* St.-Yves in Candollea 4: 435 (1931), basión.; ≡ *Helictotrichon pratense* subsp. *ibericum* (St.-Yves) Mateo & Figuerola, Fl. Analít. Prov. Valencia: 369 (1987); = *A. mirandana* (Sennen) J. Holub in Folia Geobot. Phytotax. 11: 295 (1976)], a la que quizás también se podría sinonimizar la -también citada en la zona- subsp. *gonzaloi* (Sennen) Romero Zarco in Lagascalia 13(1): 86 (1984) [≡ *Avena gonzaloi* Sennen, Pl. d'Espagne: n. 5554 [in sched.] (1925), basión.; ≡ *Avenula gonzaloi* (Sennen) J. Holub in Folia Geobot. Phytotax. 11: 295 (1976); ≡ *Helictotrichon pratense* subsp. *gonzaloi* (Sennen) Mateo & Figuerola, Fl. Anal. Prov. Valencia: 368 (1987)]. Paleotemp. M. 3. (R & B, 1961). TC.

**3. Avenula pubescens** (Huds.) Dumort. in Bull. Soc. Roy. Bot. Belg. 7: 68 (1868)
≡ *Avena pubescens* Huds., Fl. Angl.: 42 (1762) [basión.]; ≡ *Helictotrichon pubescens* (Huds.) Pilger in Feddes Repert. 45: 6 (1938)
Hemic.-esc. 4-8 dm. V-VII. Pastizales vivaces sobre suelos profundos y no muy soleados. Paleotemp. R. 3. (ROMERO, 1984).
XK63, XK81, XK96, XK97, XK98, YK06, YK07, YK08, YK17, YK18, YK19, YK27, YK28.

**4. Avenula sulcata** (Gay ex Boiss.) Dumort. in Bull. Soc. Roy. Bot. Belg. 7: 128 (1868)
≡ *Avena sulcata* Gay ex Boiss., Elench. Pl. Nov.: 88 (1838) [basión.]; ≡ *Avena pratensis* subsp. *sulcata* (Gay ex Boiss.) St.-Yves in Candollea 4: 462 (1931); ≡ *Helictotrichon sulcatum* (Gay ex Boiss.) Henrard in Blumea 3: 430 (1940); ≡ *A. marginata* subsp. *sulcata* (Gay ex Boiss.) Franco in Bot. J. Linn. Soc. 78: 236 (1979)
Hemic.-cesp./esc. 2-8 dm. V-VII. Medios forestales frescos y prados húmedos sobre suelo silíceo. Medit.-Atlánt. R. 3. (PAUNERO, 1960).
XK77, XK78, XK97, YK06, YK07, YK08, YK15, YK16, YK26.

**4.7.15. BRACHYPODIUM** Beauv. (4 esp.)

**1. Brachypodium distachyon** (L.) Beauv., Agrost.: 101, 155 (1812)
≡ *Bromus distachyos* L., Amoen. Acad. 4: 304 (1759) [basión.]; ≡ *Trachynia distachya* (L.) Link, Hort. Berol. 1: 43 (1827)
Teróf.-esc. 5-25 cm. IV-VI. Pastizales secos anuales sobre suelos someros bastante soleados en zonas de escasa altitud. Medit.-Iranot. M. 1. (R & B, 1961).
XK62, XK63, XK71, XK72, XK81, XK82, XK83, XK84, XK85, XK93, XK94, XK95, XK96, XK99, YK03, YK04, YK27, YK28, YK29, YK37, YK38, YL00, YL01, YL10, YL20.

**2. Brachypodium phoenicoides** Roem. & Schult., Syst. Veg. ed. 15, 2: 740 (1817) (*lastón*)
≡ *Festuca phoenicoides* L., Mantissa 1: 33 (1767) [basión.]; = *B. mucronatum* Willk. in Willk. & Lange, Prodr. Fl. Hisp. 1: 111 (1861); - *B. pinnatum* auct.
Geóf.-riz. 4-10 dm. VI-VIII. Pastizales vivaces densos sobre suelos profundos. Medit.-occid. CC. 2. (R & B, 1961). TC.

**3. Brachypodium retusum** (Pers.) Beauv., Agrost.: 101,155 (1812) (*fenal*)

≡ *Bromus retusus* Pers., Syn. Pl. 1: 96 (1805) [basión.]; = *B. plukenetii* (All.) Beauv., Agrost.: 101, 155 (1812); = *B. ramosum* (L.) Roem. & Schult., Syst. Veg. ed. 15, 2: 737 (1817)
Geóf.-riz. 1-6 dm. V-VII. Bosques, matorrales y pastizales vivaces secos. Medit.-occid. C. 2. (R & B, 1961). TC.

**4. Brachypodium sylvaticum** (Huds.) Beauv., Agrost.: 101, 155 (1812)
≡ *Festuca sylvatica* Huds., Fl. Angl.: 38 (1762) [basión.]; ≡ *Brevipodium sylvaticum* (Huds.) A. Löve & D. Löve in Bot. Not. 114: 36 (1961)
Hemic.-cesp. 3-8 dm. V-VIII. Bosques ribereños o caducifolios húmedos. Paleotemp. M. 3. (R & B, 1961). TC.

**4.7.16. BRIZA** L. (3 esp.)

**1. Briza maxima** L., Sp. Pl.: 70 (1753)
Teróf.-esc. 3-6 dm. IV-VI. Patizales anuales sobre suelos silíceos, sobre todo en zonas de baja altitud. Sólo exite una mención en la zona, muy de refilón y genérica, debida a Pau, para la Sierra de Javalambre. Circun-Medit. NV. 3. (PAU, 1888).
XK64: Puebla de Valverde, Sierra de Javalambre (PAU, 1888).

**2. Briza media** L., Sp. Pl.: 70 (1753) (*cedacillo*)
Hemic.-esc. 3-6 dm. V-VII. En todo tipo de pastizales vivaces húmedos y bien iluminados. Paleotemp. M. 3. (ASSO, 1779). TC.

**3. Briza minor** L., Sp. Pl.: 70 (1753)
Teróf.-cesp. 5-25 cm. IV-VI. Pastizales con abundante humedad estacional de primavera. Euri-Medit. NV. 3. (R & B, 1961).
XK17: Mosqueruela, Las Valtuertas (R & B, 1961). XK38: Iglesuela del Cid, masico Marín (RP, 2002).

**4.7.17. BROMUS** L. (15 esp.)

**1. Bromus commutatus** Schrad., Fl. Germ.: 353 (1806)
≡ *B. racemosus* subsp. *commutatus* (Schrad.) Maire & Weiller in Maire, Fl. Afr. Nord 3: 247 (1955)
Teróf.-esc. 3-6 dm. V-VII. Pastizales densos sobre suelos silíceos algo húmedos. Paleotemp. R. 3. (PAU, 1896).
XK64, XK82, XK83, XK84, XK93, XK94, YK07.

**2. Bromus diandrus** Roth, Bot. Abh. Beobacht.: 44 (1787)
= *B. gussonei* Parl., Pl. Nov.: 66 (1842); = *B. rigidus* subsp. *gussonei* (Parl.) Maire in Jahand. & Maire, Cat. Pl. Maroc 3: 865 (1934)
Teróf.-esc. 2-5 dm. III-VI. Herbazales anuales en ambientes antropizados y en altitudes moderadas. Paleotemp. R. 2. (AA, 1985).
XK71, XK72, XK81, XK82, XK83, YK04, YK05, YK06.

**3. Bromus erectus** Huds., Fl. Angl.: 39 (1762)

Hemic.-cesp. 3-8 dm. V-VII. Pastizales vivaces sobre terrenos despejados no muy secos. Paleotemp. M. 3. (FL, 1878). TC.

**4. Bromus hordeaceus** L., Sp. Pl.: 77 (1753)
= *B. mollis* L., Sp. Pl. ed. 2: 112 (1762); = *Serrafalcus mollis* (L.) Parl., Pl. Rar. Sicil. 2: 11 (1840); = *B. hordeaceus* subsp. *mollis* (L.) Hyl. in Uppsala Univ. Arsskr. 1945: 84 (1945)
Teróf.-esc. 2-6 dm. IV-VII. Pastizales anuales sobre suelo profundo o no muy seco. Paleotemp. C. 2. (R & B, 1961). TC.

**5. Bromus inermis** Leysser, Fl. Hal.: 16 (1761)
Hemic.-esc. 3-12 dm. VI-VIII. Cultivada como pasto y eventualmente asilvestrada. Paleotemp. R. 1. (RP, 2002). XK93, XK97, YK07, YK08, YK28.

**6. Bromus intermedius** Guss., Fl. Sicul. Prodr. 1: 114 (1827)
Teróf.-esc. 2-6 dm. IV-VI. Pastizales secos anuales sobre terrenos más o menos alterados y despejados. Paleotemp. R. 1. (RP, 2002). XK83, XK88, YK26, YK27.

**7. Bormus japonicus** Thunbg., Fl. Jap.: 52 (1784)
= *B. patulus* Mert. & Koch in Röhling, Deutschl. Fl. ed. 3, 1: 685 (1823)
Teróf.-esc. 3-8 dm. V-VII. Herbazales subnitrófilos anuales en ambientes frescos. Paleotemp. NV. 2. (PAU, 1895).
**XK93**: San Agustín (PAU, 1895)

**8. Bromus madritensis** L., Cent. Pl. 1: 5 (1755)
- *B. villosus* auct.
Teróf.-esc. 2-5 dm. IV-VI. Campos de cultivo y pastizales anuales secos alterado. Medit.-Iranot. C. 1. (AA, 1985). TC.

**9. Bromus racemosus** L., Sp. Pl. ed. 2: 114 (1753)
Teróf.-esc. 3-8 dm. V-VII. Pastizales húmedos de montaña, medios ribereños y márgenes fluviales. Paleotemp. R. 2. (R & B, 1961).
XK84, XK85, XK94, XK95, YK06, YK07, YK26, YK29.

**10. Bromus ramosus** Huds., Fl. Angl.: 40 (1762)
Hemic.-cesp. 5-15 dm. V-VIII. Orlas forestales herbáceas, sobre todo en ambientes ribereños. Ha sido indicado en ocasiones como subsp. *benekeni* (Lange) Schinz & Thell., Fl. Schw. ed. 4: 80 (1923) [≡ *Schedonorus benekeni* Lange, Fl. Dan. 5: 48 (1871), basión.; ≡ *B. benekeni* (Lange) Trimen in J. Bot. 10: 333 (1872)]. Eurosib. R. 3. (SL, 2000).
XK96, XK97, YK07, YK18, YK26, YK27.

**11. Bromus rigidus** Roth in Bot. Mag. (Zürich) 4(10): 21 (1790)
≡ *B. diandrus* subsp. *rigidus* (Roth) O. Bolòs, Masalles & Vigo in Collect. Bot. 17(1): 96 (1988); = *B. maximus* Desf., Fl. Atl. 1: 95 (1798)

Teróf.-esc. 2-5 dm. III-VI. Herbazales subnitrófilos sobre terrenos baldíos secos. Paleotemp. M. 2. (SL, 2000). TC.

**12. Bromus rubens** L., Cent. Pl. 1: 5 (1755)
Teróf.-esc. 1-4 dm. IV-VI. Campos de secano y herbazales anuales antropizados. Medit.-Iranot. C. 1. (AA, 1985). TC.

**13. Bromus squarrosus** L., Sp. Pl.: 76 (1753)
≡ *Serrafalcus squarrosus* (L.) Bab., Man. Brit. Bob.: 375 (1843)
Teróf.-esc. 1-3 dm. IV-VII. Campos de secano y terrenos baldíos secos. Paleotemp. C. 1. (SENNEN, 1910). TC.

**14. Bromus sterilis** L., Sp. Pl.: 77 (1753)
Teróf.-esc. 4-14 dm. IV-VII. Herbazales antropizados en zonas sombreadas. Paleotemp. M. 1. (FL, 1876). TC.

**15. Bromus tectorum** L., Sp. Pl.: 77 (1753)
Teróf.-esc. 1-3 dm. IV-VII. Campos de secano y pastizales secos antropizados. Paleotemp. C. 1. (R & B, 1961). TC.

**4.7.18. CATABROSA** Beauv. (1 esp.)

**1. Catabrosa aquatica** (L.) Beauv., Agrost.: 97, 157 (1812)
≡ *Aira aquatica* L., Sp. Pl.: 95 (1753) [basión.]
Geóf.-riz. 2-5 dm. V-VII. Cauces de aguas dulces someras en áreas de montaña. Holárt. R. 4. (PAU, 1901).
XK64, XK97, YK08, YK09, YK19, YL00.

**4.7.19. CERATOCHLOA** Beauv. (1 esp.)

**1. Ceratochloa cathartica** (Vahl) Herter in *Revista Sudamer. Bot.* 6: 144 (1940)
≡ *Bromus catharticus* Vahl, *Symb. Bot.* 2: 22 (1791) [basión.]
Hemic.-esc. 4-10 dm. VII-XI. Herbazales húmedos antropizados en zonas de escasa altitud. Neotrop. R. 1. (NC).

**4.7.20. CORYNEPHORUS** Beauv. (2 esp.)

**1. Corynephorus canescens** (L.) Beauv., Agrost.: 159 (1812)
≡ *Aira canescens* L., Sp. Pl.: 65 (1753) [basión.]; ≡ *Weingaertneria canescens* (L.) Bernh., Syst. Verz. Erfurt: 51 (1800)
Hemic.-cesp. 1-3 dm. V-VII. Pastizales secos sobre suelos silíceos muy arenosos. Paleotemp. M. 3. (R & B, 1961).
XK63, XK77, XK82, XK83, XK85, XK86, XK87, XK88, XK89, XK95, XK96, XK97, XK98, YK04, YK05, YK07, YK08, YK15, YK16, YK17, YK19, YK25, YK26.

**2. Corynephorus fasciculatus** Boiss. & Reut., Pugill. Pl. Afr. Bor. Hisp.: 123 (1852)

157

Teróf.-esc. 5-30 cm. IV-VI. Pastizales secos anuales sobre suelos arenosos silíceos. Circun-Medit. R. 3. (MATEO & LOZANO, 2010b).
XK77, XK87, XK95, YK04, YK05.

### 4.7.21. CRYPSIS Ait. (1 esp.)

**1. Crypsis schoenoides** (L.) Lam., Tabl. Encycl. Méth. Bot. 1: 166 (1791)
≡ *Phleum schoenoides* L., Sp. Pl.: 60 (1753) [basión.]

Teróf.-esc. 3-15 cm. VII-X. Terrenos con frecuencia inundados, que se secan en verano. Paloetemp. NV. 3. (L & P, 1866).
YK19: Cantavieja, La Palomita (L & P, 1966).

### 4.7.22. CYNODON L. (1 esp.)

**1. Cynodon dactylon** (L.) Pers., Syn. Pl. 1: 85 (1805) (*grama*)
≡ *Panicum dactylon* L., Sp. Pl.: 58 (1753)

Geóf.-riz. 1-3 dm. III-X. Campos de cultivo y pastizales alterados sobre terrenos secos o estacionalmente húmedos. Subcosmop. M. 1. (AA, 1985).
XK54, XK55, XK65, XK76, XK82, XK83, XK84, XK85, XK86, XK89, XK92, XK93, XK94, XK95, XK96, YK03, YK04, YK05, YK27, YK28, YK29, YK37, YL00, YL10, YL20.

### 4.7.23. CYNOSURUS L. (3 esp.)

**1. Cynosurus cristatus** L., Sp. Pl.: 72 (1753)
Hemic.-esc. 3-6 dm. V-VII. Pastizales vivaces densos y húmedos sobre suelo silíceo. Eurosib. NV. 3. (ASSO, 1779).
YK19: Cantavieja, La Palomita (ASSO, 1779),

**2. Cynosurus echinatus** L., Sp. Pl.: 72 (1753)
Teróf.-esc. 2-5 dm. V-VI. Pastizales anuales primaverales en medios alterados. Paleotemp. R. 2. (AA, 1985).
XK83: Manzanera, fuente Tejeda.

**3. Cynosurus elegans** Desf., Fl. Atl. 1: 82 (1798)
= *C. obliquatus* Link in Linnaea 17: 406 (1843); - *C. polybracteatus* auct.; - *C. elegans* subsp. *obliquatus* auct.

Teróf.-esc. 5-30 cm. IV-VI. Pastizales secos anuales, con preferencia por medios pedregosos o escarpados no muy soleados. Circun-Medit. C. 2. (R & B, 1961). TC.

### 4.7.24. DACTYLIS L. (1 esp., 2 táx.)

**1. Dactylis glomerata** L., Sp. Pl.: 71 (1753) (*japillos*)
Hemic.-cesp. 3-10 dm. IV-VIII. En los pastizales vivaces húmedos la subsp. *glomerata* [- *D. glomerata* subsp. *aschersoniana* auct.], con hojas de cerca de 1 cm de anchura e inflorescencias gruesas muy discontinuas, mientras que en pastos y matorrales secos la subsp. *hispanica* (Roth) Nyman, Consp. Fl. Eur.: 819 (1882) [≡ *D. hispanica* Roth in Catalecta Bot. 1: 8 (1797), basión.], exis-

tiendo entre ambos numerosas formas de tránsito. Paleotemp. C. 2. (R & B, 1961). TC.

### 4.7.25. DANTHONIA DC. (1 esp.)

**1. Danthonia decumbens** (L.) DC. in Lam. & DC., Fl. Franç. ed. 3, 3: 33 (1805)
≡ *Festuca decumbens* L., Sp. Pl.: 75 (1753) [basión.]; ≡ *Sieglingia decumbens* (L) Bernh., Syst. Verz. Erfurt: 44 (1800)

Hemic.-cesp. 1-4 dm. V-VIII. Pastizales vivaces húmedos sobre suelo silíceo. Eurosib. R. 4. (R & B, 1961).
XK85, XK86, XK96, YK06, YK07, YK17.

### 4.7.26. DESCHAMPSIA Beauv. (1 esp.)

**1. Deschampsia caespitosa** (L.) Beauv., Agrost.: 160 (1812)
≡ *Aira caespitosa* L., Sp. Pl.: 64 (1753)

Hemic.-cesp. 3-8 dm. VI-VIII. Pastizales vivaces estacionalmente húmedos. Se ha discutido mucho la posición taxonómica de esta poblaciones en la zona y en toda la Cordillera Ibérica, atribuyédose mayoritariamente a la subsp. *subtriflora* (Lag.) Ehr. Bayer & G. López in Anales Jard. Bot. Madrid 52(1): 56 (1994) [≡ *Aira subtriflora* Lag. in Varied. Ci. 2: 39 (1805), basión.; ≡ *A. media* subsp. *subtriflora* (Lag.) Nyman, Consp. Fl. Eur.: 808 (1882)], aunque también se defiende la presencia de la subsp. *hispanica* Vivant in Bull. Soc. Bot. Fr. 125: 318 (1978) [≡ *D. media* subsp. *hispanica* (Vivant) O. Bolòs & al. in Collect. Bot. 17(1): 96 (1987); ≡ *D. hispanica* (Vivant) Cervi & Romo in Collect. Bot. 12: 82 (1981)], además de mencionarse bajo *D. media* (Gouan) Roem. & Schult., Syst. Veg. ed. 15, 2: 687 (1817) como subsp. *refracta* (Lag.) Paunero in Anales Inst. Bot. Cav. 13: 181 (1956) [≡ *Aira refracta* Lag. in Varied. Ci. 2: 39 (1805), basión.] y subsp. *masclansii* Cervi & Romo in Collect. Bot. 12: 82 (1981). Medit.-occid. M. 3. (PAU, 1888). TC.

### 4.7.27. DESMAZERIA Dumort. (1 esp.)

**1. Desmazeria rigida** (L.) Tutin in Clapham & al., Fl. Brit. Isl.: 1434 (1952)
≡ *Poa rigida* L., Amoen. Acad. 4: 265 (1759) [basión.]; ≡ *Catapodium rigidum* (L.) C.E. Hubbard in Dony, Fl. Bedfordshire: 437 (1953); ≡ *Scleropoa rigida* (L.) Griseb., Spicil. Fl. Rumel. 2: 431 (1846)

Teróf.-esc. 4-15 cm. IV-VI. Terrenos baldíos, pastizales muy transitados por el ganado. Paleotemp. C. 1. (R & B, 1961). TC.

### 4.7.28. DICHANTIUM Willemet (1 esp.)

**1. Dichantium ischaemum** (L.) Roberty in Boissiera 9: 160 (1960)
≡ *Andropogon ischaemum* L, Sp. Pl.: 104 (1753) [basión.]; ≡ *Bothriochloa ischaemum* (L.) Keng, Contr. Biol. Lab. Sci. China 10: 201 (1936)

Hemic.-cesp. 3-8 dm. VII-X. Terrenos baldíos, caminos y pastizales vivaces alterados. Paleotemp. M. 2. (FL, 1877).

XK52, XK55, XK62, XK65, XK75, XK76, XK77, XK83, XK84, XK85, XK86, XK89, XK93, XK94, XK95, XK96, YK03, YK04, YK05, YK06, YK15, YK16, YK17, YK27, YK28, YK29, YK37, YL00, YL10.

### 4.7.29. DIGITARIA Haller (1 esp.)

**1. Digitaria sanguinalis** (L.) Scop., Fl. Carniol. ed. 2, 1: 52 (1771)
≡ *Panicum sanguinalis* L., Sp. Pl.: 57 (1753) [basión.]
Teróf.-esc. 3-5 dm. VII-X. Campos de regadío, márgenes de acequias, herbazales nitrófilos de zonas bajas. Cosmop. M. 1. (AA, 1985).
XK55, XK62, XK83, XK94, XK95, YK04, YK05, YK28.

### 4.7.30. ECHINARIA Desf. (1 esp.)

**1. Echinaria capitata** (L.) Desf., Fl. Atl. 2: 385 (1799)
≡ *Cenchrus capitatus* L., Sp. Pl.: 1049 (1753) [basión.]
Teróf.-esc. 5-20 cm. IV-VII. Pastizales efímeros y claros de matorrales secos más o menos degradados. Medit.-Iranot. C. 2. (FL, 1876). TC.

### 4.7.31. ECHINOCHLOA Beauv. (2 esp.)

**1. Echinochloa colonum** (L.) Link, Hort. Berol. 2: 209 (1833)
≡ *Panicum colonum* L., Syst. Nat. ed. 10, 2: 870 (1759)
Teróf.-esc- 2-5 dm. VII-X. Campos de regadío y herbazales nitrófilos húmedos a baja altura. Sutrop. RR. 2. (MATEO & LOZANO, 2010b).
**YK04**: Olba, pr. Los Lucas.

**2. Echinochloa crus-galli** (L.) Beauv., Agrost.: 53, 161 (1812)
≡ *Panicum crus-galli* L., Sp. Pl.: 56 (1753) [basión.]
Teróf.-esc. 3-10 dm. VII-X. Campos de regadío y márgenes de acequias. Subcosmop. M. 1. (AA, 1985).
XK55, XK62, XK83, XK85, XK94, XK95, YK04, YK05, YK28, YK29, YL00.

### 4.7.32. ELYMUS L. (4 esp.)

**1. Elymus caninus** (L.) L., Fl. Suec. ed. 2: 39 (1775)
≡ *Triticum caninum* L., Sp. Pl.: 86 (1753) [basión.]; ≡ *Agropyron caninum* (L.) Beauv., Agrost.: 102, 181 (1812)
Hemic.-cesp. 4-10 dm. V-VII. Bosques caducifolios o mixtos y sus orlas sombreadas. Holárt. M. 4. (R & B, 1961).
XK72, XK83, XK87, XK96, XK97, XK98, XK99, YK06, YK07, YK08, YK09, YK16, YK17, YK18, YK19, YK26, YK27, YK28, YL00.

**2. Elymus hispidus** (Opiz) Melderis in Bot. J. Linn. Soc. 76: 380 (1978)
≡ *Agropyron hispidum* Opiz in Berchtold & Seidl, Ökon.-Techn. Fl. Böhm. 1: 413 (1863) [basión.]; = *Triticum intermedium* Host, Gram. Austr. 2: 18 (1802); = *A glaucum* Roem. & Schult., Syst. Veg. ed. 15, 2: 752 (1817); = *A. intermedium* (Host) Beauv., Agrost.: 102, 146 (1812); - *A. curvifolium* auct.
Geóf.-riz. 4-12 dm. V-VIII. Pastizales vivaces secos en ambientes alterados o antropizados. Paleotemp. C. 2. (R & B, 1961). TC.

**3. Elymus pungens** (Pers.) Melderis in Bot. J. Linn. Soc. 76: 379 (1978)

≡ *Triticum pungens* Pers., Syn. Pl. 1: 109 (1817) [basión.]; ≡ *Agropyron pungens* (Pers.) Roem. & Schult., Syst. Veg. ed. 15, 2: 752 (1817); = *A. campestre* Gren. & Godron, Fl. France 3: 607 (1856); - *E. pycnanthus* auct.
Geóf.-riz. 4-8 dm. V-VII. Pastizales vivaces sobre suelos más o menos húmedos y salinos. Euri-Medit. R. 3. (MORENO & SÁINZ, 1992).
XK62, XK72, XK79, XK97, YK28, YL00.

**4. Elymus repens** (L.) Gould in Madroño 9: 127 (1947) (*grama del norte*)
≡ *Triticum repens* L., Sp. Pl.: 86 (1753); ≡ *Agropyron repens* (L.) Beauv., Agrost.: 102 (1812)
Geóf.-riz. 4-10 dm. V-VII. Pastizales vivaces sobre suelos inundables. Subcosmop. m. 2. (R & B, 1961).
XK62, XK63, XK72, XK73, XK77, XK82, XK83, XK87, XK89, XK97, YK06, YK07, YK16, YK17, YK19, YL20.

### 4.7.33. ERAGROSTIS Wolf (2 esp.)

**1. Eragrostis barrelieri** Daveau in J. Bot. (Paris) 8: 289 (1894)
Teróf.-cesp. 5-30 cm. VII-X. Herbazales nitrófilos, campos de cultivo, en zonas de altitud moderada. Paleotemp. R. 1. (MATEO & LOZANO, 2010a).
XK64, XK84, XK85, XK94, XK95, **YK04**.

**2. Eragrostis cilianensis** (All.) Vign. ex Janchen in Mitt. Naturw. Ver. Wien 5: 110 (1907)
≡ *Poa cilianensis* All., Fl. Pedem. 2: 246 (1785); = *Briza eragrostis* L., Sp. Pl.: 70 (1753); = *E. major* Host, Gram. Austr. 4: 14 (1809); = *E. magastachya* (Koeler) Link, Hort. Berol. 1: 187 (1827)
Teróf.-cesp. 1-4 dm. VII-X. Campos de cultivo y herbazales alterados de su entorno. Subcosmop. NV. 1. (RP, 2002).
**YK29**: La Cuba (RP, 2002).

### 4.7.34. FESTUCA L. (10 esp.)

**1. Festuca arundinacea** Schreb., Spicil. Fl. Lips.: 57 (1771)
≡ *F. elatior* subsp. *arundinacea* (Schreb.) Haeck., Monogr. Festuc. Eur.: 153 (1882)
Hemic.-cesp. 4-10 dm. V-IX. Juncales y pastizales densos sobre suelos húmedos. En su mayoría debe corresponder a la subsp. *arundinacea*, aunque las poblaciones de las partes altas se pueden atribuir a la subsp. *fenas* (Lag.) Corb., Nouv. Fl. Normandie: 647 (1894)
[≡ *F. fenas* Lag., Elench. Pl.: 4 (1816), basión.]. Paleotemp. M. 2. (R & B, 1961). TC.

**2. Festuca capillifolia** Dufour in Roem. & Schult., Syst. Veg. 2: 735 (1817)
= *F. scaberrima* Lange in Vidensk. Meddel. Dansk Naturh. Foren. Kjobenh. 1860: 51 (1860)
Hemic.-cesp. 3-6 dm. V-VII. Taludes, terrenos pedregosos y claros forestales poco soleados, en zonas bajas sobre sustrato básico. Medit.-occid. R. 4. (R & B, 1961).
XK53, XK54, XK62, XK63, XK71, XK72, XK73, XK77, XK81, XK82, XK83, XK84, XK93, XK94, XK95, XK96, YK04, YK05, YK06, YK18.

3. **Festuca durandoi** Clauson in Billot, Annot. Fl. France Allem.: 163 (1859) [≡ *F. paniculata* subsp. *durandoi* (Clauson) Emberger & Maire, Cat. Pl. Maroc 4: 940 (1941)] subsp. **capillifolia** (Pau) Rivas Ponce, Cebolla & M.B. Crespo in Fontqueria 21: 256 (1991)

≡ *F. spadicea* var. *capillifolia* Pau ex Willk., Suppl. Prodr. Fl. Hisp.: 26 (1893) [basión.]; = *F. idubedae* Pau, Gazapos Bot.: 69 (1891)

Hemic.-cesp. 5-15 dm. IV-VI. Bosques aclarados, matorrales y pastizales secos sobre terrenos silíceos. Pese a la coincidencia en el epíteto, nada tiene que ver con la especie anterior. Iberolev. M. 3. (R & B, 1961).

XK82, XK85, XK86, XK96, XK97, XK98, YK06, YK07, YK15, YK18, YK19.

4. **Festuca gautieri** (Hack.) K. Richter, Pl. Eur. 1: 105 (1890) [≡ *F. varia* subsp. scoparia var. *gautieri* Hack., Monogr. Festuc. Eur. (1882), basión.] subsp. **scoparia** (A. Kerner & Hack. ex Nyman) Kerguélen in Lejeunia 110: 58 (1983)

≡ *F. scoparia* A. Kerner & Hack. ex Nyman, Consp. Fl. Eur.: 826 (1882) [basión.], non Hook. f., 1844; ≡ *F. varia* subsp. *scoparia* (A. Kerner & Hack. ex Nyman) Litard. in Candollea 9: 479 (1943); - *F. pumila* subsp. *scoparia* auct.

Hemic.-cesp. 2-4 dm. V-VII. Pedregales, terrenos escarpados y pinares de montaña sobre terreno calizo. Late-Pirenaica. M. 4. (PAU, 1896).

XK62, XK63, XK64, XK65, XK73, XK74, XK77, XK78, XK81, XK82, XK83, XK86, XK87, XK89, XK95, XK96, XK97, XK98, XK99, YK05, YK06, YK07, YK08, YK09, YK15, YK16, YK17, YK18, YK19, YK25, YK26, YK27, YK28, YK29, YK37, YL00, YL10.

5. **Festuca gracilior** (Hack.) Markg.-Dann. in Bot. J. Linn. Soc. 76: 325 (1978)

≡ *F. ovina* var. *duriuscula* subvar. *gracilior* Hack., Monogr. Festuc. Eur.: 90 (1882) [basión.]; ≡ *F. ovina* subsp. *gracilior* (Hack.) O. Bolòs & Vigo, Fl. Països. Catal. 4: 354 (2001); = *F. valentina* (St.-Yves) Markgr.-Dannenb. in Bot. J. Linn. Soc. 76: 328 (1978); = *F. ovina* subsp. *valentina* (Saint-Yves) O. Bolòs & Vigo, Fl. Països. Catal. 4: 352 (2001); - *F. indigesta* auct.

Hemic.-cesp. 2-4 dm. V-VII. Matorrales y pastizales secos sobre calizas. Medit.-occid. M. 3. (ORTÚÑEZ & FUENTE, 1995).

XK62, XK63, XK64, XK72, XK73, XK74, XK76, XK81, XK82, XK83, XK84, XK89, XK93, XK96, XK97, YK03, YK04, YK06, YK07, YK08, YK17, YK18, YK19.

6. **Festuca hystrix** Boiss., Elench. Pl. Nov.: 89 (1838)

= *F. curvifolia* Lag. ex Willk. in Willk. & Lange, Prodr. Fl. Hispan. 1: 94 (1861)

Hemic.-cesp. 5-20 cm. IV-VI. Matorrales y pastizales secos y soleados sobre suelos calizos muy superficiales. Medit.-occid. C. 3. (R & B, 1961). TC.

7. **Festuca marginata** (Hack.) Rouy, Fl. Fr. 14: 211 (1913) [≡ *F. ovina* subsp. *laevis* var. *marginata* Hack., Monogr. Festuc. Europ.: 108 (1882), basión.] subsp. **andres-molinae** Fuente & Ortúñez in Bot. Complut. 18: 107 (1993)

= *F. hervieri* subsp. *costei* (St.-Yves) O. Bolòs & al. in Collect. Bot. 17(1): 96 1987; - *F. glauca* auct.

Hemic.-cesp. 2-5 dm. V-VII. Matorrales y pastizales secos sobre calizas. Iberolev. Indicada de diversas localidades de la zona, a veces a través de sinónimos dudosos. No podemos perfilar su distribución. NV. 3. (AFA).

8. **Festuca paniculata** (L.) Schinz & Thell. In Viert. Naturf. Ges. Zürich 58: 40 (1913) [≡ *Anthoxanthum paniculatum* L., Sp. Pl.: 28 (1753), basión.] subsp. **paui** Cebolla & Rivas Ponce in Collect. Bot. 18: 87 (1990)

- *F. spadicea* auct.

Hemic.-cesp. 5-15 dm. V-VII. Pastizales vivaces y claros de matorrales secos sobre calizas. Medit.-occid. Tenemos por veraz la presencia de la planta en la zona, pero no podemos aportar datos sobre su distribución. NV. 4. (R & B, 1961).

9. **Festuca plicata** Hack. in Österr. Bot. Zeit. 27: 48 (1877)

Hemic.-cesp. 5-25 cm. V-VII. Medios rocosos y pastizales sobre suelos calizos esqueléticos. Iberolev. NV. 4. (PAU, 1891).

**XK64**: Puebla de Valverde, Sierra de Javalambre (PAU, 1891). **YK05**: Nogueruelas (R & B, 1961). **YK06**: Linares de Mora, El Tajal (R & B, 1961).

10. **Festuca rubra** L., Sp. Pl.: 74 (1753)

Geóf.-riz. 3-8 dm. V-VIII. Se trata de un grupo polimorfo, propio de pastizales vivaces húmedos, que se ha citado de la zona y su entorno sobre todo a través de la forma típica, aunque también a través de las microespecies (o subspecies) *F. heterophylla* Lam., Fl. Franç. 3: 600 (1779) [≡ *F. rubra* subsp. *heterophylla* (Lam.) Haeck. in Bot. Centr. 8: 406 (1881)] y *F. trichophylla* (Ducros ex Gaudin) K. Richter, Pl. Eur. 1: 100 (1890) [≡ *F. rubra* var. *trichophylla* Ducros ex Gaudin, Fl. Helv. 1: 288 (1828), basión.]., cuya presencia no podemos confirmar. Holárt. NV. 2. (R & B, 1961).

**4.7.35. GAUDINIA** Beauv. (1 esp.)

1. **Gaudinia fragilis** (L.) Beauv., Agrost.: 95, 164 (1812)

≡ *Avena fragilis* L., Sp. Pl.: 80 (1753) [basión.]

Teróf.-esc. 2-5 dm. IV-VI. Pastizales anuales alterados algo húmedos. Circun-Medit. NV. 2. (R & B, 1961).

**YK07**: Valdelinares (R & B, 1961), **YK18**: Mosqueruela, Pinar Ciego (RP, 2002).

**4.7.36. GLYCERIA** L. (2 esp.)

1. **Glyceria declinata** Bréb., Fl. Normand. ed. 3: 354 (1859)

≡ *G. fluitans* subsp. *declinata* (Bréb.) O. Bolòs & al. in Collect. Bot. 17(1): 96 (1987)

Hidróf.-rad. 3-7 dm. V-VIII. Herbazales acuáticos sobre aguas remansadas. Paleotemp. M. 3. (MATEO, FABREGAT & LÓPEZ UDIAS, 1994).

XK74, XK96, YK06, YK07, YK08, YK17, YK18, YK26, YK29.

**2. Glyceria plicata** (Fr.) Fr., Novit. Fl. Suec., Mantissa 3: 176 (1842)
≡ *G. fluitans* var. *plicata* Fr., Novit. Fl. Suec., Mantissa 2: 6 (1839) [basión.]; = *G. notata* Chevall., Fl. Env. Paris 2: 174 (1827)
Hidróf.-rad. 3-6 dm. V-VIII. Anfibia de aguas quietas y regueros húmedos. Subcosmop. M. 3. (DEBEAUX, 1897).
XK62, XK64, XK74, XK77, XK89, XK96, XK97, YK07, YK17.

**4.7.37. HELICTOTRICHON** Besser (1 esp.)

**1. Helictotrichon filifolium** (Lag.) Henrard in Blumea 3: 430 (1940)
≡ *Avena filifolia* Lag., Elench. Pl.: 46 (1816) [basión.]
Geóf.-riz. 5-14 dm. V-VII. Pastizales vivaces secos en zonas baja altitud. Aparece mencionada, en monografía del género para Europa, de la Sierra de Valacloche. Quizás por error en las etiquetas de los herbarios o en su transcripción, ya que no ha vuelto a detectarse en la zona ni su entorno. Medit.-occid. NV. 3. (SAINT-YVES, 1931).

**4.7.38. HOLCUS** L. (1 esp.)

**1. Holcus lanatus** L., Sp. Pl.: 1048 (1753) (*heno blanco*)
Hemic.-esc. 3-6 dm.V-VIII. Pastizales vivaces húmedos sobre suelo silíceo. Holárt. C. 2. (R & B, 1961). TC.

**4.7.39. HORDEUM** L. (2 esp.)

**1. Hordeum murinum** L., Sp. Pl.: 85 (1753) (*espigadilla*)
Teróf.-cesp. 2-5 dm. IV-VII. Caminos, cultivos, ribazos, terrenos baldíos, etc. En su mayoría se corresponde a la subsp. *leporinum* (Link) Arcang., Comp. Fl. Ital.: 805 (1882) [≡ *H. leporinum* Link in Linnaea 9: 133 (1835), basión.], aunque también se ha mencionado en la zona la subsp. *murinum*. Holárt. C. 1. (R & B, 1961). TC.

**2. Hordeum vulgare** L., Sp. Pl.: 84 (1753) (*cebada*)
Teróf.-cesp. 5-15 dm. V-VII. Cultivada como cereal y a veces asilvestrada en cunetas, barbechos o terrenos removidos. R. 1. (NC).

**4.7.40. HYPARRHENIA** E. Fourn. (1 esp.)

**1. Hyparrhenia hirta** (L.) Stapf in Prain, Fl. Trop. Afr.: 315 (1918)
≡ *Andropogon hirtus* L., Sp. Pl.: 1046 (1753) [basión.]; = *H. podotricha* (Host ex Steud.) Andersson ex Romero Zarco in Lagascalia 14(1): 123 (1986)
Hemic.-cesp. 4-14 dm. V-X. Pastizales vivaces secos y degradados en zonas de baja altitud. Paleosubtrop. R. 2. (SL, 2000).
XK94, YK03, YK04, YK27, YK37, YL00, YK10, YL20.

**4.7.41. KOELERIA** L. (4 esp.)

**1. Koeleria caudata** (Link) Steudel, Syn. Pl. Glum. 1: 293 (1854)
- *K. splendens* auct.

Hemic.-cesp. 3-6 dm. V-VII. Pastizales vivaces secos de montaña sobre calizas. Circun-Medit. M. 3. (SL, 2000).
XK72, XK73, XK74, XK81, XK82, XK83, XK88, XK96, XK97, XK98, XL80, XL90, YK06, YK07, YK08, YK15, YK18, YK19, YK28, YK38, YL00, YL10, YL20.

**2. Koeleria crassipes** Lange in Vidensk. Meddel. Dansk Naturh. Foren. Kjobenh. 1860: 43 (1860)
≡ *K. caudata* subsp. *crassipes* (Lange) Rivas Mart. in Anales Jard. Bot. Madrid 36: 308 (1980)
Hemic.-cesp. 2-4 dm. V-VII. Pastizales vivaces secos sobre substrato silíceo. Medit.-occid. R. 4. (GM, 1990e).
XK73, XK78, YK27, YK28.

**3. Koeleria pyramidata** (Lam.) Beauv., Agrost.: 84, 166 (1812)
≡ *Poa pyramidata* Lam., Tabl. Encycl. Méth. Bot. 1: 183 (1791) [basión.]
Hemic.-cesp. 5-6 dm. V-VII. Pastizales vivaces secos sobre terrenos silíceos.Medit.-occid. R. 4. (AFA).
XK72, XK77, XK78, XK88, XK97, XK98, YK09, YK19.

**4. Koeleria vallesiana** (Honck.) Gaudin in Alpina (Winterthur) 3: 47 (1808)
≡ *Poa vallesiana* Honck., Vollst. Syst. Verz.: 222 (1782) [basión.]; = *K. setacea* (Pers.) DC., Cat. Pl. Horti Monsp.: 118 (1813)
Hemic.-cesp. 2-5 dm. V-VII. Pastizales vivaces secos en todo tipo de ambientes. Paleotemp. C. 2. (R & B, 1961). TC.

**4.7.42. LOLIUM** L. (3 esp.)

**1. Lolium multiflorum** Lam., Fl. Franç. 3: 621 (1779)
= *L. italicum* A. Br. in Flora 17: 259 (1834)
Teróf.esc./cesp. 4-10 dm. V-VIII. Campos de cultivo y herbazales nitrófilos secos anuales. Paleotemp. NV. 1. (RP, 2002).
**YK18**: Cantavieja (RP, 2002).

**2. Lolium perenne** L., Sp. Pl.: 83 (1753) (*ray-gras*)
Hemic.-cesp. 1-4 dm. VI-IX. Herbazales húmedos antropizados en áreas habitadas. Holárt. R. 1. (R & B, 1961). TC.

**3. Lolium rigidum** Gaudin, Agrost. Helv. 1: 334 (1811) (*vallico*)
= *L. strictum* C. Presl, Cyper. Gram. Sic.: 49 (1820)
Teróf.-esc./cesp. 2-5 dm. IV-VII. Campos de secano y terrenos baldíos. Paleotemp. C. 1. (R & B, 1961). TC.

**4.7.43. LYGEUM** L. (1 esp.)

**1. Lygeum spartum** L., Gen. Pl. ed. 5: 522 (1754) (*albardín*)
Geóf.-riz. 4-10 dm. IV-VI. Pastizales vivaces secos en medios salinos, yesosos o margosos. Medit.-suroccid. R. 3. (L & P, 1866).

**XK52:** Arcos de las Salinas, valle del río Arcos. **XK62:** Id., alrededores del pueblo.

### 4.7.44. MELICA L. (3 esp.)

**1. Melica ciliata** L., Sp. Pl.: 66 (1753)
- *M. nebrodensis* auct.; - *M. ciliata* subsp. *nebrodensis* auct.; = *M. benedictoi* Pau, Not. Bot. Fl. Españ. 6: 109 (1895)

Hemic.-cesp. 4-8 dm. V-VII. Pastizales vivaces secos, terrenos pedregosos. Se ha mencionado como subsp. *cilata* y subsp. *magnolii* (Gren. & Godron) K. Richter, Pl. Eur. 1: 78 (1890) [≡ *M. magnolii* Gren. & Godron, Fl. France 3: 550 (1855) (basión.]. Medit.-Iranot. C. 2. (PAU, 1896). TC.

**2. Melica minuta** L., Mantissa 1: 32 (1767)
= *M. ramosa* Vill., Hist. Pl. Dauph. 2: 91 (1787); - *M. arrecta* auct.

Hemic.-cesp. 2-5 dm. IV-VII. Ambientes rocosos calizos secos a baja altitud. Medit.-occid. M. 2. (R & B, 1961).
XK52, XK53, XK55, XK62, XK63, XK64, XK65, XK71, XK72, XK73, XK74, XK75, XK81, XK82, XK83, XK84, XK94, YK03, YK04, YK05, YK06, YK16, YK27, YK37, YL00, YL10.

**3. Melica uniflora** Retz., Obs. Bot. 1: 10 (1779)
- *M. nutans* auct.

Hemic.-cesp. 3-5 dm. IV-VI. Bosques caducifolios, rincones muy umbrosos. Paleotemp. R. 4. (AGUILELLA, MANSANET & MATEO, 1983).
XK64, XK77, XK87, XK97, XK98, YK09, YK17, YK18, YK27, YL00.

### 4.7.45. MIBORA Adans. (1 esp.)

**1. Mibora minima** (L.) Desv., Observ. Pl. Angers: 45 (1818)
≡ *Agrostis minima* L., Sp. Pl.: 63 (1753) [basión.]; = *M. verna* Beauv., Agrost.: 29 (1812)

Teróf.-cesp. 2-6 cm. II-V. Pastizales secos anuales sobre terrenos silíceos. Paleotemp. Se menciona en la fórula de Gúdar y Javalambre, pero no ha vuelto a ser observada ni indicada en esta zona. NV. 2. (R & B, 1961).

### 4.7.46. MICROPYRUM Link (1 esp.)

**1. Micropyrum tenellum** (L.) Link in Linnaea 17: 398 (1843)
≡ *Triticum tenellum* L., Syst. Nat. ed. 10, 2: 880 (1759) [basión.]; ≡ *Nardurus tenellus* (L.) Duv.-Jouve in Bull. Soc. Bot. Fr. 13: 132 (1866), non (DC.) Godron, 1844; ≡ *Catapodium tenellum* (L.) Trab. in Batt. & Trab., Fl. Algér. (Monoc.): 232 (1895); = *Nardurus lachenalii* (C.C. Gmel.) Godron, Fl. Lorr. 3: 187 (1844)

Teróf.-esc. 5-20 cm. IV-VI. Pastizales secos anuales, con preferencia por medios arenosos o silíceos. Euri-Medit. M. 2. (SL, 2000).
XK77, XK78, XK82, XK83, XK85, XK86, XK95, XK96, XK97, YK05, YK07.

### 4.7.47. MILIUM L. (1 esp.)

**1. Milium vernale** Bieb., Fl. Taur.-Cauc. 1: 53 (1808)
= *M. scabrum* Rich. in Merlet, Herb. Maine-et-Loire: 13 (1809); = *M. montianum* Parl., Fl. Ital. 1: 156 (1850); = *M. vernale* subsp. *montianum* (Parl.) Jahand. & Maire, Cat. Pl. Maroc 1: 36 (1931)

Teróf.-esc. 1-4 dm. IV-VI. Pastizales alterados en zonas algo sombreadas. Paleotemp. R. 3. (GM, 1990e).
XK65, XK66, XK72, XK74, XK75, XK76, XK78, XK82, XK83, XK93.

### 4.7.48. MOLINIA Schrank (1 esp., 2 táx.)

**1. Molinia caerulea** (L.) Moench, Meth.: 183 (1794)
≡ *Aira caerulea* L., Sp. Pl.: 63 (1753) [basión.]

Hemic.-cesp. 5-15 dm. VII-IX. Pastizales vivaces húmedos y zonas turbosas sobre sustratos básicos. Se ha mencionado tanto el tipo (subsp. *caerulea*) como bajo la subsp. *arundinacea* (Schrank) K. Richter, Pl. Eur. 1: 72 (1890) [≡ *M. arundinacea* Schrank, Baier Fl. 1: 336 (1789), basión.]. Holárt. M. 3. (ASSO, 1779). TC.

### 4.7.49. NARDUROIDES Rouy (1 esp.)

**1. Narduroides salzmannii** (Boiss.) Rouy, Fl. Fr. 14: 301 (1913)
≡ *Nardurus salzmannii* Boiss., Voy. Bot. Esp. 2: 667 (1844) [basión.]; ≡ *Catapodium salzmannii* (Boiss.) Boiss., Fl. Orient. 5: 634 (1884)

Teróf.-esc. 5-20 cm. IV-VI. Pastizales secos anuales en terrenos despejados. Circun-Medit. M. 2. (AA, 1985). TC.

### 4.7.50. NARDUS L. (1 esp.)

**1. Nardus stricta** L., Sp. Pl.: 53 (1753) (*cervuno*)

Hemic.-cesp. 1-3 dm. IV-VII. Pastizales vivaces densos sobre suelos silíceos húmedos (cervunales). Eurosib. M. 4. (FQ, 1948).
XK77, XK78, XK97, YK06, YK07, YK08, YK15, YK16, YK18, YK25, YK26.

### 4.7.51. PARAPHOLIS C.E. Hubb. (1 esp.)

**1. Parapholis incurva** (L.) C.E. Hubb. in Blumea, Suppl. 3: 14 (1946)
≡ *Aegilops incurva* L., Sp. Pl.: 1051 (1753) [basión.]; ≡ *Pholiurus incurvus* (L.) Schinz & Thell. in Viert. Naturf. Ges. Zürich 66: 265 (1921); = *A. incurvata* L., Sp. Pl. ed. 2: 1490 (1763); = *Lepturus incurvatus* (L.) Trin., Fund. Agrost.: 123 (1820)

Teróf.-cesp. 5-20 cm. IV-VI. Pastizales algo húmedos sobre suelos más o menos salinos. Circun-Medit. RR. 2. (AA, 1985).
**XK62:** Arcos de las Salinas, junto a las salinas. **XK95:** Rubielos de Mora, pr. ermita de San Roque.

### 4.7.52. PASPALUM L. (2 esp.)

**1. Paspalum dilatatum** Poir. in Lam., Encycl. Méth. Bot. 5: 35 (1804)

Hemic.-cesp. 3-8 dm. VIII-XI. Herbazales húmedos antropizados en zonas de baja altitud. Neotrop. R. 1. (MATEO & LOZANO, 2010a).
**YK04:** Olba, pr. Los Ramones.

2. **Paspalum paspalodes** (Michx.) Scribner in Mem. Torrey Bot. Club 5: 29 (1894)

≡ *Digitaria paspalodes* Michx., Fl. Bor.-Amer. 1: 46 (1803); = *P. distichum* L., Syst. Nat. ed. 10, 2: 855 (1759), p.p.

Hemic.-esc. 4-8 dm. VII-X. Márgenes de huertos y acequias, herbazales húmedos en áreas de poca altitud. Neotrop. RR. 3. (MATEO & LOZANO, 2010b).

YK04: Olba, pr. Los Lucas.

### 4.7.53. PHALARIS L. (3 esp.)

1. **Phalaris arundinacea** L., Sp. Pl.: 55 (1753)

≡ *Baldingera arundinacea* (L) Dumort., Obs. Gram. Belg.: 130 (1824)

Geóf.-riz. 6-18 dm. VI-VIII. Juncales y carrizales en ambientes ribereños. Holárt. M. 3. (R & B, 1961).

XK77, XK93, XK94, XK97, YK03, YK04, YK07.

2. **Phalaris brachystachys** Link in Neues J. Bot. 1(3): 134 (1806)

Teróf.-esc. 3-6 dm. IV-VI. Campos de cultivo y herbazales subnitrófilos secos. Indicada de modo vago en la zona, donde no ha sido observada en los últimos años ni se conocen muestras fehacientes, aunque su presencia es muy probable. Circun-Medit. NV. 2. (R. & B., 1961).

3. **Phalaris canariensis** L., Sp. Pl.: 54 (1753) (*alpiste*)

Teróf.-esc. 4-10 dm. IV-VI. Accidentalmente asilvestrada en cunetas o herbazales secos antropizados. Circun-Medit. RR. 1. (SL, 2000).

### 4.7.54. PHLEUM L. (3 esp.)

1. **Phleum alpinum** L., Sp. Pl.: 59 (1753) subsp. **commutatum** (Gaudin) K. Richter, Pl. Eur. 1: 36 (1890)

≡ *P. commutatum* Gaudin in Alpina (Winterthur) 3: 4 (1808) [basión.]; ≡ *P. alpinum* var. *commutatum* (Gaudin) Boiss., Fl. Orient. 5: 484 (1884).

Hemic.-cesp. 2-6 dm. VI-VIII. Pastizales vivaces húmedos en áreas elevadas. Eurosib. NV. 4. (R & B, 1961).

YK07: Linares de Mora, Cerrada de la Balsa.

2. **Phleum phleoides** (L.) Karsten, Deutsche Fl.: 374 (1881)

≡ *Phalaris phleoides* L., Sp. Pl.: 55 (1753) [basión.]; = *Phleum boehmeri* Wibel, Prim. Fl. Werth.: 125 (1799)

Hemic.-esc. 3-7 dm. V-VII. Bosques aclarados y pastizales vivaces no muy húmedos. Paleotemp. M. 3. (PAU, 1888).

XK62, XK63, XK64, XK65, XK66, XK72, XK73, XK74, XK75, XK76, XK77, XK78, XK81, XK82, XK83, XK84, XK85, XK86, XK87, XK93, XK94, XK95, XK96, XK97, YK04, YK05, YK06, YK07, YK16, YK17, YK18, YK19, YK28, YL00.

3. **Phleum pratense** L., Sp. Pl.: 59 (1753) (*fleo*)

Hemic.-esc. 2-5 dm. V-VIII. Pastizales vivaces más o menos húmedos. En las partes más frescas y elevadas se ha mencionado la subsp. *pratense*, y mucho más general -por buena parte del territorio- la subsp. *bertolonii* (DC.) Bornm. in Bot. Jahrb. Syst. 61: 157 (1928) [≡ *P. bertolonii* DC., Cat. Pl. Horti Monsp.: 132 (1813),

basión.; - *P. nodosum* auct.; - *P. pratense* subsp. *nodosum* auct.].

Paleotemp. C. 2. (ASSO, 1779). TC.

### 4.7.55. PHRAGMITES Adans. (1 esp.)

1. **Phragmites australis** (Cav.) Trin., Nomencl. Bot. ed. 2, 1: 143 (1840) (*carrizo*)

≡ *Arundo australis* Cav. in Anales Hist. Nat. 1: 100 (1799) [basión.]; = *Arundo phragmites* L., Sp. Pl.: 81 (1753); = *P. communis* Trin., Fund. Agrost.: 134 (1820)

Geóf.-riz. 5-25 dm. VIII-X. Riberas fluviales y hondonadas húmedas inundables. Subcosmop. C. 2. (AA, 1985). TC.

### 4.7.56. PIPTATHERUM Beauv. (2 esp.)

1. **Piptatherum miliaceum** (L.) Coss., Not. Pl. Crit. 2: 129 (1851) (*mijo mayor*)

≡ *Agrostis miliacea* L., Sp. Pl.: 61 (1753) [basión.]; ≡ *Oryzopsis miliacea* (L.) Benth. & Hook. ex Asch. & Schweinf., Mem. Inst. Egypte 2: 169 (1887); = *Milium multiflorum* Cav., Descr. Pl. 1: 36 (1802); = *P. multiflorum* (Cav.) Beauv., Agrost.: 17, 168 (1812)

Hemic.-cesp. 5-12 dm. V-IX. Cunetas y terrenos baldíos secos por las partes más bajas. M. 1. (SL, 2000).

XK52, XK54, XK55, XK65, XK74, XK75, XK76, XK84, XK85, XK93, XK94, XK95, YK03, YK04, YK05, YK27, YK29, YK37, YL00, YL10, YL20.

2. **Piptatherum paradoxum** (L.) Beauv., Agrost.: 18, 173 (1812)

≡ *Agrostis paradoxa* L., Sp. Pl.: 62 (1753) [basión.]; ≡ *Oryzopsis paradoxa* (L.) Nutt. in J. Acad. Philadelph. 3: 128 (1823)

Hemic.-cesp. 5-18 dm. V-VII. Orlas forestales, pedregales de umbría y pastizales vivaces de rincones sombreados. Medit.-occid. M. 3. (R &B, 1961). TC.

### 4.7.57. POA L. (9 esp.)

1. **Poa alpina** L., Sp. Pl.: 67 (1753)

Hemic.-cesp. 2-4 dm. V-VII. Pastizales vivaces húmedos de montaña. Holárt. RR. 4. (HDEZ. CARDONA, 1978).

XK97: Valdelinares, pr. Collado de la Gitana. YK07: Valdelinares, umbría del Hornillo.

2. **Poa annua** L., Sp. Pl.: 68 (1753)

Teróf.-cesp. 1-3 dm. II-X. Campos de cultivo, herbazales antropizados algo húmedos. Subcosmop. M. 1. (R & B, 1961). TC.

3. **Poa bulbosa** L., Sp. Pl.: 70 (1753)

Hemic.-cesp. 1-4 dm. III-VI. Majadales y pastizales sobre suelos someros secos. Subcosmop. C. 1. (R & B, 1961). TC.

4. **Poa compressa** L., Sp. Pl.: 69 (1753)

Geóf.-riz. 2-5 dm. IV-VII. Cunetas, pastizales algo húmedos y más o menos antropizados. Holárt. C. 2. (R & B, 1961). TC.

**5. Poa flaccidula** Boiss. & Reut., Pugill. Pl. Afr. Bor. Hisp.: 128 (1852)

Hemic.-esc. 3-6 dm. IV-VI. Terrenos pedregosos o rocosos sombreados. Medit.-occid. M. 3. (PAU, 1893).

XK62, XK63, XK64, XK65, XK71, XK72, XK73, XK74, XK75, XK77, XK79, XK81, XK82, XK83, XK84, XK85, XK86, XK87, XK93, XK94, XK96, XK97, YK04, YK05, YK06, YK07, YK08, YK09, YK15, YK16, YK18, YK19, YL00.

**6. Poa ligulata** Boiss., Voy. Bot. Esp. 2: 659 (1844)

Hemic.-cesp. 3-10 cm. IV-VI. Pastizales secos sobre suelos calizos superficiales. Medit.-occid. M. 3. (PAU, 1896). TC.

**7. Poa nemoralis** L., Sp. Pl.: 69 (1753)

Hemic.-cesp. 2-8 dm. V-VIII. Bosques caducifolios y rincones umbrosos entre rocas. Holárt. M. 3. (PAU, 1896).

XK63, XK64, XK66, XK72, XK73, XK74, XK75, XK76, XK81, XK82, XK83, XK84, XK86, XK87, XK95, XK96, XK97, XK98, YK05, YK06, YK07, YK08, YK09, YK16, YK17, YK18, YK19, YK26, YK27, YK28, YL00.

**8. Poa pratensis** L., Sp. Pl.: 67 (1753)

Geóf.-riz. 3-8 dm. IV-VI. Pastizales vivaces sobre suelos profundos o algo húmedos. Se presenta sobre todo a través de la subsp. *angustifolia* (L) Lindb., Sched. Pl. Finl. Exsicc. 1, 8: 20 (1906) [≡ *P. angustifolia* L., Sp. Pl.: 67 (1753), basión.], aunque también se ha mencionado explícitamente la forma típica (subsp. *pratensis*). Holárt. C. 3. (R &B, 1961). TC.

**9. Poa trivialis** L., Sp. Pl.: 67 (1753)

Hemic.-cesp. 3-6 dm. V-VIII. Juncales y pastizales húmedos de riberas fluviales. Parece estar representada sobre todo por la subsp. *trivialis*, pero se ha mencionado también la subsp. *sylvicola* (Guss.) H. Lindb. f., Finska Vet.-Soc. Förhandl. 38(13): 9 (1906) [≡ *P. sylvicola* Guss., Enum. Pl. Inarime: 337 (1854), basión.]. Paleotemp. M. 2. (R & B, 1961). TC.

**4.7.58. POLYPOGON** Desf. (2 esp.)

**1. Polypogon monspeliensis** (L.) Desf., Fl. Atl. 1: 67 (1798)
≡ *Alopecurus monspeliensis* L., Sp. Pl.: 61 (1753) [basión.]

Teróf.-cesp./esc. 1-4 dm. IV-VII. Pastizales húmedos alterados de zonas bajas, en terrenos con aguas ligeramente salobres. Subcosmop. R. 2. (RP, 2002).

XK54, **XK94**, YK15, YK16, **YK27.**

**2. Polypogon viride** (Gouan) Breistr. in Bull. Soc. Bot. Fr. 110 (Sess. Extr.): 56 (1966)
≡ *Agrostis viridis* Gouan, Hort. Monsp.: 546 (1762) [basión.]; = *P. semiverticillatus* (Forssk.) Hyl. in Uppsala Univ. Arsskr. 1945: 74 (1945); = *Phalaris semiverticillata* Forssk., Fl. Aegypt.-Arab.: 17 (1775); = *A. verticillata* Vill., Prosp. Hist. Pl. Dauph.: 16 (1779); =

*A. semiverticillata* (Forssk.) C. Chr. in Dansk Bot. Arkiv. 4: 12 (1922)

Hemic.-esc. 2-8 dm. V-VIII. Juncales y herbazales húmedos algo antropizados. Pateosubtrop. M. 2. (R & B, 1961).

XK74, XK75, XK77, XK84, XK85, XK86, XK93, XK94, XK95, XK96, YK03, YK04, YK05, YK06, YK17, YK18, YK26, YK27.

**4.7.59. PSILURUS** Trin (1 esp.)

**1. Psilurus incurvus** (Gouan) Schinz & Thell. in Viert. Naturf. Ges. Zürich 58: 40 (1913)
≡ *Nardus incurva* Gouan, Hort. Monsp.: 33 (1762); = *Nardus aristata* L., Sp. Pl., ed. 2: 78 (1762); = *Psilurus nardoides* Trin., Fund. Agrost.: 73 (1820); = *Psilurus aristatus* (L.) Duval-Jouve in Bull. Soc. Bot. Fr. 13: 132 (1866)

Teróf.-cesp. 5-30 cm. V-VII. Pastizales secos anuales sobre arenas silíceas. Circun-Medit. R. 3. (MATEO & LOZANO, 2011).

**XK86:** Mora de Rubielos, base del Morrón. **XK95:** Id., monte del Castillo.

**4.7.60. PUCCINELLIA** Parl. (2 esp.)

**1. Puccinellia hispanica** Julià & J.M. Monts. in Fontqueria 53: 3 (1999)
- *P. festuciformis* auct.

Hemic.-cesp. 5-35 cm. VI-VIII. Afloramientos salinos húmedos. Iberolev. RR. 5. (FERRER & MIEDES, 2011).

**XK62:** Arcos de las Salinas, salinas.

**2. Puccinellia rupestris** (With.) Fernald & Weatherby in Rhodora 18: 10 (1916)
≡ *Poa rupestris* With., Arr. Brit. Pl., ed. 3, 2: 146 (1796)

Hemic.-cesp. 1-4 dm. VI-VIII. Pastizales vivaces en ambientes húmedos algo salinos. Iberolev. RR. 5. (SL, 2000).

**YL00:** Villarluengo, valle del Guadalope.

**4.7.61. ROSTRARIA** Trin. (1 esp.)

**1. Rostraria cristata** (L.) Tzvelev in Nov. Syst. Pl. Vasc. (Leningrad) 7: 47 1971
≡ *Festuca cristata* L., Sp. Pl.: 76 (1753) [basión.]; ≡ *Koeleria cristata* (L.) Pers., Syn. Pl. 1: 97 (1805); ≡ *Lophochloa cristata* (L.) Hyl. in Bot. Not. 1953: 365 (1953); = *Koeleria phleoides* (Vill.) Pers., Syn. Pl. 1: 97 (1805); - *Poa cristata* auct.

Teróf.-esc. 5-20 cm. IV-VI. Cunetas, terrenos baldíos, herbazales anuales secos. Paleotemp. R. 2. (L & P, 1866).

XK62, XK63, XK65, XK66, XK75, XK77, XK83, XK84, XK85, XK93, XK94, XK95, XK96, XK97, YK03, YK04, YK05, YK06, YK19, YK27.

**4.7.62. SCHISMUS** Beauv. (1 esp.)

**1. Schismus barbatus** (L.) Thell. Bull. Herb. Boiss. ser. 2, 7: 391 (1907)
≡ *Festuca barbata* L., Amoen. Acad. 3: 400 (1756) [basión.]; = *Festuca calycina* L., Sp. Pl. ed. 2: 110 (1762); = *S. marginatus* Beauv., Agrost.: 74, 177 (1812); = *S. calycinus* (L.) Koch in Linnaea 21: 397 (1848)

Teróf.-esc. 5-20 cm. IV-VI. Terenos secos, yesosos o salinos, en áreas sespejadas y erosionadas de altitud moderada. Medit.-Iranot. R. 3. (GM, 1990). XK54, XK55, XK74, XK75, XK84, XK85, XK89, XK94, XK95, XK96, YK04, YK27, YK28, YK37.

#### 4.7.63. SCLEROCHLOA Beauv. (1 esp.)

**1. Sclerochloa dura** (L.) Beauv., Agrost.: 97, 175 (1812)
≡ *Cynosurus durus* L., Sp. Pl.: 72 (1753) [basión.]; ≡ *Poa dura* (L.) Scop., Fl. Carniol. ed. 2, 1: 70 (1771)
Teróf.-cesp. 4-14 cm. V-VII. Cunetas, terrenos baldíos transitados. Euri-Medit. R. 2. (FL, 1876).
XK64, XK77, XK78, XK87, XK94, XK95, XK97, YK07, YK17, YK19.

#### 4.7.64. SECALE L. (1 esp.)

**1. Secale cereale** L., Sp. Pl.: 84 (1753) *(centeno)*
Teróf. 5-16 dm. IV-VII. Cultivado como cereal y a veces asilvestrado en campos abandonados o terrenos alterados. Iranotur. R. 1. (PAU, 1891).

#### 4.7.65. SETARIA Beauv. (5 esp.)

**1. Setaria adhaerens** (Forssk.) Chiov. in Nuov. Giorn. Bot. Ital., nov. ser. 26: 77 (1919)
≡ *Panicum adhaerens* Forssk., Fl. Aegypt.-Arab.: 20 (1775) [basión.]
Teróf.-cesp./esc. 1-4 dm. VII-XI. Herbazales nitrófilos y campos de cultivo en zonas de baja altitud. Paleotrop. R. 1. (MATEO & LOZANO, 2009).
**XK94**: Olba, pr. Los Villanuevas. **YK04**: Olba, pr. Los Ramones.

**2. Setaria pumila** (Poir.) Roem. & Schult., Syst. Veg. ed. 15, 2: 891 (1817)
≡ *Panicum pumilum* Poir. in Lam. & Poir., Encycl. Méth. Bot., Suppl. 4: 273 (1816) [basión.]; - *S. glauca* auct.
Teróf.-cesp./esc. 2-5 dm. VII-IX. Campos de cultivo y terrenos baldíos. Paleotrop. R. 1. (AA, 1985).
XK55, XK62, XK65, XK84, XK85, XK93, XK94, XK95, YK03, YK04, YK05, YK28, YK29, YL00.

**3. Setaria verticillata** (L.) Beauv., Agrost.: 71, 118 (1812)
≡ *Panicum verticillatum* L., Sp. Pl. ed. 2: 82 (1762) [basión.]
Teróf.-cesp./esc. 2-7 dm. VII-IX. Campos de cultivo y terrenos baldíos. Subcosmop. R. 1. (AA, 1985).
XK55, XK62, XK83, XK84, XK94, XK95, YK03, YK04, YK05, YK09, YK28, YK29.

**4. Setaria verticilliformis** Dumort., Fl. Belg.: 150 (1827)
= *Panicum verticillatum* var. *ambiguum* Guss., Fl. Sicul. Prodr. 1: 80 (1827); - *S. ambigua* auct., non (Ten.) Mérat (1836)
Teróf.-cesp./esc. 2-7 dm. VII-X. Campos de cultivo y herbazales nitrófilos en clima suave. RR. 1. (AA, 1985).
**XK83**: Manzanera, alrededores.

**5. Setaria viridis** (L.) Beauv, Agrost.: 51 (1812)
≡ *Panicum viride* L., Syst. Nat. ed. 10, 2: 870 (1759) [basión.]
Teróf.-cesp. 2-5 dm. VII-X. Pastizales anuales estivales en campos de cultivo y terrenos baldíos. Paleotrop. R. 1. (NC)
XK62, XK83, XK84, XK85, XK93, XK94, YK03, **YK04.**

#### 4.7.66. SORGHUM Moench (2 esp.)

**1. Sorghum bicolor** (L.) Moench, Meth.: 207 (1771) *(sorgo)*

≡ *Holcus bicolor* L., Mantissa 2: 301 (1771) [basión.]; = *H. sorghum* L., Sp. Pl.: 1047 (1753); = *S. vulgare* Pers., Syn. Pl. 1: 101 (1805)
Cultivado en las zonas bajas del valle del Mijares, pudiendo aparecer algún ejemplar asilvestrado en los alrededores. RR. 1. (MATEO & LOZANO, 2010b).

**2. Sorghum halepense** (L.) Pers., Syn. Pl. 1: 101 (1805)
≡ *Holcus halepensis* L., Sp. Pl.: 1047 (1753) [basión.]
Geóf.-riz. 5-15 dm. VII-IX. Campos de regadío y herbazales antropizados algo húmedos. Paleosubtrop. R. 2. (AA, 1985).
**XK62**: Arcos de las Salinas, alrededores.

#### 4.7.67. STIPA L. (7 esp.)

**1. Stipa barbata** Desf., Fl. Atl. 1: 97 (1789)
Hemic.-cesp. 3-6 dm. IV-VI. Pastizales vivaces secos y matorrales aclarados sobre sustratos básicos. Medit.-occid. R. 3. (SL, 2000).
**XK73**: Puebla de Valverde, Sierra de Javalambre.

**2. Stipa capillata** L., Sp. Pl. ed. 2: 116 (1762)
- *S. lagascae* auct.
Hemic.-cesp. 3-6 dm. IV-VI. Pastizales vivaces secos en ambiente estepario continental. Medit.-occid. M. 3. (R & B, 1961).
XK52, XK62, XK63, XK64, XK65, XK66, XK72, XK79, XK89, XK97, YK09.

**3. Stipa juncea** L., Sp. Pl.: 116 (1753)
= *S. celakovskyi* Martinovsky in Preslia 48: 187 (1976)
Hemic.-cesp. 4-8 dm. V-VI. Claros de matorral y pastizales secos vivaces. Medit.-occid. M. 3. (R & B, 1961).
XK62, XK72, XK76, XK98, XL90, YK05, YK07.

**4. Stipa offneri** Breistr., Proc.-Verb. Soc. Dauph. Etud. Biol., sér. 3, 17: 2 (1950)
= *S. fontanesii* Parl., Fl. Ital. 1: 167 (1850); - *S. juncea* auct.
Hemic.-cesp. 3-8 dm. IV-VI. Matorrales y pastos vivaces secos y muy soleados. Medit.-occid. M. 2. (R & B, 1961).
XK52, XK55, XK62, XK63, XK64, XK65, XK66, XK71, XK72, XK73, XK74, XK75, XK76, XK77, XK81, XK82, XK83, XK84, XK85, XK86, XK87, XK88, XK89, XK93, XK94, XK95, XK96, XK97, YK03, YK04, YK05, YK07, YK16, YK26, YK27, YK37, YL00, YL10, YL20.

**5. Stipa parviflora** Desf., Fl. Atl. 1: 98 (1798)
Hemic.-cesp. 3-7 dm. IV-VI. Pastizales vivaces sobre terrenos muy secos, siempre en áreas de poca elevación. Medit.-occid. RR. 3. (MATEO & LOZANO, 2009).
**XK75**: Sarrión, hacia La Puebla. **XK94**: Id., valle del Mijares pr. La Escaleruela. **YK04**: Olba, alrededores del pueblo.

**6. Stipa pennata** L., Sp. Pl.: 78 (1753)
Hemic.-cesp. 2-8 dm. V-VII. Grupo complejo formado por numerosas entidades taxonómicas, difíclimente separables por no especialistas, representado en la zona por ejemplares atribuibles al

menos a la subsp. *dasyvaginata* (Martinovsky) O. Bolòs & Vigo, Fl. Païs. Catal. 4: 546 (2001) [≡ *S. dasyvaginata* Martinovsky in Anales Inst. Bot. Cav. 27: 59 (1970), basión.; = *S. apertifolia* Martinovsky in Preslia 39: 274 (1967)], la subsp. *iberica* (Martinovsky) O. Bolòs, Masalles & Vigo in Collect. Bot. 17(1): 96 (1987) [≡ *S. iberica* Martinovsky in Feddes Repert. 73: 150 (1966), basión.; = *S. pauneroana* (Marinovsky) F.M. Vázquez & Devesa in Acta Bot. Malac. 21: 143 (1996)] y la subsp. *eriocaulis* (Borbás) Martinovsky & Skalicky in Preslia 41: 331 (1969) [≡ *S. eriocaulis* Borbás in Term. Tud. Közl. 15: 311 (1878), basión.]. Matorrales y pastizales vivaces secos. Medit.-occid. M. 3. (ASSO, 1779). TC.

**7. Stipa tenacissima** L., Cent. Pl. 1: 6 (1755) (*esparto*)
Hemic.-cesp. 5-15 dm. IV-VI. Pastizales vivaces y matorrales sobre terrenos muy secos, generalmente en laderas a solana, a baja altitud. Medit.-suroccid. RR. 3. (SL, 2000).
**XK52:** Arcos de las Salinas, valle del río Arcos hacia Santa Cruz de Moya.

**4.7.68. TRAGUS** Haller (1 esp.)

**1. Tragus racemosus** (L.) All., Fl. Pedem. 2: 241 (1785)
≡ *Cenchrus racemosus* L., Sp. Pl.: 1049 (1753) [basión.]
Teróf.-esc. 5-25 cm. VI-X. Terrenos baldíos o antropizados en ambientes de clima suave. Subtrop. R. 2. (SL, 2000).
**XK85:** Valbona, valle del río Valbona. **XK94:** San Agustín, puente sobre el Mijares **YK04:** Olba, valle del Mijares.

**4.7.69. TRISETUM** Pers. (3 esp.)

**1. Trisetum flavescens** (L.) Beauv., Agrost.: 88 (1812)
≡ *Avena flavescens* L., Sp. Pl.: 80 (1753) [basión.]; ≡ *Trisetaria flavescens* (L.) Baumbg., Enum. Stirp. Transs. 3: 263 (1816)
Hemic.-esp. 2-5 dm. V-VII. Pastizales vivaces húmedos sobre suelos silíceos. Paleotemp. M. 3. (R & B, 1961).
XK63, XK64, XK73, XK74, XK78, XK81, XK82, XK83, XK84, XK87, XK96, XK97, XK98, XK99, YK05, YK06, YK07, YK08, YK09, YK16, YK18, YK19, YK26, YK27, YK28, YK29, YL00, YL10.

**2. Trisetum loeflingianum** (L.) C. Presl, Cyper. Gram. Sic.: 30 (1820)
≡ *Avena loeflingiana* L., Sp. Pl.: 79 (1753) [basión.]; = *T. cavanillesii* Trin. in Mem. Acad. Imp. Sci. Saint-Pétersb. 1: 63 (1830)
Teróf.-esc. 5-25 cm. V-VI. Pastizales secos anuales sobre sustrato básico en ambiente estepario. Se conoce de los terrenos yesosos del entorno de Teruel y es casi segura su presencia en el NW de la zona. Circun-Medit. NV. 3.

**3. Trisetum scabriusculum** (Lag.) Coss., Not. Pl. Crit. 2: 128 (1851)
≡ *Avena scabriuscula* Lag., Varied. Ci. 2(4): 212 (1805) [basión.]; ≡ *Trisetaria scabriuscula* (Lag.) Paunero in Anales Jard. Bot. Madrid 9: 519 (1950)
Teróf.-esc. 5-25 cm. V-VII. Pastizales secos anuales sobre sustrato básico. Medit.-occid. R. 3. (MATEO & LOZANO, 2011).

**YK04:** Olba, valle del Mijares pr. Los Ramones. **YK07:** Valdelinares, alrededores de la población.

**4.7.70. TRITICUM** L. (1 esp.)

**1. Triticum aestivum** L., Sp. Pl.: 85 (1753) (*trigo*)
= *T. vulgare* Vill., Hist. Pl. Dauph. 2: 153 (1787)
Teróf.-cesp. 5-14 dm. V-VII. Cultivado como cereal y a veces asilvestrado en cunetas y terrenos baldíos. Paleotemp. R. 1. (AA, 1985).

**4.7.71. VULPIA** C.C. Gmel. (5 esp.)

**1. Vulpia bromoides** (L.) Gray, Nat. Arr. Brit. Pl. 2: 124 (1821)
≡ *Festuca bromoides* L., Sp. Pl.: 75 (1753) [basión.]; = *V. sciuroides* (Roth) C.C. Gmel., Fl. Bad. 1: 8 (1805); = *V. bromoides* subsp. *sciuroides* (Roth) Dumort., Obs. Gram. Belg.: 101 (1824); = *V. dertonensis* (All.) Gola in Malpighia 18: 226 (1904); = *V. myuros* subsp. *sciuroides* (Roth) Rouy, Fl. Fr. 14: 256 (1913)
Teróf.-esc. 1-4 dm. IV-VI. Herbazales anuales primaverales sobre arenas silíceas secas. Paleotemp. R. 2. (R & B, 1961).
XK85, XK86, XK95, XK96, YK05.

**2. Vulpia ciliata** Dumort., Obs. Gram. Belg.: 100 (1824)
Teróf.-esc. 5-25 cm. IV-VI. Pastizales secos anuales sobre sustratos básicos algo alterados. Paleotemp. R. 2. (SL, 2000).
XK62, XK71, XK81, XK83, XK84, XK85, XK94, XK95, YK04, YK05.

**3. Vulpia hispanica** (Reichard) Kerguélen in Jovet & Vilmorin (eds.), Coste Fl. Fr., Suppl. 5: 545 (1979)
≡ *Triticum hispanicum* Reichard, Syst. Pl. 1: 240 (1779) [basión.]; = *T. unilaterale* L., Mantissa 1: 35 (1767); = *Nardurus unilateralis* (L.) Boiss., Voy. Bot. Esp. 2: 667 (1844); = *N. maritimus* (L.) Murb., Contr. Fl. Nord-Ouest Afr. 4: 25 (1900); = *V. unilateralis* (L.) Stace in Bot. J. Linn. Soc. 76: 350 (1978)
Teróf.-esc. 5-25 cm. IV-VI. Pastizales secos anuales en terrenos alterados o despejados. Paleotemp. M. 2. (R & B, 1961). TC.

**4. Vulpia muralis** (Kunth) Nees ex Nees & Meyen in Nova Acta Acad. Leop.-Carol. Suppl. 2: 166 (1843)
≡ *Festuca muralis* Kunth, Syn. Pl. 1: 218 (1822) [basión.]
Teróf.-esc. 1-5 dm. IV-VI. Pastizales secos anuales sobre terrenos alterados. Circun-Medit. R. 2. (SL, 2000).
XK63, XK85, XK86, XK87, XK94, XK95, XK96, YK03, YK04, YK05.

**5. Vulpia myuros** (L.) C.C. Gmel., Fl. Bad. 1: 8 (1805)
≡ *Festuca myuros* L., Sp. Pl.: 74 (1753) [basión.]
Teróf.-esc. 1-4 dm.IV-VII. Pastizales secos anuales bien iluminados sobre arenas silíceas. Subcosmop. R. 2. (R & B, 1961).
XK96, XK97, YK06, YK07.

**4.7.72. WANGENHEIMIA** F. Dietr. (1 esp.)

**1. Wangenheimia lima** (L.) Trin., Fund. Agrost.: 132 (1820)
≡ *Cynosurus lima* L., Sp. Pl.: 72 (1753) [basión.]; = *Desmazeria castellana* Willk. in Willk. & Lange, Prodr. Fl. Hisp. 1: 112 (1861)

Teróf.-esc. 1-3 dm. IV-VII. Pastizales secos anuales sobre terrenos calizos muy pastoreados. Medit.-Iranot. M. 2. (FQ, 1948). TC.

**4.7.73. ZEA** L. (1 esp.)

**1. Zea mays** L., Sp. Pl.: 971 (1753) (*maíz*)
Teróf. 1-2 m. VI-VIII. Cultivado como cereal estival de regadío ocupando una extensión creciente en zonas no muy elevedas, a veces subespontáneo. Neotrop. RR. 1. (AA, 1985).

## 4.8. IRIDACEAE (*Iridáceas*) (2 gén.)

**4.8.1. GLADIOLUS** L. (1 esp.)

**1. Gladiolus reuteri** Boiss. ex Boiss. & Reut., Pugill. Pl. Afr. Bor. Hisp.: 112 (1852) (*gladiolo menor*)
- *G. illyricus* auct.
Geóf.-bulb. 2-4 dm. IV-VI. Matorrales y pastizales secos en medios despejados y sobre suelos someros. Euri-Medit. M. 3. (AA, 1985).
XK55, XK71, XK72, XK74, XK81, XK82, XK93, XK94, XK95, XK96, XL80, XL90, YK03, YK04, YK05, YK06, YK27, YK29, YL00.

**4.8.2. IRIS** L. (4 esp.)

**1. Iris germanica** L., Sp. Pl.: 38 (1753) (*lirio común*)
Geóf.-riz. 2-6 dm. Cultivado como ornamental y asilvestrado con frecuencia junto a zonas habitadas. M. 1. (RP, 2002).

**2. Iris lutescens** Lam., Encycl. Méth. Bot. 3: 297 (1789)
= *I. chamaeiris* Bertol., Fl. Ital. 3: 609 (1835); = *I. lutescens* subsp. *chamaeiris* (Bertol.) O. Bolòs & Vigo, Fl. Països Catal. 4: 158 (2001); = *I. olbiensis* Hénon in Ann. Soc. Agricult. Lyon, 8 : 462 (1847); = *I. lutescens* subsp. *olbiensis* (Hénon) Rouy, Fl. Fr. 13: 81 (1912); - *I. pumila* auct.
Geóf.-riz. 5-25 cm. IV-VI. Matorrales y pastizales secos sobre suelos calizos someros y despejados. Medit.-occid. R. 3. (SENNEN, 1910).
XK71, XK74, XK75, XK76, XK81, XK83, XK84, XK85, XK93, XK94, XK96, YK04, YK05, YK27.

**3. Iris pseudacorus** L., Sp. Pl.: 38 (1753) (*lirio amarillo o de agua*)
Geóf.-riz. 5-10 dm. Juncales y carrizales ribereños por las zonas más bajas. Paleotemp. RR. 3. (MATEO & LOZANO, 2011).
YK04: Fuentes de Rubielos, valle del río Rodeche. YL00: Villarluengo, valle del Guadalope pr. Montoro.

**4. Iris spuria** L., Sp. Pl.: 39 (1753) subsp. **maritima** (Lam.) P. Fourn., Quatre Fl. Fr.: 190 (1935)
≡ *I. maritima* Lam., Encycl. Méth. Bot. 3: 300 (1789) [basión.], non Miller (1768)
Geóf.-riz. 3-6 dm. V-VI. Pinares y quejigares de media montaña y sus orlas herbáceas. Eurosib. RR. 4. (MATEO & LOZANO, 2009).
XK86: Cabra de Mora, pr. Masía de la Carrascosa.

## 4.9. JUNCACEAE (*Juncáceas*) (2 gén.)

**4.9.1. JUNCUS** L. (16 esp.)

**1. Juncus acutiflorus** Ehrh. ex Hoffm., Deutschl. Fl.: 125 (1791)
- *J. sylvaticus* auct.
Geóf.-riz. 4-10 dm. VI-VIII. Juncales vivaces sobre regueros y hondonadas siempre húmedas. Eurosib. R. 3. (FL, 1885).
XK99: Camarillas, alrededores (FL, 1885). YK06: Linares de Mora, barranco de las Torres.

**2. Juncus alpinoarticulatus** Chaix in Vill., Hist. Pl. Dauph. 1: 378 (1786)
= *J. alpinus* Vill., Hist. Pl. Dauph. 2: 233 (1787)
Geóf.-riz. 1-4 dm. V-VII. Prados y juncales siempre húmedos de montaña. Holárt. R. 4. (FERNÁNDEZ CARVAJAL, 1982).
XK97, XK98, XK99, YK07, YK18, YK19.

**3. Juncus articulatus** L., Sp. Pl.: 327 (1753)
= *J. lamprocarpus* Ehrh. ex Hoffm., Deutschl. Fl.: 125 (1791)
Geóf.-riz. 1-4 dm. VI-IX. Juncales y herbazales vivaces sobre suelos siempre húmedos. Holárt. M. 2. (R & B, 1961). TC.

**4. Juncus bufonius** L., Sp. Pl.: 328 (1753)
Teróf.-cesp. 5-25 cm. IV-VII. Pastizales anuales sobre suelos arenosos temporalmente inundables. Cosmop. M. 2. (R & B, 1961).
XK77, XK78, XK82, XK83, XK84, XK86, XK87, XK93, XK95, XK96, XK97, XK98, YK06, YK07, YK08, YK17.

**5. Juncus capitatus** Weigel, Obs. Bot.: 28 (1772)
= *J. mutabilis* Lam., Encycl. Méth. Bot. 3: 270 (1789)
Teróf.-cesp. 3-12 cm. IV-VII. Regueros húmedos en primavera sobre arenas silíceas. Paleotemp. R. 3. (GM, 1989).
XK86: Cabra de Mora, hacia Mora. XK96: Mora de Rubielos, pr. Molino de las Palomas. YK07: Valdelinares, Cuarto del Prado.

**6. Juncus compressus** Jacq., Enum. Stirp. Vindob.: 60 (1762)
Geóf.-riz. 2-4 dm. VI-VIII. Juncales sobre márgenes de arroyos, hondonadas y regueros húmedos. Se ha mencionado en ocasiones, aunque probablemente haya que referir las poblaciones de la zona al cercano *J. gerardi* Loisel. Holárt. NV. 3. (SENNEN, 1912).

**7. Juncus conglomeratus** L., Sp. Pl.: 326 (1753)
- *J. communis* auct.
Hemic.-cesp. 3-10 dm. VI-VIII. Regueros húmedos sobre terrenos silíceos. Holárt. R. 3. (R & B, 1961).
XK62, XK83, XK86, XK87, XK97, YK06, YK07, YK17, YK26, YK28.

**8. Juncus effusus** L., Sp. Pl.: 326 (1753) (*junco de esteras*)
Hemic.-cesp. 3-12 dm. VI-VIII. Regueros húmedos y juncales sobre suelos silíceos permanentemente húmedos. Eurosib. Se ha mencionado de las zonas

bajas del territorio, por San Agustín, pero podría resultar confusión con algfuna de las especies emparenmtadas, ya que no existe ningua otra alusión en la zona. NV. 3. (ROSELLÓ, 1994).

**9. Juncus fontanesii** J. Gay ex Laharpe in Mém. Soc. Hist. Nat. Paris 3: 130 (1827)
= *J. bicephalus* Viv., Fl. Cors.: 5 (1824); - *J. lagenarius* auct.
Geóf.-riz. 1-3 dm. VI-VII. Juncales y herbazales vivaces siempre húmedos. Se ha indicado en la zona central y norte de la Sierra de Gúdar, como *J. lagenarius* J. Gay. Subcosmop. NV. 3. (L & P).

**10. Juncus gerardi** Loisel. in J. Bot. (Desv.) 2: 284 (1809)
≡ *J. compressus* subsp. *gerardi* (Loisel.) Rouy, Fl. Fr. 12: 248 (1910)
Geóf.-riz. 1-4 dm. VI-IX. Juncales sobre regueros húmedos y terrenos inundados casi todo el año. Holárt. R. 2. (FERNÁNDEZ CARVAJAL, 1982).
XK72, XK97, XK98, XK99, YK07.

**11. Juncus inflexus** L. Sp. Pl.: 326 (1753)
= *J. glaucus* Ehrh., Beitr. Naturk. 6: 83 (1791)
Hemic.-cesp. 3-12 dm. VI-VIII. Juncales perennes sobre suelos temporalmente inundables. Paleotemp. C. 2. (R & B, 1961). TC.

**12. Juncus maritimus** Lam., Encycl. Méth. Bot. 3: 264 (1789)
= *J. pseudoacutus* Pau, Not. Bot. Fl. Españ. 6: 100 (1895)
Geóf.-riz. 4-14 dm. VII-IX. Humedales salinos, pastizales vivaces densos inundables por aguas con cierta cantidad de sales. Subcosmop. RR. 3. (AA, 1985).
XK62: Arcos de las Salinas, salinas. XK83: Manzanera, Los Cerezos. YK19: Cantavieja, macizo de La Palomita.

**13. Juncus pyrenaeus** Timb.-Lagr. & Jeanb. in Bull. Soc. Sci. Phys. Nat. Toulouse 6: 232 (1884)
≡ *J. balticus* subsp. *pyrenaeus* (Timb.-Lagr. & Jeanb.) P. Fourn., Quatre Fl. Fr.: 146 (1935); ≡ *J. articus* subsp. *pyrenaeus* (Timb.-Lagr. & Jeanb.) Rivas Goday & Borja in Anales Inst. Bot. Cav. 19: 512 (1961); = *J. cantabricus* T.E. Díaz & al. in Trab. Dep. Bot. Univ. Oviedo 2: 13 (1977); - *J. filiformis* auct.
Geóf.-riz. 2-6 dm. VI-VII. Márgenes de arroyos, pastizales vivaces siempre húmedos en áreas elevadas. Late-pirenaica. R. 4. (R & B, 1961).
XK77, XK87, XK97, YK07, YK08, YK09, YK18.

**14. Juncus striatus** Schousboe ex E. Meyer, Syn. Junc.: 27 (1822)
Geóf.-riz. 2-4 dm. VI-VII. Pastizales vivaces húmedos, márgenes de arroyos. Circun-Medit. R. 3. (SL, 2000).
XK85: Valbona, junto al embalse.

**15. Juncus subnodulosus** Schrank, Baier Fl. 1: 616 (1789)
= *J. obtusiflorus* Ehrh. ex Hoffm., Deutschl. Fl.: 125 (1791)

Geóf.-riz. 4-14 dm. VI-IX. Juncales sobre suelos permanentemente húmedos. Paleotemp. M. 2. (SL, 2000). TC.

**16. Juncus tenageia** Ehrh. ex L. f., Suppl. Pl.: 208 (1781)
Teróf.-cesp. 5-30 cm. V-VIII. Pastizales anuales sobre suelos arenosos que se inundan periódicamente. Paleotemp. R. 2. (MATEO; FABADO & TORRES, 2003).
XK77: Corbalán, valle de Escriche.

### 4.9.2. LUZULA DC. (3 esp.)

**1. Luzula campestris** (L.) DC. in Lam. & DC., Fl. Franç. ed. 3, 3: 161 (1805)
≡ *Juncus campestris* L., Sp. Pl.: 329 (1753) [basión.]
Hemic.-cesp. 5-25 cm. IV-VI. Pastizales algo húmedos sobre suelos silíceos. Paleotemp. R. 3. (R & B, 1961).
XK63, XK64, YK77, XK78, XK82, XK83, XK86, XK87, XK97, XK99, YK05, YK06, YK07, YK08, YK17, YK18, YK19, YK26, YK27, YK28, YL10.

**2. Luzula forsteri** (Sm.) DC., Syn. Pl. Fl. Gall.: 150 (1806)
≡ *Juncus forsteri* Sm., Fl. Brit. 3: 1395 (1804) [basión.]; = *L. forsteri* subsp. *iberica* P. Monts. in Anales Inst. Bot. Cav. 21: 492 (1963)
Hemic.-cesp. 1-4 dm. IV-VI. Medios forestales silíceos, sobre todo robledales frescos. Eurosib. R. 3. (R & B, 1961).
XK63, XK64, XK74, XK77, XK78, XK82, XK83, XK85, XK86, XK87, XK95, XK97, YK05, YK06, YK07, YK08, YK26.

**3. Luzula multiflora** (Retz.) Lej., Fl. Spa 1: 169 (1811)
≡ *Juncus multiflorus* Retz., Fl. Scand. Prodr. ed. 2: 82 (1795) [basión.]; ≡ *Luzula campestris* subsp. *multiflora* (Retz.) Buchenau ex Engler in Bot. Jahrb. Syst. 7: 176 (1886)
Hemic.-cesp. 1-4 dm. IV-VII. Medios turbosos, regueros muy húmedos, sobre substrato silíceo. Holárt. RR. 4. (SL, 2000).
XK77: Corbalán, Puerto de Cabigordo. YK07: Valdelinares, hacia Collado de la Gitana.

## 4.10. JUNCAGINACEAE (*Juncagináceas*) (1 gén.)

### 4.10.1. TRIGLOCHIN L. (1 esp.)

**1. Triglochin palustre** L., Sp. Pl.: 338 (1753)
Geóf.-riz. 1-3 dm. V-VII. Regueros húmedos, manantiales y áreas con humedad permanente. Subcosmop. R. 4. (PAU, 1885).
XK64, XK87, XK96, XK97, XK98, YK04, YK05, YK06, YK07, YK08, YK18, YK26.

## 4.11. LEMNACEAE (*Lemnáceas*) (1 gén.)

### 4.11.1. LEMNA L. (2 esp.) (*lentejas de agua*)

**1. Lemna gibba** L., Sp. Pl.: 970 (1753)

Hidróf.-nat. 5-10 mm. VI-VIII. Aguas estancasas bastante eutrofizadas. Cosmop. RR. 2. (MATEO & LOZANO, 2010b).

**XK94:** Sarrión, pr. La Escaleruela. **XK95:** Rubielos, cauce del río Rubielos junto al pueblo. **YK04:** Olba, cauce contaminado del río Rubielos pr. fuente de la Salud. **YK05:** Rubielos, cauce del río Rubielos pr. ermita de la Salud.

2. **Lemna minor** L., Sp. Pl.: 970 (1753)

Hidróf.-nat. 2-8 mm. VI-VIII. Flotando en aguas quietas o de poca corriente poco contaminadas o eutrofizadas. Cosmop. R. 3. (SL, 2000).

**XK94:** Sarrión, pr. La Escaleruela. **XK98:** Villarroya de los Pinares, Estrecho de los Batanes.

## 4.12. LILIACEAE (*Liliáceas*) (16 gén.)

### 4.12.1. ALLIUM L. (12 esp.)

1. **Allium ampeloprasum** L., Sp. Pl.: 294 (1753) (*puerro*)

= *A. multiflorum* Desf., Fl. Atl. 1: 288 (1798); = *A. polyanthum* Schult. & Schult. f., Syst. Veg. 7: 1016 (1830); = *A. pardoi* Losc., Trat. Pl. Arag. 1: 9 (1876)

Geóf.-bulb. 5-14 dm. IV-VII. Campos de cultivo y sus ribazos. Paleotemp. Cultivado como hortaliza en regadíos, eventualmente asilvestrado. Paleotemp. R. 1. (NC).

2. **Allium cepa** L., Sp. Pl.: 300 (1753) (*cebolla*)

Geóf.-bulb. 3-8 dm. VI-IX. Cultivada como hortaliza, de donde puede pasar a verse accidentalmente asilvestrada. Origen incierto. RR. 1. (NC).

3. **Allium moschatum** L., Sp. Pl.: 298 (1753)

Geóf.-bulb. 1-3 dm. VI-IX. Matorrales despejados y pastizales vivaces secos sobre calizas. Circun-Medit. M. 3. (PASTOR & VALDÉS, 1983).

XK65, XK76, XK83, XK89, XK93, XK94, XK96, YK04, YK05, YK16, YK26, YK28.

4. **Allium nigrum** L., Sp. Pl., ed. 2: 430 (1762)

Geóf.-bulb. 5-10 dm. IV-VI. Herbazales vivaces en ambientes alterados. Circun-Medit. RR. 2. (NC).

**YL00:** Pitarque, 1000 m.

5. **Allium oleraceum** L., Sp. Pl.: 299 (1753)

Geóf.-bulb. 2-6 dm. VI-IX. Herbazales sobre terrenos alterados, cunetas y barbechos. Paleotemp. M. 2. (RP, 2002).

XK63, XK64, XK71, XK72, XK73, XK75, XK85, XK86, XK93, XK94, XK95, XK96, YK03, YK04, YK05, YK16, YK17, YK19, YK27, YK28, YK29.

6. **Allium paniculatum** L., Syst. Nat. ed. 10, 2: 978 (1759)

= *A. pallens* L., Sp. Pl. ed. 2: 427 (1762); = *A. paniculatum* subsp. *pallens* (L.) K. Richter, Pl. Eur. 1: 207 (1890); - *A. paniculatum* subsp. *tenuiflorum* auct.

Geóf.-bulb. 2-6 dm. VI-VIII. Herbazales algo húmedos pero transitados por el hombre o el ganado. Euri-Medit. M. 2. (R & B, 1961). TC.

7. **Allium sativum** L., Sp. Pl.: 296 (1753) (*ajo*)

Geóf.-bulb. 3-8 dm. V-VII. Cultivado como comestible en los huertos y esporádicamente asilvestrado. Origen incierto. 1. (NC).

8. **Allium scorodoprasum** L., Sp. Pl.: 297 (1753) subsp. **rotundum** (L.) Stearn in Ann. Mus. Goulandris 4: 178 (1978)

≡ *A. rotundum* L., Sp. Pl. ed. 2: 243 (1762) [basión.]; = *A. acutiflorum* Losc., Trat. Pl. Arag. 3, Supl. 8: 98 (1886), non Loisel., 1809

Geóf.-bulb. 4-8 dm. V-VII. Herbazales jugosos en áreas de vega y ribazos de los huertos. Euri-Medit. R. 3. (PASTOR & VALDÉS, 1983).

XK64, XK72, XK73, YK28, YK29.

9. **Allium senescens** L., Sp. Pl.: 299 (1753) subsp. **montanum** (Fr.) J. Holub in Folia Geobot. Phytotax. 5: 341 (1970)

≡ *A. fallax* var. *montanum* Fr., Nov. Fl. Suec. 2: 18 (1839) [basión.]

Geóf.-bulb. 1-3 dm. VII-IX. Roquedos y terrenos escarpados calizos en áreas elevadas. Eurosib.-S. M. 3. (R & B, 1961).

XK62, XK63, XK72, XK73, XK74, XK76, XK81, XK82, XK83, XK87, XK89, XK96, XK97, XK98, XK99, YK05, YK06, YK07, YK08, YK16, YK17, YK27, YK37.

10. **Allium sphaerocephalon** L., Sp. Pl.: 297 (1753)

= *A. purpureum* Losc., Trat. Pl. Arag. 1: 7 (1876); = *A. loscosii* K. Richter, Pl. Eur. 1: 199 (1890)

Geóf.-bulb. 2-6 dm. V-VII. Matorrales y pastizales secos sobre calizas. Paleotemp. M. 2. (PAU, 1896). TC.

11. **Allium stearnii** Pastor & Valdés, Revis. Gén. Allium: 86 (1983)

≡ *A. paniculatum* subsp. *stearnii* (Pastor & Valdés) O. Bolòs & al. in Collect. Bot. 17(1): 95 (1987)

Geóf.-bulb. 4-8 dm. VII-IX. Cunetas, ribazos y pastizales subnitrófilos perennes. Medit.-occid. R. 3. (MATEO & LOZANO, 2010b).

**XK95:** Rubielos de Mora, pr. ermita de San Roque.

12. **Allium vineale** L., Sp. Pl.: 299 (1753)

Geóf.-bulb. 2-6 dm. V-VIII. Pastizales vivaces algo húmedos en medios alterados. Paleotemp. R. 3. (ASSO, 1779).

XK93, YK06, YK07, YK16, YK18, YK28.

### 4.12.2. ANTHERICUM L. (1 esp.)

1. **Anthericum liliago** L., Sp. Pl.: 310 (1753)

≡ *Phalangium liliago* (L.) Schreb., Spicil. Fl. Lips.: 36 (1771); - *A. intermedium* auct.; - *Phal. intermedium* auct.

Hemic.-esc. 2-6 dm. IV-VI. Matorrales y pastizales secos en áreas despejadas. Paleotemp. M. 3. (ASSO, 1779).

XK52, XK53, XK62, XK63, XK65, XK66, XK74, XK75, XK76, XK84, XK85, XK86, XK87, XK88, XK93, XK94, XK95, XK96, XK97, XK98, XK99, YK04, YK05, YK06, YK07, YK08, YK09, YK16, YK17, YK18, YK19, YK27, YK28, YK29, YL00, YL10.

## 4.12.3. APHYLLANTHES L. (1 esp.)

**1. Aphyllanthes monspeliensis** L., Sp. Pl.: 294 (1753) (*junquillo falso*)
Hemic.-cesp. 1-3 dm. IV-VI. Matorrales y pastizales secos y soleados. Medit.-occid. C. 2. (FL, 1876). TC.

## 4.12.4. ASPARAGUS L. (2 esp.)

**1. Asparagus acutifolius** L., Sp. Pl.: 314 (1753) (*esparraguera triguera*)
Faner.-escand./Geóf.-riz. 4-18 dm. VII-IX. Riberas, bosques y matorrales en zonas de baja altitud. Circun-Medit. M. 3. (R & B, 1961).
XK55, XK62, XK71, XK81, XK82, XK83, XK84, XK85, XK86, XK93, XK94, XK95, XK96, YK03, YK04, YK05, YK06, YK26, YK27, YK37, YL00, YL10.

**2. Asparagus officinalis** L., Sp. Pl.: 313 (1753) (*esparraguera común*)
Geóf.-riz. 4-15 dm. V-VII. Cultivada como comestible, pero también silvestre en medios ribereños. Paleotemp. R. 1. (AA, 1985).
XK62, XK84, XK85, XK87, XK94, YK04, YK05.

## 4.12.5. ASPHODELUS L. (2 esp.)

**1. Asphodelus cerasiferus** J. Gay in Bull. Soc. Bot. Fr. 4: 610 (1857) (*gamón*)
- *A. ramosus* auct.; - *A. albus* auct.
Geóf.-tuber. 4-16 dm. IV-VI. Pastos despejados y claros de matorrales secos. Medit.-occid. C. 2. (DEBEAUX, 1894). TC.

**2. Asphodelus fistulosus** L., Sp. Pl.: 309 (1753) (*gamoncillo*)
Hemic.-esc. 1-4 dm. III-V. Cunetas, terrenos baldíos secos en las zonas más bajas. Circun-Medit. RR. 1. (SL, 2000).
XK75, XK84, XK93, XK94, YK04.

## 4.12.6. COLCHICUM L. (1 esp.)

**1. Colchicum triphyllum** G. Kunze in Flora 29: 755 (1846) (*cólquico*)
= *C. clementei* Graells in Mem. Real Acad. Ci. Madrid 2: 26 (1859); - *C. bulbocodioides* auct.
Geóf.-bulb. 2-6 cm. II-IV. Detectado en pastizales vivaces aclarados sobre calizas, floreciendo en pleno invierno sobre nieve. Circun-Medit. R. 4. (SL, 2000).
**XK73:** La Puebla de Valverde, pr. corral de Mancho (LÓPEZ UDÍAS & FABREGAT, 2011). **XK74:** Id., barranco de la Zarzuela (LÓPEZ UDÍAS & FABREGAT, 2011). **XK82:** Abejuela, hacia la ermita (SL, 2000).

## 4.12.7. DIPCADI Medik. (1 esp.)

**1. Dipcadi serotinum** (L.) Medik. in Acta Acad. Theod.-Palat. 6: 431 (1790) (*jacinto leonado*)

≡ *Hyacinthus serotinus* L., Sp. Pl.: 317 (1753) [basión.]; ≡ *Uropetalum serotinum* (L.) Ker-Gawl., Bot. Reg. 2: tab. 156 (1816); = *D. fulvum* (Cav.) Webb in Webb & Berth., Phytogr. Canar. 2: 340 (1846); - *D. serotinum* subsp. *fulvum* auct.
Geóf.-bulb. 1-3 dm. IV-VI. Matorrales secos sobre suelos esqueléticos, sobre todo en medios abruptos. Medit.-occid. M. 2. (AA, 1985).
XK55, XK62, XK63, XK64, XK65, XK66, XK71, XK72, XK73, XK74, XK75, XK76, XK77, XK81, XK82, XK83, XK84, XK85, XK86, XK87, XK93, XK94, XK95, XK96, XL80, XL90, YK03, YK04, YK05, YK26, YK27, YK28, YK29, YK37, YK38, YL10.

## 4.12.8. ERYTHRONIUM L. (1 esp.)

**1. Erythronium dens-canis** L., Sp. Pl.: 305 (1753) (*diente de perro*)
Geóf.-bulb. 5-15 cm. III-V. Bosques de montaña y sus orlas herbosas, en ambiente fresco y húmedo. Indicado por Asso del término de Tronchón, como única localidad de la zona, de la provincia y de todo el Sistema Ibérico oriental, ya que las localidades conocidas en la actualidad más cercanas hay que buscarlas en las sierras de Urbión y la Demanda. No es planta para confundirla con otra similar, por lo que no creemos deba rechazarse esta importante cita, pese a que no la hemos vuelto a ver desde entonces. Eurosib. NV. 5. (ASSO, 1779).

## 4.12.9. FRITILLARIA L. (1 esp.)

**1. Fritillaria hispanica** Boiss. & Reut. Diagn. Pl. Orient., ser. 2, 3(4): 101 (1859) (*meleagria*)
≡ *F. pyrenaica* subsp. *hispanica* (Boiss. & Reut.) Vigo, Fl. Mass. Penyagolosa: 104 (1968); ≡ *F. messanensis* subsp. *hispanica* (Boiss. & Reut.) Rivas Goday & Borja in Anales Inst. Bot. Cav. 19: 509 (1961);- *F. lusitanica* auct.; - *F. montana* auct.; - *F. messanensis* auct.
Geóf.-bulb. 1-3 dm. IV-VI. Pastizales secos y claros de matorral sobre suelo esquelético. Medit.-occid. M. 3. (R & B, 1961).
XK62, XK63, XK65, XK66, XK72, XK77, XK78, XK81, XK82, XK87, XK95, XK96, XK97, YK06, YK17, YK26, YK27, YK28.

## 4.12.10. GAGEA Salisb. (4 esp.)

**1. Gagea bohemica** (Zauschn) Sch. & Sch. f. in Roem. & Sch., Syst. Veg. ed. 15, 7: 549 (1829)
Geóf.-bulb. 3-8 cm. III-V. Pastizales de montaña en terrenos abruptos sobre calizas. Recientemente indicada de la parte más elevada de la vertiente valenciana de la Sierra de Javalambre.Si es así, su presencia en esta zona sería casi segura. Paleotemp. NV. 4. (FERRER & OLTRA, 2009).

**2. Gagea pratensis** (Pers.) Dumort., Fl. Belg.: 140 (1827)
≡ *Ornithogalum pratense* Pers. in Ann. Bot. (Usteri) 11: 8 (1794) [basión.]
Geóf.-bulb. 5-15 cm. III-V. Pastizales vivaces en ambiente umbroso con suelo escaso. Eurosib. R. 4. (SL, 2000).
XK64, XK72, XK73, XK74, XK82, YK07, YK08.

3. **Gagea reverchonii** Degen in Magyar Bot. Lapok 2: 37 (1903)
= *G. burnatii* Terrac. in Bol. Soc. Orto Palermo 2(3): 36 (1904); = *G. lutea* subsp. *burnatii* (Terrac.) Laínz in Bol. Inst. Estud. Astur., Supl. Ci. 10: 209 (1964)
Geóf.-bulb. 6-25 cm. III-V. Pastizales de montaña sobre terrenos abruptos. Iberolev. NV. 4. (RP, 2002).
**YK17**: Mosqueruela, Valtuerta del Rincón (RP, 2002).

4. **Gagea villosa** (Bieb.) Sweet, Hort. Brit.: 418 (1827)
≡ *Ornithogalum villosum* Bieb., Fl. Taur.-Cauc. 1: 274 (1808) [basión.]; = *G. arvensis* Pers. Dumort., Fl. Belg.: 140 (1827); = *G. granatelli* Parl., Fl. Palerm. 1: 376 1845
Geóf.-bulb. 5-15 cm. III-V. Pastizales de montaña sobre terrenos abruptos poco soleados. Paleo-temp. R. 4. (FL, 1878).
XK64, XK72, XK73, XK73, XK82, YK16.

### 4.12.11. MERENDERA Ramond (1 esp.)

1. **Merendera montana** Lange in Willk. & Lange, Prodr. Fl. Hisp. 1: 193 (1862) (*quitameriendas*)
≡ *Colchicum montanum* L., Sp. Pl.: 342 (1753); = *M. bulbocodium* Ramond in Bull. Soc. Philom. Paris 1798: 178 (1798); = *M. pyrenaica* (Pourr.) P. Fourn., Quatre Fl. Fr.: 157 (1935)
Geóf.-bulb. 4-8 cm. VIII-X. Pastizales vivaces de montaña, habitualmente bastante pastoreados. Medit.-occid. M. 3. (PAU, 1884). TC.

### 4.12.12. MUSCARI Mill. (3 esp.)

1. **Muscari olivetorum** Blanca, Ruiz Rejón & Suar. Sant. in Taxon 56(4): 1184 (2007)
- *M.atlanticum* auct.; - *M. neglectum* subsp. *atlanticum* auct.
Geóf.-bulb. III-VI. 8-25 cm. Terrenos baldíos y pastizales secos algo antropizados. Medit.-occid. Se ha recolectado en puntos dispersos de la zona, donde seguramente estará bastante extendido. M. 2. (NC).

2. **Muscari comosum** (L.) Mill., Gard. Dict. ed. 8: nº 2 (1768)
≡ *Hyacynthus comosus* L., Sp. Pl.: 318 (1753) [basión.]
Geóf.-bulb. 1-4 dm. IV-VII. Campos abandonados, pastizales alterados. Euri-Medit. M. 2. (ASSO, 1779). TC.

3. **Muscari neglectum** Guss. ex Ten., Fl. Napol. 5, Syll.: 13 (1842) (*nazarenos*)
- *M. racemosum* auct.
Geóf.-bulb. 5-25 cm. IV-VI. Campos de cultivo y terrenos baldíos. Euri-Medit. C. 1. (FL, 1876). TC.

### 4.12.13. ORNITHOGALUM L. (3 esp.) (*leche de pájaro*)

1. **Ornithogalum bourgaeanum** Jord. & Fourr., Brev. Pl. Nov. 1: 52 (1866)
= *O. monticolum* Jord. & Fourr., Brev. Pl. Nov.: 54 (1866); - *O. baeticum* auct., non Boiss., Elench. Pl. Nov.: 84 (1838); - *O. orthophyllum* subsp. *baeticum* auct., non (Boiss.) Zahar. in Bot. J. Linn. Soc. 76: 356 (1978); -*O. umbellatum* subsp. *baeticum* auct.,

non (Boiss.) O. Bolòs & Vigo, Fl. Països. Catal. 4: 87 (2001); - *O. umbellatum* auct.; - *O. collinum* auct.; - *O. divergens* auct.; - *O. umbellatum* subsp. *divergens* auct.; - *O. tenuifolium* auct.
Geóf.-bulb. 5-25 cm. IV-VI. Pastizales secos y matorrales aclarados. Medit.-occid. NV. 3. (R & B, 1961).

2. **Ornithogalum narbonense** L., Cent. Pl. 2: 15 (1756) (*calabrujas*)
≡ *O. pyramidale* subsp. *narbonense* (L.) Asch. & Graebn., Syn. Mitteleur. Fl. 2: 255 (1904); - *O. pyrenaicum* auct.
Geóf.-bulb. 2-6 dm. IV-VI. Campos de secano y herbazales de su entorno. Circun-Medit. R. 3. (PAU, 1885).
XK72, XK81, XK82, XK84, XK85, XK93, XK94, XK95, YK04, YK06.

3. **Ornithogalum nutans** L., Sp. Pl.: 308 (1753)
Geóf.-bulb. 2-5 dm. III-V. Cultivada como ornamental a muy reducida escala, que pude asilvestrase durante algún tiempo. Medit.-orient. NV. 1. (PAU, 1886).
**YK04**: Olba (PAU, 1886).

### 4.12.14. POLYGONATUM Adans. (1 esp.)

1. **Polygonatum odoratum** (Mill.) Druce in Ann. Scott. Nat. Hist. 1906: 226 (1906) (*sello de Salomón*)
≡ *Convallaria odorata* Mill., Gard. Dict. ed. 8: nº 4 (1768) [basión.]; = *C. polygonatum* L., Sp. Pl.: 315 (1753); = *P. officinale* All., Fl. Pedem. 1: 131 (1785); = *P. vulgare* Desf. in Ann. Mus. Hist. Nat. (Paris) 9: 49 (1807)
Geóf.-riz. 1-4 dm. IV-VI. Bosques umbrosos u oquedades protegidas entre las rocas. Holárt. M. 4. (PAU, 1884).
XK62, XK63, XK64, XK65, XK66, XK72, XK73, XK74, XK77, XK82, XK83, XK86, XK87, XK94, XK95, XK96, XK97, XK98, XK99, YK04, YK05, YK06, YK07, YK08, YK09, YK17, YK18, YK19, YK27, YK28, YK29, YK37, YL00, YL01, YL10.

### 4.12.15. RUSCUS L. (1 esp.)

1. **Ruscus aculeatus** L., Sp. Pl.: 10041 (1753) (*rusco*)
- *R. hypophyllum* auct.
Geóf.-riz. 4-8 dm. X-IV. Rincones umbrosos en medios forestales y ambientes rocosos abrigados. Circun-Medit. R. 4. (R & B, 1961).
XK71, XK72, XK75, XK82, XK83, XK84, XK85, XK86, XK94, XK95, YK03, YK04, YK05, YK06, YK19, YK26, YK27, YK28, YK29, YK37, YL00, YL10.

### 4.12.16. TULIPA L. (1 esp.)

1. **Tulipa australis** Link in J. Bot. (Schrader) 1799(2): 317 (1800) (*tulipán silvestre*)
≡ *T. sylvestris* subsp. *australis* (Link) Pamp. in Boll. Soc. Bot. Ital. 1914: 114 (1914)
Geóf.-bulb. 1-4 dm. IV-VI. Pastizales secos sobre terrenos muy someros. Circun-Medit. M. 3. (AA, 1985).
XK62, XK63, XK64, XK65, XK72, XK73, XK74, XK75, XK76, XK77, XK78, XK81, XK82, XK83, XK87, XL80.

## 4.13. ORCHIDACEAE (*Orquidáceas*) (17 gén.)

### 4.13.1. ANACAMPTIS L.C. Rich. (1 esp.)

1. **Anacamptis pyramidalis** (L.) L.C. Rich., Orchid. Eur.
Annot.: 33 (1817)
≡ *Orchis pyramidalis* L., Sp. Pl.: 940 (1753) [basión.]; ≡ *Aceras pyramidale* (L.) Rchb., Icon. Fl. Germ. Helv. 13: 6 (1851)
Geóf.-tuber. 2-6 dm. V-VII. Pastizales vivaces no muy húmedos. Euri-Medit. M. 3. (MW, 1893).
XK62, XK63, XK64, XK65, XK66, XK73, XK74, XK75, XK76, XK77, XK78, XK83, XK84, XK85, XK86, XK87, XK89, XK96, XL80, YK03, YK04, YK18, YK28.

### 4.13.2. CEPHALANTHERA L.C. Rich. (3 esp.)

1. **Cephalanthera damasonium** (Mill.) Druce in Ann.
Scott. Nat. Hist. 1906: 225 (1906)
≡ *Serapias damasonium* Mill., Gard. Dict. ed. 8: nº 2 (1768) [basión.]; = *C. gradiflora* S.F. Gray, Nat. Arr. Brit. Pl. 2: 210 (1821); = *C. alba* (Crantz) Simonk., Enum. Fl. Transs.: 504 (1887)
Geóf.-riz. 1-4 dm. IV-VI. Bosques ribereños y sus orlas. Paleotemp. M. 4. (R & B, 1961).
XK55, XK62, XK63, XK64, XK65, XK67, XK73, XK76, XK77, XK75, XK82, XK83, XK85, XK86, XK87, XK88, XK89, XK93, XK94, XK95, XK96, XK97, XK98, XK99, YK04, YK05, YK06, YK07, YK08, YK09, YK16, YK17, YK18, YK19, YK27, YK28, YK37, YK38, YL00, YL10, YL20.

2. **Cephalanthera longifolia** (L.) Fritsch in Österr. Bot.
Zeit. 38: 81 (1888)
≡ *Serapias helleborine* var. *longifolia* L, Sp. Pl.: 950 (1753) [basión.]; = *C. ensifolia* (Murray) L.C. Rich. in Mém. Mus. Hist. Nat. (Paris) 4: 60 (1818)
Geóf.-riz. 1-4 dm. IV-VI. Bosques y matorrales de montaña, pastizales vivaces de su entorno. Paleotemp. M. 4. (PAU, 1887).
XK64, XL73, XK75, XK76, XK77, XK83, XK84, XK85, XK86, XK87, XK88, XK89, XK93, XK94, XK96, XK97, YK03, YK04, YK05, YK06, YK08, YK09, YK15, YK16, YK18, YK19, YK28, YL00.

3. **Cephalanthera rubra** (L.) L.C. Rich., Orchid. Eur.
Annot.: 38 (1817)
≡ *Serapias rubra* L, Syst. Nat. ed. 12, 2: 594 (1767) [basión.]
Geóf.-riz. 2-4 dm. V-VII. Bosques y pastizales frescos de montaña. Eurosib. M. 4. (ASSO, 1779).
XK63, XK64, XK65, XK66, XK72, XK73, XK74, XK75, XK76, XK82, XK83, XK84, XK85, XK86, XK93, XK94, XK95, XK96, XK97, YK03, YK05, YK06, YK07, YK08, YK09, YK16, YK17, YK18, YK19, YK26, YK27, YK28, YK29, YK38, YL00.

### 4.13.3. COELOGLOSSUM Hartman (1 esp.)

1. **Coeloglossum viride** (L.) Hartman, Handb. Skand. Fl.: 329 (1820)
≡ *Satyrium viride* L., Sp. Pl.: 944 (1753) [basión.]; ≡ *Orchis viridis* (L.) Crantz, Stirp. Austr. 1: 491 (1762)
Geóf.-tuber. 5-25 cm. V-VII. Pastizales vivaces densos y húmedos de montaña. Holárt. R. 4. (ASSO, 1779).
XK87, XK96, XK97, YK06, YK07, YK08, YK18, YK19, YK27, YK28.

### 4.13.4. DACTYLORHIZA Necker ex Nevski (6 esp.)

1. **Dactylorhiza elata** (Poir.) Soó, Nom. Nov. Gen.
Dactylorhiza: 7 (1962)
= *Orchis elata* Poir., Voy. Barb. 2: 248 (1789) [basión.]; = *O. sesquipedalis* Willd., Sp. Pl. 4(1): 30 (1805); = *O. elata* subsp. *sesquipedalis* (Willd.) Soó in Feddes Repert. 24: 31 (1927); = *D. elata* subsp. *sesquipedalis* (Willd.) Soó, Nom. Nov. Gen. Dactylorhiza: 7 (1962); - *D. latifolia* auct.; - *O. latifolia* auct.
Geóf.-tuber. 3-6 dm. V-VII. Prados húmedos, regueros y arroyos sobre terrenos calizos. Medit.-occid. M. 4. (ASSO, 1779). TC.

2. **Dactylorhiza fuchsii** (Druce) Soó, Nom. Nov. Gen.
Dactylorhiza: 7 (1962)
≡ *Orchis fuchsii* Druce in Rep. Bot. Exch. Club Brit. Isl. 4: 105 (1915) [basión.]; ≡ *D. maculata* subsp. *fuchsii* (Druce) Hyl. in Nord. Kärlväxtfl. 2: 238 (1966)
Geóf.-tuber. 2-6 dm. V-VII. Prados húmedos y turbosos calizos. Paleotemp. R. 4. (BENITO & TABUENCA, 2000).
XK87, XK96, XK97, XK98, YK05, YK06, YK07, YK08, YK18, YK19, YK26, YL00.

3. **Dactylorhiza incarnata** (L.) Soó, Nom. Nov. Gen.
Dactylorhiza: 3 (1962)
≡ *Orchis incarnata* L., Fl. Suec. ed. 2: 312 (1755) [basión.]
Geóf.-tuber. 2-5 dm. V-VII. Pastizales vivaces húmedos, regueros y manantiales. Eurosib. M. 4. (DEBEAUX, 1894).
XK63, XK64, XK73, XK77, XK87, XK88, XK96, XK98, YK05, YK06, YK07, YK08, YK17, YK18, YK19, YK28, YL00.

4. **Dactylorhiza insularis** (Sommier) O. Sánchez & Herrero in Castroviejo & al. (eds.), Fl. Iber. 21: 98 (2005)
≡ *Orchis insularis* Sommier in Bol. Soc. Bot. Ital. 1895: 247 (1895) [basión.]; ≡ *O. sambucina* subsp. *insularis* (Sommier) Gand., Nov. Consp. Fl. Eur.: 462 (1910)
Geóf.-tuber. 1-3 dm. V-VI. Medios forestales y sus claros, sobre todo en substrato silíceo. Medit.-occid. R. 4. (BENITO & TABUENCA, 2000).
XK78: El Pobo, monte Castelfrío.

5. **Dactylorhiza maculata** (L.) Soó, Nom. Nov. Gen. Dactylorhiza: 7 (1962)
≡ *Orchis maculata* L., Sp. Pl.: 942 (1753) [basión.]
Geóf.-tuber. 2-5 dm. V-VIII. Medios silíceos turbosos o encharcados. Paleotemp. Mencionada de la zona por Rivas Goday y Borja, pero posiblemente referida a *D. fuchsii*, muy similar y en aquella época inédita. NV. 5. (R & B, 1961).

6. **Dactylorhiza sambucina** (L.) Soó, Nom. Nov. Gen. Dactylorhiza: 3 (1962)
≡ *Orchis sambucina* L., Fl. Suec. ed. 2: 312 (1755) [basión.]
Geóf.-tuber. 1-3 dm. V-VI. Bosques y matorrales de umbría sobre suelo silíceo. Paleotemp. R. 5. (GM, 1990).
XK77, XK82, YK08, YK16, YK18, YK28.

*Híbridos* (2 esp.)

1. **Dactylorhiza × dubreuilhii** (G. Keller & Jeanj.) Soó, Nom. Nov. Gen. Dactylorhiza: 9 (1962) *(elata × incarnata)*
≡ *Orchis × dubreuilhii* G. Keller & Jeanj. In G. Keller, Schltr. & Soó, Monogr. Iconogr. Orchid. Eur. 2: 253 (1933) [basión.]
Geóf.-tuber. 2-5 dm. V-VII. Pastizales húmedos. NV. 4. (BENITO & TABUENCA, 2000).
**YK19**: Cañada de Benatanduz (BENITO & TABUENCA, 2000).

2. **Dactylorhiza × sp.** *(elata × fuchsii)*
Geóf.-tuber. 2-5 dm. V-VII. Pastizales húmedos. Indicada recientemente de varios puntos de la zona. RR. 4. (BENITO & TABUENCA, 2000).
XK87, YK06, YK08, YK19.

### 4.13.5. EPIPACTIS Zinn. (9 esp)

1. **Epipactis atrorubens** (Hoffm.) Besser, Prim. Fl. Galiciae Austriac. 2: 220 (1809)
≡ *Serapias atrorubens* Hoffm., Deutschl. Fl. ed. 2, 2: 182 (1804) [basión.]; = *E. rubiginosa* Crantz, Stirp. Austr. ed. 2, 2: 467 (1769)
Geóf.-riz. 2-6 dm. VI-VII. Medios forestales frescos y sus orlas sombreadas. Eurosib. NV. 4. (BENITO & TABUENCA, 2001).
**YK08**: Fontanete, Puerto de Villarroya (BENITO & TABUENCA, 2001)

2. **Epipactis cardina** Benito Ayuso & C.E. Hermos. in Est. Mus. Cien. Nat. Álava 13: 108 (1998)
Geóf.-riz. 2-5 dm. VI-VII. A la sombra de bosques caducifolios o mixtos y sus orlas arbustivas. Medit.-occid. M. 4. (BENITO & HERMOSILLA, 1998).
XK64, XK73, XK74, XK83, XK97, YK06, YK08, YK09, YK18, YK19, YK28, YL00.

3. **Epipactis distans** Arv.-Touv., Essai esp. var.: 11 (1872)
Geóf.-riz. 2-6 dm. V-VII. Bosques y pastos vivaces de montaña. En la monografía del género que presenta M.B. CRESPO (in CASTROVIEJO & al., 2005: 32), se atribuyen a la grex de esta especie dos táxones descritos recientemente de la zona, cuyo estátus taxonómico es inseguro [*E. molochina* P. Delforge in Naturalistes Belges 85: 173 (2004) y *E. maestrazgona* P. Delforge & Gévaudan in Naturalistes Belges 85: 62 (2004)]. Eurosib.-merid. R. 4. (BENITO, ALEJANDRE & al., 1998).
XK64, XK73, XK97, YK06, YK07, YK08, YK09, YK18, YK19, YL00.

4. **Epipactis fageticola** (C.E. Hermos.) Devillers-Tersch. & Devillers in Naturalistes Belg. 80(3): 302 (1999)
≡ *E. phyllanthes* var. *fageticola* C.E. Hermos. in Est. Mus. Cien. Nat. Álava 13: 138 (1998) [basión.]; - *E. phyllanthes* auct.
Geóf.-riz. 3-6 dm. V-VII. Bosques de ribera y otros medios umbrosos. Eurosib. R. 4. (BENITO, ALEJANDRE & ARIZALETA, 1999).
XK84, YK09, YK18, YK19, YL00.

5. **Epipactis kleinii** M.B. Crespo, M.R. Lowe & Piera in Taxon 50(3): 854 (2001)

≡ *E. parviflora* (A. Niesch. & & C. Niesch.) E. Klein in Orchidee 30: 46 (1979) [syn. subst.], non (Blume) Eaton (1908); ≡ *E. atrorubens* subsp. *parviflora* A. Niesch & C. Niesch in Philippia 1(2): 59 (1971);
Geóf.-riz. 1-4 dm. IV-VI. Medios forestales y terrenos pedregosos o abruptos no muy soleados. Medit.-occid. R. 3. (BENITO & HERMOSILLA, 1998). TC.

6. **Epipactis microphylla** (Ehrh.) Swartz in Kungl. Svenska Vet.-Akad. Handl. nov. ser. 21: 232 (1800)
≡ *Serapias microphylla* Ehrh., Beitr. Naturk. 4: 42 (1789) [basión.]; ≡ *E. latifolia* subsp. *microphylla* (Ehrh.) Rivas Goday & Borja in Anales Inst. Bot. Cav. 19: 537 (1961)
Geóf.-riz. 2-4 dm. V-VII. Bosques ribereños umbrosos. Fue mencionada en la flórula de la región (cuando no se había descrito *E. kleinii*, a la que corresponden normalmente las citas de la época de esta otra especie), pero no ha sido detectada en tiempos recientes. Paleotemp. NV. 5. (R & B, 1961).

7. **Epipactis palustris** (L.) Crantz, Stirp. Austr. ed. 2, 2: 462 (1769)
≡ *Serapias helleborine* var. *palustris* L., Sp. Pl.: 950 (1753) [basión.]
Geóf.-riz. 2-4 dm. VI-VIII. Medios inundables o turbosos sobre sustratos básicos o no muy ácidos. Probablemente ASSO (1779) se refiere a esta especie al indicar *Serapias parviflora* en La Palomita. Holárt. M. 4. (R & B, 1961).
XK64, XK82, XK93, XK95, XK96, XK97, XK98, YK06, YK07, YK08, YK18, YK19, YK26, YK27, YK28, YK00, YL10.

8. **Epipactis rhodanensis** Gévaudan & Robatsch in J. Eur. Orchid. 26: 103 (1994)
= *E. campeadorii* P. Delforge in Naturalistes Belg. 76(3): 90 (1995); = *E. hispanica* Benito Ayuso & C.E. Hermos. in Est. Mus. Cien. Nat. Álava 13: 106 (1998)
Geóf.-riz. 3-6 dm. V-VII. Bosques ribereños y medios húmedos sombreados. Euri-Medit.-sept. R. 4. (BENITO & TABUENCA, 2000).
XK66, XK98, YK08, YK19, YK28, YL00.

9. **Epipactis tremolsii** Pau in Bol. Soc. Arag. Ci. Nat. 13: 42 (1914)
≡ *E. helleborine* subsp. *tremolsii* (Pau) Klein in Orchidee 30: 49 (1979)
Geóf.-riz. 3-6 dm. V-VII. Medios forestales y sus orlas no muy soleadas. Medit.-occid. M. 4. (BENITO & HERMOSILLA, 1998).
XK63, XK73, XK82, XK83, XK84, XK85, XK93, XK95, YK08, YK18, YK19, YK27, YK28, YK38, YL00.

### 4.13.6. GOODYERA R. Br. (1 esp.)

1. **Goodyera repens** (L.) R. Br. in Ait., Hort. Kew. ed. 2, 5: 198 (1813)
≡ *Satyrium repens* L., Sp. Pl.: 945 (1753) [basión.]
Geóf.-riz. 1-2 dm. VII-VIII. Sotobosque umbroso de pinares y bosques bien cosntituidos en áreas

frescas de montaña. Holárt. RR. 5. (FABREGAT & LÓPEZ UDIAS, 1993).

**YK17**: Mosqueruela, sobre rambla de las Truchas. **YK27**: Ibíd., barranco de Saura. **YK28**: Ibíd., pr. Molino de las Truchas.

### 4.13.7. GYMNADENIA R. Br. (1 esp.)

1. **Gymnadenia conopsea** (L.) R. Br. in Ait., Hort. Kew. ed. 2, 5: 191 (1813)

≡ *Orchis conopsea* L., Sp. Pl.: 942 (1753) [basión.]; = *G. densiflora* (Wahlemb.) A. Dietr. in Allg. Deutsche Gartenz. 7: 170 (1839); - *G. odoratissima* auct., - *Orchis odoratissima* auct.

Geóf.-tuber. 2-6 dm. V-VIII. Pastizales vivaces húmedos y orlas forestales frescas. Paleotemp. R. 4. (ASSO, 1779).

YK06, YK07, YK08, YK09, YK18, YK19, YL00.

### 4.13.8. HIMANTOGLOSSUM Koch (1 esp.)

1. **Himantoglossum hircinum** (L.) Spreng., Syst. Veg. 3: 694 (1826)

≡ *Satyrium hircinum* L., Sp. Pl.: 944 (1753)

Geóf.-tuber. 2-5 dm. V-VII. Claros de bosque y pastizales vivaces no muy secos. Medit.-Atlánt. RR. 5. (LÓPEZ UDIAS & FABREGAT, 2011).

**XK73**: La Puebla de Valverde, El Chaparral.

### 4.13.9. LIMODORUM Boehmer (1 esp.)

1. **Limodorum abortivum** (L.) Swartz in Nova Acta Reg. Soc. Sci. Upsal. 6: 80 (1799)

≡ *Orchis abortiva* L., Sp. Pl.: 943 (1753) [basión.]

Geóf.-riz. 2-6 dm. V-VII. Planta no clorofílica, de color violáceo, que vive en simbiosis con hongos y raíces de los árboles en el sotobosque de pinares, choperas, quejigares, etc. Euri-Medit. M. 4. (PAU, 1884).

XK64, XK73, XK74, XK75, XK76, XK83, XK84, XK85, XK86, XK87, XK93, XK94, XK95, XK96, YK03, YK04, YK05, YK06, YK08, YK27, YK28, YK29, YK37, YL00.

### 4.13.10. LISTERA R. Br. (1 esp.)

1. **Listera ovata** (L.) R. Br. in Ait., Hort. Kew. ed. 2, 5: 201 (1813)

≡ *Ophrys ovata* L., Sp. Pl.: 946 (1753) [basión.]

Geóf.-riz. 2-5 dm. V-VII. Bosques caducifolios o mixtos y pastizales húmedos poco soleados. Paleotemp. R. 5. (ASSO, 1779).

XK63, XK64, XK86, XK87, XK88, XK89, XK96, XK97, XK98, YK06, YK07, YK08, YK09, YK17, YK18, YK19, YK26, YK27, YK28, YL00.

### 4.13.11. NEOTINEA Rchb. f. (1 esp.)

1. **Neotinea maculata** (Desf.) Stearn in Ann. Mus. Goulandris 2: 79 (1974)

≡ *Satyrium maculatum* Desf., Fl. Atl. 2: 319 (1800) [basión.]; = *Orchis intacta* Link in J. Bot. (Schrader) 1799(2): 322 (1800); = *Aceras densiflorum* (Brot.) Boiss., Voy. Bot. Esp. 2: 595 (1842); = *N. intacta* (Link) Rchb. f., Poll. Orch. Gen.: 29 (1852)

Geóf.-tuber. 10-25 cm. IV-VI. Bosques aclarados, matorrales y pastizales vivaces algo húmedos. Euri-Medit. R. 4. (GM, 1990).

XK64, XK78, XK82, XK83, XK96, YK28.

### 4.13.12. NEOTTIA Ludwig (1 esp.)

1. **Neottia nidus-avis** (L.) L.C. Rich., Orchid. Eur. Annot.: 37 (1817)

≡ *Ophrys nidus-avis* L., Sp. Pl.: 945 (1753) [basión.]

Geóf.-riz. 1-3 dm. V-VII. Planta no clorofílica, de color castaño claro, que vive asociada a hongos en pinares y bosques mixtos espesos ricos en mantillo. Paleotemp. RR. 5. (AGUILELLA & MATEO, 1985).

**XK75**: Puebla de Valverde, barranco del Hocino. **XK82**: Abejuela, barranco de los Charcos.

### 4.13.13. OPHRYS L. (6 esp) *(flora de la abeja, abejera)*

1. **Ophrys apifera** Huds., Fl. Angl.: 340 (1762)

= *O. arachnites* Mill., Gard. Dict. ed. 8: nº 7 (1768)

Geóf.-tuber. 1-4 dm. IV-VI. Pastizales vivaces en áreas con potencialidad de encinar, quejigar o bosques de montaña no muy húmedos. Euri-Medit. M. 4. (ASSO, 1779).

XK64, XK76, XK94, YK04, YK29, YL00, YL10.

2. **Ophrys fusca** Link in J. Bot. (Schrader) 1799(2): 324 (1800)

Geóf.-tuber. 1-5 dm. III-V. Pinares, bosques abiertos no muy húmedos y matorrales o pastos secos de su entorno. Circun-Medit. Se trata de un agregado polimorfo de microespecies, varias de las cuales se han detectado en las inmediaciones de la zona, concretamente de Camarena se indica *O. lupercalis* J. Devilliers-Tersch. & P. Devilliers in Naturalistes Belg. 75 (Orchidées, nº 7, suppl.): 373 (1994). NV. 3. (AFA).

3. **Ophrys lutea** Cav., Icon. Descr. Pl. 2: 46 (1793)

Geóf.-tuber. 5-25 cm. IV-VI. Pastizales vivaces secos sobre calizas. Circun-Medit. RR. 4. (GM, 1990).

**XK77**: Cedrillas, hacia Corbalán. **XK93**: San Agustín, El Rebollar (J. Riera, VAL).

4. **Ophrys scolopax** Cav., Icon. Descr. Pl. 2: 46 (1793)

Geóf.-tuber. 1-4 dm. IV-VI. Pastizales vivaces y orlas forestales variados. Euri-Medit. M. 4. (R & B, 1961).

XK63, XK64, XK73, XK74, XK77, XK81, XK83, XK84, XK85, XK86, XK87, XK93, XK94, XK95, XK97, XK03, YK07, YK09, YK19, YK28, YK29, YK38, YL00, YL10.

5. **Ophrys sphegodes** Mill., Gard. Dict. ed. 8: nº 8 (1768)

Incl.: *O. araneifera* Huds., Fl. Angl. ed. 2: 392 (1778); *O. atrata* Lindl., Bot. Reg. 13: tab. 1087 (1827); *O. incubacea* Bianca, Novae Pl. Spec. prope Hyblam: 8 (1842); *O. arachnitiformis* Gren. & Philippe in Mém. Compt.-Rend. Soc. Émul. Doubs, ser. 3, 4: 399 (1859); *O. passionis* Sennen in Treb. Mus. Cl. Nat. Barcelona 15, ser. Bot. 1: 35 (1931); *O. castellana* Devillers-Tersch. & Devillers in Naturalistes Belg. 69(2): 108 (1988); *O. fuciflora* auct., non (F.W. Schmidt) Moench

Geóf.-tuber. 1-3 dm. IV-VII. Pastizales vivaces frescos. Euri-Medit. Agregado muy polimorfo de microespecies, que son tratadas a veces como especies o subespecies independientes, mientras que para muchos autores son meros sinónimos de esta especie. M. 4. (SL, 2000). TC.

**6. Ophrys speculum** Link in J. Bot. (Schrader) 1799(2): 324 (1800)

Geóf.-tuber. 5-20 cm. III-V. Pastizales y claros de matorrales despejados, en áreas no muy elevadas. Circun-Medit. RR. 4. (AFA).

**XK74**: Sarrión (AFA)

*Híbridos* (1 esp.)

1. **Ophrys × nouletii** E.G. Camus in J. Bot. (Paris) 7: 158 (1893) (*scolopax × sphegodes*)

Geóf.-tuber. 1-3 dm. IV-VII. Podría estar algo extendido, aunque en forma de individuos aislados de presencia aleatoria. RR. 4. (BENITO & TABUENCA, 2000).

**YK18**: Cantavieja, Cuarto Pelado (BENITO & TABUENCA, 2000).

**YK19**: Villarluengo, barranco Palomita.

**4.13.14. ORCHIS** L. (9 esp.)

1. **Orchis cazorlensis** Lacaita in Cavanillesia 3: 35 (1930)
   - *O. spitzelii* auct.

Geóf.tuber. 2-5 dm. V-VII. Medios forestales y pastizales vivaces sobre calizas. Medit.-noroccid. RR. 4. (AFA).

**XK64**: Camarena de la Sierra, Sierra de Javalambre (AFA).
**XK78**: El Pobo, monte Castelfrío.

2. **Orchis conica** Willd., Sp. Pl. 4(1): 14 (1805)

   ≡ *O. tridentata* subsp. *conica* (Willd.) O. Bolòs & Vigo, Fl. Païs. Catal. 4: 639 (2001); - *O. lactea* auct.; - *O. tridentata* auct.; - *O. tridentata* subsp. *lactea* auct.

Geóf.-tuber. 8-25 cm. IV-VI. Matorales y pastizales con humedad primaveral. Ha sido indicada de la zona (L & P, 1866; R & B, 1961), pero existen dudas sobre su identidad ya que no se conocen recolecciones de herbario ni ha sido vista en tiempos recientes en la zona ni el resto de la provincia. Medit.-occid. NV. 4. (L & P, 1866).

3. **Orchis coriophora** L., Sp. Pl.: 940 (1753)

Geóf.-tuber. 1-3 dm. V-VII. Pastizales vivaces de montaña. Han sido indicadas en la zona tanto la forma típica (susbp. *coriophora*), como las denominadas subsp. *fragrans* (Pollini) Sudre, Fl. Toulous.: 187 (1907) [≡ *O. fragrans* Pollini, Elem. Bot. Comp. 2: 155 (1811), basión.] y subsp. *martrinii* (Timb.-Lagr.) Nyman, Consp. Fl. Eur.: 691 (1882) [≡ *O. martrinii* Timb.-Lagr. in Bull. Soc. Bot. Fr. 3: 92 (1856), basión.]. Medit.-sept. R. 4. (R & B, 1961).

XK77, XK78, XK87, XK97, XK98, YK06, YK07, YK08, YK17, YK18, YK19, YK26, YK28.

4. **Orchis langei** K. Richter. Pl. Eur. 1: 273 (1890)

- *O. laxiflora* auct.

Geóf.-tuber. 2-4 dm. IV-VI. Bosques y matorrales sobre substrato silíceo. Medit.-occid. R. 4. (BENITO & TABUENCA, 2000).

XK73, XK82, XK85, XK86, XK87, XK95, YK05.

5. **Orchis mascula** (L.) L., Fl. Suec. ed. 2: 310 (1755)

   ≡ *O. morio* var. *masculus* L., Sp. Pl.: 941 (1753) [basión.]; = *O. olbiensis* Reut. in Ard., Fl. Alpes Marit.: 353 (1867); = *O. mascula* subsp. *olbiensis* (Reut.) Asch. & Graebn., Syn. Mitteleur. Fl. 3: 703 (1907); = *O. tenera* (Landwehr) C.A.J. Kreutz, Eurorchis 3: 98 (1991)

Geóf.-tuber. 1-3 dm. IV-VI. Bosques, matorrales y pastizales vivaces variados. Eurosib. M. 4. (ASSO, 1779).

XK63, XK64, XK65, XK72, XK73, XK74, XK75, XK77, XK78, XK79, XK81, XK82, XK83, XK87, XK88, XK98, YK06, YK07, YK08, YK16, YK18, YK19, YK27, YL10.

6. **Orchis militaris** L., Sp. Pl.: 941 (1753)

Geóf.-tuber. 2-5 dm. V-VII. Pastizales vivaces húmedos y orlas forestales en áreas frescas de montaña. Paleotemp. RR. 4. (ASSO, 1779).

XK87, XK97, YK06, YK18, YK19, YL00.

7. **Orchis morio** L., Sp. Pl.: 940 (1753)

   - *O. longicornu* auct.

Geóf.-tuber. 6-25 cm. IV-VI. Pastizales frescos y claros forestales. Es un grupo polimorfo que está representado en la zona, en mayor o menor medida, por las tres variantes que se conocen en nuestro país, por un lado el tipo (subsp. *morio*) y además la subsp. *champagneuxii* (Barnéaud) A. Camus, Icon. Orch. Eur.: 154 (1929) [≡ *O. champagneuxii* Barnéaud in Ann. Sci. Nat. Bot., ser. 2, 20: 380 (1843), basión.] y la subsp. *picta* (Loisel.) Arcang., Comp. Fl. Ital. ed. 2: 167 (1894) [≡ *O. picta* Loisel., Fl. Gall. ed. 2, 2: 264 (1828), basión.]. Paleotemp. M. 4. (R & B, 1961).

XK64, XL77, XK78, XK86, XK87, XK93, XK96, XK97, YK07, YK08, YK09, YK17, YK18, YK19, YK26, YK27, YK28, YL00, YL10.

8. **Orchis palustris** Jacq., Collect. Bot. 1: 175 (1787)

   ≡ *O. laxiflora* subsp. *palustris* (Jacq.) Bonn. & Layens, Table Syn. Pl. Vasc. Fr.: 311 (1894)

Geóf.-tuber. 3-6 dm. V-VII. Medios turbosos o muy húmedos y despejados. Paleotemp. NV. 4. (R & B, 1961).

**YK07**: Valdelinares, fuente del Villarejo (R & B, 1961).

9. **Orchis ustulata** L., Sp. Pl.: 941 (1753)

Geóf.-tuber. 8-25 cm. V-VII. Pastizales vivaces frescos de montaña. Paleotemp. R. 4. (R & B, 1985).

XK64, XK77, XK87, XK96, XK97, XK98, YK06, YK07, YK08, YK17, YK18, YK19, YK27.

*Híbridos* (1 esp.)

1. **Orchis × olida** Bréb., Fl. Normand. ed. 2: 296 (1849) (*coriophora × morio*)

Geóf.-tuber. 1-3 dm. V-VII. Prados húmedos de montaña en que conviven los parentales. Medit.-sept. RR. 3. (BENITO & TABUENCA, 2001).

**XK77**: Corbalán, Collado del Aire (BENITO & TABUENCA, 2001). **XK87**: Cedrillas, La Quebrada.

#### 4.13.15. PLATANTHERA L.C. Rich. (3 esp.)

1. **Platanthera algeriensis** Batt. & Trab. in Bull. Soc. Bot. Fr. 39: 75 (1894)

Geóf.-tuber. 2-5 dm. V-VII. Pastizales vivaces frescos de montaña. Medit.-occid. R. 4. (BENITO AYUSO, 2000).

XK96, XK97, XL90, YK18, YK19, YK28, YL00.

2. **Platanthera bifolia** (L.) L.C. Rich., Orchid. Eur. Annot.: 35 (1817)

≡ *Orchis bifolia* L., Sp. Pl.: 939 (1753) [basión.]

Geóf.-tuber. 2-5 dm. V-VII. Medios forestales frescos y húmedos, pastizales vivaces de sus claros. Paleotemp. R. 4. (PITARCH & SANCHÍS, 1995).

XK85, XK97, YK18, YK19, YK28, YL10, YL20.

3. **Platanthera chlorantha** (Custer) Rchb. in Moessler , Handb. Gewüchsk. ed. 2, 2: 1565 (1828)

≡ *Orchis chlorantha* Custer in Neue Alpina 2: 401 (1823) [basión.]

Geóf.-tuber. 2-5 dm. V-VII. Medios forestales y pratenses húmedos, en áreas de montaña poco degradadas. Eurosib. R. 4. (RP, 2002).

XK78, XK87, XK96, XK97, YK18, YK28, YL00.

#### 4.13.16. SERAPIAS L. (1 esp.)

1. **Serapias cordigera** L., Sp. Pl. ed. 2: 1345 (1763)

Geóf.-tuber. 1-3 dm. IV-VI. Pastizales vivaces frescos de montaña. Circun-Medit. NV. 4. (R & B, 1961).

**XK64**: Puebla de Valverde, Prado de Javalambre (*Borja*, VAL):

#### 4.13.17. SPIRANTHES L.C. Rich. (1 esp.)

1. **Spiranthes aestivalis** (Poir.) L.C. Rich., Orchid. Eur. Annot.: 36 (1817)

≡ *Ophrys aestivalis* Poir. in Lam., Encycl. Méth. Bot. 4: 567 (1797) [basión.]

Geóf.-riz. 1-3 dm. Pastizales húmedos de montaña. Eurosib. Planta de presencia muy razonable en la zona, de la que solo tenemos la constancia de una recolección en el herbario VAL. NV. 4. (NC).

**YL00**: Pitarque (*J. Güemes*, VAL).

### 4.14. POTAMOGETONACEAE
(*Potamogetonáceas*) (1 gén.)

#### 4.14.1. POTAMOGETON L. (4 esp.) (*espigas de agua*)

1. **Potamogeton coloratus** Hornem., Fl. Dan. 9(25): 4 (1813)

- *P. plantagineus* auct.

Hidróf.-rad. 2-6 dm. VI-VIII. Emergiendo de aguas quietas o estancadas. Holárt. R. 4. (SL, 2000).

XK95, YK05, YL10, YL20.

2. **Potamogeton crispus** L., Sp. Pl.: 126 (1753)

Hidróf.-rad. 3-10 dm. V-VI. Casi completamente sumergida en aguas dulces lentas. Subcosmop. RR. 4. (NC).

**YK04**: Olba (*Herrero-Borgoñón*, VAL).

3. **Potamogeton densus** L., Sp. Pl.: 126 (1753)

≡ *Groenlandia densa* (L.) Fourr. in Ann. Soc. Linn. Lyon, ser. 2, 17: 169 (1869)

Hidróf.-rad. 1-3 dm. V-VI. Sumergida en aguas estancadas o poco corrientes (ríos, arroyos, acequias, balsas de riego, etc.). Paleotemp. R. 3. (FQ, 1948).

XK52, XK74, XK84, XK85, XK86, XK89, XK94, XK95, XK96, XK97, XK98, YK03, YK04, YK05, YK06, YK07, YK08, YK15, YK16, YK17, YK18, YK19, YL00, YL10.

4. **Potamogeton nodosus** Poir. in Lam. & Poir., Encycl. Méth. Bot., Suppl. 4: 535 (1816)

Hidróf.-rad. 4-15 dm. VI-VIII. Cauces y remansos de aguas dulces de cierta profundidad. Subcosmop. RR. 4. (NC).

**XK88**: El Pobo, río Seco.

### 4.15. SMILACACEAE (*Esmilacáceas*) (1 gén.)

#### 4.15.1. SMILAX L. (1 esp.)

1. **Smilax aspera** L., Sp. Pl.: 1028 (1753) (*zarzaparrilla*)

Faner.-escand. 1-3 m. VII-X. Trepadora en bosques y maquias de baja altitud. Paleosubtrop. RR. 4. (SL, 2000).

XK94, YK03, YK04, YK27, YK28, YK37, YL10.

### 4.16. SPARGANIACEAE (*Esparganiáceas*) (1 gén.)

#### 4.16.1. SPARGANIUM L. (1 esp., 2 táx.)

1a. **Sparganium erectum** L., Sp. Pl.: 971 (1753) subsp. **erectum** (*platanaria*)

= *S. ramosum* Huds., Fl. Angl. ed. 2: 401 (1778)

Hidróf.-rad. 3-10 dm. VI-VIII. Juncales y carrizales en aguas dulces de curso lento. Holárt. R. 3. (MATEO, FABREGAT & LÓPEZ UDIAS, 1995).

XK86, XK87, XK97, XK98, YK07, YK08, YK16, YK17, YK18.

1b. **Sparganium erectum** subsp. **neglectum** (Beeby) K. Richt., Pl. Eur. 1: 10 (1890)

≡ *S. neglectum* Beeby in J. Bot. (London) 23: 26 (1885) [basión.]

Hidróf.-rad. 5-15 dm. VI-VIII. Cauces y márgenes de ríos y arroyos. Holárt. M. 3. (R & B, 1961).

XK77, XK81, XK88, XK89, YK07, YL00, YL10.

## 4.17. TYPHACEAE (*Tifáceas*) (1 gén.)

**4.17.1. TYPHA** L. (3 esp.) (*espadaña, enea*)

**1. Typha angustifolia** L., Sp. Pl.: 921 (1753)
Geóf.-riz. 1-2 m. VI-VIII. Juncales y carrizales en aguas limpias y frescas. Holárt. M. 4. (R & B, 1961). TC.
XK54, XK62, XK85, XK93, XK95, YK03, YK05, YK28, YK29, YL00.

**2. Typha domingensis** (Pers.) Steud., Nomencl. Bot. 2: 860 (1824)
≡ *T. latifolia* subsp. *domingensis* Pers., Syn. Pl. 2: 532 (1807) [basión.]; - *T. angustifolia* auct., p.p.
Geóf.-riz. 1-2 m. VI-VIII. Juncales y altos herbazales de las riberas de ríos y arroyos. Holárt. M. 3. (NC).
XK55, XK65, XK81, XK84, XK85, XK86, XK94, XK95, XK96, YK03, YK04, YK05, YK28, YK29, YL20.

**3. Typha latifolia** L., Sp. Pl.: 971 (1753)
Geóf.-riz. 1-3 m. VI-VIII. Juncales y carrizales sobre terrenos inundados. Subcosmop. R. 3. (SL, 2000).
XK85, XK88, XK89, XK95, YK04, YK28.

## 4.18. ZANNICHELLIACEAE (*Zaniqueliáceas*) (1 gén.)

**4.18.1. ZANNICHELLIA** L. (3 esp.)

**1. Zannichellia contorta** (Desf.) Chamisso & Schlecht. in Linnaea 2: 131 (1827)
≡ *Potamogeton contortus* Desf., Fl. Atl. 1: 150 (1798) [basión.]
Hidróf.-rad. 5-20 cm. V-VIII. Sumergida en aguas dulces. Medit.-occid. RR. 3. (NC).
**YL10:** Villarluengo, hoces del Guadalope

**2. Zannichellia palustris** L., Sp. Pl.: 969 (1753)
Hidróf.-rad. 1-6 dm. Sumergida en aguas no muy rápidas ni contaminadas. Subcosmop. M. 3. (SL, 2000).
XK86, XK94, XK96, XK97, YK03, YK04, YK05, YK16, YK28, YK29.

**3. Zannichellia peltata** Bertol., Fl. Ital. 10: 10 (1854)
Hidróf.-rad. 1-5 dm. V-VII. Sumergida en aguas dulces de corriente suave. Circun-Medit. NV. 3. (ROSELLÓ, 1994).
**YK03:** San Agustín (ROSELLÓ, 1994).

# 6. SÍNTESIS ESTADÍSTICA

## 6.1. Punto de Partida. Impresiones de un repaso del catálogo de la "flórula"

Tras una relectura concienzuda de la indicada obra de Rivas Godoy y Borja, que usamos como punto de partida, podemos destacar como más significativo que aparecen citados 1.202 táxones de rango específico o subespecífico, que quedan reducidos –en una primera revisión general– a 1.071, si se eliminan aquellos mencionados por error, los que son considerados actualmente sinónimos entre sí, los indicados como meramente posibles y no detectados posteriormente o extrapolados desde las sierras de Castellón (Espadán, Peñagolosa), Tierra Baja turolense, etc. Como pista concreta puede mencionarse que:

**Se citan vagamente de zonas bajas o periféricas, pero no nos consta que accedan al territorio real de estas sierras:** *Selaginella denticulata, Juniperus oxycedrus* subsp. *macrocarpa, Arenaria montana* subsp. *intricata, Minuartia valentina, Carthamus caeruleus, Leucanthemum gracilicaule, Chrysanthemum segetum, Evax pygmaea, Onopordon macracanthum, Tolpis barbata, Pistorinia hispanica, Erica multiflora, Euphorbia seguieriana* subsp. *gerardiana, Quercus pyrenaica, Centaurium spicatum, Hypericum ericoides, H. undulatum, Lavandula stoechas, Teucrium carthaginense, Lathyrus annuus, Trifolium stellatum, Limonium echioides, Rumex bucephalophorus, Sanguisorba rupicola, Linaria micrantha, Thymelaea passerina,* etc.

**Se citan vagamente de zonas periféricas, pero se ha comprobado que sí acceden a ella:** *Asplenium adiantum-nigrum, A. onopteris, A. petrarchae, Cheilanthes acrosticha, Polypodium cambricum, P. vulgare, Cistus populifolius, Coriaria myrtifolia, Hypericum caprifolium, Osyris alba, Thymelaea tinctoria,* etc.

**Se mencionan en el catálogo, aunque en el mismo se especifica (y podemos corroborarlo con los datos actuales) que no existen en la zona:** *Pinus clusiana* subsp. *mauritanica, Myosotis sylvatica* subsp. *alpestris, Barbarea verna, Erysimum myriophyllum, Stachys officinalis* subsp. *algeriensis, Ononis aragonensis* subsp.

*reuteri, Rumex thyrsoides* subsp. *thyrsoides, Paeonia mascula* subsp. *coriacea, Saxifraga cossoniana, Chaenorhinum origanifolium* subsp. *origanifolium, Eryngium dichotomum, E. dilatatum,* etc.

**Se citan como posibles para la zona (y hemos podido constatar que están):** *Asplenium septentrionale, Pteridium aquilinum, Minuartia dichotoma, Origanum vulgare* subsp. *virens, Seseli elatum,* etc.

**Se citan como posibles para la zona (lo que no hemos podido constatar):** *Berberis vulgaris* subsp. *vulgaris, Jasione humilis, Cerastium gibraltaricum, Artemisia vulgaris, Scorzonera humilis, Erica terminalis, Erodium aethiopicum, Polygala vulgaris* subsp. *serpyllifolia, Androsace vandelii, Paeonia lusitanica* subsp. *broteroi, Pulsatilla rubra, Ranunculus parviflorus, Oenanthe pimpinellifolia* subsp. *peucedanifolia, Brachypodium pinnatum,* etc.

**Se citan explícitamente, pero creemos que por error (no mera cuestión de sinonimia):** *Arenaria aggregata* subsp. *armerina, Achillea nobilis, Euphorbia epithymoides* subsp. *polygalifolia, Gentiana pneumonanthe, Erodium moschatum, Genista pseudopilosa, Linum tenuifolium* subsp. *salsoloides, Nigella arvensis* subsp. *arvensis, Asperula laevigata, Thesium alpinum* subsp. *pyrenaicum, Bunium bulbocastanum, Viola tricolor* subsp. *parvula, Ruscus hypophyllum,* etc.

**Se citan sobre un nombre confuso, inexacto o con dudas:** *Juniperus oxycedrus* subsp. *rufescens* (subsp. *oxycedrus?*), *Asplenium trichomanes* subsp. *trichomanes* (subsp. *quadrivalens?*), *Herniaria hirsuta* (*H. scabrida?*), *Callitriche palustris* (s.l.), *Phyteuma michelii* (*P. orbiculare?*), *Euphorbia graeca* (*E. arvalis?*), *Stachys densiflorus* (*S. officinalis?*), *Thymus serpyllum* subsp. *angustifolius* (*Th. pulegioides?*); *Coronilla coronata, Ranunculus sardous* subsp. *philonotis* (será *R. trilobus?*, citado también).

**No se citan, pero se han encontrado posteriormente:** *Adiantum capillus-veneris, Asplenium celtibericum, Dryopteris filix-mas, Equisetum arvense, Phyllitis scolopendrium, Polystichum aculeatum, Juniperus oxycedrus* subsp. *badia, Aristolochia paucinervis, Corrigiola telep-*

*hiifolia, Dianthus armeria, D. broteri, Saponaria officinalis, Silene conica, S. nocturna, Stellaria graminea, Atriplex patula, A. prostrata, A. rosea, Bassia scoparia, Chenopodium bortys, Polycnemum arvense, Salsola kali, Helianthemum hirtum, Arabis nova, A. scabra, A. serpyllifolia, Iberis ciliata, Lepidium ruderale, Sisymbrium runcinatum, Chamaesyce canescens, Euphorbia exigua, E. hirsuta, E. isatidifolia, Geranium columbinum, Mentha aquatica, Sideritis spinulosa, Teucrium gnaphalodes, T. pseudochamaepitys, T. thymifolium, Astragalus depressus, A. glycyphyllos, Genista pumila, Lathyrus linifolius, L. niger, Ononis minutissima, Oxytropis jabalambrensis, Fumaria vaillantii, Sarcocapnos enneaphylla, Polygala monspeliaca, Polygonum lapathifolium, Androsace elongata, Adonis vernalis, Ranunculus aduncus, R. auricomus, R. baudotii, R. repens, R. trichophyllus, R. tuberosus, Rosa tomentosa, Sorbus aucuparia, S. torminalis, Populus tremula, Apium repens, Viola hirta, V. pyrenaica, Iris spuria* subsp. *maritima*, etc.

## 6.2. Situación actual sobre los datos de la obra

Para entender mejor el alcance de los datos analíticos ofrecidos en el catálogo, se añade una síntesis estadística de la flora desde diferentes puntos de vista, basándonos en la pertenencia de las especies a grupos de rango mayor y en los apartados comentados para cada especie. En total los ocho apartados siguientes:

1. Grandes grupos de plantas
2. Familias
3. Géneros
4. Tipos biológicos
5. Tamaños
6. Biogeografía
7. Abundancias
8. Valoración.

Lo primero a destacar -antes de entrar en tales datos- es que el número total de plantas silvestres catalogadas (especies y subespecies) alcanza las **1.710**, a lo que habría que añadir los 73 híbridos señalados y las 214 que figuran en el texto en letra pequeña, que no se han incluido en esta estadística, los primeros por ser cruzamientos entre las especies autóctonas o variedades de cultivo y las otras por ser de presencia

probable -pero no comprobada- o bien plantas básicamente cultivadas que se presentan asilvestradas en mayor o menor medida. Es decir, que estaríamos hablando de un patrimonio vegetal total de prácticamente 2.000 estirpes (especies, subespecies o híbridos) en la zona, aunque en este apartado estadístico (es decir en los datos que a partir de ahora indicamos) nos centraremos sólo en las primeras (el cien para los porcentajes será 1.710), para evitar distorsiones.

La cantidad de plantas catalogadas podría parecer poco elevada, pero es importante si se compara con el nivel de unas 1.200 que catalogaban RIVAS GODAY & BORJA (1961) -para este mismo territorio- o de unas 2.200 especies catalogadas para la provincia de Teruel (MATEO, 1990, 1992), nos da una idea de la gran biodiversidad que alberga el territorio estudiado. Pese a los hallazgos de los últimos años en otras zonas de la provincia, podemos decir que la flora de este territorio incluye cerca de 80% del total provincial.

## 6.3. Grandes grupos de plantas

Tal como suele ocurrir en nuestro entorno ibérico y mediterráneo, la gran mayoría de las plantas vasculares pertenecen al grupo de las Angiospermas o plantas con flor (más del 97,7 %), frente a una escueta representación de cerca del 1,4 % de los helechos (Pteridófitos) y algo menos del 1 % de las Gimnospermas.

A su vez, dentro de las Angiospermas, hay una importante mayoría de las familias de Dicotiledóneas (cerca del 80 %), aunque las Monocotiledóneas (apoyadas sobre todo en las Gramíneas, que aportan cerca de su mitad) superan el significativo porcentaje del 18 %.

## 6.4. Familias mejor representadas

Las familias mejor representadas en la zona, por número de especies, corresponden todas a plantas con flor, en su mayoría Dicotiledóneas, tal como se puede suponer partiendo de la tabla anterior. En la mayor parte de los casos su presencia en nuestro territorio se acerca a la mitad de la representación provincial, aunque se ven casos especiales, para familias con óptimo en zonas frescas y húmedas de montaña (como Escrofulariáceas o Rosáceas), que se acercan a los 2/3 del total provincial, mientras otras bajan esta representación relativa, como pueden ser el caso de las Gramíneas.

| Grupos | Nº táxones | % |
|---|---|---|
| Pteridófitos | 24 | 1,4 |
| Gimnospermas | 15 | 0,9 |
| Dicotiledóneas | 1.358 | 79,4 |
| Monocotiledóneas | 313 | 18,3 |
| Total | 1.710 | 100 |

Destaca la familia de las *Compuestas*, la única que dispone de más de dos centenares de especies, con la inalcanzable cifra de 231 unidades, cosa esperable ya que siempre se sitúa en primer lugar en cualquier catálogo local de España y su entorno.

En segundo lugar aparecen -a considerable distancia de la anterior y las posteriores- un par de familias de gran peso: las *Gramíneas* (148 unidades) y las *Leguminosas* (147 unidades), ambas cosmopolitas de gran calado, bien conocidas por su importante aportación a la alimentación humana.

A bastante distancia aparecen las *Crucíferas* (100 unidades) y las *Cariofiláceas* (92 unidades), dos familias de primera fila en la flora mediterránea, europea e ibérica.

Luego irían las *Labiadas* (con 75 unidades), seguido de un tándem de tres familias de apetencias bastante semejantes: las *Umbelíferas* (con 69), las *Rosáceas* (con 60) y las *Escrofulariáceas* (con 60); familias con óptimo en zonas frescas de montaña, siendo más abundantes en las zonas más agrestes y altas de nuestro territorio.

Tras éstas ya tendríamos que saltar a las *Ciperáceas* (44 unidades) y a las *Ranunculáceas* (con 40), familias que también muestran un óptimo más eurosiberiano que mediterráneo y cuentan con una importante representación de especies típicas de zonas frescas y húmedas. El resto ya presentan menos de 40 unidades.

## 6.5. Géneros mejor representados

Dentro de las familias enumeradas encontramos una representación de numerosos géneros (aquí se alcanza la cifra de 554), la mayoría de ellos con una o dos especies nada más, pero algunos de ellos

llegan a tener una importante participación, de entre los que hemos destacado los quince que disponen de 14 o más unidades.

Los géneros dominantes son *Carex* y *Hieracium* (con 32 unidades), el primero muy diverso en ambientes aguanosos, con la casi totalidad de su representación provincial y el segundo –propio de medios rocosos y forestales– muestra gran capacidad de hibridación, que se estabiliza, lo que influye directamente en el gran número de especies que presenta.

Con 20 o más solo restan *Trifolium* (21 unidades) y *Euphorbia* (con 20). Por debajo van *Ranunculus*, *Rosa* y *Silene* (con 19), *Lathyrus* (con 18), *Vicia* y *Galium* (con 17), *Veronica* y *Juncus* (con 16), *Astragalus*, *Centaurea*, *Helianthemum* y *Bromus* (con 15).

## 6.6. Tipos biológicos

Las formas o tipos biológicos que encontramos en las plantas de la zona corresponden a todos los casos que se encuentran en las floras mediterráneas y europeas, pero resulta significativo estudiar los porcentajes de cada una:

| Tipo biológico | Nº de especies | % |
|---|---|---|
| Hemicriptófito | 688 | 40,2 |
| Terófito | 492 | 28,8 |
| Geófito | 179 | 10,5 |
| Caméfito | 174 | 10,2 |
| Fanerófito | 149 | 8,7 |
| Hidrófito | 28 | 1,6 |
| Total | 1.710 | 100 |

— Los **hemicriptófitos** predominan (más del 40 %). Son plantas herbáceas vivaces, con raíces que sobreviven en invierno, pero sin órganos reservantes subterráneos, que suelen ser más abundantes cuanto más fresco y húmedo sea el clima (áreas de montaña), ya que soportan bien el frío del invierno y necesitan una cierta humedad estival para no secarse.

— Le siguen los **terófitos** (algo menos del 30 %). Son hierbas anuales, de ciclo corto, que se secan a los pocos meses de germinar; condicionadas por un período de fuerte sequía (verano) o la llegada de las heladas otoñales. Su porcentaje aquí es claramente inferior a los de las zonas más mediterráneas y más cálidas (en Valencia superan a los hemicriptófitos), aunque es superior al de zonas con mayor humedad estival (Irlanda, Alpes, etc.).

— Los **geófitos** (hierbas perennes con órganos reservantes subterráneos) y **caméfitos** (plantas perennes algo leñosas en la base) van detrás y a nivel similar entre sí, cercano al 10 %. Ambos están bien representados en zonas secas, como las mediterráneas, pero no faltan en ambientes fríos de montaña.

— Con un número algo inferior a los dos anteriores encontramos a los **fanerófitos**, arbustos claramente leñosos de más de medio metro, leñosas trepadoras y todo tipo de árboles o arbolillos. En selvas tropicales son el grupo mayoritario, pero van cediendo cuanto más frío y seco es el clima, en latitudes superiores y áreas de montaña.

— Ya muy bajo es el número de plantas totalmente acuáticas o **hidrófitos**, dada la escasez de lagos o lagunas de entidad o de cauces fluviales permanentes y profundos.

## 6.7. Tamaños

Del análisis de los tamaños medios que ofrecemos de cada especie puede deducirse, en primer lugar, la paradoja de que en el paisaje dominan densas y elevadas formaciones forestales que alcanzan bastantes metros de elevación, pero la gran mayoría de las especies de plantas catalogadas son hierbas de reducidas dimensiones.

Un tercio del total son plantas enanas, que se suelen elevar menos de 25 cm. Algo más de un tercio se mueven entre esta altura y el medio metro, con lo que cerca de las tres cuartas partes no supera -en sus ejemplares normales- el medio metro de altura. Del resto, cerca del 20 % se sitúan entre el medio metro y el metro y medio de estatura, mientras que ya se reduce a poco más del 5 % las que superan de modo habitual ese metro y medio de estatura. De éstas últimas solo podríamos calificar de verdaderos árboles, superando claramente los 4 m en adulto, no más del 2 % del total.

## 6.8. Biogeografía

Del análisis biogeográfico puede destacarse que cerca de la mitad de la flora tiene un marcado carácter **mediterráneo**, cosa natural al encon-

trarnos en un territorio de la región biogeográfica Mediterránea. Pero la relativa proximidad a las montañas del norte peninsular, límite sur de la región Eurosiberiana, unido a la abundancia de ambientes fríos y húmedos de montaña en la zona, ha propiciado la llegada o pervivencia de un importante número de plantas propias de esta otra región, que alcanza el 16 % del total.

| Biogeografía general | % |
|---|---|
| Cosmopolitas (o subcosm.) | 4,9 |
| Holoárticas | 5,2 |
| Paleotempladas | 21,1 |
| Eurosiberianas | 16,0 |
| Mediterráneo-Iranoturanianas | 5,1 |
| Mediterráneas | 47,7 |

| Especies mediterráneas | % |
|---|---|
| Circunmediterráneas | 31,7 |
| Mediterráneo occidentales | 41,4 |
| Mediterráneo septentrionales | 8,2 |
| Endemismos iberolevantinos | 17,5 |
| Endemismos iberoatlánticos | 1,2 |

Un contingente que supera la quinta parte de esta flora (21 %) tiene una distribución más amplia, que abarca las dos regiones indicadas y algunas otras vecinas del Viejo Mundo (regiones paleotempladas). Es menor el número de las que han sido capaces de extenderse también por América septentrional, calificables de holárticas o circumboreales, así como el de las que pueden presentarse por todo el planeta o varios de los grandes reinos florísticos, calificables de cosmopolitas o subcosmopolitas (ambas con cerca del 5 %).

De entre el contingente mediterráneo se puede afinar más y destacar que la parte principal se concreta a las especies nativas de su zona occidental (Península Ibérica, Magreb, sur de Francia y áreas limítrofes), con algo más del 41 %. Cerca de un tercio muestran una amplia distribución por la cuenca mediterránea, mientras que cerca de un 8 % busca las zonas de contacto con la región Eurosiberiana (mediterráneo-septentrionales).

El elemento endémico peninsular se manifiesta a través de un nada despreciable 18,7 % del total de plantas calificables de mediterráneas en sentido amplio. De ellas la mayoría (más del 17 %) son endemismos iberolevantinos (vertiente oriental peninsular, levantina o mediterránea), y sólo cerca del 1 % muestra más bien unas preferencias iberoatlánticas (vertiente occidental o atlántica peninsular).

## 6.9. Abundancias

En cuanto a este apartado se puede destacar que más de la mitad de las especies catalogadas resultan raras o muy raras en la zona. Unas pueden ser plantas banales, que han pueden haber llegado de modo accidental -por actividades humanas o movimientos de tierras-, pero la mayoría son especies sensibles, que han sido arrinconadas por la alteración de sus hábitats o modificaciones climáticas, que han traído consigo -en los últimos años- un aumento de las temperaturas, disminución de las lluvias y de las nevadas, la desecación de arroyos, fuentes, charcos y lagunazos, etc.

Cerca de un tercio son plantas de abundancia moderada, ni raras ni especialmente abundantes, mientras que poco más del 10 % del total pueden calificarse de comunes o muy comunes, lo que puede interpretarse de modo positivo, frente a la banalización de la flora (exceso de especies muy abundantes) en otras regiones más alteradas.

## 6.10. Diversidad florística por cuadrículas

Entendemos por tal la riqueza en especies por cada una de las cuadrículas de 10 km de lado consideradas en el trabajo (contabilizadas sólo autóctonas). Puede observarse que el valor máximo se alcanza en la zona central elevada de la Sierra de Gúdar, manteniéndose alto en la zona media de esta sierra y los altos cercanos de Javalambre y El Maestrazgo, quedando como más pobres las zonas periféricas, en gran parte por ser cuadrículas incompletas o zonas de baja altitud más humanizadas.

## 6.11. Valoración de las especies

Puede observarse que el porcentaje de especies a las que hemos atribuido una valoración alta o muy alta afecta a cerca de la tercera parte de las especies, lo que habla de una flora singular, relicta, que se ha mantenido en los numerosos parajes recónditos que propicia el abrupto relieve de la zona, la elevación de sus montañas, la baja densidad de población, etc. Especies de claro interés desde el punto de vista conservacionista, y a las que resulta conveniente atender para asegurar su preservación y expansión futuras.

Un gran número de especies, que incluye también cerca de la tercera parte, pueden calificarse de valiosas desde este punto de vista, aunque en modo más moderado; mientras que sólo algo más de la cuarta parte de las plantas se podrían calificar de interés bajo o muy bajo, casi todas especies banales, asilvestradas, etc., carentes de información biogeográfica o de especial interés conservacionista.

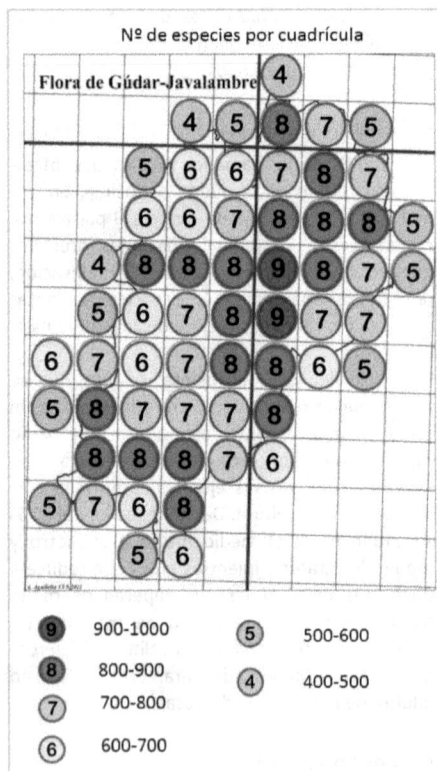
Nº de especies por cuadrícula

# 7. ASPECTOS HISTÓRICOS DE LA FLORA

## 7.1. Primeras citas

Complementamos el aspecto estadístico en su faceta taxonómica con la recopilación sintética del dato que ofrecemos para cada especie -al final del comentario de cada una- con la alusión al autor y obra en que se cita la planta por primera vez en la zona. Vemos que de las especies mencionadas el grupo mayor fue aportado antes del siglo XX (sobre todo por Asso, Loscos y Pau). En el grueso del siglo XX (hasta el año 1980) la aportación es menor pero cuantiosa, debida sobre todo a la obra de Rivas Goday y Borja. Desde los años ochenta hasta la actualidad hemos vivido un período de tres décadas con un gran resurgir de la prospección botánica, lo que ha significado el aporte de más especies a la zona que en el período de las siete décadas anteriores.

| Autores | Nº taxones |
|---|---|
| S. Rivas Goday & J. Borja | 407 |
| C. Pau | 247 |
| G. Mateo & cols. | 187 |
| F. Loscos (& J. Pardo) | 174 |
| I.J. Asso | 162 |
| S. López Udias (& C. Fabregat) | 160 |
| A. Aguilella | 77 |
| R. Pitarch | 66 |
| Hno. Sennen | 42 |
| M. Willkomm (& J. Lange) | 42 |
| P. Font Quer | 26 |

### Visión sintética
Autores que aportan más de 20 novedades a la zona (en orden decreciente):

### Visión por períodos

**Periodo Linneano. Siglo XVIII**
Ignacio Jordán de ASSO: 162
Total S. XVIII: 162.

**Periodo Decimonónico. Siglo XIX**
Francisco LOSCOS (en solitario o con J. Pardo): 174

Moritz WILLKOMM (en solitario o con Johan Lange): 42
Carlos PAU: 247
Otros autores menores: 23
Total período decimonónico: 486
Total acumulado al entrar el siglo XX: 648.

**Periodo Moderno. Siglo XX (1900-1980)**
Hno. SENNEN (Étienne Marcellin Granier-Blanc): 42
Pío FONT QUER: 26
Salvador RIVAS GODAY y José BORJA CARBONELL: 407
Otros varios: 21
Total período moderno (1900-1980): 496
Total acumulado al acabar el período: 1144.

**Periodo Contemporáneo. A partir de 1981**
Gonzalo MATEO & cols.: 187
Antoni AGUILELLA: 77
Silvia LÓPEZ UDIAS (tesis doctoral y trabajos con Carlos Fabregat): 160
Ricardo PITARCH (tesis doctoral y trabajos con Enrique Sanchis): 66
Otros autores de este período: 48
Especies no citadas previamente, aportadas en esta obra: 28
Total período contemporáneo (1981-2011): 566.
**Total acumulado: 1710.**

## 7.2. Plantas descritas como nuevas a partir de recolecciones en las sierras de Gúdar y Javalambre (especies y subespecies)

Como complemento al catálogo, queremos destacar la lista de especies que han sido descritas como nuevas a partir de recolecciones en esta zona. Algunas resultan endémicas de la misma y su entorno, mientras que otras han sido detectadas posteriormente en amplios territorios del resto de España o países periféricos.

Aparecen listadas de modo cronológico, precedidas del año de su propuesta. Para cada una se indica su nombre latino en letra cursiva, seguida de los datos complementarios de su protólogo en letra normal (abreviatura del autor y del lugar de su publicación). Ello se completa con un paréntesis donde hace referencia a la denominada localidad clásica (L.c.), donde se descubrió; aunque precedido por un corchete, cuando el nombre referido consideramos que no es válido (por corresponder a una especie previamente descrita con otro nombre), o ha cambiado de estatus, donde se menciona el nombre y autor de la especie sinónima que consideramos que tiene la prioridad nomenclatural. En los casos de nombres no válidos, se presentan las especies en letra pequeña para destacar su menor interés, aunque no en las que han cambiado de estatus pero siguen teniéndose por unidades taxonómicas válidas.

## 1779

Aster aragonensis Asso, Syn. Stirp. Arag.: 121 (L.c. en El Pobo, etc.).

Lysimachia otani Asso, l. c.: 22 [= L. ephemerum L.] (L.c. en Alcalá de la Selva).

Ononis aragonensis Asso, l. c.: 96 (L.c. en Fortanete, etc.).

## 1865

Artemisia assoana Willk. in Willk. & Lange, Prodr. Fl. Hisp. 2: 69 (L.c. en Mosqueruela, etc.).

Senecio jacobaeoides Willk., l. c.: 119 [= S. erucifolius L.] (L.c. en Mosqueruela).

## 1876

Valerianella martinii Losc., Trat. Pl. Arag. 1: 23 (L.c. en Mosqueruela, etc.).

## 1877

Arenaria ciliaris Losc., Trat. Pl. Arag. 1: 79 [recombinada posteriormente como A. obtusiflora subsp. ciliaris (Losc.) Font Quer] (L.c. en Cantavieja).

## 1880

Reseda macrostachya Lange in Willk. & Lange, Prodr. Fl. Hisp. 3: 891 [= R. barrelieri Bertol.] (L.c. pr. Cantavieja).

## 1885

Astragalus paui Losc., Trat. Pl. Arag. 3, Supl. 7: 66 [= A. hamosus L.] (L.c. en Olba).

Erysimum patens Losc., l. c. 3, Supl. 7: 71 [= E. repandum L.] (L.c. en Valacloche).

## 1886

Bufonia tuberculata Losc., Trat. Pl. Arag. 3, Sup. 8: 108 (L.c. entre Manzanera y El Toro).

Teucrium intermedium Losc., l. c. 3, Supl. 8: 106 [= T. × coeleste Schreb.] (L.c. en Olba).

## 1887

Astragalus turolensis Pau, Not. Bot. Fl. Españ. 1: 20 (L.c. en Formiche Bajo, etc.).

Centaurea pinae Pau, l. c.: 13 (L.c. en San Agustín y Sierra de Pina).

Echium argentae Pau, l. c. 1: 22 [= E. creticum L.] (L.c. en Sarrión, etc.).

Geum × pratense Pau, l. c.: 22 [G. rivale × G. sylvaticum] (L.c. en Javalambre).

Haplophyllum latifolium Pau, l. c.: 15 [= H. linifolium (L.) G. Don f.] (L.c. en Albentosa).

Iberis vinetorum Pau, l. c.: 21 [recombinada posteriormente como I. ciliata subsp. vinetorum (Pau) Mateo & M.B. Crespo] (L.c. en Olba).

Prunus amygdaliformis Pau, l. c.: 21 [= P. spinosa L.] (L.c. en Sarrión).

Rosa javalambrensis Pau, l. c.: 25 [= R. pimpinellifolia L.] (L.c. en Camarena de la Sierra).

Sideritis javalambrensis Pau, l. c.: 26 (L.c. en Javalambre).

Veronica javalambrensis Pau, l. c.: 22 (L.c. en Javalambre).

Viburnum aragonense Pau, l. c.: 16 [= V. lantana L.] (L.c. en Fuentes de Rubielos).

## 1888

Astragalus muticus Pau, Not. Bot. Fl. Españ. 2: 8 [recombinado posteriormente como A. sempervirens subsp. muticus (Pau) Laínz] (L.c. sierras de Albarracín, El Toro y Javalambre).

Berberis garciae Pau, l. c.: 6 [= B. hispanica subsp. seroi] (L.c. en Javalambre).

Scutellaria jabalambrensis Pau, l. c.: 35 [= S. alpina L.] (L.c. en Javalambre).

Senecio celtibericus Pau, l. c.: 14 [= S. carpetanus Boiss. & Reut.] (L.c. en Valdelinares).

Teucrium expassum Pau, l. c.: 2: 14 (L.c. en San Agustín, etc.).

## 1889

Hieracium jabalambrense Pau, Not. Bot. Fl. Españ. 3: 22 [= H. loscosianum Scheele] (L.c. en Camarena de la Sierra).

## 1891

Rumex javalambrensis Pau, Gazapos Bot.: 68 [= R. papillaris Boiss. & Reut.] (L.c. en Javalambre).

Saponaria zapateri Pau, Not. Bot. Fl. Españ. 4: 22 [= S. glutinosa Bieb.] (L.c. en Javalambre).

## 1892

Erodium celtibericum Pau, Not. Bot. Fl. Esp. 5: 19 (L.c. en la Sierra de Javalambre).

Saxifraga valentina Willk. ex Hervier in Rev. Gén. Bot. 4: 153 [= S. cuneata Willd.] (L.c. en Sª de Javalambre).

## 1893

Astragalus aragonensis Freyn ex Willk., Suppl. Prodr. Fl. Hisp.: 234 [= A. turolensis Pau] (L.c. en Javalambre).

Hieracium elisaeanum Arv.-Touv. ex Willk., Suppl. Prodr. Fl. Hisp.: 120 (L.c. en la Sierra de Javalambre).

Leontodon reverchonii Freyn ex Willk., l. c.: 109 [= L. carpetanus Lange] (L.c. en Javalambre).

Lepidium reverchonii Debeaux ex Willk., l. c.: 332 [= L. villarsii Gren. & Godr.] (L.c. en Javalambre).

*Saxifraga rouyana* Magnier, Scrinia Fl. Select. 12: 286 [= *S. granulata* L.] (L.c. en la Sierra de Javalambre)

*Sisymbrium longesiliquosum* Willk., Suppl. Prodr. Fl. Hisp.: 332 [= *S. macroloma* Pomel] (L.c. en Valacloche).

**Statice aragonensis** Debeaux ex Willk., l. c.: 326 [recombinada posteriormente como *Limonium aragonense* (Debeaux) Font Quer] (L.c. en Valacloche).

*Trifolium hervieri* Freyn ex Willk., l. c.: 245 [= *T. sylvaticum* Gérard ex Lois.] (L.c. en Camarena de la Sierra).

*Valerianella willkommii* Freyn in Bull. Herb. Boiss. 1: 546 [= *V. martinii* Losc.] (L.c. en Camarena de la Sierra).

### 1894

*Crepis valentina* Pau ex Debeaux in Rev. Bot. 12: 43. [= *C. pulchra* L.] (L.c. en Valacloche, etc.).

### 1895

**Astragalus jabalambrensis** Pau, Not. Bot. Fl. Españ. 6: 46 [recombinado posteriormente como *Oxytropis jabalambrensis* (Pau) Podlech] (L.c. en Javalambre).

*Geopatera umbraticola* Pau, l. c.: 50 [= *Geum heterocarpum* Boiss.] (L.c. en Javalambre).

*Hieracium badali* Pau, l. c.: 71 [= *H. glaucinum* Jord.] (L.c. en Javalambre, etc.).

*Odontites commutata* Pau, l. c.: 85 [= *O. viscosus* (L.) Clairv.] (L.c. en Olba, etc.).

*Sedum jabalambrense* Pau, l. c.: 52 [= *S. nevadense* Coss.] (L.c. en Javalambre.

### 1898

*Inula asteriscus* Pau in Actas Soc. Esp. Hist. Nat. 27: 88 [= *I. helenioides* DC.] (L.c. en Manzanera).

*Verbascum* × *turolense* Pau, l. c.: 89 [= *V. thapsus*]. (L.c. en Javalambre).

### 1910

*Cirsium* × *aragonense* Sennen in Bol. Soc. Arag. Ci. Nat. 9: 232 [*C. odontolepis* × *C. vulgare*] (L.c. pr. Camarena de la Sierra).

### 1913

*Hieracium androsaceum* Arv.-Touv., Hier. Gall. Hisp. Cat.: 152 [= *H. loscosianum* Scheele] (L.c. en Camarena de la Sierra).

### 1923

*Hieracium praecox* subsp. *fragiliforme* Zahn in Arch. Bot. Bull. Mens. 2: 197 [= *H. glaucinum* Jord.] (L.c. pr. Camarena de la Sierra).

*Lavandula* × *leptostachya* Pau in Bol. Soc. Ibér. Ci. Nat. 27: 171 [= *L.* × *intermedia* Emeric ex Loisel.] (L.c. pr. Mosqueruela).

### 1947

*Sideritis* × *antonii-josephii* Font Quer & Rivas Goday in Font Quer, Fl. Hispan. Terc. Cent.: 8 (1947) [*S. fernandez-casasii* × *S. hirsuta*] (L.c. en Alcalá de la Selva).

### 1948

*Armeria godayana* Font Quer, Fl. Hispan. Quinta Cent.: 6 (L.c. en Valdelinares).

### 1954

*Tanacetum pulverulentum* subsp. *pseudopulverulentum* Heywood in Anales Inst. Bot. Cavanilles 12(2): 331 (L.c. en la Sierra de Javalambre).

### 1964

*Vitaliana primuliflora* subsp. *assoana* Laínz in Bol. Inst. Estud. Astur., Supl. Ci. 10: 199 [recombinada posteriormente como *Androsace vitaliana* subsp. *assoana* (Laínz) Kress] (L.c. en la Sierra de Javalambre).

### 1984

*Thymus leptophyllus* subsp. *paui* R. Morales in Anales Jard. Bot. Madrid 41(1): 92 [= *Th. godayanus* Rivas Mart. & al.] (L.c. en la Sierra de Javalambre).

### 1988

*Thymus godayanus* Rivas Mart., A. Molina & G. Navarro in Opusc. Bot. Pharm. Compl. 4: 116 (L.c. en la Sierra de El Toro).

### 1990

*Hieracium idubedae* Mateo in Monogr. Inst. Piren. Ecología 5: 166 (L.c. en Linares de Mora).

*Pilosella gudarica* Mateo in Collect. Bot. 18: 155 (L.c. en Valdelinares).

### 1991

*Teucrium* × *pseudoaragonense* M.B. Crespo & Mateo in Flora Mediterr. 1: 200 [*T. angustissimum* × *T. expassum*] (L.c. en Nogueruelas).

### 1992

*Biscutella turolensis* Pau ex M.B. Crespo, Güemes & Mateo in Anales Jard. Bot. Madrid 50: 32 (L.c. en Javalambre).

### 1994

*Sideritis fernadez-casasii* R. Roselló, Peris, Stübing & Mateo in Feddes Repert. 105: 293 (L.c. en Valdelinares).

*Sideritis glacialis* subsp. *fontquerana* Obón & Rivera in Phanerog. Monogr. 21: 209 [= *S. fernandez-casasii* R. Roselló & al.] (L.c. en Alcalá de la Selva).

### 1995

*Carduus* × *leridanus* nothosusbp. *mercadalii* Mateo, Fabregat & López Udias in Anales Biol. (Biol. Veg., 9): 103 [*C. carlinifolius* subsp. *paui* × *C.nutans*] (L.c. en Fortanete).

*Thymus* × *benitoi* Mateo, Mercadal & Pisco in Bot. Complut. 20: 70 [*Th. godayanus* × *Th. pulegioides*] (L.c. en Fortanete).

### 1998

*Epipactis cardina* Benito Ayuso & Hermosilla in Est. Mus. Ci. Nat. Álava 13: 108 (L.c. en Cantavieja).

*Erysimum javalambrense* Mateo, M.B. Crespo & López Udias in Flora Montib. 9: 42 (L.c. en la Sierra de Javalambre).

## 2000

*Sideritis × gudarica* Mateo, López Udias & Fabregat in Anales Jard. Bot. Madrid 57(2): 419 [*S. fernandez-casasii × S. pungens*] (L.c. en Linares de Mora).

## 2001

*Coronilla minima* subsp. *vigoi* Pitarch & Sanchis Duato in Flora Montib. 17: 21 [= *C. minima* L. subsp. *minima*] (L.c. en Mosqueruela).

## 2002

*Delphinium mansanetianum* Pitarch, Peris & Sanchis ex Pitarch, Estud. Fl. Veg. Sierras Orient. Sist. Ibérico: 76 (2002) (L.c. en Mosqueruela).

## 2004

*Galium javalambrense* López Udias, Mateo & M.B. Crespo in Flora Montib. 27: 49 (L.c. en Camarena de la Sierra).

## 2008

*Geum × gudaricum* Mateo & Lozano in Flora Montib. 38: 3 [*G. hispidum × G. sylvaticum*] (L.c. en Cedrillas).

*Geum × montibericum* Mateo & Lozano, l. c.: 3 [*G. hispidum × G. rivale*] (L.c. en Cedrillas).

## 2010

*Acer × peronai* nothosubsp. *turolense* Mateo & Lozano in Flora Montib. 44: 59 [*A. monspessulanus* subsp. *monspessulanum × A. opalus* subsp. *granatense*] (L.c. en Linares de Mora).

# 8. REFERENCIAS BIBLIOGRÁFICAS

AGUILELLA, A. (1981) *La vegetación potencial y los pisos bioclimáticos en la cuenca del río Guadalope*. Tesina de Licenciatura. Facultad de Ciencias Biológicas. Universidad de Valencia.

AGUILELLA, A. (1985) *Flora y vegetación de la Sierra de El Toro y Las Navas de Torrijas*. Tesis Doctoral. Facultad de Ciencias Biológicas. Universidad de Valencia.

AGUILELLA, A., J. MANSANET & G. MATEO (1983) Flora maestracense, I. Plantas del la cuenca del río Guadalope. *Collect. Bot.* 14: 7-10.

AGUILELLA, A. & G. MATEO (1984) Notas de flora maestracense, III. *Collect. Bot.* 15: 5-11.

AGUILELLA, A. & G. MATEO (1985) Notas de flora maestracense, IV. *Lazaroa* 8: 403-407.

APARICIO, J.M. (2008) Aportaciones a la flora de la provincia de Castellón, XII. *Toll Negre* 10: 81-94.

APARICIO, J.M. (2009) Aportaciones a la flora de la provincia de Castellón, XIII. *Toll Negre* 11: 73-79.

APARICIO, J.M. (2010) Aportaciones a la flora de la provincia de Castellón, XIV. *Toll Negre* 12: 67-73.

APARICIO, J.M. & P.M. URIBE-ECHEBARRÍA (2009) *Juniperus* × *cerropastorensis*, nuevo híbrido entre *Juniperus sabina* L. y *J. thurifera* L. *Toll Negre* 11: 6-13.

ARENAS, J.A. & F. GARCÍA MARTÍN (1993) Atlas carpológico y corológico de la subfamilia *Apioideae* Drude (*Umbelliferae*) en España peninsular y Baleares. *Ruizia* 12: 1-249.

ARVET-TOUVET, C. (1897) Hieraciorum novorum descriptiones. *Bull. Herb. Boiss.* 5: 717-735.

ARVET-TOUVET, C. (1913) *Hieraciorum praesertim Galliae et Hispaniae catalogus systematicus*. Paris.

ASSO, I.J. (1779) *Synopsis stirpium indigenarum Aragoniae*. Marsella.

ASSO, I.J. (1781) *Mantissa stirpium indigenarum Aragoniae*. Marsella.

ASSO, I.J. (1784) *Enumeratio strirpium in Aragonia noviter detectatum*. Madrid.

BENITO ALONSO, J.L., J.M. MARTÍNEZ & C. PEDROCCHI (1998) Aportaciones al conicmiento de la flora de los humedales aragoneses. *Flora Montib.* 9: 76-80.

BENITO AYUSO, J., J.A. ALEJANDRE & J.A. ARIZALETA (1999) *Epipactis purpurata* G.E. Smith et *E. distans* Arv.-Touv. dans la péninsula Ibérique. *Les Naturalistes belges* 89 (Orchid. 12): 261-273.

BENITO AYUSO, J., J.A. ALEJANDRE, J.A. ARIZALETA & J.C. MEDRANO (1998) *Epipactis distans* Arv.-Touv. en el Sistema Ibérico. *Flora Montib.* 8: 55-60.

BENITO AYUSO, J. & C. HERMOSILLA (1998) Dos nuevas especies ibéricas: *Epipactis cardina* y *E. hispanica* más alguno de sus híbridos: *E.* × *conquensis* y *E.* × *populetorum*. *Estud. Mus. Cien. Nat. Álava* 13: 103-115.

BENITO AYUSO, J. & J.M. TABUENCA (2000) Apuntes sobre orquídeas (principalmente del Sistema Ibérico). *Estud. Mus. Cien. Nat. Álava* 15: 103-126.

BENITO AYUSO, J. & J.M. TABUENCA (2001) Apuntes sobre orquídeas ibéricas. *Estud. Mus. Cien. Nat. Álava* 16: 67-87.

BERNIS, F. (1954-57) Revisión del género *Armeria*, con especial referencia a los grupos ibéricos. *Anales Inst. Bot. Cavanilles* 11(2): 5-287, 12(2): 77-252, 14: 259-432.

BLANCA, G. (1981) Revisión del género *Centaurea* L. sect. *Willkommia* G. Blanca, nom. nov. *Lagascalia* 10(2): 131-205.

BLANCHÉ, C. (1991) Revisió biosistemática del genere *Delphinium* L. a la Península Ibérica i a les Illles Balears. *Inst. Estud. Catalans, Arx. Secc. Cièn.* 98: 1-290.

BOLÓS, O. de & J. VIGO (1984-2002) *Flora dels Països Catalans*. Ed. Barcino. Barcelona.

BOLÒS, O. de & al. (autores variados según volúmenes) (1985-2010) Atlas corològic de la flora vascular dels Països Catalans. Vols. 1-16. Inst. Estud. Catalans, Secc. Cien. Barcelona.

CABALLERO, A. (1942, 1944, 1945) Apuntes para una flórula de la Serranía de Cuenca, 1, 2 y 3. *Anales Jard. Bot. Madrid* 2: 236-266; 4: 403-457; 6(2): 503-547.

CÁMARA NIÑO, F. (1948) Plantas de los terrenos secos de Aragón. *Anales Jard. Bot. Madrid* 6(2): 371-395.

CÁMARA NIÑO, F. (1955) Plantas de montañas españolas. *Anales Est. Experim. Aula Dei* 3: 267-352.

CARRETERO, J.L. (1985) Consideraciones sobre las amarantáceas ibéricas. *Anales Jard. Bot. Madrid* 41(2): 271-286.

CASTROVIEJO, S. & al. (eds.) (1986-2008) *Flora iberica*. Real Jardín Botánico. CSIC. Madrid.

CASTROVIEJO, S. & al. (eds.) (consulta 2009) ANTHOS: Sistema de información sobre las plantas de España. www.anthos.es.

CEBOLLA, C. & M.A. RIVAS PONCE (1990) Observaciones sobre *Festuca durandoi* Clauson en la Península Ibérica. *Fontqueria* 28: 13-20.

CEBOLLA, C., M.A. RIVAS PONCE & M.B. CRESPO (1991) Notas sobre nomenclatura y corología de *Festuca* L. sect. *Subbulbosae* Nyman (Poaceae) en la región ibero-levantina. *Fontqueria* 31: 255-258.

CRESPO, M.B. (1989) *Contribución al estudio florístico, fitogeográfico y fitosociológico de la Serra Calderona (Valencia-Castellón)*. Tesis Doctoral. Facultad de Ciencias Biológicas. Universidad de Valencia.

CRESPO, M.B., J. GÜEMES & G. MATEO (1992) Datos sobre algunos táxones iberolevantinos de *Biscutella* ser. Laevigata Malinov. (Brassicaceae). *Anales Jard. Bot. Madrid* 50(1): 27-34.

CRESPO, M.B. & G. MATEO (1991) New Spanish nothotaxa in the genus *Teucrium* L. (Lamiaceae). *Flora Medit.* 1: 195-203.

DEBEAUX, M.O. (1894) Plantes rares ou nouvelles de la province d'Aragon (Espagne) provenant des récoltes de M. Reverchon en 1892-1893. *Rev. Soc. Fr. Bot.* 12: 31-50.

DEBEAUX, M.O. (1895) Plantes rares ou nouvelles de la province d'Aragon (Espagne) provenant des récoltes de M. Reverchon en 1894. *Rev. Soc. Fr. Bot.* 13: 337-367.

DEBEAUX, M.O. (1897) Plantes rares ou nouvelles de la province d'Aragon (Espagne) provenant des récoltes de M. Reverchon en 1895. *Rev. Soc. Fr. Bot.* 15: 129-180.

DEGEN, A. (1903) Apró Közlemények. *Magyar Bot. Lapók* 2: 37-38.

DELFORGE, P. (1989) Les orchidées de la Serranía de Cuenca (Nouvelle-Castille, Espagne). Observationes et esquisse d'une cartographie. *Naturalistes Belg.* 70, nº spec. Orchid. 3: 99-128.

DEVESA, J.A. (1984) Revisión del género *Scabiosa* en la Península Ibérica e Islas Baleares. *Lagascalia* 12(2): 143-212.

DEVESA, J.A. & S. TALAVERA (1981) *Revisión del género Carduus (Compositae) en la Península Ibérica e Islas Baleares.* Public. Univ. de Sevilla.

DÍAZ de la GUARDIA, C. & G. BLANCA (1987) Revisión del género *Scorzonera* L. (Compositae, Lactuceae) en la Península Ibérica. *Anales Jard. Bot. Madrid* 43(2): 271-354.

DÍAZ de la GUARDIA, C. & G. BLANCA (1989) *Tragopogon castellanus* Levier = *T. crocifolius* subsp. *badalii* Willk. *Anales Jard. Bot. Madrid* 47(1): 253-256.

FABREGAT, C. (1989) *Contribución al conocimiento florístico del curso medio y alto del río Monleón y sus vertientes.* Tesis de licenciatura. Universidad de Valencia.

FABREGAT, C. (1995) *Estudio florístico y fitogeográfico de la comarca del Alto Maestrazgo (Castellón).* Tesis doctoral. Universidad de Valencia.

FABREGAT, C., J.V. FERRÁNDEZ, S. LÓPEZ UDIAS, G. MATEO, J. MOLERO, L. SÁEZ, J.A. SESÉ & L. VILLAR (1995) Nuevas aportaciones a la flora de Aragón. *Lucas Mallada* 7: 165-192.

FABREGAT, C. & S. LÓPEZ UDIAS (1993) Sobre la presencia de *Goodyera repens* (L.) R. Br. En el Alto Maestrazgo (Castellón-Teruel). *Collect. Bot.* 22: 154.

FABREGAT, C. & S. LÓPEZ UDIAS (2005) *Lonicera arborea* Boiss. en la Sierra de Javalambre (Teruel) *Acta Bot. Malac.* 30: 165.

FERNÁNDEZ CARVAJAL, M.C. (1981-1983) Revisión del género *Juncus* L. en la Península Ibérica I a IV. *Anales Jard. Bot. Madrid* 38(1): 79-89; 38(2): 417-467; 39(1): 79-151; 39(2): 79-151.

FERNÁNDEZ CASAS, J. (ed.) (1985-1996) Asientos para un atlas corológico de la flora occidental, 1-24. *Fontqueria* 8: 23-30; 11: 9-14; 12: 1-28; 14: 23-32; 15: 17-38; 17: 1-36; 18: 1-50; 20: 57-62; 22: 5-24; 23: 1-127; 24: 21-26; 25: 1-201; 27: 11-102; 28: 65-186; 44: 145-243.

FERNÁNDEZ CASAS, J. & R. GAMARRA (1990-1995) Asientos para un atlas corológico de la flora occidental, 17-23. *Fontqueria* 30: 169-234; 31: 259-284; 33: 87-254; 42: 431-607.

FERNÁNDEZ CASAS, J., R. GAMARRA & M.J. MORALES (1994-1995) Asientos para un atlas corológico de la flora occidental, 21-23. *Fontqueria* 39: 281-394; 40: 100-232; 42: 431-607.

FERNÁNDEZ CASAS & M.J. MORALES (1993) Asientos para un atlas corológico de la flora occidental, 20. *Fontqueria* 36: 199-230.

FERNÁNDEZ CASAS, J. & A. SUSANNA (1985) Monografía de la sección *Chamaecyanus* Willk. del género *Centaurea* L. *Treb. Inst. Bot. Barcelona* 10: 1-174.

FERRER, P.P. & E. MIEDES (2011) *Puccinellia hispanica* Juliá & J.M. Monts. (Poaceae), una nueva especie para la flora de la provincia de Teruel. *Acta Bot. Malac.* 36: 181-182.

FERRER, P.P. & OLTRA (2009) *Gagea bohemica* Zauschn) Schult. & Schult. F. (Liliaceae), nueva especie para la flora de la Comunidad valenciana. *Toll Negre* 11: 66-72.

FONT QUER, P. (1948) *Flora Hispanica*, Quarta & Quinta Centuria. Barcelona.

FONT QUER, P. (1953) Notas sobre la flora de Aragón. *Collect. Bot.* 3: 345-358.

FUENTE, V. de la & E. ORTÚÑEZ (1988) Datos corológicos de algunos táxones ibéricos del género *Festuca* L. *Lagascalia* 15 (Extra): 465-473.

GALÁN de MERA, P. (2010) *Taraxacum* F.H. Wigg in S. CASTROVIEJO & al. (eds.) *Flora iberica*, vol. 16. Manuscrito provisional consultable en rjb.csic.es./floraiberica.

GARCÍA CARDO, O. (2006) Aportaciones a la flora del Sistema Ibérico meridional. *Flora Montib.* 33: 3-17.

GARCÍA CARDO, O. (2008) Aportaciones a la flora del Sistema Ibérico meridional, II. *Flora Montib.* 40: en prensa.

GARCÍA MURILLO (1993) Estudio palinológico del género *Potamogeton* L. en la Península Ibérica. *Bot. Complutensis* 18: 79-91.

GIBBS, P.E. (1971) Taxonomic studies on the genus *Echium*, I. An outline revision of the Spanish species. *Lagascalia* 1: 27-82.

GÓMEZ, D. & al. (eds.) (consulta 2010) *Atlas de la flora de Aragón.* www.ipe.csic.es/floragon/. Instituto Pirenaico de Ecología-CSIC. Jaca.

GONZÁLEZ CANALEJO, A. (1980) Tres plantas de Cinco Lagunas (Sierra de Gredos). *Anales Jard. Bot. Madrid* 36_ 257-263.

GUITTONNEAU, G. (1972) Contribution à l'étude biosystématique du genre *Erodium* L'Hér. dans le bassin méditerranéen occidental. *Boissiera* 20: 1-154.

HERNÁNDEZ CARDONA, A.M. (1978) Estudio monográfico de los género *Poa* y *Bellardiochloa* en la Península Ibérica e Islas Baleares. *Dissert. Botan.* 46: 1-365.

HEYWOOD, V. (1955) A revision of the Spanish species of *Tanacetum* L. Subsect. *Leucanthemopsis* Giroux. *Anales Jard. Bot. Madrid* 12(2): 313-377.

LACAITA, C. (1928) Novitia quaedam et notabilia hispanica. *Cavanillesia* 1: 6-15.

LÓPEZ GONZÁLEZ, G. (1975) Aportaciones a la flora de la provincia de Cuenca. Nota I. *Anales Inst. Bot. Cavanilles* 32(2): 281-192.

LÓPEZ GONZÁLEZ, G. (1976) *Contribución al estudio florístico y fitosociológico de la Serranía de Cuenca.* Tesis doctoral. Universidad Complutense. Madrid.

LÓPEZ GONZÁLEZ, G. (1976-1978) Contribución al conocimiento fitosociológico de la Serranía de Cuenca, I y II. *Anales Inst. Bot. Cavanilles* 33: 5-87; 34(2): 597-701.

LÓPEZ GONZÁLEZ, G. (1982) Conspectus *Saturejarum* Ibericarum cum potioribus adnotationibus ad quasdam earum praesertim aspicenibus. *Anales Jard. Bot. Madrid* 38(2): 361-415.

LÓPEZ-SÁEZ, J.A., P. CATALÁN & Ll. SÁEZ (2002) *Plantas parásitas de la Península Ibérica e Islas Baleares.* Ed. Mundi-Prensa. Madrid.

LÓPEZ UDIAS, S. (2000) *Estudio corológico de la flora de la provincia de Teruel.* Tesis doctoral. Universidad de Valencia.

LÓPEZ UDIAS, S. & C. FABREGAT (2011) Nuevos datos para la flora de Aragón. *Flora Montib.* 49: 81-91.

LÓPEZ UDIAS, S., C. FABREGAT & G. MATEO (1996) Historia, afinidades y distribución del conflictivo *Geranium benedictoi* Pau. *Xiloca* 13: 175-183.

LÓPEZ UDIAS, S., C. FABREGAT & G. MATEO (1997) *Santolina ageratifolia* Barnades ex Asso (Compositae) y el agregado *S. rosmarinifolia* L. *Anales Jard. Bot. Madrid* 55(2): 285-296.

LÓPEZ UDIAS, S., G. MATEO & M.B. CRESPO (2004) Nuevo taxon del género *Galium* L. (sect. Leptogalium Lange) para el Sistema Ibérico. *Flora Montib.* 27: 47-53.

LOSA, T.M. (1947) Algo sobre las especies españolas del género *Euphorbia. Anales Jard. Bot. Madrid* 7: 357-341.

LOSCOS, F. (1876-1886) *Tratado de las plantas de Aragón.* Madrid.

LOSCOS, F. & J. PARDO (1863) *Series incofecta plantarum indigenarum Aragoniae praecipue meridionalis.* Dresde.

LOSCOS, F. & J. PARDO (1866-1867) *Serie imperfecta de las plantas aragonesas espontáneas.* Alcañiz.

LÖVE, A. & E. KJELLQUIST (1974) Cytotaxonomy of Spanish plants, III y IV. *Lagascalia* 4: 3-32, 153-211.

LOZANO, J.L., A. ALCOCER & C. ACEDO (2012) Aportaciones a la corología del género *Quercus* en el Sistema Ibérico meridional. *Flora Montib.* 51: 12-15.

LOZANO, J.L. & G. MATEO (2010) Nueva localidad para *Oxytropis jabalambrensis* (Pau) Podlech (Leguminosae). *Flora Montib.* 46: 109-112.

LUCEÑO, M. (1988) Notas caricológicas, II. *Anales Jard. Bot. Madrid* 44(2): 439-444.

LUCEÑO, M. (1994) Monografía del género *Carex* en la Península Ibérica e Islas Baleares. *Ruizia* 14: 1-139.

MATEO, G. (1983) Aportaciones al conocimiento de la flora valenciana: el género *Saxifraga. Collect. Bot.* 14: 337-345.

MATEO, G. (1983b) Sobre la vegetación de la alianza *Homalothecio-Polypodion serrati* en las montañas valencianas. *Lazaroa* 5: 111-118.

MATEO, G. (1988) *Hieracium laniferum* Cav. y especies afines en el Sistema Ibérico. *Monogr. Inst. Piren. Ecología* 4: 253-263.

MATEO, G. (1989) De flora maestracense, V. *Acta Bot. Malac.* 14: 220-226.

MATEO, G. (1990) *Catálogo florístico de la provincia de Teruel.* Instituto de Estudios Turolenses. Teruel.

MATEO, G. (1990b) Dos nototáxones nuevos del género *Pilosella* Hill (Compositae) en la provincia de Teruel. *Collect. Bot.* 18: 155-156.

MATEO, G. (1990c) Sobre las especies pirenaicas de *Hieracium* sect. Cerinthoidea presentes en el Sistema Ibérico oriental. *Monogr. Inst. Piren. Ecología* 5: 163-168.

MATEO, G. (1990d) Contribución al conocimiento de las especies españolas del género *Hieracium* L., II. Las secciones Castellanina y Alpicolina. *Fontqueria* 28: 57-62.

MATEO, G. (1990e) Fragmenta chorologica occidentalia, 2381-2396. *Anales Jard. Bot. Madrid* 47(1): 224-225.

MATEO, G. & A. Caballer (1991) Recolecciones botánicas de Doroteo Almagro en el herbario del Departamento de Biología Vegetal de la Universidad de Valencia. *Xiloca* 8: 211-232.

MATEO, G. (1992) *Claves para la flora de la provincia de Teruel.* Instituto de Estudios Turolenses. Teruel.

MATEO, G. (1996) Contribución al conocimiento del género *Pilosella* en España, III. Sección Auriculina. *Flora Montib.* 2: 32-41.

MATEO, G. (1996b) Sobre la vegetación de los roquedos silíceos de las partes centrales del Sistema Ibérico *Flora Montib.* 2: 28-31.

MATEO, G. (1997) Catálogo florístico del Rincón de Ademuz (Valencia) *Monogr. Jard. Bot. Valencia* 2: 1-163.

MATEO, G. (2000) Contribuciones a la flora del Sistema Ibérico, XIII. *Flora Montib.* 14: 14-16.

MATEO, G. (2006) Aportaciones al conocimiento del género *Pilosella* Hill en España, VII. Revisión sintética. *Flora Montib.* 32: 51-71.

MATEO, G. (2006b) Revisión sintética del género *Hieracium* L. en España, I. Secciones Amplexicaulia y Lanata. *Flora Montib.* 34: 10-24.

MATEO, G. (2006c) Revisión sintética del género *Hieracium* L. en España, II. Sect. Sabauda. *Flora Montib.* 34: 38-49.

MATEO, G. (2007) Revisión sintética del género *Hieracium* L. en España, III. Secciones Oreadea y Hieracium. *Flora Montib.* 35: 60-76.

MATEO, G. (2008a) *Flora de la Sierra de Albarracín y su comarca (Teruel).* Valencia.

MATEO, G. (2008b) Revisión sintética del género *Hieracium* L. en España, V. Sección Cerinthoidea. *Flora Montib.* 38: 25-71.

MATEO, G. (2009) *Flora de la Sierra de Albarracín y su comarca (Teruel). 2ª ed.* Valencia.

MATEO, G. (2012) Aportaciones al conocimiento del género *Hieracium* L. en España, XV. Flora Montib. 51: 3-8.

MATEO, G. & A. AGUILELLA (1983) Notas de flora maestracense, II. *Anales Jard. Bot. Madrid* 40(1): 163-166.

MATEO, G. & M.B. CRESPO (1992) Sobre los híbridos de *Thymus leptophyllus* Lange (Lamiaceae). *Anales Jard. Bot. Madrid* 49(2): 288-289.

MATEO, G. & M.B. CRESPO (1993) Consideraciones sobre algunos tomillos ibéricos y sus híbridos. *Rivasgodaya* 7: 127-135.

MATEO, G. & M.B. CRESPO (1993b) New data on nothotaxa of *Thymus* L. in northeastern Spain. *Thaiszia, J. Bot. Kosice* 3: 3-11.

MATEO, G. & M.B. CRESPO (2000) Three new species of *Biscutella* L. (*Brassicaceae*) and remarks on *B. valentina* (L.) Heywood. *Bot. J. Linn. Soc.* 132(1): 1-17.

MATEO, G. & M.B. CRESPO (2009) *Manual para la determinación de la flora valenciana. 4ª ed.* Librería Compás. Alicante.

MATEO, G., M.B. CRESPO & E. LAGUNA (2011) *Flora valentina. Vol. 1.* Genralitat Valenciana. Valencia.

MATEO, G., M.B. CRESPO & S. LÓPEZ UDIAS (1998) Acerca de un oriófito minusvalorado de la Sierra de Javalambre (Teruel). *Flora Montib.* 9: 41-45.

MATEO, G., C. FABREGAT & S. LÓPEZ UDIAS (1994) Contribuciones a la flora del Sistema Ibérico, VI. *Fontqueria* 39: 53-58.

MATEO, G., C. FABREGAT & S. LÓPEZ UDIAS (1994b) Fragmenta chorologica occidentalia, 5102-5115. *Anales Jard. Bot. Madrid* 52(1): 91-92.

MATEO, G., C. FABREGAT & S. LÓPEZ UDIAS (1994c) *Artemisia armeniaca* Lam. (Asteraceae), novedad para la Península Ibérica. *Anales Jard. Bot. Madrid* 52(1): 118-119.

MATEO, G., C. FABREGAT & S. LÓPEZ UDIAS (1995) Contribuciones a la flora del Sistema Ibérico, XI. *Flora Montib.* 1: 49-52.

MATEO, G., C. FABREGAT & S. LÓPEZ UDIAS (1995b) Contribuciones a la flora del Sistema ibérico, VIII. *Acta Bot. Malac.* 20: 275-281.

MATEO, G., C. FABREGAT & S. LÓPEZ UDIAS (1997) Contribuciones a la flora del Sistema Ibérico, XIII. *Flora Montib.* 5: 78-80.

MATEO, G., C. FABREGAT, S. LÓPEZ UDIAS & N. MERCADAL (1995) Contribuciones a la flora del Sistema Ibérico, VII. *Anales de Biología* 20 (Biol. Veg., 9): 101-110.

MATEO, G. & J.J. FERRER (1987) Notes florístiques i corològiques, 103-122. *Collect. Bot.* 17(1): 144-146.

MATEO, G. & R. FIGUEROLA (1987) Distribución geográfica y comportamiento ecológico de un endemismo ibérico: *Artemisia lanata* Willd. *Cuad. Geogr.* 41: 51-58.

MATEO, G., E. GARCÍA NAVARRO & L. SERRA (1992) Fragmenta chorolgica occidentalia, 4262-4279. *Anales Jard. Bot. Madrid* 59(1): 106-107.

MATEO, G. & J.L. LOZANO (2005) Algunas plantas novedosas para Teruel, procedentes de Cedrillas. *Flora Montib.* 31: 3-4.

MATEO, G. & J.L. LOZANO (2007) Aportaciones a la flora de la Sierra de Gúdar (Teruel). *Toll Negre* 9: 58-60.

MATEO, G. & J.L. LOZANO (2008) Sobre dos híbridos nuevos de *Geum* L. (Rosaceae) en la provincia de Teruel. *Flora Montib.* 38: 3-6.

MATEO, G. & J.L. LOZANO (2009) Aportaciones a la flora de la Sierra de Gúdar (Teruel), II. *Flora Montib.* 41: 67-71.

MATEO, G. & J.L. LOZANO (2010a) Novedades para la flora de la Sierra de Gúdar (Teruel), III. *Flora Montib.* 44: 59 65.

MATEO, G. & J.L. LOZANO (2010b) Novedades para la flora de las sierras de Gúdar y Javalambre (Teruel), VII. *Flora Montib.* 46: 90-108.

MATEO, G. & J.L. LOZANO (2010c) Nueva localidad para *Oxytropis jabalambrensis* (Pau) Podlech (Leguminosae). *Flora Montib.* 46: 109-112.

MATEO, G., J.L. LOZANO & M. FERNÁNDEZ CANET (2009) Novedades para la flora de la Sierra de Javalambre (Teruel). *Flora Montib.* 43: 66-68.

MATEO, G. & J. MANSANET (1982) Sobre la vegetación de la alianza *Cistion laurifolii* en los alrededores de Valencia. *Lazaroa* 4: 105-117.

MATEO, G. & N.E. MERCADAL (2000) Aportaciones a la flora aragonesa, VI. *Flora Montib.* 15: 42-44.

MATEO, G., N.E. MERCADAL & J. PISCO (1995) Contribuciones a la flora del Sistema Ibérico, X- *Flora Montib.* 1: 29-32.

MATEO, G., N.E. MERCADAL & J. PISCO (1995b) Sobre un nuevo híbrido del género *Thymus* L. detectado en Aragón. *Bot. Complut.* 20: 69-73.

MATEO, G. & J.M. PISCO (1996) On a new *Thymus* hybrid detected in C Spain. *Flora Mediterr.* 6: 85-89.

MATEO, G., J. PISCO & N.E. MERCADAL (1996) Contribuciones a la flora del Sistema Ibérico, IX. *Lazaroa* 17: 161-165.

MATEO, G. & M. D. TORREGROSA (1993) Plantas descritas como nuevas para la ciencia por Carlos Pau a partir de recolecciones en la comarca del Jiloca. *Xiloca* 12: 241-248.

MATEO, G., C. TORRES & J. FABADO (2003) Flora del valle de Escriche (Corbalán, Teruel). *Flora Montib.* 24: 85-98.

MATEO, G., C. TORRES & J. FABADO (2003b) Contribuciones a la flora del Sistema Ibérico, XIV. *Flora Montib.* 25: 6-9.

MATEO, G. & S. TORRES (1999) El género *Saxifraga* L. en el Sistema Ibérico. *Flora Montib.* 12: 4-21.

MOLERO, J. (1981) Aportaciones al conocimiento de la flora aragonesa, II. *Folia Bot. Miscel.* 2: 41-48.

MOLERO, J., A.M. ROVIRA & J. VICENS (1996) *Euphorbia* L. sect. *Cymatospermum* (Prokh.) Prokh. en la Península Ibérica. Morfología de las semillas. Precisiones taxonómicas y corológicas. *Anales Jard. Bot. Madrid* 54: 207-229.

MOLINA ABRIL, J.A. (1992) De hydrophytis Hispaniae centralis notulae praecipue chorologicae. *Fontqueria* 33: 710.

MOLINA ABRIL, J.A. & C. PERTÍÑEZ (1997) Aspectos fitogeográficos del género *Glyceria* R. Br. (Poaceae) en la Península Ibérica. *Stvud. Bot.* 16: 59-81.

MONTSERRAT, P. (1964) El género *Luzula* en España. *Anales Inst. Bot. Cavanilles* 21(2): 407-541.

MORALES, R. (1986) Taxonomía de los géneros *Thymus* (excluida la sección *Serpyllum*) y *Thymbra* en la Península Ibérica. *Ruizia* 3: 1-324.

MORENO, J.C. & H. SÁINZ OLLERO (1992) *Atlas corológico de las Monocotiledóneas endémicas de la Península Ibérica e Islas Baleares*. ICONA. Madrid.

MUÑOZ RODRÍGUEZ, A.F. (1992-1995) Revisión del género *Trifolium* en la Península Ibérica e Islas Baleares. *Acta Bot. Malac.* 17: 79-118; *Stud. Bot.* 11: 259-295; 14: 47-102.

ORTÚÑEZ, E. & V. de la FUENTE (1995) *Festuca gracilior* (Haeckel) Markgr.-Dannenb. y *F. ovina* L. subsp. *hirtula* (Hackel ex Travis) M. Willkinson en la Península Ibérica. *Lazaroa* 15: 115-129.

PAIVA, J., S. CIRUJANO & E. VILLANUEVA (1986) *Montia fontana* L. (Portulacaceae) en la Península Ibérica. *Bol. Soc. Brot.*, ser. 2, 59: 321-332.

PASTOR, J. & B. VALDÉS (1983) *Revisión del género Allium (Liliaceae) en la Península Ibérica e Islas Baleares*. Secretariado de Publicaciones. Universidad de Sevilla.

PAU, C. (1884) Relación de las especies vegetales que se producen en diferentes sitios del partido judicial de Mora de Rubielos. *La Asociación* 13: 6-7.

PAU, C. (1884b) Más plantas de Olba y sus inmediaciones. *La Asociación* 16: 3, 18: 3, 21: 3.

PAU, C. (1886) Notas de mi herbario. *El Semanario Farmacéutico* 14: 331-334, 380-383.

PAU, C. (1886b) Algunas rosas de Teruel. *El Semanario Farmacéutico* 14: 45-46.

PAU, C. (1886c) Plantas de Teruel. *La Asociación* 86: 3-4.

PAU, C. (1887) *Notas botánicas a la flora española*. Fascículo 1. Madrid.

PAU, C. (1887b) Notas de mi herbario. *El Semanario Farmacéutico* 15: 29-31, 54-56, 78-79.

PAU, C. (1987c) Una excursión a Javalambre. *La Asociación* 105: 4-5.

PAU, C. (1987d) Más sobre Javalambre. *La Asociación* 107: 6-7.

PAU, C. (1987e) Algunas rosas de Teruel. *La Asociación* 112: 8.

PAU, C. (1888) *Notas botánicas a la flora española*. Fascículo 2. Madrid.

PAU, C. (1888b) Notas de mi herbario. *El Semanario Farmacéutico* 16: 220-221; 268-270; 315-316.

PAU, C. (1889) *Notas botánicas a la flora española*. Fascículo 3. Madrid.

PAU, C. (1891) *Notas botánicas a la flora española*. Fascículo 4. Madrid.

PAU, C. (1891b) *Gazapos botánicos cazados en las obras del señor Colmeiro, que es director del Jardín Botánico de Madrid*. Segorbe.

PAU, C. (1892) *Notas botánicas a la flora española*. Fascículo 5. Madrid.

PAU, C. (1895) *Notas botánicas a la flora española*. Fascículo 6. Segorbe.

PAU, C. (1896) Lista de las especies a que pertenecen las plantas recolectadas por D. Juan Benedicto, farmacéutico de Monreal del Campo (1891-93). *Actas Soc. Esp. Hist. Nat.* 24: 35-51.

PAU, C. (1897) Especies europeas, propias también de la flora española, no indicadas o apenas mencionadas hasta el día de ella. *Actas Soc. Esp. Hist. Nat.* 26: 121-127.

PAU, C. (1898) Notas sobre algunas plantas españolas críticas o nuevas. *Actas Soc. Esp. Hist. Nat.* 27: 84-91.

PAU, C. (1900) Sobre la *"Nepeta violacea"* de Asso. *Actas Soc. Esp. Hist. Nat.* 29: 273-274.

PAU, C. (1901) Plantas teruelanas recogidas por D. Antonio Badal. *Bol. Soc. Esp. Hist. Nat.* 1: 150-157.

PAU, C. (1903) Mis campañas botánicas. *Bol. Soc. Arag. Ci. Nat.* 2: 11-16.

PAU, C. (1904) Hybridae novae Hispaniae. *Bull. Acad. Géogr. Bot.* 13: 211-212.

PAU, C. (1906) *Carta a un botánico* (3ª). Segorbe.

PEÑA, J. L., J.M. CUADRAT & M. SÁNCHEZ (2002) *El clima de la provincia de Teruel*. Instituto de Estudios Turolenses. Teruel.

PÉREZ CARRO, F.J. & M.P. FERNÁNDEZ ARECES (1996) Híbridos del género Asplenium (Aspleniaceae) en la Península Ibérica. *Anales Jard. Bot. Madrid* 54: 106-125.

PÉREZ DACOSTA, J.M. & G. MATEO (2012) Nuevos táxones del género *Helianthemum* Mill. en la zona oriental de la Península Ibérica, II. *Flora Montib.* 50: 44-61.

PÉREZ MORALES, C., M.E. GARCÍA GONZÁLEZ & A. PENAS (1989) Revisión taxonómica de las especies ibéricas de la sección *Doria* (Fabr.) Reichenb. del género *Senecio* L. *Stvd. Bot.* 8: 117-127.

PITARCH, R. (2002) *Estudio de la flora y vegetación de las sierras orientales del Sistema Ibérico: La Palomita, Las Dehesas, El Rayo y Mayabona (Teruel)*. 537 pp. Zaragoza.

PITARCH, R. & E. SANCHÍS (1995) Fragmenta chorologica occidentalia, 5656-5662. *Anales Jard. Bot. Madrid* 53(2): 242.

RENOBALES, G., C. FABREGAT & S. LÓPEZ UDIAS (2002) Una nueva especie del género *Gentianella* (Gentianaceae) del Sistema Ibérico. *Anales Jard. Bot. Madrid* 59(2): 217-226.

RIERA, J. (1992) *Aportacions al coneixement florística de la serra de Pina*. Tesis de licenciatura. Universidad de Valencia.

RIVAS GODAY, S. & J. BORJA (1961) Estudio sobre la vegetación y flórula del macizo de Gúdar y Javalambre. *Anales Inst. Bot. Cavanilles* 19: 1-550.

ROMERO GARCÍA, A.T., G. BLANCA & C. MORALES (1988) Revisión del género *Agrostis* L. en la Península Ibérica e Islas Baleares. *Ruizia* 7: 1-160.

ROMERO ZARCO, C. (1990) Las avenas del grupo barbata en la Península Ibérica e Islas Baleares. *Lagascalia* 16(2): 243-268.

ROSELLÓ, R. (1994) *Catálogo florístico y vegetación de la comarca natural del Alto Mijares (Castellón)*. Diputación de Castellón.

ROSELLÓ, R., J.B. PERIS, G. STÜBING & G. MATEO (1994) *Sideritis fernandez-casasii* – eine neue Art aus Spanien. *Feddes Repert.* 105: 293-198.

ROYO, F., Ll. de TORRES, R. CURTO, S. CARDERO, J. BELTRÁN, M. ARRUFAT & A. ARASA (2008-2010) *Plantes del Port*. 3 vols. Grup de Recerca Científica "Terres de L'Ebre". Ulldecona (Tarragona).

SALVADOR, J. (1866) Catálogo de plantas determinadas que se encuentran en los términos de Villafranca del Cid, Castellfort, Portell, Ares y parte de Benasal, de la provincia de Castellón... *La Fraternidad* 1(6): 107-109.

SANDWITH, N.Y., P. MONTSERRAT (1966) Aportación a la flora pirenaica. *Pirineos* 79/80: 21-74.

SENNEN, Fr. (1910) Plantes observées autour de Teruel pendant le mois d'aoüt et de septenmbre 1909. *Bol. Soc. Aragonesa Ci. Nat.* 9: 173-184.

SOBRINO, E. & J.P. del MONTE (1992) *Sisymbrium altissimum* L. en la Península Ibérica. *Anales Jard. Bot. Madrid* 49(2): 286-287.

TALAVERA, S. & B. VALDÉS (1976) Revisión del género *Cirsium* (Compositae) en la Península Ibérica. *Lagascalia* 5(2): 127-223.

TYTECA, D. & B. TYTECA (1983) Deux observations d'orchidées en Espagne et au Portugal. *L'Orchidophile* 59: 477-479.

TYTECA, D. & B. TYTECA (1984) Orchidées observées en Espagne et au Portugal en 1982 et 1983. *Bull. Soc. Roy. Bot. Belg.* 117: 51-62.

UBERA, J.L. & B. VALDÉS (1983) Revisión del género *Nepeta* (Labiatae) en la Península Ibérica e Isals Baleares. *Lagascalia* 12: 3-80.

VALDÉS, B. (1970) *Revisión de las especies europeas de Linaria con semillas aladas*. Anales Univ. Hispalense, ser. Ciencias. 7.

VALDÉS, E. & G. LÓPEZ (1977) Aportaciones a la flora española. *Anales Inst. Bot. Cavanilles* 34(1): 157-173.

VÁZQUEZ, F.M. (2000) The genus *Scolymus* Tourn. ex L. (Asteraceae): taxonomy and distribution. *Anales Jard. Bot. Madrid* 58(1): 83-100.

VÁZQUEZ, F.M. & J.A. DEVESA (1996) Revisión del género *Stipa* L. y *Nassella* Desv. (Poaceae) en la Península Ibérica e Islas Baleares. *Acta Bot. Malac.* 21: 125-189.

VICIOSO, C. (1911) Plantas aragonesas. *Bol. Soc. Arag. Cien. Nat.* 10:75-83, 98-103.

VICIOSO, C. (1959) Estudio monográfico sobre el género *Carex* en España. *Monogr. I.F.I.E.* nº 86. Madrid.

VICIOSO, C. (1964) Estudios sobre el género *Rosa* en España. *Bol. Inst. Forestal Inv. Exper.* 30(79): 1-205.

VIGO, J. (1968) La vegetació del massís de Penyagolosa. *Inst. Estud. Catal. Arx. Sec. Ci.* 37: 1-247.

VOGT, R. (1991) Die Gattung *Leucanthemum* Mill. (Compositae-Anthemideae) auf der Iberischen Halbinsel. *Ruizia* 10: 1-261.

WILLKOMM. M. (1893) *Supplementum prodromi florae hispanicae*. Stuttgart.

WILLKOMM, M. & J. LANGE (1861-1880) *Prodromus florae hispanicae*. Stuttgart.

ZAHN, K.H. (1921-1922) *Compositae-Hieracium*. In. A. Engler (ed.): *Das Pflanzenreich. Regni vegetabilis conspectus*. 75-82. Leipzig.

# 9. ÍNDICE DE ESPECIES

Presentamos el índice alfabético de familias en español (en mayúsculas), en latín (cursiva inical mayúscula), nombres científicos aceptados (en redonda) y nombres comunes (en cursiva).

www.ingramcontent.com/pod-product-compliance
Lightning Source LLC
Chambersburg PA
CBHW070530200326
41519CB00013B/3005